Verdampfen Kondensieren und Kühlen

von

E. Hausbrand†

Siebente Auflage
unter besonderer Berücksichtigung der
Verdampfanlagen
vollständig neu bearbeitet

von

Dipl.-Ing. M. Hirsch
Beratender Ingenieur V. B. I.

Mit 218 Textabbildungen

Springer-Verlag Berlin Heidelberg GmbH
1931

Ursprünglich erschienen bei Julius Springer in Berlin 1931
Softcover reprint of the hardcover 7th edition 1931

ISBN 978-3-662-35462-9
DOI 10.1007/978-3-662-36290-7
ISBN 978-3-662-36290-7 (eBook)

Vorwort.

Hausbrand hat mit seinem 1899 erstmalig erschienenen Buche über Verdampfen, Kondensieren und Kühlen der ausführenden Technik Grundlagen geliefert, die wegen ihrer unmittelbaren Anwendbarkeit in ungewöhnlichem Maße befruchtend wirkten. Lange Zeit konnte der mit der Lösung von Wärmeübertragungsaufgaben betraute Ingenieur die Hausbrandsche Arbeit nicht entbehren. Eine Änderung ergab sich in dem Maße, in dem die exakte Forschung Erfahrungsformeln und Erfahrungszahlen für Wärmeübertragungsvorgänge durch streng wissenschaftliche Gesetze und systematische Versuche erfolgreich ersetzte. Das Bestreben, diese Forschungsergebnisse zu berücksichtigen, führte bei den letzten Auflagen des Hausbrandschen Buches zu Widersprüchen. Sie waren dadurch verursacht, daß die Forschung mit der ausführenden Technik nicht gleichen Schritt hielt und Hausbrand es deshalb nötig fand, neben neueren Ergebnissen ältere Zahlen weiter bestehen zu lassen.

Als die Verlagsbuchhandlung nach Hausbrands Ableben wegen Bearbeitung der siebenten Auflage an den Verfasser herantrat, waren die Voraussetzungen noch dadurch verändert, daß vorzügliche Arbeiten in Buchform vorlagen, die den letzten wissenschaftlichen Stand der Wärmeübertragungsforschung zusammenfassend nach einheitlichen Gesichtspunkten behandelten. Ein wesentlicher Teil der Aufgabe, die sich Hausbrand gestellt hatte, war durch die Veröffentlichungen von Gröber[1], ten Bosch[2] und dem leider zu früh verstorbenen Merkel[3] abgelöst. Außerdem hatten von den drei durch Hausbrand behandelten Anwendungsgebieten: Verdampfen, Kondensieren und Kühlen die beiden letzten eine Bearbeitung in breitem Rahmen gefunden[4]. Bezüglich der Verdampfanlagen dagegen war eine fühlbare Lücke offen geblieben. Der Verfasser hielt sich daher mit Übernahme der Aufgabe, Ersatz für das Hausbrandsche Buch zu schaffen, für berechtigt und verpflichtet, die Technik des Verdampfens zum Kern seiner Darstellung zu machen und, unter Verzicht auf geschichtliche Voll-

---

[1] Gröber: Wärmeübertragung. Berlin: Julius Springer 1926.

[2] ten Bosch: Die Wärmeübertragung, 2. Aufl. Berlin: Julius Springer 1927.

[3] Merkel: Die Grundlagen der Wärmeübertragung. 1927.

[4] Hoefer: Die Kondensation bei Dampfkraftmaschinen. Berlin: Julius Springer 1925. Hirsch: Die Kältemaschine. Berlin: Julius Springer 1924.

ständigkeit, allein auf den Ergebnissen der letzten Forschung aufzubauen. Hierbei ergab es sich von selbst, daß dem neuzeitlichen Streben, Zahlentafeln durch graphische Darstellungen zu ersetzen, nachgegeben und die praktische Ausführung von Verdampfanlagen gebührend berücksichtigt wurde. Die vorliegende Arbeit weicht daher von der Hausbrandschen nicht nur durch Einengung des Stoffes, sondern auch durch Verschiedenheit der Behandlungsweise erheblich ab. Wenn ihr trotzdem, dem Wunsche der Verlagsbuchhandlung entsprechend, der alte Titel erhalten geblieben ist, so liegt es dem Verfasser fern, den Verstorbenen mit der Verantwortung für das neue Buch zu belasten. Vielmehr soll damit nur dem Namen Hausbrand der Tribut gezollt werden, den die gesamte Fachwelt ihm schuldet.

Verdampfanlagen in dem hier behandelten engeren Sinne dienen dazu, aus siedenden Lösungen allgemeiner Art das Lösungsmittel teilweise oder ganz zu trennen, um entweder eine verstärkte Lösung oder das reine Lösungsmittel oder den gelösten Stoff in Kristallform zu gewinnen. Die Anlagen erster Art sind nahe verwandt mit den Trockenvorrichtungen und bilden häufig eine Vorstufe zu diesen. Die Grenze liegt dort, wo die Lösung von der flüssigen in die pastenartige Form übergeht, ist also zahlenmäßig nicht scharf festzulegen. Der Unterschied wird daher weniger durch die Art des verarbeiteten Stoffes als durch das seinem Zustand angepaßte Arbeitsverfahren gekennzeichnet. Bei den Verdampfanlagen zweiter Art schließt sich an die Austreibung die Kondensation des Lösungsmittels an. Sie unterscheiden sich von den nahe verwandten Dampferzeugungsanlagen dadurch, daß diese Energie umwandeln, um Kraft zu erzeugen — Dampfkraftanlagen — oder Wärme zu übertragen — Dampfheizwerke. Die Art der verdampften Flüssigkeit ist bei Dampferzeugungsanlagen von untergeordneter Bedeutung, bei den hier betrachteten Verdampfanlagen dagegen ausschlaggebend.

Die Technik der Trocknung und der Dampferzeugung bleibt in dieser Arbeit unberücksichtigt. Die eine ist von dem Verfasser in seinem Buche „Die Trockentechnik", die andere in zahlreichen Arbeiten, vor allem über Dampfkessel, erschöpfend behandelt. Schließlich stellt die Trennung des Lösungsmittels aus der Lösung dann eine eigenartige Aufgabe dar, wenn beim Sieden der Lösung nicht nur das Lösungsmittel, sondern auch der gelöste Stoff teilweise verdampft, wobei zur Gewinnung des Lösungsmittels in möglichst reiner Form das Rektifizieren als besonderes Arbeitsverfahren mit der Verdampfung verbunden wird. Die Behandlung auch dieser Vorgänge scheidet hier aus.

Trotz dieser Einengung des Stoffes ist ein gelegentliches Streifen der Nachbargebiete, einmal mit Rücksicht auf die Klärung des Verdampfvorganges, dann wegen des Überganges des einen Verfahrens in das verwandte, nicht zu umgehen gewesen. Unter dem Bestreben, Wiederholung des an anderer Stelle behandelten Stoffes zu vermeiden, durfte begreiflicherweise die Abrundung der Darstellung nicht leiden.

Die Arbeit zerfällt in zwei Teile, von denen der erste die rein wissenschaftlichen Gesichtspunkte, der zweite die Fragen der Ausführung und Anwendung behandelt.

Bei der Erörterung der Grundbegriffe ist vorgeschlagen, zur Kennzeichnung einer Lösung ihren Lösungsmittelgehalt auf das Einheitsgewicht gelösten Stoffes zu beziehen. Hiermit wird es möglich, die Veränderung der Wärmeeigenschaften beim Verdampfen einer Lösung in einem J-x-Bilde darzustellen, wie dies in ähnlicher Weise Mollier für feuchte Luft vorgeschlagen hat. Die Gesetze der Strömung und Wärmeübertragung werden in möglichst knapper Form und nur so weit behandelt, wie ihre Anwendung für Verdampfanlagen bedeutsam erscheint. Die Lücke, die bezüglich des Gesetzes für den Wärmeübergang an siedende Flüssigkeiten besteht, konnte hierbei nur notdürftig überbrückt werden. Ein besonderes Wagnis liegt darin, daß durchgehend an dem von Jakob vorgeschlagenen Begriff des Wärmewiderstandes festgehalten ist, die Kennzeichnung des Wärmeübertragungsvermögens durch Wärmeübergangszahl, Wärmeleitzahl und Wärmedurchgangszahl dagegen verschwindet. In diesem Sinne mußten die vorliegenden Forschungsergebnisse sämtlich umgerechnet werden. Ob die neuartige Darstellung als endgültig betrachtet werden darf, muß die Zukunft lehren. Eine besondere Erleichterung für die Vorausberechnung mehrstufiger Verdampfanlagen wird durch die Anwendung des J-x-Bildes geboten. Diese Wiedergabe appelliert ebenso wie die Einführung neuartiger Begriffe an den guten Willen des Lesers, sich umzustellen, auch wenn hierbei tief eingewurzelte Gepflogenheiten aufgegeben werden müssen. Bei der nach dem Vorbilde von Stender gewählten Darstellung der Schaltbilder, die allmählich zur Regel geworden ist, darf dies von vornherein vorausgesetzt werden. Der Leser möge die Mühe nicht scheuen, in den Sinn der einheitlich gehaltenen Indexzeichen einzudringen, bis sie ihm nicht mehr als totes Anhängsel erscheinen, sondern als beredte Erläuterung in Fleisch und Blut übergehen. Unter dieser Voraussetzung durfte auf die ermüdend wirkende immer wiederkehrende Erklärung der Formelzeichen im Text verzichtet werden.

Bei der Wiedergabe ausgeführter Verdampfanlagen kam es dem Verfasser weniger auf ausführliche Beschreibung als auf systematische Gruppierung an. Für die Auswahl der Hersteller war ihre Geneigtheit, bauliche Einzelheiten freimütig bekannt zu geben, ausschlaggebend. Hieraus erklärt es sich, daß neben bewährten deutschen Ausführungen ausländische einen breiten Platz einnehmen. Gleiches gilt bezüglich der aus der Praxis mitgeteilten Versuchsergebnisse.

Die Anwendung der Verdampfung konnte nur in den wichtigsten Beispielen dargestellt werden. Abgesehen davon, daß es für den Einzelnen unmöglich ist, die gesamte Technologie zu beherrschen, wird die Aufgabe des Buches in der Hauptsache darin gesehen, Grundsätze aufzustellen und Wesentliches hervorzukehren. Hieraus ergibt sich die Notwendigkeit zur Beschränkung von selbst.

In allen Teilen ist neben der Verdampfung die Kondensation behandelt, soweit diese durch die vorwiegende Anwendung von Dampf als Heizmittel der Verdampfer und die Verflüssigung der Brüdendämpfe bedingt ist. Ebenso durfte die Frage der Erwärmung und Abkühlung nicht übergangen werden, da sie bei Verdampfanlagen, wenn auch als Nebenerscheinung, regelmäßig eine Rolle spielt.

Der Verfasser ist sich bewußt, bei seiner Darstellung das letzte Ziel noch keinesfalls erreicht zu haben. Bei dem gegenwärtigen Stande der Erfahrung auf dem behandelten Gebiete muß dies zukünftiger Entwicklung vorbehalten bleiben. Die Erkenntnis des Wesentlichen ist nur in der theoretischen Forschung erreicht. Das Maß, in dem sie auch in die Praxis übergeht und hier dem Wissenschaftler brauchbare Versuchsergebnisse liefert, wird mitbestimmend sein für weiteren Fortschritt.

Mit dem Dank an die Maschinenbauanstalten, die geeignete Unterlagen bereitwillig zur Verfügung stellten, verbinde ich die eindringliche Bitte, dem allgemeinen Fortschritt noch weiter, als hier geschehen, zu dienen, den Wert der Geheimhaltung nicht zu überschätzen und die Mühe nicht zu scheuen, aus den Archiven versunkene Werte herauszusuchen. Die Verlagsbuchhandlung hat meine Arbeit großzügig und verständnisvoll unterstützt, meine Frau ihr Zustandekommen als unermüdliche Helferin ermöglicht.

Frankfurt a. M., September 1930.

M. Hirsch.

Inhaltsverzeichnis.

Erster Teil.

Grundlagen und Berechnung.

I. Grundbegriffe und Grundgesetze.

III. Mehrstufige Verdampfung.

Formelzeichen.

a Temperaturleitfähigkeit [m²/h]; $a = \frac{\lambda}{c \cdot \gamma}$,

α Wärmeübergangszahl [kcal/m²·°C·h],

B Breite [m],

β räumliche Ausdehnung [/°C], Verhältniszahl (Merkel), Winkel [Grad],

C Strahlungskonstante [kcal/m²·h·(° abs)⁴], spezifische Wärme der Lösung [kcal/(1 + x)kg·°C], Konstante,

c spezifische Wärme [kcal/kg·°C],

χ Formfaktor (Jakob),

D Durchmesser [m],

d Differential,

Δ Zeichen für endlichen Unterschied,

e Stärke [m], Basis des natürlichen Logarithmus; $e = 2{,}718$,

η Wirkungsgrad

F Fläche [m²],

f Querschnitt [m²],

G Gewicht [kg],

g Beschleunigung der Erdschwere [m/s²]; $g \sim 9{,}81$,

γ spezifisches Gewicht [kg/m³],

H Höhe [m],

J Wärmeinhalt der Lösung [kcal/(1 + x)kg], elektrische Stromstärke [Amp.],

i Wärmeinhalt [kcal/kg],

k Wärmedurchgangszahl [kcal/m²·°C·h],

$\varkappa$ Lösungsstärke; $\varkappa = \frac{G_T}{G}$,

L Länge [m],

λ Wärmeleitfähigkeit [kcal/m·°C·h],

(λ) Zahlenwert (Lorenz),

λ_R Widerstandsziffer,

M Molekulargewicht,

m Molkonzentration; $m = \frac{1/M_T}{1/M_T + x/M_F}$, veränderliche Zahl,

μ Zähigkeit [kg·s/m²],

N Leistung [kW],

n veränderliche Zahl,

ν kinematische Zähigkeit [m²/s]; $\nu = \frac{\mu}{\varrho}$,

P Druck [kg/m²],

p absoluter Druck [kg/cm²], [at],

π 3,14,

Φ Funktionszeichen,

φ Verdünnungsgrad; $\varphi = \frac{G_F}{G}$,

Q Wärmemenge [kcal],
q Ausdampfwärme [kcal/kg],
R Gaskonstante, elektrischer Widerstand [Ohm], gesamter Wärmeübertragungswiderstand $\left[{}^0\mathrm{C}\,\frac{\mathrm{kcal}}{\mathrm{h}}\right]$, Krümmungshalbmesser [m],
Re Reynoldssche Zahl,
r Verdampfwärme [kcal/kg],
ϱ Dichte [kg·s²/m⁴],
Σ Summenzeichen für endliche Größen,
T absolute Temperatur [⁰C abs]; $T \sim 273 + t$,
t Temperatur [⁰C],
U Umfang [m],
V Inhalt [m³],
v spezifisches Volumen [m³/kg]; $v = \frac{1}{\gamma}$,
W Wasserwert [kcal/⁰C],
w Geschwindigkeit [m/s],
x Lösungsmittelgehalt, Feuchtigkeitsgehalt, Wassergehalt; $x = \frac{G_F}{G_T}$,
y Stoffgehalt; $y = \frac{G_T}{G_F}$,
z Zeit [h],
ζ Widerstandsziffer.

Index.

ohne Index wärmere Seite, primär, z. B. Heizdampf,
$_0$ kältere Seite, sekundär, z. B. erwärmte Flüssigkeit, Brüden, Kühlwasser,
$'$ in flüssigem Zustande siedend, gleichwertig,
$''$ in gesättigtem Dampfzustand,
$_a$ anfangs, außen,
$_{compr}$ Kompression,
$_D$ Dampf,
$_e$ schließlich,
$_{exp}$ Expansion,
$_F$ Flüssigkeit, Lösungsmittel,
$_G$ Gas,
$_g$ Grenzschicht,
$_{gegen}$ Gegenstrom,
$_{ges}$ gesättigt,
$_{gleich}$ Gleichstrom,
$_H$ durch hydrostatischen Druck,
$_h$ stündlich, waagerecht,
$_i$ innen,
$_{id}$ ideell,
$_k$ Kern,
$_{kr}$ kritisch,
$_L$ Luft,
$_{lam}$ laminar,
$_m$ mittel,
$_N$ Arbeit,
$_p$ bei gleichbleibendem Druck,

$_R$ durch Reibung,
$_s$ durch Strahlung,
$_T$ Trockenstoff, gelöster Stoff,
$_t$ bei gleichbleibender Temperatur,
$_{turb}$ turbulent,
$_{überh}$ überhitzt,
$_V$ Verlust,
$_v$ senkrecht,
$_W$ Wand,
$_x$ bei gleichbleibendem Feuchtigkeitsgehalt,
$_\zeta$ durch Einzelwiderstände.

Schaltbilderzeichen

(in Anlehnung an Stender).

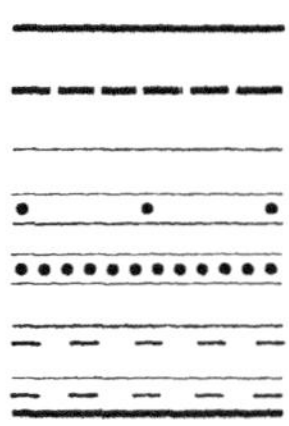

Dampf,
Kondensat,
Flüssigkeit,
schwache Lösung,
starke Lösung,
Luft,
Dampf-Luftgemisch.

Abkürzung der Quellenangaben.

Amer. Inst. Chem. Engs.	American Institute of Chemical Engineers.
Arch. Wärmewirtsch.	Archiv für Wärmewirtschaft.
Chem. App.	Chemische Apparatur.
Chem. Met. Engg.	Chemical and Metallurgical Engineering.
Ges. Ing.	Gesundheits-Ingenieur.
J. Amer. Soc. Naval Engs.	Journal of the American Society of Naval Engineers.
J. Ind. Engg. Chem.	The Journal of Industrial and Engineering Chemistry.
Marine Engg.	Marine Engineering.
Mass. Inst. of Techn.	Massachusetts Institute of Technology.
Mém. Soc. Ing. Civ. France	Mémoires de la Société des Ingénieurs Civils de France.
Phil. Mag.	Philosophical Magazin.
Techn. Mech. Thermodyn.	Technische Mechanik und Thermodynamik.
Trans. Amer. Soc. Mech. Engs.	Transactions of the American Society of Mechanical Engineers.
University of Illinois Engg. Exp. Station	University of Illinois Engineering Experiment Station.
Z. Bayer. Revisionsvereins	Zeitschrift des Bayerischen Revisionsvereins.
Z. ges. Kälteind.	Zeitschrift für die gesamte Kälteindustrie.
Z. techn. Phys.	Zeitschrift für technische Physik.
Z. V. d. I.	Zeitschrift des Vereins deutscher Ingenieure.
Z. Vereins Rübenzuckerindustrie d. deutschen Reiches	Zeitschrift des Vereins für die Rübenzuckerindustrie des deutschen Reiches.

Firmenverzeichnis.

Berichtigungen.

S. 10, Z. 5 und 6 v. u.: lies: „daß das Heizmittel die verdampfende Flüssigkeit oder einzudampfende Lösung berührt“ statt: „daß sich das Heizmittel mit der verdampfenden Flüssigkeit oder einzudampfenden Lösung mischt“.

S. 31, in Formel (37): $\int_0^t x \cdot c_F \cdot dt$ statt $\int_0 x \cdot c_F \cdot dt$.

S. 34, Zahlentafel unter Kalziumchlorid: 32 statt 3,2.

S. 52, Zahlentafel: $t''_{P-\Delta P}$ statt $t''_P - \Delta P$.

S. 80, Z. 3 v. o.: „Wird dieser“ statt „Werden diese“.

S. 85, Z. 13 v. o.: „Formenwerten“ statt „Formenwerte“.

S. 91, in Formel (95): $\frac{1}{\sigma_k}$ statt $\frac{1}{\gamma_k}$.

S. 112, Abb. 35: Beschriftung $t'_e = 55^0$ statt $t'_e = 50^0$.

S. 125, Fußnote: 1929 statt 1922.

S. 126, in Formel (108): $\left(\frac{\lambda_F}{3600}\right)^3$ statt λ_F^3.

S. 127, in Formel (109): $\left(\frac{\lambda_F}{3600}\right)^3$ statt λ_F^3, in Formel (112): $\frac{1}{\lambda_F}$ statt $\frac{1}{3600\,\lambda_F}$,

Z. 3 v. u.: $\frac{\lambda_F}{3600}$ statt λ_F.

S. 128, Z. 2 v. o.: „3600“ streichen, in Formel (113): $\left(\frac{\lambda_F}{3600}\right)^3$ statt λ_F^3.

S. 140, Z. 5 v. u.: „Wasserdampf-“ statt „Wasserstoff-“.

S. 162, Z. 13 v. o: „hier durch“ statt „hierdurch“.

S. 194, Abb. 94 Beschriftung $\frac{G_{h,D,o}}{G_{h,T}}$ statt $Q_{h,D,o}$.

S. 197, Z. 3 v. o.: $\frac{G_{h,D,o}}{G_{h,T}}$ statt $Q_{h,D,o} = \frac{G_{h,D,o}}{G_{h,T}} \cdot i_{D,o}$.

S. 320, Z. 3 v. u.: „nach Abb. 171“ streichen.

Z. 2 v. u.: „Für die in Abb. 171 dargestellte Ausführung gibt die Herstellerin für ....“ statt „Die Herstellerin gibt für ....“

S. 335, Z. 3 v. o.: „Krystalisvœrket“ statt Kristalisvœrket“.

Erster Teil.

Grundlagen und Berechnung.

I. Grundbegriffe und Grundgesetze.

A. Grundbegriffe.

1. Siedetemperatur.

Wird eine reine Flüssigkeit erwärmt, so treten an ihrer freien Oberfläche Dämpfe aus, sobald die Temperatur der Flüssigkeit eine bestimmte Grenze, die Siedetemperatur, erreicht. Die Höhe der Siedetemperatur hängt nach Abb. 1 für eine bestimmte Flüssigkeit von dem über ihr lastenden Drucke ab und nimmt mit diesem zu. Die Temperatur der heizenden Wand muß daher um so höher liegen, je höher der Druck über der siedenden Flüssigkeit ist. Wasser siedet bei einem Druck der Umgebung von

	0,01	0,1	1	10	100 at
bei	6,6	45,4	99,1	179	309,5°.

Der Druck der Umgebung ist als Sättigungsdruck der Siedetemperatur zugeordnet. Unter Siedepunkt im engeren Sinne wird die Temperatur t'_{760} verstanden, bei der eine Flüssigkeit in Dampfform übergeht, wenn der äußere Druck 760 mm Q.-S. $= 1{,}033$ at beträgt. Der Siedepunkt von Wasser ist $t'_{760} = 100^0$.

2. Verdampfen reiner Flüssigkeiten.

Der Siedevorgang vollzieht sich bei gleichbleibender Temperatur, wenn der Druck der Umgebung sich nicht verändert. Der entstehende Dampf ist trocken gesättigt, solange die Verdampfung ruhig erfolgt und die entstehenden Dampfblasen sich von der Flüssigkeitsoberfläche lösen, ohne Tröpfchen mitzureissen. Bei reinen Flüssigkeiten genügt die geringste Steigerung der Temperatur über die Siedetemperatur, um die Verdampfung einzuleiten und bei Aufrechterhaltung der Wärmezufuhr bis zum restlosen Verschwinden der Flüssigkeit fortzuführen.

Befindet sich die Flüssigkeit in einem geschlossenen Behälter, so ist der Raum über der Flüssigkeit mit Dämpfen gefüllt, deren Druck

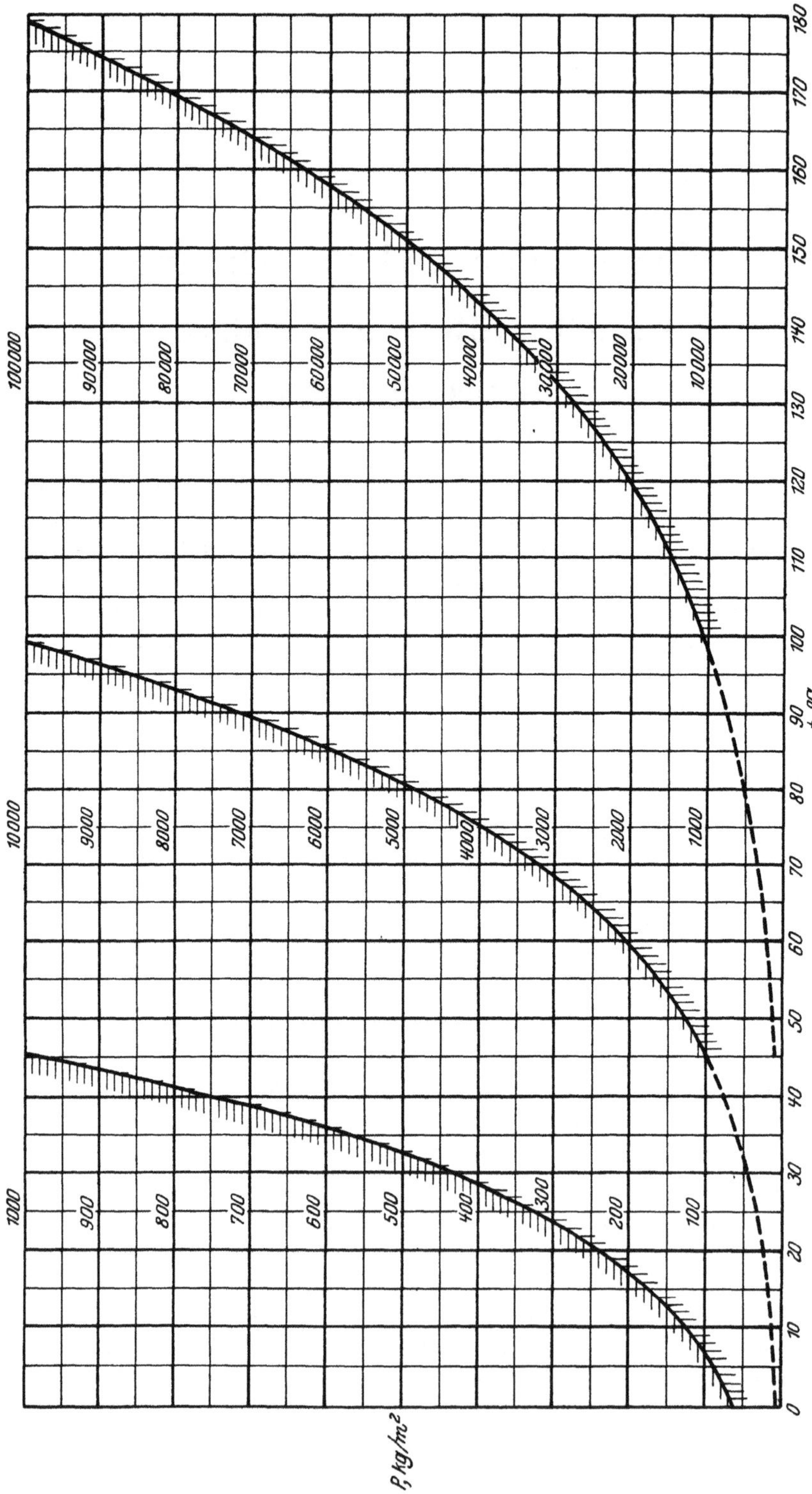

Abb. 1. P-t-Bild für Wasserdampf.

dem Sättigungsdruck entspricht und sich eindeutig aus der Temperatur der Flüssigkeit ergibt. Besteht die Flüssigkeit aus Wasser von

6,6 100 179°,

so herrscht in dem Dampfraum ein Druck von

0,01 1,033 10 at,

also Unterdruck, normaler atmosphärischer Druck oder Überdruck. Vorausgesetzt ist hierbei, daß nicht Luft oder andere fremde Gase in dem Behälter enthalten sind.

Fremde Gase in dem Raum über der Flüssigkeit bewirken eine Erhöhung des Druckes. Der Gesamtdruck setzt sich zusammen aus dem Teildruck des Flüssigkeitsdampfes und dem Teildruck der fremden Gase. Im Gleichgewichtszustande entspricht der Gesamtdruck dem durch die Temperatur der siedenden Flüssigkeit bestimmten Sättigungsdruck. Für verdampfendes Wasser von 100° ist der Gesamtdruck 1,033 at.

Es bezeichne

V den von dem Dampf-Gasgemisch erfüllten Raum, in m^3,
G_G das Gewicht der darin enthaltenen Gase, in kg,
R_G die Gaskonstante,
T die absolute Temperatur des Gemisches, in ° abs.,
P_D den Teildruck des Flüssigkeitsdampfes, in kg/m^2,
P_G den Teildruck der fremden Gase, in kg/m^2,
P den Gesamtdruck, in kg/m^2.

Dann gelten die Beziehungen

$$P = P_D + P_G \tag{1}$$

$$P_G = \frac{R_G \cdot T \cdot G_G}{V} \tag{2}$$

$$P_D = P - \frac{R_G \cdot T \cdot G_G}{V}\,. \tag{3}$$

Im Gleichgewichtszustande ist die Temperatur des Dampf-Gasgemisches und der Flüssigkeit dieselbe, die Flüssigkeitsdämpfe, deren Teildruck kleiner ist als der Sättigungsdruck, sind daher überhitzt.

Diese einfachen Beziehungen erfahren eine Änderung, wenn die fremden Gase ganz oder teilweise aus solchen Stoffen bestehen, die sich in flüssigem Zustande mit der verdampfenden Flüssigkeit mischen, wie dies bei Alkohol und Wasser der Fall ist.

Bei den hier betrachteten Vorgängen erfolgt die Verdampfung nicht mit dem Ziele der Dampfgewinnung, sondern in der Absicht, den verdampfenden Teil von dem verbleibenden Rückstand zu trennen. Die entstehenden, häufig unreinen Dämpfe werden in der Folge als **Brüden** bezeichnet im Gegensatz zu dem Heiz- oder Kraftdampf. Eine scharfe

Unterscheidung ist schon deshalb nicht möglich, weil die Brüden häufig zur Heizung dienen.

3. Siedepunkterhöhung kristallisierender Lösungen.

Besteht die Flüssigkeit aus einer wahren, kristallisierenden Lösung, so tritt eine Erhöhung des Siedepunktes ein, d. h. die Siedetemperatur liegt für die Lösung höher als für das Lösungsmittel. Das Maß der Erhöhung steigt nach Abb. 2 mit dem Gehalt an gelösten Stoffen, und zwar angenähert linear, wenn der Stoffgehalt y auf die Einheit des Lösungsmittels bezogen wird. Für ideal verdünnte Lösungen mit gleichartigem Lösungsmittel verhalten sich die Werte der Siede-

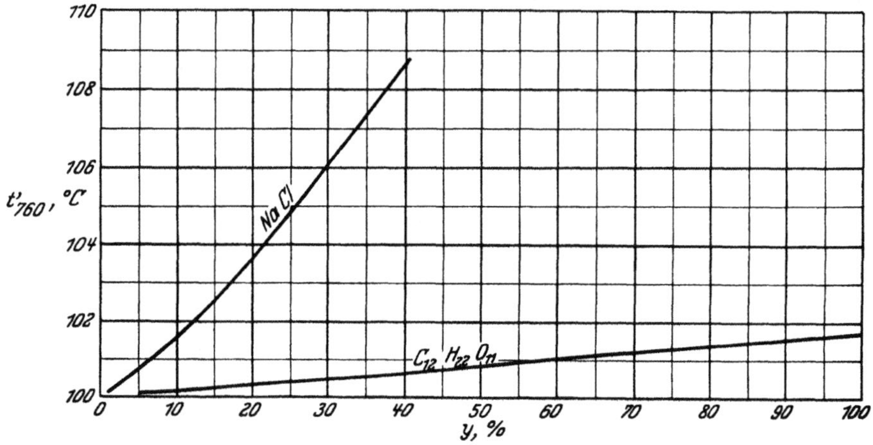

Abb. 2. Abhängigkeit des Siedepunktes wässeriger Kochsalz- und Zuckerlösung von dem Stoffgehalt.

punkterhöhung wie die auf die Einheit des Lösungsmittels entfallenden Molgewichte des gelösten Stoffes. Praktisch läßt sich hiernach die zu erwartende Erhöhung des Siedepunktes nur der Größenordnung nach vorhersagen. Die Dissoziation bringt z. B. bei wässeriger Kochsalzlösung mittlerer Stärke die Siedepunkterhöhung auf rund das Doppelte des theoretischen Betrages, der sich ohne Berücksichtigung des Dissoziationsgrades ergibt.

Der über einer wahren Lösung herrschende Dampfdruck ist niedriger als der der Lösungstemperatur zugeordnete Sättigungsdruck des Lösungsmittels.

4. Brüdentemperatur.

Es wird immer wieder von neuem die Frage erörtert, ob die aus einer Lösung entstehenden Brüden gesättigt oder überhitzt sind, d. h. ob ihre Temperatur mit der Siedetemperatur des Lösungsmittels oder

der Lösung übereinstimmt oder zwischen beiden liegt. Die Auseinandersetzungen gehen auf Faraday und Gay-Lussac zurück, von denen der erste annahm, daß die Temperatur der Siedetemperatur des Lösungsmittels entspreche, während der zweite den Brüden die Temperatur der Lösung zuschrieb. Schreber[1] stellte durch Versuche fest, daß die Brüden im Augenblicke des Entstehens nicht die Temperatur der Lösung besitzen, und kommt zu dem Schlusse, daß sie mit der Siedetemperatur des Lösungsmittels entstehen, während des Abziehens dem Einflusse von Lösung und Gefäßwandung ausgesetzt sind und daher mit einer Temperatur entweichen, die zwischen den Siedetemperaturen des Lösungsmittels und der Lösung liegt. Die Überhitzung der Brüden ist an sich unerwünscht, da sie einen vermehrten Wärmeaufwand darstellt. Im praktischen Falle gewinnt sie jedoch keine Bedeutung, so daß es sich nicht lohnt, über Mittel zu ihrer Herabminderung nachzudenken.

5. Eindampfen kristallisierender Lösungen.

Mit fortschreitender Verdampfung nimmt der Gehalt der Lösung an gelösten Stoffen zu, Eindampfen, Eindicken, Konzentrieren. Zur Aufrechterhaltung des Eindampfvorganges ist alsdann bei gleichbleibendem Druck eine Steigerung der Lösungstemperatur oder bei gleichgehaltener Temperatur der Lösung eine Erniedrigung des Druckes nötig. Die Lösung erreicht schließlich den Zustand der Sättigung, in dem der Unterschied zwischen Lösungstemperatur und Siedetemperatur des Lösungsmittels bzw. zwischen Sättigungsspannung und tatsächlichem Druck der Lösungsmitteldämpfe seinen Höchstwert besitzt.

6. Auskristallisieren.

Wird die Eindampfung fortgesetzt, so scheiden sich die gelösten Stoffe in Form von Kristallen aus, neben denen die Restlösung als gesättigte oder übersättigte Mutterlauge weiterbesteht. Die Kristalle können das Lösungsmittel gebunden enthalten oder davon frei sein.

7. Löslichkeit.

Die Löslichkeit hängt nach Abb. 3 von der Temperatur ab und nimmt mit ihr in der Regel zu. Der Sättigungszustand der Lösung wird daher im allgemeinen bei einem höheren Gehalt des Lösungs-

---

[1] Schreber: Die Temperatur des von einer Lösung abgehenden Dampfes. Chem. App. 1929.

mittels an gelösten Stoffen, d. h. später, erreicht, wenn die Eindampfung bei höheren Temperaturen, also höherem Druck, vor sich geht.

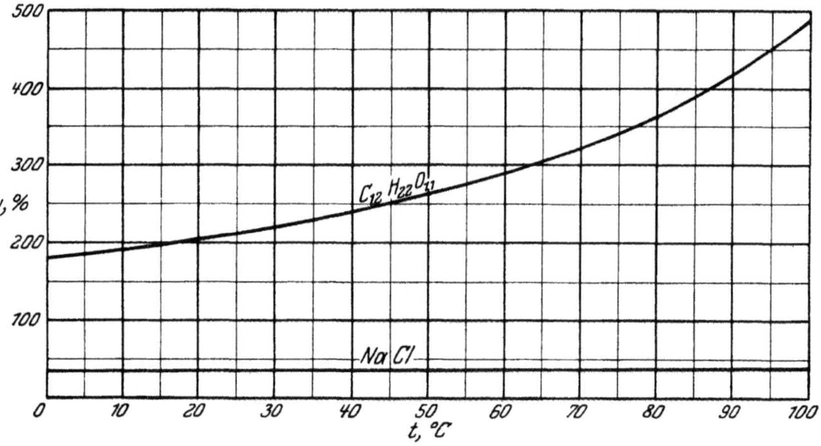

Abb. 3. Abhängigkeit der Löslichkeit wässeriger Kochsalz- und Zuckerlösung von der Temperatur.

8. Eindampfen kolloidaler Lösungen.

Die für die Eindampfung maßgebenden Eigenschaften sind bei scheinbaren, kolloidalen Lösungen grundsätzlich die gleichen wie bei kristallisierenden Lösungen. Auch hier ist der Siedezustand an eine Temperatur der Lösung gebunden, die höher liegt als die dem Druck entsprechende Siedetemperatur des Lösungsmittels. Ebenso ist der Brüdendruck des Lösungsmittels niedriger als dessen Sättigungsdruck bei der Lösungstemperatur. Während jedoch mit Erreichung der Sättigung bei kristallisierenden Lösungen ein deutlicher Grenzzustand eintritt, findet bei kolloidalen Lösungen ein allmählicher Übergang von flüssiger über halbfeste in feste Form statt.

9. Brüdenzusammensetzung.

Bisher wurde über die Art des gelösten Stoffes grundsätzlich nichts gesagt, insbesondere die Frage offen gelassen, ob er vor der Mischung mit dem Lösungsmittel fest oder flüssig ist. Infolgedessen gelten die vorausgehenden Erörterungen für beide Fälle. Da das Lösen nicht Gegenstand dieser Untersuchungen ist, kann die Erörterung über den Aggregatzustand des zu lösenden Stoffes unberücksichtigt bleiben. Wichtig dagegen ist die Frage, ob nach vollständiger Austreibung des Lösungsmittels der gelöste Stoff in fester oder flüssiger Form zurückbleibt und ob während der Eindampfung gleichzeitig mit dem Lösungsmittel auch Teile des gelösten Stoffes in Dampfform entweichen. Die Verhältnisse werden am besten an Hand von Beispielen geklärt:

Wird eine wässerige Kochsalzlösung bis zum vollständigen Verschwinden des Wassergehalts eingedampft, so bleibt Salz in fester Kristallform zurück. Die Brüden enthalten keine meßbaren Spuren von Salzdämpfen, weil wegen des hohen Siedepunktes von Salz der Teildruck der Salzdämpfe verschwindend niedrig bleibt.

Wird Glyzerinwasser bis zur Gewinnung von wasserfreiem Glyzerin eingedampft, so bleibt dieses in flüssiger Form zurück. Die Brüden enthalten Spuren von Glyzerindämpfen, da der Siedepunkt von Glyzerin mit 290° nicht so weit über dem Siedepunkt von Wasser liegt, daß nicht Gyzerindämpfe in meßbarer Menge in die Brüden übertreten.

Wird wässeriger Alkohol verdampft, so enthalten die Brüden Wasser- und Alkoholdämpfe in einer Menge von gleicher Größenordnung, da der Siedepunkt von Alkohol mit 78,5° dem Siedepunkt des Wassers sehr nahe liegt. In diesem Falle ist der leichter siedende Alkohol als Lösungsmittel, das Wasser als gelöster Stoff anzusehen, der bei fortgesetzter Verdampfung in flüssiger Form zurückbleibt. In der vorliegenden Arbeit sollen nur solche Eindampfverfahren behandelt werden, bei denen in einmaligem Arbeitsgang eine Lösung eingedickt oder ein Lösungsmittel in reiner Form gewonnen wird, die Brüden daher als Dämpfe des Lösungsmittels aufgefaßt werden können. Dagegen bleiben Verfahren, wie die Alkoholdestillation, bei denen die Brüden Mischdämpfe darstellen und eine vollständige Trennung der Lösungsbestandteile durch einfaches Verdampfen nicht möglich ist, außerhalb der Betrachtungen.

Wird eine wässerige Ammoniaklösung eingedampft, so bleibt das Wasser, das auch hier als gelöster Stoff anzusehen ist, in flüssiger Form übrig. Die Brüden enthalten, wenn das Eindampfen bei niedrigen Temperaturen vorgenommen wird, in der Hauptsache Ammoniakdämpfe, daneben meßbare Mengen von Wasserdämpfen. Der Wasserdampfgehalt ist verhältnismäßig gering, weil der Siedepunkt des Ammoniaks mit —33° wesentlich tiefer liegt als der Siedepunkt des Wassers.

10. Lösungszusammensetzung.

Der Hinweis, daß zur Gewinnung reiner Brüdendämpfe die Eindampftemperatur der Lösung niedrig zu halten ist, gilt ganz allgemein. Ist jedoch der gelöste Stoff in reiner Form bei den üblichen Temperaturen flüssig, wie bei Glyzerinwasser und Ammoniakwasser, so enthält die eingedampfte Lösung so lange noch Teile des Lösungsmittels — Wasser bei Glyzerinwasser, Ammoniak bei Ammoniakwasser —, wie die Siedetemperatur des gelösten Stoffes — beim Eindampfen unter atmosphärischem Druck 290° bei Glyzerinwasser, 100° bei Ammoniakwasser — nicht erreicht ist. Wird daher, um das Lösungsmittel möglichst rein abzuführen, die Eindampftemperatur wesentlich niedriger gehalten, als der Siedetemperatur des reinen gelösten Stoffes entspricht, so bleibt der gelöste Stoff nicht als reine Flüssigkeit, sondern nur als verstärkte Lösung übrig. Eine restlose Trennung beider Bestandteile durch einfaches Verdampfen ist nur dann möglich, wenn der gelöste Stoff in fester Form entfällt. Die Alkoholdestillation unterscheidet sich daher von dem Eindampfen von Glyzerinwasser oder Ammoniakwasser nicht grundsätzlich, sondern nur nach dem Grade, in dem die Brüden Dämpfe des gelösten Stoffes und die Restlösungen Teile des Lösungsmittels enthalten. Da jedoch im praktischen Falle das Eindampfen von Lösungen weder bis zur vollständigen Trockenheit des festen, noch bis zur vollständigen Reinheit des flüssigen gelösten Stoffes gefordert, diese Aufgabe vielmehr einer besonderen Nachbehandlung — Trockenvorrichtungen — überlassen oder auf ihre Erfüllung ganz verzichtet wird, erstrecken sich die hier durchgeführten Erörterungen auf alle Fälle des Eindampfens, bei denen die Siedepunkte von Lösungsmittel und gelöstem Stoff genügend weit auseinanderliegen. Maßgebend hierfür ist der Gesichtspunkt, daß die hauptsächlichen physikalischen Vorgänge beim Eindampfen übereinstimmen und für die praktische Durchführung Vorrichtungen angewandt werden, deren Bauweise grundsätzlich gleich ist.

11. Mittelbare Heizung.

Die Wärmezufuhr zu der verdampfenden Flüssigkeit oder einzudampfenden Lösung erfolgt fast ausnahmslos mittelbar durch eine wärmeleitende Wand, auf deren Gegenseite das Heizmittel strömt. Dieses ist zuweilen gasförmig — Feuergase —, zuweilen tropfbar flüssig — Heißwasser, Öl —. In überwiegendem Maße wird jedoch gesättigter Dampf verwendet, der unter Verflüssigung Wärme abgibt. Aus diesem Grunde besitzt der Kondensationsvorgang bei Verdampfanlagen besondere Bedeutung und verlangt hier, auch bei Beschränkung des Stoffes auf das Nötige, ausführliche Behandlung. Der Heizdampf kann hochgespannter Kesseldampf, Anzapfdampf von mittlerer Spannung oder niedergespannter Abdampf sein.

12. Mehrstufige Verdampfung.

Es liegt nahe, die Brüden als Heizmittel zu verwenden, wenn die Ausnutzung der in ihnen enthaltenen Dampfwärme außerhalb der Verdampfanlage nicht möglich ist. Dies geschieht dadurch, daß die Verdampfleistung auf mehrere Körper verteilt wird. Sie arbeiten mit abnehmenden Drücken, so daß die Brüden des wärmeren Körpers nach Spannung und Temperatur genügen, um den folgenden Körper zu beheizen. Beispielsweise stellt Abb. 4 eine dreistufige Verdampfanlage dar, bei der die Drücke so abgestuft sind, daß das Temperatur-

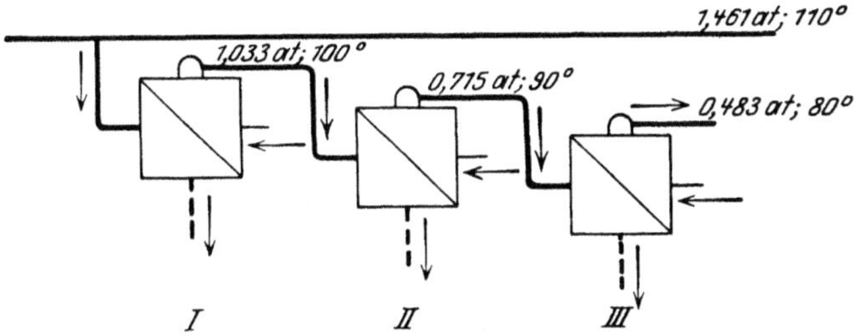

Abb. 4. Dreistufige Verdampfanlage.
I = erste Stufe (wärmer), *II* = Zwischenstufe, *III* = letzte Stufe (kälter).

gefälle zwischen Heizmittel und abgehenden Brüden unter Vernachlässigung von Siedeverzug gleichbleibend 10^0 beträgt.

13. Brüdenverdichtung.

Eine andere Möglichkeit für Ausnutzung der Brüden als Heizmittel ergibt sich durch ihre Verdichtung. Hierbei steigt die Temperatur,

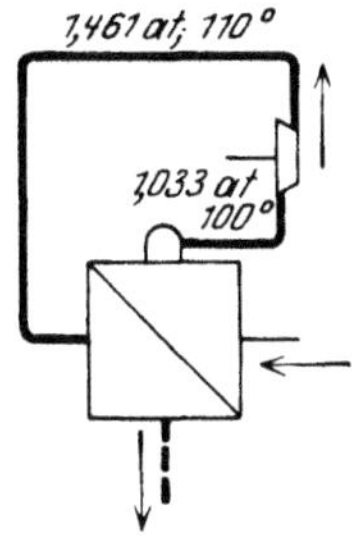

Abb. 5. Verdampfer mit mechanischem Brüdenverdichter.

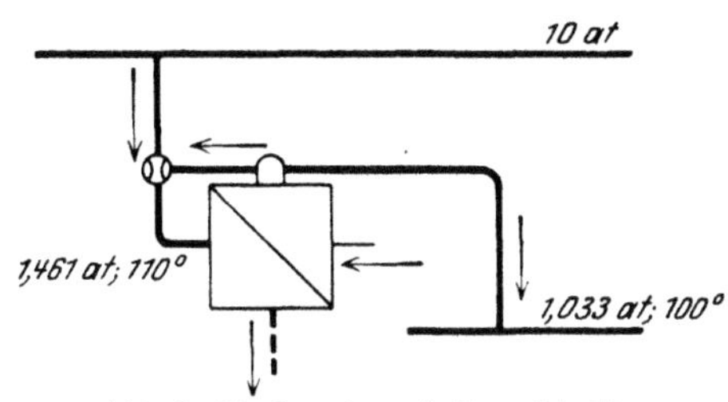

Abb. 6. Verdampfer mit Dampfstrahl-Brüdenverdichter.

abgesehen von der Überhitzung, auf das Maß, das dem erhöhten Druck als Siedetemperatur zukommt. Die verdichteten Brüden werden meist dem gleichen Körper als Heizmittel zugeführt, aus dem sie entstammen. Bei mechanischer Verdichtung nach Abb. 5 ergibt sich restlose Verwertung der Brüden, dagegen verbleibt bei Anwendung eines Dampfstrahlverdichters nach Abb. 6 ein Brüdenüberschuß, der durch die Menge des Treibdampfes bestimmt ist. Durch Vereinigung von Brüdenverdichtung und mehrstufiger Verdampfung lassen sich mannigfaltige Verbindungen schaffen, z. B. nach Abb. 7 in der Weise,

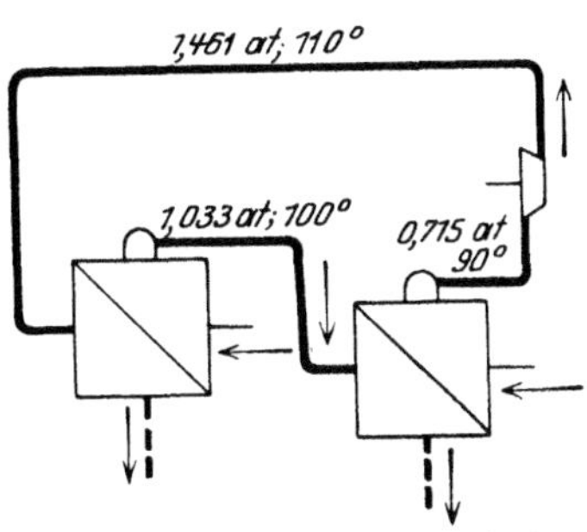

Abb. 7. Zweistufige Verdampfanlage mit mechanischem Brüdenverdichter.

daß die Brüden eines kälteren Körpers verdichtet und einem wärmeren Körper als Heizmittel zugeführt werden.

14. Unmittelbare Heizung.

Ausnahmsweise wird die Wärme unmittelbar dadurch zugeführt, daß sich das Heizmittel mit der verdampfenden Flüssigkeit oder einzudampfenden Lösung mischt. Von der Möglichkeit, Wärme in festen Körpern aufzuspeichern und diese danach in die zu erwärmende Flüssigkeit einzubringen, wird praktisch kaum Gebrauch gemacht. Dagegen kann die elektrische Widerstandsheizung für das Eindampfen von Lösungen in Betracht gezogen werden, die im eingedickten Zustande einen besonders hohen Siedepunkt besitzen.

Wird eine Flüssigkeit, die sich mit der zu verdampfenden Flüssigkeit oder einzudampfenden Lösung nicht mischt und deren Siedetemperatur merklich höher liegt, als unmittelbarer Wärmeträger benutzt, so bestehen die Brüden aus Mischdämpfen beider Flüssigkeiten. Der Brüdendruck P setzt sich zusammen aus den Teildrücken P_D und $P_{D,0}$, die den Dämpfen des Heiz- und Lösungsmittels bei der vorliegenden Temperatur im Sättigungszustande zukommen.

$$P = P_D + P_{D,0}. \tag{4}$$

Beispielsweise ist es denkbar, Benzol durch Einleitung von heißem Wasser zu verdampfen. Für offene Verdampfung bei einem gesamten Außendruck von 1 at ergibt sich alsdann nach Abb. 8 die Temperatur der Mischbrüden zu 68,5° aus dem Schnittpunkt der für Wasser von unten nach oben, für Benzol von oben nach unten aufgetragenen Spannungskurven, wenn die Mischdämpfe als gesättigt angesehen werden. In den Brüden sind hierbei γ_D'' kg/m³ Wasserdämpfe, $\gamma_{D,0}''$ kg/m³ Benzoldämpfe enthalten, wenn

γ das spezifische Gewicht des Dampfes in kg/m³

bedeutet. Das Verhältnis $\frac{\gamma_D''}{\gamma_{D,0}''}$ stellt einen Maßstab des Verlustes gegenüber Verdampfung unter mittelbarer Erwärmung dar, die stets wirtschaftlicher bleibt.

Aus Abb. 8 ergibt sich ganz allgemein, daß unmittelbare Erwärmung durch erhitzte Flüssigkeit eine Senkung der Verdampftemperatur unter das Maß zur Folge hat, das sich bei mittelbarer Heizung für den vorliegenden Druck ergäbe. Das Verfahren besitzt daher Bedeutung für die Behandlung von temperaturempfindlichen Stoffen. Diese Gesichtspunkte gelten auch für unmittelbare Heizung durch Dämpfe, die sich in flüssigem Zustande mit der zu verdampfenden Flüssigkeit oder einzudampfenden Lösung nicht mischen, wie Wasserdampf, der, in Benzol eingeblasen, dieses verdampft. Der Verlust gegenüber mittelbarer Verdampfung wird auch hier durch das Verhältnis $\frac{\gamma_D}{\gamma_{D,0}}$ gekennzeichnet. Der entstehende Dampf ist meist überhitzt, $\gamma_{D,0}$ daher kleiner, als dem Sättigungszustande entspricht. Bei gleichem Gesamtdruck liegt alsdann die Mischtemperatur höher. Damit wird P_D größer, $P_{D,0}$ kleiner

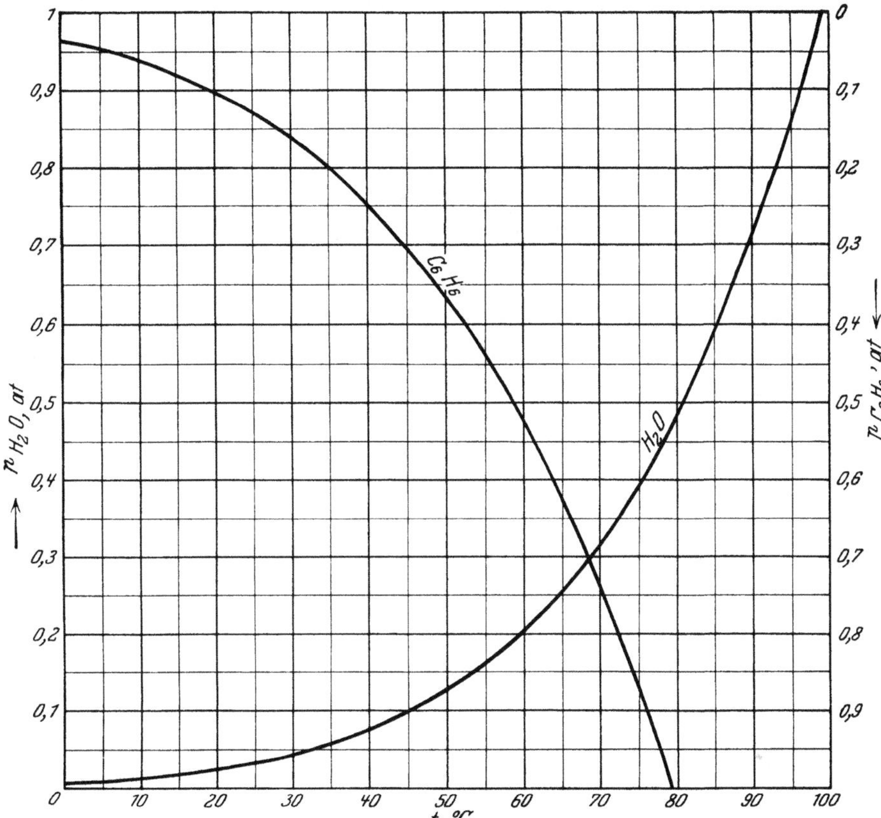

Abb. 8. *p*-*t*-Bild für Wasser und Benzol.

und $\gamma_{D,0}$ aus doppelten Gründen kleiner. Überhitzung, wie sie durch überstarkes Einblasen von Heizdampf begünstigt wird, vergrößert daher den Verlust.

15. Verdunsten.

Steht die Flüssigkeitsoberfläche in freier Verbindung mit der äußeren Luft, so verdunstet die Flüssigkeit, wenn ihre Temperatur höher ist als die dem Teildruck der Flüssigkeitsdämpfe in der Luft zugeordnete Siedetemperatur. Das Verdunsten stellt nur eine besondere Form des

Verdampfens bei Temperaturen unterhalb der Siedetemperatur dar und geht in das eigentliche Verdampfen über, sobald die Temperatur der Flüssigkeit die dem gesamten Druck entsprechende Siedegrenze erreicht. Hierbei gerät die zuvor ruhige Flüssigkeit in lebhafte Bewegung. Die Ursache liegt darin, daß die Verdunstung eine reine Oberflächenerscheinung ist und durch die Wechselwirkung zwischen der Oberflächenschicht und der darüber befindlichen Luft entsteht. Die Flüssigkeitsmassen unter der Oberfläche werden durch sie nicht unmittelbar berührt. Die Verdampfung dagegen ist eine Erscheinung, bei der Flüssigkeitsteilchen überall dort in die Form von Dampfblasen übergehen, wo die Flüssigkeitstemperatur die Siedegrenze zu überschreiten neigt, also vor allem an den Stellen, wo die zur Verdampfung nötige Wärme von außen zugeführt wird. Diese liegen in der Regel unterhalb der Flüssigkeitsoberfläche, so daß die entstehenden Dampfblasen die Flüssigkeitsmasse durchdringen und in Bewegung halten.

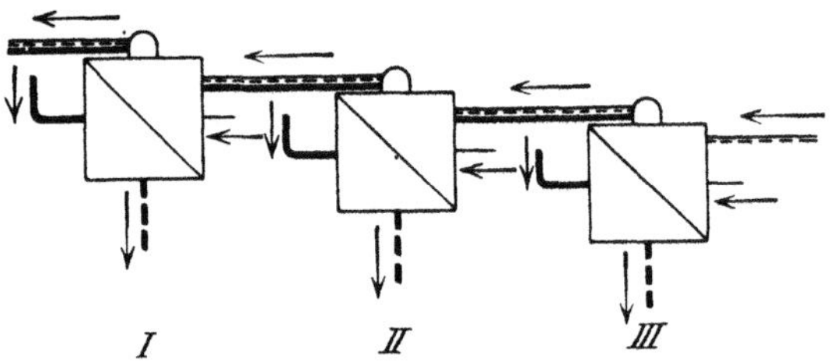

Abb. 9. Verdunstungsverdampfer.
I = erste Stufe (wärmer), *II* = Zwischenstufe, *III* = letzte Stufe (kälter).

Eine verstärkte Verdunstung mit Annäherung an das Bild der Verdampfung ergibt sich, wenn ein ungesättigtes Gas, wie trockene Luft, in die Flüssigkeit eingeblasen wird und diese gesättigt verläßt. Dient hierbei das Gas als unmittelbares Heizmittel, so entspricht die Temperatur der Mischung im Beharrungszustande der „Kühlgrenze", die durch Temperatur und Feuchtigkeitsgehalt des eintretenden Gases gegeben ist. Wird dagegen die Flüssigkeit nebenher noch mittelbar beheizt, so liegt die Mischtemperatur höher. Alsdann bietet es Vorteile, die Verdampfung mehrstufig vorzunehmen und das als Träger der Brüden auftretende Gas nach Abb. 9 die einzelnen Körper im Sinne zunehmender Temperatur durchwandern zu lassen.

Bei jeder Art von Verdunstung nimmt die verdampfende Flüssigkeit oder einzudampfende Lösung eine Temperatur an, die niedriger liegt als die dem herrschenden Druck zugeordnete Siedetemperatur. In dieser Hinsicht bietet die Verdunstung für die Verarbeitung temperaturempfindlicher Stoffe den gleichen Vorteil wie die Verdampfung bei niedrigem Druck.

Verdunstung spielt vor allem eine Rolle bei der Trocknung von festen Körpern und Flüssigkeiten durch Luft oder andere Gase. Diese Fragen finden sich ausführlich in der Arbeit des Verfassers „Die Trockentechnik" behandelt. Verdampfung vollzieht sich fast ausnahmslos in geschlossenen Behältern, wobei fremde Gase stets als unerwünschte Verunreinigung angesehen und daher Mittel angewandt werden, um sie fernzuhalten oder, soweit sie sich aus der verdampfenden Flüssigkeit selbst entwickeln, nach dem Entstehen rasch abzuführen. Der verbleibende Einfluß ist von untergeordneter, wenn auch im Betrieb nicht zu übersehender Bedeutung, so daß die Verdampfung im geschlossenen Behälter als ein Vorgang angesehen werden kann, der sich bei der Siedetemperatur der Flüssigkeit abspielt. In den Ausnahmefällen, wo Verdampfung an offener Luft stattfindet, ist die scharfe Abgrenzung gegen Verdunstung zunächst grundsätzlich nicht möglich. Da jedoch die Verdampfung von Flüssigkeiten an offener Luft an Stelle der Verdunstung durch Luft fast stets mit dem Ziele vorgenommen wird, die Flüssigkeitsmenge erheblich zu vergrößern, die aus der Einheit der Flüssigkeitsoberfläche dampfförmig entweicht, so ergibt sich regelmäßig das Bild, daß die lebhafte Dampfbildung die Luft von der Oberfläche der Flüssigkeit vollständig verdrängt und hier eine Schicht gesättigten Dampfes entweicht, die erst mit zunehmender Entfernung von der Oberfläche sich mit der Luft mischt und hierbei überhitzte Form annimmt. Aus diesem Grunde kann auch die offene Verdampfung als Vorgang betrachtet werden, der sich bei der Siedetemperatur der Flüssigkeit abspielt.

16. Entspannungsverdampfung.

Verdampfung kann auch dadurch bewirkt werden, daß der Druck über der Flüssigkeit unter den ihrer Temperatur entsprechenden Sättigungsdruck erniedrigt oder die Flüssigkeit in einen Raum gebracht wird, dessen Druck unterhalb des Sättigungsdruckes steht. An Stelle der äußeren Zufuhr der für die Verdampfung erforderlichen Wärme tritt hierbei der überschüssige Wärmeinhalt der Flüssigkeit, der dem Unterschied zwischen Eigentemperatur und Siedetemperatur entspricht. Die Folge ist eine Verdampfung, die sich auf die ganze Flüssigkeitsmasse, also den Kern ebensowohl wie die äußeren Schichten, erstreckt und sich in Form eines Zerknalls auslöst. Hiermit verwandt ist die Eigenverdampfung, die eine Flüssigkeit erfährt, wenn sie durch natürliche oder künstliche Mittel in einem senkrechten Kanal hochgeführt wird und beim Eintritt unten die dem dort herrschenden Druck entsprechende Siedetemperatur besitzt. Da der Druck beim Hochsteigen entsprechend der Verminderung der wirksamen Flüssigkeitshöhe abnimmt, wird Überschußwärme frei und durch Verdampfung verbraucht.

Zu dieser inneren Verdampfung kommt die äußere Verdampfung hinzu, wenn die Kanalwandung von außen beheizt ist.

17. Kondensieren.

Aus gesättigtem Dampf fällt Flüssigkeit aus, wenn ihm bei unveränderlichem Druck Wärme entzogen wird. Die Temperatur des Dampfes bleibt hierbei bis zur vollständigen Verflüssigung gleich und entspricht der dem Sättigungsdruck zugeordneten Siedetemperatur, die in diesem Zusammenhange als Verflüssigungstemperatur zu bezeichnen ist. Das Kondensat bedeckt die zur Wärmeentziehung dienenden Kühlflächen und fließt an ihnen unter dem Einflusse der Schwere abwärts. Der Restdampf bleibt gesättigt. Niederfallende Tropfen treten als grobe Gebilde auf, ergeben daher nicht die gleichmäßige Durchmischung, wie sie dem nebelförmigen nassen Dampf eigentümlich ist.

Die Temperatur der kühlenden Wand muß um so niedriger liegen, je geringer der im Dampfraum herrschende Sättigungsdruck ist, bei Wasserdampf von

0,01	1,033	10 at niedriger als
6,6	100	179°.

Da für die Verflüssigung in der Regel Grundwasser angewandt wird, das in mittleren Breitengraden eine Temperatur von 10° selten unterschreitet, kann damit reiner Wasserdampf nur verflüssigt werden, wenn sein Druck höher liegt als 0,0125 at, entsprechend einer Verflüssigungstemperatur von 10°.

Ist der Flüssigkeitsdampf mit fremden Gasen gemischt, so kondensiert er bei Abkühlung auf eine Temperatur, die als Verflüssigungstemperatur dem Teildruck des Dampfes, nicht dem Gesamtdruck, zugeordnet ist. Der Niederschlag der atmosphärischen Feuchtigkeit in Tauform beginnt daher bei normalem Barometerstand nicht bei 100°, sondern bei einer wesentlich tieferen Temperatur, dem Taupunkt, z. B. bei einem Teildruck des in der Luft enthaltenen Wasserdampfes von 0,0125 at bei 10°.

An Stelle der mittelbaren Kühlung durch gekühlte Wandungen in Oberflächenkondensatoren kann unmittelbare Kühlung durch die als Kühlmittel auftretende Flüssigkeit in Mischkondensatoren erfolgen. Die Flüssigkeit wird hierbei zweckmäßig in feiner Form über den dampferfüllten Raum verteilt und führt, niederfallend, das Dampfkondensat mit sich fort. Besteht die Kühlflüssigkeit aus dem gleichen Stoff wie der kondensierende Dampf, so herrscht in dem Verflüssigungsraum der Sättigungsdruck, der der Temperatur der Mischflüssigkeit entspricht. Ist diese Temperatur, wie stets bei endlicher Menge der Kühlflüssigkeit, veränderlich, so ist die auftretende Höchsttemperatur für den Druck im Verflüssigungsraum maßgebend. In Ausnahmefällen kann auch eine dem Dampf fremde Flüssigkeit, z. B. eine wahre Lösung, Verwendung finden, die als Lösungsmittel den gleichen Stoff enthält, aus dem der Dampf besteht. Der Druck im Verflüssigungsraum liegt alsdann niedriger als der der Lösungstemperatur entsprechende Sättigungsdruck. Das Maß der Erniedrigung steigt mit dem Gehalt der Lösung an gelösten Stoffen.

Während bei der Verdampfung fremde Gase alsbald in den Dampfraum entweichen oder sich von vornherein darin befinden und deshalb die Verdampferscheinung nicht wesentlich beeinflussen, wird das Bild der Verflüssigung durch hohen Gehalt des dampferfüllten Raumes an fremden Gasen grundsätzlich verändert. Diese fremden Gase kommen ebenso wie der Dampf mit den kühlenden Oberflächen durch die molekulare Bewegung in Berührung. Während jedoch die Dampfmoleküle keine Abkühlung unter die Verflüssigungstemperatur erfahren können, ist dies bei den Molekülen der fremden Gase möglich. Sie übernehmen daher die Aufgabe eines sekundären Kälteträgers und wirken auf die von den kühlenden Flächen entfernten Schichten. Die Verflüssigung kann sich hierdurch auf den ganzen Dampfraum erstrecken und Nebelbildung bewirken, auch wenn die äußeren Wandungen allein gekühlt sind.

18. Dampfkraftanlagen.

Verdampfen und Kondensieren spielen auch bei Dampfkraftanlagen eine ausschlaggebende Rolle. Der feuerbeheizte Kraftdampferzeuger — Dampfkessel —, der auch die Erzeugung von Gebrauchsdampf für Heizung u. dgl. übernimmt, unterscheidet sich grundsätzlich nur unwesentlich von dem feuerbeheizten Verdampfer zur Erzeugung destillierten Wassers. Ebenso stimmt die hinter die Dampfkraftmaschine geschaltete Kondensationsanlage im Wesen mit der bei Unterdruckverdampfern angewandten überein. Der Unterschied liegt in beiden Fällen in dem Grade, in dem Einzelheiten für den Erfolg ausschlaggebend sind. Beim Dampfkessel handelt es sich vor allem darum, die Wärme in der Feuerungsanlage mit möglichst hohem Wirkungsgrad zu erzeugen, bei der Kraftmaschinenkondensation steht die Erzielung höchster Luftleere an erster Stelle. Die gesamte Dampfkraftanlage erstrebt Annäherung an den Carnot-Kreislauf durch hohen Dampfdruck, Dampfüberhitzung, mehrstufige Speisewasservorwärmung mit Anzapfdampf, daneben Vermeidung von Abwärmeverlusten durch abgasbeheizte Luftvorwärmer. Im Gegensatz hierzu steht bei Verdampfanlagen die Feuerungsfrage außerhalb der Erörterung, weil Beheizung durch Feuergase zu den verschwindenden Ausnahmen gehört. Bei der mit ihr verbundenen Kondensationsanlage bietet besonders hohe Luftleere unter Anwendung kostspieliger Hilfsmittel selten einen ausschlaggebenden Vorteil. Aus diesen Gründen werden hier Kesselanlagen zur Erzeugung von Kraft- und Gebrauchsdampf ebenso wie Feuerungen nicht behandelt, insbesondere auch, weil die maßgebenden Fragen in der Fachliteratur ausgiebig beantwortet sind. Erwähnung verdienen jedoch in dem hier gezogenen Rahmen die Sonderbauarten von Dampfkesseln, bei denen die Verdampfung vorzugsweise oder ausschließlich unter Anwendung von höher temperiertem Dampf als Heizmittel erfolgt. Bei dem Schmidtschen Hochdrucksicherheitskessel wird der in feuerbeheizten Schlangen mit etwa 100 at erzeugte Heizdampf einem außerhalb des Feuergasbereiches liegenden, mit etwa 60 at arbeitenden Verdampferkessel zugeleitet. In ihm wird die Wärme durch Heizschlangen, unter Ausnutzung des dem Druckunterschied entsprechenden Temperaturgefälles von etwa 35°, übertragen. Der Löffler-Hochdruckkessel wendet gleichfalls einen dem Einfluß der Feuergase entzogenen Verdampferkessel an, der durch Einblasen hochüberhitzten Dampfes von wenig über dem Betriebsdruck liegender Spannung beheizt wird. Bei Schmidt wird die Verdampfwärme, bei Löffler die Überhitzungswärme des Heizdampfes zur Dampferzeugung ausgenutzt. Der feuerbeheizte primäre Dampferzeuger ist daher bei Schmidt ein in der Form abgeänderter Dampfkessel, bei Löffler ein reiner Dampfüberhitzer. So eng auch auf den ersten Blick diese beiden Sonderbauarten mit mittelbar und unmittelbar durch Dampf beheizten Verdampfern verwandt erscheinen, so groß ist doch der durch die Betriebsweise gegebene Unterschied. Die Verfahren von Schmidt und Löffler sind auf Dampfkessel mit hohem Druck zugeschnitten, der sich für Verdampfanlagen in dem hier behandelten engeren Sinne von selbst verbietet, weil der erheblichen Verteuerung keine auch nur annähernd gleichwertigen Vorteile gegenüberstehen. Der Verzicht auf die ausführliche Behandlung hindert jedoch nicht, die Erfahrung im einen Fall auf den anderen zu übertragen.

19. Dampfspeicher.

Die Entspannungsverdampfung, die im Dampfkessel bei sinkendem Dampfdruck in Wirksamkeit tritt und außerdem den Wasserumlauf maßgebend beeinflußt, wird in dem Ruthsschen Gefällespeicher zur ausschließlichen Dampferzeugung ausgenutzt. Während jedoch bei dem Entspannungsverdampfer Beharrungszustand die Regel bildet, ist für den Ruthsschen Speicher das abwechselnde Spiel: Verdampfen unter Druckabnahme und Kondensieren unter Drucksteigerung kennzeichnend. Noch größere Unterschiede ergeben sich beim Vergleich von Verdampfanlagen mit Gleichdruckspeichern, bei denen die Entspannungsverdampfung nur in untergeordnetem Maße in Wirkung tritt. Aus diesem Grunde erscheint Beschränkung auf den kurzen Hinweis berechtigt. Sie ist zudem durch das Bestreben geboten, den Rahmen dieses Buches einzuengen und nicht Fragen wiederholt ausführlich zu behandeln, die in erschöpfender Weise durch die vorhandene Literatur Beantwortung gefunden haben.

B. Lösungsgesetze.

1. Konzentration.

Die Kennzeichnung der Lösungskonzentration nach dem Gewichtsanteil des gelösten Stoffes erfolgt bisher nicht in einheitlicher Weise. Es sind folgende Darstellungen üblich:

1. Das Gewicht des gelösten Stoffes G_T wird auf das Gesamtgewicht der Lösung G bezogen, Lösungsstärke

$$\varkappa = \frac{G_T}{G}, \tag{5}$$

2. das Gewicht des gelösten Stoffes G_T wird auf das Gewicht des Lösungsmittels G_F bezogen, Stoffgehalt

$$y = \frac{G_T}{G_F} = \frac{G_T}{G - G_T} = \frac{G - G_F}{G_F} = \frac{G}{G_F} - 1, \tag{6}$$

3. das Gewicht des Lösungsmittels G_F wird auf das Gewicht der Lösung G bezogen, Verdünnungsgrad

$$\varphi = \frac{G_F}{G} = \frac{G - G_T}{G} = 1 - \frac{G_T}{G}. \tag{7}$$

Da das Gewicht des gelösten Stoffes sich während des Eindampfens nicht oder doch nur verschwindend ändert, erscheint es zweckmäßiger,

4. das Gewicht des Lösungsmittels G_F auf das Gewicht des gelösten Stoffes G_T zu beziehen, Lösungsmittelgehalt, Feuchtigkeitsgehalt

$$x = \frac{G_F}{G_T} = \frac{G_F}{G - G_F} = \frac{G - G_T}{G_T} = \frac{G}{G_T} - 1. \tag{8}$$

Wird z. B. 1 kg Lösung zunächst auf 0,75 kg, danach auf 0,5 kg eingedampft, so beträgt die Verdampfleistung eindeutig für jeden Eindampfabschnitt 0,25 kg, unabhängig davon, wie sich das Lösungsgewicht auf Lösungsmittel und gelösten Stoff verteilt. Entfallen in der anfänglichen Zusammensetzung 10 Gtl. gelöster Stoff auf 90 Gtl. Lösungsmittel, so ergibt sich mit den vier verschiedenen Kennzeichnungen nebenstehende Zusammenstellung.

		1. Abschnitt	2. Abschnitt
1.	$\varkappa_a$	0,1	0,133
	$\varkappa_e$	0,133	0,2
	$\varkappa_e - \varkappa_a$	0,033	0,067
2.	y_a	0,111	0,154
	y_e	0,154	0,25
	$y_e - y_a$	0,043	0,096
3.	φ_a	0,9	0,867
	φ_e	0,867	0,8
	$\varphi_a - \varphi_e$	0,033	0,067
4.	x_a	9	6,5
	x_e	6,5	4
	$x_a - x_e$	2,5	2,5

Da während des Eindampfens sich sowohl das Lösungsgewicht, auf das sich $\varkappa$ und φ beziehen, als auch das Lösungsmittelgewicht, auf das sich y bezieht, verändern, liefern die Unterschiede

$\varkappa_e - \varkappa_a$, $y_e - y_a$, $\varphi_a - \varphi_e$ zahlenmäßig kein richtiges Bild der Eindampfleistung. Vielmehr entsprechen im zweiten Abschnitte größere Zahlenunterschiede der gleichen Eindampfleistung wie im ersten Abschnitte. Im Gegensatz hierzu gibt die Abnahme des Lösungsmittelgehaltes $x_a - x_e$ für den ganzen Eindampfvorgang ein richtiges Maß der Verdampfleistung. Für ein verarbeitetes Gewicht gelösten Stoffes G_T beträgt sie $G_T(x_a - x_e)$ kg.

Für Umrechnung von Lösungsstärke $\varkappa$, Stoffgehalt y, Verdünnungsgrad φ und Lösungsmittelgehalt oder Feuchtigkeitsgehalt x gelten die Beziehungen

$$\varkappa = \frac{1}{1+x}, \tag{9}$$

$$x = \frac{1-\varkappa}{\varkappa}, \tag{10}$$

$$y = \frac{1}{x}, \tag{11}$$

$$x = \frac{1}{y}, \tag{12}$$

$$\varphi = \frac{x}{1+x}, \tag{13}$$

$$x = \frac{\varphi}{1-\varphi}, \tag{14}$$

$$\varkappa = 1 - \varphi. \tag{15}$$

2. $t - \frac{P}{P''} - x$-Bild.

Es bezeichne

t die Temperatur der Lösung, in ^{0}C,

P den Dampfdruck des Lösungsmittels über der Lösung bei der Temperatur t, in kg/m^2,

P'' den Sättigungsdruck des Lösungsmittels bei der Temperatur t, in kg/m^2,

dann ist das Verhältnis

$$\frac{P}{P''} < 1. \tag{16}$$

Es bildet einen Maßstab für die Dampfdruckerniedrigung oder die hygroskopische Eigenschaft der Lösung. Die Veränderung von $\frac{P}{P''}$ mit dem Feuchtigkeitsgehalt x läßt sich in einem $\frac{P}{P''} - x$-Bilde darstellen. Für jede Lösungsart ergibt sich eine Kennlinie, die genügend genau für alle Temperaturen gilt. (Genau genommen besteht eine Abhängigkeit von der Temperatur insofern, als $\frac{P}{P''}$ für den gleichen Wert x mit der Temperatur zunimmt, also sich dem Werte 1 nähert. Das bedeutet, daß durch Temperaturerhöhung die hygroskopische Wirkung vermindert wird.)

Unter Annahme von Wasser als Lösungsmittel ist in Abb. 10 für wässerige Kochsalz- und Zuckerlösungen das $\frac{P}{P''} - x$-Bild zu einem $t - \frac{P}{P''} - x$-Bild so erweitert, daß sich daraus für einen bestimmten Feuchtigkeitsgehalt der Lösung der Wasserdampfdruck P über der Lösung bei einer gegebenen Lösungstemperatur t und die Siedetemperatur t' der Lösung bei einem bestimmten Dampfdruck P über der Lösung ermitteln läßt.

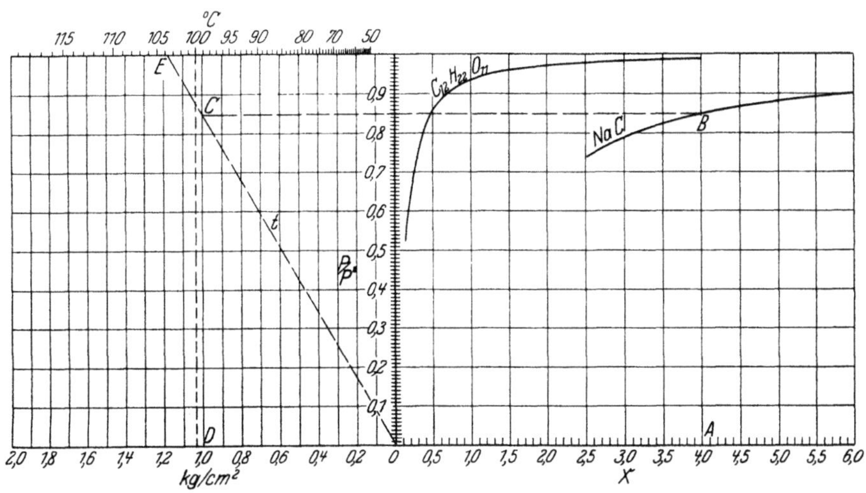

Abb. 10. $t - \frac{P}{P''} - x$-Bild für wässerige Kochsalz- und Zuckerlösungen.

Hierbei sind die Werte von $\frac{P}{P''}$ benutzt, die genau für den Siedepunkt t'_{760}, mit genügender Annäherung für alle Temperaturen, gelten.

Beispiel.

Eine Kochsalzlösung mit einem Feuchtigkeitsgehalt $x = 4$, entsprechend 4 Gtl. Wasser auf 1 Gtl. wasserfreies NaCl oder einer Lösungsstärke $\varkappa = 20\%$, siede bei $103{,}8^0$. Wie hoch ist der Dampfdruck über der Lösung?

Wird durch den zum x-Wert A gehörenden Punkt B eine Parallele zur Abszissenachse gezogen, so schneidet diese den vom Nullpunkt durch Punkt E gezogenen t-Strahl in Punkt C. Die Ordinate durch C liefert in Punkt D den gesuchten Dampfdruck von 1 at.

Beispiel.

Die gleiche Lösung soll bei einem Druck von 1 at eingedampft werden. Wie hoch ist die Siedetemperatur?

Die Parallele zur Abszissenachse durch Punkt B liefert mit der Ordinate durch Punkt D den Schnittpunkt C. Der vom Nullpunkt ausgehende t-Strahl durch C ergibt die gesuchte Siedetemperatur von $103{,}8^0$.

t'—$\varkappa$-Bild.

Wird, wie bisher üblich, statt des Verhältnisses $\frac{P}{P''}$ die Siedetemperatur t' der Lösung in Abhängigkeit von der Lösungsstärke $\varkappa$ oder von dem Feuchtigkeitsgehalt x oder auch von dem spezifischen Gewicht γ dargestellt, so ist für jede Lösungsart eine Schar von Kurven nötig, weil bei gleichem Feuchtigkeitsgehalt die Siedetemperatur sich mit dem Drucke ändert. Diese in Abb. **11** beispielsweise für wässerige Schwefelsäure angewandte Darstellungsweise im t'—$\varkappa$-Bild ist daher weniger einfach als die der Abb. 10. Der Nachteil bleibt auch bestehen, wenn als die eine Abhängige, statt der Siedetemperatur, die Siedetemperaturerhöhung der Lösung gegenüber dem Lösungsmittel gewählt wird, weil auch diese bei gleicher Konzentration der Lösung mit dem Drucke veränderlich ist. Das t—$\frac{P}{P''}$—x-Bild gibt außerdem auch Aufschluß über das Maß der Dampfdruckerniedrigung, und zwar nicht nur für die siedende, sondern auch für die unterkühlte Lösung bei einer beliebigen Temperatur $t < t'$.

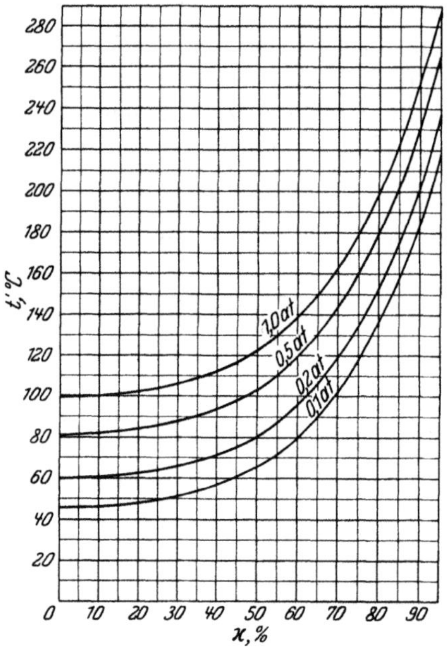

Abb. 11. t'—$\varkappa$-Bild für wässerige Schwefelsäure.

3. Raoultsches Gesetz.

Für schwache organische Lösungen, für die das Verhältnis $1 > \frac{P}{P''} > 0{,}95$ ist, ergibt sich nach dem Raoultschen Gesetz das Verhältnis

$$\frac{P}{P''} = 1 - m. \tag{17}$$

Hierbei bedeuten

m die Molkonzentration der Lösung $m = \dfrac{\frac{1}{M_T}}{\frac{1}{M_T} + \frac{x}{M_F}}$,

M_T das Molekulargewicht des gelösten Stoffes,

M_F das Molekulargewicht des Lösungsmittels (für Wasser $M_F = 18$).

$$\frac{P}{P''} = 1 - \frac{\frac{1}{M_T}}{\frac{1}{M_T} + \frac{x}{M_F}} = \frac{M_T}{M_T + \frac{M_F}{x}}. \tag{18}$$

Für Salze, Säuren und Basen, die in wässerigen Lösungen dissoziiert sind, ist das Verhältnis $\frac{P}{P''}$ kleiner, als es sich nach dem Raoultschen Gesetz ergäbe.

Beispiel.

Eine reine Zuckerlösung mit einem Feuchtigkeitsgehalt $x = 9$, entsprechend einer Lösungsstärke $\varkappa = 10\%$, ergibt mit dem Molekulargewicht $M_T = 342$ für wasserfreien Zucker ($C_{12}H_{22}O_{11}$) ein Verhältnis $\frac{P}{P''} = \frac{342}{342 + \frac{18}{9}} = 0{,}994$. Siedet diese Lösung bei einem äußeren Druck $P = 1{,}033$ at, so entspricht ihre Siedetemperatur t' einem Sättigungsdruck des Wasserdampfes $P'' = \frac{1{,}033}{0{,}994} = 1{,}038$. Diesem ist $t'' = 100{,}15$ zugeordnet. Da die Siedetemperatur des Wassers bei 1,033 at 100^0 beträgt, ergibt sich die Siedepunkterhöhung $t'' - t' = 100{,}15 - 100 = 0{,}15^0$.

4. Dühringsche Regel[1].

Ist die Siedetemperatur einer bestimmten Lösung für zwei verschiedene Drücke bekannt, so lassen sich ihre Siedetemperaturen für beliebige Drücke nach der Dühringschen Regel ermitteln und damit auch die $\frac{P}{P''}$-Kennlinien festlegen.

Bezeichnen

t_1'' und t_2'' die Siedetemperaturen einer bekannten Flüssigkeit, z. B. von Wasser bei den Drücken P_1 und P_2, ferner

t_1' und t_2' die Siedetemperaturen einer bestimmten Lösung bei den gleichen Drücken P_1 und P_2,

so lautet die Dühringsche Regel

$$\frac{t_1'' - t_2''}{t_1' - t_2'} = C.$$

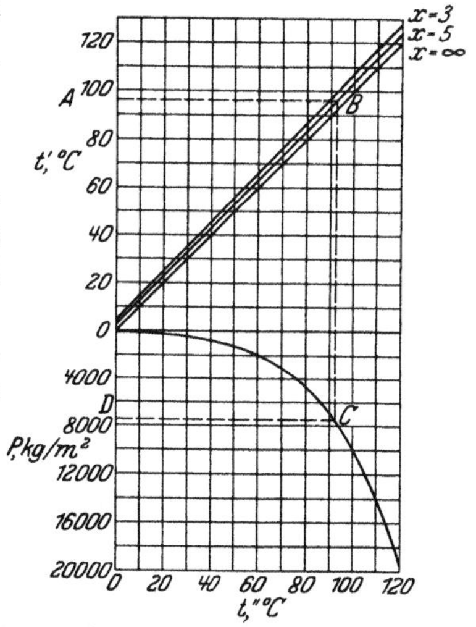

Abb. 12. Dühringsche Geraden für wässerige Kochsalzlösungen.

Wird daher nach Abb. 12 die Siedetemperatur des Wassers als Abszisse, die bei gleichem Druck gemessene Siedetemperatur der Lösung als Ordinate aufgetragen, so ergeben sich für jede bestimmte Lösung Geraden. Durch Eintragung der Sättigungsdrücke von Wasserdampf als Ordinaten ergibt die Abbildung die Möglichkeit, für eine feststehende Eindampftemperatur t' der Lösung den zugehörigen Druck, Linienzug $A\,B\,C\,D$, oder umgekehrt für einen bestimmten Druck die Siedetemperatur t' der Lösung, Linienzug $D\,C\,B\,A$, abzulesen.

[1] Dühring: Neue Grundzüge zur rationellen Physik und Chemie. Leipzig 1878.

Die Dühringsche Regel gilt sowohl für organische Lösungen als auch für Salzlösungen. Carr, Townsend, Badger[1] haben aus den Untersuchungen von Gerlach und Mayer Bügstrom die Dühringsche Regel, nicht nur nach Abb. 13 für Glyzerinwasser, sondern nach Abb. 14 auch für Glyzerinwasser, das mit Kochsalz gesättigt ist, bestätigt. Der in der letzten Abbildung eingetragene Feuchtigkeitsgehalt bezieht sich auf die Glyzerinwasserlösung vor ihrer Sättigung mit Kochsalz.

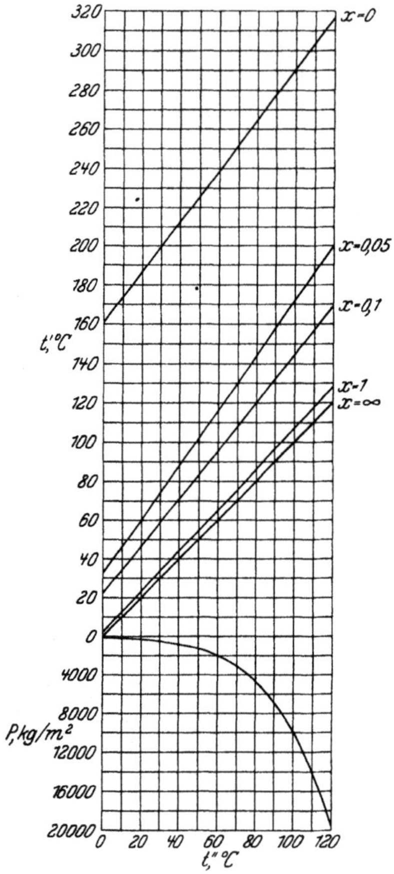

Abb. 13. Dühringsche Geraden für wässerige Glyzerinlösungen.

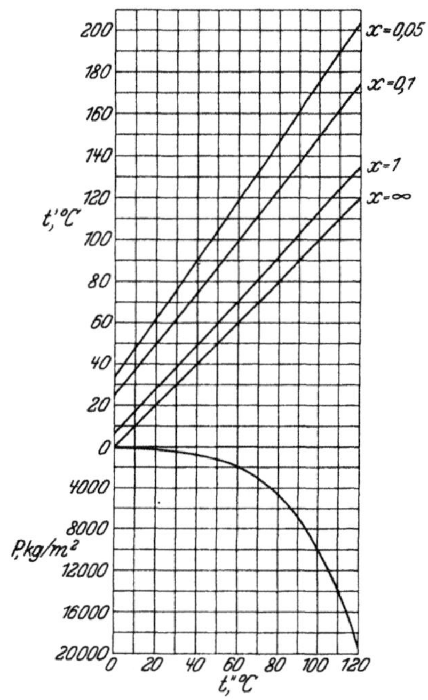

Abb. 14. Dühringsche Geraden für wässerige mit Kochsalz gesättigte Glyzerinlösungen.

5. Feuchtigkeitsgehalt.

Die Ermittelung des Feuchtigkeitsgehaltes x einer Lösung ist durch Eindampfen bis zur vollständigen Trocknung möglich, wenn der gelöste Stoff in fester Form entfällt. Bleibt er in flüssiger Form zurück, so muß zu diesem Zwecke das Eindampfen mit einer Temperatur erfolgen, die

[1] Carr, Townsend, Badger: Vapor pressures of glycerol-water and glycerol-water-sodium-chloride systems. J. Ind. Engg. Chem. 1925.

schließlich die Siedetemperatur des gelösten Stoffes erreicht, und der Gehalt der Brüden an dampfförmig abgegangenen gelösten Stoffen berücksichtigt werden.

6. Aräometergrade.

Besonders im letzten Falle und auch ganz allgemein ist es einfacher, die Feststellung des Feuchtigkeitsgehaltes mittelbar dadurch vorzunehmen, daß bei einer bestimmten Bezugstemperatur das spezifische Gewicht der Lösung gemessen und der Feuchtigkeitsgehalt aus Tafeln entnommen wird, die für die besondere Lösungsart den Zusammenhang zwischen spezifischem Gewicht γ und Feuchtigkeitsgehalt x darstellen. Die Bezugstemperatur beträgt in der Regel 15^0. Die Messung des spezifischen Gewichtes erfolgt durch Aräometer, deren Einteilung entweder das spezifische Gewicht unmittelbar enthält oder doch ohne weiteres zu errechnen gestattet. Für die Umrechnung der üblichen Aräometereinteilungen gelten folgende Beziehungen

n Baumé-Grade (Bezugstemperatur $12{,}5^0$) $\gamma_{15^0} = \dfrac{145{,}88}{145{,}88 \pm n}$,

n Beck-Grade (,, $12{,}5^0$) $\gamma_{15^0} = \dfrac{170}{170 \pm n}$,

n Brix-Grade (,, $15{,}6^0$) $\gamma_{15^0} = \dfrac{400}{400 - n}$,

n Twaddle-Grade (,, 15^0) $\gamma_{15^0} = \dfrac{n}{200} + 1$,

n Barkometer-Grade (,, 15^0) $\gamma_{15^0} = \dfrac{n}{1000} + 1$.

Die Baumé-Grade waren ursprünglich als Einteilung für Ablesung der Stärke $\varkappa$ von NaCl-Lösung in % gedacht. Die Brix-Grade geben die scheinbare Stärke $\varkappa$ von Zuckerlösungen in % reinen Zuckers an. Die Barkometer-Gradteilung ist in ihrer Anwendung auf Messung von Gerbstoffextrakten beschränkt. Bei der Umrechnung von Baumé- und Beck-Graden gilt das Pluszeichen für Flüssigkeiten, die leichter, das Minuszeichen für Flüssigkeiten, die schwerer als Wasser sind. Wenn oben der Standpunkt vertreten wurde, daß zur Kennzeichnung der Lösung die einheitliche Angabe des Lösungsmittelgehaltes x sich empfiehlt, so ist zu seiner praktischen Ermittelung die einheitliche Messung des spezifischen Gewichtes unter unmittelbarer Ablesung von γ erst recht anzustreben. Die Sondereinteilungen der Aräometer entsprechen keinem Bedürfnis mehr.

7. Konzentrationsbeobachtung im Betrieb.

Für die laufende Feststellung der Konzentration ohne Probeentnahme kann die Messung von Brüdendruck und Siedetemperatur herangezogen werden. Aus beiden ergibt sich für eine bestimmte Lösung der zugehörige Gehalt an Lösungsmittel. Die genaue Ermittelung der Siedetemperatur an dem in Betrieb befindlichen Verdampfer ist häufig schwierig oder unmöglich. In solchen Fällen kann die laufende Feststellung des Trockenstoffgehaltes mit dem unmittelbar am Verdampfer angebrachten Refraktometer durch Beobachtung der Lichtbrechung erfolgen.

C. Wärmebilanzgleichungen.

1. Wärmebilanz der Verdampfung.

Es bedeute

Q_h den stündlich verbrauchten Heizstrom, in kcal/h,

$G_{h,F,0}$ das stündlich von außen zugeführte Flüssigkeitsgewicht, in kg/h,

$i_{a,F,0}$ den Wärmeinhalt der eintretenden Flüssigkeit, in kcal/kg,

i''_0 den Wärmeinhalt des nach außen tretenden Dampfes im Sättigungszustand, in kcal/kg,

$Q_{V,h}$ den stündlich in die Luft des Aufstellungsraumes gehenden Streuverlust, in kcal/h.

Verdampft eine reine Flüssigkeit, so ist im Beharrungszustande das stündlich zugeführte Flüssigkeitsgewicht gleich der stündlich entwickelten Dampfmenge, außerdem besteht Gleichheit zwischen der im ganzen stündlich ein- und austretenden Wärmemenge. Damit lautet die Wärmebilanzgleichung

$$Q_h + G_{h,F,0} \cdot i_{a,F,0} = Q_{V,h} + G_{h,F,0} \cdot i''_0 \,. \tag{19}$$

Hieraus folgt der stündlich verbrauchte Heizstrom

$$Q_h = G_{h,F,0}\,(i''_0 - i_{a,F,0}) + Q_{V,h} \,. \tag{20}$$

Der verbrauchte Heizstrom hat die Vermehrung des Wärmeinhaltes der verdampften Flüssigkeit von dem Betrage der anfänglichen Flüssigkeitswärme auf den Betrag der Dampfwärme, außerdem den Streuverlust zu bestreiten. Hierbei ist die Frage zunächst offen gelassen, in welcher Form die Wärmezufuhr von außen erfolgt. Bei der elektrischen Widerstandsheizung wird die Wärme im Wärmeverbraucher selbst erzeugt, ohne daß ein sich verändernder Wärmeträger auftritt. Der stündlich verbrauchte Heizstrom ist alsdann gleichbedeutend mit dem stündlich zugeführten und eindeutig zu

$$Q_h = 860\, J^2 R \,\mathrm{kcal/h} \tag{21}$$

bestimmt, wenn

R den Widerstand des elektrischen Leiters, in Ohm,

J die elektrische Stromstärke, in Ampere,

bedeuten. Anders liegen jedoch die Verhältnisse, wenn ein Wärmeträger auftritt, der unter Änderung seiner Temperatur oder seines Aggregatzustandes Wärme liefert. Alsdann ergibt sich

$$Q_h = Q_{h,a} - Q_{h,e}, \tag{22}$$

wenn

$Q_{h,a}$ den stündlich eintretenden, an den Wärmeträger gebundenen Wärmestrom, in kcal/h,

$Q_{h,e}$ den stündlich austretenden, an den Wärmeträger gebundenen Wärmestrom, in kcal/h,

bedeuten. Der Betrag $Q_{h,e}$ stellt die Abwärme dar, die verloren geht oder wiedergewonnen wird. Das Maß, in dem das eine oder andere geschieht, ist in der Regel nicht durch die Verdampfanlage bedingt, so daß es richtig scheint, sie nicht allgemein mit dem Betrage $Q_{h,e}$ als Wärmeverlust zu belasten.

Bei mittelbarer Beheizung durch Kesseldampf und Rückführung des Heizdampfkondensats in den Dampfkessel, ebenso bei mittelbarer Beheizung durch erwärmte Flüssigkeiten oder Gase, die in geschlossenem Kreislauf zu der Heizeinrichtung zurückkehren, ist das Verhältnis $\frac{Q_{h,e}}{Q_{h,a}}$ ohne Einfluß auf den Betrag der tatsächlichen Wärmeerzeugung. Wird in solchen Fällen auf die Ausnutzung der Abwärme $Q_{h,e}$ verzichtet, so stellt dies einen Verlust zu Lasten der Wärmeerzeugungsanlage, nicht der wärmeverbrauchenden Verdampfanlage dar.

Vielfach liegen jedoch Schwierigkeiten für die Wiedergewinnung der Abwärme $Q_{h,e}$ in geschlossenem Kreislauf vor, z. B. wenn die mittelbare Beheizung durch überflüssige Brüden erfolgt und das Brüdenkondensat aus irgendwelchen Gründen unverwertbar ist, oder wenn, wie bei mittelbarer Beheizung durch Feuergase, die Rückführung der gesamten Abgasmenge undenkbar ist. In diesen Fällen ist die Wiedergewinnung der Abwärme für Heizzwecke in Zusatzanlagen anzustreben, die in Zusammenhang mit der Wärmeerzeugungsanlage stehen können, wie Lufterhitzer bei Feuergasbeheizung. Ein bestimmtes, durch die Temperatur der Umwelt bedingtes Mindestmaß von Abwärme bleibt stets unausgenutzt. Dieser Teilbetrag besitzt jedoch keinen Wert, ist daher nicht als Wärmeverlust anzusehen. Bei mittelbarer Beheizung ohne geschlossenen Kreislauf des Heizmittels hat die Abwärme $Q_{h,e}$ Bedeutung für die Beurteilung der Verdampfergüte. Sie stellt eine Ausgabe dar, d. h. einen Verlustposten in der Höhe, die dem verbleibenden Temperaturunterschied zwischen austretendem Heizmittel und Umwelt entspricht. Vorwärmer für die zu verdampfende Flüssigkeit, die Abwärme zugunsten des Verdampfers ausnutzen, gelten in diesem Zusammenhange als Teile der Verdampfanlage, das Maß des schließlich verbleibenden Abwärmeverlustes ist durch die tiefste Temperatur des Heizmittels am Austritt aus derartigen Zusatzvorrichtungen bedingt.

Erfolgt die Wärmezufuhr unmittelbar durch Einblasen von Dampf in die zu verdampfende Flüssigkeit, wobei sich die beiden Stoffe in flüssigem Zustande nicht mischen, und bedeuten

t_0 die Temperatur der Mischbrüden, in ^{0}C,
$G_{h,D}$ das stündlich zugeführte Heizdampfgewicht, in kg/h,
$i_{e,F}$ den Wärmeinhalt des in der verdampfenden Flüssigkeit kondensierten Heizdampfteils bei der Austrittstemperatur, in kcal/kg,
i_D den Wärmeinhalt des eintretenden Heizdampfes, in kcal/kg,
i'' den Wärmeinhalt des in die Brüden übergehenden, gesättigt angenommenen Heizdampfteils bei der Temperatur t_0, in kcal/kg,
γ''_D das spezifische Gewicht des in die Brüden übergehenden, gesättigt angenommenen Heizdampfteils bei der Temperatur t_0, in kg/m^3,
$G_{h,F,0}$ das stündlich von außen zugeführte Gewicht der zu verdampfenden Flüssigkeit, in kg/h,
$i_{a,F,0}$ den Wärmeinhalt der eintretenden Flüssigkeit, in kcal/kg,
i''_0 den Wärmeinhalt des aus der verdampfenden Flüssigkeit entstandenen, gesättigt angenommenen Brüdenteils bei der Temperatur t_0, in kcal/kg,
$\gamma''_{D,0}$ das spezifische Gewicht des aus der verdampfenden Flüssigkeit entstandenen, gesättigt angenommenen Brüdenteils bei der Temperatur t_0, in kg/m^3,

so ergibt sich folgender Zusammenhang:

$G_{h,F,0} + G_{h,F,0} \cdot \frac{\gamma''_D}{\gamma''_{D,0}}$ Gewicht der stündlich austretenden Mischbrüden, in kg/h,

$G_{h,D} - G_{h,F,0} \cdot \frac{\gamma''_D}{\gamma''_{D,0}}$ Gewicht des stündlich kondensierenden Heizdampfes, in kg/h,

$G_{h,D} \cdot i_D = Q_{h,a}$ stündlich von außen zugeführter Heizstrom, in kcal/h,

$G_{h,F,0} \cdot \frac{\gamma''_D}{\gamma''_{D,0}} \cdot i'' + \left(G_{h,D} - G_{h,F,0} \cdot \frac{\gamma''_D}{\gamma''_{D,0}}\right) i_{e,F} = Q_{h,e}$ stündlich abgeführter, an das Heizmittel in den Brüden und dem Kondensat gebundener Wärmestrom, in kcal/h.

Die Wärmebilanzgleichung lautet

$$Q_h + G_{h,F,0} \cdot i_{a,F,0} = Q_{V,h} + G_{h,F,0} \cdot i''_0 \,. \tag{19a}$$

Der stündlich verbrauchte Heizstrom ergibt sich zu

$$Q_h = G_{h,F,0} (i''_0 - i_{a,F,0}) + Q_{V,h} \,. \tag{20a}$$

Der Unterschied des Wärmeinhaltes i''_0 in den Formeln (20) und (20a) verschwindet, wenn der Brüdendruck beim Verdampfen mit mittelbarer Beheizung gleich dem auf den Heizmitteldampf entfallenden Brüdenteildruck beim Verdampfen mit unmittelbarer Dampfbeheizung wird.

Aber auch dann besteht noch ein wesentlicher Unterschied zwischen beiden Beheizungsarten. Wird in beiden Fällen Dampf als Heizmittel und gleiche Temperatur von Brüden und Kondensat angenommen, so folgt der Betrag der Abwärme für die mittelbare Dampfbeheizung zu

$$Q_{h,e} = G_{h,D} \cdot i_{e,F}\,, \tag{23}$$

für die unmittelbare Dampfbeheizung zu

$$Q_{h,e} = G_{h,D} \cdot i_{e,F} + G_{h,F,0} \cdot \frac{\gamma''_D}{\gamma''_{D,0}} (i'' - i_{e,F})\,. \tag{24}$$

Die Abwärmemenge ist daher im letzten Falle um das Maß

$$G_{h,F,0} \cdot \frac{\gamma''_D}{\gamma''_{D,0}} (i'' - i_{e,F})$$

größer. Ein weiterer Unterschied besteht darin, daß die Abwärme sich bei der unmittelbaren Beheizung mit Dampf viel weniger leicht wiedergewinnen läßt. Das Heizdampfkondensat ist durch die Mischung mit der zu verdampfenden Flüssigkeit verunreinigt und für Rückführung in geschlossenem Kreislauf ungeeignet. Die gesamten Mischbrüden werden kondensiert, um die Bestandteile zu trennen. Hierbei kann zwar zur Vorwärmung der zu verdampfenden Flüssigkeit, also innerhalb der Verdampfanlage, ein Teil der Mischbrüden benutzt werden. Er ist jedoch stets kleiner als der aus der zu verdampfenden Flüssigkeit entstandene Brüdenanteil, der Anteil des Heizdampfes in den Mischbrüden stellt daher einen unnützen Ballast und eine Verlustquelle dar, weil seine Ausnutzung innerhalb der Verdampfanlage auch nicht in anderer Weise in Betracht kommt. Der stündlich von außen zugeführte Heizstrom

$$\begin{aligned} G_{h,D} \cdot i_D &= Q_{h,a} = Q_h + Q_{h,e} \\ &= G_{h,F,0}\left[i''_0 - i_{a,F,0} + \frac{\gamma''_D}{\gamma''_{D,0}}(i'' - i_{e,F})\right] + G_{h,D} \cdot i_{e,F} + Q_{V,h} \\ &= G_{h,F,0}\left[i''_0 - i_{a,F,0} + \frac{\gamma''_D}{\gamma''_{D,0}}(i'' - i_{e,F}) + \frac{Q_{V,h}}{G_{h,F,0}}\right] \cdot \frac{i_D}{i_D - i_{e,F}} \end{aligned} \tag{25}$$

soll daher möglichst niedrig sein. Dies führt zu der Forderung eines großen Wertes

$$\frac{i_D - i_{e,F}}{i_D} = 1 - \frac{i_{e,F}}{i_D}\,,$$

also möglichst hohen Wärmeinhaltes i_D des Heizdampfes. Anwendung überhitzten Dampfes ergibt daher gegenüber Sattdampf eine Ersparnis. Sie wird allerdings in dem Maße vermindert, in dem durch überstarkes Einblasen des Heizdampfes eine Überhitzung der entstehenden Brüden eintritt, die Voraussetzung gesättigter Brüdendämpfe also nicht mehr zutrifft.

Bedeutet für den Fall unmittelbarer Beheizung durch Flüssigkeit

$i_{a,F}$ den Wärmeinhalt der in die zu verdampfende Flüssigkeit eintretenden Heizflüssigkeit, in kcal/kg,

so gilt die Beziehung

$$G_{h,F} \cdot i_{a,F} = G_{h,F,0}\left[i_0'' - i_{a,F,0} + \frac{\gamma_D''}{\gamma_{D,0}''}(i_0'' - i_{e,F}) + \frac{Q_{V,h}}{G_{h,F,0}}\right] \cdot \frac{i_{a,F}}{i_{a,F} - i_{e,F}}. \quad (26)$$

Hieraus ergibt sich, da

$$1 - \frac{i_{e,F}}{i_{a,F}} > 1 - \frac{i_{e,F}}{i_D}$$

ist, die grundsätzliche Überlegenheit von dampfförmigen Heizmitteln gegenüber flüssigen bei unmittelbarer Einführung in die zu verdampfende Flüssigkeit.

2. Wärmebilanz des Eindampfens.

Es bedeute

$G_{h,T}$ das Gewicht gelösten Stoffes, das in der stündlich verarbeiteten Lösungsmenge enthalten ist, in kg/h,

x_a den Lösungsmittelgehalt der eintretenden schwachen Lösung, in kg/kg gelösten Stoff,

x_e den Lösungsmittelgehalt der austretenden starken Lösung, in kg/kg gelösten Stoff,

i_a den Wärmeinhalt der eintretenden schwachen Lösung, in kcal/kg,

i_e den Wärmeinhalt der austretenden starken Lösung, in kcal/kg,

$i_{D,0}$ den Wärmeinhalt der austretenden Brüden, in kcal/kg.

Für das Eindampfen einer Lösung gelten im Beharrungszustande folgende Beziehungen:

$G_{h,T}(1 + x_a)$ Gewicht der stündlich eintretenden Lösung, in kg/h,

$G_{h,T}(1 + x_e)$ Gewicht der stündlich austretenden Lösung, in kg/h,

$G_{h,T}(x_a - x_e)$ stündliche Verdampfleistung, in kg/h.

Die Wärmebilanzgleichung lautet

$$Q_h + G_{h,T}(1 + x_a)\, i_a = Q_{V,h} + G_{h,T}(1 + x_e)\, i_e + G_{h,T}(x_a - x_e)\, i_{D,0}. \quad (27)$$

Der stündlich verbrauchte Heizstrom ergibt sich zu

$$Q_h = G_{h,T}(x_a - x_e)(i_{D,0} - i_a) + G_{h,T}(1 + x_e)(i_e - i_a) + Q_{V,h}. \quad (28)$$

Die äußere Wärmezufuhr hat die Vermehrung des Wärmeinhaltes des verdampften Lösungsmittels von dem Betrage der anfänglichen Flüssigkeitswärme auf den Betrag der Dampfwärme zu bestreiten, außerdem die durch Temperaturerhöhung in der eingedickten Lösung auftretende Vermehrung des Wärmeinhalts, schließlich den Streuverlust.

3. Wärmebilanz der Kondensation.

Es bedeute

$Q_{h,0}$ den stündlich nach außen abgeführten Wärmestrom, die Kühlleistung, in kcal/h,

$G_{h,F}$ das stündlich kondensierte Dampfgewicht, in kg/h,

$i_{e,F}$ den Wärmeinhalt des austretenden Kondensats, in kcal/kg.

Für die Kondensation von Dämpfen lautet die Bilanzgleichung

$$G_{h,F} \cdot i'' = Q_{h,0} + Q_{V,h} + G_{h,F} \cdot i_{e,F}. \tag{29}$$

Die Kühlleistung beträgt

$$Q_{h,0} = G_{h,F}\,(i'' - i_{e,F}) - Q_{V,h}. \tag{30}$$

Die äußere Kühlung hat die Verminderung des Wärmeinhalts des Dampfes von dem Betrage der Dampfwärme auf den Betrag der Flüssigkeitswärme, vermindert um den Streuverlust, zu bestreiten.

Unter Annahme einer gleichen Stoffmenge $G_{h,F}$ und einer Endtemperatur des Kondensates gleich der Anfangstemperatur der zu verdampfenden Flüssigkeit ist die verbrauchte Heizleistung im Falle der Verdampfung gleich der Kühlleistung im Falle der Kondensation, wenn in beiden Fällen keine Streuverluste auftreten. Der tatsächliche Streuverlust erhöht die Heizleistung bei der Verdampfung, vermindert dagegen die Kühlleistung bei der Kondensation, so daß aus doppelten Gründen $Q_h > Q_{h,0}$ wird.

D. Wärmeeigenschaften.

1. Wärmeinhalt.

Bedeuten

$c_{p,G}$ die spezifische Wärme eines Gases bei gleichbleibendem Druck und der Temperatur t_G, in kcal/kg · °C,

c_F die spezifische Wärme einer tropfbaren Flüssigkeit bei der Temperatur t_F, in kcal/kg · °C,

i_G den Wärmeinhalt eines Gases bei der Temperatur t_G, in kcal/kg,

i_F den Wärmeinhalt einer tropfbaren Flüssigkeit bei der Temperatur t_F, in kcal/kg,

dann ist

$$i_G = \int_0^{t_G} c_{p,G} \cdot dt, \tag{31}$$

$$i_F = \int_0^{t_F} c_F \cdot dt. \tag{32}$$

Kann die spezifische Wärme in den Grenzen 0 bis t^0 als unveränderlich betrachtet werden, so ergibt sich

$$i_G = c_{p,G}\,(t_G - 0) = c_{p,G} \cdot t_G\,, \tag{31a}$$

$$i_F = c_F \cdot t_F\,. \tag{32a}$$

Verändert sich die Temperatur eines Gases oder einer tropfbaren Flüssigkeit von dem Anfangswerte t_a auf den Endwert t_e, so entspricht dem eine Zu- oder Abnahme des Wärmeinhaltes

$$i_{e,G} - i_{a,G} = \int_0^{t_{e,G}} c_{p,G} \cdot dt - \int_0^{t_{a,G}} c_{p,G} \cdot dt = \int_{t_{a,G}}^{t_{e,G}} c_{p,G} \cdot dt\,, \tag{33}$$

$$i_{e,F} - i_{a,F} = \int_0^{t_{e,F}} c_F \cdot dt - \int_0^{t_{a,F}} c_F \cdot dt = \int_{t_{a,F}}^{t_{e,F}} c_F \cdot dt\,, \tag{34}$$

je nachdem t_e größer oder kleiner als t_a ist. Für unveränderlichen Wert c vereinfacht sich die Beziehung in

$$i_{e,G} - i_{a,G} = c_{p,G}\,(t_{e,G} - t_{a,G})\,, \tag{33a}$$

$$i_{e,F} - i_{a,F} = c_F\,(t_{e,F} - t_{a,F})\,. \tag{34a}$$

Für Dämpfe gilt

$$i_D = i' + r + \int_{t'}^{t_D} c_{p,D} \cdot dt = i'' + \int_{t'}^{t_D} c_{p,D} \cdot dt\,, \tag{35}$$

wobei bedeuten:

t_D die Temperatur überhitzten Dampfes, in ^{0}C,
t' die Siedetemperatur der Flüssigkeit bei dem Drucke P_D und der Temperatur t_D, in ^{0}C,
i_D den Wärmeinhalt überhitzten Dampfes bei dem Drucke P_D und der Temperatur t_D, in kcal/kg,
i' den Wärmeinhalt der Flüssigkeit bei der Siedetemperatur t'', in kcal/kg,
r die Verdampfwärme bei dem Drucke P_D, in kcal/kg,
$i'' = i' + r$ den Wärmeinhalt gesättigten Dampfes bei dem Drucke P_D, in kcal/kg,
$c_{p,D}$ die spezifische Wärme überhitzten Dampfes, in kcal/kg $\cdot$ ^{0}C.

Verändert eine Lösung ihre Temperatur, so gelten die für eine tropfbare Flüssigkeit allgemeiner Art gefundenen Beziehungen, es ist jedoch zweckmäßig, alsdann die spezifische Wärme und den Wärmeinhalt nicht auf 1 kg Lösung, sondern auf 1 kg in ihr gelösten Stoff, also auf ein Lösungsgewicht $(1 + x)$ kg zu beziehen. Die so verstandene spezifische Wärme C ist angenähert gleich der Summe der auf 1 kg gelösten Stoff entfallenden spezifischen Wärme c_T und der auf x kg Lösungsmittel entfallenden spezifischen Wärme $x \cdot c_F$

$$C \sim c_T + x \cdot c_F. \tag{36}$$

Wieweit diese Annäherung zutrifft, ergibt sich aus Abb. 15, die für ver-

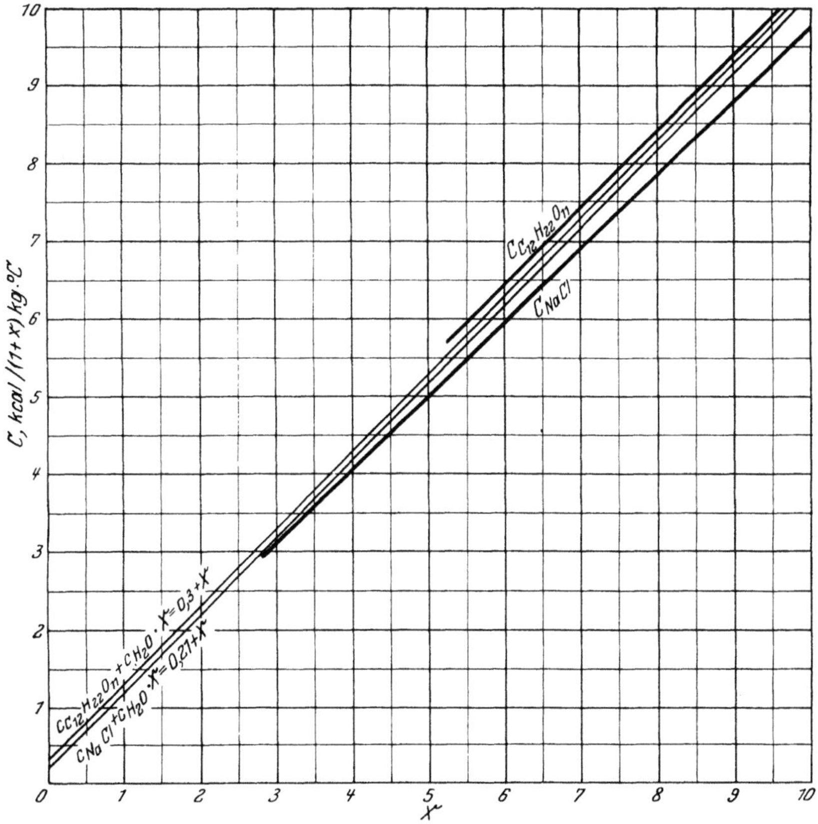

Abb. 15. Spezifische Wärme wässeriger Kochsalz- und Zuckerlösungen.

schiedene Lösungen die beobachteten und errechneten C-Werte enthält.

Bedeutet ferner

J den Wärmeinhalt einer Lösungsmenge, die 1 kg gelösten Stoff enthält, in kcal/kg gelösten Stoff,

so ergibt sich

$$J = \int_0^t C \cdot dt \sim \int_0^t c_T \cdot dt + \int_0 x \cdot c_F \cdot dt, \tag{37}$$

$$J_e - J_a = \int_{t_a}^{t_e} c_T \cdot dt + \int_{t_a}^{t_e} x \cdot c_F \cdot dt. \tag{38}$$

Für unveränderliche Werte der spezifischen Wärme gilt

$$J_e - J_a = C\,(t_e - t_a) \sim (c_T + x \cdot c_F)\,(t_e - t_a)\,. \qquad (38\text{a})$$

2. Verdampfwärme.

Die für das Eindampfen von Lösungen gefundene Gleichung (28)

$$Q_h = G_{h,T}\,(x_a - x_e)\,(i_{D,0} - i_a) + G_{h,T}\,(1 + x_e)\,(i_e - i_a) + Q_{V,h}$$

läßt sich mit der Annäherung

$i_{D,0} \sim i_0''$, d. h. Annahme gesättigter Brüdendämpfe,
$i_e \sim i_0'$, d. h. Austritt der starken Lösung mit der Siedetemperatur t',

umformen zu

$$\begin{aligned} Q_h &\sim G_{h,T}\,(x_a - x_e)\,(i_0'' - i_a) + G_{h,T}\,(1 + x_e)\,(i_0' - i_a) + Q_{V,h} \\ &\sim G_{h,T}\,(x_a - x_e)\,(i_0'' - i_0') + G_{h,T}\,(1 + x_a)\,(i_0' - i_a) + Q_{V,h} \\ &\sim G_{h,T}\,(x_a - x_e)\,r_0 + G_{h,T}\,(1 + x_a)\,(i_0' - i_a) + Q_{V,h}\,. \end{aligned} \qquad (28\text{a})$$

Die Heizwärme wird daher, abgesehen von der Deckung des Streuverlustes, verbraucht, um die eintretende schwache Lösung von der Eintrittstemperatur auf die Siedetemperatur zu erwärmen und der verdampfenden Menge des siedenden Lösungsmittels die Verdampfwärme zuzuführen.

In anderer Form läßt sich die Beziehung schreiben:

$$\begin{aligned} Q_h &= G_{h,T}\,[(x_a - x_e)\,i_{D,0} + (1 + x_e)\,i_e - (1 + x_a)\,i_a] + Q_{V,h} \\ &= G_{h,T}\,[(x_a - x_e)\,i_{D,0} + J_e - J_a] + Q_{V,h}\,. \end{aligned} \qquad (28\text{b})$$

3. Ausdampfwärme.

In Wirklichkeit ist zur Austreibung von 1 kg Lösungsmittel aus der Lösung ein von der Verdampfwärme r_0 des Lösungsmittels abweichender Betrag erforderlich, der den Unterschied zwischen Verdampfen des reinen Lösungsmittels und Abdampfen des Lösungsmittels aus der Lösung, ferner die bei der Eindampfung positiv oder negativ auftretende Verstärkungswärme berücksichtigt. Es bedeute

q_D die Ausdampfwärme, d. i. die erforderliche Wärmemenge, um 1 kg Lösungsmittel aus einer bei T'^0 abs. siedenden Lösung mit dem unveränderten Lösungsmittelgehalt x unter einem Druck P_0 auszudampfen, in kcal/kg,

$v_{D,0}$ das spezifische Volumen des Lösungsmitteldampfes bei dem Drucke P_0 und der abs. Siedetemperatur T' der Lösung, in m³/kg,

v_0' das spezifische Volumen der siedenden Lösung bei der abs. Temperatur T', dem Drucke P_0 und dem Lösungsmittelgehalt x, in m³/kg,

v'' das spezifische Volumen gesättigten Dampfes aus dem reinen Lösungsmittel bei dem Drucke P_0 und der abs. Siedetemperatur T'' des reinen Lösungsmittels, in m^3/kg,

v' das spezifische Volumen des siedenden reinen Lösungsmittels bei der abs. Temperatur T'' und dem Drucke P_0, in m^3/kg.

Die Ausdampfwärme q_D findet sich alsdann für die ideal verdünnte Lösung durch Verbindung der Gleichung von Clapeyron-Clausius

$$q_D = A\,(v_{D,0} - v_0')\,T' \cdot \frac{d P_0}{d T'}$$

mit der aus der Dühringschen Regel sich ergebenden Beziehung

$$\frac{T'}{T''} = f(x)$$

für gleichbleibende Konzentration zu

$$q_D = r_0 \cdot \frac{v_{D,0} - v_0'}{v'' - v'} \,. \tag{39}$$

Da v_0' gegenüber $v_{D,0}$ und v' gegenüber v'' vernachlässigt werden kann, gilt genügend genau

$$q_D = r_0 \cdot \frac{v_{D,0}}{v''} \,. \tag{39a}$$

Bei gleichartigem Lösungsmittel, gleichem Eindampfdruck und gleicher Siedetemperatur stimmen die theoretischen q_D-Werte für beliebige

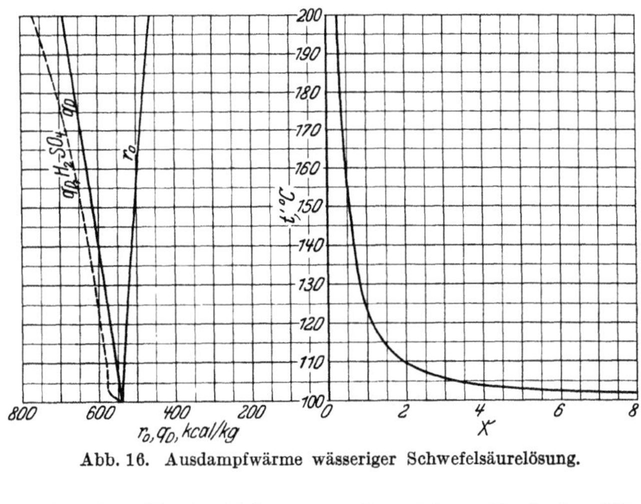

Abb. 16. Ausdampfwärme wässeriger Schwefelsäurelösung.

Lösungen überein. Nach Abb. 16 ergibt sich z. B. beim Eindampfen unter atmosphärischem Druck für $t' = 150^0$ die Ausdampfwärme zu

$$q_D = 539{,}4 \cdot \frac{1{,}910}{1{,}675} \sim 615\,.$$

Dieser Wert sollte z. B. für Schwefelsäure mit $x = 0{,}57$ gelten, deren Siedepunkt 150° beträgt. In Wirklichkeit ergeben sich nach Abb. 16 höhere Werte, weil die Lösung infolge der teilweisen Dissoziation den Gesetzen der ideal verdünnten Lösung nicht entspricht.

Der Unterschied zwischen q_D und r_0 kommt nur bei erheblicher Siedetemperaturerhöhung der Lösung zum Ausdruck.

Ein Bild über die Höhe der Verstärkungswärme gibt nachstehende Aufstellung:

Eindampfen von	von x_a	auf x_e	Verbrauchte Verstärkungswärme	Eindampfen von	von x_a	auf x_e	Verbrauchte Verstärkungswärme
Rohrzucker	5,3	0	$-\frac{r_0}{1500}$	Kalziumchlorid	3,1	1,6	$\frac{r_0}{60}$
Natriumchlorid	15,2	3,1	$-\frac{r_0}{700}$		8,2		$\frac{r_0}{200}$
	31		$-\frac{r_0}{1500}$		3,2		$\frac{r_0}{700}$
	62		$-\frac{r_0}{2500}$	Magnesiumchlorid	3,8	1,9	$\frac{r_0}{40}$
					19		$\frac{r_0}{250}$
					38		$\frac{r_0}{500}$

Diese Beträge sind verhältnismäßig um so kleiner, je breiter das Eindampffeld $x_a - x_e$ ist, spielen daher nur dann eine Rolle, wenn die Lösung sich der Sättigung nähert oder in gesättigtem Zustande unter fortgesetzter Eindampfung auskristallisiert.

4. Kristallisationswärme.

Mit der Kristallisation des reinen oder an das Lösungsmittel gebundenen gelösten Stoffes wird die Kristallisationswärme als weitere Wärmetönung frei. Sie besitzt ebenso wie der Unterschied $q_D - r_0$ und die Verstärkungswärme für den Wärmeverbrauch keine Bedeutung, wenn Eindampfung von einem den Sättigungszustand weit überragenden Wert des Lösungsmittelgehaltes x_a vorausgeht. Da dies im Betriebe die Regel bildet, können die auf die Wärmetönung jeder Art entfallenden Beträge im praktischen Rechnungsgang meist vernachlässigt werden.

5. J-x-Bild.

Die Formel

$$Q_h = G_{h,T}\left[(x_a - x_e)\, i_{D,0} + J_e - J_a\right] + Q_{V,h}$$

legt die Darstellung des Eindampfvorganges in einem J-x-Bild nach Abb. 17 nahe. Es gilt für das Einheitsgewicht gelösten Stoffes ($G_{h,T} = 1$ kg/h), gibt also die Wärmewerte $\frac{Q}{G_T}$ in kcal/kg gelösten Stoffes wieder. Für den Entwurf des $J — x$-Bildes gilt folgendes:

Isothermen. Für unveränderliche Temperatur t der Lösung wird

$$J_t = \int_0^t C \cdot dt = C \cdot t \sim (c_T + x \cdot c_F)\, t\,. \tag{40}$$

Die Isothermen gehen von einer Ordinatenhöhe $c_T \cdot t$ für $x = 0$ aus und verlaufen als Geraden mit der Neigung $c_F \cdot t$ zur Abszissenachse. Alle Isothermen schneiden sich in einem Punkte der Abszissenachse für $x = -\frac{c_T}{c_F}$.

Gilt die Beziehung $C = c_T + x \cdot c_F$ nicht genügend genau, so weichen die Isothermen von den Geraden ab und nehmen die Form von Kurven an.

Isobaren. Dem Drucke P_0 entspricht eine Temperatur t' der siedenden Lösung. Hierbei liegt t' um das Maß des Siedeverzuges $\Delta t'_x$ über der Siedetemperatur t'' des Lösungsmittels. Für die Isobare gilt

$$J_{P_0} = \int_0^{t'} C \cdot dt \sim \int_0^{t'} c_T \cdot dt + \int_0^{t'} x \cdot c_F \cdot dt\,. \tag{41}$$

Die Isobare ist jeweils der Isothermen für t'' zugeordnet. Wird die spezifische Wärme C, c_T und c_F innerhalb der Grenzen t' und t'' als unabhängig von der Temperatur angesehen, so wird

$$J_{P_0} \sim C \cdot t' \sim (c_T + x \cdot c_F)\, t'\,. \tag{41a}$$

Die Ordinaten der Isobaren sind daher um den Betrag

$$(c_T + x \cdot c_F)(t' - t'') = c_T \cdot \Delta t'_x + c_F \cdot x \cdot \Delta t'_x$$

größer als die der Isothermen zu t''. Nach Abb. 2 verändert sich $\Delta t'_x$ etwa proportional dem Stoffgehalt $y = \frac{1}{x}$. Das Produkt $\Delta t'_x \cdot x$ kann daher als unveränderlich betrachtet werden. Wird ferner c_T gegenüber $x \cdot c_F$ vernachlässigt, so entspricht der Betrag $c_T \cdot \Delta t'_x + c_F \cdot x \cdot \Delta t'_x$ für einen bestimmten Druck P_0 einem festen Werte, d. h. die Isobare verläuft angenähert parallel zu der ihr zugeordneten Isotherme.

Erwärmen der Lösung auf die Siedetemperatur t'. Dieser Vorgang vollzieht sich bei gleichbleibendem Werte des Lösungsmittelgehaltes x, verläuft also längs einer Parallelen zur Ordinatenachse. Der Beginn liegt im Punkte A mit der Abszisse x_a und der Ordinaten J_a auf der Isotherme zu t_a. Dem Endpunkte B ist die Ordinate J' auf der Isobaren zu P_0 zugeordnet. Der Abstand

$$\overline{AB} = J' - J_a = \int_0^{t'} C \cdot dt - C \cdot t_a \sim (c_T + x_a \cdot c_F)\,(t'_{x_a} - t_a) \qquad (42)$$

ergibt die für die Vorwärmung aufgewandte Heizwärme.

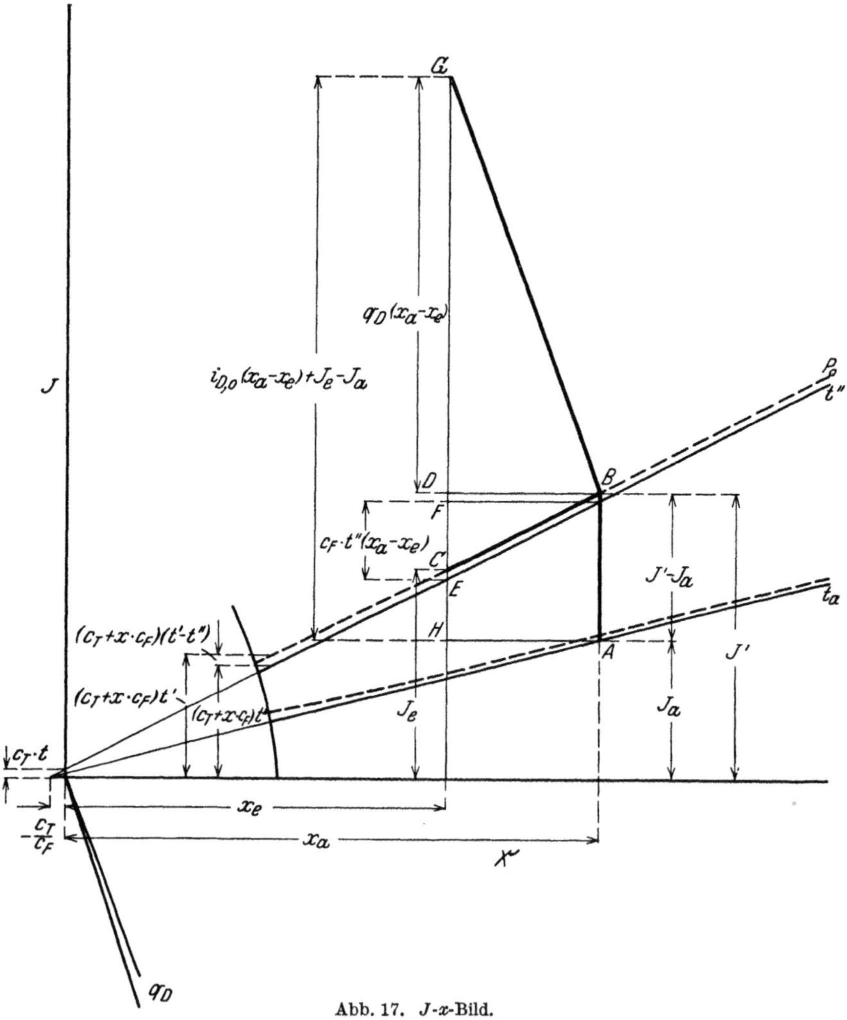

Abb. 17. J-x-Bild.

Eindampfen der siedenden Lösung. Der Zustand der Lösung ändert sich längs der Isobaren zu P_0 bis zum Punkte C mit der Abszisse x_e. Der Wärmeinhalt der Restlösung entspricht dem Werte

$$J_e = \int_0^{t'} C \cdot dt \sim (c_T + x_e \cdot c_F)\,t'_{x_e}.$$

Er ist um den Betrag $\overline{CD}$ kleiner als der Wärmeinhalt J' der vorgewärmten schwachen Lösung.

Mit der zulässigen Annahme, daß die Isobare BC parallel zu der zugeordneten Isotherme verläuft, wird

$$\overline{CD} \sim \overline{EF} = c_F \cdot t'' (x_a - x_e) = i'_F (x_a - x_e),$$

entspricht also der Flüssigkeitswärme des ausdampfenden Lösungsmittelgewichtes $x_a - x_e$ beim Drucke P_0.

Wird von der Verstärkungswärme abgesehen, so verbraucht das auszudampfende Lösungsmittelgewicht $x_a - x_e$ die Wärmemenge $\int_{x_a}^{x_e} q_D \cdot dx$. Für einen mittleren Wert q_m wird

$$\int_{x_a}^{x_e} q_D \cdot dx \sim q_{D,m} (x_a - x_e). \tag{43}$$

Der Zustand des ausdampfenden Lösungsmittels verläuft längs der Geraden BG, wobei Punkt G im Abszissenabstande x_e um das Maß $q_{D,m}(x_a - x_e)$ höher liegt als Punkt B. Die Neigung der Geraden zur Abszissenachse entspricht dem Werte $q_{D,m}$ und kann von den für die Grenzwerte von q_D im Ordinatenursprung eingezeichneten Richtungslinien übertragen werden. Wird berücksichtigt, daß q_D sich mit t' verändert, so nimmt die Verbindungslinie BG die Form einer Kurve an, deren Neigung zur Abszissenachse von B nach G wächst. Der Einfluß der positiven oder negativen Verstärkungswärme äußert sich dahin, daß in Wirklichkeit Punkt G höher oder tiefer rückt. Für geringe Siedetemperaturerhöhung kann $q_m \sim r_0$ gesetzt werden, wobei r_0 die Verdampfwärme des Lösungsmittels beim Drucke P_0 bedeutet. Die Strecke $\overline{CG} = \overline{CD} + \overline{DG} \sim \overline{EF} + \overline{DG} = c_F \cdot t'' (x_a - x_e) + q_{D,m}(x_a - x_e)$ gibt den Wärmeverbrauch an, um $(x_a - x_e)$ kg Lösungsmittel von 0^0 auf t'' zu erwärmen und beim Drucke P_0 aus der Lösung auszudampfen. Er erscheint in der Brüdenwärme $i_{D,0}(x_a - x_e)$. Damit wird, unter Vernachlässigung der Wärmetönung, der gesamte Wärmeverbrauch durch die Strecke $\overline{GH} = (x_a - x_e)\, i_{D,0} + J_e - J_a$ dargestellt, entspricht daher nach Formel (28b) dem Betrage $\frac{Q_h - Q_{V,h}}{G_{h,T}}$. Zu dem aus dem J-x-Bilde gefundenen Betrag ist der Wert $\frac{Q_{V,h}}{G_{h,T}}$ zuzuschlagen, um den auf 1 kg gelösten Stoff wirklich entfallenden Heizwärmeverbrauch zu erhalten.

Im praktischen Gebrauch sind zur Festlegung der wichtigen Werte die Linienzüge $A(x_a, t_a) - B(x_a, P_0) - G$ (x_e, Neigung BG zur Abszissenachse gleich $q_{D,m}$) sowie $B(x_a, P_0) - C(x_e, P_0)$ zu entwerfen.

Der Wert des J-x-Bildes liegt vor allem darin, daß sich mit wenigen Strichen ohne Rechnung die einschlägigen Verhältnisse überblicken und durch Veränderung der Voraussetzungen verschiedene Möglichkeiten vergleichen lassen. Hierbei genügt es bei Lösungen mit nicht zu großer Siedetemperaturerhöhung wohl regelmäßig, mit einer gleichbleibenden

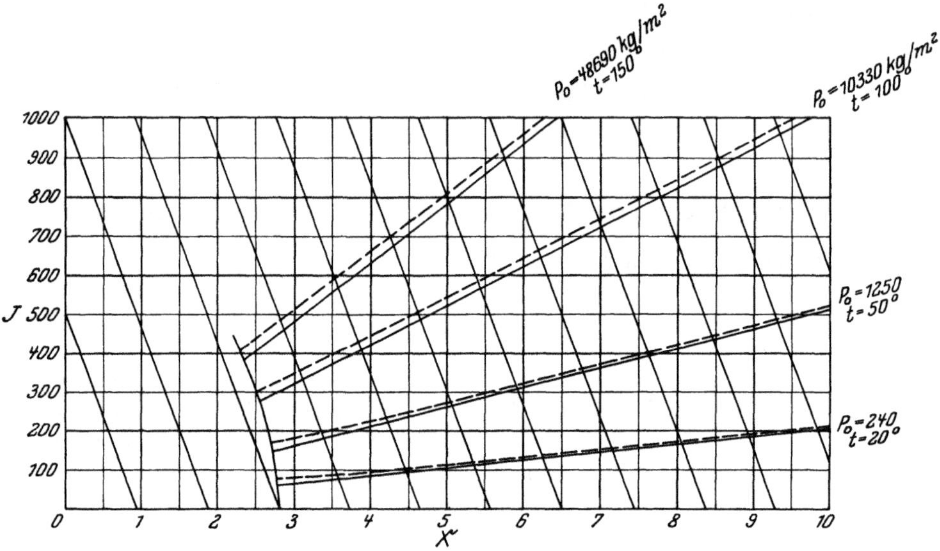

Abb. 18. J-x-Bild für wässerige Kochsalzlösung.

Neigung der Ausdampflinie BG zu rechnen, die einem mittleren Werte r_0 entspricht und nach Abb. 18 als Hilfsnetz in das J-x-Bild eingetragen ist.

E. Nutzleistung und Verluste.

1. Nutzleistung beim Verdampfen.

Bei der Verdampfung reiner Flüssigkeiten ist zweifellos der verbrauchte Heizstrom nach Abzug des Streuverlustes, also der Betrag

$$Q_h - Q_{V,h} = G_{h,F,0}\,(i_0'' - i_{a,F,0})\,, \tag{19a}$$

als Nutzleistung zu betrachten.

2. Nutzleistung beim Kondensieren.

Das gleiche gilt bei der Kondensation für den Wert

$$Q_{h,0} + Q_{V,h} = G_{h,F}\,(i'' - i_{e,F})\,. \tag{29a}$$

3. Nutzleistung beim Eindampfen.

Dagegen wird die Frage, welche Beträge bei der Eindampfung von Lösungen als Nutzleistung und welche als Verlust zu betrachten sind, verschieden beantwortet.

1. Die Überschußwärme $G_{h,T}(1 + x_e)(i_e - i_a)$, die mit der austretenden starken Lösung aus der Eindampfvorrichtung in die Umgebung hinauswandert, wird häufig unter Nutzleistung verbucht, weil sie durch das Eindampfverfahren bedingt ist.

2. Der Unterschied $G_{h,T}(x_a - x_e)(i_{D,0} - i_a)$ zwischen der Dampfwärme des ausgetriebenen Lösungsmittelgewichtes und der auf dieses Gewicht entfallenden anfänglichen Flüssigkeitswärme wird fast ausnahmslos als Hauptbetrag der Nutzleistung angesehen, weil es sich hier um einen Wärmeverbrauch handelt, der durch das Verfahren bestimmt wird.

3. Die Eindampfvorrichtung kann nicht vollkommen wärmedicht gehalten werden. Infolgedessen findet ein Wärmeaustausch mit der Umgebung statt. Er wird durch den Streuverlust $Q_{V,h}$ gemessen.

4. Der Energieaufwand für Aufhebung des physikalischen Zusammenhanges zwischen Lösungsmittel und Lösung ist gekennzeichnet durch das Maß der Siedetemperaturerhöhung, den Unterschied zwischen dem Sättigungsdruck des Lösungsmittels bei der Temperatur der Lösung und dem Dampfdruck über der Lösung, sowie den Unterschied zwischen Ausdampfwärme des Lösungsmittels aus der Lösung und der Verdampfwärme des reinen Lösungsmittels. Hierher gehört auch die beim Eindampfen gesättigter Lösungen freiwerdende Bildungswärme der Kristalle.

Es ist unbestreitbar, daß der im allgemeinen zahlenmäßig gegenüber den anderen Beträgen zurückstehende, unter 4 behandelte Energieaufwand die eigentliche Nutzleistung des Eindampfvorganges darstellt. Sie tritt zum mindesten in Form der Siedetemperaturerhöhung bei allen Eindampfverfahren auf, kommt jedoch in der Bilanzgleichung u. a. deshalb nicht klar zum Ausdruck, weil darin die Wärmemengen quantitativ gemessen, nicht aber qualitativ nach der zugehörigen Temperatur bewertet sind.

Andererseits ist der unter 3 erwähnte Wärmebetrag unbedingt als Verlust zu betrachten, weil es sich hierbei um eine nicht erfaßbare Zerstreuung der Wärme handelt.

Die unter 1 genannte Überschußwärme der starken Lösung läßt sich in Wärmeaustauschern zur Vorwärmung der schwachen Lösung benutzen und damit innerhalb des Eindampfverfahrens wiedergewinnen.

Bei der unter 2 angeführten Brüdenüberschußwärme ist dies nur teilweise möglich, weil die Vorwärmung der schwachen Lösung meist nur einen kleinen Teil der verfügbaren Brüdenwärme erfordert, besonders wenn die Überschußwärme der starken Lösung zuvor hierfür herangezogen wird. In der Hauptsache fehlt daher innerhalb des Eindampfverfahrens selbst die Gelegenheit für Rückgewinnung der Brüdenwärme. Hierzu ist ein weiteres System heranzuziehen, das Bedürfnisse decken kann, die, wie Raumheizung, Wassererwärmung, außerhalb des

Eindampfvorganges liegen. Für das Eindampfverfahren ist diese Abwärme als Verlust zu buchen. Eine Verbesserung bedeutet mehrstufige Verdampfung, bei der nur für die letzten Überschußbrüden Verwendung zu suchen ist. Schließlich bietet die Brüdenverdichtung den Ausweg, diesen Abwärmeverlust ganz zu vermeiden.

Verglichen mit einem vollkommenen Verfahren ist daher nur die unter 4 angeführte Trennarbeit als Nutzleistung zu betrachten, während die Beträge 1, 2 und 3 als Aufwendungen zu gelten haben, die im Idealfalle vermieden werden können.

4. Vollkommenes Verdampfverfahren.

Die vorstehenden Erörterungen sind dahin zu verallgemeinern, daß es sich bei allen Vorgängen der Wärmeübertragung nicht nur darum handelt, die aufgewandte Energieleistung möglichst in gleichem Betrage in der Nutzleistung wiederzufinden, sondern auch darum, die durch Temperaturabnahme eintretende Energieentwertung zu vermeiden. Bezeichnen daher

$Q_{h,0}$ die Nutzleistung, in kcal/h,
T_0 die bei ihrer Aufbringung nötige Temperatur, in ^{0} abs.,

so bleibt der Vorgang unvollkommen, wenn zwar $Q_h = Q_{h,0}$ ist, jedoch ein Temperaturgefälle $T - T_0$ auftritt. Die Energieentwertung wird ausgedrückt durch das Maß der Entropiezunahme $\frac{Q_{h,0}}{T_0} - \frac{Q_h}{T}$, das die Wärmeübertragung als einen nicht umkehrbaren, daher unvollkommenen Vorgang kennzeichnet.

Ein vollkommener Verdampfvorgang ist an folgende, praktisch teilweise unerfüllbare Bedingungen geknüpft:

Vollkommener Wärmeschutz, daher $Q_{V,h} = 0$,
Eintritt der Flüssigkeit mit Siedetemperatur,
Verwendung trocken gesättigten Heizdampfes,
kein Temperaturgefälle zwischen Heizdampf und verdampfender Flüssigkeit, also
unendlich große Heizfläche,
unendlich dünne Flüssigkeitsschicht, um Siedeverzug durch die Flüssigkeitshöhe zu vermeiden.

Unter diesen Voraussetzungen entspricht der Brüdendampf nach Temperatur und Wärmeinhalt dem aufgewandten Heizdampf, wenn eine reine Flüssigkeit verdampft.

5. Vollkommenes Eindampfverfahren.

Soll eine Lösung eingedampft werden, so ist dies nur denkbar unter Anwendung eines Temperaturgefälles, das dem durch die Konzentration der Lösung bedingten Siedeverzug entspricht. Der Brüdendampf besitzt alsdann, abgesehen von Überhitzung, eine Temperatur, die zum mindesten um das Maß der Siedetemperaturerhöhung tiefer liegt als die Temperatur des Heizdampfes, und einen Wärmeinhalt, der sich von dem Wärmeinhalt des Heizdampfes um das Maß der Wärmetönung unterscheidet.

Da der Siedeverzug mit fortschreitender Konzentration zunimmt, gilt für die Vervollkommnung des Eindampfvorganges die Bedingung, entweder

den Eindampfbehälter mit schwacher Lösung zu füllen und die Entleerung vorzunehmen, nachdem die Eindampfung vollzogen ist — Eindampfen mit Unterbrechung, Chargenbetrieb — oder

eine unendliche Zahl von Eindampfbehältern anzuwenden, wobei die schwache Lösung den ersten Behälter betritt, mit zunehmender Konzentration von Stufe zu Stufe weiterwandert und die starke Lösung den letzten Körper verläßt — Eindampfen im Dauerbetrieb mit unendlicher Stufenzahl —.

Auf die erste Möglichkeit läuft das zur Verminderung der Unstetigkeit angewandte Verfahren hinaus, bei dem sich die Lösung nicht nur in dem Eindampfbehälter, sondern in der Hauptsache in einem besonderen Speicherbehälter befindet und ständig zwischen Eindampf- und Speicherbehälter in Umlauf gehalten wird.

Der Gesichtspunkt der Energieentwertung durch Entropiezunahme gilt auch für die Beurteilung der Wiedergewinnung der Überschußwärme der starken Lösung und der Dampfwärme der Brüden innerhalb des Eindampfverfahrens. Die Ausnutzung dieser Wärmequellen zur Vorwärmung der einzudampfenden Lösung ist unangebracht, wenn dadurch die Ausnutzung minderwertiger, d. h. mit niedrigerer Temperatur verfügbarer Wärmequellen verhindert oder eingeschränkt wird.

Abb. 19 deutet an, in welcher Weise sich die Eindampfung dem vollkommenen Vorgang annähern läßt. Der eintretenden schwachen Lösung wandert die starke Lösung entgegen. Die von der starken Lösung mitgeführte Wärmemenge

$$G_{h,T}(1 + x_e)\, i_e \sim G_{h,T}(c_T + x_e \cdot c_F)\, t_e$$

nimmt hierbei unter vollständigem Temperaturausgleich auf den Betrag $G_{h,T}(c_T + x_e \cdot c_F)\, t_a$ ab, wenn von der Veränderung der spezifischen Wärme mit der Temperatur abgesehen wird. Der Unterschied $G_{h,T}(c_T + x_e \cdot c_F)(t_e - t_a)$ tritt zu der Wärmemenge

$$G_{h,T}(1 + x_a)\, i_a \sim G_{h,T}(c_T + x_a \cdot c_F)\, t_a\,,$$

die von der schwachen Lösung eingebracht wird, und bewirkt deren

Vorwärmung auf die Temperatur

$$\frac{G_{h,T}\left[(c_T + x_a \cdot c_F)\,t_a + (c_T + x_e \cdot c_F)\,(t_e - t_a)\right]}{G_{h,T}\,(c_T + x_a \cdot c_F)} = t_a + \frac{c_T + x_e \cdot c_F}{c_T + x_a \cdot c_F}\,(t_e - t_a)\,.$$

Die Brüden führen die Wärmemenge $G_{h,T}\,(x_a - x_e)\,i_0''$ mit sich und treten in einen Verdichter. Dieser vermehrt unter Verbrauch der Wärmemenge $Q_{h,N}$ die Brüdenwärme auf den Betrag $G_{h,T}\,(x_a + x_e)\,i_0'' + Q_{h,N}$ und hebt gleichzeitig den Brüdendruck auf den der Siedetemperatur der Lösung entsprechenden Sättigungsdruck. Der höher gespannte Dampf wandert gleichfalls der einzudampfenden Lösung entgegen. Er liefert die zur Eindampfung der siedenden Lösung erforderliche Wärmemenge

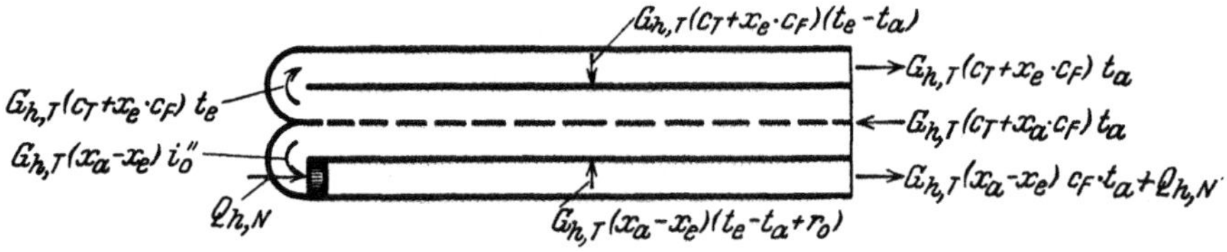

Abb. 19. Vollkommenes Eindampfverfahren.

$G_{h,T}\,(x_a - x_e)\,r_0$, vervollständigt außerdem deren Vorwärmung entsprechend einer Temperatursteigerung von $t_a + \frac{c_T + x_e \cdot c_F}{c_T + x_a \cdot c_F} \cdot (t_e - t_a)$ auf t_e und einer Wärmeaufnahme

$$G_{h,T}\,(c_T + x_a \cdot c_F)\,\frac{c_F(x_a - x_e)}{c_T + x_a \cdot c_F}\,(t_e - t_a) = G_{h,T} \cdot c_F\,(x_a - x_e)\,(t_e - t_a)\,.$$

Als Restwärmemenge tritt schließlich der Betrag

$$\begin{aligned} G_{h,T}\,(x_a - x_e)\,i_0'' + Q_{h,N} - G_{h,T}\,(x_a - x_e)\,r_0 - G_{h,T} \cdot c_F\,(x_a - x_e)\,(t_e - t_a) \\ = G_{h,T}\,(x_a - x_e)\,c_F \cdot t_a + Q_{h,N} \end{aligned}$$

aus. Im Idealfalle soll die Restwärme den Wert $G_{h,T}\,(x_a - x_e)\,c_F \cdot t_a$ besitzen. Zusammen mit der Wärmemenge $G_{h,T}\,(c_T + x_e \cdot c_F)\,t_a$, die in der starken Lösung nach dem Wärmeaustausch verbleibt, ergibt sich alsdann die gesamte Abwärme in der Höhe

$$G_{h,T}(x_a - x_e)\,c_F \cdot t_a + G_{h,T}(c_T + x_e \cdot c_F)\,t_a = G_{h,T}(c_T + x_a \cdot c_F)\,t_a\,,$$

die der von der schwachen Lösung eingebrachten Wärmemenge gleichkommt. Diese Bedingung ist nur erfüllt, wenn $Q_{h,N} = 0$ wird, was natürlich unmöglich ist. Das Eindampfverfahren arbeitet daher mit Abwärmeverlust, ist also unvollkommen, und zwar um so mehr, je größer die der Verdichterarbeit entsprechende, als Abwärmeverlust verbleibende Wärmemenge ist. Der Verlust verschwindet, wenn keine Siedepunkterhöhung vorliegt, d. h. wenn die Lösung die Eigenschaft einer reinen Flüssigkeit annimmt und das Eindampfen in ein Verdampfen übergeht.

6. Wirtschaftlichkeit.

Das praktisch angewandte Verfahren kann mit dem vollkommenen verglichen werden. Der erreichte Vollkommenheitsgrad ist um so höher, je niedriger die Höchsttemperatur und je geringer der Unterschied zwischen höchster und niedrigster Temperatur gehalten wird. Die energiewirtschaftliche Forderung läuft daher darauf hinaus, den Vorgang möglichst bei unveränderlicher Temperatur durchzuführen und diese Temperatur so niedrig wie möglich zu wählen.

Mit allem Nachdruck ist jedoch darauf hinzuweisen, daß die energiewirtschaftliche Vollkommenheit eines Verfahrens alles weniger denn gleichbedeutend ist mit der gesamtwirtschaftlichen Vollkommenheit und daß für die endgültige Beurteilung nur die letzte maßgebend sein darf. Aus diesem Grunde ist es nötig, vor Festlegung der Arbeitstemperaturen einer Verdampfanlage die Verhältnisse des Gesamtbetriebes zu prüfen und danach die Eingliederung der Verdampfanlage in das Gesamtarbeitsverfahren zu entscheiden.

Da das Verdampfen fast ausnahmslos unter Verwendung von Dampf als Heizmittel erfolgt, läßt es sich thermodynamisch als Drosselvorgang kennzeichnen. Die Frage der richtigen Eingliederung in den Gesamtbetrieb läuft daher auf die Untersuchung hinaus,

ob für andere Arbeitsverfahren Dampf benötigt wird und

in welcher Drucklage eine Drosselung des Dampfes ohne Schaden zulässig ist.

Liegt der Kesseldruck höher als der für die Dampfkraftanlage zulässige Einlaßdruck, so kann der verfügbare Druckunterschied in der Verdampfanlage ausgenutzt werden. (Da die Dampfkraftanlage zweckmäßig mit überhitztem Dampf arbeitet, soll hierbei durch den Überhitzer der Brüdendampf, nicht der Kesseldampf, strömen.) Ob diese Entscheidung nicht nur scheinbar, sondern auch tatsächlich richtig ist, bleibt im bestimmten Falle zu prüfen. Die mit dem hohen Druck verbundene hohe Heiztemperatur kann das Eindampfgut ungünstig beeinflussen. Meist besteht die Möglichkeit, die Dampfkraftanlage so zu ändern, daß der Kesseldruck als Einlaßdruck zulässig wird. Dient der Dampf ausschließlich zu Heizzwecken, so scheint die Schaltung der Verdampfanlage vor die Heizanlage die gegebene Lösung darzustellen. Aber auch hier sind andere Möglichkeiten zu erwägen, vor allem die nachträgliche Aufstellung einer Dampfkraftanlage, deren Fehlen von vornherein einen wirtschaftlichen Mangel des Betriebes darstellen kann.

Mit weitem Blick betrachtet, werden Zweifel gegen die bedenkenlose Einfügung einer Verdampfanlage in den Gesamtbetrieb sich immer erheben lassen. Denn der unvollkommene Drosselvorgang ist auf alle Fälle unerwünscht und seine Einschränkung geboten. Aus diesem

Grunde kommt der Forderung, den Verdampfvorgang energiewirtschaftlich möglichst vollkommen zu gestalten, meist gleiche Bedeutung zu wie der Berücksichtigung des Einflusses der Verdampfanlage auf den Gesamtbetrieb.

Die Vervollkommnung einer Verdampfanlage über eine bestimmte Grenze hinaus geht Hand in Hand mit einer Erhöhung der Baukosten und damit der laufenden Ausgaben für Zins und Tilgung. Wo die günstigste Lösung liegt, entscheidet die Wirtschaftlichkeitsberechnung, bei der neben den Kosten für Kapitaldienst und Energieverbrauch auch die Kosten der Betriebsführung zu berücksichtigen sind. Der Energieverbrauch muß hierbei unter Beachtung der Energieentwertung in Geldwert ausgedrückt werden, um sich mit den übrigen Kosten vergleichen zu lassen. Dies geschieht für die Energieentwertung durch Errechnung des nach den örtlichen Verhältnissen möglichen Erlöses für die Arbeit, die durch den Drosselvorgang verlorengeht.

Energieverbrauch und Energieentwertung äußern sich dadurch, daß die Wärmemenge Q_h in dem Verdampfer verbraucht und die Wärmemenge $Q_{h,0}$ in den Restbrüden verfügbar wird, wobei die Temperatur T auf T_0 sinkt und der Unterschied $Q_h - Q_{h,0}$ dem Betrag entspricht, der für Deckung des Streuverlustes und Bestreitung der beim Eindampfen auftretenden Wärmetönung nötig ist. Würde die Wärmemenge Q_h in einem vollkommenen Carnot-Kreislauf von der Temperaturhöhe T auf T_0 sinken, so würde, in Wärmeeinheiten gemessen, die Arbeit

$$Q_h - (Q_{h,0}) = Q_h \cdot \frac{T - T_0}{T}$$

geleistet und die Wärmemenge $(Q_{h,0})$ bei der Temperatur T_0 verfügbar. Hierbei ist

$$(Q_{h,0}) = Q_h \left(1 - \frac{T - T_0}{T}\right) = Q_h \cdot \frac{T_0}{T}$$

größer oder kleiner als die in den Brüden verfügbare Wärme $Q_{h,0}$. Für $T = 500^0$ abs., $T_0 = 400^0$ abs. wird

$$\frac{T_1 - T_2}{T_1} = \frac{500 - 400}{500} = 0{,}2\,,$$

$$\frac{T_2}{T_1} = \frac{400}{500} = 0{,}8\,.$$

20% der zugeführten Wärme werden daher beim Carnot-Kreislauf in Arbeit umgewandelt, 80% als entwertete Abwärme verfügbar. Die in den Brüden enthaltene Wärmemenge stimmt im praktischen Falle der Größenordnung nach mit diesen 80% überein. Die Energiekosten der Eindampfung entsprechen alsdann, in Geldwert ausgedrückt, dem möglichen Erlös für die im Carnot-Kreislauf in Arbeit umwandelbare

Wärme, wobei selbstverständlich der Wirkungsgrad η der Wärmekraftanlage zu berücksichtigen bleibt. Ist die Menge der Brüdenwärme größer oder kleiner als die Abwärmemenge beim Carnot-Kreislauf, so ist außerdem dieser Unterschied zugunsten bzw. zu Lasten der Eindampfanlage zu verrechnen.

Beispiel.

Die Wärmemenge $Q_h = 10\,000\,000$ kcal/h arbeite zwischen einer oberen Temperatur von 500^0 abs. und einer unteren Temperatur von 400^0 abs. einmal in einer wärmedichten Dampfkraftanlage mit einem thermodynamischen Wirkungsgrad 0,25, einmal in einer wärmedichten Eindampfanlage. Im ersten Fall wird an Arbeit gewonnen:

$$0{,}25 \cdot \frac{500 - 400}{500} \cdot 10\,000\,000 = 500\,000 \text{ kcal/h} \quad \text{entsprechend} \quad \frac{500\,000}{860} \sim 580 \text{ kW}.$$

Als Abwärme bleiben

$$10\,000\,000 - 500\,000 = 9\,500\,000 \text{ kcal/h}$$

verfügbar. Lassen sich 0,05 ℳ/kWh erlösen und entfallen auf Kapitaldienst, Bedienung und Unterhaltung der Dampfkraftanlage 0,03 ℳ/kWh, so ist der Energieentwertung in der Eindampfanlage dadurch Rechnung zu tragen, daß die Eindampfanlage mit den entgehenden Einnahmen in Höhe von

$$580\,(0{,}05 - 0{,}03) = 11{,}60 \text{ ℳ/h}$$

belastet wird.

Beträgt die Brüdenabwärme $Q_{h,0} = 8\,550\,000$ kcal/h, also 950000 kcal/h weniger als bei der Vergleichs-Dampfkraftanlage, und lassen sich für die Abwärme 0,01 ℳ/1000 kcal erlösen, so ist die Eindampfanlage mit weiteren

$$\frac{950\,000}{1\,000} \cdot 0{,}01 = 9{,}50 \text{ ℳ/h}$$

zu belasten, um ihrem Wärme-Mehrverbrauch Rechnung zu tragen. Im ganzen ergeben sich damit ihre Energiekosten zu

$$21{,}10 \text{ ℳ/h}.$$

Die Voraussetzung der Verwertbarkeit der Brüden außerhalb der Eindampfanlage ist in der Regel um so mehr erfüllt, je höher die Brüdentemperatur liegt. Wird daher die Eindampfanlage im Gebiet hoher Temperaturen und damit hoher Drücke betrieben, so ist es besonders wichtig, den Wärmeverbrauch niedrig zu halten, d. h. die Vorwärmung des Eindampfgutes nicht durch Heizdampf- oder Brüdenwärme, sondern nach Möglichkeit durch andere minderwertige Abwärmequellen vorzunehmen. Arbeitet dagegen die Eindampfanlage mit niedrigen Temperaturen, so ist die Möglichkeit, die Brüdenwärme außerhalb der Eindampfanlage zu verwerten, weniger gegeben und ihre Ausnutzung zur Vorwärmung des Eindampfgutes besonders wünschenswert. Die Vorschrift, durch zweckmäßige Formengebung und guten Wärmeschutz den Streuverlust niedrig zu halten, gilt in allen Fällen, da seine Zunahme vor allem eine Vermehrung der Heizwärme bei nahezu gleichbleibender Brüdenwärme bedeutet.

Die Wirtschaftlichkeitsberechnung ist im bestimmten Falle für verschiedene Größe und Bauweise des Verdampfers sowie verschiedene Voraussetzungen für Heizdampf- und Brüdendruck durchzuführen. Die Lösung, für die sich der niedrigste Gesamtaufwand ergibt, ist die wirtschaftlich günstigste. Häufig werden die Grenzen, innerhalb deren die Voraussetzungen veränderlich scheinen, durch besondere Bedingungen eingeengt. Ist das eingedampfte Gut kostbar und stellt es an die Behandlung besondere Anforderungen, so kommen nur Verfahren in Betracht, bei denen die wertvollen Eigenschaften erhalten bleiben. Daher scheiden bestimmte Verfahren, wie Eindampfen bei höherer Temperatur, auch dann aus, wenn sich mit ihnen eine höhere Wirtschaftlichkeit errechnet. Hieraus folgt, daß zwei Verdampfanlagen sich hinsichtlich ihrer Vollwertigkeit nur selten miteinander vergleichen lassen, wenn sie verschiedene Stoffe verarbeiten. Ganz verfehlt ist es, die Höhe des Energieverbrauches allgemein als Wertmaßstab zu wählen.

II. Strömung und Wärmeübertragung.

A. Strömung.

1. Strömungseinflüsse.

Die Bewegung einer Flüssigkeit allgemeiner Art, d. i. eines gasförmigen oder tropfbar flüssigen Stoffes, bedingt Energieverlust, der sich als Druckabfall in der Strömungsrichtung äußert.

2. Strömungsart.

Bei laminarer Bewegung verlaufen die Stromlinien parallel, bei turbulenter Bewegung findet eine Durchwirbelung der Flüssigkeit statt. Sie ergibt eine molare Förderung von Flüssigkeitsteilen senkrecht zur mittleren Strömungsrichtung.

Freie Strömung ist allein durch innere Ursachen veranlaßt, wie Dichteunterschiede infolge veränderlicher Temperatur oder Konzentration, Änderung des Aggregatzustandes. Äußere Kräfte bewirken erzwungene Strömung.

3. Kritische Geschwindigkeit.

Laminare Bewegung geht in Turbulenz über, wenn ein bestimmtes dimensionsloses Verhältnis — die Reynoldssche Zahl Re — den Grenzwert

$$Re_{kr} = 2320$$

überschreitet. Hierbei gelten die Beziehungen

$$Re = \frac{w \cdot D}{\nu}, \tag{44}$$

$$Re_{kr} = \frac{w_{kr} \cdot D}{\nu}, \tag{44a}$$

und es bedeuten

w die mittlere Strömungsgeschwindigkeit, in m/s,

D den Durchmesser des kreisförmig angenommenen Stromquerschnittes, in m,

$\nu = \frac{\mu}{\varrho}$ die kinematische Zähigkeit der allgemeinen, gasförmigen oder tropfbaren Flüssigkeit, in m^2/s,

μ die Zähigkeit der allgemeinen, gasförmigen oder tropfbaren Flüssigkeit, in $kg \cdot s/m^2$,

$\varrho = \frac{\gamma}{g}$ die Dichte der allgemeinen, gasförmigen oder tropfbaren Flüssigkeit, in $kg \cdot s^2/m^4$,

γ das spezifische Gewicht der allgemeinen, gasförmigen oder tropfbaren Flüssigkeit, in kg/m^3,

g die Beschleunigung der Erdschwere, $\sim 9{,}81\ m/s^2$.

Der Betrag w_{kr} entspricht als kritische Geschwindigkeit der kritischen Reynoldsschen Zahl $Re_{kr} = 2320$ bei gegebenen Werten D und ν.

Für Gase ist μ unabhängig vom Druck und nimmt mit der Temperatur zu. Bei tropfbaren Flüssigkeiten führt steigende Temperatur zu einer Abnahme der Zähigkeit. Für die hier hauptsächlich behandelten Stoffe sind die Werte μ, ϱ, ν und w_{kr} in nachstehender Zahlentafel zusammengestellt.

4. Gleichwertiger Durchmesser.

Hat der Stromquerschnitt andere als Kreisform, so ist D durch D' zu ersetzen. Hierbei stellen

$D' = \frac{4f}{U}$ den gleichwertigen Durchmesser, in m,

f den Stromquerschnitt, in m^2,

U den von der Flüssigkeit benetzten Umfang des durchströmten Kanales, in m,

dar. Für ringförmigen Stromquerschnitt mit einem äußeren Durchmesser D_a und einem inneren Durchmesser D_i wird

$$D' = D_a - D_i,$$

für den rechteckigen Stromquerschnitt mit den Seitenlängen B und H ergibt sich

$$D' = \frac{2\,B\,H}{B + H}.$$

Zähigkeit μ (kg·s/m²), Massendichte ϱ (kg·s²/m⁴), kinematische Zähigkeit ν (m²/s) und kritische Geschwindigkeit w_k (m/s).

		t, °C	$\mu \cdot 10^6$	ϱ	$\nu \cdot 10^6$	w_k bei einem Durchmesser D (m)					
						0,005	0,01	0,04	0,08	0,2	0,8
Luft	1 at	0	1,69	0,128	13,2	6,1	3,1	0,75	0,38	0,15	0,038
		20	1,79	0,119	14,9	6,9	3,5	0,87	0,43	0,17	0,043
		40	1,89	0,111	17,0	7,9	3,9	0,98	0,49	0,20	0,049
		100	2,15	0,094	22,9	10,6	5,3	1,3	0,67	0,27	0,067
	5 at	0	1,69	0,639	2,64	1,2	0,61	0,15	0,075	0,031	0,0075
		20	1,79	0,595	3,01	1,4	0,70	0,17	0,087	0,035	0,0087
		40	1,89	0,557	3,39	1,6	0,79	0,20	0,098	0,039	0,0098
		100	2,15	0,468	4,59	2,1	1,1	0,27	0,13	0,053	0,013
	10 at	0	1,69	1,278	1,32	0,61	0,31	0,075	0,038	0,015	0,0038
		20	1,79	1,190	1,50	0,69	0,34	0,087	0,043	0,017	0,0043
		40	1,89	1,114	1,70	0,79	0,39	0,098	0,049	0,020	0,0049
		100	2,15	0,935	2,30	1,10	0,53	0,13	0,067	0,027	0,0067
Wasserdampf	1 at	99,1	1,28	0,059	21,67	10,8	5,0	1,3	0,63	0,25	0,063
		150	1,47	0,052	28,45	13,2	6,6	1,6	0,82	0,33	0,082
	5 at	151,1	1,54	0,266	5,80	2,7	1,3	0,37	0,17	0,067	0,017
		200	1,72	0,245	7,04	3,3	1,6	0,41	0,20	0,081	0,020
	10 at	179	1,79	0,513	3,50	1,6	0,8	0,20	0,10	0,040	0,010
		250	2,05	0,428	4,79	2,2	1,1	0,28	0,14	0,055	0,014
Wasser		0	183	102,0	1,797	0,83	0,42	0,14	0,052	0,028	0,0052
		20	102	101,8	1,005	0,46	0,23	0,058	0,029	0,016	0,0029
		40	67	101,2	0,661	0,31	0,15	0,041	0,020	0,0081	0,0020
		100	29	97,7	0,297	0,14	0,069	0,017	0,0087	0,0035	0,00087
Glyzerin (rein)		18	100000	128,5	778,2	312	156	39	19,5	7,8	1,9
		30	31200	127,9	243,9	113	56	14,1	7,1	2,8	0,706
		40	17000	127,4	133,4	62	31	7,7	3,9	1,5	0,39
		100	1300	123,1	10,6	4,9	2,4	0,6	0,31	0,12	0,031
Wässerige Glyzerinlösung (rein)	$x = 0,5$	20	1650	119,5	13,8	6,4	3,2	0,80	0,40	0,16	0,040
	$x = 1,0$	20	600	114,8	5,2	2,4	1,2	0,30	0,15	0,067	0,015
	$x = 1,5$	20	350	112,2	3,1	1,4	0,72	0,18	0,09	0,036	0,0090
Wässerige	$x = 4$	0	275	117,9	2,34	1,1	0,54	0,14	0,068	0,027	0,0068
		20	152	116,9	1,30	0,62	0,31	0,075	0,030	0,015	0,0030
		40	104	115,9	0,90	0,41	0,21	0,052	0,026	0,010	0,0026
		100	46	112,4	0,41	0,19	0,095	0,023	0,011	0,0047	0,0011

Natriumchloridlösung	$x=8$	0	207	110,6	1,87	0,87	0,43	0,11	0,054	0,0217	0,0054
		20	118	109,9	1,07	0,50	0,25	0,062	0,031	0,012	0,0031
		40	84	108,9	0,77	0,36	0,18	0,045	0,022	0,0089	0,0022
		100	36	106,0	0,34	0,16	0,079	0,020	0,0098	0,0039	0,00098
Wässerige Kalziumchloridlösung	$x=2$	0	756	135,6	5,57	2,6	1,3	0,32	0,16	0,065	0,016
		20	454	134,2	3,38	1,6	0,78	0,20	0,098	0,039	0,0098
		40	295	133,2	2,21	1,0	0,51	0,13	0,064	0,026	0,0064
	$x=4$	0	318	121,0	2,62	1,2	0,61	0,15	0,076	0,030	0,0076
		20	192	120,2	1,60	0,74	0,37	0,093	0,046	0,019	0,0046
		40	130	119,1	1,09	0,51	0,25	0,063	0,032	0,013	0,0032
Wässerige Magnesiumchloridlösung	$x=2$	0	1759	133,6	13,16	6,1	3,0	0,76	0,38	0,15	0,038
		20	900	132,8	6,77	3,1	1,6	0,39	0,20	0,078	0,020
	$x=4$	0	532	120,6	4,41	2,0	1,0	0,27	0,13	0,051	0,013
		20	281	120,0	2,34	1,1	0,54	0,14	0,068	0,027	0,0068
Wässerige Zuckerlösung (rein)	$x=0{,}667$	20	5783	131,1	44,10	20,4	10,2	2,6	1,3	0,51	0,13
		40	2170	130,1	16,69	7,7	3,9	1,0	0,48	0,19	0,048
		80	553	127,6	4,34	2,0	1,0	0,25	0,13	0,050	0,013
	$x=1{,}5$	0	1510	120,6	12,52	5,8	2,9	0,73	0,36	0,14	0,036
		20	630	119,9	5,25	2,4	1,2	0,30	0,15	0,061	0,015
		40	335	118,8	2,82	1,3	0,65	0,16	0,082	0,033	0,0082
		80	137	116,7	1,17	0,54	0,27	0,068	0,034	0,014	0,0034
	$x=4$	0	390	110,6	3,53	1,6	0,82	0,20	0,10	0,041	0,010
		20	200	110,2	1,81	0,84	0,42	0,10	0,053	0,021	0,0053
		40	120	109,4	1,10	0,51	0,25	0,064	0,032	0,013	0,0032
		80	60	107,1	0,56	0,26	0,13	0,033	0,016	0,0065	0,0016
Wässerige Schwefelsäurelösung	$x=0{,}667$	0	1097,4	154,5	7,10	3,3	1,65	0,41	0,21	0,082	0,021
		20	593,62	152,7	3,89	1,8	0,90	0,23	0,11	0,045	0,011
		40	389,18	151,0	2,58	1,2	0,60	0,15	0,075	0,030	0,0075
		75	230,40	148,3	1,55	0,72	0,36	0,09	0,045	0,018	0,0045
	$x=1{,}5$	0	475,54	134,3	3,54	1,6	0,82	0,20	0,10	0,041	0,010
		20	268,85	132,8	2,02	0,94	0,47	0,17	0,059	0,023	0,0059
		40	182,51	131,3	1,39	0,65	0,32	0,080	0,040	0,016	0,0040
		75	107,52	128,7	0,83	0,40	0,19	0,048	0,024	0,0097	0,0024
	$x=4$	0	264,63	117,3	2,25	1,0	0,52	0,13	0,065	0,026	0,0065
		20	155,50	116,1	1,34	0,62	0,31	0,078	0,039	0,015	0,0039
		40	103,13	114,9	0,90	0,42	0,21	0,052	0,026	0,010	0,0026
		75	59,52	112,6	0,53	0,24	0,12	0,031	0,015	0,0061	0,0015

Der gleichwertige Durchmesser tritt auch dann an Stelle von D, wenn statt der hydraulischen Strömungsverhältnisse der Vorgang der Wärmeübertragung verfolgt wird. Hierbei bedeutet U das Maß des an dem Wärmeaustausch beteiligten Umfanges, und der gleichwertige Durchmesser folgt:

für ringförmigen Querschnitt

bei Wärmeaustausch durch das Außen- und Innenrohr:

$$D' = D_a - D_i, \tag{45}$$

bei Wärmeaustausch durch das Außenrohr allein:

$$D' = \frac{D_a^2 - D_i^2}{D_a}, \tag{46}$$

bei Wärmeaustausch durch das Innenrohr allein:

$$D' = \frac{D_a^2 - D_i^2}{D_i}, \tag{47}$$

für rechteckigen Querschnitt

bei Wärmeaustausch durch alle vier Seiten:

$$D' = \frac{2\,B \cdot H}{B + H}, \tag{48}$$

bei Wärmeaustausch durch zwei gegenüberliegende Breitseiten:

$$D' = 2\,H, \tag{49}$$

bei Wärmeaustausch durch zwei gegenüberliegende Längsseiten:

$$D' = 2\,B. \tag{50}$$

5. Druckverlust.

Der infolge der Strömung der allgemeinen Flüssigkeit durch einen Kanal auftretende Druckabfall beträgt

$$\Delta P_R = \lambda_R \cdot \frac{L}{D} \cdot \frac{w^2}{2g} \cdot \gamma. \tag{51}$$

Hierbei bedeuten:

ΔP_R den Druckabfall auf der Kanallänge L, in kg/m²,
λ_R die Widerstandsziffer des Kanals,
L die Kanallänge, in m.

Die Widerstandsziffer λ_R stellt eine Funktion der Reynoldsschen Zahl Re dar. Für laminare Bewegung ist

$$\lambda_{R,lam} = \frac{64}{Re} = \frac{64\,\nu}{w \cdot D}, \tag{52}$$

$$\Delta P_{R,lam} = 32\,\frac{L}{D^2} \cdot w \cdot \mu. \tag{53}$$

Für turbulente Strömung wird die Widerstandsziffer abhängig von dem Rauhigkeitsgrad der Kanalwandung. Für glatte Oberfläche, wie sie reinen Kupferrohren zukommt, gilt

$$\lambda_{R,\,turb} = 0{,}3164\,\sqrt[4]{1/R}\,; \tag{54}$$

für Wandungen von Eisenrohren üblicher Rauhigkeit kann der 1,5fache Wert angenommen werden.

Zu ΔP_R kommt der Druckverlust ΔP_ζ für einmalige Widerstände hinzu, der sich zu

$$\Delta P_\zeta = \sum \zeta \cdot \frac{w^2}{2\,g} \cdot \gamma \tag{55}$$

ergibt, wenn

ζ die Widerstandsziffer eines Einzelwiderstandes

bedeutet.

Bezüglich der zahlenmäßigen Höhe der ζ-Werte sei auf die „Hütte" verwiesen.

6. Äußerer Temperaturverlust.

Der Druckverlust bedingt eine Erhöhung des Arbeitsverbrauches für die Förderung der allgemeinen Flüssigkeit im Betrage von

$$\frac{G_h}{\gamma}(\Delta P_R + \Delta P_\zeta)\ \text{kgm/h},$$

wenn

G_h das stündlich strömende Flüssigkeitsgewicht, in kg/h,

bedeutet. Die Arbeit setzt sich in Wärme um, so daß

$$\frac{1}{427} \cdot \frac{G_h}{\gamma}\,(\Delta P_R + \Delta P_\zeta)\ \text{kcal/h}$$

verfügbar werden. Die entsprechende Temperaturerhöhung $\Delta t_{R,\zeta}$ der Flüssigkeit ergibt sich aus der Beziehung

$$\frac{1}{427} \cdot \frac{G_h}{\gamma}\,(\Delta P_R + \Delta P_\zeta) = G_h \cdot c \cdot \Delta t_{R,\zeta}$$

zu

$$\Delta t_{R,\zeta} = \frac{\Delta P_R + \Delta P_\zeta}{427\,\gamma \cdot c}\,, \tag{56}$$

also z. B. für Wasser bei einem gesamten Druckabfall von 1 at $= 10\,000\ \text{kg/m}^2$ zu

$$\Delta t_{R,\zeta} = \frac{10\,000}{427 \cdot 1000 \cdot 1} \sim 0{,}02^0.$$

Der hieraus für alle Erwärmungsvorgänge als Gewinn zu buchende Betrag ist stets so klein, daß seine Berücksichtigung sich nicht lohnt. Auf der anderen Seite bedeutet der Druckverlust bei Heizdampf und Brüden eine Änderung der für die Wärmeübertragung maßgebenden Siedetemperatur. Die wirksame Heizdampfspannung sinkt um das Maß des Druckabfalles, das der Heizdampf bis zum Auftreffen auf die Heizfläche erfährt, die Brüdenspannung steigt um den Betrag des Druckabfalles, dem die Brüden nach Verlassen der Heizfläche unterworfen sind. Infolgedessen findet eine Annäherung der Grenztemperaturen t und t_0 um das Maß $\Delta t + \Delta t_0$, d. h. eine Verringerung des nutzbaren Temperaturgefälles, statt. $\Delta t + \Delta t_0$ stellt daher einen äußeren Temperaturverlust dar, den es in engen Grenzen zu halten gilt.

Der Druckabfall der Brüden ergibt sich wegen der geringen Leitungslängen vorzugsweise aus den Einzelwiderständen im Brüdenstutzen, dem in der Regel anschließenden Krümmer und einem dahinter häufig angeordneten Tropfenabscheider. Die Widerstandsziffer kann für den Stutzen bei allmählicher Erweiterung $\zeta \sim 0$ gesetzt werden. Für Krümmer von 90^0 beträgt nach Lorenz[1] unter Annahme eines mittleren Rauhigkeitsgrades bei einem Verhältnis des mittleren Krümmungshalbmessers R zu dem Rohrdurchmesser D

$\frac{R}{D}$	0,5	1	2	3	4	5
ζ	2,03	1,06	0,62	0,52	0,5	0,52.

Der Mindestwert $\zeta \sim 0{,}5$ liegt bei $\frac{R}{D} = 4$. Für Abscheider kann mit einem mittleren Wert $\zeta = 3$ gerechnet werden. Neben den einmaligen Widerständen ist der Widerstand der Brüdenleitung zu berücksichtigen, wenn sie beträchtliche Länge besitzt.

Da ΔP_R und ΔP_ζ mit dem Wert $w^2 \cdot \gamma$ zunehmen, scheinen zunächst bei kleinem Wert γ, also niedrigerem Brüdendruck, größere Geschwindigkeiten zulässig als bei höherem. Dem gleichen Druckabfall entspricht jedoch bei niedrigem Druck ein wesentlich höherer Abfall der Siedetemperatur als bei höherem Druck. Es ergeben sich z. B. für einen gleichbleibenden Druckverlust $\Delta P = 1000$ kg/m² folgende Verhältnisse:

Druck	P $P - \Delta P$	2000 1000	6000 5000	11000 kg/m² 10000 „
Siedetemperatur	t''_P $t''_P - \Delta P$	59,7 45,1	85,5 80,9	101,8⁰ 99,1⁰
Äußerer Temperaturverlust	Δt	14,6	4,6	2,7⁰
Verhältnis	$\frac{\Delta t_P}{\Delta t_{6000}}$	3,2	1	0,6⁰
Spezifisches Gewicht	γ_P $\gamma_{P-\Delta P}$	0,1283 0,0794	0,3590 0,3027	0,6329 kg/m³ 0,5790 „
Mittleres spezifisches Gewicht	γ_m	0,1038	0,3308	0,6059 „
Verhältnis	$\frac{\gamma_{m,P}}{\gamma_{m,6000}}$	$\frac{1}{3,2}$	1	$\frac{1}{0,55}$

[1] Lorenz: Die Energieverluste in Rohrerweiterungen und Krümmern. Z. techn. Phys. 1929.

Der äußere Temperaturverlust verändert sich demnach etwa umgekehrt proportional dem spezifischen Gewicht. Es ist deshalb richtiger, statt des Wertes ΔP das Verhältnis $\frac{\Delta P}{\gamma}$ oder, was auf dasselbe hinausläuft, die Geschwindigkeit w bei verschiedenem Druck gleich zu halten und damit dem unvermeidlichen äußeren Temperaturverlust Δt etwa gleiche Höhe zu geben. Bei hoher Luftleere sind allerdings die so errechneten Abmessungen der Brüdenrohre schwer zu verwirklichen und größere Geschwindigkeiten unter Inkaufnahme einer weitergehenden Verringerung des Temperaturgefälles zuzulassen.

7. Wärmeübergang.

Bei freier Strömung ist die Geschwindigkeit der allgemeinen Flüssigkeit nicht unmittelbar bekannt, bei erzwungener Strömung ergibt sie sich zu

$$w = \frac{1}{3600} \cdot \frac{G_h}{\gamma \cdot f}.$$

Infolgedessen ist es zweckmäßig, die Gesetze des Wärmeüberganges für freie und erzwungene Strömung in verschiedener Form darzustellen.

Die turbulente Strömung bringt stets wechselnde Flüssigkeitsteilchen in die Nähe der leitenden Wandung, an der sich eine mit wachsender Geschwindigkeit schwächer werdende Flüssigkeitsschicht — Grenzschicht — in laminarer Bewegung befindet. Da sich der Temperaturabfall fast nur innerhalb der Grenzschicht vollzieht, ist ihr Wärmeleitwiderstand nahezu gleichbedeutend mit dem Wärmeübergangswiderstand zwischen Flüssigkeit und Wand.

Bei laminarer Strömung dagegen bedingt in der Hauptsache der molekulare Wärmeaustausch durch die volle Flüssigkeitsschicht hindurch die weit größere Höhe des Wärmeübergangswiderstandes. Aus diesem Grunde wird bei jeder Art erwünschten Wärmeaustausches eine Strömungsgeschwindigkeit der allgemeinen Flüssigkeit angestrebt, die oberhalb des Wertes w_{kr} liegt. Aus der Zahlentafel Seite 48 lassen sich für den besonderen Fall der Verdampfer folgende grundsätzlichen Schlüsse ziehen:

Die Wärmeübertragung von Wasserdampf an Wand erfolgt im allgemeinen in der Weise, daß der Dampf die Kühlflächen umspült. Da hierbei sich ein großer gleichwertiger Durchmesser $D' = \frac{4f}{U}$ ergibt, liegt die kritische Geschwindigkeit je nach der Sättigungstemperatur des Dampfes zwischen etwa 0,1 und 5 m/s, d. i. bei Werten, die regelmäßig überschritten zu werden pflegen. Hieraus erklärt es sich, daß der Wärmeübergangswiderstand auf der Seite des niederschlagenden Dampfes praktisch unabhängig ist von der Tiefe des Dampfraumes und allein bedingt wird durch den Wärmeleitwiderstand der Kondensatschicht. Strömt kondensierender Dampf durch Rohre, so liegt die kritische Geschwindigkeit höher, der Größenordnung nach bei dem zehnfachen Betrage. Da die Dampfgeschwindigkeit bis zum Ende des Rohres verschwindet, ist dessen letzter Teil weniger wirksam.

Bewegt sich die zu verdampfende Flüssigkeit durch die Rohre, so besitzt bei mittlerer Zähigkeit die kritische Geschwindigkeit die Größenordnung von etwa 0,02 m/s. Bei einem Rohrdurchmesser von 50 mm bedeutet dies, daß stündlich ein Flüssigkeitsvolumen von $\frac{0{,}05^2 \pi}{4} \cdot 0{,}02 \cdot 3600 \sim 0{,}14\,\mathrm{m^3/h}$ oder mehr das Einzelrohr durchströmen soll. Besitzt das Rohr eine Länge von 1 bis 2 m, so müßten diese 0,14 m³/h mit einer Heizfläche von $0{,}05\,\pi \cdot 1 \sim 0{,}16$ bis $0{,}05\,\pi \cdot 2 \sim 0{,}32\,\mathrm{m^2}$, also $\frac{0{,}14}{0{,}16} \sim 0{,}9$ bis $\frac{0{,}14}{0{,}32} \sim 0{,}45\,\mathrm{m^3/h \cdot m^2}$ verdampfen, damit am Rohreintritt die kritische Geschwindigkeit nicht unterschritten wird. Für Wasser mit einem spezifischen Gewicht $\gamma = 1000\,\mathrm{kg/m^3}$ würde dies eine spezifische Verdampfleistung von 900 bzw. 450 $\mathrm{kg/h \cdot m^2}$ bedeuten. Das wirklich erreichte Maß beträgt nur rund den zehnten Teil. Hieraus erklärt es sich, daß bei nur einmaligem Durchgang der zu verdampfenden Flüssigkeit enge und lange Rohre Vorteile bieten, weil nur bei ihnen die Anfangsstrecke der Kühlfläche einigermaßen wirksam ist, ferner bei kurzen Rohren ein mehrmaliger Umlauf zur Verbesserung der Verdampfleistung beiträgt, schließlich besondere Hilfsmittel, wie Entspannung überhitzter Flüssigkeit unterhalb der senkrechten Heizrohre, zweckmäßig sind. Der letzte Fall, bei dem nicht reine Flüssigkeit, sondern ein Flüssigkeits-Dampfgemisch durch das Rohr strömt, ist ganz allgemein maßgebend für die Rohrstrecke über dem Punkte, in dem die Siedetemperatur erreicht ist. Hier ergibt die Förderwirkung der Dampfblasen eine zunehmende Beschleunigung. Bewegt sich die Flüssigkeit um die Rohre, so liegt der Wert der kritischen Geschwindigkeit der Größenordnung nach bei 0,01 bis 0,1 m/s. Er wird unter Berücksichtigung des hier regelmäßig auftretenden mehrmaligen Flüssigkeitsumlaufes wohl stets überschritten. Bei Flüssigkeiten mit hoher Zähigkeit rückt die kritische Geschwindigkeit so hoch, daß sie sich im praktischen Betrieb häufig nur mit künstlichen Hilfsmitteln, bei kleinen Stromquerschnitten überhaupt nicht erreichen läßt.

Gase treten nur ausnahmsweise in Form von Feuergasen auf. Bei den alsdann herrschenden hohen Temperaturen kann die kritische Geschwindigkeit in ihrer Größenordnung zu 0,1 m/s geschätzt werden, wenn die Gase Mantel und Boden des Verdampfkessels bespülen. Der kritische Wert wird hier stets erheblich überschritten.

8. Wirtschaftliche Geschwindigkeit.

Die Strömungsverluste innerhalb und außerhalb der Heizfläche sind verschieden zu bewerten. Der äußere Druckabfall ist eindeutig unerwünscht. Dagegen ergibt höherer innerer Strömungswiderstand geringeren Wärmeübergangswiderstand. Steigerung der Geschwindigkeit innerhalb der Heizfläche bedeutet daher in bestimmten Grenzen eine grundsätzliche Verbesserung, während sie vor und hinter der Heizfläche verlusterhöhend wirkt. Es empfiehlt sich deshalb, zunächst die Höhe des zulässigen Druckverlustes anzunehmen, danach die kennzeichnenden Abmessungen des Verdampfers festzulegen und für sie die Wärmeübergangsverhältnisse zu untersuchen. Die wirtschaftliche Geschwindigkeit findet sich durch Wiederholung des Verfahrens für die Lösung, bei der die Summe von Kapitaldienst und Energieverbrauch am niedrigsten wird. Mit dieser günstigsten Geschwindigkeit ergeben sich höhere Druckverluste innerhalb der Heizfläche, als im allgemeinen gefühlsmäßig zugelassen werden.

Die Geschwindigkeit läßt sich dadurch steigern, daß der Stromweg durch Kunsteinbauten — Schnecken in Rohren — verlängert wird. Sie beeinflussen bei Stoffen, die ihren Aggregatzustand ändern, die Trennung der beiden Teile, sind daher so zu gestalten, daß die Flüssigkeit bei der Kondensation von der Heizfläche abgehalten, bei der Verdampfung an die Heizfläche gedrängt wird. Dem entspricht Einbau der Schnecke beim Doppelrohrkondensator im dampfführenden Ringraum, beim außen beheizten Verdampfer im flüssigkeitsführenden Rohr. Werden andere Möglichkeiten für die Verbesserung der Wärmeübergangsverhältnisse zum Vergleich herangezogen, so erscheinen solche Kunstmittel nur selten berechtigt, zumal sie die Unterhaltung erschweren.

B. Wärmeübertragung.

Bei Verdampfanlagen bildet mittelbare Wärmeübertragung die Regel, unmittelbare Wärmeübertragung die Ausnahme. Bei der letzten tritt die zu verdampfende Flüssigkeit mit dem Heizmittel selbst in Berührung. Hierher gehört auch die elektrische Widerstandsheizung, bei der die flüssigkeitsberührten Metallflächen als Träger der Heizenergie auftreten. Mittelbare Wärmeübertragung erfolgt von einem Stoff zum andern durch eine leitende Wand.

Die maßgebenden Grundsätze der allgemeinen Wärmeübertragung werden hier als bekannt vorausgesetzt, so daß sich die nachstehenden Ausführungen auf ihre Zusammenstellung beschränken. Dagegen ist die Erforschung der Gesetzmäßigkeiten, die für den Wärmeübergang zwischen Stoff und Wand maßgebend sind, noch zu sehr im Fluß, als daß sich ihre Behandlung im einzelnen umgehen ließe, zumal gerade die für diese Arbeit besonders wichtigen Vorgänge der Verdampfung und Kondensation noch weitgehender Klärung bedürfen. Jedes Buch, das sich mit Fragen der angewandten Physik befaßt, muß sich mit dieser Zwitterstellung bescheiden, wenn Bekanntes nicht immer wiederholt und Wichtiges nicht unterdrückt werden soll.

1. Wärmeleitung.

Reine Wärmeleitung vollzieht sich in festen Körpern durch molekulare Übertragung der Wärmeenergie. Die durch eine feste Wand von ebener Form im Beharrungszustande geleitete Wärmemenge beträgt

$$Q_h = F\,(t_W - t_{W,0})\,\frac{\lambda_W}{e_W}\,, \qquad (57)$$

wobei bedeuten:

Q_h die stündlich durch die Fläche F übertragene Wärmemenge, in kcal/h,

F die Heizfläche, in m^2,

t_W die Oberflächentemperatur der Wand auf der wärmeren Seite, in ^{0}C,

$t_{W,0}$ die Oberflächentemperatur der Wand auf der kälteren Seite, in ^{0}C,

e_W die Wandstärke, in m,

λ_W die mittlere Wärmeleitfähigkeit des Wandbaustoffes innerhalb des Temperaturbereiches t_W bis $t_{W,0}$, in kcal/m $\cdot\, ^0$C $\cdot$ h.

Hierbei kann λ_W im praktischen Falle für die in Betracht kommenden Baustoffe als unveränderlich gelten.

Besitzt die feste Wand die Form eines Hohlzylinders mit einem Durchmesser D auf der wärmeren, D_0 auf der kälteren Seite und einer Länge L, so gilt

$$Q_h = F_m \cdot \frac{1}{\chi}\,(t_W - t_{W,0})\,\frac{\lambda_W}{e_W} = \frac{D + D_0}{2} \cdot \pi \cdot L \cdot \frac{1}{\chi}\,(t_W - t_{W,0})\,\frac{\lambda_W}{e_W}\,, \qquad (58)$$

wenn χ einen Formfaktor nach dem Vorschlage von Jakob[1] darstellt. Sein Wert ergibt sich für

ebene Wände zu $\chi = 1$

Hohlzylinder zu $\chi = \frac{1}{2}\,\frac{D + D_0}{D - D_0} \ln \frac{D}{D_0}$, wenn $D > D_0$, der wärmere Stoff also den Zylinder umspült,

$\chi = \frac{1}{2}\,\frac{D_0 + D}{D_0 - D} \ln \frac{D_0}{D}$, wenn $D_0 > D$, der wärmere Stoff also den Zylinder durchströmt.

[1] Jakob: Zur Definition der Wärmewiderstände. Z. ges. Kälteind. 1927.

Abb. 20 stellt die Abhängigkeit zwischen χ und dem Durchmesserverhältnis dar und zeigt, daß bei den für Verdampferrohre üblichen Wandstärken und Durchmessern unbedenklich $\chi \sim 1$ gesetzt werden darf.

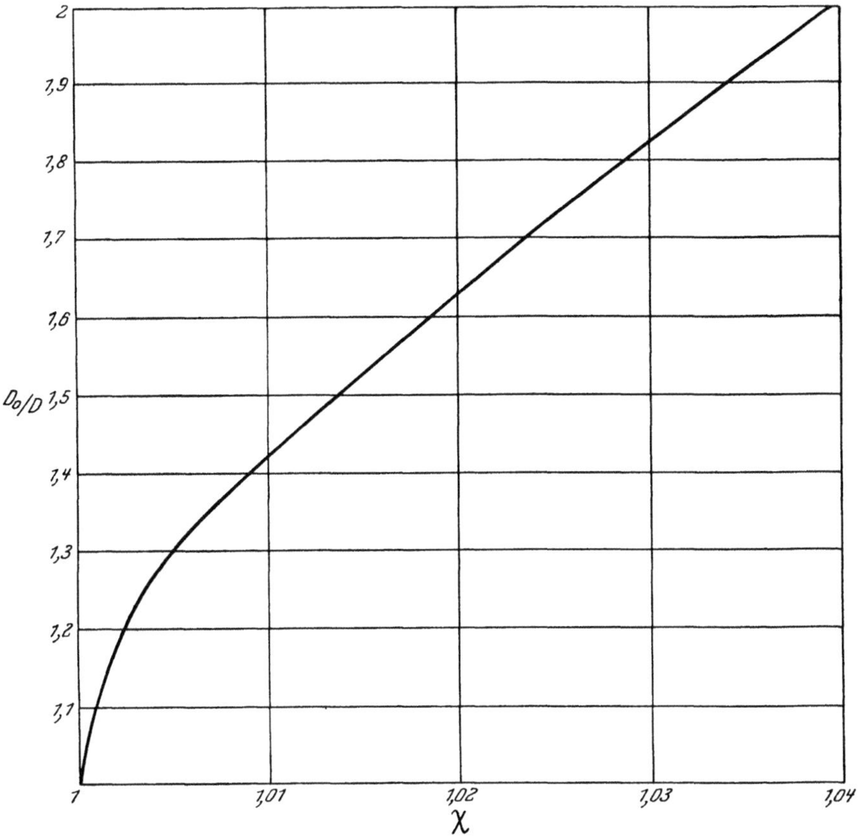

Abb. 20.

Besteht die Wand aus mehreren innig verbundenen Schichten, so folgt für die ebene Form

$$Q_h = F\,(t_W - t_{W,0})\,\frac{1}{\dfrac{e_{W,1}}{\lambda_{W,1}} + \dfrac{e_{W,2}}{\lambda_{W,2}} + \cdots + \dfrac{e_{W,n}}{\lambda_{W,n}}}, \tag{59}$$

für die Form des Hohlzylinders

$$Q_h = (t_W - t_{W.0})\,\frac{1}{\chi_1\dfrac{e_{W,1}}{F_{m,1}\cdot\lambda_{W,1}} + \chi_2\dfrac{e_{W,2}}{F_{m,2}\cdot\lambda_{W,2}} + \cdots + \chi_n\dfrac{e_{W,n}}{F_{m,n}\cdot\lambda_{W,n}}}, \tag{60}$$

wenn Index 1, 2, ..., n die für die Einzelschichten geltenden Größen kennzeichnet.

Bei allgemeinen Flüssigkeiten tritt neben der molekularen Wärmeleitung regelmäßig der molare Wärmetransport — Konvektion — durch die freie oder erzwungene Strömung auf. Für den Anteil, den die Wärmeleitung allein an der Wärmeübertragung nimmt, gelten auch hier die angeführten Gesetze. Die Wärmeleitfähigkeit λ nimmt für gasförmige und tropfbare Flüssigkeiten mit der Temperatur merklich zu.

2. Konvektion.

Der molare Wärmeübergang tritt bei laminarer Strömung gegenüber der molekularen Wärmeleitung zurück, bei turbulenter Strömung ist das Umgekehrte der Fall. Der Temperaturabfall vollzieht sich bei turbulenter Bewegung innerhalb der ,,Grenzschicht", deren Stärke nur einen Bruchteil der ganzen Stärke der Flüssigkeitsschicht ausmacht.

3. Wärmeübergang.

Der Einfluß von Wärmeleitung und Konvektion in allgemeinen Flüssigkeiten wird in der Wärmeübergangszahl zusammengefaßt. Bedeuten

α die Wärmeübergangszahl von wärmerer Flüssigkeit an Wand, in $\mathrm{kcal/m^2 \cdot {}^0 C \cdot h}$,

α_0 die Wärmeübergangszahl von Wand an kältere Flüssigkeit, in $\mathrm{kcal/m^2 \cdot {}^0 C \cdot h}$,

t die mittlere Temperatur der wärmeren Flüssigkeit, in ^{0} C,

t_0 die mittlere Temperatur der kälteren Flüssigkeit, in ^{0} C,

F die wärmere Oberfläche der Wand, in $\mathrm{m^2}$,

F_0 die kältere Oberfläche der Wand, in $\mathrm{m^2}$,

so wird die Wärmeübergangszahl durch die Beziehungen

$$Q_h = F\,(t - t_W)\,\alpha = F_0\,(t_W - t_0)\,\alpha_0 \tag{61}$$

gekennzeichnet. An Stelle der Wärmeübergangszahl von Flüssigkeiten läßt sich in Anlehnung an die Formel für reine Wärmeleitung das Verhältnis $\frac{\lambda}{e_{id}}$ setzen und hierbei

$$e_{id} = \frac{\lambda}{\alpha} \tag{62}$$

bzw.

$$e_{id,\,0} = \frac{\lambda_0}{\alpha_0} \tag{62a}$$

als die Stärke einer ideellen Flüssigkeitsschicht definieren, die durch reine Wärmeleitung die Wärmemenge Q_h übertragen würde. Im Grenzfalle wird e_{id} bei laminarer Strömung gleich der Stärke der Flüssigkeitsschicht, bei turbulenter Strömung gleich der Stärke der Grenzschicht.

4. Wärmestrahlung.

Die fast stets neben Wärmeleitung und Konvektion auftretende Wärmestrahlung vollzieht sich zwischen festen Körpern, in bescheidenem Maße auch zwischen festen Körpern und Gasen. Die Wärmestrahlung folgt der Beziehung

$$Q_{h,s} = F\,(t_{W,1} - t_{W,2})\,C \cdot a_s\,, \tag{63}$$

wobei

$C = \frac{1}{C_{W,1}} + \frac{1}{C_{W,2}} + \frac{1}{4{,}96}$ die scheinbare Strahlungskonstante, in kcal/m² (⁰ abs.)⁴ · h,

$C_{W,1}$ die Strahlungskonstante des einen Körpers, in kcal/m² (⁰ abs.)⁴ · h,

$C_{W,2}$ die Strahlungskonstante des zweiten Körpers, in kcal/m² (⁰ abs.)⁴ · h,

4,96 die Strahlungskonstante des vollkommen schwarzen Körpers, in kcal/m² (⁰ abs.)⁴ · h,

$$a_s = \frac{\left(\frac{T_{W,1}}{100}\right)^4 - \left(\frac{T_{W,2}}{100}\right)^4}{t_{W,1} - t_{W,2}}\,,$$

$T_{W,1}$ die Temperatur des einen Körpers, in ⁰ abs.,

$t_{W,1}$ die Temperatur des einen Körpers, in ⁰ C,

$T_{W,2}$ die Temperatur des zweiten Körpers, in ⁰ abs.,

$t_{W,2}$ die Temperatur des zweiten Körpers, in ⁰ C

bedeuten. Hierbei ist vorausgesetzt, daß der eine Körper den zweiten vollständig umgibt. Die Wärmestrahlung spielt nur bei höheren Temperaturen eine Rolle. Bei den hier behandelten Aufgaben kann sie daher entweder vollständig vernachlässigt oder durch eine zusätzliche Wärmeübergangszahl α_s mit dem Wärmeübergang durch Leitung und Konvektion zusammengefaßt werden. Da die Temperatur $t_{W,1}$ des einen strahlenden Körpers in der Regel gleich der Temperatur t der in diesem Falle gasförmigen allgemeinen Flüssigkeit angenommen werden darf, wird

$$\alpha_s = C \cdot a_s = \frac{\left(\frac{T}{100}\right)^4 - \left(\frac{T_W}{100}\right)^4}{(t - t_W)\left(\frac{1}{C_{W,1}} + \frac{1}{C_{W,2}} + \frac{1}{4{,}96}\right)}$$

und

$$Q_h = F\,(t - t_W)\,(\alpha + \alpha_s)\,. \tag{64}$$

5. Wärmedurchgang.

Tritt die allgemeine Flüssigkeit mit der Temperatur t durch eine ebene wärmeleitende Wand hindurch mittelbar in Wärmeaustausch mit der allgemeinen Flüssigkeit mit der niedrigeren Temperatur t_0, so ist die stündlich ausgetauschte Wärmemenge Q_h durch die Beziehung gegeben

$$Q_h = F \cdot k\,(t - t_0)\,, \tag{65}$$

wenn

k die Wärmedurchgangszahl, in kcal/m²·°C·h

bedeutet. Hierbei vollzieht sich der Abfall der Temperatur t auf den Wert t_0 in drei Abschnitten, nämlich von t auf t_W, von t_W auf $t_{W,0}$ und von $t_{W,0}$ auf t_0. Besteht die Wand aus mehreren Schichten, so findet noch eine Unterteilung des Temperaturgefälles $t_W - t_{W,0}$ statt. Die Wärmedurchgangszahl k ist hierbei durch die Beziehungen definiert

$$k = \frac{1}{\dfrac{1}{\alpha} + \dfrac{1}{\alpha_0} + \sum \dfrac{e_W}{\lambda_W}} = \frac{1}{\dfrac{e_{id}}{\lambda} + \dfrac{e_{id,0}}{\lambda_0} + \sum \dfrac{e_W}{\lambda_W}}\,, \tag{66}$$

$$Q_h = \frac{F\,(t - t_0)}{\dfrac{1}{\alpha} + \dfrac{1}{\alpha_0} + \sum \dfrac{e_W}{\lambda_W}} = \frac{F\,(t - t_0)}{\dfrac{e_{id}}{\lambda} + \dfrac{e_{id,0}}{\lambda_0} + \sum \dfrac{e_W}{\lambda_W}}\,. \tag{67}$$

Besitzt die Wand die Form des Hohlzylinders, so beträgt die stündlich übertragene Wärmemenge

$$Q_h = \frac{t - t_0}{\dfrac{1}{F \cdot \alpha} + \dfrac{1}{F_0 \cdot \alpha_0} + \sum \chi \cdot \dfrac{e_W}{F_m \cdot \lambda_W}}$$

$$= \frac{\pi \cdot L\,(t - t_0)}{\dfrac{e_{id}}{D \cdot \lambda} + \dfrac{e_{id,0}}{D_0 \cdot \lambda_0} + \sum \chi \cdot \dfrac{e_W}{\dfrac{D + D_0}{2} \cdot \lambda_W}}\,. \tag{68}$$

6. Wärmeübertragungswiderstand.

Lange Zeit hat sich die Forschung damit begnügt, die Wärmedurchgangszahl k durch Versuche festzustellen. Das Ergebnis konnte deshalb nicht befriedigen, weil in k der Einfluß von α, α_0 und $\frac{\lambda_W}{e_W}$ verwischt zum Ausdruck kommt, das Gefundene daher nur dann auf andere Verhältnisse übertragbar ist, wenn sich gegenüber dem Versuch die zahlreichen Faktoren nicht ändern, die diese drei Größen bestimmen. An Stelle der Erfahrungswerte für k hat daher die vertiefte Forschungstätigkeit Klärung der für α, α_0 und $\frac{\lambda_W}{e_W}$ im einzelnen maßgebenden Gesetze gesucht und, wenn auch noch nicht restlos, gefunden. Ein noch verbliebener mehr begrifflicher und formaler Nachteil besteht darin, daß bei der Darstellung der Versuchsergebnisse die Werte α, α_0, $\frac{\lambda_W}{e_W}$ und k abhängig von den sie beeinflussenden Größen dargestellt zu werden pflegen. Demgegenüber bedeutet es einen Fortschritt, wenn als die eine Abhängige die Werte $\frac{1}{\alpha}$, $\frac{1}{\alpha_0}$, $\frac{e_W}{\lambda_W}$, $\frac{1}{k}$, gegebenenfalls statt der beiden ersten die Verhältnisse $\frac{e_{id}}{\lambda}$, $\frac{e_{id,0}}{\lambda_0}$ gewählt werden, wobei

$$\frac{1}{k} = \frac{1}{\alpha} + \frac{1}{\alpha_0} + \sum \frac{e_W}{\lambda_W} = \frac{e_{id}}{\lambda} + \frac{e_{id,0}}{\lambda_0} + \sum \frac{e_W}{\lambda_W} \tag{66a}$$

sich für die ebene Wand als Summe der kennzeichnenden Werte darstellt.

Diese Überlegung schließt sich an den Vorschlag von Jakob[1] an, das Gesetz der Wärmeübertragung analog dem Ohmschen Gesetz in der Form

$$Q_h = \frac{t - t_0}{R_k} = \frac{t - t_W}{R_\alpha} = \frac{t_W - t_{W,0}}{R_{\lambda_W}} = \frac{t_{W,0} - t_0}{R_{\alpha_0}} \tag{69}$$

darzustellen und die Größen R wie folgt zu bezeichnen:

$R_k = \frac{1}{k \cdot F}$ Wärmedurchgangswiderstand der ganzen Wärmeaustauschvorrichtung, in $^0\mathrm{C}/\frac{\mathrm{kcal}}{\mathrm{h}}$,

$R_\alpha = \frac{1}{\alpha \cdot F}$ Wärmeübergangswiderstand auf der gesamten warmen Seite, in $^0\mathrm{C}/\frac{\mathrm{kcal}}{\mathrm{h}}$,

$R_{\alpha_0} = \frac{1}{\alpha_0 \cdot F}$ Wärmeübergangswiderstand auf der gesamten kalten Seite, in $^0\mathrm{C}/\frac{\mathrm{kcal}}{\mathrm{h}}$,

$R_{\lambda_W} = \frac{e_W}{\lambda_W \cdot F}$ Wärmeleitwiderstand der gesamten Wand, in $^0\mathrm{C}/\frac{\mathrm{kcal}}{\mathrm{h}}$.

Im folgenden mögen die Bezeichnungen gelten:

$R_\alpha \cdot F = \frac{1}{\alpha} = \frac{e_{id}}{\lambda}$ Wärmeübergangswiderstand auf der warmen Seite, in $^0\mathrm{C}/\frac{\mathrm{kcal}}{\mathrm{m^2 \cdot h}}$,

$R_{\alpha_0} \cdot F = \frac{1}{\alpha_0} = \frac{e_{id,0}}{\lambda_0}$ Wärmeübergangswiderstand auf der kalten Seite, in $^0\mathrm{C}/\frac{\mathrm{kcal}}{\mathrm{m^2 \cdot h}}$,

$R_{\lambda_W} \cdot F = \frac{e_W}{\lambda_W}$ Wärmeleitwiderstand, in $^0\mathrm{C}/\frac{\mathrm{kcal}}{\mathrm{m^2 \cdot h}}$,

$R_k \cdot F = \frac{1}{k} = \frac{1}{\alpha} + \frac{1}{\alpha_0} + \sum \frac{e_W}{\lambda_W}$ Wärmedurchgangswiderstand, in $^0\mathrm{C}/\frac{\mathrm{kcal}}{\mathrm{m^2 \cdot h}}$.

---

[1] Jakob: Amerikanische und deutsche Bezeichnung der Wärmedurchgangsgrößen. Z. ges. Kälteind. 1926.

Diese Bezeichnungen sind für den Hohlzylinder wie folgt zu berichtigen:

$$R_\alpha \cdot F = \frac{1}{\alpha} = \frac{e_{id}}{\lambda},$$

$$R_{\alpha_0} \cdot F_0 = \frac{1}{\alpha_0} = \frac{e_{id,0}}{\lambda_0},$$

$$R_{\lambda_W} \cdot F_m = \chi \cdot \frac{e_W}{\lambda_W},$$

$$R_k \cdot F_m = \frac{1}{k_m} = \frac{F_m}{F \cdot \alpha} + \frac{F_m}{F_0 \cdot \alpha_0} + \sum \chi \cdot \frac{e_W}{\lambda_W}.$$

Die Vorzüge dieser Darstellungsweise werden sich im Laufe der folgenden Erörterungen zeigen und die Abwendung von den Begriffen Wärmeübergangszahl, Wärmeleitzahl und Wärmedurchgangszahl berechtigt erscheinen lassen, wenn hiermit auch dem Leser Verzicht auf eine tief eingewurzelte Gepflogenheit zugemutet wird. Folgt die zukünftige Forschung in der Darstellung ihrer Versuche diesem Beispiele, so wird Deutung und Übertragung auf geänderte Verhältnisse erleichtert.

C. Temperaturverlauf.

1. Wirksames Temperaturgefälle.

Bei Verdampfern befindet sich fast regelmäßig kondensierender Dampf auf der einen, siedende Flüssigkeit auf der anderen Seite der leitenden Wand. Die Temperaturen t bzw. t_0 können daher als gleichbleibend angesehen werden. Bei Kondensatoren gilt dies nur bezüglich der Dampftemperatur t, während die Temperatur t_0 des Kühlwassers sich verändert. Für den allgemeinen Fall ist mit einer Abnahme der Temperatur t, einer Zunahme der Temperatur t_0 im Sinne der Strömungsrichtung von Heiz- und Kühlmittel zu rechnen. Gilt der Index $_a$ für der Anfangs-, $_e$ für den Endzustand, so beträgt alsdann das wirksame Temperaturgefälle

$$(t - t_0)_{gleich} = (t_a - t_{0,a}) \frac{1 - \dfrac{t_e - t_{0,e}}{t_a - t_{0,a}}}{\ln \dfrac{t_a - t_{0,a}}{t_e - t_{0,e}}}, \tag{70}$$

wenn Heiz- und Kühlmittel in gleichem Sinne strömen (Gleichstrom) bzw.

$$(t - t_0)_{gegen} = (t_a - t_{0,e}) \frac{1 - \dfrac{t_e - t_{0,a}}{t_a - t_{0,e}}}{\ln \dfrac{t_a - t_{0,e}}{t_e - t_{0,e}}}, \tag{71}$$

wenn Heiz- und Kühlmittel sich in entgegengesetzter Richtung bewegen (Gegenstrom).

Bezeichnen

Δt_1 den Temperaturunterschied an der Eintrittsstelle des Heizmittels,

Δt_2 den Temperaturunterschied an der Austrittsstelle des Heizmittels,

Δt_m das wirksame Temperaturgefälle,

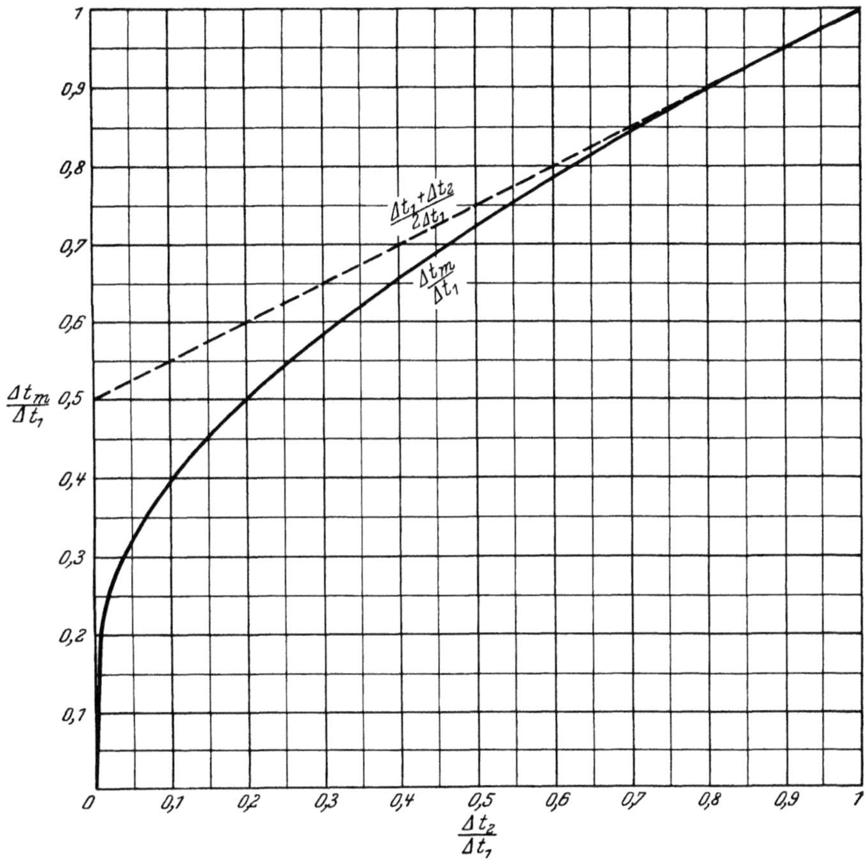

Abb. 21. Mittleres Temperaturgefälle.

so läßt sich einheitlich schreiben

$$\Delta t_m = \frac{\Delta t_1 - \Delta t_2}{\ln \frac{\Delta t_1}{\Delta t_2}}, \tag{72}$$

$$\frac{\Delta t_m}{\Delta t_1} = \frac{1 - \frac{\Delta t_2}{\Delta t_1}}{\ln \frac{\Delta t_1}{\Delta t_2}}. \tag{72a}$$

Das Verhältnis $\frac{\Delta t_m}{\Delta t_1}$ ist abhängig von dem Verhältnis $\frac{\Delta t_2}{\Delta t_1}$ in Abb. 21 dargestellt. Sie enthält gestrichelt das Verhältnis des arithmetischen

Mittelwertes $\frac{\Delta t_1 + \Delta t_2}{2}$ zu Δt_1, also $\frac{\Delta t_1 + \Delta t_2}{2\Delta t_1}$. Bei einem Verhältnis $\frac{\Delta t_2}{\Delta t_1}$ zwischen etwa 0,5 und 1 ist der Fehler gering, wenn der arithmetische statt des tatsächlichen Mittelwertes angewandt wird, er wird jedoch immer größer, je mehr sich das Verhältnis $\frac{\Delta t_2}{\Delta t_1}$ dem Werte Null nähert. Die Formel für Δt_m hat zur Voraussetzung, daß die Höhe des Wärmeleitvermögens unabhängig von der Temperatur ist. In Wirklichkeit trifft dies nicht zu, daher verliert die Größe Δt_m an Bedeutung, sobald genaueste Berechnung gefordert wird. In diesem Falle ist die gesamte Heizfläche zu unterteilen und im einzelnen zu berechnen, wenn größere Temperaturveränderungen auftreten. Unbedingt nötig ist dies, wenn Heiz- oder Kühlmittel oder beide während des Durchströmens einer Teilstrecke einen anderen Aggregatzustand besitzen als während des Durchströmens der Reststrecke, z. B. wenn die dampfbeheizte Seite im letzten Teil von Kondensat überflutet ist, das eine Unterkühlung erfährt, oder die Seite der verdampfenden Flüssigkeit im Anfang für Vorwärmung von einer Temperatur erheblich unter der Siedetemperatur bis auf diese benutzt wird. Aus dem gleichen Grunde sollten für die Ermittelung des mittleren Wärmedurchgangswiderstandes $\frac{1}{k_m}$, genau genommen, nur Versuche maßgebend sein, bei denen das mittlere Temperaturgefälle nicht aus den gemessenen Werten Δt_1 und Δt_2 errechnet, sondern als mittlerer Integralwert

$$\Delta t_m = \frac{1}{F}\int_0^F \Delta t \cdot dF$$

festgestellt wurde.

Für unbekannte Endtemperaturen zweier im Wärmeaustausch befindlichen Stoffe, deren stündlicher Wasserwert $W_h = G_h \cdot c$ und $W_{h,0} = G_{h,0} \cdot c_0$ in kcal/^{0}C · h beträgt, entwickelt Gröber[1] die Formeln

$$Q_{h,\,gleich} = (t_a - t_{0,a})\, W_h \cdot \frac{1 - e^{-\left(1 + \frac{W_h}{W_{h,0}}\right)\frac{k \cdot F}{W_h}}}{1 + \frac{W_h}{W_{h,0}}}, \tag{73}$$

$$Q_{h,\,gegen} = (t_a - t_{0,a})\, W_h \cdot \frac{1 - e^{-\left(1 - \frac{W_h}{W_{h,0}}\right)\frac{k \cdot F}{W_h}}}{1 - \frac{W_h}{W_{h,0}} \cdot e^{-\left(1 - \frac{W_h}{W_{h,0}}\right)\frac{k \cdot F}{W_h}}}, \tag{74}$$

wobei $e = 2{,}718$ die Grundzahl des ln ist. Sie dienen z. B. dazu, festzustellen, welche Leistung Q_h sich mit einer gegebenen Vorrichtung (k, F)

[1] Gröber: Die Grundlagen der Wärmeleitung und des Wärmeüberganges. Berlin 1921.

erzielen läßt, wenn sie zum Wärmeaustausch zweier Stoffe von bekanntem Wasserwert und feststehender Anfangstemperatur (t_a, $t_{0,a}$) benutzt wird. Aus der Beziehung

$$Q_h = W_h (t_a - t_e) = W_{h,0} (t_{a,0} - t_{e,0}) \tag{75}$$

ergeben sich alsdann auch die Endtemperaturen.

Für kondensierenden Dampf kann $W_h = \infty$, für verdampfende Flüssigkeit $W_{h,0} = \infty$ gesetzt werden. Damit folgt für wasser- oder luftgekühlte Kondensatoren

$$Q_h = (t - t_{0,a}) W_{h,0} \left(1 - e^{\frac{k \cdot F}{W_{h,0}}}\right), \tag{76}$$

für Verdampfer mit flüssigem oder gasförmigem Heizmittel

$$Q_h = (t_a - t_0) W_h \left(1 - e^{\frac{k \cdot F}{W_h}}\right). \tag{77}$$

Strömen Heiz- und Kühlmittel senkrecht zueinander (Kreuzstrom), so gelten die angegebenen Beziehungen für Δt_m nicht mehr. Für nicht zu große Temperaturänderungen gibt Nusselt[1] die Annäherungsformel

$$Q_{h,\,kreuz} = \frac{t_a - t_{a,0}}{\frac{1}{k \cdot F} + \frac{1}{2 W_h} + \frac{1}{2 W_{h,0}}}. \tag{78}$$

Bei Verdampfern und Kondensatoren tritt der Kreuzstrom sehr häufig auf, jedoch stets so, daß zum mindesten für einen der in Wärmeaustausch tretenden Stoffe die Temperatur als unveränderlich angenommen werden kann. In diesem Falle aber ist es zulässig, auch bei Kreuzstrom mit der allgemeinen Formel

$$\Delta t_m = \frac{\Delta t_1 - \Delta t_2}{\ln \frac{\Delta t_1}{\Delta t_2}}$$

zu rechnen.

2. Chargenbetrieb.

Arbeitet ein Verdampfer chargenweise, d. h. wird die schwache Lösung in ein und demselben Körper unter ständigem Umlauf allmählich bis zur höchsten Konzentration eingedickt, so ergibt sich eine zeitliche Veränderung des wirksamen Temperaturgefälles. Sie ist rechnerisch dadurch zu erfassen, daß der Eindickungsvorgang in einzelne Abschnitte zerlegt wird, die mit zunehmender Konzentration immer enger liegen, und daß für jeden die maßgebenden Verhältnisse und daraus die für die Teileindickung erforderliche Zeit errechnet wird.

---

[1] Nusselt: Der Wärmeübergang im Kreuzstrom. Z. V. d. I. 1911.

3. Mehrstufenbetrieb.

Beim durchgehenden Betrieb tritt die Verschiedenheit des wirksamen Temperaturgefälles örtlich auf, wenn die Eindampfung in mehreren Körpern stufenweise erfolgt. Verwickelte Verhältnisse ergeben sich beim mehrstufigen Chargenbetrieb. Beispielsweise haben Carr, Townsend and Badger[1] für eine zum Eindampfen von Glyzerin-Wasser dienende Vierkörperanlage das Temperaturgefälle gemäß nachstehender Tafel festgestellt:

	Vorverdampfer		Nachver-dampfer	Schlußver-dampfer
	I. Stufe	II. Stufe		
Dampftemperatur	108,3	85	108,3	108,3
Lösungstemperatur anfangs	89,7	55,5	57,8	61,1
Temperaturgefälle anfangs	18,6	29,5	50,5	47,2
Lösungstemperatur schließlich	92,8	57,8	61,1	73,3
Temperaturgefälle schließlich	15,5	27,2	47,2	35
Mittleres Temperaturgefälle	17	28,3	48,8	41,1

Von den vier Körpern wurden drei mit Dampf von 108,3° (1,4 at), der an zweiter Stelle stehende Körper durch die Brüden des ersten Körpers beheizt. Die zweite Stufe ebenso wie Nach- und Schlußverdampfer waren im Brüdenraum an einen Kondensator angeschlossen, dessen Luftleere einer Temperatur von etwa 51,7° entsprach.

4. Wärmeleitwiderstand.

Der Wärmeübertragungswiderstand ist als das für Übertragung von 1 kcal/m²·h erforderliche Temperaturgefälle aufzufassen. Der Wärmedurchgangswiderstand ergibt sich hiernach als Summe folgender in Abb. 22 dargestellter Einzelwärmewiderstände:

1. Ideeller Wärmeleitwiderstand $\frac{e_{id}}{\lambda}$ des Heizmittelstromes, dem die Wärmeleitfähigkeit λ zukommt und bei dem sich der Temperaturabfall innerhalb einer ideellen Schichtstärke e_{id} vollzieht. Wird von der Strahlung abgesehen, so ist der Wärmeleitwiderstand gleichbedeutend mit dem Wärmeübergangswiderstand $\frac{1}{\alpha}$, da die neben der Wärmeleitung auftretende Wärmeübertragung durch Strömungsbewegung (Konvektion) in der ideellen Schichtstärke e_{id} berücksichtigt ist.

2. Wärmeleitwiderstand $\frac{e_W}{\lambda_W}$ der übertragenden Wand mit der Stärke e_W und der Wärmeleitfähigkeit λ_W.

3. Ideeller Wärmeleitwiderstand $\frac{e_{id,0}}{\lambda_0}$ des Kühlmittelstromes, dem die Wärmeleitfähigkeit λ_0 zukommt und bei dem sich der Temperatur-

[1] Carr, Townsend and Badger: Vapor pressures of glycerol-water and glycerol-water-sodium chloride systems. J. Ind. Engg. Chem. 1925.

abfall innerhalb einer ideellen Schichtstärke $e_{id,0}$ vollzieht. Bezüglich der Auffassung dieses Wärmeleitwiderstandes als Wärmeübergangswiderstand gilt sinngemäß das zu 1 Gesagte.

Hierzu kommt im praktischen Falle als Folge von beiderseits der Wand lagernden Fremdkörpern — Luft, Öl, Wasserstein, Schmutz —:

4. Wärmeleitwiderstand $\frac{e_f}{\lambda_f}$ einer Fremdschicht auf der Heizmittelseite mit der Stärke e_f und der Wärmeleitzahl λ_f.

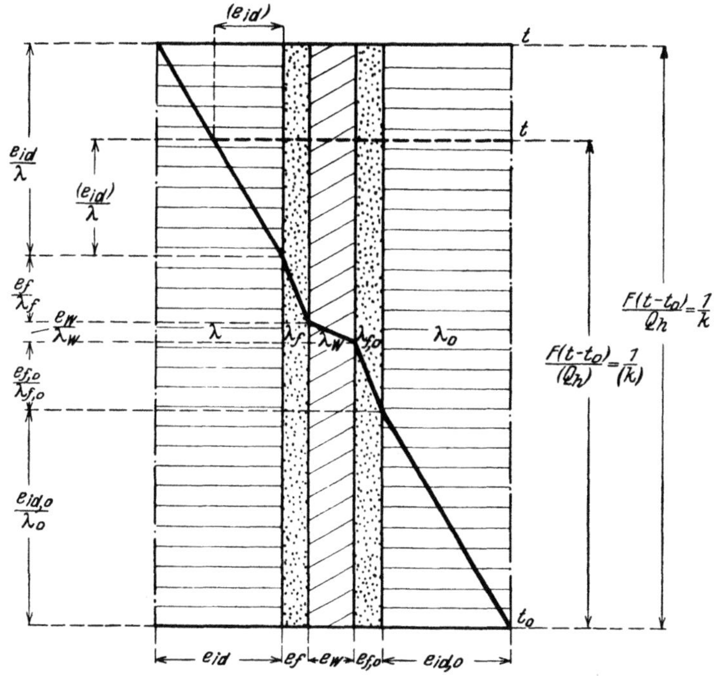

Abb. 22. Einzel-Wärmewiderstände.

5. Wärmeleitwiderstand $\frac{e_{f,0}}{\lambda_{f,0}}$ einer Fremdschicht auf der Kühlmittelseite mit der Stärke $e_{f,0}$ und der Wärmeleitzahl $\lambda_{f,0}$.

Der Wärmedurchgangswiderstand ergibt sich zu

$$\frac{1}{k} = \frac{F(t - t_0)}{Q_h} = \sum \frac{e}{\lambda}.$$

Verändert sich ein einzelner Wärmeleitwiderstand, z. B. der des Heizmittels, auf den Betrag $\frac{(e_{id})}{\lambda}$ dadurch, daß die ideelle Schichtstärke sich von e_{id} auf (e_{id}) verringert, so wird die gleichbleibende obere Temperatur t durch die verschobene t-Linie dargestellt. Ihr Abstand von der liegen gebliebenen unteren Temperaturlinie stellt den geänderten Wärmedurchgangswiderstand $\frac{F\,(t-t_0)}{(Q_h)}$ dar, wobei $(Q_h) > Q_h$ geworden ist.

Aus der Beziehung $\frac{1}{k} = \sum \frac{e}{\lambda}$ ergibt sich, daß bei verschiedener Größenordnung die höheren Einzelwärmeleitwiderstände den Wert des Wärmedurchgangswiderstandes bestimmen und ihnen gegenüber die niedrigeren Einzelwärmeleitwiderstände zurücktreten, im Grenzfalle ganz vernachlässigt werden dürfen.

5. Einzeltemperaturgefälle.

Wird der Wärmedurchgangswiderstand $\frac{F\,(t-t_0)}{Q_h}$ nach Abb. 23 im Temperaturmaßstab dargestellt, so messen die einzelnen Wärmeleitwiderstände die anteiligen Temperaturgefälle $\frac{Q_h}{F}\cdot\frac{e_{id}}{\lambda}$, $\frac{Q_h}{F}\cdot\frac{e_W}{\lambda_W}$, $\frac{Q_h}{F}\cdot\frac{e_{id,0}}{\lambda_0}$, $\frac{Q_h}{F}\cdot\frac{e_f}{\lambda_f}$, $\frac{Q_h}{F}\cdot\frac{e_{f,0}}{\lambda_{f,0}}$, die auf Heizmittel, Wand, Kühlmittel und Fremd-

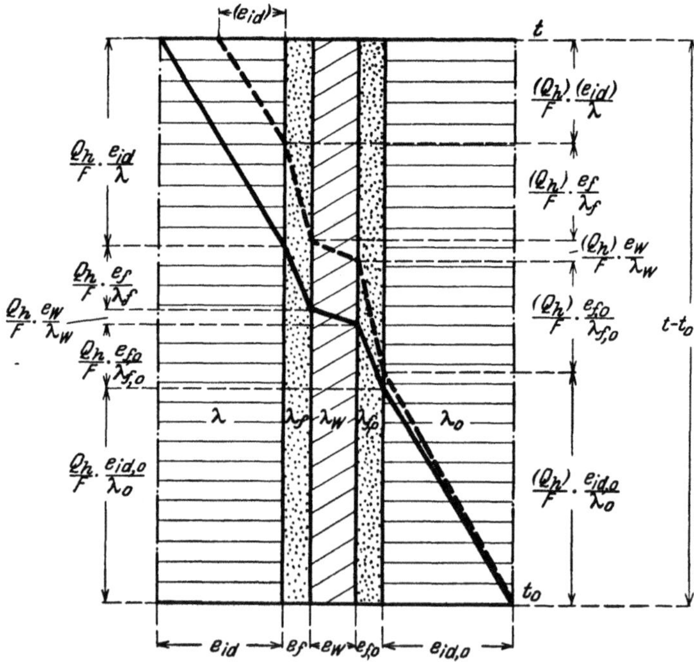

Abb. 23. Einzel-Temperaturgefälle.

körperbelag entfallen. Dies gilt auch dann, wenn sich ein einzelner Wärmeleitwiderstand ändert, nur wird die Unterteilung des Temperaturgefälles verschoben. Die Verringerung des Wärmeleitwiderstandes einer Einzelschicht hat zur Folge, daß das auf sie entfallende Temperaturgefälle sich verkleinert und gleichzeitig das anteilige Temperaturgefälle der übrigen Schichten sich im Verhältnis $\frac{(Q_h)}{Q_h}$ der geänderten zu der ursprünglichen Leistung vergrößert. Der Wärmeleitwiderstand der übrigen Schichten erfährt keine Veränderung, was sich schon aus der Auffassung des Wärmeleitwiderstandes als kennzeichnende Eigenschaft der Einzelschicht ergibt.

6. Innerer Temperaturverlust durch Zusammensetzung.

Beim Kondensieren gesättigten Dampfes ist die obere Temperatur t als die Siedetemperatur t'' gegeben, die dem Dampfdrucke P entspricht. Ist der Dampf nicht rein, so vollzieht sich die Kondensation bei einer niedrigeren Temperatur $t'' - \Delta t''_L$, die dem Dampfteildruck P_D als Siedetemperatur zugeordnet ist. Es tritt also ein Temperaturverlust $\Delta t''_L$ auf. Beträgt z. B. der Gehalt des unreinen Dampfes an Luft oder anderen nichtkondensierbaren Gasen 20% des beim Drucke P möglichen Höchstgehaltes, mit anderen Worten, setzt sich der Gesamtdruck $P = P_D + P_L$ aus den Teildrücken $P_D = 0{,}8\ P$ und $P_L = 0{,}2\ P$ zusammen, so ergibt sich bei

einem Gesamtdruck P	1000	10000	100000	kg/m²
der Dampfteildruck P_D	800	8000	80000	„
An Stelle der Sättigungstemperatur t'' . .	45,4	99,1	179	⁰
ist nur die Temperatur $t'' - \Delta t''_L$	41,1	93	169,6	⁰
wirksam. Dem entspricht ein Temperaturverlust $\Delta t''_L$	4,3	6,1	9,4	⁰

Bei gleichem relativen Luftgehalt nimmt der absolute Temperaturverlust mit höherem Drucke zu.

Umgekehrt liegen die Verhältnisse beim Verdampfen gashaltiger Flüssigkeit, wenn der Gesamtdruck P_0 als feststehend angesehen wird. Der die Verdampftemperatur bestimmende Teildruck $P_{D,0} < P_0$ ergibt einen Temperaturgewinn $\Delta t''_{L,0}$. Die Flüssigkeit verdunstet bei einer Temperatur $t''_0 - \Delta t''_{L,0} < t''_0$.

Bei der Kondensation kann der Temperaturverlust $\Delta t''_L$ deshalb merklich werden, weil bei unvollkommener Entlüftung des dampferfüllten Raumes der Luftgehalt in ihm alsbald ein Vielfaches des Maßes erreicht, das dem einströmenden Dampfe zukommt. Dagegen tritt der Temperaturgewinn $\Delta t''_{L,0}$ beim Verdampfen praktisch nicht in Erscheinung, weil der Gasgehalt der verdampfenden Flüssigkeit an sich gering zu sein pflegt und eine Vervielfachung des Gasgehaltes im Brüdenraum ohne Einfluß bleibt. Denn für die Höhe von $\Delta t''_{L,0}$ ist der Gasgehalt der über dem Flüssigkeitsspiegel entstehenden Brüden maßgebend, der im Beharrungszustande dem Gasgehalt der Flüssigkeit gleich ist. Bei einem Drucke P_0, der kleiner als der atmosphärische Druck ist und dessen Aufrechterhaltung eine Kondensationsanlage bedingt, kommt hinzu, daß die Voraussetzung eines unveränderlichen Druckes nicht erfüllt ist und P_0 mit zunehmendem Luftgehalt steigt. Der an sich verschwindend kleine Temperaturgewinn $\Delta t''_{L,0}$ erfährt hierdurch noch eine Verminderung und kehrt sich bei einer unvollkommenen Kondensationsanlage sogar in einen Temperaturverlust um.

Ein Temperaturverlust $\Delta t'$ gegenüber der P_0 zugeordneten Siedetemperatur t''_0 tritt in Form der Siedetemperaturerhöhung in Erschei-

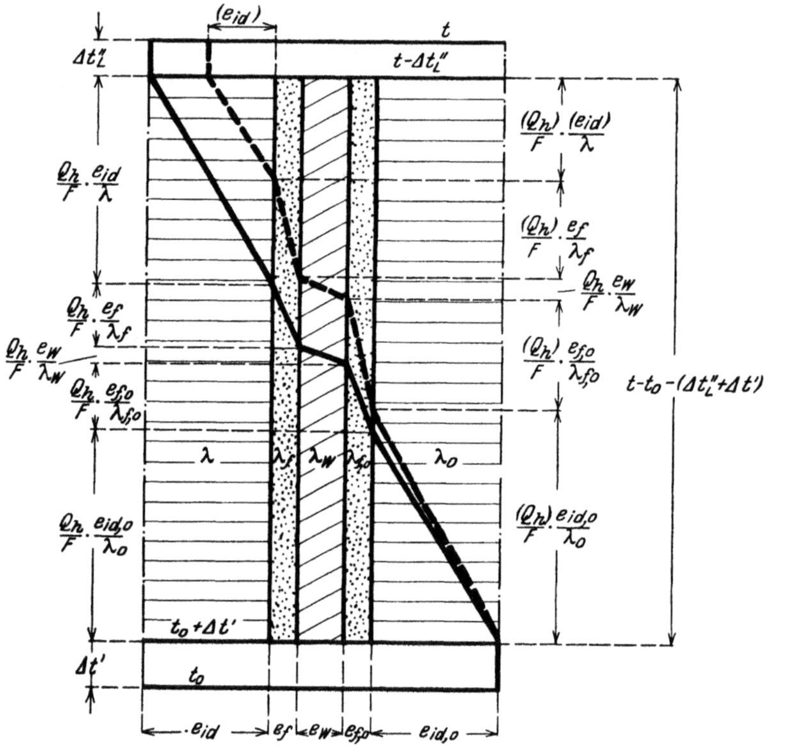

Abb. 24. Einzel-Temperaturgefälle.

nung. Hierbei ist es gleichgültig, ob der Siedeverzug durch die Konzentration einer Lösung oder dadurch herbeigeführt wird, daß der Druck innerhalb der siedenden Flüssigkeit infolge der auf ihr lastenden Flüssigkeitssäule oder ihres Strömungswiderstandes größer ist als der Brüdendruck P_0. Die Darstellung der Abb. 24 vernachlässigt den an sich möglichen Temperaturgewinn. Abgesehen von den Temperaturverlusten $\Delta t''_L$ und $\Delta t'$ entspricht sie der Abb. 23. Das scheinbare Temperaturgefälle $t - t_0$, wie es nach den angenommenen Drücken P und P_0 verfügbar sein sollte, vermindert sich infolge der Unreinheit des Heizdampfes um den Betrag $\Delta t''_L$, infolge der Siedepunkterhöhung der verdampfenden Flüssigkeit um den Betrag $\Delta t'$ auf den Wert $t - t_0 - (\Delta t_L'' + \Delta t')$ als nutzbares Temperaturgefälle. Dies bedeutet einen relativen Verlust $\frac{\Delta t_L'' + \Delta t'}{t - t_0}$, entsprechend einem Wirkungsgrad

$$\eta = 1 - \frac{\Delta t_L'' + \Delta t'}{t - t_0}. \tag{79}$$

Ist z. B. $t - t_0 = 100^0$, $\Delta t_L'' + \Delta t' = 10^0$, so folgt

$$\eta = 1 - \frac{10}{100} = 0{,}9.$$

Um den Verlust von 10% auszugleichen, also die Wärmeleistung Q_h in der Höhe zu halten, wie sie sich bei einem nutzbaren Temperaturgefälle $t - t_0$ ergäbe, ist es nötig, den Wärmedurchgangswiderstand der gesamten Heizfläche von dem Betrage $\frac{1}{F \cdot k}$ auf den Betrag $\frac{0{,}9}{F \cdot k}$ zu verringern, beispielsweise durch Vergrößerung der Heizfläche F auf $\frac{F}{0{,}9}$ oder Verkleinerung des Wärmedurchgangswiderstandes $\frac{1}{k}$ auf den Betrag $0{,}9 \cdot \frac{1}{k}$ oder Vergrößerung der Heizfläche unter gleichzeitiger Verbesserung des Wärmedurchganges.

Ändert sich ein Einzeltemperaturgefälle, z. B. $\frac{Q_h \cdot e_{id}}{F \cdot \lambda}$ in $\frac{(Q_h) \cdot (e_{id})}{F \cdot \lambda}$, so verschieben sich alle übrigen Einzeltemperaturgefälle im Verhältnis $\frac{(Q_h)}{Q_h}$. Das nutzbare gesamte Temperaturgefälle bleibt nach wie vor $t - t_0 - (\Delta t_L'' + \Delta t')$. Die Veränderung des Wärmeleitwiderstandes einer oder mehrerer Einzelschichten verschiebt also das Bild der Temperaturverteilung zwischen den Grenztemperaturen $t - \Delta t_L''$ und $t_0 + \Delta t'$, hat jedoch keine Rückwirkung auf die Höhe der Temperaturverluste $\Delta t_L''$ und $\Delta t'$.

Diese Temperaturverluste sind demnach hinsichtlich ihrer Voraussetzungen und Wirkungen ganz anders geartet wie die Einzeltemperaturgefälle, die sich in den verschiedenen Schichten einstellen, verlangen daher stets getrennte Behandlung.

Der Luftgehalt kondensierenden Dampfes hat einen doppelten Einfluß auf die Wärmeübertragung, einmal wegen des Temperaturverlustes $\Delta t_L''$, dann wegen des Auftretens einer Fremdschicht an der beheizten Wand in Form von Luftblasen, die einen zusätzlichen Wärmeleitwiderstand bringen. Ähnlich steht es mit der Konzentration von Lösungen, die einerseits einen Temperaturverlust $\Delta t_x'$ infolge der Siedepunkterhöhung mit sich bringt, andererseits eine Verschlechterung der Wärmeübertragung dadurch ergibt, daß bei höherer Konzentration infolge der zunehmenden Zähigkeit die ideelle Schichtstärke $e_{id,0}$ sich vergrößert und gleichzeitig die Wärmeleitzahl λ_0 abnimmt. Es ist abwegig, diese beiden Teileinflüsse zusammenzuwerfen und den Gesamteinfluß von Luftgehalt oder Konzentration versuchsmäßig zu ermitteln. Um grundsätzliche Beziehungen zu finden, muß vielmehr der Temperaturverlust $\Delta t''_L$ und $\Delta t'$ von vornherein ausgeschaltet werden, gleichgültig, ob es sich um Auswertung von Versuchen oder Vorausberechnung handelt.

Da der Temperaturverlust durch Luftgehalt im Heizdampf und durch Siedepunkterhöhung der einzudampfenden Flüssigkeit an dem scheinbaren Temperaturgefälle in Abzug kommt, muß dieses stets größer sein als der gesamte Temperaturverlust. Im Grenzfalle sind beide gleich

$$t - t_0 = \Delta t''_L + \Delta t'.$$

Es fehlt dann ein wirksames Temperaturgefälle. Bezüglich des Anteiles $\Delta t'_H$ des hydrostatischen Druckes ist allerdings die Einschränkung zu machen, daß im Grenzfalle nur die tiefste Schicht von der Verdampfung ausgeschlossen bleibt, die übrige Flüssigkeit jedoch mit zunehmender Höhe in wachsendem Maße verdampft. Am freien Flüssigkeitsspiegel ist dann noch das Temperaturgefälle wirksam, das dem Temperaturverlust durch den hydrostatischen Druck entspricht. Erst wenn der gesamte Temperaturverlust abzüglich des auf den hydrostatischen Druck entfallenden Teiles die Höhe des scheinbaren Temperaturgefälles $t - t_0$ erreicht, kommt die Verdampfung zum Stillstande. Diese Gefahr liegt um so näher, je niedriger das scheinbare Temperaturgefälle und je größer Luftgehalt, Heizdampfdruck und Siedetemperaturerhöhung sind. Wenn sich bestimmte Erfahrungszahlen bezüglich des Mindesttemperaturgefälles herausgebildet haben, bei dem eine wirksame Verdampfung noch gesichert ist, so scheinen darin die Teilbeträge des Temperaturverlustes eingeschlossen zu sein. Wenn z. B. angegeben wird, daß das Temperaturgefälle zum mindesten bei Wasser 6^0, bei eingedickter Zuckerlösung 20^0 betragen müsse, so lassen sich diese Werte keinesfalls verallgemeinern, da sie ohne Ausschaltung des Temperaturverlustes gefunden und daher nur für die Versuchsverhältnisse gültig sind.

Daß der oben behandelte äußere Temperaturverlust in gleicher Weise von vornherein abzubuchen ist, wenn es sich bei Versuch und Rechnung um die Feststellung des wirksamen Temperaturgefälles und der davon abhängigen Werte handelt, ist nach dem Gesagten selbstverständlich.

7. Innerer Temperaturverlust durch hydrostatischen Druck.

Von vornherein steht fest, daß die untere Grenze des Flüssigkeitsstandes durch die Bedingung einer vollständigen Ausnutzung der Heizfläche gegeben ist, wobei die höchsten Punkte der Heizfläche im Betrieb gerade noch von der Flüssigkeit erreicht werden. Unter Flüssigkeitsstand ist demnach nicht die Höhe zu verstehen, bis zu der die Flüssigkeit im Betriebe steigt — diese Höhe liegt nach dem Gesagten am höchsten

Punkte der Heizfläche oder darüber —, sondern die Anzeige eines äußeren Standglases, das unten mit dem Flüssigkeits-, oben mit dem Brüdenraum in Verbindung steht und in dem die Flüssigkeit der Einwirkung der Verdampfung entzogen ist.

Besitzt die verdampfende Flüssigkeit oder einzudampfende Lösung ein mittleres spezifisches Gewicht γ_F kg/m³ und steht der Flüssigkeitsspiegel H_F m oberhalb des tiefsten Punktes der Heizfläche, so siedet an dieser tiefsten Stelle die Flüssigkeit unter einem Druck $(P_0 + H_F \cdot \gamma_F)$ kg/m², wenn im Brüdenraum der Druck P_0 herrscht. Der Einfluß der Flüssigkeitshöhe äußert sich als Siedeverzug, entsprechend einer Zunahme der Sättigungsspannung um $H_F \cdot \gamma_F$ kg/m². Abb. 1 ermöglicht, für Wasser zu jeder Flüssigkeitshöhe das Maß des Siedeverzuges abzulesen. Die Verzögerung des Siedevorganges tritt um so stärker in Erscheinung, je niedriger der Brüdendruck P_0 ist. Besteht die Flüssigkeit z. B. aus Wasser, und entspricht der Brüdendruck dem Werte $P_0 = 10000$ kg/m² — offene Verdampfung —, so ergibt eine Höhe der Flüssigkeit von 1 m oberhalb der Heizfläche eine Druckzunahme auf 11000 kg/m² und eine Erhöhung des Siedepunktes von 99,1 auf 101,8, d. i. um 2,7°. Bei einem Brüdendruck von 2000 kg/m² — Verdampfen unter Luftleere — steigt der Siedepunkt von 59,7 auf 68,7, entsprechend 3000 kg/m², d. i. um 9°.

Die theoretischen Zahlen gelten zweifellos für den Siedebeginn. Der Flüssigkeitsdruck nimmt auch nicht ab, wenn die Dampfblasen zur Strommitte wandern und, unter Vereinigung zu wachsenden hochsteigenden Blasen, die Flüssigkeit durchsetzen. Die sich hierdurch ergebende Einschnürung der Flüssigkeitssäule bleibt auch dann noch ohne Einfluß auf den hydrostatischen Bodendruck, wenn die hintereinanderher drängenden Blasen sich zu einem Dampfkanal vereinigen.

Die Reibung der hochsteigenden Dampfblasen wirkt dem Flüssigkeitsdruck entgegen und äußert sich wie eine Verringerung des spezifischen Gewichtes der Flüssigkeit. Infolgedessen steigt die von Blasen erfüllte Flüssigkeit über den dem Ruhezustand entsprechenden — am äußeren Standrohr erkennbaren — Spiegel hoch. Der Siedeverzug entspricht einer Säule von der Höhe und dem spezifischen Gewicht der ruhenden bzw. nicht siedenden Flüssigkeit oder, was dasselbe ist, von der größeren Höhe des siedenden Gemisches mit dem durch die Blasenreibung verringerten scheinbaren spezifischen Gewicht. Die Senkung des ruhenden Flüssigkeitsspiegels unter den höchsten Punkt der Heizfläche wirkt daher günstig, trotzdem in den siedenden Teilen sich der Flüssigkeitsspiegel bis zum oberen Ende der Heizfläche oder darüber hebt.

Die einfachen Beziehungen gelten nicht mehr, wenn die Flüssigkeitssäule durch ein Dampfpolster vollständig unterbrochen wird. Dieser Fall kann um so eher eintreten, je enger und länger der Weg der Dampfblasen ist, insbesondere also bei langen Rohren von kleinem Durchmesser. Das Maß des Siedeverzuges ergibt sich alsdann entsprechend der Summe der hydrostatischen Teildrücke, die den durch die Dampfpolster getrennten Flüssigkeitssäulen zukommen. Rieselt die zu verdampfende Flüssigkeit über die Heizfläche nieder, so wird bei dünner Beaufschlagung schließlich ein Zustand erreicht, bei dem die Reibungswiderstände den statischen Druck aufheben. Ist der Flüssigkeitsweg eng, so können sogar kapillare Zugkräfte auftreten und, an Stelle des Verzuges, eine Beschleunigung des Siedebeginns bewirken.

Soweit sich die Flüssigkeitshöhe als Siedeverzug auswirkt, herrscht innerhalb der siedenden Flüssigkeit ein Temperaturgefälle. Die mittlere Temperatur der Flüssigkeitssäule $t' + \Delta t'_H$ entspricht genügend genau dem arithmetischen Mittel der Grenztemperaturen oder einem Sättigungsdrucke $P_0 + \frac{H_F \cdot \gamma_F}{2}$, wenn die Verdampfung bereits am tiefsten Punkte beginnt. (Genau ist dies nur insoweit der Fall, als die $P - t$-Linie zwischen den Werten P_0 und $P_0 + H_F \cdot \gamma_F$ als Gerade angesehen werden darf.) Das wirksame Temperaturgefälle sinkt um den Temperaturverlust $\Delta t'_H$. Die äußere Verdampfung beginnt erst oberhalb des tiefsten Punktes der Heizfläche, es sei denn, daß die Flüssigkeit mit der erhöhten Siedetemperatur eintritt. Da in der Regel ein größerer oder kleinerer Teil der hochsteigenden Flüssigkeit zurücksinkt, muß sogar die eintretende Flüssigkeit über das Maß der erhöhten Siedetemperatur vorgewärmt werden, wenn die ganze Heizfläche nur äußere Verdampfung leisten soll, und dies um so mehr, je größer das Verhältnis der rücklaufenden zu der verdampfenden Flüssigkeitsmenge ist. Für vollkommenen Ausgleich ist hierbei Verteilung der eintretenden Flüssigkeit über den ganzen Querschnitt nötig.

Steigt die Flüssigkeit hoch, so wirkt die Siedetemperaturerhöhung als Überhitzung und löst sich durch innere Entspannungsverdampfung aus, die zu der äußeren Verdampfung hinzukommt. Der Wärmeaufwand für Erwärmung über die dem Brüdendruck entsprechende Siedetemperatur wird schließlich als innere Verdampfleistung nutzbar, stellt also keinesfalls eine Vermehrung des Wärmeverbrauches dar. Die bei der Entspannung gebildeten Blasen beschleunigen das Flüssigkeits-Dampfgemisch und bewirken eine Verbesserung des Wärmeüberganges an der von siedender Flüssigkeit berührten Heizfläche, durch die der ungünstige Einfluß der Flüssigkeitshöhe teilweise aufgehoben wird.

Siedet die Flüssigkeit in ganzer Höhe, so beträgt das Temperaturgefälle am tiefsten Punkte der Heizfläche $t - (t' + 2\,\Delta t'_H)$, an der Oberfläche des Flüssigkeitsspiegels $t - t'$. Bei dem günstigsten Flüssigkeitsstande, der gerade noch volle Benetzung der gesamten Heizfläche ergibt, wird das mittlere Temperaturgefälle gleich $t - (t' + \Delta t'_H)$.

Überragt der Flüssigkeitsspiegel die Heizfläche, so wird das Temperaturgefälle am höchsten Punkte der Heizfläche um das Maß kleiner als $t - t'$, das der Überhöhung der Heizfläche durch die Flüssigkeit zukommt. Das mittlere Temperaturgefälle beträgt auch hier $t - (t' + \Delta t'_H)$, wobei $\Delta t'_H$ die Erhöhung der Siedetemperatur durch den hydrostatischen Druck in mittlerer Höhe der Heizfläche, nicht des Flüssigkeitsstandes, bedeutet.

8. Innerer Temperaturverlust durch Strömungswiderstand.

Die Druckerhöhung, die durch den Strömungswiderstand der verdampfenden Flüssigkeit innerhalb des Verdampfers verursacht wird, wirkt wie eine gleich große Erhöhung des hydrostatischen Druckes. Sie kommt in beachtlichem Maße dann zustande, wenn die zu verdampfende Flüssigkeit mit erheblicher Geschwindigkeit durch Rohre strömt, vor allem bei der Verdampfung im Innern von waagerechten, mehrfach gewundenen Rohren, oder wenn bei hoher spezifischer Belastung der Heizfläche Dampf und Flüssigkeit eine starke Beschleunigung erfahren. Geschwindigkeit und damit Druckerhöhung werden in Ausnahmefällen künstlich hoch gehalten, um bei kristallisierenden Flüssigkeiten die Verdampfung innerhalb der Heizfläche zu hemmen und erst nach Austritt in den Brüdenraum als Entspannungsverdampfung auftreten zu lassen.

Wird zunächst angenommen, daß die Flüssigkeit nur einen verschwindenden Teil des Stromquerschnittes einnimmt und die auf die Heizflächeneinheit bezogene spezifische Verdampfleistung längs der ganzen Heizfläche gleichbleibt, die Brüdenmenge also linear mit dem von der Flüssigkeit zurückgelegten Wege wächst, so nimmt bei Strömung innerhalb eines Rohres die Brüdengeschwindigkeit von 0 am Rohreintritt linear bis auf $w_{D,0}$ am Rohraustritt zu, wobei $w_{D,0}$ für eine stündliche Verdampfleistung $G_{F,h,0}$ durch die Beziehung

$$\frac{G_{F,h,0}}{3600} = n \cdot \frac{D^2 \cdot \pi}{4} \cdot w_{D,0} \cdot \gamma_{D,0} \tag{80}$$

gegeben ist. Hierbei bedeuten

n die Anzahl der Rohre,
D ihren lichten Durchmesser, in m,
$\gamma_{D,0}$ das spezifische Gewicht der austretenden Brüden, in kg/m³.

Längs der Teilstrecke dL beträgt der Strömungswiderstand

$$d(\Delta P_R) = \lambda_R \cdot \frac{dL}{D} \cdot \frac{w^2}{2g} \cdot \gamma_{D,0}.$$

Mit der Annahme unveränderlicher Werte von λ_R und $\gamma_{D,0}$ folgt der gesamte Strömungswiderstand zu

$$\Delta P_{R,D,0} = \frac{\lambda_R \cdot \gamma_{D,0}}{2D \cdot g} \int w^2 \cdot dL.$$

Wegen des linear angenommenen Verlaufes der Geschwindigkeitsänderung gilt

$$\frac{dL}{dw} = \frac{L}{w_{D,0}},$$

$$\Delta P_{R,D,0} = \frac{\lambda_R \cdot L \cdot \gamma_{D,0}}{2D \cdot g \cdot w_{D,0}} \int_0^{w_{D,0}} w^2 \cdot dw,$$

$$\Delta P_{R,D,0} = \frac{1}{3} \cdot \lambda_R \cdot \frac{L}{D} \cdot \frac{w_{D,0}^2}{2g} \cdot \gamma_{D,0} = \lambda_R \cdot \frac{L}{D} \cdot \frac{\left(\frac{w_{D,0}}{1,73}\right)^2}{2g} \cdot \gamma_{D,0}. \quad (81)$$

Hiernach ließe sich für Verdampfung in Rohrschlangen der Druckverlust nach den für strömenden Dampf geltenden Formeln berechnen, wenn nicht das wirkliche Dampfgewicht, sondern der 1,73te Teil eingesetzt wird.

Die Voraussetzung, daß der von der Flüssigkeit eingenommene Teilquerschnitt des Rohres verschwindend klein ist, trifft angenähert nur dann zu, wenn durch besondere Mittel die Flüssigkeit in Filmform niederrieselt oder durch besondere Kunstmittel durch das Rohr getrieben wird. In der Regel strömt mehr Flüssigkeit durch die Rohre, als darin verdampft. Der errechnete Wert $\Delta P_{R,D,0}$ stellt daher die untere Grenze des zu erwartenden Widerstandes der strömenden Brüden dar. Wird angenommen, daß die Flüssigkeit allein den Rohrquerschnitt ausfüllt, so ergibt sich für eine Menge $m \cdot G_{F,h,0}$ kg/h der $m$fach umlaufenden Flüssigkeit bei einem spezifischen Gewicht $\gamma_{F,0}$ kg/m² der Strömungswiderstand mit

$$\Delta P_{R,F,0} = \lambda_R \cdot \frac{L}{D} \cdot \frac{w_{F,0}^2}{2g} \cdot \gamma_{F,0}. \quad (82)$$

Die hierbei als unveränderlich angenommene Geschwindigkeit $w_{F,0}$ folgt aus der Beziehung

$$\frac{m \cdot G_{F,h,0}}{3600} = n \cdot \frac{D^2 \cdot \pi}{4} \cdot w_{F,0} \cdot \gamma_{F,0}. \quad (83)$$

Für diesen unteren Grenzwert von $\Delta P_{R,F,0}$ wird $\Delta P_{R,D,0} = \infty$, für den angeführten unteren Grenzwert von $\Delta P_{R,D,0}$ wird $\Delta P_{R,F,0} = \infty$. Der wirkliche Wert beider liegt zwischen diesen Grenzen. Er ist für Flüssigkeit und Dampf gleich, da beide ein inniges Gemisch bilden. Seine zahlenmäßige Höhe festzulegen, bleibt zukünftiger Forschung vorbehalten.

Als mittlerer Temperaturverlust durch innere Strömungswiderstände ist der Wert $\Delta t'_R$ anzusetzen, der etwa einem Druckverlust $\frac{\Delta P_{R,D,0} + \Delta P_{R,F,0}}{4}$ entspricht, wenn für den Druckabfall auch hier linearer Verlauf angenommen wird.

Bei Verdampfern mit waagerechten von der verdampfenden Flüssigkeit durchströmten Rohren wird die Völligkeit der Benetzung durch die Speisemenge bedingt. Bei ungenügender Speisung strömt durch die letzten Rohrteile nur Dampf, bei zu starker Speisung tritt im ersten

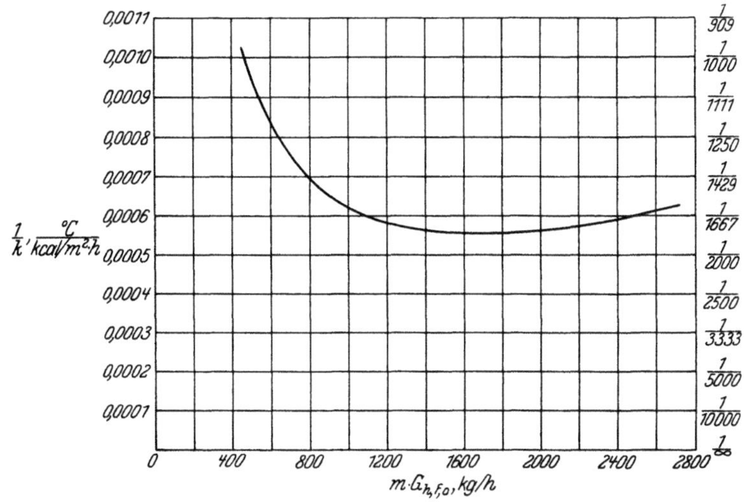

Abb. 25. Abhängigkeit des Wärmedurchgangswiderstandes von der Speisemenge.

Teile der Rohre Siedeverzug infolge des erhöhten Durchflußwiderstandes ein. Hieraus folgt, daß die zulässige Rohrlänge mit dem Rohrdurchmesser wächst und im bestimmten Falle ein ausgesprochener Bestwert der Speisemenge vorliegt, wenn für seine Bedeutung der scheinbare Wärmeübergangswiderstand, ohne Ausschaltung des Temperaturverlustes $\Delta t'_R$, zugrunde gelegt wird. Er ergibt sich nach Badger[1] für ein gerades 15 m langes Eisenrohr von 64 mm l. W., in dem destilliertes Wasser bei einer Siedetemperatur von 100° durch Heizdampf von 115° zur Verdampfung gelangt, gemäß Abb. 25. Zu geringe Speisung wirkt hiernach schädlicher als überreichliche. Den Druckverlust in dem gleichen Versuchsrohr hat Badger nach Abb. 26 gefunden. Hierbei gilt nebenstehende Tabelle. Der Vergleich von Linienzug 1 und 2 zeigt, daß

Linienzug	Mittl. Heizdampftemp. °C	Mittl. Brüdentemp. °C	Scheinbares Temperaturgefälle °C
1	141	99	42
2	142	112	30
3	134	113	21

bei gleicher Heizmitteltemperatur und verschiedenem Temperaturgefälle der Widerstand etwa mit dem Quadrat des mittleren Temperaturgefälles,

[1] Badger: Heat transfer and evaporation. New York 1926.

also auch etwa mit dem Quadrat der Leistung, wächst, wenn angenommen wird, daß der Wärmeübergangswiderstand in beiden Fällen gleichist. Dasselbe Ergebnis liefert der Vergleich der Linienzüge 2 und 3 für gleiche Brüdentemperatur. Verdoppelung der Speisemenge hat in allen Fällen nicht etwa eine Vervierfachung des Durchflußwiderstandes zur

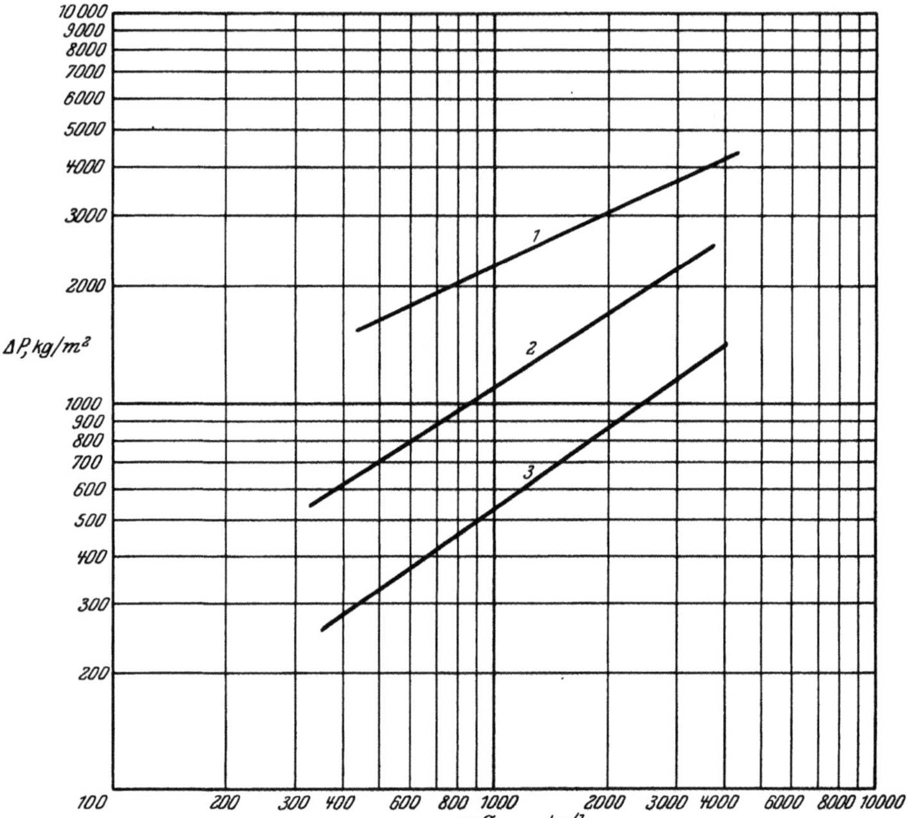

Abb. 26. Abhängigkeit des Druckverlustes von der Speisemenge.

Folge, sondern eine Erhöhung auf etwa das 1,5fache. Dies erklärt sich zwanglos daraus, daß die Erhöhung der umlaufenden Flüssigkeitsmenge oberhalb einer bestimmten Grenze den Wärmeübergangswiderstand nicht mehr wesentlich ändert, die Brüdenmenge daher ziemlich unabhängig von der Speisemenge bleibt.

Gegenüber dem günstigsten Flüssigkeitsstand, der bei natürlichem Umlauf eine genügende Benetzung der ganzen Heizfläche gerade noch sichert, ergibt verstärkter Flüssigkeitsumlauf den Vorteil einer beschleunigten Losspülung der entstehenden Dampfblasen von der Heizfläche. Ihm steht jedoch der Nachteil gegenüber, daß bei senkrechten Verdampferrohren die Dampfblasen schwerer in den Kern eindringen und allgemein die Strömungswiderstände einen Temperaturverlust ergeben. Bei waagerechten innen durchströmten Rohren ist in gewissen Grenzen eine Verbesserung zu erwarten, weil durch Vermehrung der Flüssigkeitsmenge die Bespülung der inneren Rohrfläche auch im oberen Teile gesichert wird. Zu den Bedenken gegen künstliche Steigerung des Umlaufes kommt auch die Rücksicht auf die zusätzlichen Kosten — Kapitaldienst und Betriebsausgaben für die Fördervorrichtung —, die den, wenn überhaupt auftretenden, Leistungsgewinn alsbald aufzehren, wenn die Umlaufgeschwindigkeit übertrieben hoch gehalten wird.

Anders liegen die Verhältnisse, wenn eine nicht siedende Flüssigkeit mit künstlich erhöhter Geschwindigkeit den Wärmeaustauscher durchströmt. In diesem Falle ist der Erfolg nicht zu bezweifeln, wenn der Temperaturunterschied zwischen ein- und austretender Flüssigkeit gering und das beiderseitige Temperaturgefälle hoch ist. Unter im übrigen gleichen Verhältnissen kann die Heizfläche, verglichen mit nur einmaligem Durchgang der Flüssigkeit, kleiner gehalten und damit an Kapitaldienst gespart werden. Das günstigste Verhältnis von Umlaufmenge zur Mindestmenge bei einmaligem Durchgang ergibt sich aus einer Wirtschaftlichkeitsberechnung, die zu einem ausgesprochenen Mindestwert der Gesamtkosten führt. Nicht zu übersehen ist hierbei, daß der verstärkte Umlauf die mittlere Temperatur der Flüssigkeit ihrer Endtemperatur annähert, das Temperaturgefälle beiderseits der Austauschfläche daher verringert. Hierdurch wird die Umlaufvorrichtung zwecklos, sobald das abnehmende mittlere Temperaturgefälle die Leistung stärker herabzieht als sie durch den verringerten Wärmeübergangswiderstand erhöht wird.

9. Gleich-, Gegen-, Querstrom.

Bei Gleichstrom ist das wirksame Temperaturgefälle am Eintritt am größten, am Austritt am kleinsten. Beim Gegenstrom kann das Temperaturgefälle im Strömungssinne des wärmeren oder kälteren Stoffes zunehmen. Gegenstrom ermöglicht einen weitergehenden Temperaturausgleich der beiden Stoffe als Gleichstrom. Die freie Strömung ist bei dem Heizmittel senkrecht abwärts, bei dem Kühlmittel senkrecht aufwärts, also entgegengesetzt gerichtet. In gleichem Sinne strebt die frei werdende Luft bei der Kondensation nach unten, bei der Verdampfung nach oben. Bei Gegenstrom lassen sich daher Störungen leicht vermeiden, bei Gleichstrom wird es häufig nötig, die Strömungsgeschwindigkeit künstlich auf ein Mehrfaches der natürlichen zu steigern, um auf der einen oder anderen Seite die freie Strömung zu überwinden.

Für Querstrom ergeben sich mittlere Verhältnisse. Der Vergleich zwischen den drei Strömungsarten darf an der Frage des Strömungsverlustes nicht vorübergehen. Werden diese durch Abstimmung der Bau- und Betriebsweise in allen drei Fällen auf derselben Höhe gehalten, so ergibt sich Ausgleich der Unterschiede.

D. Einzelwärmewiderstände.

1. Wärmeleitwiderstand der Wand.

Heizflächenwand. Bei Verdampfern ergeben sich besonders niedrige Wärmeleitwiderstände $\frac{e_{id}}{\lambda}$ und $\frac{e_{id,0}}{\lambda_0}$ der Stoffe beiderseits der Heizfläche, wenn die Beheizung durch Dampf unter guter Abführung des Kondensates erfolgt und lebhafte Bewegung der verdampfenden Flüssigkeit oder einzudampfenden Lösung gesichert ist. Es ist deshalb besonderer Wert darauf zu legen, daß nicht an anderer Stelle hohe Wärmeleitwiderstände auftreten und den Wärmedurchgangswiderstand maßgebend beeinflussen. Der Wärmeleitwiderstand der Heizflächenwand $\frac{e_W}{\lambda_W}$ gewinnt deshalb Bedeutung. Er ist niedrig zu halten durch Wahl geringer Wandstärke e_W und eines Baustoffes mit hoher Wärmeleitfähigkeit λ_W. Beide Größen hängen voneinander ab, da der Baustoff bei gegebener Heizflächenform die Wandstärke bestimmt, die mit Rücksicht auf Festigkeit und Abnutzung nötig ist.

Die Wahl des Baustoffes wird durch das Verhalten der wandberührenden Stoffe beeinflußt. In Betracht kommen Schmiedeeisen, nichtrostender Stahl, Kupfer, Messing, Monelmetall, Aluminium, Blei, Nickel, in Ausnahmefällen Gußeisen, Glas, Porzellan, Ton. Zuweilen erhält die Wand einen Schutzüberzug durch Verzinnung, Emaillierung. Hierher gehört auch das Einbetten von Stahlrohren in Gußeisen (Frederking). Schmiedeeisen kommt mit Rücksicht auf die Billigkeit in allen Fällen in Frage, wo ungünstige chemische Einflüsse fehlen. Kupferrohre in Verbindung mit gußeisernen Einwalzböden finden Anwendung bei leicht sauren Flüssigkeiten, wie Leim, Rohglyzerin aus Seifenlauge und Sulfitablauge. Kupfer-Zinnlegierungen sind gegen mechanische Beschädigungen weniger empfindlich als reines Kupfer und weniger spröde als Messing. Für Kondensatoren entsprechen den Vorschriften der Marine für Schiffsbetrieb Messingrohre mit 70% Kupfer, 29% Zink und 1% Zinn, für ortsfeste Anlagen Messingrohre mit 63% Kupfer und 37% Zink. Im ersten Falle soll der Bleigehalt 0,1%, der Eisengehalt 0,075% nicht überschreiten, Wismut, Antimon und Kadmium nicht nachweisbar sein. Die Neigung von Messing zur Entzinkung hängt weniger von dem Zinkgehalt als von Herstellungs- und Betriebsweise ab. Glatte Oberfläche und niedrige Strömungsgeschwindigkeit wirken günstig. Monelmetall und nichtrostender Stahl finden z. B. Anwendung zur Verarbeitung von Pektinlösung. Aluminium besitzt besondere Widerstandsfähigkeit gegen Frucht-, Fett- und Pflanzensäure. Es wird deshalb beim Eindampfen von Gelatine für Genußzwecke angewandt, weil das Lebensmittelgesetz den Gebrauch von Kupfer verbietet und Eisen entfärbend wirkt. Starke Säuren, wie Schwefelsäure, können unter Verwendung von Hartblei, chemisch reinem Kupfer oder siliziumreichem Eisen verarbeitet werden. Für die Warmbehandlung von Laugen, wie elektrolytisch gewonnener kaustischer Soda, scheidet Schmiedeeisen wegen der Gefahr des Brüchigwerdens verformter Teile aus. Als geeignete Baustoffe kommen Gußeisen und Nickel in Betracht. Reinnickel ist besonders geeignet für die Verarbeitung von Milch. Für die Behandlung von Buttermilch wird wegen des Gehaltes an Milchsäure Gußeisen verwandt.

Für die hauptsächlich in Betracht kommenden Baustoffe gelten folgende runden Werte der Wärmeleitfähigkeit λ_W in kcal/m · °C · h:

Baustoff	λ_W
Kupfer	300 bis 340
Aluminium	175
Messing	75 „ 100
Bronze	55
Nickel	50
Gußeisen, Schmiedeeisen und Stahl	35 „ 50
Blei	30
Porzellan	0,9
Glas	0,4 „ 0,8

Das an der Spitze stehende Kupfer ist an erster Stelle in Betracht zu ziehen, wenn die Eigenschaften der Flüssigkeit nicht dagegen sprechen. Bleibt in besonderen Fällen mit Rücksicht auf das starke Angriffsvermögen des verarbeiteten Stoffes auf Metalle nichts anderes übrig, als keramische Stoffe zu verwenden, so ist wegen der außerordentlich niedrigen Wärmeleitfähigkeit von vornherein ein hoher Wärmeleitwiderstand und, bei Beschränkung der unterzubringenden Heizfläche, eine nur bescheidene Leistung zu erwarten.

In mechanischer Hinsicht soll die Härte der Verdampferrohre so groß sein, daß kein Verformen durch Packungen eintritt, jedoch eine bestimmte Höhe nicht überschreiten, um bei Schwingungen nicht zu brechen. Mechanische Beschädigungen, wie Ziehriefen, sind zu vermeiden und feines Korn durch richtige Wärmebehandlung beim Ziehen anzustreben. Das Einbetten von Rohren in Gußeisen bezweckt, Druckfestigkeit der vom Heizmittel durchströmten Rohre mit Beständigkeit der flüssigkeitsberührten Wandungen zu verbinden.

Unter Berücksichtigung der bei höheren Temperaturen — etwa 150° — zu beurteilenden Zugfestigkeit σ_W ändert sich die obenstehende

Reihenfolge, wenn als Maßstab das Produkt $\lambda_W \cdot \sigma_W$ zugrunde gelegt wird, und zwar unter Annahme mittlerer Werte wie folgt:

Baustoff	$\lambda_W \cdot \sigma_W$
Kupfer	600000
Stahl, Nickel, Messing und Bronze. .	200000
Schmiedeeisen	120000
Aluminium.	90000
Gußeisen	50000
Blei.	1500
Glas	200

Die hohe Wärmeleitfähigkeit von Aluminium kommt wegen der geringen Wärmefestigkeit nicht zur Geltung, wenn die Festigkeitsrücksichten mit ausschlaggebend sind. Die Unterlegenheit von Eisen gegenüber Kupfer und Messing wird noch dadurch erhöht, daß die Rostgefahr bei der Bemessung der Wandstärke einen Sicherheitszuschlag verlangt.

Rohre mit kleinem Durchmesser ermöglichen Anwendung geringerer Wandstärken und damit eine Verminderung des Wärmeleitwiderstandes. Da sie auch hinsichtlich des Wärmeübergangswiderstandes Vorteile bieten, sind im allgemeinen die Rohrdurchmesser so klein zu halten, wie dies mit Rücksicht auf Betrieb und Kosten möglich ist.

Sind verschiedene Baustoffe anwendbar, so spielt neben der Rücksicht auf die Wärmeübertragung die Kostenfrage eine ausschlaggebende Rolle. Es ist selbstverständlich, daß bei teuren Baustoffen, wie Nickel, nichtrostendem Stahl, Monelmetall alle Möglichkeiten auszunutzen sind, um durch Verbesserung der Wärmeübertragungsverhältnisse an Heizfläche zu sparen. Die Stärke der Rohrwand ist aus Gründen der Wärmeübertragung möglichst schwach zu halten. Sie wird häufig mehr durch die Rücksicht auf Abnutzung im Betriebe als durch Festigkeitsgründe bestimmt. Rohre aus edlerem Metall können im allgemeinen schwächer gehalten werden als solche aus Schmiedeeisen. Außerdem hängt die Wandstärke der Rohre von der Art der Befestigung in den Rohrböden ab. Werden die Rohre eingewalzt, so sind größere Wandstärken nötig als bei beweglichem Einsetzen mit Packung.

2. Wärmeübergangswiderstand.

a) Allgemeine Einflüsse.

Art des Wärmeüberganges. Für den Wärmeübergang zwischen dem wärmetauschenden Stoff und der Heizfläche kommen bei Verdampfanlagen in der Hauptsache folgende Fälle in Betracht:

a) 1. Vollkommene Gase und überhitzte Dämpfe an Metallwand: Abkühlung von Feuergasen bei feuergasbeheizten Verdampfern,

Abkühlung überhitzten Dampfes bei Verdampfern, die mit Heißdampf beheizt werden,
Abkühlung dampfhaltiger Luft im Kondensator.

2. Metallwand an vollkommene Gase oder überhitzte Dämpfe, ausnahmsweise:
Erwärmung von Luft bei luftgekühltem Kondensator.
Hierher gehört auch die unerwünschte Abkühlung von Verdampferteilen und Brüdenleitung unter Erwärmung der umgebenden Luft.

b) 1. Tropfbare Flüssigkeiten an Metallwand:
Abkühlung von Flüssigkeit in Verdampfern, die durch Flüssigkeit beheizt werden,
Abkühlung des Kondensates der Restbrüden im Kondensator,
Abkühlung des Kondensates von Heizdampf und Zwischenbrüden in Wärmeaustauschern,
Abkühlung der starken Lösung in Wärmeaustauschern.

2. Metallwand an tropfbare Flüssigkeit:
Erwärmung des Eindampfgutes im Verdampfer oder Vorwärmer bis zur Siedetemperatur,
Erwärmung des Kühlwassers im Kondensator,
Erwärmung von tropfbaren Flüssigkeiten durch Überschußbrüden.

c) Metallwand an siedende Flüssigkeit:
Verdampfen reiner Flüssigkeit nach Erreichung der Siedetemperatur,
Eindampfen einer Lösung nach Erreichung der Siedetemperatur.

d) Gesättigte Dämpfe an Metallwand:
Kondensation des Heizdampfes in dampfbeheizten Verdampfern,
Kondensation der Zwischenbrüden in den kälteren Stufen einer mehrstufigen Verdampfanlage,
Kondensation der Restbrüden im Kondensator.

Der Wärmeübergangswiderstand von Gasen und tropfbaren Flüssigkeiten ist nahezu unabhängig davon, ob der Wärmeübergang an die Wand oder umgekehrt erfolgt, wenn die maßgebenden Bedingungen im übrigen übereinstimmen. Ändert dagegen der wärmetauschende Stoff seinen Aggregatzustand, so ist der Wärmeübergangswiderstand je nach der Richtung der Änderung verschieden, also beim Verdampfen ein anderer als beim Kondensieren. Die Ursache liegt darin, daß der Wärmeübergangswiderstand durch den Leitwiderstand des unmittelbar an der

Wand strömenden Stoffes mitbedingt ist und daß dieser Stoff beim Verdampfen aus Flüssigkeit besteht, die mit Dampfblasen durchsetzt ist, beim Kondensieren aus reiner Flüssigkeit.

Die Forschung strebt danach, ein Gesetz zu finden, das den Wärmeübergangswiderstand für Stoffe beliebigen Aggregatzustandes mit einer einheitlichen Formel erfaßt. Dieses Ziel ist bisher noch nicht erreicht. Außer der hiernach noch verbleibenden Vierfaltigkeit der Formeln für die angegebenen Fälle a bis d sind noch Unterschiede gegeben durch die Art der Strömung. Sie erfolgt

I. durch die aus geraden Kanälen — in der Regel kreisförmigen Rohren — bestehenden Elemente der Heizfläche,
II. um die aus geraden Kanälen bestehenden Elemente der Heizfläche in Richtung der Längsachse,
III. um die aus geraden Kanälen bestehenden Elemente der Heizfläche quer zur Längsachse.

Wird die Heizfläche durch ebene und gekrümmte Wände oder gebogene Kanäle gebildet, so entstehen Strömungen, die sich auf eine der drei genannten Formen zurückführen lassen oder sich aus ihnen zusammensetzen.

Eine, wenn auch bisher noch nicht in die Praxis vorgedrungene Vereinfachung liegt insofern vor, als für Gase und tropfbare Flüssigkeiten einheitliche Beziehungen aufgestellt worden sind. Trotzdem bleibt mit Rücksicht auf die verschiedenartige Behandlung von erzwungener und freier Strömung die erschreckende Mindestzahl von 18 Formeln für $\frac{1}{\alpha}$ übrig.

Elementareinflüsse. In den Formeln für $\frac{1}{\alpha}$ treten, wenn alle maßgebenden Einflüsse erfaßt werden, als veränderliche elementare Größen auf:

Stoffwerte

spezifische Wärme der wärmetauschenden Stoffe, c_p, $c_{p,0}$,
Wärmeleitfähigkeit der wärmetauschenden Stoffe, λ, λ_0,
Dichte der wärmetauschenden Stoffe, ϱ, ϱ_0,
Zähigkeit der wärmetauschenden Stoffe, μ, μ_0.

Zustandswerte

Temperatur der wärmetauschenden Stoffe, t, t_0,
Druck der wärmetauschenden Stoffe, P, P_0,
Geschwindigkeit der wärmetauschenden Stoffe, w, w_0.

Formenwerte

kennzeichnende Abmessung des Stromquerschnittes, gleichwertiger Durchmesser, D', D'_0,
Länge des Strömungsweges L,

kennzeichnende Größe der Strömungsrichtung, Neigungswinkel β der Austauschfläche gegen die Waagerechte,

besondere Formenwerte, wie Krümmungshalbmesser R von gebogenen Austauschflächen.

Zunächst liegt es nahe, den Einzeleinfluß einer Veränderlichen dadurch versuchsmäßig zu ermitteln, daß alle übrigen gleich gehalten werden. Ein allgemeiner Erfolg ist hierbei von vornherein nicht zu erwarten, weil die Veränderlichen untereinander abhängig sind. Eine Vereinfachung scheint aus der Überlegung heraus möglich, daß für einen bestimmten Stoff die Stoffwerte c_p, λ, ϱ und μ feststehen, wenn Temperatur t und Druck P gegeben sind. Grundsätzliche Erörterungen könnten sich daher darauf beschränken, den Einfluß von Temperatur, Druck, Geschwindigkeit und kennzeichnenden Formenwerte festzustellen, wenn die Gesetzmäßigkeit nur für einen ganz bestimmten Stoff gefunden werden soll. In vielen Fällen ergibt sich alsdann noch eine Vereinfachung der Aufgabe, weil der Druck bei tropfbaren Flüssigkeiten eine zu vernachlässigende Rolle spielt und bei freier Strömung die Geschwindigkeit durch die übrigen Größen bedingt wird, als selbständige Veränderliche also in Wegfall kommt. Untersuchungen, die unter Beschränkung auf einen bestimmten Stoff — hierzu gehört bei Lösungen auch eine bestimmte Konzentration — durchgeführt wurden, konnten großenteils deshalb nicht volle Klärung bringen, weil die Versuchsbedingungen dieser Erkenntnis nicht gerecht wurden. Hieraus erklärt es sich, daß die im nachstehenden eingeflochtene Erörterung der maßgebenden Elementareinflüsse durch Versuch meist nur grundsätzlich und nicht, wie dies wünschenswert wäre, überall zahlenmäßig belegt ist. Viele an sich wertvolle Versuche kranken zudem daran, daß sie die Beziehungen für den Wärmedurchgangswiderstand, statt für die Wärmeübergangs- und Wärmeleitwiderstände im einzelnen, liefern. Da es stets wichtiger ist, den größten Teilwiderstand zu verringern, als an den kleineren Teilwiderständen zu verbessern, ist bei Untersuchung der $\frac{1}{k}$-Werte von vornherein abzuwägen, ob einem bestimmten Einzeleinfluß eine wesentliche Bedeutung überhaupt zukommt. So scheint es verfehlt, den Einfluß des Wärmeleitwiderstandes der Wand auf $\frac{1}{k}$ bei Verhältnissen zu untersuchen, bei denen der Wärmeübergangswiderstand des strömenden Stoffes auf der einen oder anderen oder beiden Seiten den Wärmeleitwiderstand der Wand um ein Vielfaches überwiegt. Eine ähnliche Erschwerung ergibt sich, wenn der Einzeleinfluß eines elementaren Wertes auf $\frac{1}{k}$ für die Seite gesucht wird, deren Wärmeübergangswiderstand von dem auf der anderen Seite der Größenordnung nach übertroffen wird.

Kenngrößen. Erfolg für die allgemeine zahlenmäßige Auswertung von Versuchen haben erst die theoretischen Forschungen von Nusselt, Gröber u. a. gebracht, die sich als Ziel setzten, „Kenngrößen" zu finden, mit deren Anwendung sich die verwickelte Gesetzmäßigkeit in einfacher Form darstellen läßt. Beispiele solcher Kenngrößen, deren Eigentümlichkeit u. a. darin besteht, daß sie reine Zahlenwerte darstellen, sind, wenn D allgemein als kennzeichnende Abmessung aufgefaßt wird, folgende:

$$\frac{a \cdot t}{D^2} = \frac{\lambda \cdot t}{c \cdot \lambda \cdot D^2} \qquad Fo \text{ (Fourier)},$$

$$\frac{\alpha \cdot D}{\lambda} \qquad Bi \text{ (Biot)},$$

$$\frac{w \cdot D}{\nu} = \frac{w \cdot D \cdot \varrho}{\mu} = \frac{w \cdot D \cdot \gamma}{\mu \cdot g} \qquad Re \text{ (Reynolds)},$$

$$\frac{a}{w \cdot D} = \frac{\lambda}{c \cdot \gamma \cdot w \cdot D} \qquad P\acute{e} \text{ (Péclet)},$$

$$\frac{a}{\nu} = \frac{a \cdot \varrho}{\mu} = \frac{\lambda}{c \cdot \mu \cdot g} \qquad St \text{ (Stanton)} = Re \cdot P\acute{e},$$

$$\frac{D^3 \cdot \gamma^2 (T_W - T)}{g \cdot \mu^2 \cdot T_m} \qquad Gr \text{ (Grashof)}.$$

Diese Kenngrößen sind vollständig oder verstümmelt in allen Formeln für den Wärmeübergangswiderstand enthalten. Die Klarheit, mit der sie darin auftreten, kann als Maßstab für die restlose Erfassung der Gesetzmäßigkeiten angesehen werden.

Versuche. Wenn nach dem Vorausgehenden manche der zu besprechenden Versuche keine zahlenmäßigen, für die Berechnung dienlichen Beziehungen liefern, so können sie doch wesentlich zur Klärung der Annahmen beitragen, die für den Entwurf getroffen werden müssen, ehe der Rechnungsgang überhaupt einsetzt. Soweit hier Versuchsergebnisse herangezogen sind, um Einzeleinflüsse zu klären, wurde die bildliche Darstellung umgeformt, abweichend von den angegebenen Quellen der Wert des Wärmewiderstandes als eine Ordinate gewählt und angestrebt, den Einfluß von anderen Veränderlichen als der gerade untersuchten so weit wie möglich auszuschalten.

In Wirklichkeit gelingt dies nur in seltenen Fällen. Beispielsweise ist es bedenklich, wenn für erzwungene Strömung die Veränderung des Wärmeübergangswiderstandes bei gleichem Temperaturgefälle verglichen wird, um den Einfluß einer dritten Größe, wie der Temperatur, herauszuschälen, weil die Höhe des Temperaturgefälles keinen allgemeinen Maßstab für die Belastung der Heizfläche darstellt.

Werden nach Abb. 27 Wärmeübergangswiderstand und Temperaturgefälle als Koordinaten gewählt, so bilden die vom Nullpunkt ausgehenden Geraden $A\ B$ Linien gleicher spezifischer Belastung $\frac{Q_h}{F} = \frac{\Delta t}{1/\alpha}$. Für ein und denselben Wärmeaustauscher bedeutet aber gleiche spezifische Belastung gleiche Strömungsgeschwindigkeit, wenn Anfangs- und Endzustand als unveränderlich betrachtet werden. Bei dem bedeutenden Einfluß, den die Strömungsgeschwindigkeit auf alle Wärmeübertragungsvorgänge besitzt, tritt daher der Einfluß einer anderen Veränderlichen, wie der Temperatur, klarer hervor, wenn auf den für verschiedene Werte der Veränderlichen geltenden Linienzügen die Vergleichspunkte nicht

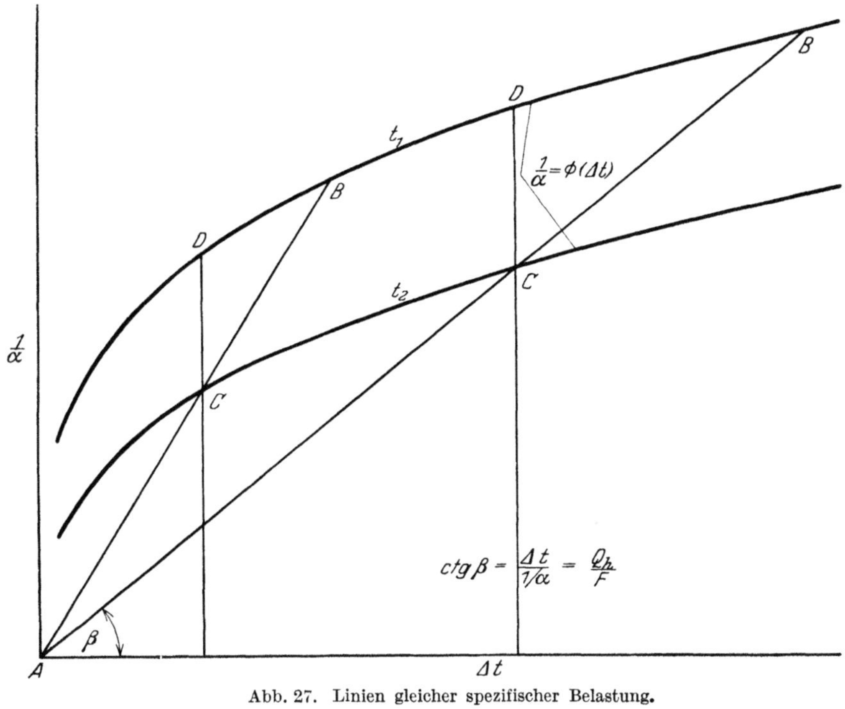

Abb. 27. Linien gleicher spezifischer Belastung.

längs der Ordinaten ($C\,D$), sondern längs der Linien gleicher spezifischer Belastung ($C\,B$) verglichen werden, d. h. wenn die Darstellung als Abszissenwerte die Höhe der spezifischen Belastung wählt.

Anders liegen die Verhältnisse bei mehrfachem Umlauf oder freier Strömung, für die gleiche spezifische Belastung nicht gleiche Strömungsgeschwindigkeit bedeutet. Bei freier Strömung stellt das Temperaturgefälle eine der unabhängigen Veränderlichen dar, durch die die Wärmeübergangsverhältnisse bestimmt werden.

Einen schwachen Notbehelf bedeutet auch die Darstellung des Wärmeübergangswiderstandes in Abhängigkeit von einem einzelnen Stoffwert, wie der Zähigkeit, wenn gleichzeitig das Temperaturgefälle unveränderlich gehalten wird. Bei gleichem Temperaturgefälle verändert sich die spezifische Heizflächenbelastung und damit die Geschwindigkeit umgekehrt proportional dem Wärmeübergangswiderstand. Die einzelnen Punkte des Linienzuges gelten daher, abgesehen von dem veränderlich gehaltenen einzelnen Stoffwert, für verschiedene Belastungsverhältnisse. Der Kurvenverlauf schließt den wesentlichen Einfluß der Geschwindigkeit ein. Solche Darstellungen ermöglichen daher nicht, die Versuchsergebnisse zahlenmäßig auf geänderte Verhältnisse zu übertragen. Soweit sie gleichwohl im nachstehenden zugelassen sind, handelt es sich nur um Feststellungen, durch die Lücken der Forschung behelfsmäßig ausgefüllt werden sollen.

b) Gase und tropfbare Flüssigkeiten.

α) **Erzwungene Strömung.** I. Strömung durch gerade Kanäle. Auf Grund einer Annäherungstheorie haben Schiller und Burbach[1] für den Wärmeübergang zwischen einer allgemeinen, gasförmigen oder tropfbaren Flüssigkeit und der Wandung eines von der Flüssigkeit durchströmten Rohres im Bereiche des Blasiusschen Widerstandsgesetzes für turbulente Strömung die Beziehung entwickelt

$$\frac{\alpha \cdot D}{\lambda_{F,W}} = 18{,}4\left(\frac{w \cdot D \cdot \gamma_{F,m} \cdot c_{F,W}}{\lambda_{F,W}}\right)^{0{,}75}. \tag{84}$$

Hierbei bedeuten

α die Wärmeübergangszahl, in kcal/m² · °C · h,

D den Rohrdurchmesser bzw. gleichwertigen Kanaldurchmesser $\frac{4f}{U}$, in m,

$\lambda_{F,W}$ die Wärmeleitzahl der allgemeinen Flüssigkeit bei der Wandtemperatur, in kcal/m · °C · h,

$c_{F,W}$ die spezifische Wärme der allgemeinen Flüssigkeit (bei Gasen $c_{p,W}$ bei gleichem Druck) bei der Wandtemperatur, in kcal/kg · °C,

w die mittlere Geschwindigkeit der allgemeinen Flüssigkeit, in m/s,

$\gamma_{F,m} = \frac{1}{t_F - t_W}\int_{t_W}^{t_F} \gamma_F \cdot dt$ das mittlere spezifische Gewicht der Flüssigkeit $\left(\text{für Gase } \gamma_{F,m} = \frac{\gamma_{F,W} \cdot T_W}{t_F - t_W} \cdot \ln \frac{T_F}{T_W}\right)$, in kg/m³.

Die Beziehung gilt für große Anlauflängen $\frac{L}{D}$ (L = Abstand vom Eintritt) und nicht zu große Anlaufstörungen. Die Gleichung ist ganz ähnlich aufgebaut wie die von Nusselt empirisch für Gase gefundene, wenn diese in der Form

$$\frac{\alpha \cdot D}{\lambda_{G,m}} = 18{,}2\left(\frac{w \cdot D \cdot \gamma_{G,m} \cdot c_{p,m}}{\lambda_{G,m}}\right)^{0{,}786} \tag{85}$$

---

[1] Schiller u. Burbach: Wärmeübergang strömender Flüssigkeit in Rohren. Z. V. d. I. 1929.

dargestellt wird, wobei bedeuten

$c_{p,m} = \frac{1}{t_F - t_W} \int\limits_{t_W}^{t_F} c_p \cdot dt$ die mittlere spezifische Wärme der gasförmigen Flüssigkeit, in kcal/kg · °C,

$\lambda_{G,m} = \frac{1}{t_F - t_W} \int\limits_{t_W}^{t_F} \lambda_G \cdot dt$ die mittlere Wärmeleitzahl der gasförmigen Flüssigkeit, in kcal/m · °C · h.

Gegenüber der Nusseltschen Formel legt die Schillersche vor allem klar, für welchen Bereich die Stoffwerte γ, c, λ zu messen sind. Sie gilt außerdem für allgemeine Flüssigkeiten gasförmiger oder tropfbarer Art[1].

Der mittlere Wärmeübergangswiderstand $\frac{1}{\alpha_m}$ ergibt sich nach Schiller unter Ausschluß der Anlaufstrecke zu

$$\frac{1}{\alpha_m} = 0{,}0545 \cdot \frac{D}{\lambda_{F,W}} \left(\frac{w \cdot D \cdot \gamma_{F,m} \cdot c_{F,W}}{\lambda_{F,W}} \right)^{-0{,}75} \tag{86}$$

bzw. nach Nusselt-Gröber, wenn der Einfluß der Anlauflänge berücksichtigt wird, zu

$$\frac{1}{\alpha_{G,m}} = 0{,}0422 \cdot \frac{D}{\lambda_{G,m}} \left(\frac{w \cdot D \cdot \gamma_{G,m} \cdot c_{p,m}}{\lambda_{G,m}} \right)^{-0{,}79} \cdot \left(\frac{L}{D} \right)^{0{,}05}. \tag{87}$$

Bei Verdampfern kann das Verhältnis $\frac{L}{D} \gtreqless 20$ angenommen werden. Für $\frac{L}{D} = 20$ bzw. 166 wird $\left(\frac{L}{D}\right)^{0{,}05} = 1{,}16$ bzw. $= 1{,}29$. Der Beiwert 0,0422 geht hiermit in 0,0489 bzw. 0,0545 über. Er wird also für $\frac{L}{D} = 166$ gleich dem Beiwert der Schillerschen Formel. Für $\frac{L}{D} = 20$ liegt er 10% darunter. Trotz dieser Annäherung ist es verfrüht, die Schillersche Formel für allgemeine Flüssigkeiten anzuwenden, solange sie nicht eine Bestätigung durch weitere Versuche gefunden hat. In der Zwischenzeit müssen notgedrungen verschiedene Formeln für gasförmige und tropfbare Flüssigkeiten benutzt werden.

a) Gase. Wird die Nusselt-Gröbersche Formel in der Form

$$\frac{1}{\alpha_{G,m}} = 0{,}0422 \cdot L^{0{,}05} \cdot D^{0{,}16} \cdot w_m^{-0{,}79} \cdot \lambda_{G,m}^{-0{,}21} (\gamma_{G,m} \cdot c_{p,m})^{-0{,}79} \tag{87a}$$

---

[1] Neuerdings hat Nusselt (Der Einfluß der Gastemperatur auf den Wärmeübergang im Rohr. Techn. Mech. Therm. 1930) für große Unterschiede zwischen der mittleren Gastemperatur und der Wandtemperatur eine neue Formel

$$\alpha = 14{,}2 \cdot c_{p,W} \left(\frac{g \cdot \mu_W}{D} \right)^{0{,}25} \left(\frac{T_m}{T_W} \right)^{0{,}333} (w_m \cdot \gamma_m)^{0{,}75}$$

entwickelt.

geschrieben, so ergibt sich für Gase mit der Beziehung

$$\gamma_G = \gamma_{G,1\,\text{at}} \cdot p_G \; (\gamma_{G,1\,\text{at}} = \text{spezifisches Gewicht bei 1 at})$$

die Form

$$\begin{aligned}\frac{1}{\alpha_{G,m}} &= 0{,}0422 \cdot L^{0{,}05} \cdot D^{0{,}16} (w \cdot p_G)^{-0{,}79} \cdot \lambda_{G,m}^{-0{,}21} (\gamma_{G,1\,\text{at},m} \cdot c_{p,m})^{-0{,}79} \\ &= 0{,}0422 \cdot L^{0{,}05} \cdot D^{0{,}16} (w \cdot p_G)^{-0{,}79} \cdot a_{G,1\,\text{at},m}^{0{,}79} \cdot \lambda_{G,m}^{-1},\end{aligned} \tag{87b}$$

wobei

$a_{G,m} = \frac{\lambda_{G,m}}{c_{p,m} \cdot \gamma_{G,m}}$ die mittlere Temperaturleitfähigkeit der Flüssigkeit, in m^2/h, ($a_{G,1\,\text{at},m}$ bei 1 at)

bedeutet.

Der Wert $a_{G,1\,\text{at}}^{0{,}79} \cdot \lambda_G^{-1}$ ist für Gase nur von der Temperatur abhängig. Bei Feuergasen können mit genügender Genauigkeit die gleichen Werte wie bei Luft von gleicher Temperatur angewandt werden. Für Gase, deren Temperatur in der Nähe der Siedetemperatur liegt, z. B. mäßig überhitzten Wasserdampf, gilt die Beziehung $\gamma_G = \gamma_{G,1\,\text{at}} \cdot p_G$ nicht mehr. Außerdem wird der Wert $a_{G,m}^{0{,}79} \cdot \lambda_{G,m}^{-1}$ alsdann auch durch den Druck beeinflußt. In diesem Falle ist daher auf die Form

$$\frac{1}{\alpha_{D,m}} = 0{,}0422 \cdot L^{0{,}05} \cdot D^{0{,}16} \cdot w^{-0{,}79} \cdot a_{D,m}^{0{,}79} \cdot \lambda_{D,m}^{-1} \tag{87c}$$

zurückzugreifen.

Wird der Wärmeübergangswiderstand durch den Leitwiderstand einer gleichwertigen Grenzschicht ausgedrückt, so beträgt ihre mittlere Stärke

$$e_{id,G} = \frac{\lambda_{G,m}}{\alpha_{G,m}} = 0{,}0422 \cdot L^{0{,}05} \cdot D^{0{,}16} \cdot w^{-0{,}79} \cdot a_{G,m}^{0{,}79} \tag{88}$$

und ihr Verhältnis zu dem Rohrdurchmesser

$$\frac{e_{id,G}}{D} = 0{,}0422 \left(\frac{L}{D}\right)^{0{,}05} \left(\frac{a_{G,m}}{w \cdot D}\right)^{0{,}79}. \tag{89}$$

b) Tropfbare Flüssigkeiten. Hierfür liegen zur Zeit folgende Formeln vor:

Soennecken[1]

für Eisenrohre mit rauher Oberfläche

$$\frac{1}{\alpha_F} = 0{,}001361 \cdot \frac{D^{0{,}3}}{w^{0{,}7}(1 + 0{,}014 \cdot t_W)}, \tag{90}$$

für Messingrohre mit glatter Oberfläche

$$\frac{1}{\alpha_F} = 0{,}000495 \cdot \frac{D^{0{,}1}}{w^{0{,}9}(1 + 0{,}014 \cdot t_W)}, \tag{91}$$

[1] Soennecken: Der Wärmeübergang von Rohrwänden an strömendes Wasser. Forschungsheft Nr. 108/109. 1911.

wobei die Rohre senkrecht stehen und Wasser abwärts strömt. Die Werte $\frac{1}{\alpha_F}$ für aufwärts strömendes Wasser liegen nach Soennecken 7% höher.

Stender[1]

$$\frac{1}{\alpha_F} = \frac{0{,}000353}{(1 + 0{,}0215\,[t_F + 0{,}1\,(t_W - t_F)] - 0{,}00007\,[t_F + 0{,}1\,(t_W - t_F)]^2)\, w^{0{,}91 - 0{,}00115\,[t_F + 0{,}1\,(t_W - t_F)]}}\,. \quad (92)$$

Diese Beziehung gilt nach Stender unabhängig vom Rohrdurchmesser und der Strömungsrichtung.

McAdams und Frost[2] haben unter Berücksichtigung der Anlaufstrecke die Beziehung

$$\frac{1}{\alpha_F} = 240 \cdot \frac{D}{\lambda_F} \left(\frac{w \cdot D \cdot \gamma_F}{\mu_F}\right)^{-0{,}8} \left(1 + \frac{50\,D}{L}\right)^{-1} \quad (93)$$

aufgestellt.

Mollier[3] leitet aus den Versuchen von Soennecken und Stender die Formel ab

$$\frac{1}{\alpha_F} = 6{,}54 \cdot \frac{D}{\lambda_F} \left(\frac{w \cdot D}{a_F}\right)^{-0{,}435} \left(\frac{w \cdot D \cdot \gamma_F}{\mu_F}\right)^{-0{,}435}. \quad (94)$$

ten Bosch[4] stellt für allgemeine Flüssigkeiten die Beziehung auf

$$\frac{1}{\alpha_F} = 0{,}0545 \cdot \frac{D}{\lambda_g} \left(1 - \frac{e}{e'} + \frac{e}{e'} \cdot \frac{1}{\gamma_k} \cdot \frac{\lambda_k}{\lambda_g} \cdot \frac{\gamma_g}{\gamma_k}\right) \sigma_g^{0{,}25} \left(\frac{w_g \cdot D}{a_g}\right)^{-0{,}75}. \quad (95)$$

In dieser Formel bezeichnen

e die wirkliche Grenzschichtstärke,
e' die ideale Grenzschichtstärke,
σ das Produkt $Re \cdot Pé = St = \frac{\lambda}{3600\, c \cdot \mu \cdot g}$, das für vollkommene Gase nahe gleich 1 ist.

Der Index g gilt für die mittlere Temperatur der Grenzschicht, der Index k für die Temperatur der Flüssigkeit im Kern. Für den Grenzfall $e = e'$, $\sigma = 1$ geht die Formel von ten Bosch, unter Vernachlässigung des Temperaturunterschiedes zwischen Flüssigkeit und Grenzschicht in die von Schiller über. ten Bosch findet für einen Wert $\frac{e}{e'} = 0{,}35$ gute Übereinstimmung mit den Stenderschen Versuchen mit Wasser, ebenso mit den Versuchen von Nusselt, Gröber und Poensgen mit Luft und überhitztem Wasserdampf. In der Nähe der kritischen Geschwindigkeit und bei sehr zähen Flüssigkeiten verliert die Fassung

[1] Stender: Der Wärmeübergang an strömendes Wasser in vertikalen Rohren. Berlin: Julius Springer 1924.
[2] McAdams u. Frost: Mass. Inst. of Techn. 1924.
[3] Mollier: Hütte 25. Aufl.
[4] ten Bosch: Die Wärmeübertragung, 2. Aufl. Berlin: Julius Springer 1927.

ihre Bedeutung, solange keine Klarheit darüber besteht, nach welchem Gesetz der Wert $\frac{e}{e'}$ allmählich in den Wert 1 übergeht, wie er unterhalb der kritischen Geschwindigkeit gilt.

Schack[1] gibt die von Stender aufgestellte Beziehung in der vereinfachten Form

$$\frac{1}{\alpha_F} = \frac{0{,}000494 \cdot D^{0{,}1}}{1 + 0{,}014 \cdot t_F} \cdot w^{-0{,}85} \qquad (96)$$

wieder, um den Einfluß des Rohrdurchmessers zu berücksichtigen.

Bei der Vielzahl der Formeln, die teilweise rein theoretisch, teilweise rein empirisch gefunden sind, fällt die Entscheidung für die eine oder andere schwer. Es bleibt zukünftiger Forschung vorbehalten, hier weitere Klärung zu schaffen. Schack hat durch Vergleich mit den vorliegenden Messungen die größten Abweichungen bei der Schillerschen Formel festgestellt, die für die Anwendung noch nicht reif scheint. Bessere Übereinstimmung liegt vor bei McAdams-Frost und Soennecken, während bei der Formel von Stender in der ursprünglichen und vereinfachten Form die Unterschiede am geringsten werden. Vorläufig kann daher empfohlen werden, für Wasser die vereinfachte Stendersche Formel, für andere Flüssigkeiten die von McAdams und Frost zu verwenden.

II. Strömung um gerade Kanäle in Richtung der Längsachse. Gase und tropfbare Flüssigkeiten. Strömen allgemeine Flüssigkeiten außen längs der Rohre, so können unter Berücksichtigung des aus dem Stromquerschnitt f und dem benetzten Kanalumfang U sich ergebenden gleichwertigen Rohrdurchmessers

$$D' = \frac{4f}{U}$$

die Formeln für innen durchströmte Rohre angewandt werden. Im allgemeinen handelt es sich um Röhrenbündel, die außen von einer allgemeinen Flüssigkeit beaufschlagt werden. Ist die Rohrzahl groß und der Zwischenraum zwischen den Einzelrohren etwa gleich dem Zwischenraum zwischen den äußeren Rohren und dem Mantel, so können die in den Rohrzwischenräumen vorliegenden Strömungsverhältnisse für das ganze Röhrenbündel angenommen und die Abweichungen vernachlässigt werden, die sich für die äußeren, gegen den Mantel zu liegenden Rohre ergeben. Bezeichnet $m \cdot D_a$ die Rohrteilung, also $(m-1)D_a$ den freien Zwischenraum zwischen den Einzelrohren und auch zwischen Außenrohr und Wand, so entfällt bei versetzten Rohren nach Abb. 28 auf jedes umströmte Rohr ein Stromquerschnitt

$$f = 0{,}866\, m^2 \cdot D_a^2 - \frac{D_a^2 \cdot \pi}{4} = \frac{D_a^2}{4}(3{,}46\, m^2 - \pi)\,.$$

[1] Schack: Der industrielle Wärmeübergang. Düsseldorf 1929.

Der gleichwertige Durchmesser folgt hieraus zu

$$D' = \frac{D_a^2 (3{,}46\, m^2 - \pi)}{D_a \cdot \pi} = D_a \left(\frac{3{,}46\, m^2}{\pi} - 1 \right).$$

Würden die Rohre sich im Grenzfalle außen berühren, so ergäbe sich mit $m = 1$

$$D' = D_a \left(\frac{3{,}46}{\pi} - 1 \right) = 0{,}1\, D_a .$$

Für einen Zwischenraum gleich dem Rohrdurchmesser, d. i. $m = 2$, folgt

$$D' = D_a \left(\frac{13{,}84}{\pi} - 1 \right) = 3{,}4\, D_a .$$

Damit $D' = D_a$, also der gleichwertige Durchmesser dem äußeren Durchmesser gleich wird, muß

$$\frac{3{,}46\, m^2}{\pi} - 1 = 1 ,$$

$$m = \sqrt{\frac{\pi}{1{,}73}} \sim 1{,}35 ,$$

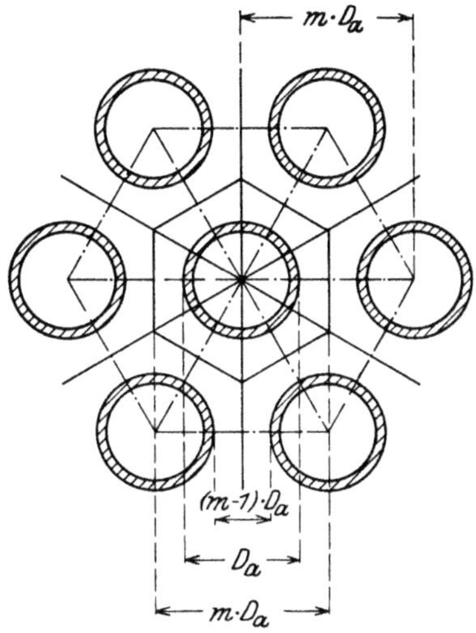

Abb. 28.

d. h. der Zwischenabstand etwa gleich $\frac{1}{3}$ des äußeren Rohrdurchmessers sein. In der praktischen Ausführung ist die Bedingung $m \sim 1{,}35$ bzw. $D' = D_a$ nur bei größeren Rohrdurchmessern von etwa $D_a > 50$ mm erfüllbar. (Bei kleineren Rohren muß m größer gewählt werden, um den Steg nicht zu sehr zu schwächen.) Damit für $m \sim 1{,}35$ der Wärmeübergangswiderstand der gleiche ist wie bei innen durchströmten Rohren mit gleicher Länge und einem inneren Durchmesser D_i gleich dem äußeren Durchmesser D_a bei Außenströmung, muß als weitere Bedingung die Durchströmgeschwindigkeit in beiden Fällen dieselbe sein. Für $m = \sqrt{\frac{\pi}{1{,}73}}$ ergibt sich

$$f = \frac{D_a^2}{4} (3{,}46\, m^2 - \pi) = \frac{D_a^2 \cdot \pi}{4} .$$

Wird daher der Unterschied zwischen äußerem und innerem Rohrdurchmesser vernachlässigt, so bleiben bei einer Teilung $1{,}35\, D$ des Röhrenbündels die Wärmeübergangsverhältnisse für Innen- und Außenströmung die gleichen, wenn Rohrdurchmesser, Rohrzahl und Rohrlänge übereinstimmen. Da die Strömungswiderstände von Geschwindigkeit und gleichwertigem Rohrdurchmesser abhängen, die beide unter dieser Voraussetzung sich nicht ändern, besagt dies, daß mit dem gleichen Wärmeübergangswiderstand im Vergleichsfalle gleicher Strömungswiderstand einherläuft. Für eine Teilung $m D_a > 1{,}35\, D_a$ wird der gleichwertige Durchmesser größer, bei gleicher Rohrzahl und Länge daher für Außenströmung die Geschwindigkeit kleiner und aus doppelten Gründen der Wärmeübergangswiderstand höher als bei Innenströmung, während die Strömungswiderstände sich verringern.

Durch Anwendung einer verringerten Zahl längerer Rohre läßt sich Ausgleich schaffen. Damit der Wärmeübergangswiderstand gleichbleibt, muß bei Gasen die Rohrzahl so verringert werden, daß die Bedingung

$$L_a^{0,05} \cdot w_a^{-0,79} = L_i^{0,05} \cdot w_i^{-0,79}$$

erfüllt ist. Allgemein gilt

$$\frac{w_a}{w_i} = \frac{n_i \cdot \pi}{n_a\,(3{,}46\, m^2 - \pi)},$$

$$n_a = n_i \left(\frac{\pi}{3{,}46\, m^2 - \pi}\right)^{1,28}.$$

Wird der Einfluß der Länge auf den Wärmeübergangswiderstand vernachlässigt und der Exponent für w mit $-0{,}75$ eingesetzt, so folgt

$$n_a = n \left(\frac{\pi}{3{,}46\, m^2 - \pi}\right)^{1,33}.$$

Die Geschwindigkeit wird auf das $\frac{n_i}{n_a} \cdot \frac{\pi}{3{,}46\, m^2 - \pi}$ fache, die Länge auf das $\frac{n_i}{n_a}$ fache erhöht. Der Druckverlust vergrößert sich alsdann auf das $\left(\frac{n_i}{n_a} \cdot \frac{\pi}{3{,}46\, m^2 - \pi}\right)^3$ fache, wenn von der Veränderung der Reibungszahl abgesehen wird. Hier entspricht also gleichen Wärmeübergangsverhältnissen ein bei Außenströmung vergrößerter Druckverlust, durch den die Innenströmung eindeutig überlegen wird, wenn, mit Rücksicht auf die Herstellung, die Teilung $m \cdot D > \sqrt{\frac{\pi}{1{,}73}} \cdot D$ gewählt werden muß.

Die Beziehung

$$n_a = n \left(\frac{\pi}{3{,}46\, m^2 - \pi}\right)^{1,33}$$

gilt nicht nur für Gase, sondern auch für tropfbare Flüssigkeiten.

Beispiel.

Beim Übergang von Innenströmung durch $n_i = 100$ Rohre zu Außenströmung mit einer Teilung $m \cdot D_a = \sqrt{\pi}\, D_a$ soll der Wärmeübergangswiderstand sich nicht ändern. Dann wird die Rohrzahl

$$n_a \sim 100 \left(\frac{\pi}{3{,}46\,\pi - \pi}\right)^{1,33} \sim 32\,.$$

Der Druckverlust steigt auf das $\left(\frac{100}{32 \cdot 2{,}46}\right)^3 \sim 2$ fache des für Innenströmung zutreffenden Betrages.

III. Strömung um gerade Kanäle quer zur Längsachse.

a) Gase. Für die Bewegung von Luft senkrecht zur Achse des Einzelrohres fand Nusselt[1] die Beziehung

$$\frac{1}{\alpha_{L,m}} = 14{,}9 \cdot \frac{D}{\lambda_{L,m}} \left(1273 + \frac{D \cdot w \cdot \varrho_m}{\mu_{L,m}}\right)^{-0{,}716}. \tag{97}$$

Den Zusammenhang zwischen Wärmeübergangswiderstand und Reibungsverlust gibt Thoma[2] für Röhrenbündel in der Form wieder

$$\frac{1}{\alpha} = \frac{w}{3600} \cdot \frac{F}{f \cdot \Delta P \cdot c_p \cdot g}. \tag{98}$$

Hierbei bedeuten

f den Spaltquerschnitt, in m²,
ΔP den Druckverlust, in kg/m²,
w die Fließgeschwindigkeit am Spalt, in m/s.

ten Bosch[3] weist darauf hin, daß diese Beziehung nur dann gilt, wenn der gesamte Strömungswiderstand im Sinne einer Verbesserung des Wärmeüberganges wirkt. Diese Voraussetzung trifft im allgemeinen deshalb nicht zu, weil die Luft beim Verlassen des Röhrenbündels eine Geschwindigkeit besitzt, die höher ist, als dem rohrfreien Strömungsquerschnitt entspricht, und weil die Umsetzung des Geschwindigkeitsüberschusses in Druck nur unvollständig erfolgt. Es ist deshalb eine Berichtigung der Formel in dem Sinne geboten, daß der Druckverlust ΔP nur zu einem Teile in Ansatz gebracht wird.

Für Luft von 0° bei 760 mm Q.-S. Druck findet Thoma

$$\frac{1}{\alpha_L} = 0{,}0230 \cdot D \left(\frac{w}{D}\right)^{-0{,}6} \tag{99}$$

für Röhrenbündel mit versetzten Rohrreihen, bzw.

$$\frac{1}{\alpha_L} = 0{,}0274 \cdot D \left(\frac{w}{D}\right)^{-0{,}6} \tag{100}$$

für Röhrenbündel mit gradliniger Anordnung.

Weitere Klärung haben die Versuche von Reiher[4] gebracht. Für Verhältnisse, bei denen der Einfluß der natürlichen Luftströmung aufgehoben ist und Geschwindigkeiten über 2 m/s auftreten, ergaben sie

$$\frac{1}{\alpha_{G,m}} = m \cdot \frac{D}{\lambda_{G,m}} \left(\frac{D \cdot w \cdot \varrho_{G,m}}{\mu_{G,m}}\right)^{-n}. \tag{101}$$

---

[1] Nusselt: Die Kühlung eines Zylinders durch einen senkrecht zur Achse strömenden Luftstrom. Ges. Ing. 1922.

[2] Thoma: Hochleistungskessel. Berlin: Julius Springer 1911.

[3] ten Bosch: Die Wärmeübertragung, 2. Aufl. Berlin: Julius Springer 1927.

[4] Reiher: Wärmeübergang von strömender Luft an Rohre. Forschungsheft Nr. 269. 1926.

Dabei gelten für m und n folgende Werte:

	m		n	
Glattes Einzelrohr, normale Turbulenz	2,86		0,560	
starke Turbulenz	3,79		0,648	
Sehr rauhes „ , normale Turbulenz	27,2		0,856	
Röhrenbündel:	Rohre		Rohre	
	hintereinander	versetzt	hintereinander	versetzt
2 Rohrreihen	8,20	10	0,654	0,690
3 Rohrreihen	7,94	8,85		
4 Rohrreihen	7,75	8,13		
5 Rohrreihen	7,63	7,63		

Reiher zeigte bereits, daß der Wärmeübergangswiderstand nicht immer, wie zunächst zu erwarten wäre, auf der dem Luftstrom entgegengerichteten Rohrseite besonders niedrig und auf der im Luftschatten liegenden, entgegengesetzten Seite ungewöhnlich hoch ist. Genauen Aufschluß hierüber haben Versuche von Lohrisch[1] gebracht. Aus Diffusionsversuchen fand er eine Veränderung des Wärmeübergangswiderstandes über die einzelnen Punkte des umspülten Rohrumfanges nach Abb. 29. Diese stellt für verschiedene Werte der Reynoldsschen Zahl

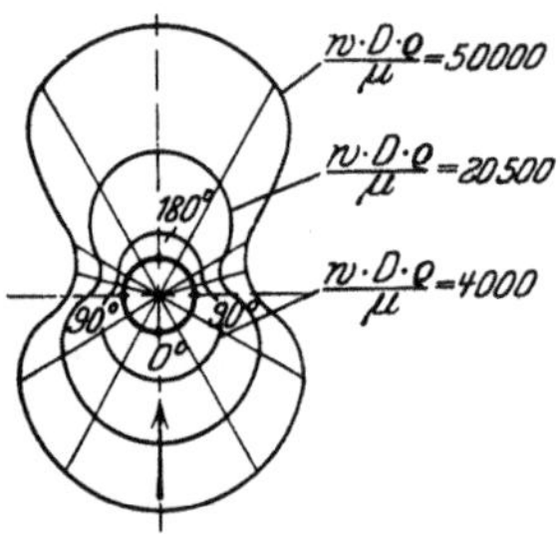

Abb. 29. Verlauf des Wärmeübergangs auf einem runden Rohr (Lohrisch).

$$\frac{w \cdot D \cdot \varrho}{\mu} = 4000,\ 20500,\ 50000$$

den Verlauf von $\frac{\alpha \cdot D}{\lambda}$ in radial auf dem Umfange aufgetragene Strecken dar und zeigt, daß der Wärmeübergangswiderstand nur für Geschwindigkeiten, die nahe oberhalb des kritischen Wertes w_k liegen, auf der Vorderseite des Rohres wesentlich kleiner ist als auf der Rückseite, während bei besonders hohen Geschwindigkeiten die Verhältnisse sich umkehren, so daß der Übergangswiderstand auf der Vorderseite überwiegt. Die Erklärung liegt darin, daß die Grenzschicht sich alsbald nach Eintritt in die der Strömung abgekehrte Seite ablöst und frische Luftschichten der Rückseite durch Wirbelungen zugeführt werden. Das Ergebnis faßt Lohrisch dahin zusammen, daß er für

die vordere Hälfte die Werte . . . . $m = 1{,}07$ $n = 0{,}477$

die hintere Hälfte die Werte . . . . $m = 42{,}7$ $n = 0{,}824$

setzt. Für das Einzelrohr gibt er in guter Übereinstimmung mit der von

[1] Lohrisch: Bestimmung von Wärmeübergangszahlen durch Diffusionsversuche. Forschungsheft Nr. 322. 1929.

Reiher für normale Turbulenz aufgestellten Beziehung die Gleichung

$$\frac{1}{\alpha_{G,m}} = 3{,}08 \cdot \frac{D}{\lambda_{G,m}} \left(\frac{D \cdot w \cdot \varrho_{G,m}}{\mu_{G,m}}\right)^{-0{,}563}. \tag{102}$$

Aus weiteren Versuchen mit Rohrbündeln findet schließlich Lohrisch für

	m	n
5 Reihen mit versetzten Rohren	6,21	0,661
5 Reihen mit hintereinanderliegenden Rohren.	24,8	0,775
3 Reihen mit versetzten Rohren.	5,99	0,650

Die Abweichung von den Reiherschen Versuchen ist bei versetzten Rohren unbedeutend, bei hintereinanderliegenden Rohren wesentlich. Während nach Reiher für höhere Geschwindigkeiten der mittlere Wärmeübergangswiderstand bei hintereinanderliegenden Rohren mehr und mehr den von versetzten Rohren überwiegt, findet nach Lohrisch mit zunehmender Geschwindigkeit ein Ausgleich statt. Für mittlere Geschwindigkeiten $\left(\frac{w \cdot D \cdot \varrho}{\mu} \sim 10000\right)$ spielen die Abweichungen praktisch keine Rolle, so daß die allgemeine Anwendung der von Reiher aufgestellten Beziehung vorläufig empfohlen werden kann.

Bezüglich der Geschwindigkeit ist ausdrücklich darauf aufmerksam zu machen, daß in den obigen Formeln w beim Röhrenbündel die auftretende Höchstgeschwindigkeit im Rohrspalt, beim Einzelrohr jedoch die mittlere Geschwindigkeit darstellt, mit der die Luft auf das Rohr trifft.

Die Verbesserung der Wärmeübergangsverhältnisse auf der Rückseite des Rohres bei hoher Geschwindigkeit weist auch darauf hin, daß die Verwendung von Rohren mit stromlinienförmigem Querschnitt in diesem Gebiet nur insofern eine Verbesserung verspricht, als bei ihnen die Umsetzung der am Austritt aus dem Röhrenbündel herrschenden Geschwindigkeit in Druck vollkommener erfolgt als bei kreisförmigem Querschnitt und daher bei gleichem Druckverlust höhere Geschwindigkeiten zulässig werden.

Die Frage der Rohrlage (waagerecht, senkrecht oder schräg) tritt zurück, wenn die Geschwindigkeiten hoch genug sind, um den Einfluß des natürlichen Umlaufes auszuschalten.

Für Rauchgase können mit genügender Annäherung die für Luft gefundenen Zahlen angewandt werden.

Querströmung von Gasen mit erheblicher Geschwindigkeit tritt bei feuerbeheizten Dampfkesseln auf. Obwohl auch sie zu Verdampfern in weitestem Sinne gehören, soll sich die vorliegende Arbeit auf die Behandlung von Verdampfanlagen im engeren Sinne, unter Ausschluß von Dampfkesseln, beschränken. Die Beheizung solcher Verdampfer durch Feuergase oder Abgase (von Feuerungen oder Verbrennungskraftmaschinen) gehört zu den Ausnahmen.

b) Tropfbare Flüssigkeiten. Strömung von tropfbaren Flüssigkeiten senkrecht zur Rohrwand unter Anwendung erheblicher Geschwindigkeiten findet für Verdampfanlagen keine Anwendung. Der Mangel, daß allgemeine Versuche über den hier auftretenden Wärmeübergangswiderstand fehlen, wird daher nicht als Lücke empfunden.

Eine besonders wirksame Maßnahme für künstliche Verbesserung der Strömungsverhältnisse stellt der Vorschlag dar, die wärmeaustauschende Wand über ihre ganze Fläche durch die mit hoher Geschwindigkeit senkrecht auf die Wand gerichtete Flüssigkeit zu bespülen. Abb. 30 (Främbs & Freudenberg) stellt einen Versuchskondensator von 0,2 m² Heizfläche dar, der nach diesem Grundsatze arbeitet. Der innen strömende Dampf trifft durch über den Umfang verteilte Öffnungen senkrecht auf die Heizflächenwand, die auf der Gegenseite von dem außen strömenden, in gleicher Weise verteilten Wasser bespritzt wird. Es leuchtet ein, daß an der Aufprallstelle Kondensat auf der einen, Grenzschicht auf der anderen Seite durch die Blasewirkung verdrängt werden. Hieraus erklärt sich der an dem Versuchskondensator von Josse festgestellte erstaunlich niedrige Wärmedurchgangswiderstand von $\frac{1}{14600}$ bei einer Dampftemperatur von 40,5° und einer mittleren Wassertemperatur von 13,7°. Er entspricht einer Gesamtstärke der durchschnittlichen beiderseitigen Grenzschicht von $^1/_{30}$ mm, wenn der Wärmeleitwiderstand der trennenden Wand unberücksichtigt bleibt. Für die praktische Bewertung ist der Wärmedurchgangswiderstand allein keinesfalls maßgebend. Er wird hier unter erheblichem Energieverlust erkauft. Hinzu kommt der Kostenaufwand für die äußeren und inneren Verteilmäntel, so daß die Frage berechtigt ist, ob auf dem hier beschrittenen Wege eine Verbesserung der allein maßgebenden Gesamtwirtschaft zu erreichen sein wird.

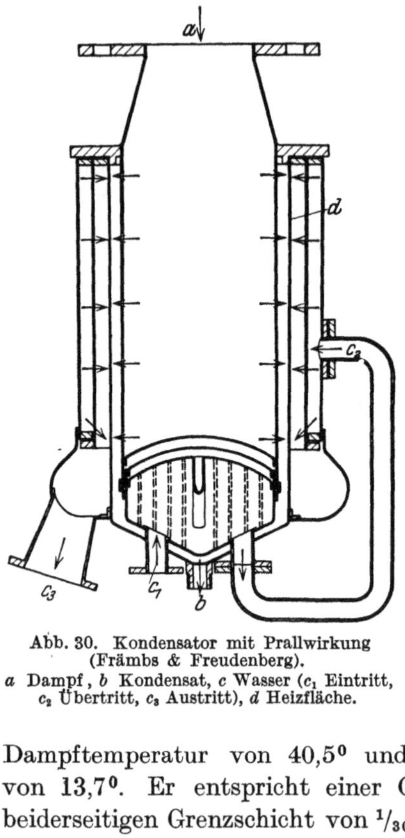

Abb. 30. Kondensator mit Prallwirkung (Främbs & Freudenberg). *a* Dampf, *b* Kondensat, *c* Wasser (c_1 Eintritt, c_2 Übertritt, c_3 Austritt), *d* Heizfläche.

Ungewöhnlich niedrige Werte des Wärmeübergangswiderstandes von Wasser an Wand bei Aufleitung des Wassers in rasch bewegtem Strahl senkrecht zur Wand haben auch Schmidt, Schurig und Sellschop[1] festgestellt. Sie fanden für die Auftreffstelle $\frac{1}{\alpha}$-Werte von rund $\frac{1}{40000}$ bis $\frac{1}{70000}$, wenn die Geschwindigkeit des Strahles 5,5 bis 10 m/s betrug. Der mittlere Wärmeübergangswiderstand ist, wegen der allmählichen Abnahme der Strömungsgeschwindigkeit mit Entfernung von der Auftreffstelle, selbstverständlich größer, bewegt sich aber bei den erwähnten Versuchen mit einer verhältnismäßig kleinen Platte noch um Werte in der auffallend niedrigen Größenordnung von $\frac{1}{20000}$ bis $\frac{1}{30000}$.

β) Freie Strömung. I. Strömung durch gerade Kanäle. Gase und tropfbare Flüssigkeiten. Bei Strömung durch die Rohre ist es leicht, der für günstigen Wärmeaustausch an der Spitze stehenden Forderung einer Strömungsgeschwindigkeit gleich oder über der kritischen Geschwindigkeit zu entsprechen. Ausführungen, bei denen diese Voraussetzung nicht erfüllt wird, sind fehlerhaft und bedürfen hier keiner Erörterung.

II. Strömung um gerade Kanäle in Richtung der Längsachse. Nach der getroffenen Voraussetzung bestimmen bei freier Strömung Leitung und Konvektion allein den Wärmeübergang. Ob die Strömung längs oder quer erfolgt, hängt infolgedessen nicht von der Richtung ab, mit der Gas und Flüssigkeit ein- und austreten, sondern von der Lage der Rohre. Da der natürliche Umlauf stets senkrecht nach oben oder unten strebt, ergeben senkrechte Rohre Längsströmung, waagerechte Rohre Querströmung.

a) Gase. Nusselt und Jürges[2] haben für eine senkrechte glatte Wand das Temperaturfeld untersucht und die von Nusselt[3] für Luft von 1 at und 35° entwickelte Gleichung

$$\frac{1}{\alpha_{L,m}} = \frac{0{,}455}{\sqrt[4]{t_W - t_L}} \tag{103}$$

bestätigt gefunden.

Unter der Voraussetzung, daß der Wärmeübergang an ein Rohr nur durch Leitung und Konvektion erfolgt, also äußere Einflüsse ausgeschaltet werden, hat Nusselt[4] die Beziehung aufgestellt

$$\frac{\alpha_m \cdot D}{\lambda_m} = \Phi\left(\frac{\lambda_m}{3600\, c_{p,m} \cdot g \cdot \mu_m}, \frac{D^3 \cdot \gamma_m^2 \cdot \beta_m (t_W - t)}{g \cdot \mu_m^2}\right), \tag{104}$$

[1] Schmidt, Schurig u. Sellschop: Versuche über die Kondensation von Wasserdampf in Film- und Tropfenform. Techn. Mech. Therm. 1930.

[2] Nusselt-Jürges: Das Temperaturfeld über einer lotrecht stehenden geheizten Platte. Z. V. d. I. 1928.

[3] Nusselt: Forschungsheft Nr. 64.

[4] Nusselt: Die Wärmeabgabe eines waagerecht liegenden Drahtes oder Rohres in Flüssigkeiten und Gasen. Z. V. d. I. 1929.

die für Flüssigkeiten allgemeiner Art gilt. Hierbei bedeuten

$\lambda_m = \frac{1}{t_W - t}\int\limits_t^{t_W} \lambda \cdot dt$ die mittlere Wärmeleitzahl der allgemeinen Flüssigkeit, in kcal/m · °C · h,

$\mu_m = \frac{1}{t_W - t}\int\limits_t^{t_W} \mu \cdot dt$ die mittlere Zähigkeitszahl der allgemeinen Flüssigkeit, in $kg \cdot s/m^2$,

$\gamma_m = \frac{1}{t_W - t}\int\limits_t^{t_W} \gamma \cdot dt$ das mittlere spezifische Gewicht der allgemeinen Flüssigkeit, in kg/m^3,

$\beta_m = \frac{1}{t_W - t}\int\limits_t^{t_W} \beta \cdot dt$ die mittlere räumliche Ausdehnungszahl der allgemeinen Flüssigkeit, in $\frac{1}{^0\mathrm{C}}$,

$c_{p,m} = \frac{1}{t_W - t}\int\limits_t^{t_W} c_p \cdot dt$ die mittlere spezifische Wärme der allgemeinen Flüssigkeit, in kcal/kg · °C,

t die Temperatur der allgemeinen Flüssigkeit in einiger Entfernung von der Wand gemessen, in °C,

t_W die Oberflächentemperatur der Wand, in °C,

Φ eine Funktion der beiden dimensionslosen Brüche in der Klammer.

Ist die allgemeine Flüssigkeit ein Gas, so gilt

$$\beta_{G,m} = \frac{1}{T_{G,m}} = \frac{1}{t_W - t_G}\int\limits_{t_G}^{t_W} \frac{dT}{T} = \frac{\ln \frac{T_W}{T_G}}{t_W - t_G}, \tag{105}$$

$$\frac{\alpha_{G,m} \cdot D}{\lambda_{G,m}} = \Phi\left(\frac{\lambda_{G,m}}{3600\, c_{p,m} \cdot g \cdot \mu_{G,m}}, \quad \frac{D^3 \cdot \gamma_{G,m}^2 \cdot \ln \frac{T_W}{T_G}}{g \cdot \mu_{G,m}^2}\right). \tag{106}$$

Für vollkommene Gase ist $\frac{\lambda_{G,m}}{3600\, c_{p,m} \cdot g \cdot \mu_{G,m}}$ von der Temperatur unabhängig und nur mit der Atomzahl veränderlich. Bei Annahme eines bestimmten Gases, z. B. Luft, wird daher

$$\frac{\alpha_{G,m} \cdot D}{\lambda_{G,m}} = \Phi'\left(\frac{D^3 \cdot \gamma_{G,m}^2 \cdot \ln \frac{T_W}{T_G}}{g \cdot \mu_{G,m}^2}\right). \tag{106a}$$

Die Funktion Φ hat Nusselt nach Versuchen, die Davis[1] mit allgemeinen Flüssigkeiten vorgenommen hat, nach Abb. **31** gefunden,

[1] Davis: Natural convective cooling in fluids. Phil. Mag. 1922.

wobei die Ordinaten den Wert $\frac{\alpha_m \cdot D}{\lambda_m}$, die Abszissen das Verhältnis

$$\frac{A}{B} = \frac{\dfrac{D^3 \cdot \gamma_m^2 \cdot \beta_m (t_W - t)}{g \cdot \mu_m^2}}{\dfrac{\lambda_m}{3600\, c_{p,m} \cdot g \cdot \mu_m}}$$

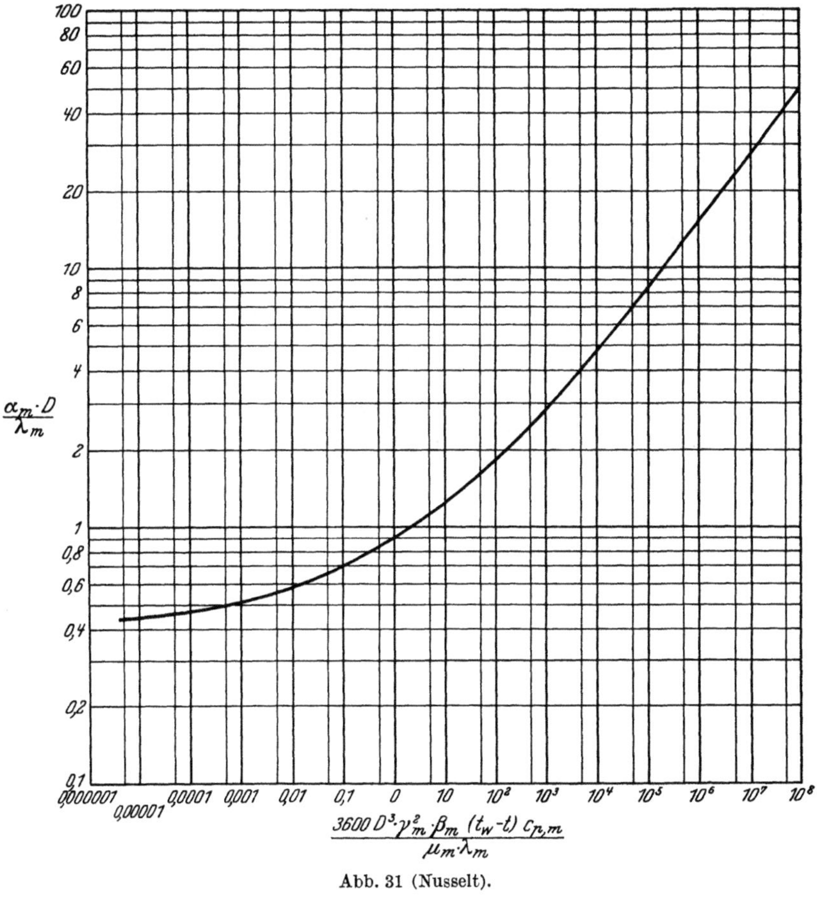

Abb. 31 (Nusselt).

darstellen, das für Gase den Wert

$$\frac{A}{B} = \frac{3600\, D^3 \cdot \gamma_{G,m}^2 \cdot c_{p,m} \cdot \ln \dfrac{T_W}{T_G}}{\lambda_{G,m} \cdot \mu_{G,m}}$$

annimmt. Da für Gase mit genügender Genauigkeit unabhängig von der Temperatur $\beta_{G,m} \sim \frac{1}{273}$ gesetzt werden kann, ergibt sich die Vereinfachung

$$\frac{A}{B} = \frac{3600\, D^3 \cdot \gamma_{G,m}^2 \cdot c_{p,m} (t_W - t_G)}{273\, \lambda_{G,m} \cdot \mu_{G,m}}.$$

Für Abszissenwerte $\frac{A}{B} > 4$ gilt genügend genau der einfache Zusammenhang

$$\frac{\alpha_m \cdot D}{\lambda_m} \sim 0{,}502 \sqrt[4]{\frac{A}{B}}$$

$$\frac{1}{\alpha_m} \sim \frac{2D}{\lambda_m \sqrt[4]{\frac{A}{B}}}.$$

In Anlehnung an diese Beobachtungen kann die für senkrechte Rohre gefundene Beziehung

$$\frac{1}{\alpha_{L,m}} = \frac{0{,}455}{\sqrt[4]{t_W - t_L}}$$

in die Form

$$\frac{1}{\alpha_{L,m}} = \frac{C}{\lambda_{L,m}} \sqrt[4]{\frac{273\,\lambda_{L,m} \cdot \mu_{L,m}}{3600\,\gamma_{L,m}^2 \cdot c_{p,m}}} \cdot \frac{1}{\sqrt[4]{t_W - t_L}} \tag{103a}$$

gebracht werden. Es ergibt sich dann

$$C = 0{,}455\,\lambda_{L,m} \sqrt[4]{\frac{3600\,\gamma_{L,m}^2 \cdot c_{p,m}}{273\,\lambda_{L,m} \cdot \mu_{L,m}}} = 1{,}27$$

und allgemein für Gase irgendwelcher Beschaffenheit

$$\frac{1}{\alpha_{G,m}} = \frac{1{,}27}{\lambda_{G,m}} \sqrt[4]{\frac{273\,\lambda_{G,m} \cdot \mu_{G,m}}{3600\,\gamma_{G,m}^2 \cdot c_{p,m}\,(t_W - t_G)}}. \tag{103b}$$

b) Tropfbare Flüssigkeiten. Für tropfbare Flüssigkeiten besitzt das Abszissenverhältnis den Wert

$$\frac{A}{B} = \frac{3600\,D^3 \cdot \gamma_{F,m}^2 \cdot \beta_{F,m} \cdot c_{F,m}\,(t_W - t_F)}{\lambda_{F,m} \cdot \mu_{F,m}}.$$

Mit der Beziehung

$$\beta_F = \frac{1}{v_F} \cdot \frac{dv}{dt}$$

errechnet sich

$$\beta_{F,m} = \frac{1}{t_W - t_F} \cdot \frac{v_{t_W}}{v_{t_F}}.$$

Der für senkrechte, von Gas bespülte Kanäle gefundene Beiwert 1,27 kann in erster Annäherung auch für tropfbare Flüssigkeiten beibehalten werden, wenn hierfür die Form

$$\frac{1}{\alpha_{F,m}} = \frac{1{,}27}{\lambda_{F,m}} \sqrt[4]{\frac{\lambda_{F,m} \cdot \mu_{F,m}}{3600\,\gamma_{F,m}^2 \cdot c_{F,m} \cdot \beta_{F,m}\,(t_W - t_F)}} \tag{107}$$

gewählt wird.

III. Srömung um gerade Kanäle quer zur Längsachse. *Gase und tropfbare Flüssigkeiten.* Die oben angeführte von Nusselt für waagerechte Rohre aufgestellte Beziehung

$$\frac{\alpha_m \cdot D}{\lambda_m} = \Phi\left(\frac{A}{B}\right)$$

ist hier zutreffend. Für ein waagerechtes außen durch Wasser von 20° umflossenes Rohr von 25 mm Durchmesser errechnet Nusselt zu einem Temperaturgefälle von

$t_W - t_F =$	30	40	50	60	70	80	90	100°	
$\alpha_{F,m} =$	432	558	664	761	852	938	1021	1101	$\mathrm{kcal/m^2 \cdot {}^0C \cdot h}$

entsprechend einem Wert

$\frac{1}{\alpha_{F,m}} =$	0,00232	0,00179	0,00151	0,00131	0,00117	0,00107	0,00098	0,00091	$^0\mathrm{C}/\frac{\mathrm{kcal}}{\mathrm{m^2 \cdot h}}$.

γ) Einfluß von Temperatur und Temperaturgefälle. *Temperatur.* Die Stoffeigenschaften, die den Wärmeübergangswiderstand beeinflussen — Dichte, Wärmeleitfähigkeit, spezifische Wärme, Zähigkeit — ergeben in ihrer zusammengefaßten Wirkung bei Flüssigkeiten ohne weiteres, bei Gasen unter Berücksichtigung der mit abnehmender Dichte zunehmenden Geschwindigkeit, eine Erniedrigung des Wärmeübergangswiderstandes für höhere Temperaturen, gleichgültig, ob es sich um freie oder erzwungene Strömung handelt. Um günstige Wärmeübertragungsverhältnisse zu erhalten, erscheint es daher von vornherein vorteilhaft, alle Verfahren in einem möglichst hohen Temperaturfelde durchzuführen. In der Regel ist es zwecklos, diese Frage zu erörtern, weil die Temperaturverhältnisse sowohl auf der wärmeren als auch auf der kälteren Seite der übertragenden Wand durch die Betriebsbedingungen eng begrenzt oder sogar zahlenmäßig mit der Aufgabe gegeben sind.

Temperaturgefälle. Bei im übrigen gleichen Verhältnissen bedeutet Erhöhung des Temperaturgefälles eine Vergrößerung der durch die Flächeneinheit übertragenen Wärmeleistung. Handelt es sich um die Erwärmung von Gasen oder Flüssigkeiten zwischen feststehenden Grenztemperaturen, so geht mit der Erhöhung der spezifischen Leistung eine Vermehrung der strömenden Gas- und Flüssigkeitsmenge, d. h. eine Erhöhung der Strömungsgeschwindigkeit, einher. Der Einfluß des höheren Temperaturgefälles äußert sich daher einmal in der Erhöhung der mittleren Temperatur der für den Wärmeübergang maßgebenden Grenzschicht, dann in der Verringerung der Grenzschichtstärke infolge der Geschwindigkeitssteigerung, also in doppelter Hinsicht günstig. Bei Abkühlung von Gasen oder Flüssigkeiten mit feststehender Anfangstemperatur ergibt die Leistungssteigerung eine Senkung der mittleren Temperatur der Grenzschicht, die entgegengesetzt der Geschwindigkeitssteigerung wirkt. Der Einfluß der Leistungssteigerung ist hier weniger günstig als bei Erwärmung.

c) Siedende Flüssigkeiten.

I. Strömung durch gerade Kanäle. Die Tatsache, daß kondensierender Dampf im allgemeinen einen Wärmeübergangswiderstand ergibt, der, verglichen mit Gasen und tropfbaren Flüssigkeiten, besonders gering ist, hat es selbstverständlich erscheinen lassen, daß auch bei der Verdampfung siedender Flüssigkeiten ungewöhnlich günstige Wärmeübergangsverhältnisse herrschen. In Wirklichkeit aber ist das Verdampfen hinsichtlich der Wärmeübertragungsverhältnisse keinesfalls eine bloße Umkehr der Kondensation. Wird von der Entspannungsverdampfung abgesehen, so nimmt die Verdampfung ihren Ausgang an der beheizten Fläche, und zwar in Form einer Dampfblase, die an der Heizfläche haftet, wächst und sich schließlich unter Wirkung des natürlichen Auftriebes loslöst oder durch nachdrängende Flüssigkeit weggespült wird. In der Regel sind beide Ursachen miteinander verbunden. Die losgelöste Blase vereinigt sich mit anderen Dampfblasen innerhalb der Flüssigkeit und strebt nach oben, bei senkrecht stehenden innen bespülten Rohren im Kern des Stromes wandernd.

Von vornherein steht fest, daß der Wärmeübergangswiderstand an dem von Dampfblasen bedeckten Teile der Heizfläche größer ist als an den von Flüssigkeit berührten Teilen. Rasche Loslösung der Gasblasen verbürgt daher niedrigen Wärmeübergangswiderstand.

Solange die maßgebenden Gesetze nicht in einer für die Praxis brauchbaren einfachen Form vorliegen, erscheint es zunächst zulässig, den von den Dampfblasen bedeckten Teil der Heizfläche als unwirksam zu betrachten. Für den übrigen Teil handelt es sich um reine Flüssigkeitsbewegung. In erster Annäherung ist es wahrscheinlich, daß hierfür die gleichen Gesetze wie für nicht siedende Flüssigkeiten gelten, d. h. daß bei einer Bewegung der siedenden Flüssigkeit, die so lebhaft ist, daß die sich bildenden Dampfblasen augenblicklich losgelöst werden, der Wärmeübergangswiderstand gleich dem gesetzt werden kann, der für die gleiche Flüssigkeit bei der gleichen Temperatur und Geschwindigkeit ohne Rücksicht auf den Siedezustand gelten würde.

Diese Annahme scheint ihre Bestätigung durch Versuche zu finden, die Austin[1] mit nicht siedendem und siedendem Wasser durchgeführt hat, wobei abwechselnd das Wasser lebhaft durchgerührt wurde oder sich allein unter dem Einflusse des natürlichen Umlaufes bewegte. Die Ergebnisse sind in Abb. 32 dargestellt, wobei die vom Nullpunkt ausgehenden Strahlen Linien gleicher spezifischer Heizflächenbelastung darstellen. Der Vergleich ist nicht bei gleichem Temperaturgefälle, sondern bei gleicher spezifischer Belastung, also für die Punkte der verschiedenen Kurven, zu führen, die längs der Strahlen liegen. Wie zu

[1] Austin: Über den Wärmedurchgang durch Heizflächen. Z. V. d. I. 1902.

erwarten steht, nimmt der Wärmeübergangswiderstand einerseits mit höherer Heizflächenbelastung, andererseits mit höherer Wassertemperatur ab. Der Wärmeübergangswiderstand, wie er nach Eintritt des Siedens bei 100° auftritt, zeigt nicht die vielfach erwartete sprungweise Erniedrigung, sondern reiht sich in das regelmäßige Bild für nicht siedendes Wasser. Hierbei ist vorausgesetzt, daß in den Vergleichsfällen gleich lebhafte Bewegung herrscht, wie dies für die Kurven A, C, D und E zutrifft. Der Linienzug B gilt für siedendes Wasser von 100° ohne künst-

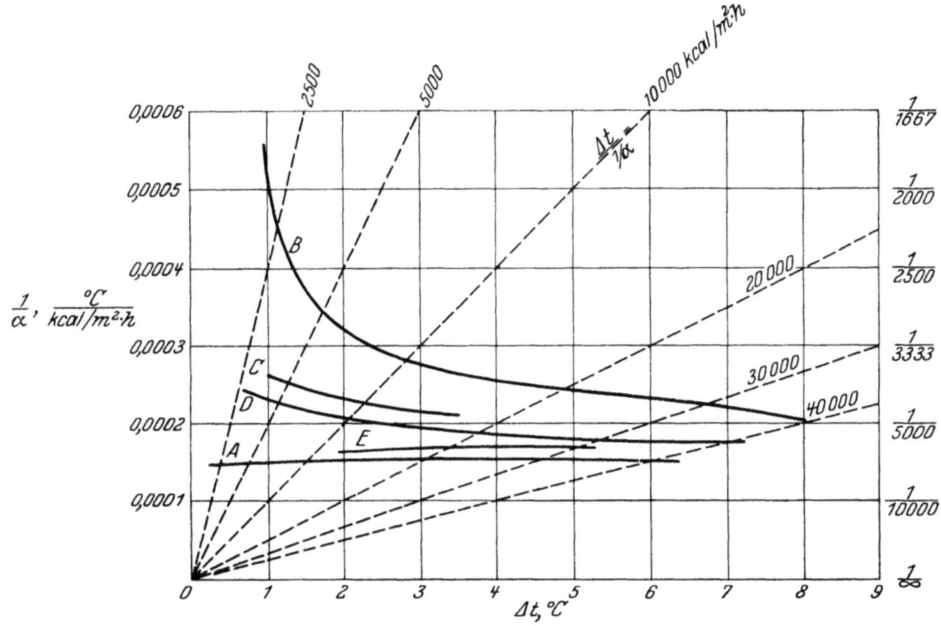

Abb. 32. Wärmeübergangswiderstand von Wand an Wasser (Austin).
A Wasser siedend, gerührt, 100°, B Wasser siedend, nicht gerührt, 100°, C Wasser nicht siedend, gerührt, 20°, D Wasser nicht siedend, gerührt, 30°, E Wasser nicht siedend, gerührt, 50°.

liche Bewegung. Der Wärmeübergangswiderstand ist hierbei wesentlich höher als bei nicht siedendem, jedoch künstlich bewegtem Wasser von 20°. Der Einfluß des Siedezustandes auf Verbesserung des Wärmeüberganges tritt daher vollständig zurück. Er äußert sich in diesem Sinne erst mittelbar dadurch, daß bei geeigneter Formengebung die sich bildenden Dampfblasen ein Fördermittel darstellen, durch das die Geschwindigkeit der Flüssigkeit erhöht wird, so daß der von Austin künstlich durch Rühren herbeigeführte Zustand sich von selbst als die bekannte lebhafte Siedebewegung ergibt. Aus Abb. 32 geht weiter hervor, daß bei lebhafter Bewegung der Wärmeübergangswiderstand für höhere spezifische Belastung kaum mehr abnimmt. Dies erklärt sich daraus, daß die Verbesserung der Wärmeübergangsverhältnisse ihre Ursache in der Erhöhung der spezifischen Belastung nicht unmittelbar sondern mittelbar findet, weil mit der Belastung die Geschwindigkeit wächst. Ist die Bewegung durch künstliche Mittel schon ungewöhnlich gesteigert, so tritt der Einfluß von Temperaturgefälle und spezifischer Belastung nicht mehr in Erscheinung.

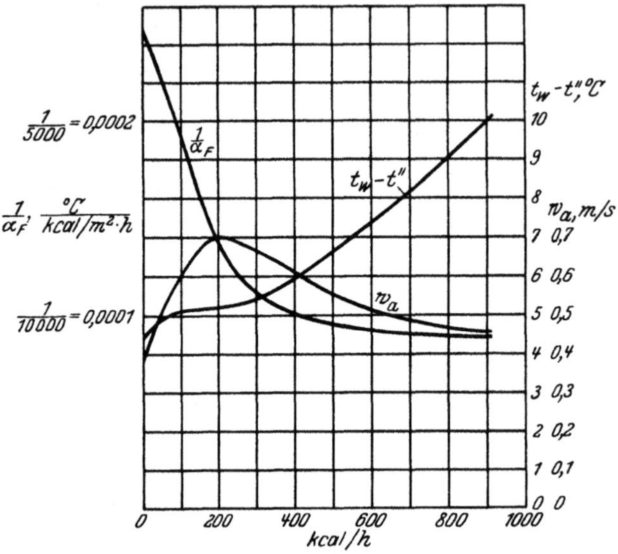

Abb. 33. Abhängigkeit zwischen Wassergeschwindigkeit, Temperaturgefälle, Wärmeübergangswiderstand und Heizleistung (Cleve).

Diese Auffassung wird auch durch die Modellversuche von Cleve[1] mit destilliertem Wasser bestätigt. Mit zunehmender Wärmezufuhr an das die siedende Flüssigkeit führende Rohr wächst die Umlaufgeschwindigkeit der Flüssigkeit bis zu einer gewissen Grenze. Danach nimmt sie ab. Gleichzeitig treten Unregelmäßigkeiten des Siedevorganges mit stoßweisen Entleerungen des Rohres auf. In Abb. 33 sind abhängig von der Heizleistung folgende Größen wiedergegeben:

die Wassergeschwindigkeit w_a gemessen am Rohreintritt,

das Temperaturgefälle $t_W - t''$ zwischen Wand und siedender Flüssigkeit,

der Wärmeübergangswiderstand $\frac{1}{\alpha_F}$ zwischen Wand und siedender Flüssigkeit.

Der Wärmeübergangswiderstand nimmt hiernach mit wachsender Heizleistung ständig ab, auch dann noch, wenn die Umlaufgeschwindigkeit sinkt. Die Gemischgeschwindigkeit erfährt, im Gegensatz zu der Eintrittsgeschwindigkeit der Flüssigkeit, eine ständige Zunahme und scheint für die Veränderung des Wärmeübergangswiderstandes maßgebend zu sein.

[1] Cleve: Modellversuche über den Wasserumlauf in Steil- und Schrägrohrkesseln. Forschungsheft Nr. 322. 1929.

Während der mittlere Wert des Wärmeübergangswiderstandes $\frac{1}{\alpha_m}$ bei allgemeinen Flüssigkeiten genügend genau für die ganze Länge der Heizfläche gilt, nimmt bei siedenden Flüssigkeiten der örtliche Wert $\frac{1}{\alpha}$ vom Eintritt gegen den Austritt zu deutlich ab.

Für die Errechnung des Wärmeübergangswiderstandes siedender Flüssigkeiten unter Anwendung der für tropfbare Flüssigkeiten gültigen Beziehungen ergeben sich Schwierigkeiten, weil die Geschwindigkeit der Flüssigkeit durch die Dampfbildung ausschlaggebend beeinflußt wird, und zwar um so mehr, je enger und je länger die Rohre sind. Es ist infolgedessen nötig, neben dem Querschnitt der Rohre und der in der Zeiteinheit durchtretenden Flüssigkeitsmenge den Dampfgehalt der Flüssigkeit und die Geschwindigkeit der Dampfblasen relativ zur Flüssigkeit zu berücksichtigen, was vorläufig nur mit grober Annäherung gelingt. An späterer Stelle ist auf diesen Punkt eingegangen.

Der Flüssigkeitskern besitzt im Siedezustande die Siedetemperatur. Mit der Annahme, daß die Heizfläche teilweise von Dampfblasen, teilweise von Flüssigkeit bedeckt ist, wären daher die Flüssigkeitsteilchen in der Grenzschicht überhitzt, also in einem labilen Zustande, dessen Auslösung in Form einer teilweisen Entspannungsverdampfung anzunehmen wäre. (Nach Versuchen von Wilson und Stodola tritt diese Überhitzung bei vollkommen reiner Flüssigkeit und glatter Wand tatsächlich auf.) Daneben ist der Fall denkbar, daß die Heizfläche im ganzen von einer durch Dampf gebildeten Grenzschicht bedeckt ist, deren Stärke dort besonders groß ist, wo wachsende Dampfblasen sich bilden. Der Temperaturabfall zwischen Flüssigkeit und Wand würde sich hierbei allein in der Dampfschicht vollziehen, deren Wärmeleitwiderstand gleichbedeutend wäre mit dem Wärmeübergangswiderstand des siedenden Gemisches.

Während bei nicht siedenden Flüssigkeiten die Achsenlage des durchströmten Rohres — waagerecht, senkrecht oder schräg — keinen praktisch ins Gewicht fallenden Einfluß besitzt, solange die Durchflußgeschwindigkeit genügend hoch gehalten wird, leuchtet es ein, daß bei im Rohrinnern siedenden Flüssigkeiten der Wärmeübergang in senkrechten Rohren günstiger ist als in schrägen oder gar waagerechten. Während bei den ersten die abgelösten Dampfblasen und Dampffäden ihren Weg im Kern nehmen und damit ihren Einfluß auf die Wärmeübertragungsverhältnisse verlieren, streichen sie bei waagerechten und schrägen Rohren längs des oberen Teiles der Heizfläche und beeinträchtigen deren Wirksamkeit. Die hindernde Dampfschichtstärke wächst hierbei in Richtung der Flüssigkeitsbewegung vom Eintritt nach dem Austritt zu. Aus diesem Grunde wird bei Innenströmung die Unterlegenheit waagerechter Rohre gegenüber senkrechten gleicher Abmessungen um so merklicher, je größer das Verhältnis $\frac{L}{D}$ ist.

II. Strömung um gerade Kanäle in Richtung der Längsachse. Wird angenommen, daß neben den Stoffeigenschaften das Produkt $D^{0,25} \cdot w^{-0,75}$ den Wärmeübergangswiderstand auch bei siedenden Flüssigkeiten bestimmt, so können die für tropfbare Flüssigkeiten gefundenen Beziehungen auch hier angewandt werden. Diese Voraussetzung scheint ganz allgemein erfüllt zu sein. Neben den Stoffeigenschaften legt das Produkt $D^{0,25} \cdot w^{-0,75}$ die Stärke der Grenzschicht oder, um ein anderes Bild zu gebrauchen, die Scheuerkraft des Flüssigkeitsstromes fest. Von ihr aber hängt eindeutig die Stärke der den Wärmeübergang hemmenden Dampfschicht ab. Im übrigen spielt die Längsströmung um beheizte Kanäle bei siedenden Flüssigkeiten kaum eine Rolle.

III. Strömung um gerade Kanäle quer zur Längsachse. Querströmung siedender Flüssigkeit tritt bei Verdampfern mit innen beheizten waagerechten Rohren auf. Sind die Rohre in das Flüssigkeitsbad versenkt, so erfolgt die Bewegung als freie Strömung.

Erzwungene Querströmung ergibt sich bei Berieselungsverdampfern. Der Beschleunigung beim Niederrieseln wirkt die Reibung an den Rohrwänden entgegen. Gleichmäßige Geschwindigkeit in der ganzen Höhe wird dann erreicht, wenn beide Einflüsse sich aufheben, was für verhältnismäßig dünne Flüssigkeitsschichten zutrifft. Die Flüssigkeitsmenge erfährt beim Niederrieseln eine Abnahme nach Maßgabe der vorausgehenden Verdampfleistung. Bei mehrmaligem Umlauf tritt die Veränderung der Flüssigkeitsmenge beim Niederrieseln um so mehr zurück, je größer die zugeführte Flüssigkeitsmenge im Verhältnis zu der verdampften ist. Hieraus folgt, daß die Flüssigkeitsgeschwindigkeit bei Berieselungsverdampfern eine rechnerisch schwer festzustellende Größe ist, so daß es müßig erscheint, für die Errechnung des Wärmeübergangswiderstandes eine Beziehung zu suchen, in der diese Geschwindigkeit auftritt. Die wenigen Versuche, die an Berieselungsverdampfern durchgeführt wurden, beschränkten sich auf Feststellung der Wärmedurchgangszahl, sind daher für Beurteilung der einschlägigen Verhältnisse nicht geeignet. Wird der Wärmeübergangswiderstand bei siedenden Flüssigkeiten gleich dem geschätzt, der bei derselben Geschwindigkeit für eine nicht siedende Flüssigkeit bei gleicher Temperatur auftritt, so lassen sich folgende grundsätzliche Folgerungen ziehen:

Die Geschwindigkeit läßt sich bei Berieselungsverdampfern leicht auf erhebliche Höhe bringen, so daß zunächst Werte des Wärmeübergangswiderstandes zu erwarten sind, wie sie bei innen durchströmten Rohren für Geschwindigkeiten um 1 m/s herum gelten. Eine weitergehende

Verminderung des Wärmeübergangswiderstandes ergibt sich daraus, daß beim Übergang von einem Rohre zum folgenden die Flüssigkeit durchmischt wird und dadurch die Grenzschicht mit wirksameren Außenschichten wechselt. Der erreichbaren Geschwindigkeit sind engere Grenzen gesetzt als bei zwangläufig durchströmten oder umflossenen Rohren, weil bei Steigerung der Flüssigkeitsmenge über ein bestimmtes Maß hinaus Ablösung von Tropfen erfolgt, die niederfallen, ohne an dem Wärmeaustausch weiter teilzunehmen. Hieraus ergibt sich eine Unterlegenheit des Berieselungsverdampfers gegenüber anderen Röhrenverdampfern mit besonders hoher Umlaufgeschwindigkeit. Auch wenn der Leitwiderstand der Dampfschicht als gleichbedeutend mit dem Wärmeübergangswiderstand der siedenden Flüssigkeit betrachtet wird, behalten diese Gesichtspunkte Gültigkeit, da die Stärke der Dampfschicht von der Scheuerwirkung der Flüssigkeit und diese in erster Linie von der Geschwindigkeit abhängt. Beim Berieselungsverdampfer ist die von den Dampfblasen zu durchdringende Flüssigkeitsschicht besonders schwach. Der mit Temperaturverlust verbundene Einfluß einer statischen Flüssigkeitshöhe kommt hier in Wegfall.

IV. Einfluß der Zustands- und Stoffwerte. *a) Temperatur.* Dem Gesichtspunkte, daß höhere Temperatur der siedenden Flüssigkeit den Wärmeübergangswiderstand vermindert, läßt sich dadurch Rechnung tragen, daß das Verdampfen reiner Flüssigkeiten und Eindampfen von Lösungen bei höherem Drucke vorgenommen wird. Die obere Grenze der anwendbaren Temperaturen ist durch die Temperaturempfindlichkeit des Eindampfgutes gegeben. Diese Grenztemperatur ist nicht gleichbedeutend mit der Siedetemperatur der Lösung, sondern gleich der zulässigen Oberflächentemperatur der von der Flüssigkeit berührten Wand. Der Abfall von der Wandtemperatur auf die Siedetemperatur vollzieht sich in der Grenzschicht. Teile der Lösung nehmen daher vorübergehend eine höhere Temperatur an als der Siedetemperatur entspricht.

Aus der Beziehung

$$Q_h = F \cdot \frac{t - t_0}{\frac{1}{\alpha} + \frac{1}{\alpha_0} + \frac{e_W}{\lambda_W}}$$

ergibt sich, daß bei Verkleinerung von $\frac{1}{\alpha_0}$ die übertragene Wärmeleistung Q_h zunimmt, jedoch nicht proportional $\frac{1}{\alpha_0}$, sondern in geringerem Maße. Durch Verbesserung des Wärmeüberganges auf der Flüssigkeitsseite wird das Verhältnis

$$\frac{Q_h}{F \cdot \alpha_0} = t_W - t_0$$

und damit der Temperaturunterschied zwischen Wand und Flüssigkeitsmasse kleiner. Geringerer Wärmeübergangswiderstand auf der Seite der siedenden Flüssigkeit vermindert daher die gegenüber der Temperatur der Flüssigkeitsmasse in der Grenzschicht vorübergehend auftretende Überhitzung von Flüssigkeitsteilen. Dies bedeutet, daß hohe Geschwindigkeiten für die Verarbeitung temperaturempfindlicher Lösungen günstig sind. Ein Flüssigkeitsinhalt des Verdampfers, der im Verhältnis zur Verdampfleistung gering ist, verbessert den Wärmeübergang durch Erhöhung der Umlaufgeschwindigkeit, bietet daher eine gewisse Bürgschaft für schonende Behandlung, deren Ursache meist in der kurzen Dauer der Erwärmung allein gesucht wird. Zweifellos ist für die Schädigung eines temperaturempfindlichen Stoffes neben der Höchsttemperatur auch die durch das Verhältnis des Flüssigkeitsinhaltes zur Verdampfleistung bestimmte Zeit maßgebend, während der die Temperatur wirkt, jedoch wohl ausschließlich für den Grad der Schädigung, also die mengenmäßige Veränderung und nicht für das Eintreten einer unerwünschten Veränderung überhaupt. Zur Feststellung der zulässigen Höchsttemperatur durch Versuch soll daher nicht die Durchschnittstemperatur der Flüssigkeitsmasse, sondern die Temperatur der flüssigkeitsberührten Wand gemessen werden. Die Durchschnittstemperatur der Flüssigkeit ist nur dann maßgebend, wenn die Temperatur des Heizmittels der Siedetemperatur der Lösung sehr nahe rückt.

Die Art der Schädigung durch zu hohe Temperatur ist verschieden. Bei Milch tritt Geschmacksveränderung, bei Zuckersaft Färbung ein; bei Malzextrakt geht Diastase, bei Kaffee-Extrakt Aroma verloren. Starke Laugen machen eiserne Heizflächen brüchig. Bei Lösungen, die aus zwei Flüssigkeiten bestehen, wie Glyzerin-Wasser, wird bei hohen Temperaturen der Teildruck der gelösten Flüssigkeit in den Brüden unzulässig hoch und führt zu Verlusten wertvoller Stoffe. Extraktstoffe erfahren allgemein Zersetzung, Gelatine und Leim verlieren an Bindekraft. Hierher gehört auch die Ausscheidung von Härtebildnern, die oberhalb gewisser Temperaturen zu unerwünschten Inkrustationen an der Heizfläche führen.

In besonderen Fällen ist hohe Temperatur des eingedampften Gutes mit Rücksicht auf die weitere Verarbeitung unerwünscht. Entfällt z. B. eingedickter Leim mit einer Temperatur von 95°, so bedarf er einer stundenlangen Zwischenlagerung, während Eindampfung unter Luftleere mit einer Austrittstemperatur von etwa 45° die Möglichkeit gibt, das anschließende Fertigtrocknen ohne weiteres vorzunehmen. Ähnlich liegen die Verhältnisse bei der Verarbeitung von Gerbstoffextrakten.

Anwendung niedriger Temperaturen ergibt sich durch die Notwendigkeit, die Brüdendämpfe niederzuschlagen, nebenher von selbst, wenn diese die Umgebung durch Geruch (Leim), Schädigung der Baulichkeiten (Zerstörung von Metallteilen durch Oxydation, von Holz durch Fäulnis) oder Beeinträchtigung der Vegetation stören würden.

Da bei der Eindampfung in der Hauptsache Wärme umgeformt, nicht verbraucht wird, bestehen, abgesehen von der Rücksicht auf die Temperaturempfindlichkeit des verarbeiteten Stoffes, keine Bedenken, den Eindampfvorgang in die übrigen Arbeitsverfahren des Betriebes dort einzuschalten, wo hohe Temperaturen herrschen, also beispielsweise den Verdampfer mit hoch gespanntem Dampf zu heizen. Die Restbrüden müssen alsdann im gleichen Betriebe Verwendung suchen, sei es für Wärmezwecke oder, ausnahmsweise, für Krafterzeugung. Ist ihre Ausnutzung nicht möglich, so kommt mit Rücksicht auf Wärmeersparnis mehrstufige Verdampfung in Frage. Dabei wird eine Verbreiterung des Temperaturfeldes wünschenswert, d. h. Ausdehnung der Eindampfung in das Gebiet niedriger Temperaturen. Dies hindert jedoch nicht, daß die ersten Stufen in Nähe der oberen Grenztemperatur arbeiten sollen. Besondere Verhältnisse treten auf, wenn die Beheizung des Verdampfers durch verdichtete Brüden erfolgt. Die Bedingungen lassen sich mit wenigen Worten nicht erschöpfen. In vielen Fällen wird Eindampfen bei mittleren Temperaturen die wirtschaftlichste Lösung ergeben.

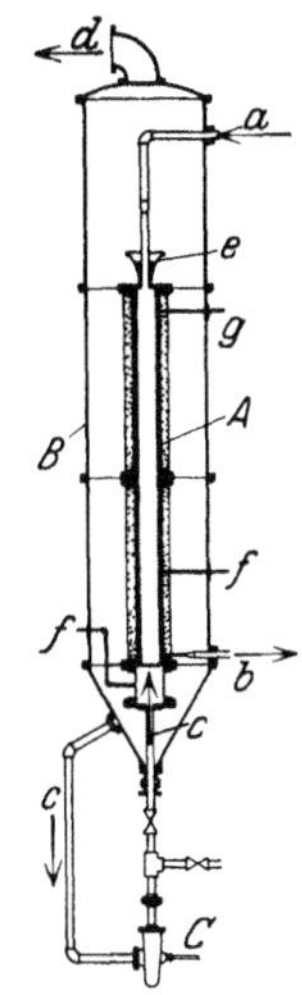

Abb. 34. Verdampfer (Badger). *A* Verdampfer, *B* Laugensammler, *C* Umlaufpumpe, *a* Heizdampf, *b* Heizdampfkondensat, *c* Flüssigkeit, *d* Brüden, *e* Prallwand, *f* Manometer, *g* Entlüftung.

Die zahlenmäßige Festlegung des Temperatureinflusses auf den Wärmeübergangswiderstand siedender Flüssigkeiten harrt noch der Lösung. Claassen[1] hat frühzeitig versucht, den Einfluß der Lösungstemperatur oder, was auf dasselbe hinausläuft, des Brüdendruckes bei Zuckerverdampfern mit hoher Konzentration festzustellen. Obwohl er sich zahlenmäßig nicht genau entwickeln ließ, zeigte sich doch deutlich eine Verringerung des Wärmedurchgangswiderstandes mit zunehmender Siedetemperatur der Lösung.

Badger[2] hat an dem in Abb. 34 dargestellten Versuchsverdampfer die Veränderung des scheinbaren Wärmedurchganges, also ohne Ausschaltung des Temperaturverlustes durch den hydrostatischen Druck, mit der Konzentration unter Anwendung von Sulfitlauge festgestellt. Der Verdampfer arbeitete mit künstlich verstärktem Flüssigkeitsumlauf. Er war in den Laugensammler eingebaut, seine Heizfläche wurde durch acht Nickelrohre von 19 mm l. W., 1450 mm Länge gebildet. Während bei der Hauptversuchsreihe das Eindampfen der schwächsten Lauge im

[1] Claassen: Über Verdampfung und Verdampfungsversuche. Z. Vereins Rübenzuckerindustrie d. deutschen Reiches. 1893.

[2] Badger: Evaporation of sulfite waste liquor. J. Ind. Engg. Chem. 1927.

ersten Körper bei 100°, der stärksten Lauge im letzten Körper bei 55° Siedetemperatur erfolgte, wurde in einer zweiten Versuchsreihe die stärkst konzentrierte Lauge im ersten Körper bei einer Siedetemperatur von 100° verarbeitet. Hierbei ergab sich nach Abb. 35 bei der höheren Siedetemperatur eine außerordentliche Verringerung des Wärmedurchgangswiderstandes. Die Versuchsbedingungen waren im übrigen möglichst gleich gehalten, so daß die Verbesserung in erster Linie den Einfluß

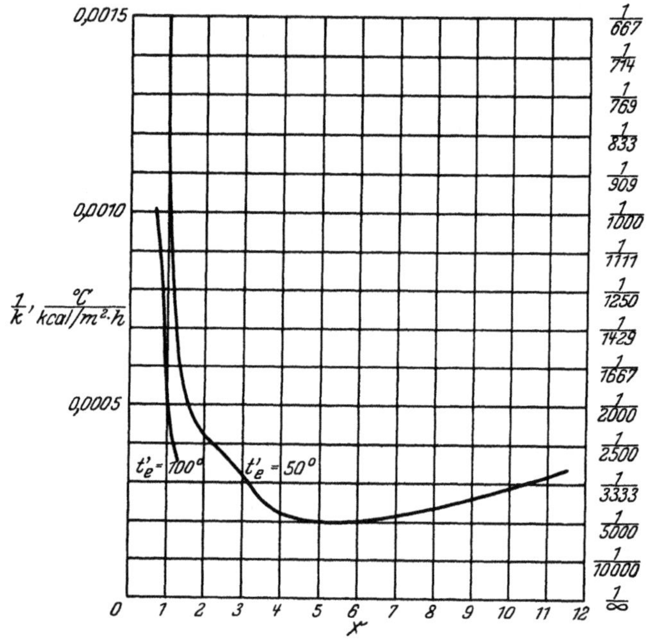

Abb. 35. Veränderung des Wärmedurchgangswiderstandes mit Lösungsmittelgehalt und Temperatur (Badger).

der Temperatursteigerung widergibt, der sich bei der starken zähen Lösung naturgemäß besonders deutlich äußert.

Badger und Shephard[1] haben den Einfluß der Temperatur auf die Wärmeübertragung an einem Swenson-Verdampfer untersucht. Dieser besaß nach Abb. 36 ein in einen Dampfmantel von 460 mm Durchmesser frei eingehängtes Bündel von 24 Stahlrohren, 51 mm l. W., 1220 mm Länge. Die Rohrheizfläche betrug 65% der in Rechnung gestellten Gesamtheizfläche. Bei den Versuchen wurde destilliertes Wasser verdampft, der Flüssigkeitsstand gleichbleibend in Höhe des oberen Rohrbodens gehalten und der runde Verdampferboden benutzt. Die

[1] Badger-Shephard: Studies in evaporator design. The effect of temperature drop and temperature level on heat transmission in vertical tube evaporators. Chem. Met. Engg. 1920.

Veränderung des Wärmedurchgangswiderstandes mit dem Temperaturgefälle ist für verschiedene Siedetemperaturen, unter Ausschaltung des Temperaturverlustes durch den hydrostatischen Druck, in Abb. 37 wiedergegeben. Um daraus den Einfluß der Temperatur abzuleiten, sind die Punkte der Kurvenschar zu vergleichen, die auf einer der durch den Nullpunkt gehenden Linien gleicher spezifischer Belastung liegen.

b) *Druck.* Der Einfluß des Brüdendruckes auf den Wärmeübergang ist in der Hauptsache mit dem Einfluß der Temperatur erfaßt. Darüber hinaus ist mit zunehmender Brüdenspannung eine Verringerung des Wärmeübergangswiderstandes siedender Flüssigkeiten deshalb zu erwarten, weil infolge des abnehmenden spezifischen Dampfvolumens bei gleicher spezifischer Belastung ein verminderter Teil der Heizfläche durch die entstehenden Blasen bedeckt und unwirksam wird.

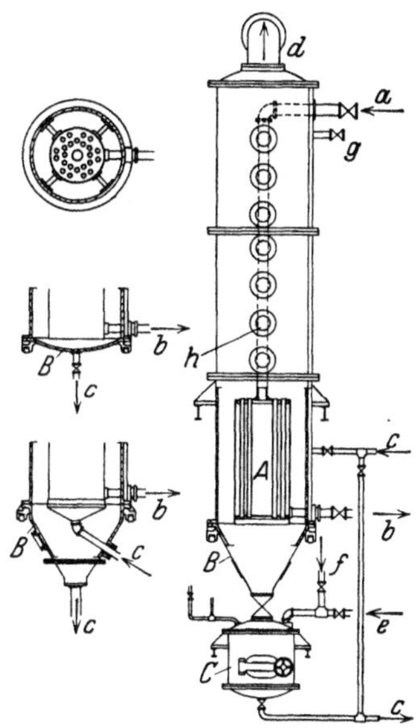

Abb. 36. Verdampfer (Swenson). *A* Heizkörper, *B* Verdampferboden, *C* Filter, *a* Heizdampf, *b* Heizdampfkondensat, *c* Flüssigkeit, *d* Brüden, *e* Waschwasser, *f* Spülluft, *g* Vakuumbrecher, *h* Schaugläser.

c) *Konzentration.* Mit jedem Eindampfvorgange ist eine Änderung der Konzentration verbunden. Sie beeinflußt in wesentlichem Grade die Höhe des Wärmeübergangswiderstandes. Wird die Temperatur als feststehend angesehen, so sind für eine bestimmte Lösung in dem Begriffe der Konzentration die Stoffeigenschaften der spezifischen Wärme, Wärmeleitfähigkeit, Dichte und Zähigkeit zusammengefaßt. Bei erzwungener Strömung liegt mit der Konzentration die Höhe des Wärmeübergangswiderstandes fest, wenn die Abmessungen des Verdampfers und die Umlaufgeschwindigkeit der Lösung gegeben sind. Bei freier Strömung wird die Größe der Umlaufgeschwindigkeit durch die Konzentration mitbedingt.

In allen Fällen ergibt höhere Konzentration einen größeren Wärmeübergangswiderstand. Zu der Verschlechterung des Wärmeüberganges kommt der Temperaturverlust infolge Erhöhung der Siedetemperatur hinzu. Er ist nach dem Gesagten von vornherein auszuschalten, bei der Erörterung des Wärmeübergangswiderstandes also nicht zu berücksichtigen.

Während zunehmende Konzentration mit der Eindampfung von Lösungen untrennbar verbunden ist, stellt in anderen Fällen, vor allem beim Destillieren von Wasser, die zunehmende Konzentration der Lauge eine Nebenerscheinung dar, der durch Ablassen der Lauge entgegengewirkt werden kann. Beim Eindampfen von Seewasser, dessen Salzgehalt sich um 3% herum bewegt, muß eine verhältnismäßig hohe Laugenkonzentration von 6 bis 12% in Kauf genommen werden. Hierbei erreicht die abfließende Laugenmenge ½ bis ¼ der eintretenden, also $^1/_1$ bis $^1/_3$ der verdampften Wassermenge.

Claassen[1] hat bei seinen Untersuchungen mit Zuckersaftverdampfern eine Zunahme des Wärmedurchgangswiderstandes von etwa $\frac{1}{1500}$

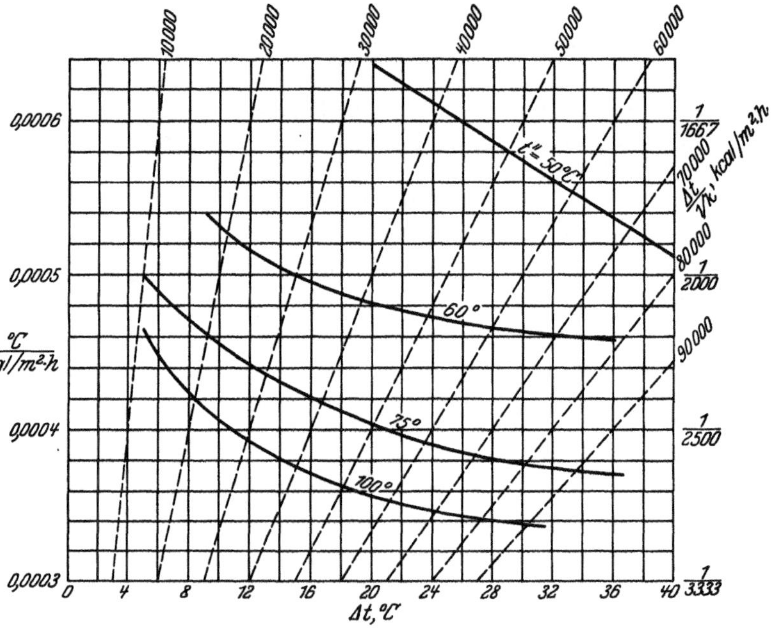

Abb. 37. Einfluß von Temperatur und Temperaturgefälle auf den Wärmedurchgangswiderstand (Badger).

auf etwa $\frac{1}{1000}$ festgestellt, wenn die Konzentration von 30 auf 60° Brix zunimmt, der Wassergehalt also von $x \sim 2{,}3$ auf $x \sim 0{,}7$ sinkt.

Die erwähnten Versuche von Badger mit einem Swenson-Verdampfer ergaben nach Abb. 35 für höhere Konzentration der Sulfitlauge eine Zunahme des Wärmedurchgangswiderstandes, soweit das Gebiet stärkerer Konzentration in Betracht kommt. Da in dem Hauptversuch bei zunehmender Konzentration höhere Temperaturen eingehalten wurden, um die Verhältnisse dem Arbeiten einer Mehrstufenanlage anzupassen, ist in den gefundenen Werten des Wärmedurchgangswiderstandes der Temperatureinfluß mitenthalten. Seine Ausschaltung ergibt

[1] Claassen: Über Verdampfung und Verdampfungsversuche. Z. Vereins Rübenzuckerindustrie d. deutschen Reiches. 1893.

einen schwächeren Anstieg. Weshalb der Wärmedurchgangswiderstand sich für besonders niedrige Konzentration größer ergab als für höhere, blieb ungeklärt.

An Verdampfern mit Ringheizkörpern, die mit mechanischer Verdichtung der Brüden arbeiten, hat die Herstellerin Escher Wyss durch Versuche folgende Zahlen ermittelt: Beim Eindampfen elektrolytischer Natronlauge veränderte sich der Wärmedurchgangswiderstand $\frac{1}{k}$ von $\frac{1}{1285}$ auf $\frac{1}{1150}$ auf $\frac{1}{1110}$, wenn die mit der Konzentration gleichlaufende Siedetemperaturerhöhung von 12,2 auf 14,8 auf 21,6^0 zunahm. Für

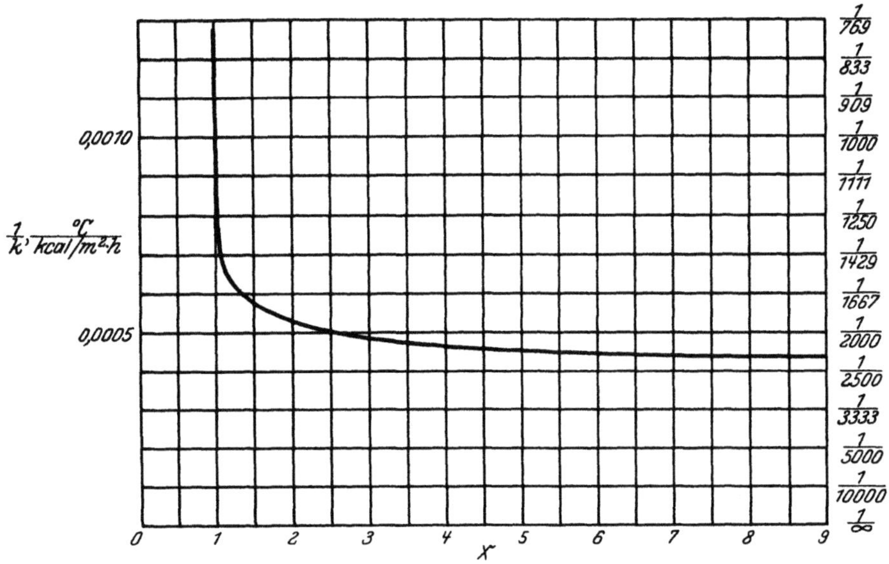

Abb. 38. Änderung des Wärmedurchgangswiderstandes mit dem Lösungsmittelgehalt (Moore).

Kalilauge ergab sich eine Veränderung des Wärmedurchgangswiderstandes von $\frac{1}{1620}$ auf $\frac{1}{1550}$ auf $\frac{1}{1450}$, wenn die Siedetemperaturerhöhung von 6,6 auf 10,5 auf 20^0 anstieg. Da Siedetemperatur, Flüssigkeitshöhe und Heizdampftemperatur für wechselnde Konzentrationen nahezu gleichgehalten wurden, ist in der Änderung des Wärmedurchgangswiderstandes der Einfluß des Wärmeübergangswiderstandes auf der Heizdampfseite und der Umlaufgeschwindigkeit der Lauge mitenthalten. Es kann angenommen werden, daß in diesem Falle der Wärmeübergangswiderstand des Heizdampfes gegenüber dem der Lauge verschwindet. Da die Laugengeschwindigkeit bei niedriger Konzentration, entsprechend der größeren Leistung, höher liegt, also den Wärmedurchgangswiderstand in gleichem Sinne veränderte wie die Konzentration, ist der Einfluß der letzten allein geringer anzusetzen, als er in dem Verhältnis der gefundenen $\frac{1}{k}$-Werte zum Ausdruck kommt.

Schuette & Koerting stellten an Seewasserverdampfern für je 1 Gew.-% Zunahme des Salzgehaltes eine Abnahme der Leistung um 4% fest. Dieses Verhältnis stimmt für höhere Konzentrationen mit dem Verlauf der Abb. 35 einigermaßen überein.

Abb. 38 gibt die an einem Mooreschen Verdampfer gefundene Abhängigkeit zwischen Wärmedurchgangswiderstand und Konzentration wieder. Die Versuche wurden mit Sulfitablauge vorgenommen und sowohl die Dampftemperatur mit 60° als auch die Lösungstemperatur mit 45,5° unveränderlich gehalten. Auf den ersten Blick erscheint die Darstellung für die Klärung des Einflusses der Konzentration recht bedeutsam. Wie wenig dies der Fall ist, ergibt jedoch die bereits angedeutete Überlegung, daß bei dem gleichbleibenden Temperaturgefälle die Heizflächenbelastung und damit die Stärke der Kondensatschicht auf der Dampfseite einerseits, die Geschwindigkeit der Lösung andererseits sich umgekehrt proportional dem Wärmedurchgangswiderstand ändern. Wird angenommen, daß die Verschlechterung des Wärmeüberganges auf der Dampfseite mit Zunahme der Leistung nur in verschwindendem Maße in Erscheinung tritt, so geht die scheinbare Verschlechterung der Wärmeübergangsverhältnisse auf der Lösungsseite keinesfalls zu Lasten der Konzentration allein. Wenn nach den Versuchen zwischen den Werten des Wassergehaltes $x \sim 10$ bis $x \sim 1$ der Wärmedurchgangswiderstand sich etwa verdreifacht, so ist daran die Abnahme der Geschwindigkeit auf ein Drittel wesentlich beteiligt. In der umgezeichneten Form der Abb. 39 stellen die Abszissen die Zähigkeit μ dar. Die scheinbare Abhängigkeit zwischen $\frac{1}{k}$ und μ ist linear. Der Einfluß der Geschwindigkeit bzw. der ihr verhältnisgleichen spezifischen Heizflächenbelastung kann für turbulente Strömung in dem Sinne berücksichtigt werden, daß für doppelte Belastung $\left(\text{d. i. bei dem hier gleichbleibenden Temperaturgefälle für halben Wert } \frac{1}{k}\right)$ eine Verminderung des Wärmeübergangswiderstandes auf das $2^{-0{,}75} \sim 0{,}6$fache angenommen wird. Die Verminderung der Geschwindigkeit würde alsdann, wenn $\frac{1}{k} \sim \frac{1}{\alpha_0}$ gesetzt wird, den in Abb. 39 gestrichelt gezeichneten Verlauf begründen. Der Einfluß der Zähigkeit allein wäre durch den in Richtung der Ordinaten gemessenen Abstand der beiden Kurven gekennzeichnet. Je kleiner dieser Abstand im Verhältnis zu der durch die Zähigkeit scheinbar bedingten Gesamtänderung des Wärmeübergangswiderstandes ist, um so mehr bedeutet dies, daß der Einfluß der Zähigkeit sich in der Hauptsache mittelbar durch Änderung der Geschwindigkeit äußert. Fallen beide Linienzüge zusammen, so gilt dies in vollem Maße, d. h. die Wirkung von Zähigkeit und Geschwindigkeit auf den Wärmeübergangswiderstand ist gleichbedeutend.

Beim Einkörperverdampfer mit durchgehendem Betrieb wird die dünne Lösung mit der eingedickten gemischt. Für den Wärmeübergangswiderstand sind alsdann die bei höchster Konzentration sich einstellenden, im allgemeinen ungünstigsten Verhältnisse maßgebend. Eine Ausnahne ergibt sich, wenn die Lösung den Verdampfer nur einmal durchströmt (Rieselverdampfer, Kestner-Verdampfer). Hier stellen sich mittlere Verhältnisse ein, da die Heizfläche an der Eintrittstelle von schwacher, an der Austrittstelle von starker Lösung benetzt wird. Dieser Zustand entspricht auch ganz allgemein dem Betrieb von Mehrkörperverdampfern mit unendlicher Stufenzahl. Endliche Stufenzahl ergibt demgegenüber eine Verschlechterung, verglichen mit dem Einkörperverdampfer bei mehrmaligem Umlauf der Lösung jedoch eine wesentliche Verbesserung. Beim Chargenbetrieb ist für den Wärmeübergangswiderstand anfangs die niedrigste, zum Schluß die höchste, im ganzen Verlauf daher eine mittlere Konzentration maßgebend. Da der Chargenbetrieb des Verdampfers häufig ungünstig auf den Gesamtbetrieb zurückwirkt, erfolgt zuweilen das Eindampfen zunächst im durchgehenden, das Fertigverdampfen im chargenweisen Betrieb, wobei sich der ungünstige Einfluß hoher Konzentration auf den Schluß des Eindampfens beschränkt.

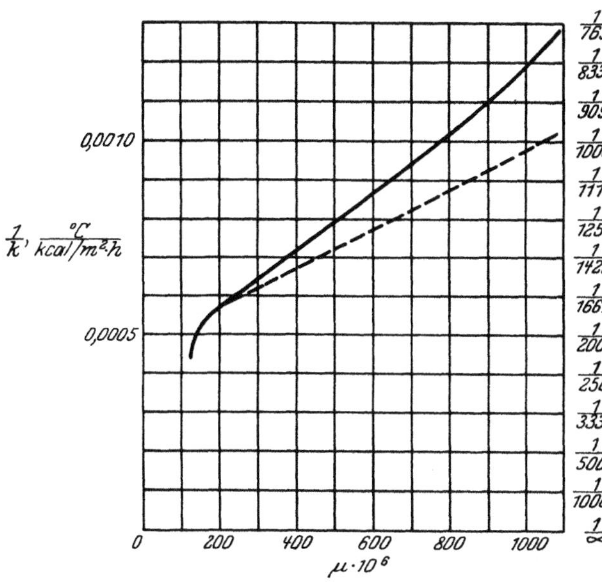

Abb. 39. Änderung des Wärmedurchgangswiderstandes mit der Zähigkeit (Moore).

V. Einfluß der Betriebsbedingungen. *a) Temperaturgefälle.* Erhöhung des Temperaturgefälles bewirkt nach Abb. **37** eine deutliche Abnahme des Wärmeübergangswiderstandes. Beide zusammen ergeben aus doppelten Gründen eine Steigerung der spezifischen Belastung und der damit zusammenhängenden Umlaufgeschwindigkeit. Eine Beeinträchtigung der Wirksamkeit der Heizfläche durch die vermehrte Blasenentwickelung kommt offenbar nicht zustande, weil die verstärkte

Scheuerwirkung des beschleunigten Gemisches überwiegt. Die Verbesserung der Wärmeübergangsverhältnisse durch Vergrößerung des Temperaturgefälles tritt besonders bei natürlichem Umlauf in Erscheinung. Bei künstlich verstärktem Umlauf kommt sie um so weniger zur Geltung, je mehr die Geschwindigkeit das für natürlichen Umlauf geltende Maß überschreitet.

b) *Flüssigkeitsstand.* Bei der Ermittelung des Wärmeübergangswiderstandes wird in der Regel die gesamte Heizfläche als wirksam betrachtet. Dies ist dann nicht zutreffend, wenn der Flüssigkeitsstand niedriger gehalten wird, als für die volle Benetzung der Heizfläche nötig ist. Der unter Inkaufnahme dieses Fehlers errechnete Wert ist daher keineswegs gleichbedeutend mit dem tatsächlichen Wärmeübergangswiderstand $\frac{1}{\alpha_0}$, sondern stellt den Quotienten aus $\frac{1}{\alpha_0}$ und einer Völligkeitszahl dar, die den Grad der wirksamen Benetzung mißt. Bei solchen ungewöhnlichen Verhältnissen tritt ein „Heizflächenverlust" auf, der ebenso wie der Temperaturverlust von vornherein auszuschalten ist.

Bei stehenden Verdampfern mit nicht zu engen Rohren wurde wiederholt beobachtet, daß ein Flüssigkeitsstand von etwa ein Drittel der Rohrlänge die günstigsten Leistungsverhältnisse ergibt. Bei Rohren mit kleinem Durchmesser ist eher mit der Bildung von Dampfpolstern zu rechnen als bei weiten Rohren; ein besonders niedriger Flüssigkeitsstand scheint hier günstig. Die Verhältniszahl, die den günstigsten Flüssigkeitsstand kennzeichnet, ist daher keine unveränderliche Größe. Auch die Stoffwerte der verdampfenden Flüssigkeit spielen eine Rolle. Entspannungsverdampfung unterhalb der Heizfläche, d. h. Speisung der Flüssigkeit in überhitztem Zustande, beschleunigt das Flüssigkeits-Dampfgemisch und ermöglicht eine Senkung des Flüssigkeitsstandes unter das Maß, das bei fehlender Überhitzung oder gar erheblicher Unterkühlung der eintretenden Flüssigkeit sich empfiehlt. Schließlich darf der Wert theoretischer Erörterungen in dieser Hinsicht nicht überschätzt und die ängstliche Beobachtung eines äußeren Standrohres für die Betriebsführung nicht als feste Vorschrift aufgestellt werden, zumal die Wirkung der Flüssigkeitsstandregelung unmittelbar beobachtet werden kann. Das angestrebte schwache Hochkochen der Flüssigkeit über den höchsten Punkt der Heizfläche ist durch Schaugläser zu überwachen und der Zufluß der Flüssigkeit danach zu regeln. Der Rücklauf der Flüssigkeit hört im Grenzfalle auf, wenn sie den höchsten Punkt der Heizfläche gerade noch erreicht. Darin liegt jedoch kein Grund für eine Verschlechterung des Wärmeüberganges; denn mit der Abnahme der umlaufenden Flüssigkeitsmenge ist nicht notwendigerweise eine Verringerung der Umlaufgeschwindigkeit verbunden, weil der Rohrquerschnitt bei gesenktem Flüssigkeitsstand nur teilweise ausgefüllt wird.

Bei Verdampfern mit waagerechten, innen beheizten Rohren kocht die Flüssigkeit auf der Eintrittseite des Heizdampfes hoch und fällt auf der entgegengesetzten Seite nieder. Hierdurch ergibt sich eine Umlaufbewegung oben in Richtung des Heizdampfes, unten entgegengesetzt. Künstliche Maßnahmen, um den Rücklauf der hochkochenden Flüssigkeit zu sichern, wie freie Gassen inmitten oder außerhalb der Rohrreihen, sind in der Regel entbehrlich und haben einige Berechtigung nur dann, wenn infolge besonders niedrigen Temperaturgefälles sowie hoher Dichte und Zähigkeit der einzudampfenden Flüssigkeit die natürliche Umlaufbewegung gehemmt ist. Strömt der Dampf nicht am einen Ende ein und am entgegengesetzten aus, sondern mehrmals hin und her, so ergeben sich Störungen des natürlichen Umlaufes. Bei waagerechten, außen beaufschlagten Verdampfern haben die Rohrabmessungen keinen Einfluß auf das Verhältnis des günstigsten Flüssigkeitsstandes. Das Ansteigen der Flüssigkeitshöhe im Betrieb ist hier in der Hauptsache durch die verminderte Dichte des Gemisches, weniger durch die Förderwirkung der Dampfblasen bedingt. Der günstigste Flüssigkeitsstand ist daher in verhältnismäßig größerer Höhe zu erwarten als bei stehenden Verdampfern mit innen durchflossenen Rohren.

Bereits im Jahre 1893 führte Claassen[1] systematische Untersuchungen über die Veränderung des Wärmedurchganges bei Verringerung des Saftstandes in Zuckersaftverdampfern durch. Die Versuchseinrichtung bestand aus einem dreistufigen Verdampfer mit stehenden Messingheizrohren von 45/50 mm Durchmesser, 1370 mm Länge und einem Umlaufrohr von 400 mm Weite. Beim ersten Körper mit Saft von 9 bis 10° Brix ergab Senkung des Flüssigkeitsstandes von 1000 bis 1200 mm auf 400 mm über dem unteren Rohrboden eine Abnahme des Wärmedurchgangswiderstandes um 9 bis 45%. Beim zweiten Körper mit Saft von 20 bis 25° Brix, dessen Flüssigkeitsstand von 1000 bis 1200 mm auf 300 mm verringert wurde, betrug die Abnahme 14 bis 46%. Beim dritten Körper mit Dicksaft, dessen höchster Flüssigkeitsstand auf 600 bis 800 mm gehalten werden mußte, um ein Überreißen von Saft zu verhindern, trat bei Senkung auf 250 mm eine Verbesserung von 2 bis 31% ein. Die außerordentlichen Schwankungen ermöglichen höchstens ein grundsätzliches, keinesfalls ein zahlenmäßiges Urteil, auch deshalb, weil bei der Errechnung der Wärmedurchgangszahl der Temperaturverlust durch den hydrostatischen Druck der Saftsäule unberücksichtigt blieb, die Feststellung sich also auf die scheinbare Wärmedurchgangszahl beschränkte. Claassen fand auch für Wasser den günstigen Einfluß des gesenkten Flüssigkeitsstandes bestätigt. Die vollständige Benetzung der Heizfläche erforderte eine

[1] Claassen: Über Verdampfung und Verdampfungsversuche. Z. Vereins Rübenzuckerindustrie d. deutschen Reiches. 1893.

größere Flüssigkeitshöhe von 450 bis 700 mm. Siedende Flüssigkeiten mittlerer Zähigkeit und Dichte scheinen hiernach am besten zu steigen.

Genauere Versuche haben Badger und Shephard[1] an dem senkrechten Swenson-Verdampfer der Abb. 36 mit 760 mm langen Rohren durchgeführt. Der Brüdendruck betrug 0,39 at, entsprechend einer Sättigungstemperatur von 74,6°, der Heizdampfdruck 1,03, entsprechend 100°. Das Ergebnis ist in Abb. 40 dargestellt. In Bestätigung der zuvor von Kerr gemachten Beobachtung ergab ein Flüssigkeitsstand um ein Drittel der Rohrlänge herum den niedrigsten Wärmedurchgangswiderstand. Dieser ist in Abb. 40 einmal mit dem scheinbaren Wert, ein andermal, unter Ausschaltung des Temperaturverlustes durch die Flüssigkeitshöhe, mit dem wirklichen Wert wiedergegeben. Unterhalb 0,6 m Flüssigkeitsstand tritt eine Teilung des Linienzuges ein, und zwar gilt die höher liegende Kurve für den in Abb. 36 dargestellten kegelförmigen Boden, die tiefer liegende Kurve für den schalenförmigen Boden. Dieser ergibt infolge des geringeren Flüssigkeitsinhaltes lebhafteren Umlauf und geringeren Wärmedurchgangswiderstand in Nähe der günstigsten Flüssigkeitshöhe. Der Kurvenverlauf vor dem Höchstwert bedarf nach dem Gesagten einer Berichtigung. In diesem Bereich

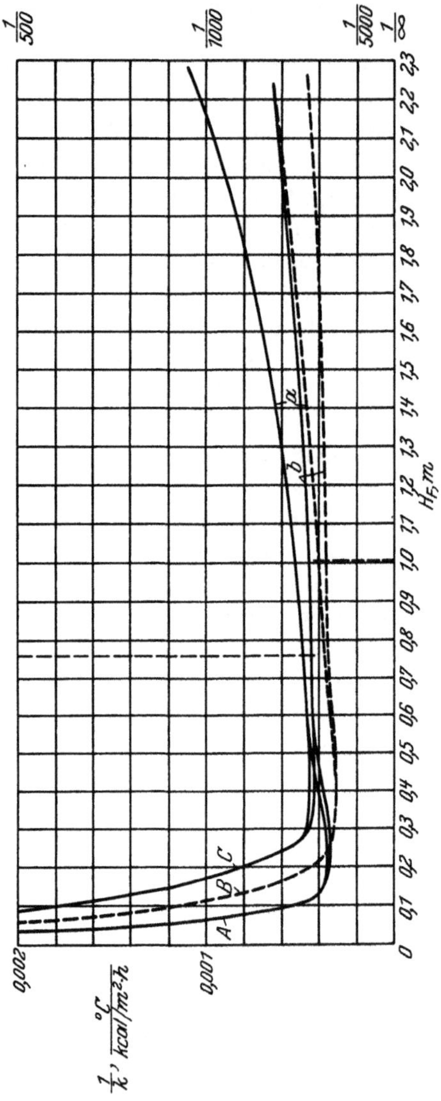

Abb. 40. Einfluß des Flüssigkeitsstandes auf den Wärmedurchgangswiderstand (Badger-Shephard). *A* Boden schalenförmig, Rohrlänge 0,76 m, *B* Boden schalenförmig, Rohrlänge 1,03 m, *C* Boden kegelförmig, Rohrlänge 0,76 m, *a* scheinbare Werte, *b* berichtigte Werte.

[1] Badger-Shephard: Studies in evaporator design. Chem. Met. Engg. Nr. 9. 1920.

ist die Heizfläche nicht mehr voll benetzt, die dargestellten $\frac{1}{k}$-Werte haben daher keine physikalische Bedeutung im Sinne eines Wärmedurchgangswiderstandes. Wird angenommen, daß bei der günstigsten Flüssigkeitshöhe die ganze, bei dem halb so hohen Flüssigkeitsstand die halbe Heizfläche benetzt wird, so ergibt sich der Wärmedurchgangswiderstand zwischen

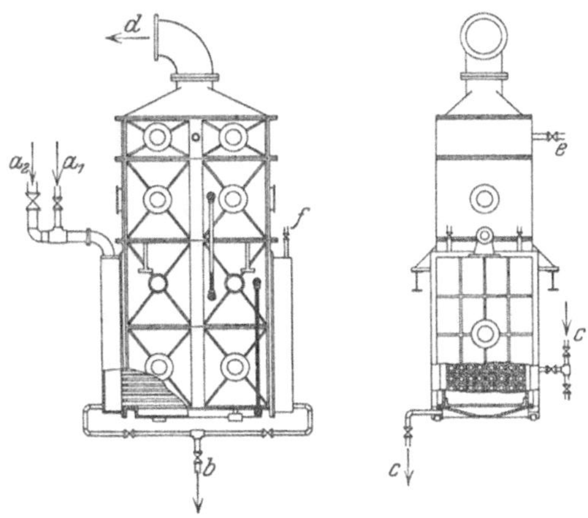

Abb. 41. Verdampfer (Swenson).
a Heizdampf (a_1 Hochdruck-, a_2 Niederdruck-), *b* Heizdampfkondensat, *c* Flüssigkeit, *d* Brüden, *e* Vakuumbrecher, *f* Entlüftung.

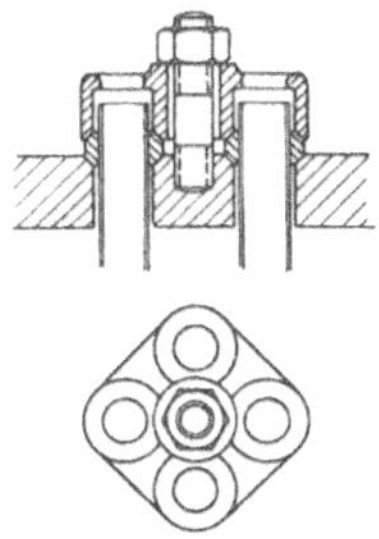

Abb. 42. Abdichtung der Verdampferrohre (Swenson).

Null und der günstigsten Flüssigkeitshöhe etwa gleichbleibend in Höhe des Mindestwertes.

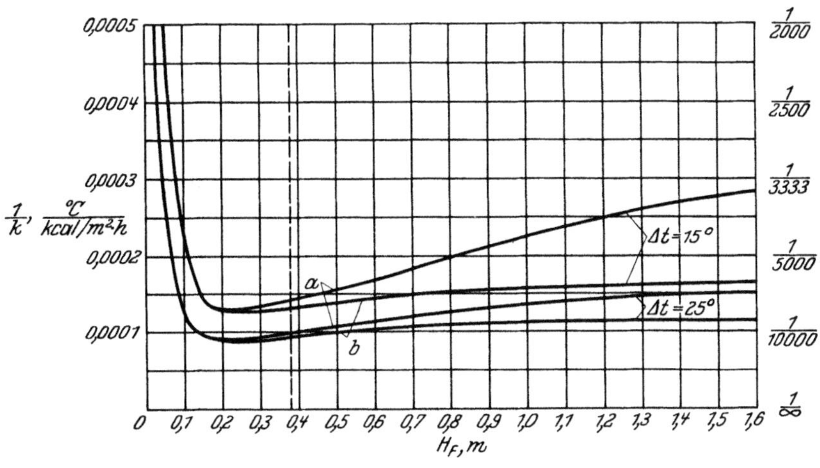

Abb. 43. Einfluß des Flüssigkeitsstandes auf den Wärmedurchgangswiderstand (Badger).
a scheinbare Werte, *b* berichtigte Werte.

Der Anstieg des Wärmedurchgangswiderstandes mit zunehmender Flüssigkeitshöhe beweist, daß nicht der Siedeverzug allein den Wärmeübergangswiderstand beeinflußt, sondern die Umlaufgeschwindigkeit daneben eine Rolle spielt, sobald der Flüssigkeitsstand die Heizfläche überragt. In Abb. 40 sind noch gestrichelt die Ergebnisse eingetragen, die sich auf Versuche von Badger mit 1030 mm langen Rohren unter Verwendung des schalenförmigen Bodens beziehen. Der Vergleich zeigt, daß bei gleicher relativer Flüssigkeitshöhe, also z. B. einem Flüssigkeitsstand in Höhe der oberen Rohrenden, längere Rohre kleineren Wärmeübergangswiderstand ergeben. Der verbesserte Umlauf überwiegt offensichtlich den ungünstigen Einfluß der größeren Flüssigkeitshöhe.

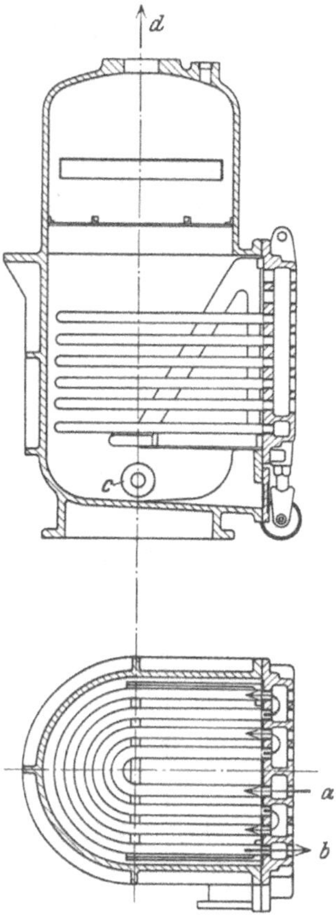

Abb. 44. Seewasserverdampfer (Schuette-Koerting). *a* Heizdampf, *b* Heizdampfkondensat, *c* Flüssigkeit, *d* Brüden.

Der Einfluß der Flüssigkeitshöhe bei waagerechten Verdampfern wurde von Badger[1] an dem Swenson-Verdampfer der Abb. 41 festgestellt. Die Heizfläche bestand aus 156 Stahlrohren von 22 mm Durchmesser, 1180 mm Länge. Die Rohre wurden in der aus Abb. 42 ersichtlichen Weise durch Dichtungsringe festgehalten und traten lose aus der Rohrplatte. Beim Anziehen liegen hierbei die Dichtungen fest eine an der anderen und vermindern den Wärmedurchgang durch die Rohrplatte, der deshalb bei der Auswertung unberücksichtigt blieb. Ebenso wurde die 14 bis 18° betragende Überhitzung des Heizdampfes nicht in Rechnung gezogen. Das in Abb. 43 niedergelegte Ergebnis der für zwei verschiedene Temperaturgefälle von 15 und 25° durchgeführten Versuchsreihen zeigt ein ähnliches Bild wie für den senkrechten Verdampfer. Auch hier ist eine Berichtigung insofern geboten, als unterhalb des günstigsten Flüssigkeitsstandes der Wärmedurchgangswiderstand nicht auf unendliche Höhe wächst, sondern mit dem Mindestwert etwa gleichbleibt. Der kleinste Wert des Wärmedurchgangswiderstandes fand sich, wenn die Rohre zu ½ bis ⅔ in die Flüssigkeit eintauchten. Gegenüber einem Flüssigkeitsstande bis zum oberen Teile der Heizfläche beträgt die Verbesserung 5 bis 8%.

[1] Badger: Studies in evaporator design. Chem. Met. Engg. 1921.

Stuart[1] hat den in Abb. 44 dargestellten Schuette-Koerting-Seewasserverdampfer geprüft und folgende Feststellungen gemacht:

Flüssigkeitsstand { mm	200	250
Flüssigkeitsstand { Bruchteil der Heizflächenhöhe	4/7	5/7
Heizdampftemperatur °C	145	138
Brüdentemperatur °C	100	100
Wärmedurchgangswiderstand $^0C / \frac{kcal}{m^2 \cdot h}$	$\frac{1}{4000}$	$\frac{1}{5200}$

Die Ergebnisse stimmen mit denen von Badger in doppelter Richtung nicht überein. Bei der geringen Bauhöhe der Heizfläche kommt offensichtlich der Einfluß der Flüssigkeitshöhe auf die Wärmeübertragung nicht deutlich zum Ausdruck. Daß auch das höhere Temperaturgefälle sich nicht in einem kleineren Wärmedurchgangswiderstand zeigt, liegt möglicherweise an der zunehmenden Belastung der Heiz-

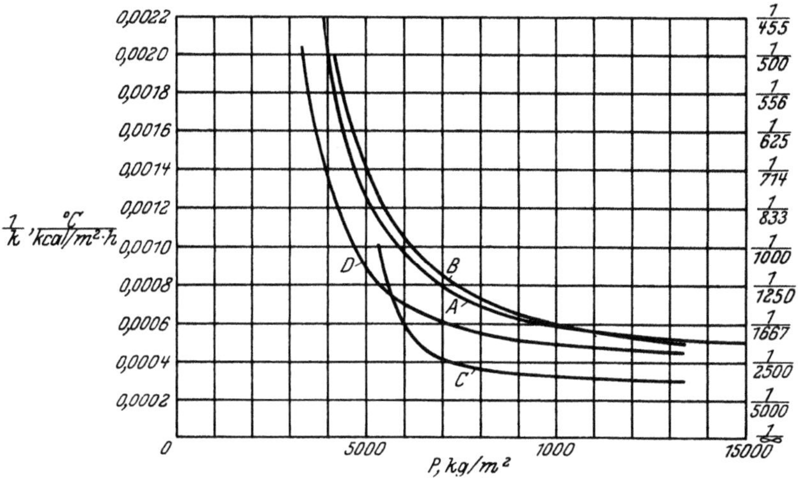

Abb. 45. Wärmedurchgangswiderstand bei verschiedener Verdampferbauweise (Kerr). *A* senkrechter (Robert-) Verdampfer, *B* waagerechter (Jelinek-) Verdampfer, *C* (Lillie-) Berieselungsverdampfer, *D* (Kestner-) Verdampfer.

fläche auf der Heizdampfseite. Hierbei ist die Eigentümlichkeit der Heizrohrschaltung zu beachten. Der Dampf erfährt eine mehrmalige Umlenkung und wird zwischendurch entwässert. Infolgedessen ist ein niedriger Wärmeübergangswiderstand auf der beheizten Seite zu erwarten, der den gefundenen günstigen Wert des Wärmedurchgangswiderstandes miterklärt. Gleichzeitig wird jedoch die beheizte Seite gegen Steigerung der Belastung besonders empfindlich.

Die von Kerr nach Abb. 45 an einem Lillie-Berieselungsverdampfer (Linienzug *C*) und einem Kestner-Verdampfer (Linienzug *D*) ge

[1] Stuart: Test of Schuette and Koerting evaporator. J. Amer. Soc. Naval Engs. 1917.

fundenen Ergebnisse weisen darauf hin, daß die Wärmeübergangszahl bei beiden günstiger sein kann als bei waagerechten oder senkrechten Verdampfern üblicher Bauweise, weil bei dem Berieselungsverdampfer der Einfluß der Flüssigkeitshöhe in Wegfall kommt, bei dem Kestner-Verdampfer eine besonders hohe Umlaufgeschwindigkeit mitwirkt. Im übrigen darf die praktische Bedeutung derartiger Vergleiche zwischen Verdampfern verschiedener Bauweise einigermaßen bezweifelt werden, insbesondere dann, wenn bei den ermittelten Wärmewiderstandswerten der Einfluß der Flüssigkeitshöhe ausgeschaltet ist. Denn der Temperaturverlust infolge des beim günstigsten Flüssigkeitsstande noch vorliegenden hydrostatischen Druckes ist eine Eigentümlichkeit liegender Verdampfer mit äußerer Flüssigkeitsbeaufschlagung und stehender Verdampfer mit innen durchströmten Rohren, ebenso wie der Strömungswiderstand und der darauf entfallende Temperaturverlust bei liegenden Verdampfern mit innerem Flüssigkeitslauf in Kauf genommen werden müssen, während bei Berieselungsverdampfern ein Temperaturverlust weder aus dem einen noch aus dem anderen Grunde auftritt. Der Vergleich unter Zugrundelegung der scheinbaren Wärmeübergangszahl ohne Ausschaltung des Temperaturverlustes durch hydrostatischen und dynamischen Druck liefert daher einen richtigeren Maßstab.

Bei kristallisierenden Flüssigkeiten kommt die Verbesserung der Wärmeübertragung durch herabgezogenen Flüssigkeitsstand nicht in Betracht, weil die ausscheidenden Kristalle zum Festbrennen auf der Heizfläche neigen. Den Untersuchungen über Regelung des Flüssigkeitsstandes bei senkrechten Verdampfern mit kegelförmigem Boden kommt daher kaum Bedeutung zu, da diese Bauweise nur bei kristallisierenden Flüssigkeiten angewandt wird. Ähnliche Bedenken treten auf, wenn die einzudampfende Flüssigkeit gegen hohe Temperaturen besonders empfindlich ist. Bei niedrigem Flüssigkeitsstande bleibt es nicht aus, daß Teile der Heizfläche gelegentlich unbenetzt sind. Die darauf treffenden Spritzer erfahren alsdann leicht eine vollständige Eindampfung und anschließende Überhitzung auf nahezu die Temperatur des Heizdampfes. Aus diesem Grunde ist in solchen Fällen der Flüssigkeitsstand um ein Sicherheitsmaß höher zu halten. Bei inkrustierenden Flüssigkeiten, wie Natriumsulfatlösung, kann der Flüssigkeitsstand unbedenklich auf die günstigste Höhe gesenkt werden. Die Inkrustation wird hierbei gegenüber höherem Flüssigkeitsstande kaum vermehrt. Badger-Caldwell[1] haben sogar eine Abnahme festgestellt, allerdings unter der besonderen Versuchsbedingung, daß die Lösung stark überhitzt unterhalb des Rohrbodens eintrat, die Verdampfung daher durch die Entspannung lebhaft eingeleitet wurde.

[1] Badger-Caldwell: Studies in evaporator design. Evaporators for salts with inverted solubility curves. Vortrag vor Amer. Inst. Chem. Engs. 1925.

c) *Der natürliche Flüssigkeitsumlauf.* Die natürliche Bewegung der verdampfenden Flüssigkeit wird, vor allem in den Rohren stehender Verdampfer, in erster Linie durch die Förderkraft der sich bildenden Dampfblasen bewirkt. Der dem Temperaturunterschiede der Flüssigkeit entsprechende Auftrieb verliert demgegenüber in der Regel jeden Einfluß. Die von Münzinger[1] aufgestellte Theorie des Wasserumlaufes in Steilrohrkesseln fand durch Schmidt[2] eine Ergänzung durch Berücksichtigung von Selbstverdampfung und Voreilen der Dampfblasen gegenüber der Flüssigkeit. Für ein senkrechtes Rohr von 100 mm Durchmesser und 1000 mm Höhe, in das unten siedendes Wasser unter 10 at einströmt, errechnet Schmidt, daß die durch Entspannungsverdampfung im Rohr entstehende Dampfmenge gleich groß ist wie die bei der hohen Heizflächenbelastung von 138 kg/m$^2 \cdot h$ durch äußere Wärmezufuhr gebildete. Bei niederen Drücken, wie sie für Verdampfer die Regel bilden, ist der Anteil der Entspannungsverdampfung an der Gesamtverdampfung noch höher.

Die Innenverdampfung ohne äußere Wärmezufuhr durch die Heizfläche erklärt auch die zuweilen beobachtete Umkehr der Strömungsrichtung und ihren Fortbestand, sobald sie aus irgendeinem Grunde einmal entstanden ist. Die Zuverlässigkeit der für Sicherung des Umlaufes in stehenden Verdampfern angebrachten Rücklaufrohre oder Rücklaufringräume darf deshalb nicht überschätzt werden.

Für den elementaren Fall, daß Steig- und Fallrohr gleiche Länge und gleichen Durchmesser besitzen, leitet Schmidt, unter Berücksichtigung der Strömungswiderstände, die Bewegungsgleichung des Wasserumlaufes ab und kommt z. B. für einen Durchmesser von 50 mm und eine Höhe von 6 m des Steig- und Fallrohres bei einem Kesseldruck von 10 at am Wasserspiegel zu der in Abb. 46 dargestelten Abhängigkeit der Wassereintrittsgeschwindigkeit $w_{F,a,o}$ in das Steigrohr von der äußeren Heizflächenbelastung. Die Geschwindigkeit steigt zunächst bis zu einem Höchstwert und sinkt dann langsam wieder ab. Bei einer Heizflächenbelastung Null beträgt $w_{F,a,o}$ noch etwa 1,3 m/s. Es liegt dann verkehrter Umlauf vor.

d) *Gesättigte Dämpfe.* Für den Wärmeübergang aus kondensierenden Dämpfen an Metallflächen hat Nusselt[3] eine Theorie entwickelt und in Versuchen von English und Donkin bestätigt gefunden. Er rechnet mit dem Zustandekommen einer zusammenhängenden Kondensatschicht, deren Wärmeleitwiderstand den Wärmeübergangswiderstand

[1] Münzinger: Die Leistungssteigerung von Großdampfkesseln. Berlin: Julius Springer 1922.

[2] Schmidt: Der Wasserumlauf in Steilrohrkesseln. Festschrift 25 Jahre Technische Hochschule Danzig. 1922.

[3] Nusselt: Die Oberflächenkondensation des Wasserdampfes. Z. V. d. I. 1916.

bestimmt. Nach Feststellungen von Schmidt, Schurig und Sellschopp[1] entstehen bei der Kondensation je nach der Beschaffenheit der Wandoberfläche geschlossene Kondensatschichten oder Tropfen, die nach Erreichung einer bestimmten Größe ablaufen und hierbei andere Tropfen mit fortspülen. Das erste ist der Fall bei Flächen, die durch das Kondensat voll benetzt werden, wobei größere Rauhigkeit den Benetzungsgrad verbessert. Tropfen bilden sich, wenn die Fläche von dem Kondensat schwach benetzt wird, wobei die flüssigkeitsabweisende Wirkung entweder durch die besondere Art von Fläche und Flüssigkeit oder durch die Oberflächenbeschaffenheit — besondere

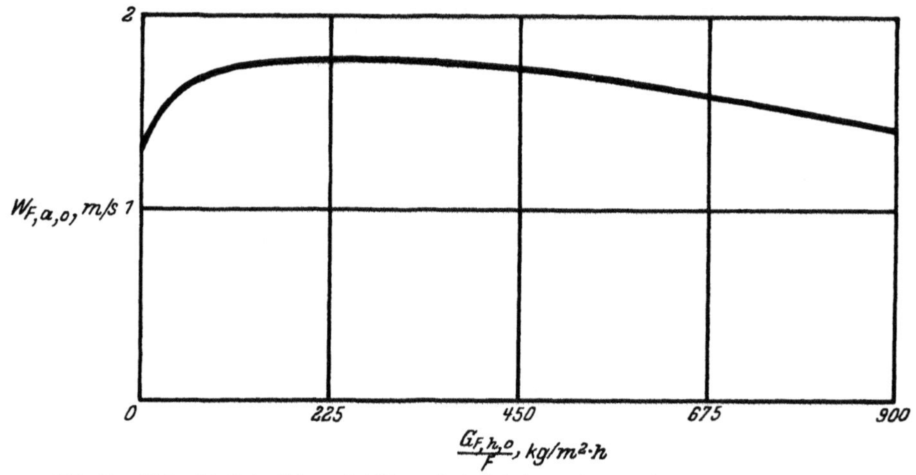

Abb. 46. Abhängigkeit der Wassereintrittsgeschwindigkeit von der Heizflächenbelastung (Schmidt).

Glätte — oder durch einen Belag — Ölhauch bei kondensierendem Wasserdampf — oder mehrere dieser Umstände gleichzeitig verursacht wird. Die Tropfen lassen einen Teil der Fläche frei von Flüssigkeit. Hieraus erklärt es sich, daß bei Tropfenbildung der Wärmeübergangswiderstand kondensierenden Dampfes mit $^1/_4$ bis $^1/_8$ des Wertes gefunden wurde, der für Kondensation in geschlossener Schicht gilt.

Wie bei siedenden Flüssigkeiten besitzt auch bei kondensierenden Dämpfen die Lage der Wand — waagerecht, senkrecht oder schräg — einen wesentlichen Einfluß auf den Wärmeübergang.

I. Strömung durch gerade Kanäle. Für ruhenden Wasserdampf, der an einer senkrechten Wand kondensiert, beträgt nach Nusselt der mittlere Wärmeleitwiderstand

$$\frac{1}{\alpha_{m,v}} = 0{,}000295 \sqrt[4]{\frac{\mu_F \cdot H\,(t'' - t_W)}{r \cdot \gamma_F^2 \cdot \lambda_F^3}}. \tag{108}$$

[1] Schmidt, Schurig u. Sellschopp: Versuche über die Kondensation von Wasserdampf in Film- und Tropfenform. Techn. Mech. Therm. 1930.

Hierbei bedeuten

μ_F die Zähigkeit des Kondensates, in kg · s/m²,

γ_F das spezifische Gewicht des Kondensates, in kg/m³,

λ_F die Wärmeleitfähigkeit des Kondensates, in kcal/m · °C · h,

r die Verdampfwärme, in kcal/kg,

H die Höhe der senkrechten Wand, in m.

Mit der von Schack[1] vorgeschlagenen Vereinfachung

$$\sqrt[4]{\frac{r \cdot \gamma_F^2 \cdot \lambda_F^3}{\mu_F}} \sim 1{,}72 + 0{,}0134\, t_F \sim 1{,}72 + 0{,}0134 \cdot \frac{t'' + t_W}{2} \tag{109}$$

schreibt sich die Nusseltsche Formel

$$\frac{1}{\alpha_{m,v}} \sim \frac{\sqrt[4]{H\,(t'' - t_W)}}{5800 + 23\,(t'' + t_W)}. \tag{110}$$

Bildet die geneigte Wand mit der Waagerechten den Winkel β, so nimmt der Wärmeübergangswiderstand auf

$$\frac{1}{\alpha_{m,\beta}} = \frac{1}{\alpha_{m,v}} \cdot \frac{1}{\sqrt[4]{\sin\beta}} \tag{111}$$

zu, also für

$\beta = 60 \qquad 45 \qquad 30 \qquad 15^0$

auf das

$\frac{1}{\sqrt[4]{\sin\beta}} = 1{,}03 \qquad 1{,}09 \qquad 1{,}19 \qquad 1{,}40$fache.

Für eine genau oder angenähert waagerechte Wand verliert die Formel ihre Bedeutung.

Strömt der Dampf an einer senkrechten ebenen Wand mit einer Geschwindigkeit w_D abwärts, so beträgt nach Nusselt der mittlere Wärmeleitwiderstand

$$\frac{1}{\alpha_{m,v}} = \frac{1}{3600\,\lambda_F} \cdot \frac{\sqrt[4]{\frac{H}{b_1}}}{\Phi\left(\frac{b_2}{\sqrt[4]{\frac{H}{b_1}}}\right)}. \tag{112}$$

Hierbei bedeuten

$$b_1 = \frac{r \cdot \gamma_F^2}{4\,\lambda_F \cdot \mu_F\,(t'' - t_W)},$$

$$b_2 = \frac{10{,}5 \cdot 10^{-4} \cdot w_D^2 \cdot \gamma_D}{3\,\gamma_F},$$

γ_D das spezifische Gewicht des Dampfes, in kg/m³.

---

[1] Schack: Der industrielle Wärmeübergang. Düsseldorf 1929.

Für die Funktion Φ ergibt Abb. 47 die Abhängigkeit zwischen

$$\frac{\alpha_{m,v}}{3600\,\lambda_F}\sqrt[4]{\frac{H}{b_1}} \quad \text{und} \quad \frac{b_2}{\sqrt[4]{\frac{H}{b_1}}}.$$

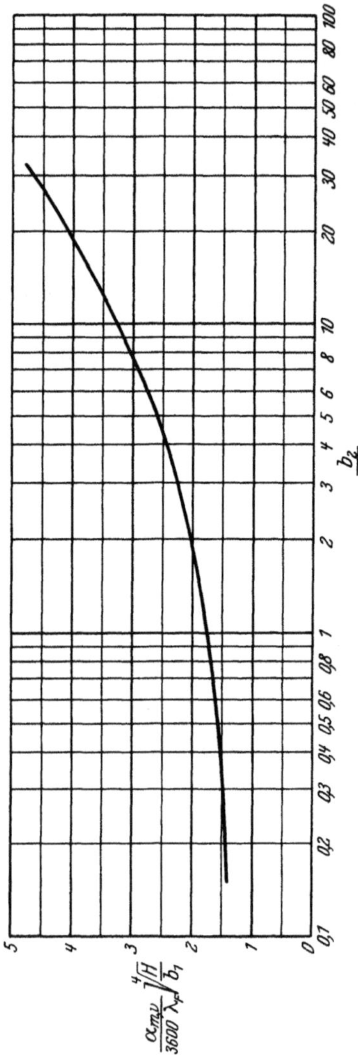

Abb. 47. (Nusselt.)

Bei einer Wandhöhe $H = 1$ m und einem Temperaturgefälle $t'' - t_W = 10^0$ folgt hieraus ein Wert des Wärmeübergangswiderstandes $\frac{1}{\alpha_{m,v}}$ nach Abb. 48. Der Einfluß der Dampfgeschwindigkeit wächst mit zunehmendem Dampfdruck. Für veränderliche Wandhöhe ergibt sich $\frac{1}{\alpha_{m,v}}$ nach Abb. 49, die für einen Dampfdruck $P = 10000$ kg/m² und ein Temperaturgefälle $t'' - t_W = 10^0$ gilt.

Für innen durchströmte Kanäle gelten die von Nusselt für ebene Wände aufgestellten Beziehungen nur angenähert. Je enger der Stromquerschnitt und je länger der Kanal ist, um so mehr übertrifft der tatsächliche Wärmeübergangswiderstand den für die ebene Wand geltenden Wert. Senkrechte oder schräge, innen beheizte Rohre finden bei Verdampfern kaum Anwendung. Dagegen werden waagerechte von Dampf durchflossene Rohre vielfach benutzt.

Für ruhenden Wasserdampf, der an einem waagerechten Rohr außen kondensiert, beträgt nach Nusselt der mittlere Wärmeübergangswiderstand

$$\frac{1}{\alpha_{m,h}} = 0{,}00038\sqrt[4]{\frac{\mu_F \cdot D\,(t'' - t_W)}{r \cdot \gamma_F^2 \cdot \lambda_F^3}}, \tag{113}$$

bzw. mit der Vereinfachung nach Schack

$$\frac{1}{\alpha_{m,h}} \sim \frac{\sqrt[4]{D\,(t'' - t_W)}}{4460 + 17{,}7\,(t'' + t_W)}. \tag{114}$$

Für waagerechte, innen beheizte Rohre gibt diese Formel den unteren Grenzwert. Er gilt unter der Annahme einer sofortigen Abführung des sich am Boden ansammelnden Kondensates. In Wirklichkeit wird

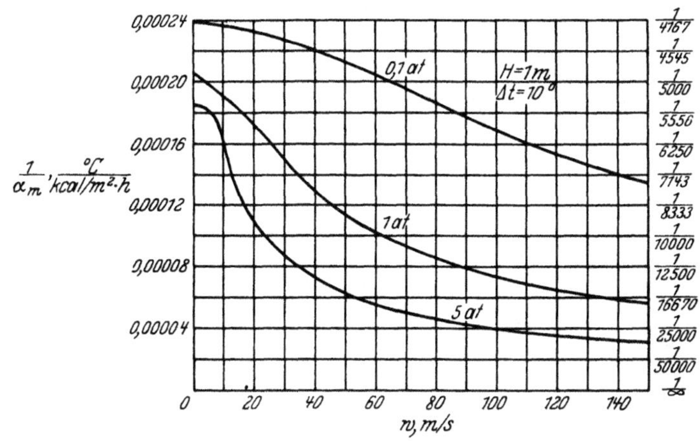

Abb. 48. Abhängigkeit des Wärmeübergangswiderstandes kondensierenden Dampfes an einer senkrechten Wand von Dampfgeschwindigkeit und Dampfdruck (Nusselt).

$\frac{1}{\alpha_{m,h}}$ größer. Der Einfluß der Dampfgeschwindigkeit äußert sich in dem Sinne, daß der Wärmeübergangswiderstand an der Eintrittseite abnimmt, an der Austrittseite wächst, vor allem aber darin, daß mit

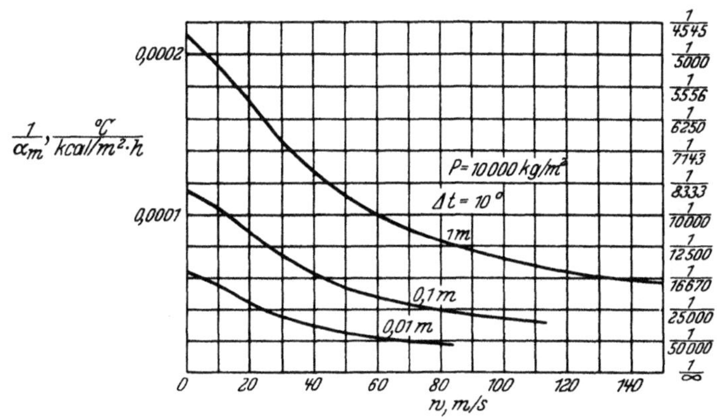

Abb. 49. Abhängigkeit des Wärmeübergangswiderstandes kondensierenden Dampfes an einer senkrechten Wand von Dampfgeschwindigkeit und Höhe der Wand (Nusselt).

zunehmender Dampfgeschwindigkeit die Entfernung der niedergeschlagenen Flüssigkeit schneller erfolgt und der tatsächliche Wärmeübergangswiderstand dem unteren Grenzwerte näherkommt. Schließlich wirkt hohe Dampfgeschwindigkeit ausgleichend auf die Unterschiede zwischen dem oberen und unteren Teile des Rohrumfanges. Jakob, Erk und Eck[1] fanden durch Versuch den Einfluß der Dampfgeschwindigkeit auf den Verlauf der Rohrwandtemperatur nach Abb. 50, die für Sattdampf von 101° gilt. Hohe Dampfgeschwindigkeit vermindert hiernach den Temperaturunterschied zwischen höchster und tiefster Stelle durch beschleunigte Weiterführung der Wasserschicht. Die günstige Wirkung hoher Dampfgeschwindigkeit äußert sich, allerdings vermindert, auch am höchsten Punkte.

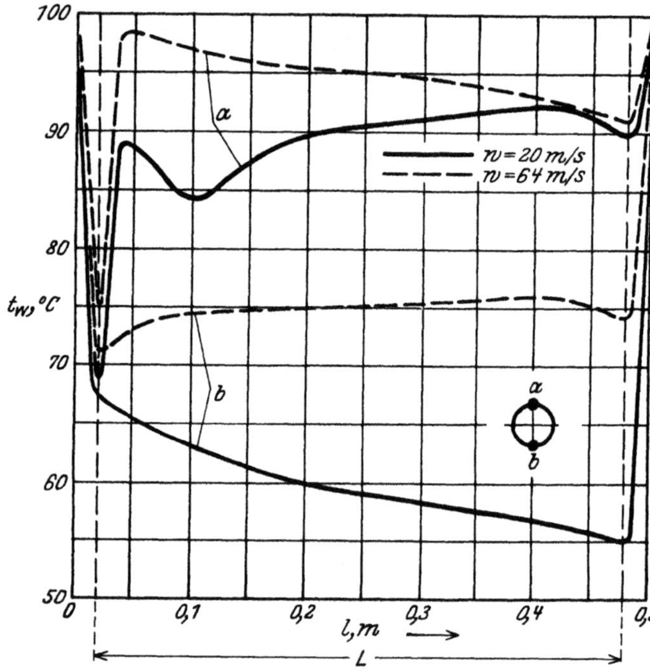

Abb. 50. Einfluß der Dampfgeschwindigkeit auf die Wandtemperatur (Jakob-Erk-Eck).

Umgekehrt wie bei siedenden Flüssigkeiten nimmt bei kondensierenden Dämpfen der Wärmeübergangswiderstand in Richtung der Bewegung zu. Wenn daher bei senkrechten Rohren das Kondensat auf der einen Seite abwärts, die verdampfende Flüssigkeit auf der anderen Seite aufwärts strömen, so verstärken die Unterschiede einander. Die spezifische Heizflächenbelastung wächst dann aus doppelten Gründen von unten nach oben.

II. Strömung um gerade Kanäle in Richtung der Längsachse. Äußere Beheizung der von Flüssigkeit durchströmten Rohre

[1] Jakob, Erk u. Eck: Der Wärmeübergang in einem waagerechten Rohr beim Kondensieren von Satt- und Heißdampf. Z. V. d. I. 1929.

bildet für senkrechte Verdampfer die Regel. Hierbei kann der Wärmeübergangswiderstand nach den für die senkrechte Wand geltenden Formeln errechnet werden. Bewegt sich ausnahmsweise bei außen beheizten waagerechten Rohren der Dampf in der Längsrichtung, so gilt genügend genau die für ruhenden Dampf gefundene Beziehung, weil dann im Gegensatz zu innen beheizten waagerechten Rohren die Dampfgeschwindigkeit keine wesentliche Rolle spielt. Ihre Richtung steht senkrecht zu der Bewegungsrichtung des unter dem Einfluß der Schwere am Rohrumfange niederfließenden und schließlich abtropfenden Kondensates. Die Dampfströmung hat daher nur den Einfluß, daß das Kondensat längs der Mantellinie des Rohres im Sinne der Dampfrichtung verdrängt wird.

Für den Vergleich zwischen senkrechten und waagerechten Rohren ergibt sich die Beziehung

$$\frac{\frac{1}{\alpha_h}}{\frac{1}{\alpha_v}} = 1{,}3\sqrt[4]{\frac{D}{H}}\,. \tag{115}$$

Der Wärmeübergangswiderstand wird bei waagerechten und senkrechten Rohren gleich, wenn $H = 2{,}85\,D$ ist. Für Rohre üblicher Länge ist der Wärmeübergangswiderstand bei senkrechter Anordnung größer als bei waagerechter.

Ist ein von Dampf in Richtung der Längsachse umspültes Rohr im Sinne der Dampfbewegung gegen die Waagerechte geneigt, so findet neben dem Abtropfen ein Abfließen des an tiefster Stelle des Umfanges sich sammelnden Kondensates längs des Mantels statt. In erster Annäherung kann angenommen werden, daß der Wärmeübergangswiderstand ähnlich wie bei der im Winkel β gegen die Waagerechte geneigten Wand sich gegenüber dem senkrechten Rohre auf das $\frac{1}{\sqrt[4]{\sin\beta}}$fache vergrößert, also für eine Neigung $\beta = 30^0$ auf das $\frac{1}{\sqrt[4]{0{,}5}} \sim 1{,}2$fache des für das senkrechte Rohr geltenden Wertes wächst.

Bei senkrechten und innen beheizten waagerechten Rohren ändern sich die Verhältnisse nicht, wenn von dem Einzelrohr auf das Röhrenbündel übergegangen wird. Beim außen beheizten waagerechten Röhrenbündel nimmt der Wärmeübergangswiderstand für die tiefer liegenden Rohre zu, auf die das Kondensat von den höher liegenden Rohren abläuft. Die angegebenen Beziehungen sind dann nur für die Rohre maßgebend, die die obere Hälfte des Röhrenbündels umsäumen. Sie gelten auch noch für die nach unten folgenden Rohre, wenn die Rohre in senkrechter Richtung versetzt sind, außerdem für das ganze Röhrenbündel, wenn ausnahmsweise das Kondensat von Einzelrohren oder

Rohrgruppen durch Rinnen und Bleche unter den Rohren aufgefangen und nach außen geleitet wird, ehe es die tiefer liegenden Rohre trifft. Fehlen solche besonderen Maßnahmen, so übersteigt der durchschnittliche Wärmeübergangswiderstand erheblich den für das Einzelrohr geltenden Wert. Daß senkrechte Rohre sich nicht in diesem Sinne wechselseitig beeinflussen, bedeutet bei äußerer Beheizung einen Vorzug gegenüber waagerechten Rohren. Er wird jedoch im allgemeinen dadurch überwogen, daß der Wärmeübergangswiderstand bei waagerechter Lage für das Einzelrohr beträchtlich niedriger ist als bei senkrechten Rohren üblicher Länge.

III. Strömung um gerade Kanäle quer zur Längsachse. Werden senkrechte Rohre durch einen waagerechten Dampfstrom mit mäßiger Geschwindigkeit einseitig getroffen, wie dies bei stehenden Verdampfern die Regel bildet, so wirkt die Dampfgeschwindigkeit im Sinne einer Verdrängung der Flüssigkeitshaut von der Vorderseite nach der Rückseite des Rohres, ist also ohne wesentlichen Einfluß auf den mittleren Wärmeübergangswiderstand. In diesem Falle ist daher die für senkrechte Wände und ruhenden Dampf aufgestellte Formel zutreffend. Anders liegen die Verhältnisse, wenn der Dampf mit so großer Geschwindigkeit auf die Rohre aufprallt, daß an der Rückseite heftige Wirbel auftreten und die Kondensatschicht losreißen, so daß sie teilweise zwischen den Rohren in Tropfenform frei niederfällt. Trifft der Dampf nach Abb. 30 auf den ganzen Umfang der beheizten Wand mit hoher Geschwindigkeit, so ist die Wirkung ähnlich. In beiden Fällen tritt ein Wärmeübergangswiderstand auf, der bis auf verschwindend geringe Beträge sinken kann, insbesondere wenn schlechte Benetzbarkeit der Wand Tropfenbildung begünstigt. Ob sich die praktischen Schwierigkeiten — mechanische Zerstörung der Rohre — überwinden lassen, muß die Zukunft entscheiden. Zweck haben derartige Maßnahmen im allgemeinen nur dann, wenn sie auf der Gegenseite gleichzeitig angewandt werden und wenn neben der verbesserten Wirkungsweise eine Verminderung der Gesamtkosten einhergeht.

Bei Kondensatoren bildet Querströmung über waagerechte Rohre die Regel. Die von Nusselt für ruhenden Dampf aufgestellte Beziehung stellt den oberen Grenzwert des in solchen Fällen für Einzelrohre zu erwartenden Wärmeübergangswiderstandes dar, da die Geschwindigkeit des von oben nach unten strömenden Dampfes im Sinne einer Beschleunigung des Kondensates, also einer Verringerung der Flüssigkeitshautstärke wirkt. Bei den stets angewandten Röhrenbündeln ergibt sich aus dem erwähnten Grunde ein höherer mittlerer Wärmeübergangswiderstand, wenn von der Anwendung besonderer Kunstgriffe abgesehen wird.

IV. Einfluß der Temperatur. Nach den Nusseltschen Untersuchungen sinkt bei kondensierendem Sattdampf der Wärmeübergangswiderstand mit zunehmender Temperatur oder, was hier dasselbe ist, mit zunehmendem Druck. Für ruhenden luftfreien Dampf von 1,033, 1,232, 1,461 und 1,724 at, entsprechend einer Siedetemperatur von 100,

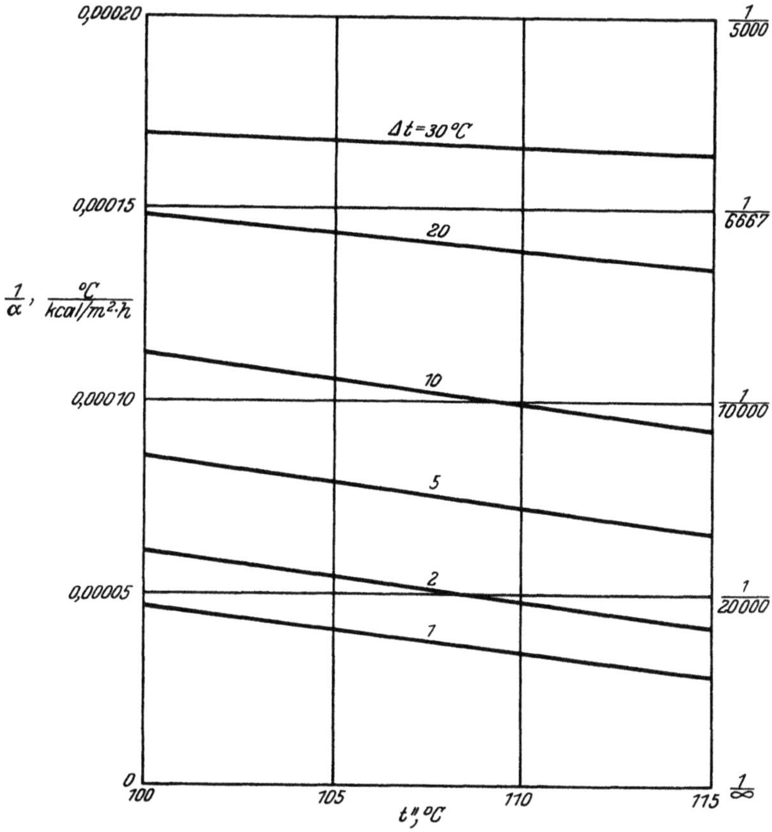

Abb. 51. Abhängigkeit des Wärmeübergangswiderstandes kondensierenden Dampfes von Temperatur und Temperaturgefälle (Othmer).

105, 110 und 115° fand Othmer[1] durch Versuch mit einem waagerechten, außen beheizten Rohr von 76 mm Außendurchmesser die in Abb. 51 wiedergegebene Abhängigkeit zwischen Dampftemperatur und Wärmeübergangswiderstand bei unverändertem Temperaturgefälle.

Stender[2] wies erstmalig mit aller Deutlichkeit darauf hin, daß die Auffassung, Überhitzung des Dampfes verschlechtere die Heiz-

[1] Othmer: The condensation of steam. J. Ind. Engg. Chem. 1929.

[2] Stender: Der Wärmeübergang bei kondensierendem Heißdampf. Z. V. d. I. 1925.

leistung gegenüber Sattdampf gleicher Spannung, nicht allgemein richtig sei.

Nusselt[1] gibt für eine Wandtemperatur t_W, die unter der Sättigungstemperatur t'' liegt, als Verhältnis der übertragenen Wärmemenge

$$\frac{Q_{h,\,ges}}{Q_{h,\,überh}} = \frac{1}{\sqrt[4]{1 + \frac{c_{p,m}}{r}(t - t'')}} \tag{116}$$

an, wenn

t die Temperatur des überhitzten Dampfes, in °C,

$c_{p,m}$ die spezifische Wärme des überhitzten Dampfes zwischen t'' und t, in kcal/kg · °C

bedeuten. Voraussetzung für die Zunahme der Heizleistung ist Gleichbleiben der Verhältnisse auf der Gegenseite. Bei der Bewertung dieses Unterschiedes ist nicht zu vergessen, daß der Heißdampf eine höherwertige Energiequelle darstellt als Sattdampf gleicher Spannung. Der Wärmeübergangswiderstand für überhitzten Dampf ist größer als für gesättigten Dampf, und zwar im Verhältnis

$$\frac{\frac{1}{\alpha_{überh}}}{\frac{1}{\alpha_{ges}}} = \frac{1}{\sqrt[4]{1 + \frac{c_{p,m}}{r}(t - t'')}} \cdot \frac{t - t_W}{t'' - t_W}. \tag{117}$$

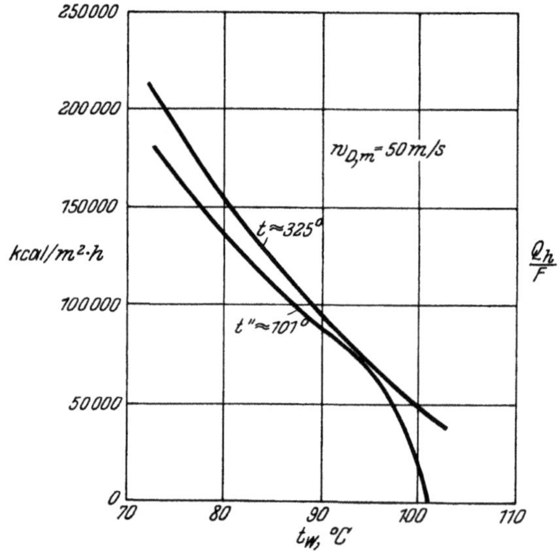

Abb. 52. Abhängigkeit der spezifischen Heizleistung bei Satt- und Heißdampf von der Wandtemperatur (Jakob-Erk).

Nach Untersuchungen von Jakob und Erk[2] ergeben sich für eine mittlere Geschwindigkeit von 50 m/s des durch ein senkrechtes Rohr von oben nach unten strömenden Dampfes bei 1 at Spannung die in Abb. 52 wiedergegebenen Verhältnisse. Jakob hat als neuen Begriff den „Gütegrad des Wärmeüberganges“ geschaffen und versteht darunter das Verhältnis der tatsächlichen Wärmeleistung Q_h zu der möglichen Wärmeleistung

$$Q_{h,id} = G_{h,D}(i_D - t_W),$$

[1] Nusselt: Der Wärmeübergang zwischen Arbeitsmedium und Zylinderwand in Kolbenmaschinen. Forschungsheft Nr. 300. 1928.

[2] Jakob u. Erk: Der Wärmeübergang beim Kondensieren von Heiß- und Sattdampf. Forschungsheft Nr. 310. 1928.

die auftritt, wenn der gesamte Dampf kondensiert und das Kondensat sich auf die Wandtemperatur abkühlt. Das Verhältnis $\frac{Q_h}{Q_{h,id}}$ veränderte sich nach Abb. 53 bei den Versuchsbedingungen nicht eindeutig in dem Sinne, daß es bei überhitztem Dampf stets höher läge als bei Sattdampf gleicher Spannung. Von grundsätzlicher Bedeutung ist auch der nach Abb. 54 gefundene Temperaturverlauf längs der Rohrwand. Die Wandtemperaturen liegen für die Kurven *a* und *b* über, für die Kurven *c* und *d* unter der Siedetemperatur des Wassers. In den beiden ersten Fällen tritt daher eine Verdampfung des Kühlwassers ein. Die Beobachtungen bestätigen, daß der Wärmeübergangswiderstand auf der Flüssigkeitsseite nicht plötzlich abnimmt, wenn der Erwärmungsvorgang nach Erreichung der Siedetemperatur in den Siedezustand übergeht. Bei den Versuchen war die Wassergeschwindigkeit bei höheren Temperaturen kleiner als bei niedrigeren, was bei dem Vergleich des Übergangswiderstandes $\frac{1}{\alpha_0}$ zu beachten ist. Die Beobachter weisen selbst darauf hin, daß die Ergebnisse durch Nebeneinflüsse, wie Ausscheidung von Luft aus dem Wasser, verschoben und deshalb für die zahlenmäßige Beurteilung des Wärmeüberganges auf der Wasserseite wenig geeignet sind, zumal die Strömung von oben

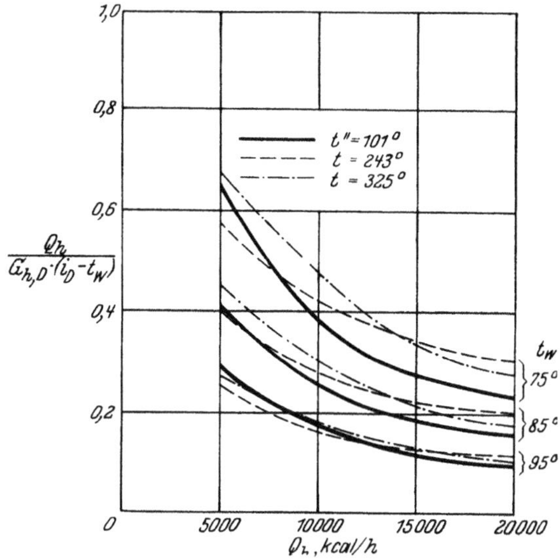

Abb. 53. Gütegrad des Wärmeüberganges bei Satt- und Heißdampf (Jakob-Erk).

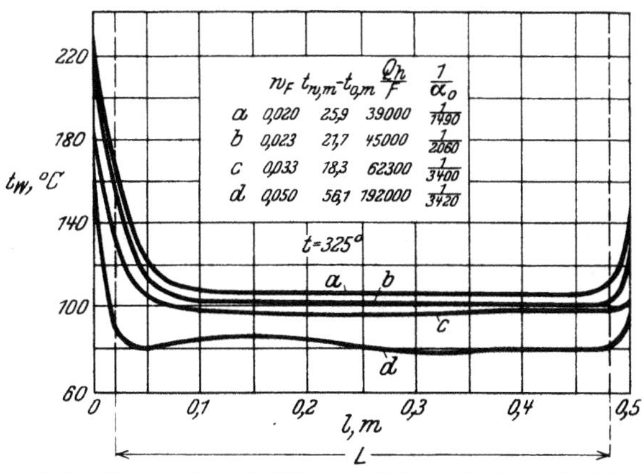

Abb. 54. Temperaturverlauf längs der Rohrwand beim senkrechten Rohr (Jakob-Erk). L = gekühlte Rohrstrecke.

nach unten mit verhältnismäßig geringer Geschwindigkeit erfolgte, die störungsfreie Abführung von Dampf- und Luftblasen daher nicht gesichert war.

Jakob, Erk und Eck[1] haben die Versuche auf ein waagerechtes Rohr ausgedehnt und den Temperaturverlauf in den verschiedenen Höhenlagen nach Abb. 55 gefunden. Der Dampf besaß anfangs 325°, eine Anfangsgeschwindigkeit von 95 m/s und einen Druck von ~ 1 at. Wie zu erwarten, liegen wegen der nach unten zunehmenden Stärke der Wasserhaut die höchsten Temperaturen am Scheitel, die tiefsten

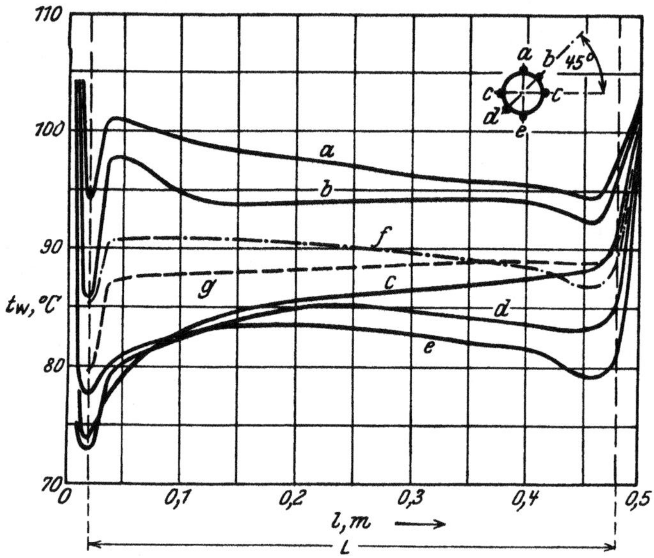

Abb. 55. Temperaturverlauf längs der Rohrwand beim waagerechten Rohr (Jakob-Erk-Eck). f = Mittel aus a und e, g = Mittel aus a, b, c, d und e, L = gekühlte Rohrstrecke.

an der Sohle. Das Temperaturmittel zwischen höchstem und tiefstem Punkt (Linienzug f) weicht nur unbedeutend von dem wahren Temperaturmittel (Linienzug g) ab. Von den weiteren Ergebnissen dieser Versuche sind folgende Beobachtungen grundsätzlich bedeutsam: Die spezifische Heizleistung wächst einerseits mit zunehmendem Temperaturunterschied von Dampf und Kondensat, andererseits mit steigender Geschwindigkeit. Für gleiche Geschwindigkeit ergibt das waagerechte Rohr bis zu einer gewissen Höhe der Wandtemperatur höhere, jenseits dieser Grenze geringere Wärmeleistung. Der Gütegrad des Wärmeüberganges ist beim waagerechten Rohr größer als beim senkrechten, mit Ausnahme des Falles, daß bei überhitztem Dampf Wärme-

[1] Jakob, Erk u. Eck: Der Wärmeübergang in einem waagerechten Rohr beim Kondensieren von Satt- und Heißdampf. Z. V. d. I. 1929.

leistung und Wandtemperatur gleichzeitig steigen. Der Gütegrad des Wärmeüberganges ist für Heißdampf im waagerechten Rohr durchweg höher als für Sattdampf gleicher Spannung.

Jakob kommt bei seinen Untersuchungen zu dem Schluß, daß eine geringere Wärmeübertragung bei Heißdampf gegenüber Sattdampf gleicher Spannung ihren Grund in der Regel auf der Gegenseite findet, wenn dort durch Fremdschichten — Luft, Steinbelag — ein größerer Wärmewiderstand entsteht. Hieraus erklärt es sich, daß z. B. die bei Dampfstrahlverdichtern und erst recht bei mechanisch betriebenen Dampfverdichtern auftretende Überhitzung des Heizdampfes sich in der Praxis häufig als unerwünscht gezeigt hat. Verfahren zur Enthitzung des Heizdampfes, etwa nach Abb. 56, können in diesen Ausnahmefällen am Platze sein.

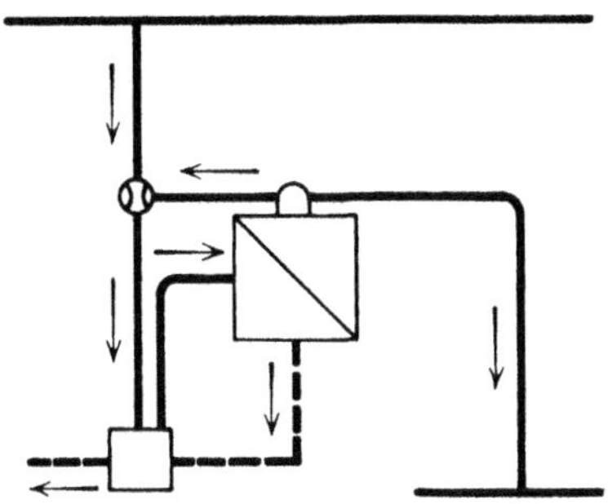
Abb. 56. Enthitzung des Heizdampfes.

Weitere Untersuchungen von Jakob, Erk und Eck[1] ergaben, daß bei verstärkter Kühlung der Wandungen die Überhitzungstemperatur rasch strömenden Heißdampfes im Kern nicht, wie zunächst zu erwarten wäre, ab- sondern zunimmt. Jakob gibt hierfür folgende Erklärung: Die turbulente Strömung stellt eine molare ungeregelte Querbewegung dar. Bei starker Abkühlung der Wandungen tritt eine gerichtete Querbewegung entsprechend der Kondensation von Teilen des Dampfes auf. Bei verstärkter Kondensation hemmt die letzte die Rückbewegung der turbulenten Strömung nach dem Kern, der infolgedessen nur einen schwachen Anteil an dem Wärmeaustausch nimmt.

Die ausführliche Erwähnung der letzten Forschungsergebnisse über das Verhalten von überhitztem Dampf findet ihre Begründung darin, daß diese Untersuchungen, über das nächste Ziel hinaus, den Mechanismus von Kondensation und Verdampfung zu klären versprechen. Bei dem Betrieb von Verdampfanlagen spielt die Überhitzung des Heizdampfes meist eine untergeordnete Rolle, weil in der Regel der Dampfraum verhältnismäßig groß und die Dampfgeschwindigkeit niedrig ist. Überhitzung des eintretenden Dampfes verschwindet daher alsbald durch Mischung mit dem kondensierenden Sattdampf und äußert sich entweder gar nicht oder nur auf einem verschwindenden Bruchteil der gesamten Heizfläche.

[1] Jakob, Erk u. Eck: Temperaturverteilung und Turbulenz beim Kondensieren von Heißdampf in einem Rohre. Techn. Mech. Therm. 1930.

V. Einfluß des Temperaturgefälles. Bei einem dampfbeheizten Verdampfer nimmt mit höherem Temperaturgefälle der Wärmeübergangswiderstand auf der Heizdampfseite zu, auf der Seite der siedenden Flüssigkeit ab. Es steht daher von vornherein nicht fest, wie der maßgebende Wärmedurchgangswiderstand sich verändert. Wenn Claassen[1] bei seinen Versuchen mit Zuckersaftverdampfern eine Verbesserung des Wärmedurchganges mit Erhöhung des Temperaturgefälles gefunden hat, so liegt darin keine Berechtigung zur Verallgemeinerung dieser Beobachtung. Ebenso sind die Versuche von Badger-Shephard nach Abb. 37 mit Vorsicht auszuwerten. Keinesfalls dürfen die gefundenen Beziehungen ohne weiteres auf einen Verdampfer übertragen werden, dessen Bauweise von der des untersuchten Verdampfers abweicht, der eine andere Flüssigkeit als Wasser verdampft und bei dem der Flüssigkeitsstand ein anderer ist als im beobachteten Falle.

Weitere Untersuchungen über den Einfluß des Temperaturgefälles liegen vor von Badger und Cutting[2] und Croft[3]. Die ersten ermittelten den Wärmedurchgang beim Verdampfen von destilliertem Wasser in drei hintereinandergeschalteten Röhren aus Pyrex-Glas von etwa 20 mm Weite durch außen strömenden Dampf. Der Wärmedurchgangswiderstand nahm hierbei mit dem zwischen 30 und 60° veränderten Temperaturgefälle leicht zu und belief sich im Mittel auf rund $\frac{1}{260}\,{}^0\mathrm{C}/\frac{\mathrm{kcal}}{\mathrm{m^2 \cdot h}}$. Er liegt wegen des hohen Leitwiderstandes von Glas verhältnismäßig hoch und bringt schon deshalb den Teileinfluß des Temperaturgefälles nicht klar zum Ausdruck. Marle[4] untersuchte einen Buffalo-Verdampfer mit um 45° geneigtem Heizkörper aus 7 Kupferrohren von 70 mm Durchmesser und 1500 mm Länge. Der Flüssigkeitsstand wurde auf etwa 560 mm über dem tiefsten Punkt der Heizfläche gehalten. Verdampft wurde destilliertes Wasser. Bei gleichbleibendem Brüdendruck, entsprechend einer Siedetemperatur von etwa 60°, und veränderlichem Heizdampfdruck wurde für eine Zunahme des Temperaturgefälles von 23 auf 45° eine Abnahme des Wärmedurchgangswiderstandes von $\frac{1}{2300}$ auf $\frac{1}{5600}$ beobachtet.

Klärung über den Einzeleinfluß des Temperaturgefälles können auch hier nur Versuche bringen, die den Wärmeübergangswiderstand

[1] Claassen: Über Verdampfung und Verdampfungsversuche. Z. Vereins Rübenzuckerindustrie d. deutschen Reiches. 1893.

[2] Badger u. Cutting: Studies in evaporator design. A glass and stoneware evaporator. Vortrag vor Amer. Inst. Chem. Engs. 1925.

[3] Croft: Heat transmission through boiler tubes. University of Illinois Engg. Exp. Station. Bulletin Nr. 168. 1927.

[4] Marle: Heat transmission in an inclined rapid circulation type evaporator. J. Ind. Engg. Chem. 1924.

feststellen, wie dies für die Beobachtungen von Othmer[1] an einem außen beheizten Rohr von 76 mm Außendurchmesser zutrifft. Sie bestätigen nach Abb. 57 die Nusseltsche Theorie, nach der $\frac{1}{\alpha_{m,h}}$ mit dem Temperaturgefälle wächst. Die Kurven gelten für eine bestimmte

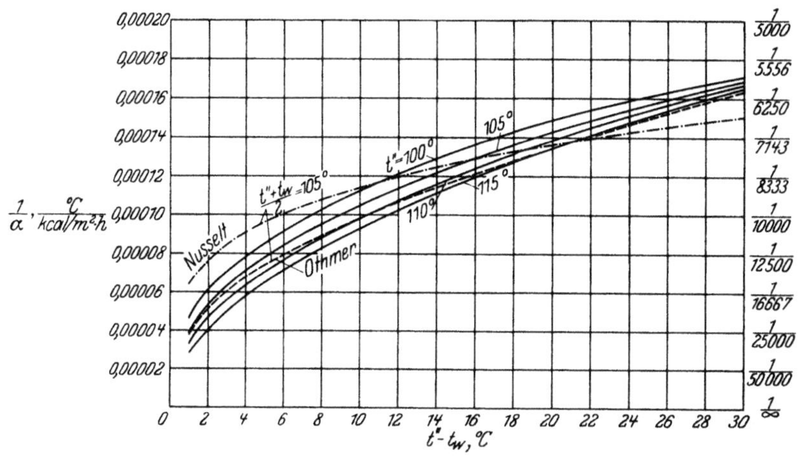

Abb. 57. Abhängigkeit des Wärmeübergangswiderstandes kondensierenden Dampfes von Temperaturgefälle und Temperatur (Othmer).

Dampftemperatur t'', die bei zunehmendem Temperaturgefälle $t'' - t_W$ einer sinkenden Temperatur der Wand t_W entspricht. Der Einfluß der Kondensattemperatur $\frac{t'' + t_W}{2}$ ist daher in der Darstellung mitenthalten. Seine Ausschaltung ergibt den in Abb. 57 angedeuteten Verlauf, der auch zahlenmäßig gut mit der Nusseltschen Formel übereinstimmt.

e) Einfluß der Bauweise.

I. Allgemeine Flüssigkeiten. *a) Rohrdurchmesser.* Bei im übrigen gleichen Verhältnissen ergeben größere Rohrdurchmesser höheren Wärmeübergangswiderstand, gleichgültig ob die allgemeine Flüssigkeit innen längs oder außen quer strömt.

b) Rohrlänge. Bei großem Wert des Verhältnisses $\frac{L}{D}$ haben die am Eintritt gebildeten Wirbel und aus ihnen folgenden niedrigeren Werte des örtlichen Wärmeübergangswiderstandes weniger Einfluß auf den mittleren Wärmeübergangswiderstand als bei kleinem Wert $\frac{L}{D}$, für den die „Anlaufstrecke" einen verhältnismäßig größeren Teil der Gesamtlänge umfaßt. Wenn aus diesem Grunde kurze Rohrlängen günstig

[1] Othmer: The condensation of steam. J. Ind. Engg. Chem. 1929.

sind, so verschwindet doch dieser Gesichtspunkt bei den üblichen Verhältnissen $\frac{L}{D}$ praktisch nahezu vollständig.

c) *Rohrabstand.* Vergrößerung des Rohrabstandes eines Bündels hat für äußere Strömung ähnlich ungünstigen Einfluß auf den Wärmeübergangswiderstand wie Vergrößerung des Rohrdurchmessers für Innenströmung.

d) *Rohrreihenzahl.* Werden mehrere Rohrreihen in der Strömungsrichtung hintereinander angeordnet, so stehen die Rohre der zweiten und aller folgenden Reihen im Strömungsschatten, sind daher weniger wirksam. Versetzung der aufeinander folgenden Rohrreihen bildet deshalb die Regel. Die beiden ersten Rohrreihen sind alsdann voll wirksam. Auch die folgenden tragen noch erheblich zur Wärmeübertragung bei, weil die zweite Rohrreihe eine Ablenkung des zwischen der ersten durchtretenden Flüssigkeitsstromes bewirkt, der infolgedessen die dritte und folgende Rohrreihe wirksam trifft. Bei elliptischen Rohren in versetzter Anordnung sind die Seitenflächen für alle Rohrreihen nahezu gleich beaufschlagt. Wird ein bestimmter Druckverlust zugelassen, so kann die Geschwindigkeit höher gehalten werden als bei kreisförmigen Rohren.

e) *Heizflächenform.* Wird die Heizfläche durch Boden und Mantel des Behälters gebildet und durch Feuergase bespült, so errechnet sich der Wärmeübergangswiderstand nach der von Jürges[1] für rauhe Oberfläche und Luft mit atmosphärischem Druck gefundenen Beziehung zu

$$\frac{1}{\alpha_L} \sim 0{,}155\, w^{-0{,}78} \tag{118}$$

für Geschwindigkeiten über 5 m/s,

$$\frac{1}{\alpha_L} \sim \frac{1}{5{,}3 + 3{,}6\, w} \tag{119}$$

für Geschwindigkeiten unter 5 m/s.

Für Rauchgase mit einer Geschwindigkeit über 5 m/s fand Zimmermann[2]

$$\frac{1}{\alpha_G} = 0{,}18\, w^{-0{,}76}. \tag{120}$$

Bei Anwendung von Feuergasen ist die Strahlung des Brennstoffbettes, der Einmauerung und der Feuergase — Wasserstoff- und Kohlensäuregehalt — dadurch zu berücksichtigen, daß mit einem ideellen Wärmeübergangswiderstand

$$\frac{1}{\alpha_{id}} = \frac{1}{\alpha_G + \alpha_s}$$

gerechnet wird.

[1] Jürges: Beihefte z. Ges. Ing. Reihe 1, Nr. 19. 1924.

[2] Zimmermann: Der Wärmeübergang am Gleichstromwärmeaustauscher. 1928. Diss.

II. Siedende Flüssigkeiten. *a) Rohrdurchmesser.* Bei gleicher spezifischer Heizflächenleistung ist die Förderwirkung der Dampfblasen in außen beheizten Rohren um so stärker, je kleiner der Rohrdurchmesser ist. Dies bedeutet Verbesserung des Wärmeüberganges bis zu einer gewissen Grenze, oberhalb der durch Dampfpolsterbildung Unregelmäßigkeiten und, durch übermäßige Geschwindigkeit, Hemmungen der Verdampfung auftreten.

b) Rohrlänge. Von zwei außen beheizten gleich langen Rohren, deren Durchmesser sich wie 1 : 2 verhält, wäre bei gleichem Temperaturgefälle und Wärmedurchgangswiderstand für das kleine die Verdampfleistung halb so hoch, die innere Längsbewegung jedoch doppelt so stark wie für das große. Ist die Länge oder das Temperaturgefälle des weiten Rohres doppelt so groß wie bei dem engen Rohr, so herrschen in beiden ähnliche mittlere Strömungsverhältnisse. Hieraus ergibt sich, daß die Frage, ob die kurzen weiten Rohre des Robert-Verdampfers oder die langen engen Rohre des Kestner-Verdampfers für die Wärmeübertragung vorteilhafter sind, falsch gestellt ist. Bei Flüssigkeiten von besonders hoher Zähigkeit bildet sich nach den Beobachtungen von Krausshold[1] die endgültige Temperaturverteilung nur langsam aus. Die Heizfläche ist daher in der Hauptsache nur in der Anlaufstrecke wirksam, kurze Rohrlänge daher besonders günstig.

c) Rohrabstand. Der Rohrabstand hat bei Innenheizung ähnlichen Einfluß wie der Rohrdurchmesser bei Außenheizung.

d) Rohrreihenzahl. Bei innen beheizten waagerechten Röhrenbündeln tritt mit zunehmender Zahl der übereinander angeordneten Rohrreihen eine wachsende Behinderung des Wärmeüberganges durch die an den oberen Rohren hängen bleibenden Dampfblasen ein. Gleichzeitig ergibt sich die Notwendigkeit, den Flüssigkeitsstand zu vergrößern und den damit verbundenen erhöhten Temperaturverlust in Kauf zu nehmen.

e) Heizflächenform. Bei kristallisierenden Lösungen ist Ausbildung der Heizfläche in Form von dampfdurchströmten Schlangenrohren günstig, weil der Kristallaufbau gleichmäßige Temperatur im Flüssigkeitsbade ohne lebhafte Bewegung fordert. Wegen des hohen Wärmeleitwiderstandes der Lösung wird die Heizfläche weitgehend verteilt. Der Wärmeübergangswiderstand ist hoch und durch die freie Strömung quer zu den Rohren allein bedingt.

Werden Rohrschlangen ausnahmsweise bei allgemeinen Lösungen angewandt und gleichzeitig Rührwerke zur Verbesserung des Wärmeüberganges eingebaut, so ergibt sich der Wärmeübergangswiderstand angenähert nach der Formel für außen längs oder quer beaufschlagte Rohre, je nachdem die Bewegung der Flüssigkeit in der Hauptsache

[1] Krausshold: Messung des Wärmeüberganges von sehr zähen Flüssigkeiten an Rohre. Arch. Wärmewirtsch. 1929.

in die Richtung der Windungen oder senkrecht dazu fällt. Das letzte ist der Fall, wenn die Schlangen selbst als Rührwerke ausgebildet werden.

Fehrmann[1] hat darauf hingewiesen, daß auswärts gewölbte Doppelböden wegen der nach dem Rande zu abnehmenden Flüssigkeitshöhe die Umwälzung der siedenden Flüssigkeit begünstigen, die unten gegen den Rand zu, oben nach der Mitte zu drängt. Er hat ferner durch Versuch die Zunahme der Wärmeübertragung mit wachsendem Temperaturgefälle, d. h. erhöhter Lebhaftigkeit der Siedebewegung, bestätigt gefunden.

Außen beheizte Doppelmäntel gelten hinsichtlich des Wärmeübergangswiderstandes als Rohre von ungewöhnlich großem Durchmesser mit schwachem, durch die natürliche Strömung bestimmtem Umlauf. Durch wiederholte Anwendung von Doppelmänteln entstehen Heizkörper mit ringförmigem Querschnitt. Hinsichtlich der Wärmeübertragung stellen sie ein Übergangsglied vom Doppelmantel zum Röhrenbündel dar. Doppelboden, Doppelmantel und Ringheizkörper finden ihre Berechtigung weniger in der Höhe der Leistungsfähigkeit als in betriebstechnischen Vorteilen. Sie ermöglichen vor allem die Anwendung von Rührwerken und umlaufenden Schabevorrichtungen bei Lösungen, die wegen ihrer Temperaturempfindlichkeit ständige Durchmischung fordern und wegen ihrer Neigung zu Inkrustationen eine dauernde mechanische Reinigung der Heizfläche wünschenswert machen. Die Anwendung der Rührvorrichtungen führt gleichzeitig zur Beherrschung und Verstärkung des Flüssigkeitsumlaufes. Der Wärmeübergangswiderstand läßt sich alsdann nach der von Stender unter Ausschaltung des Rohrdurchmessers aufgestellten Formel berechnen.

III. Gesättigte Dämpfe. *a) Rohrdurchmesser.* Bei stehenden, außen dampfbeheizten Rohren verschwindet der Einfluß des Durchmessers. Bei innerer Beheizung sind kleine Rohrdurchmesser ungünstiger als große, besonders wenn die spezifische Heizleistung hoch und die Rohrlänge groß ist. Hierbei ist es gleichgültig, ob es sich um senkrechte, schräge oder waagerechte, gerade oder gebogene Rohre handelt. Auch bei waagerechten, außen beheizten Rohren wirkt Vergrößerung des Durchmessers im Sinne einer Erhöhung des Wärmeübergangswiderstandes.

b) Rohrlänge. Umgekehrt verbessert kleinere Rohrlänge den Wärmeübergang, wenn der Dampf um senkrechte oder durch beliebig angeordnete Rohre strömt.

c) Rohrabstand. Der Abstand der Rohre hat bei außen beheizten Rohren den gleichen Einfluß wie der Rohrdurchmesser bei innen beheizten.

---

[1] Fehrmann: Über den Wärmedurchgang an Heizkörpern von Dampfpfannen. Z. V. d. I. 1919.

d) *Rohrreihenzahl.* Durch die von Ginabat gefundene besondere Versetzungsweise der untereinanderliegenden Rohre nach Abb. 58 (Balcke) bleiben drei Viertel der Rohroberfläche von dem niederrieselnden Kondensat frei. Solche Maßnahmen sind dann bedeutsam, wenn der Wärmeübergangswiderstand auf der Gegenseite verhältnismäßig niedrig ist und außerdem der Wärmeleitwiderstand der Heizfläche klein gehalten wird. Bei Kondensatoren, für die äußere Umspülung waagerechter Rohre die Regel bildet, ist diese Voraussetzung nicht voll erfüllt. Die Vergleichsversuche mit Kondensatoren verschiedener Bauart lassen die Wärmeübertragungsverhältnisse nicht klar hervortreten, weil ihr Ergebnis sich in der Feststellung von Leistung und

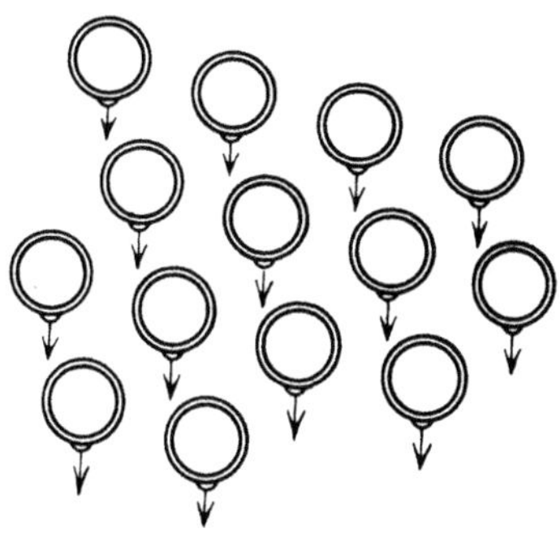

Abb. 58. Ginabatsche Rohrversetzung (Balcke).

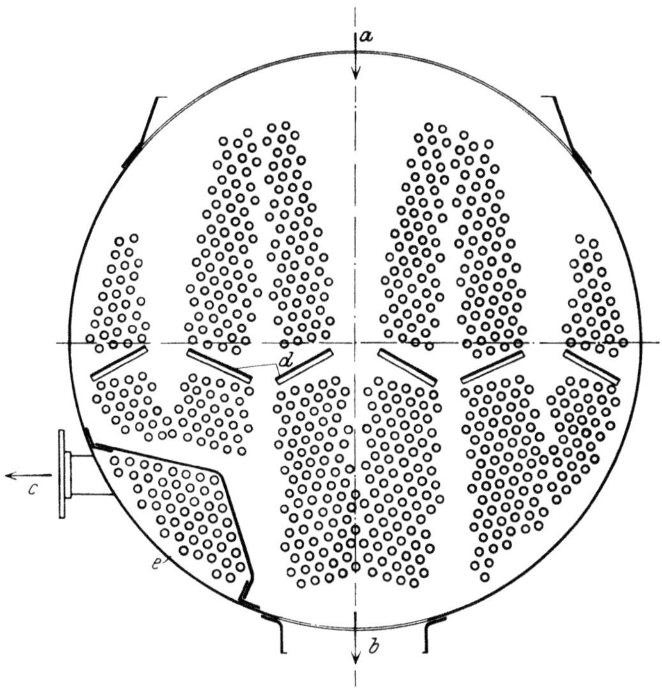

Abb. 59. Delas-Ginabat-Kondensator (Balcke).
a Dampf, *b* Kondensat, *c* Luft, *d* Kondensatfänger, *e* Luftkühler.

Wärmedurchgangswiderstand erschöpft. Grundsätzlich ließ sich nachweisen, daß die Anordnung nach Ginabat der üblichen schachbrettartigen Versetzung überlegen ist. Ähnlich steht es mit der Verbesserung der Wärmeübertragung durch Schaffung freier Gassen für Dampf und Luft innerhalb der Röhrenbündel nach Abb. 59 (Balcke). Diese Anordnung entspricht auch dem Grundsatz, den Dampfweg durch die Rohrreihen an jeder Stelle gleich lang zu halten. Andrews[1] berichtet über Versuche an einem Ginabat-Kondensator, dessen Leistung stieg, nachdem durch Weglassen von Rohren und Schaffung weiter Gassen für den Dampfdurchgang die Heizfläche verkleinert war. Der Wert des Wärmedurchgangswiderstandes beim Ginabat-Kondensator bewegt sich nach Mitteilung von Delas um $\frac{1}{k} \sim \frac{1}{4300}$ $^0C/\frac{kcal}{m^2 \cdot h}$.

Liegen n Rohre senkrecht untereinander, so stellt die Annahme eines durchschnittlichen Wärmeübergangswiderstandes gleich dem $\sqrt[4]{n}$ fachen des für das Einzelrohr geltenden Wertes die obere Grenze dar. Hiernach kann angenommen werden, daß der mittlere Wärmeübergangswiderstand für ein Röhrenbündel mit durchschnittlich 16 Rohren übereinander das $\sqrt[4]{16} = 2$fache des für das Einzelrohr geltenden Wertes nicht übersteigt.

e) *Heizflächenform.* Während bei Schlangenform der Wärmeübergangswiderstand für innen strömende allgemeine und siedende Flüssigkeiten kleiner ist als bei einem gleich langen geraden Rohr gleichen Durchmessers, gilt dies nicht ohne weiteres für dampfdurchströmte Schlangen. Das beim waagerechten geraden Rohr am tiefsten Punkt fließende Kondensat drängt beim Schlangenrohr seitwärts nach außen. Hierdurch ergibt sich eine andere Verteilung der Leistung auf dem Rohrumfang, die offensichtlich auf den mittleren Wärmeübergangswiderstand ohne wesentlichen Einfluß ist.

Für außen beheizte Mäntel und innen beheizte Ringheizkörper gilt die Nusseltsche Formel für Kondensation an senkrechten Flächen. Für dampfbeheizte Böden darf angenommen werden, daß der Wärmeübergangswiderstand klein ist, weil die Kondensatschicht nach Erreichung einer geringen Stärke in Tropfenform niederfällt. Versuche, die zur zahlenmäßigen Festlegung führen könnten, fehlen. Inzwischen kann $\frac{1}{k} \sim \frac{1}{4000}$ geschätzt werden.

3. Wärmeleitwiderstand der Fremdschichten.

Zu dem Wärmeleitwiderstand der Wand tritt fast regelmäßig ein zusätzlicher Wärmeleitwiderstand von Fremdschichten, die sich in Form von Gasen, tropfbaren Flüssigkeiten oder festen Stoffen auf der Heizflächenwand ablagern. Die Fremdschicht kann die Heizfläche geschlossen oder nur stellenweise bedecken. Häufig ist der Fremdkörper-

[1] Andrews: Recent French developments in surface condenser design. Power 1928.

belag von dem Gas oder der tropfbaren Flüssigkeit durchtränkt, die auf der betreffenden Seite strömen. Zuweilen treten mehrere Fremdkörperschichten auf ein und derselben Seite gleichzeitig auf.

a) Gasförmige Fremdkörper.

Alle Flüssigkeiten enthalten im natürlichen Zustande gelöste Gase. Das Lösungsvermögen der Flüssigkeit für Gas nimmt mit dem auf der Flüssigkeitsoberfläche lastenden Teildruck des Gases zu und mit der steigenden Temperatur ab. Abb. 60 und 61 stellen die mögliche Auf-

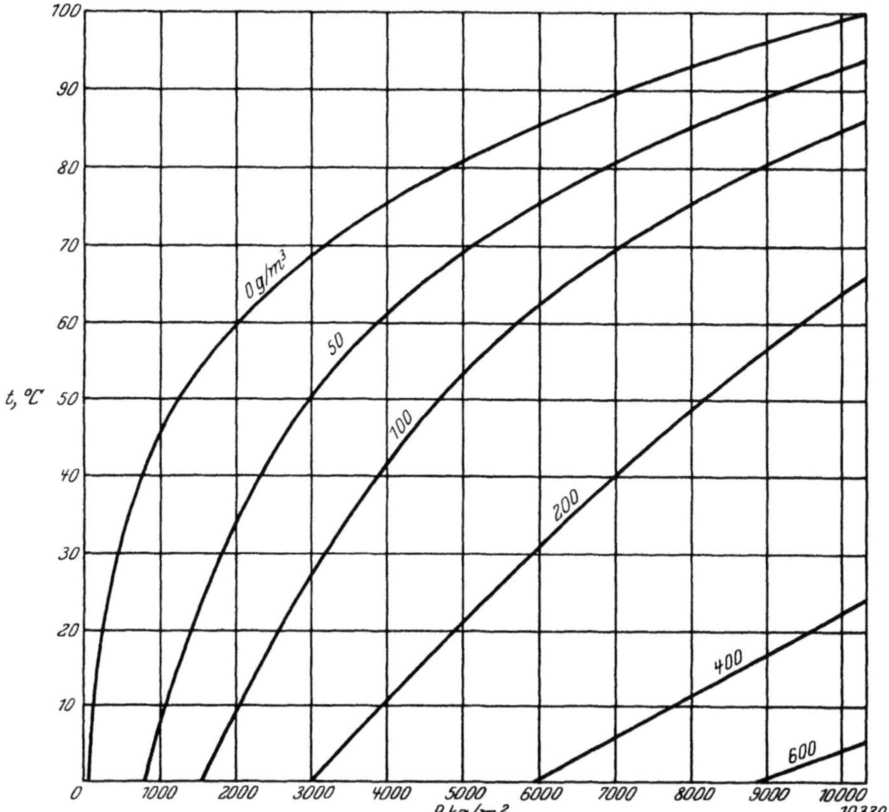

Abb. 60. Löslichkeit von Sauerstoff in Wasser, abhängig von Temperatur und Gesamtdruck.

nahme von Sauerstoff und Kohlensäure in Wasser abhängig von Gesamtdruck und Temperatur dar. Die Nullkurven stimmen mit der $P - t$-Linie für Wasserdampf überein. Der Gasgehalt der Flüssigkeit verschwindet bei der dem Gesamtdruck zugeordneten Siedetemperatur. Durch Kochen kann daher vollkommene Entgasung erzielt und aufrecht erhalten werden, wenn die Temperatur auf der Siedehöhe stehen bleibt.

Der Gasgehalt im Dampf entstammt in der Hauptsache der Flüssigkeit, aus der der Dampf entstanden ist. In der Regel handelt es sich hierbei um Gase, die zuvor in der Flüssigkeit gelöst enthalten waren. In Ausnahmefällen treten Gase als Zersetzungserzeugnisse auf, wie Ammoniak beim Eindampfen von Zuckerlösungen, schwefelige Säure beim

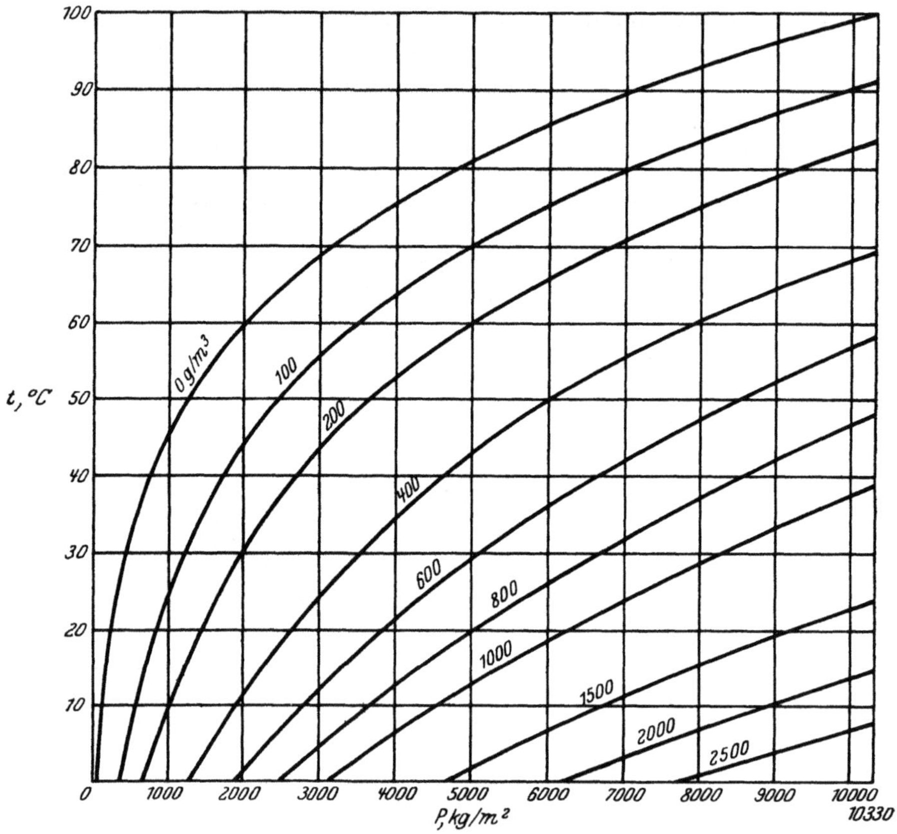

Abb. 61. Löslichkeit von Kohlensäure in Wasser, abhängig von Temperatur und Gesamtdruck.

Eindampfen von Sulfitablauge. Steht der Dampfraum unter einem niedrigeren Druck als die Umgebung, so ist mit der Vermehrung des Gasgehaltes durch Luft zu rechnen, die durch Undichtheiten an Verbindungsstellen eindringt.

Wird eine gashaltige Flüssigkeit erwärmt und dadurch ihr Lösungsvermögen verringert, so streben die überschüssigen Gase in Blasenform nach der Flüssigkeitsoberfläche. Da sie an der Heizfläche als wärmster Stelle frei werden, besteht Gefahr, daß sie diese in ihrer Wirksamkeit beeinträchtigen. Das rasche Ablösen der Gasblasen von der Heizfläche wird durch lebhaften Flüssigkeitsumlauf begünstigt. Ihre Entfernung aus dem Flüssigkeitsbade erfolgt rascher und sicherer, wenn die Flüssigkeit aufwärts steigt, als wenn sie waagerecht oder gar abwärts strömt. Beim Abkühlen einer Flüssigkeit fehlt der Anlaß zum Ausscheiden von Gasblasen. Hieraus erklärt es sich, daß der Wärmeübergangswiderstand beim Abkühlen einer gashaltigen Flüssigkeit niedriger ist als bei ihrer Erwärmung.

Wird die Erwärmung einer gashaltigen Flüssigkeit bis zur Siedetemperatur gesteigert, so werden die gelösten Gase restlos frei, wenn die Verdampfung so lebhaft ist, daß der Gasgehalt von der Flüssigkeitsoberfläche durch den Dampf fortgeführt wird. Das Festsetzen der Gasblasen an der Heizfläche und die dadurch gegebene Beeinträchtigung der Heizflächenwirkung ist dann weniger zu befürchten als bei nicht oder nur schwach siedender Flüssigkeit, weil die Dampfbildung eine lebhafte Bewegung des Flüssigkeits-Dampfgemisches sichert. Wird durch geeignete Anordnung der Heizfläche im Flüssigkeitsraum eine Umwälzung der siedenden Flüssigkeit bewirkt — Rücklaufrohre oder Rücklaufringe bei stehenden Verdampfern —, so soll der Querschnitt, durch den die Flüssigkeit an die wirksame Heizfläche zurückkehrt, groß genug sein, um Strudel zu vermeiden, durch die gashaltiger Dampf mitgerissen wird.

Bei der Kondensation ergibt sich eine zunehmende Ansammlung der Gase an der Kühlfläche, bis sich schließlich die Gasblasen unter Einwirkung des Auftriebes lösen und in den Dampfraum entweichen. Der Gasgehalt des Dampfes ist daher an der freien Oberfläche der Kondensatschicht höher als in dem nachströmenden Dampf.

Der Wärmeleitwiderstand $\frac{e_f}{\lambda_f}$ und $\frac{e_{f,o}}{\lambda_{f,o}}$ der an der Heizfläche gebildeten Gasblasen bedeutet ein gleich großes Anwachsen des Wärmedurchgangswiderstandes. Hohe Strömungsgeschwindigkeit von Dampf und Kondensat wirkt günstig, weil sie die Loslösung der Gasblasen beschleunigt. Bei festliegender Bau- und Arbeitsweise von Verdampfer und Kondensator nimmt die Geschwindigkeit von Dampf und Kondensat mit der Heizflächenbelastung zu. Maßnahmen zur künstlichen Erhöhung der Dampfgeschwindigkeit können dann ins Auge gefaßt werden, wenn ein erheblicher Teil des Wärmedurchgangswiderstandes durch die Verhältnisse auf der dampfbeheizten Seite bedingt ist, wie dies bei dampfbeheizten Verdampfern zutrifft. Dagegen verlieren sie an Bedeutung, wenn es sich um einen dampfbeheizten Flüssigkeitserwärmer handelt, und haben überhaupt keinen Sinn bei einem dampfbeheizten Lufterhitzer, weil in solchen Fällen der Wärmeübergangswiderstand der Gegenseite den Wärmedurchgangswiderstand bestimmt. Als Hilfsmaßnahme kommt zwangläufige Führung des Dampfes unter allmählicher Verengung des Strömungsquerschnittes in Betracht, die der abnehmenden Dampfmenge Rechnung trägt und eine etwa gleichbleibende Dampfgeschwindigkeit anstrebt. Wird auf die Veränderung des Strömungsquerschnittes verzichtet, so hört die Spülwirkung des Dampfes gegenüber den Gasblasen allmählich auf und bleibt im weiteren Verlauf in der Hauptsache dem strömenden Kondensat überlassen. Die Wärmeübertragungsverhältnisse lassen sich dadurch verbessern, daß dem Heizraume mehr Dampf zugeführt wird als darin kondensiert, und daß der in Dampfform entweichende Überschuß einem nachgeschalteten dampfbeheizten Wärmeaustauscher zuströmt. Reichen z. B. zur Deckung des allgemeinen Wärmebedarfes die Überschußbrüden eines Verdampfers nicht aus, so kann es vorteilhaft sein, den zusätzlich benötigten Heizdampf gleichzeitig mit dem für die Verdampfung dienenden den Verdampfer durchströmen zu lassen und den Überschuß mit den Brüden zu vereinigen. Bei Verdampfanlagen, die aus mehreren parallel geschalteten Körpern bestehen, ist es möglich, die gesamte Heizdampfmenge dem ersten, den Restdampf nacheinander den folgenden Körpern zuzuführen. Die zuvor beaufschlagten Verdampfer arbeiten alsdann mit höheren Dampfgeschwindigkeiten.

Besteht die Heizfläche des Einzelverdampfers aus mehreren Teilen, so kann der Heizdampf diese nacheinander durchlaufen. Für Ableitung des Kondensats vor Übertritt des Überschußdampfes ist in all diesen Fällen Sorge zu tragen.

Über den zahlenmäßigen Einfluß des Luftgehaltes von kondensierendem Wasserdampf liegen Untersuchungen vor, die allerdings erst den Ansatz zu einer endgültigen Lösung liefern. Merkel kommt in seinem Bericht über Versuche von Langen zu dem Schluß, daß sich die stündliche Heizleistung kondensierenden lufthaltigen Wasserdampfes bei Geschwindigkeiten $w < 1$ m/s durch die Beziehung

$$Q_h = F \cdot r\,(P_D - P'')\,\beta \qquad (121)$$

wiedergeben läßt, wenn

r die Verdampfwärme bei der Temperatur t'' der freien Kondensatoberfläche, in kcal/kg,

P_D den Dampfteildruck im Heizraum, in kg/m²,

P'' den Sättigungsdruck an der freien Kondensatoberfläche bei der Temperatur t'', in kg/m²,

β eine Verhältniszahl

bedeuten. Für β fand Merkel

$$\beta = 0{,}00224\, x_{L/D}^{-\frac{2}{3}} \qquad (122)$$

wobei

$$x_{L/D} = \frac{1}{0{,}622} \cdot \frac{P_L}{P_D} = \frac{1}{0{,}622} \cdot \frac{P - P_D}{P_D}$$

der Luftgehalt, d. i. das Gewichtsverhältnis von Luft und Dampf, oder

der reziproke Wert des Dampfgehaltes ist. (Diese Bezeichnung findet ihre Begründung darin, daß im Luft-Wassergemisch die Luft das Lösungsmittel und das Wasser den gelösten Stoff darstellt.)

Für luftfreien Dampf wird $\beta = \infty$, entsprechend der Auffassung, daß der Wärmeübergangswiderstand von gesättigtem Dampf an das aus dem Dampf gebildete Kondensat verschwindend klein ist. Die Wärmeleistung läßt sich auch in der Form

$$Q_h = \frac{F\,(t'' - t_W)}{\frac{1}{\alpha}}$$

darstellen, wobei sich der Wärmeübergangswiderstand $\frac{1}{\alpha}$ von gesättigtem Dampf an Wand nach der Formel von **Nusselt** (s. o.) ergibt. Wird eine

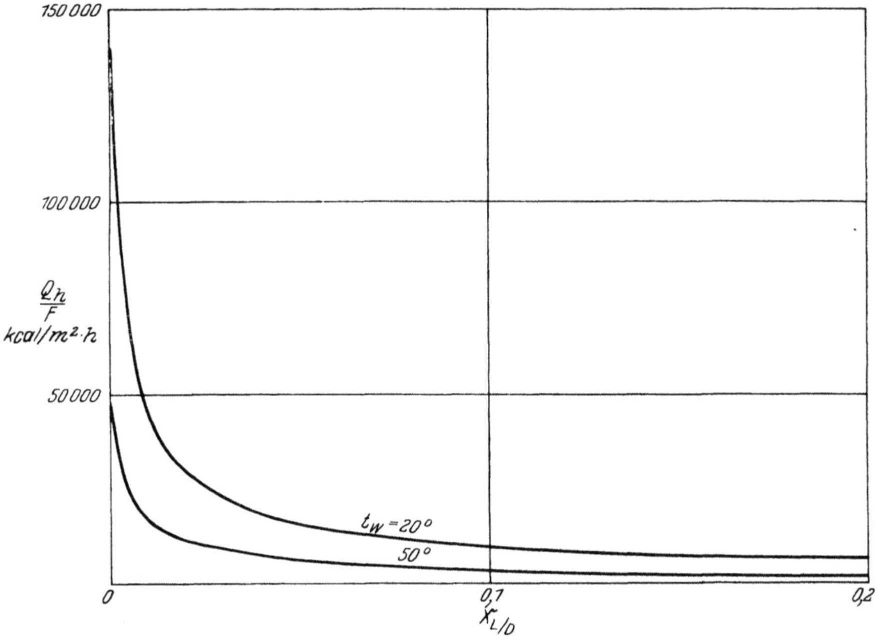

Abb. 62. Veränderung der spezifischen Heizleistung mit dem Luftgehalt des Dampfes (Merkel).

bestimmte Wandtemperatur t_W angenommen, so läßt sich Q_h abhängig von t'' bzw. P'' sowohl nach der letzten als auch, für einen bestimmten Luftgehalt $x_{L/D}$, nach der ersten Formel darstellen und der tatsächliche Wert t_0 bzw. P'' als Schnittpunkt zweier Kurven finden. Auf diese Weise hat **Merkel** für einen Gesamtdruck $P = P_D + P_L = 2000\ \mathrm{kg/m^2}$ und eine Wandtemperatur $t_W = 20$ bzw. 50^0 die Wärmemenge errechnet, die aus lufthaltigem Dampf an eine senkrechte Wand von $H = 1$ m Höhe übergeht und $\frac{Q_h}{F}$ nach Abb. 62 abhängig von dem Luftgehalt dargestellt.

Um diese Ergebnisse richtig zu werten, ist es nötig, sie umzuformen. Zunächst muß der Temperaturverlust Δt_L ausgeschaltet werden. Bei der Wandtemperatur $t_W = 20$ gilt für Dampf mit einem Luftgehalt

$x_{L/D} =$	0	0,05	0,1	0,15	0,2
$P_D = \dfrac{P}{1 + 0{,}622\, x_{L/D}}$	$\sim$ 2000	1940	1880	1830	1790
t_D	$\sim$ 59,7	59	58,4	57,9	57,3
$t_D - t_W$	$\sim$ 39,7	39	38,4	37,9	37,3

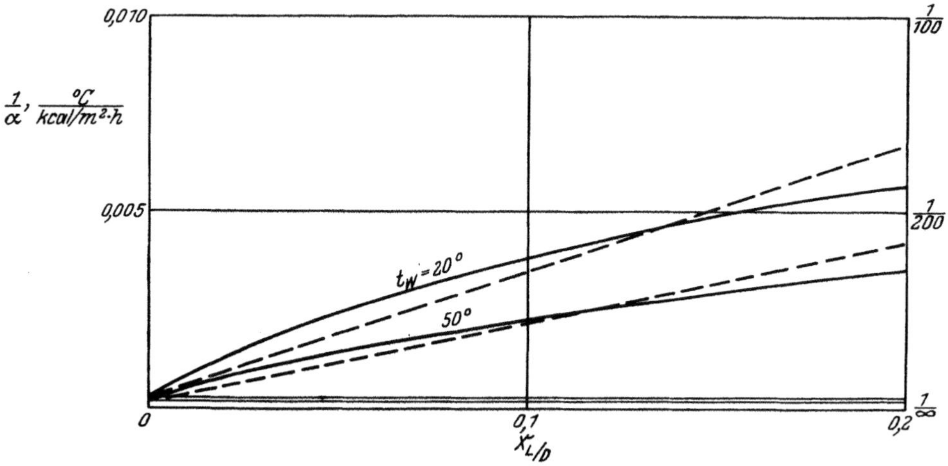

Abb. 63. Veränderung des Wärmeübergangswiderstandes mit dem Luftgehalt des Dampfes (Merkel).

Hiernach läßt sich aus Abb. 62 der Wärmeübergangswiderstand

$$\frac{1}{\alpha} = \frac{t_D - t_W}{\frac{Q_h}{F}}$$

ableiten, wie er in Abb. 63 wiedergegeben ist. Sein Wert für $x_{L/D} = 0$ entspricht luftfreiem Dampf und beträgt im vorliegenden Falle

$$\frac{1}{3500} \sim 0{,}00028 \quad \text{für} \quad t_W = 20^0 \quad \text{bzw.} \quad \frac{1}{5000} \sim 0{,}0002 \quad \text{für} \quad t_W = 50^0.$$

Das Maß, um das die Ordinaten über diesem Grenzwerte liegen, stellt den zusätzlichen Wärmeleitwiderstand $\frac{e_L}{\lambda_L}$ einer luftförmigen Fremdschicht dar. Die Abweichungen von dem an sich zunächst denkbaren linearen Verlauf sind erheblich. Die ideelle Stärke e_L der geschlossen gedachten Lufthaut läßt sich mit $\lambda_L \sim 0{,}024$ errechnen. Trotz ihrer auch bei hohem Luftgehalt noch geringen Stärke beeinflußt sie die Wärmeübertragung außerordentlich, weil $\frac{e_L}{\lambda_L}$ den Wärmeübergangswiderstand $\frac{1}{\alpha}$ für reinen Dampf um ein Vielfaches übertrifft. In Wirklichkeit ist nicht mit der Bildung einer geschlossenen Lufthaut, sondern mit dem Auftreten einzelner Luftblasen in sichtbarer Größe zu rechnen, durch die nur Teile der Heizfläche bedeckt werden. Würden die Linienzüge der Abb. 63 parallel verlaufen, so würde dies bedeuten, daß der Wärmeleitwiderstand der Luftschicht unabhängig von dem Temperaturgefälle sich allein mit der Stärke des Luftgehaltes verändert. Die Größe $\frac{e_L}{\lambda_L}$ würde damit klar als Einzelerscheinung auftreten und bei linearem Verlauf sich durch die einfache Beziehung

$$\frac{e_L}{\lambda_L} = C \cdot x_{L/D}$$

wiedergeben lassen. Nach Abb. 63 trifft dies nur angenähert zu. Die Divergenz ist derartig, daß höherer Heizflächenbelastung ($t_W = 20$) ein stärkerer Einfluß des Luftgehaltes entspricht. Für $x_{L/D} = \infty$, also reine Luft, würde der lineare Verlauf einen unendlichen Wert $\frac{e_L}{\lambda_L}$ ergeben. Die gekrümmte Form steht daher in Übereinstimmung mit der Tatsache, daß der Wärmeübergangswiderstand von ruhender trockener Luft einen endlichen Wert besitzt.

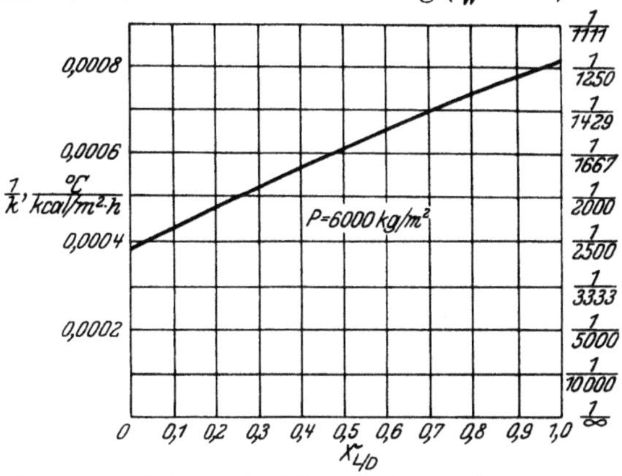

Abb. 64. Veränderung des Wärmedurchgangswiderstandes mit dem Luftgehalt des Dampfes (Kerr).

Werden die von Kerr[1] an einem stehenden Robert-Verdampfer gefundenen Ergebnisse über die Veränderung des Wärmedurchganges mit dem Luftgehalt des Heizdampfes umgerechnet und der Wärmedurchgangswiderstand $\frac{1}{k}$ abhängig von dem Luftgehalt $x_{L/D}$ dargestellt, so ergibt sich nach Ausschaltung des Temperaturverlustes der Verlauf der Abb. 64. Für luftfreien Dampf beträgt der Wärmedurchgangswiderstand bei den Verhältnissen des Versuches

$$\frac{1}{k} \sim \frac{1}{2600} \sim 0{,}00038.$$

Verglichen mit den Versuchen von Langen ist der hier gefundene zusätzliche Wärmeleitwiderstand $\frac{e_L}{\lambda_L}$ nicht nur wesentlich kleiner, sondern sogar

[1] Kerr: Tests upon the transmission of heat in vacuum evaporators. Trans. Amer. Soc. Mech. Eng. 1913.

von ganz anderer Größenordnung. Zwischen Theorie und Beobachtung besteht daher eine Unstimmigkeit, die sich durch Abweichungen in den Versuchsbedingungen nicht erklären läßt.

Othmer[1] untersuchte den Einfluß des Luftgehaltes in kondensierendem ruhendem Dampf auf den Wärmeübergangswiderstand an einem außen beheizten waagerechten Rohr von 76 mm äußerem Durchmesser und 1200 mm Länge. Durch Umformung der Ergebnisse läßt sich nach Abb. 65 und Abb. 66 die Abhängigkeit zwischen $\frac{1}{\alpha}$ und $x_{L/D}$ für verschiedene spezifische Heizflächenbelastung darstellen. Abb. 65 gilt für eine gleichbleibende Dampftemperatur von 100°, Abb. 66 für eine solche von 110°. Die gefundenen Beziehungen weichen von denen, die sich aus den Versuchen von Langen und Kerr ergeben, so erheblich ab, daß auch hier keine zahlenmäßigen Schlüsse möglich sind. Grundsätzlich scheinen die Othmerschen Versuche zu bestätigen, daß der Einfluß des Luftgehaltes mit zunehmender Belastung der Heizfläche wächst, allerdings

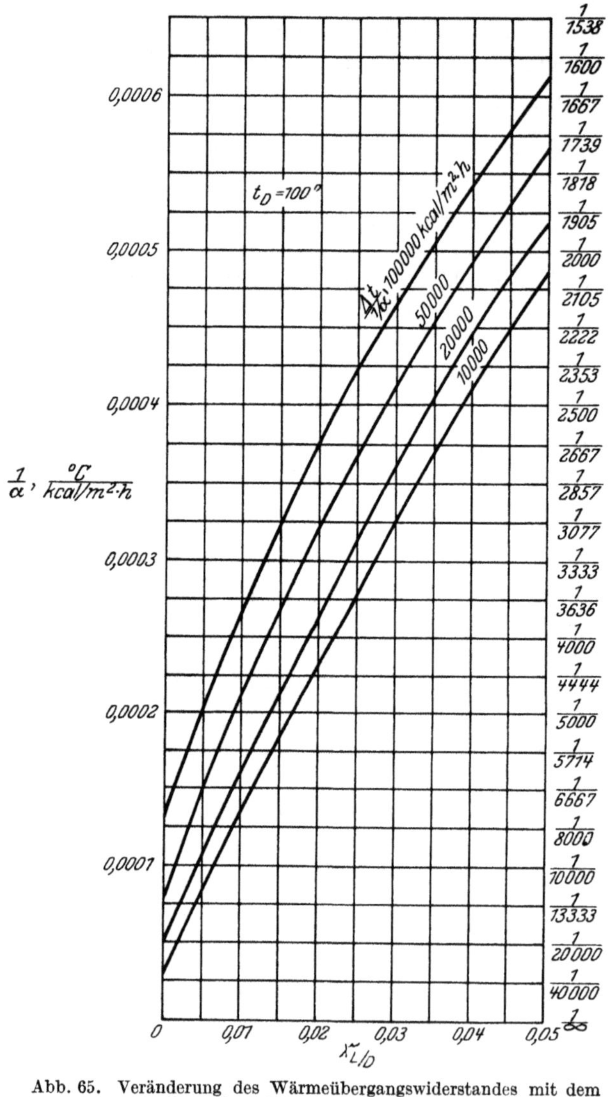

Abb. 65. Veränderung des Wärmeübergangswiderstandes mit dem Luftgehalt dse Dampfes (Othmer).

[1] Othmer: The condensation of steam. J. Ind. Engg. Chem. 1929.

wesentlich schwächer als nach Merkel anzunehmen wäre, und nur bis zu einer gewissen Grenze. Bei höherer Belastung und höherem Luftgehalt werden die Kurven stärker gekrümmt; die mit der Belastung zunehmende Dampf- und Kondensatgeschwindigkeit wirkt vorteilhaft, da sie die Loslösung der Luftblasen begünstigt. Angenähert linear verläuft die Abhängigkeit zwischen $\frac{1}{\alpha}$ und $x_{L/D}$ für geringe Werte des Luftgehaltes $x_{L/D}$ und nicht zu hohe Heizflächenbelastung.

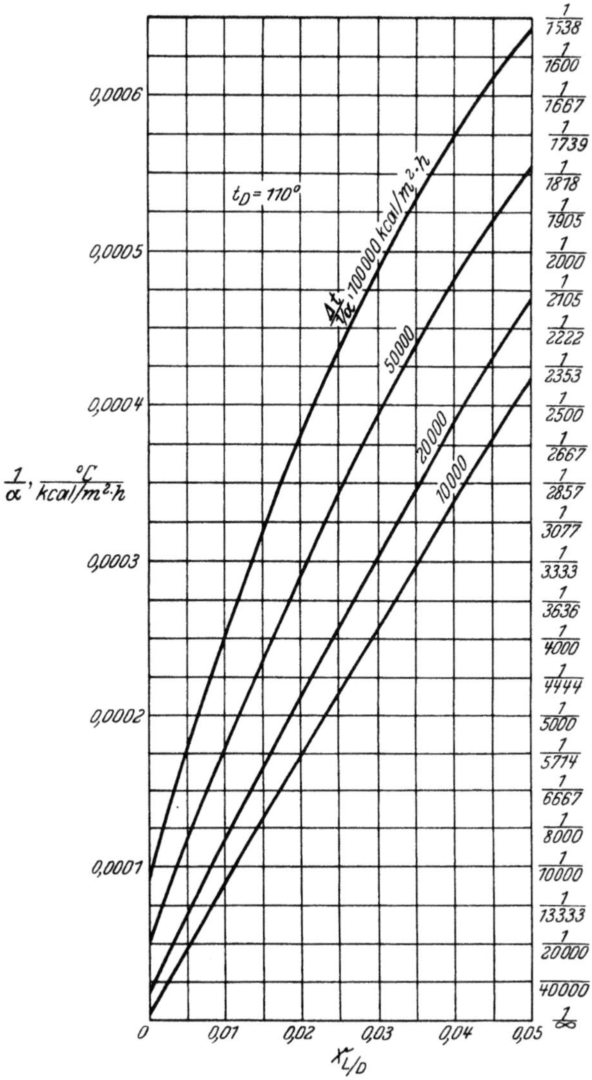

Abb. 66. Veränderung des Wärmeübergangswiderstandes mit dem Luftgehalt des Dampfes (Othmer).

b) Flüssige Fremdkörper.

Das bei Dampfheizung die Heizfläche bedeckende Kondensat ergibt einen zusätzlichen Wärmedurchgangswiderstand, dem gegenüber der Wärmeübergangswiderstand zwischen Dampf und Oberfläche der Kondensatschicht zurücktritt. Hierbei handelt es sich um eine mit der Heizwirkung des Dampfes notgedrungen verbundene Erscheinung und das Auftreten eines mit dem reinen Heizmittel wesensgleichen Stoffes, also ebensowenig um eine Fremdschicht im Sinne einer Verunreinigung wie bei der Dampfblasenbildung aus einer siedenden Flüssigkeit. Flüssige Fremdschichten scheiden sich an der Heizfläche aus Gasen und Dämpfen ab, die fremdartige Dämpfe enthalten — Taubildung bei Abkühlung feuchter Luft, kondensierende Öldämpfe aus Wasserdampf —. Zuweilen führen Gase und Dämpfe nebelförmige Flüssigkeitsteilchen mit sich, die beim Auftreffen an der Heizfläche haften — Ölabscheidung aus Gas und Dampf —. Wegen der geringen Wärmeleitfähigkeit von Öl (für Mineralöl $\lambda \sim 0{,}1$) wird die Wärmeübertragung schon bei geringer Stärke der Ölschicht stark beeinträchtigt. Eine Verschlimmerung tritt ein, wenn das Öl hohen Temperaturen ausgesetzt war und feste Bestandteile mit sich führt, also beispielsweise für die Schmierung einer Kolbendampfmaschine diente, deren Abdampf als Heizmittel benutzt wird. Hierher gehört auch die Verunreinigung der Heizfläche in den höheren Stufen von Mehrkörperverdampfanlagen durch Lösungstropfen, die von den Heizbrüden aus schäumenden oder spritzenden Lösungen mitgeführt werden.

Die Dampfblasen durchdringen den Flüssigkeitsspiegel in zweierlei Form: entweder bleibt die Flüssigkeitshülle der Blase zurück und läßt den Dampf in den Brüdenraum entweichen, oder die Dampfblase tritt in einer Flüssigkeitshaut eingeschlossen als fremdartiges Gebilde in den Brüdenraum ein, um sich darin länger oder kürzer als Schaumelement zu halten. Die hauptsächliche Ursache für die Bildung stehenden Schaumes kann darin gesehen werden, daß die Oberflächenspannung des Flüssigkeitsspiegels eine andere ist als die der übrigen Flüssigkeitsmasse. Hieraus ergeben sich folgende Regeln: Reine kristallisierende Lösungen schäumen nicht. Enthalten sie jedoch Stoffe in fein verteiltem Zustande, so neigt die Lösung zu Schaumbildung. Bei kolloidalen Lösungen ist stets mit Schaumbildung zu rechnen. Beispiele der ersten Art bilden die aus wässerigen Glyzerin-Chlornatriumlösungen bestehenden Seifenlaugen, die in reinem Zustande nicht schäumen, wohl aber, wenn sie Seife oder Fettsäure in Spuren enthalten, ferner gesättigte Kochsalzlösungen oder starke kaustische Lösungen, bei denen Schäumen nur auftritt, wenn feste Stoffe in kolloidaler Feinheit darin verteilt sind. Als Beispiele kolloidaler Lösungen führen Schlempe und Bierwürze beim Eindampfen zu ungewöhnlicher Schaumentwickelung.

Die Schaumbildung bedeutet eine Unannehmlichkeit für den Betrieb des Verdampfers. Ist die Heizfläche nicht ganz von Flüssigkeit bedeckt, so kann die flüssige Hülle des Schaumes daran restlos eintrocknen. Die Folge ist Verschmutzung der Heizfläche und — bei temperaturempfindlicher Flüssigkeit — schädigende Überhitzung. Ungewöhnliche Schaumbildung kann schließlich den ganzen Brüdenraum erfüllen und Überkochen verursachen, wobei Teile der einzudampfenden Flüssigkeit verloren gehen und die folgenden Heizflächen — Kondensator oder, bei den höheren Stufen von mehrstufigen Verdampfern, die Heizräume des nächsten Körpers — verunreinigen. Für diese ungewöhnliche Erscheinung des Überkochens ist, neben der Schaumbildung, als Grundursache meist noch eine plötzliche Druckerniedrigung im Brüdenraum verantwortlich, wie sie vor allem bei der Inbetriebnahme auftreten kann. Hierbei entstehen durch Entspannungsverdampfung Blasen, die den ganzen Flüssigkeitsinhalt durchsetzen.

Die Mittel, das unwillkommene Schäumen entweder zu verhindern oder doch in unschädlichen Grenzen zu halten, laufen in erster Linie darauf hinaus, die Oberflächenspannung am Flüssigkeitsspiegel so zu verändern, daß sie der Oberflächenspannung der übrigen Flüssigkeitsmasse näherkommt. Der an Zuckerlösungsverdampfern angebrachte Butterhahn, durch den kleine Ölmengen beigefügt werden können, dankt dieser Auffassung seine Entstehung. Auch die Berieselung des Lösungsspiegels durch fein zerstäubte Flüssigkeit fällt unter diesen Gesichtspunkt.

Schaumblasen können dadurch zerstört werden, daß ihr Dampfinhalt durch Abkühlung kondensiert wird, wonach die Flüssigkeit in Tropfenform zurückfällt. Diese Maßnahme, bei der die zur Blasenbildung aufgewandte Wärme vernichtet wird, kommt selbstverständlich nur in Ausnahmefällen in Betracht. In der Regel werden mechanische Mittel in Form von Prallflächen angewandt, um die Schaumblasen zum Platzen zu bringen. Der Dampfinhalt strömt alsdann mit den Brüden fort, während die Flüssigkeitshaut zurückfließt. Solche Stoßflächen sind dann besonders wirksam, wenn die schaumhaltigen Brüden mit großer Geschwindigkeit auftreffen.

Das naheliegende Mittel, der Schaumbildung durch Verbreiterung des Flüssigkeitsspiegels oder Anordnung großer Steigräume oberhalb der Heizfläche zu begegnen, führt an sich noch nicht zum Ziele. Wirksam wird eine derartige Vergrößerung des Brüdenraumes mittelbar wegen der Abkühlwirkung der vergrößerten Fläche und, bei plötzlicher Erweiterung, wegen der Entspannung, bei der ein Teil der Flüssigkeitshaut verdampft, die Blasen sich vergrößern und platzen. Die gleichen Gründe führen bei stark schäumenden Flüssigkeiten zur Anbringung von Abscheidern hinter dem Brüdenraume, um Aufprall, Abkühlung und Entspannung zur Wirkung kommen zu lassen. Wenn Verdampfer mit ungewöhnlich langen Rohren die Schaumbildung vermindern, so ist auch dies auf die mechanische Peitschwirkung und Entspannung des mit hoher Geschwindigkeit austretenden Gemisches zurückzuführen, die stets durch die Anwendung von Stoßwänden unterstützt wird.

Während es sich beim Überkochen schäumender Lösungen um eine gelegentliche Unregelmäßigkeit des Betriebes handelt, führen andere Ursachen zu einem ständigen Übertritt in die Brüden. Die Folge dieses Spritzens ist die gleiche wie die des Schäumens, Verlust von Lösung,

Verschmutzung folgender Heizflächen und Verunreinigung des aus den Brüden gewonnenen Kondensates durch den Gehalt der mitgerissenen Lösung an gelösten Stoffen. Der letzte Umstand ist dann besonders unerwünscht, wenn, wie bei Speisewasserverdampfern, vollkommene Reinheit des Brüdenkondensates gefordert wird.

Für die Bewegung von kugelförmig gedachten Tröpfchen in einem senkrecht aufwärts gerichteten Dampfstrom gilt das Stockessche Gesetz

$$w = \frac{2}{9}\left(\frac{D}{2}\right)^2 \frac{\gamma' - \gamma''}{\mu}. \tag{123}$$

Hierbei bedeuten

w die Dampfgeschwindigkeit, bei der die Tropfen gerade noch schwebend gehalten werden, in m/s,

D den Tropfendurchmesser, in m,

γ' das spezifische Gewicht der Tropfen, in kg/m³,

γ'' das spezifische Gewicht des Dampfes, in kg/m³,

μ die Zähigkeit des Dampfes, in kg · s/m².

Für diesen Wert w wird der Reibungswiderstand gleich der Beschleunigung der Schwere. Überschreitung des Grenzwertes bedeutet Mitreißen von Tropfen, und zwar in um so stärkerem Maße, je kleiner die Tropfen sind, je kleiner das spezifische Gewicht γ' der Flüssigkeit ist, dem gegenüber γ'' verschwindet, und je größer die Zähigkeit des Dampfes ist. Da diese mit dem Dampfdruck wächst, liegt die zulässige Geschwindigkeit bei Unterdruck höher als bei Überdruck.

Es erscheint müßig, diese Grenzbedingungen zahlenmäßig erfassen zu wollen. Tropfen von bestimmter Kleinheit gehen durch Brüdenräume beliebiger Höhe, größere dagegen fallen zurück, wenn der Steigraum genügend hoch ist. Bei vierfacher Geschwindigkeit werden Tropfen bis zum doppelten Durchmesser von den Brüden mitgeführt.

Um den Lösungsgehalt der Brüden gering zu halten, ist es nötig, das Entstehen der Tropfen durch niedrige Ausdampfgeschwindigkeit, d. h. große spezifische Oberfläche des Flüssigkeitsspiegels, zu vermeiden und durch geringe Brüdengeschwindigkeit, d. h. weite Brüdenräume das Niedersinken aufgeflogener Tropfen zu ermöglichen.

Nach den von Loschge[1] mitgeteilten Erfahrungen an Wärmespeichern ist die Ausdampffläche f angenähert zu

$$f \sim \frac{V_D}{400}, \tag{124}$$

d. i. $\frac{1}{400}$ m² für 1 m³/h Dampfentwickelung anzunehmen, wenn auf trockene Brüden Wert gelegt wird. Dem entspricht eine Geschwindigkeit der austretenden Brüden von $\sim 0{,}1$ m/s. Hiernach wäre bei gegebener

[1] Loschge: Zur Frage der Anwendung des Hochdruckdampfes. Z. Bayer. Revisionsvereines. 1928.

Verdampfleistung eine um so größere Ausdampffläche f zu fordern, je größer das spezifische Dampfvolumen, d. h. je niedriger der Druck ist.

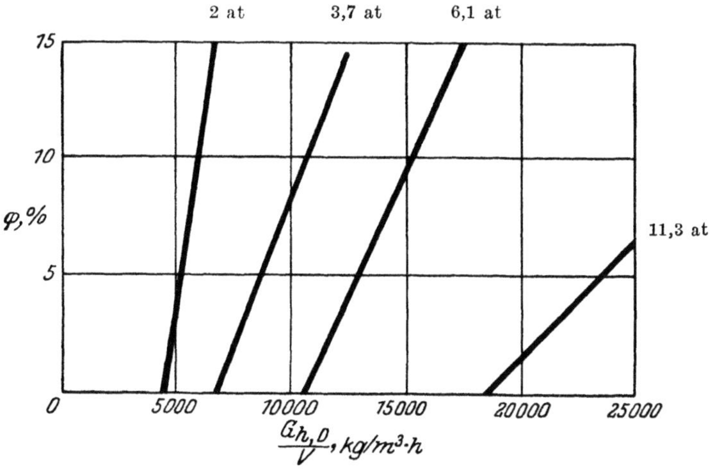

Abb. 67. Zusammenhang zwischen Dampffeuchtigkeit und spezifischer Verdampfleistung (Eberle). φ = Dampffeuchtigkeit, %.

Verdampfer, die mit Luftleere arbeiten, würden also größere Querschnitte des Brüdenraumes als Druckverdampfer gleicher Leistung verlangen.

Grundsätzliche Untersuchungen über die Belastungsfähigkeit von Ausdampffläche und Brüdenraum hat Eberle[1] durchgeführt und hierbei die in Abb. 67 und 68 wiedergegebenen Zusammenhänge zwischen Dampfleistung und Feuchtigkeitsgehalt der Brüden festgestellt. Abb. 67 bezieht sich auf die stündliche Gewichts-, Abb. 68 auf die stündliche Volumenleistung, die für 1 m³ Brüdenraum zulässig ist. Der Schnittpunkt mit der Abszissenachse kennzeichnet die Leistung, bei der ein merkliches Mitreißen von Tropfen nicht auftritt. Hiernach nimmt die

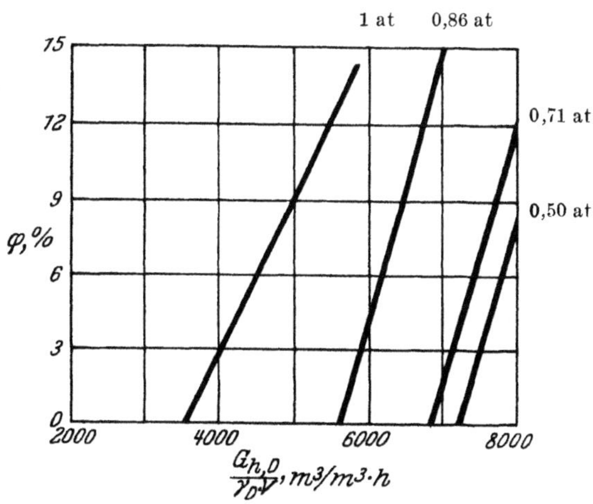

Abb. 68. Zusammenhang zwischen Dampffeuchtigkeit und spezifischer Verdampfleistung (Eberle). φ = Dampffeuchtigkeit, %.

[1] Eberle: Das Mitreißen von Wasser aus dem Dampfkessel. Arch. Wärmewirtsch. 1929.

zulässige Gewichtsleistung mit höherem Drucke zu. Die Volumenleistung ist unabhängig von dem Drucke, solange Überdruck herrscht, bei Unterdruck jedoch merkwürdigerweise höher. Diese Ermittelungen setzen voraus, daß reines Wasser zur Verdampfung gelangt und die Höhe des Brüdenraumes unveränderlich ist. Für wachsende Brüdenraumhöhe ergibt sich nach Abb. 69 eine größere für 1 m² Ausdampffläche zulässige Volumenleistung, d. i. höhere Ausdampfgeschwindigkeit.

Diese Beziehung bleibt auch bestehen, wenn es sich um Flüssigkeiten handelt, die zäher sind als Wasser. Dagegen führt Laugenhaltigkeit des Wassers zu der aus Abb. 69 ersichtlichen erheblichen Ab-

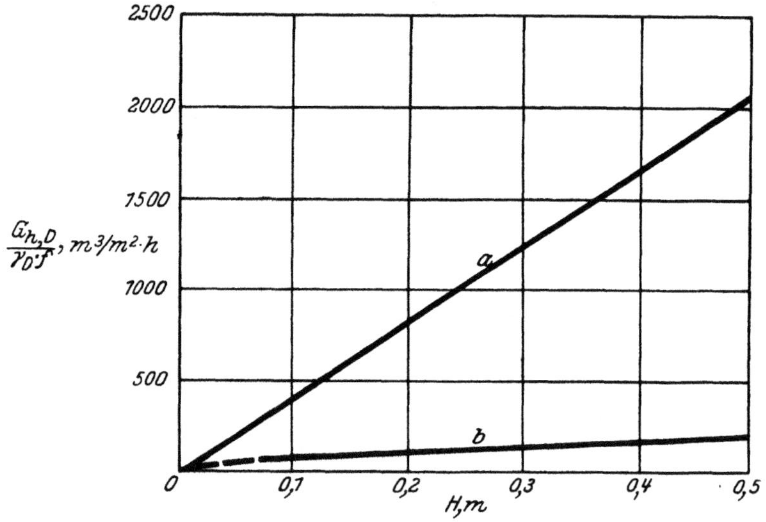

Abb. 69. Zusammenhang zwischen Verdampfgrenzleistung und Brüdenraumhöhe (Eberle). *a* reines Wasser, *b* Lauge.

nahme der zulässigen Dampfgeschwindigkeit, die sich bei Gehalt der Flüssigkeit an schwebenden Stoffen noch weiter fortsetzt. Hierbei handelt es sich jedoch nicht um den reinen Einfluß der Geschwindigkeit, sondern um die Mitwirkung der Schaumbildung. Nach Untersuchungen von Mumford[1] setzt der Einfluß der Laugenhaltigkeit bei einem bestimmten kritischen Wert plötzlich ein, der für einen Steilrohrkessel zu 0,023%, für einen Teilkammerkessel zu 0,07% gefunden wurde. Eine Übertragung dieser Zahlen auf andere Fälle ist nicht ohne weiteres zulässig.

Bezüglich der Flüssigkeitshöhe über dem Rohraustritt stellen die Versuche von Eberle fest, daß die zulässige Ausdampfgeschwindigkeit um so niedriger wird, je höher die Flüssigkeitssäule ist. Eberle weist selbst darauf hin, daß die gefundenen Ergebnisse zahlenmäßig keine

[1] Mumford: Trans. Amer. Soc. Mech. Eng. 1929.

Verallgemeinerung zulassen, sondern die Verhältnisse nur grundsätzlich klären.

In stehenden Röhrenverdampfern mit Rücklaufrohren in der Mitte drängt die Flüssigkeit vom Rande nach der Achse zu. Die austretenden Dampfblasen finden daher in den der Mitte näher liegenden Rohren höheren Widerstand. Dient ein zwischen Verdampfermantel und Heizkörper angeordneter Ringraum zur Rückführung, so breitet sich die Flüssigkeit mit Annäherung an den äußeren Rand des Heizkörpers aus und sperrt den Weg der Dampfblasen weniger. Das Mitreißen von Tropfen ist daher bei ringförmigem Rücklauf weniger zu befürchten als bei mittlerem Abfallrohr.

Da die bei leistungsfähigen Verdampfern angewandte Ausdampfgeschwindigkeit die zulässigen Werte ausnahmslos überschreitet, ist stets mit einem gewissen Tropfengehalt der Brüden zu rechnen. Hierdurch werden Abscheider im Brüdenraum oder der anschließenden Brüdenleitung erforderlich. Die letzte Anordnung ist günstiger, weil die Entfeuchtung des Dampfes um so vollkommener wird, je höher die Geschwindigkeit ist, mit der der Dampf gegen die Prallwände auftrifft, oder, bei anderer Bauweise, durch die Wirkung der Zentrifugalkraft trocken geschleudert wird. Mit der hohen Brüdengeschwindigkeit ist allerdings ein unerwünschter Verlust an Druck und damit Temperaturgefälle verbunden. Er läßt sich auch dann nicht vermeiden, wenn Prallflächen im Brüdenraum zur Dampftrocknung angewandt werden. Diese bilden, neben äußeren Abscheidern, die Regel bei Verdampfern mit langen, von der Flüssigkeit innen durchströmten Rohren, weil hier das Gemisch stets mit einer so hohen Geschwindigkeit austritt, daß eine Trennung von Brüden und Tropfen im Brüdenraume selbst nicht entbehrt werden kann.

Die Ausbildung von Dampftrocknern jeder Art darf sich nicht damit begnügen, Prallflächen in den Brüdenweg einzubauen, es muß vielmehr dafür gesorgt werden, daß die abgeschiedene Flüssigkeit nach einer strömungsfreien Stelle niedergeführt wird und dort, wo die Flüssigkeit von der Fläche abtropft, keine Saugwirkung rasch strömenden Dampfes auftritt. Die in äußeren Abscheidern zurückgehaltene Flüssigkeit wird fast ausnahmslos in den Flüssigkeitsraum des vorgeschalteten Verdampfers zurückgeführt. Die Flüssigkeit steht wegen des Widerstandes des Abscheiders in der Flüssigkeitsrückführleitung höher als im Verdampfer. Wird die Flüssigkeit oberhalb des Spiegels in den Verdampfer eingeleitet, so muß die Rückführleitung unter Flüssigkeitsverschluß gehalten werden. Beim Verdampfen von Säuren kann die mitgerissene Flüssigkeit zur Zerstörung kostbarer Teile, z. B. mechanischer Brüdenverdichter, führen. Um sich hiergegen zu sichern, werden die austretenden Brüden in Kalkmilchvorlagen neutralisiert. Die Verwendung des Brüdenkondensates für Kesselspeisezwecke scheitert bei Eindampfanlagen meist daran, daß Lösungsteile darin enthalten sein können, die eine Gefährdung der Kesselbaustoffe bewirken. Beispielsweise ergeben sich starke Anfressungen durch organische Säuren, die im Kessel aus mitgerissenen Teilen von Zuckerlösungen entstehen.

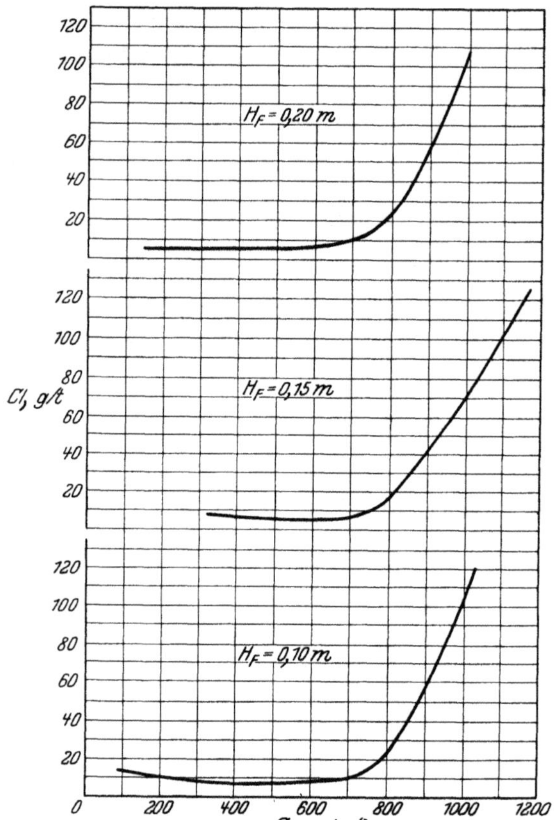

Abb. 70. Abhängigkeit des Chlorgehaltes von der Verdampfleistung und dem Flüssigkeitsstand (Stuart).

Bei Speisewasserverdampfern wird zur Feststellung der Brüdenreinheit das gewonnene Destillat vermittels Silbernitrat auf Chlorgehalt untersucht. Er soll bei Verwendung des Destillats zu Kesselspeisezwecken $\frac{3}{1000000}$ nicht überschreiten. Bei Seewasserverdampfern wird allerdings, um keine zu hohen Gewichte zu schaffen, das Doppelte dieses Betrages zugelassen, wenn das Destillat zur Kesselspeisung dient, bei Trinkwasserbereitung sogar das 25fache. Versuche, die Stuart[1] an einem Schuette - Koerting - Verdampfer der Abb. 44 bei verschiedenem Flüssigkeitsstande durchgeführt hat, zeigen das Ergebnis der Abb. 70. Hiernach steigt der Chlorgehalt von etwa $\frac{7}{1000000}$ nach Erreichung einer bestimmten Grenzleistung rasch an. Der Einfluß des Flüssigkeitsstandes ist nicht einheitlich; eine mittlere Höhe scheint am günstigsten. Daß richtig angeordnete Ablenkwände eine geeignete Maßnahme darstellen, um das Mitreißen von Tröpfchen gering zu halten, haben weitere Versuche von Stuart[1] gezeigt, deren Ergebnis in Abb. 71 wiedergegeben

[1] Stuart: Test of Schuette and Koerting Evaporators. J. Amer. Soc. Naval Engs. 1917.

ist. Die drei rechten Linienzüge gelten für Arbeiten mit Prallwänden. Im letzten Falle steigt die mit Rücksicht auf den Chlorgehalt zulässige Leistung auf etwa das Doppelte. Beachtlich ist auch, daß die Zunahme des Chlorgehaltes mit Prallwänden rascher erfolgt als ohne sie.

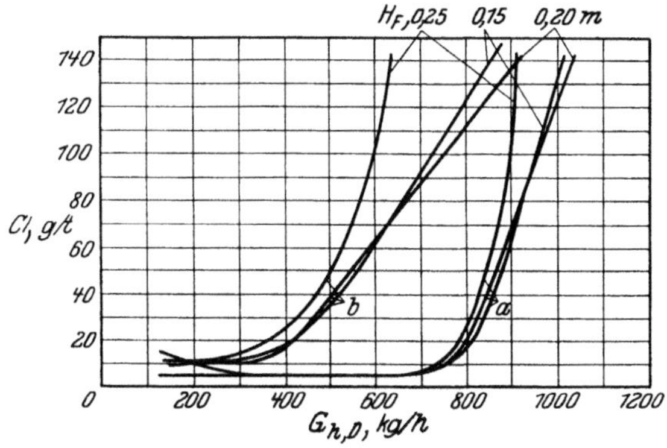

Abb. 71. Abhängigkeit des Chlorgehaltes von der Verdampfleistung und Einfluß der Prallwand (Stuart). *a* mit Prallwand, *b* ohne Prallwand.

c) Feste Fremdkörper.

Feste Stoffe sind in Gasen als feinste Verunreinigung — Staub, Ruß — enthalten und bewirken eine mit der Zeit zunehmende Verschmutzung der Heizfläche. Der Belag ist meist stark porös und von dem Gas erfüllt. Flüssigkeiten führen feste Fremdkörper als Sink- und Schwebestoffe mit sich. Sinkstoffe haben das Bestreben, sich an tiefster Stelle abzulagern, während Schwebestoffe nach der Oberfläche drängen. Die durch beide verursachten Störungen werden durch die Anordnung der Heizfläche mit bestimmt. Außerdem spielt die Temperatur der Wand eine wesentliche Rolle, weil die Verunreinigungen zum Festbacken an heißen Flächen neigen.

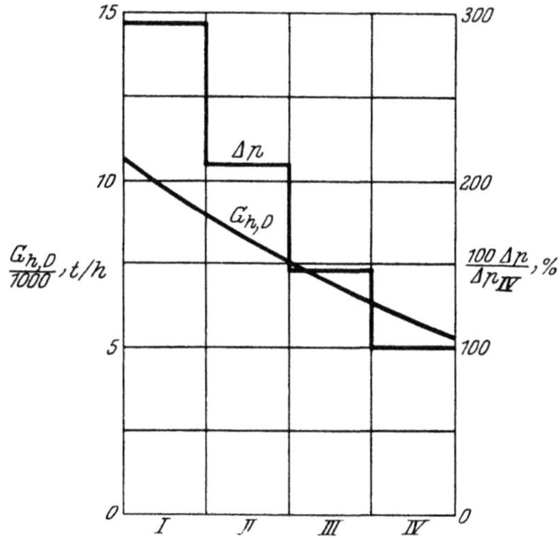

Abb. 72. Verteilung von Belastung und Druckabfall bei reinen Rohren (Bancel). *I, II, III, IV* = Kondensatorabteile.

Die Entfernung aller in Flüssigkeiten enthaltenen festen Fremdkörperstoffe vor Eintritt in den Verdampfer stellt eine Selbstverständlichkeit dar. Hierfür genügen mechanische Mittel — Klärbehälter, Filter —. Dagegen ist bei Feuergasen und Kondensatorkühlwasser wegen der auftretenden großen Mengen eine vollkommene Vorreinigung nicht möglich. Infolgedessen tritt mit fortschreitender Betriebszeit eine zunehmende Verschmutzung von gasbeheizten Wandungen und wasserführenden Rohren ein, und zwar in verstärktem Maße an Stellen höherer Temperatur, d. i. am Gaseintritt und Wasseraustritt. Für den in Abb. 182 (Ingersoll) dargestellten mehrfach unterteilten Kondensator ergaben sich z. B. nach den Versuchen von Bancel[1] Belastungsverteilung und Druckabfall für gleichbleibende Gesamtbelastung bei reinen Rohren nach Abb. 72, bei verschmutzten Rohren nach Abb. 73. Die Ungleichheit der Kondensatorbelastung in den einzelnen Abteilen, wie sie hierdurch die verschiedene Kühlwassertemperatur geschaffen wird, erfährt mit zunehmender Verschmutzung eine erhebliche Steigerung.

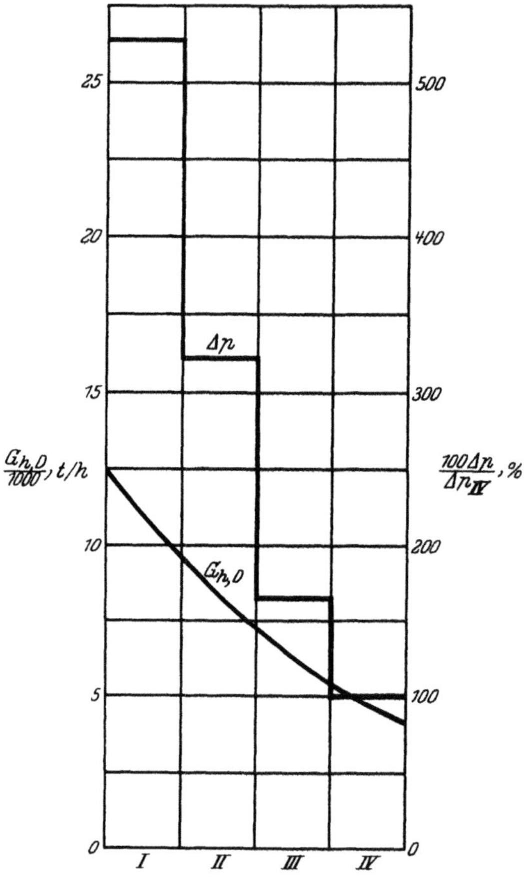

Abb. 73. Verteilung von Belastung und Druckabfall bei verschmutzten Rohren (Bancel). *I, II, III, IV* = Kondensatorabteile.

Während für die rechtzeitige Entfernung der Verschmutzung in den meisten Fällen eine Unterbrechung des Betriebes zwecks mechanischer Reinigung nötig ist, werden große Kondensatoren neuerlich so ausgeführt, daß die Richtung der Wasserbewegung umgekehrt und der Schlamm im Betrieb aus den Rohren gespült werden kann.

Gelöste Fremdstoffe, deren Löslichkeit mit steigender Temperatur abnimmt, bilden Ausscheidungen — Inkrustationen — an der Heizfläche als an der wärmsten Stelle. Die Inkrustation wird in ihrer Zusammensetzung beeinflußt, wenn die Lösung Schwebestoffe enthält,die von der Inkrustation eingeschlossen werden. Der bekannteste inkrustierende Stoff ist Kalziumsulfat, das fast stets in natürlichen Wässern und Solen enthalten ist. Die Löslichkeit von Kalziumsulfat in Wasser nimmt nach Abb. 74 zuerst zu, dann ab; der

[1] Bancel: Longitudinal distribution of steam improves performance of surface condensers. Power 1929.

Höchstwert liegt bei etwa 38°. Erwärmung bis zu dieser Grenze führt also nicht zur Inkrustation. Ähnlich verhalten sich nach Abb. 75 bis 77 Natriumsulfat, Magnesiumsulfat und Natriumkarbonat. Bei Kalziumkarbonat bestimmt der gleichzeitige Gehalt an Kalziumsulfat und Kohlensäure, ob die Löslichkeit mit steigender Temperatur zu- oder abnimmt.

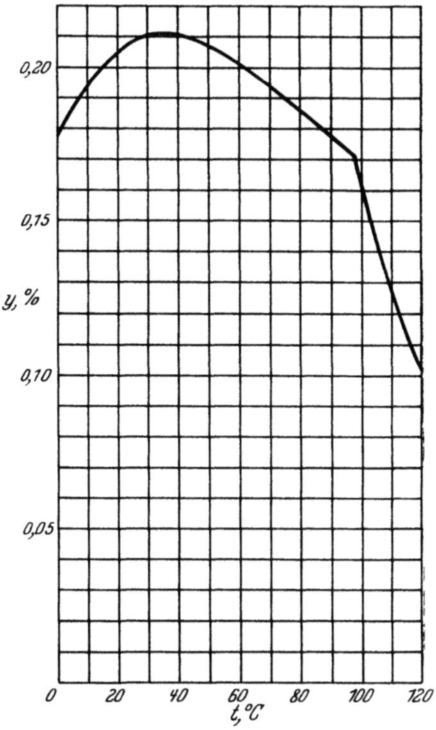

Abb. 74. Löslichkeit von Kalziumsulfat in Wasser.

Die Umwandlung der Salze von der gelösten in die unlösliche Form vollzieht sich bei jeder Temperaturerhöhung. Merklich wird sie jedoch erst nach Erreichung einer mehr oder weniger scharf begrenzten kritischen Temperatur. Die Wasserreinigung durch chemische oder physikalische Vorbehandlung will die Inkrustationen entweder ganz verhüten oder an eine Stelle außerhalb der Wärmeaustauscher verlegen. Für die hier behandelten Vorgänge genügen die folgenden kurzen Hinweise:

Die Härtebildner zerfallen in

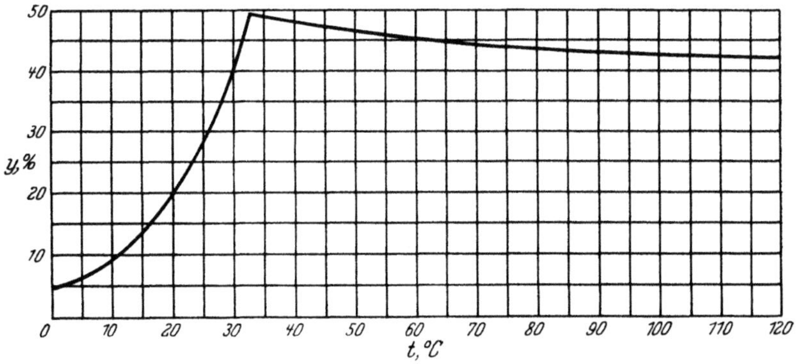

Abb. 75. Löslichkeit von Natriumsulfat in Wasser.

zwei grundsätzlich verschiedene Gruppen, von denen die eine die vorübergehende (Karbonat-)Härte, die andere die bleibende (Sulfat-) Härte verursacht. Die Ausscheidung von Härtebildnern der ersten Art erfolgt bis etwa 75⁰ verhältnismäßig langsam. Diese Temperatur stellt daher die zweckmäßige untere Grenze für die thermische Vorbehand-

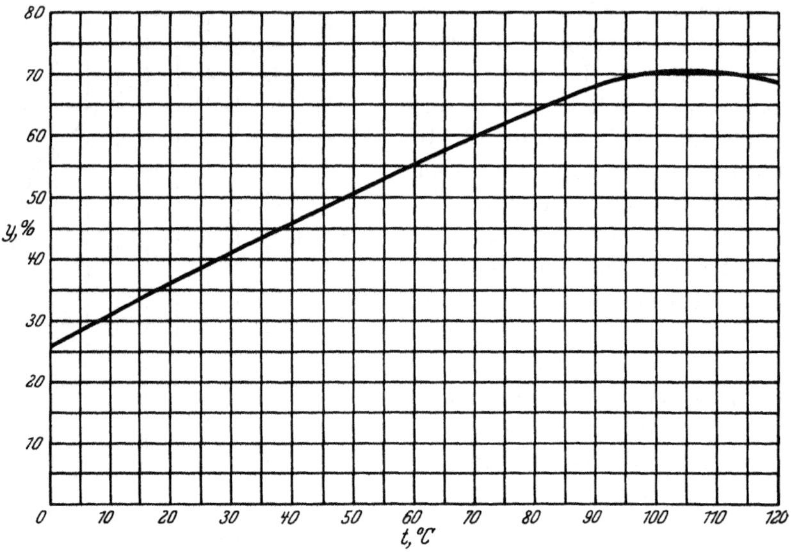

Abb. 76. Löslichkeit von Magnesiumsulfat in Wasser.

lung der Flüssigkeit dar. Die Ausscheidung von Härtebildnern der zweiten Art setzt in merklichem Maße bei etwa 120⁰ ein, so daß diese

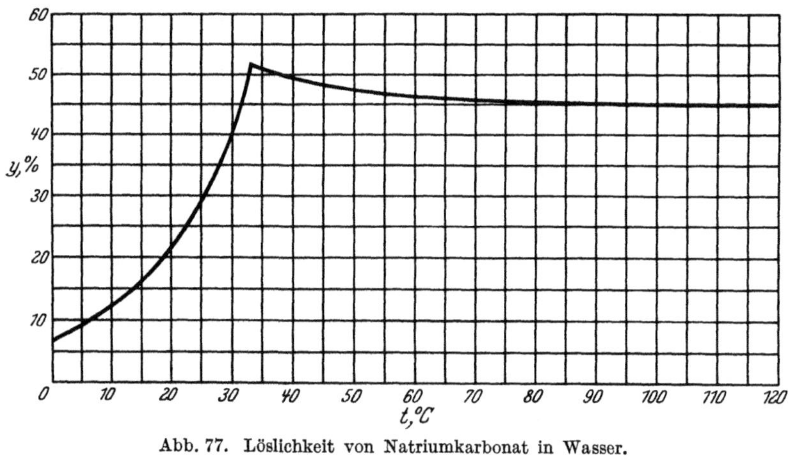

Abb. 77. Löslichkeit von Natriumkarbonat in Wasser.

Temperatur entweder bei der thermischen Vorbehandlung überschritten oder bei der Verarbeitung vermieden werden soll.

In der Regel erfolgt die Aufbereitung des Wassers auf chemischem Wege, entweder so, daß die Härtebildner in Wasserreinigern in unlöslicher

Form zum Ausfall kommen — z. B. Kalksodaverfahren — oder so, daß sie umgewandelt werden und eine nicht inkrustierende Lösung entsteht — Permutieren —. Bei Umwandlung der Karbonathärtebildner durch „Impfen" mit Säure muß zur Vermeidung von Säureüberschuß im geimpften Wasser noch eine kleine Restkarbonathärte verbleiben. Eine besondere Form der Aufbereitung stellt das Destillieren dar, das in dieser Arbeit in ausführlicher Weise als Sonderfall der Eindampfung behandelt ist.

Die genannten Temperaturgrenzen haben auch die wichtige Bedeutung, daß ihre Unterschreitung die Ausscheidungen verringert und schließlich praktisch vermeidet. Bei der Eindampfung liegt häufig der Druck, unter dem der Verdampfer arbeiten soll, nicht fest. Wird er so niedrig gehalten, daß die ihm entsprechende Siedetemperatur der Lösung wesentlich niedriger liegt als die für die Ausscheidung der Härtebildner kritische Temperatur, so bleiben diese in Lösung und gehen mit der starken Lösung ab. In der Regel wird es Schwierigkeiten bieten, den Verdampferdruck so niedrig zu halten, daß auch die Ausscheidung der Karbonathärtebildner vermieden wird. Dagegen liegt die gefährliche Temperatur für die Ausscheidung der Sulfathärtebildner hoch genug, um ihre Überschreitung zu umgehen. Verdampfer, die zur Destillation von Seewasser dienen, arbeiten daher zweckmäßig nicht mit Hochdruck, sondern unter atmosphärischem Druck oder Luftleere. Ihre Schaltung zwischen Kessel und Hilfsmaschinen ist zu verwerfen und Beheizung in umgekehrter Folge durch den Abdampf von Hilfsmaschinen richtiger. Gleiches gilt, wenn das zu destillierende Wasser eine Vorbehandlung durch Impfung erfahren hat, bei der die Sulfathärte unvermindert bleibt.

Die Inkrustation der Heizfläche bewirkt eine Verschlechterung des Wärmeüberganges durch den zusätzlich auftretenden Wärmeleitwiderstand $\frac{e_f}{\lambda_f}$ der Steinschicht. Wesentlich ist die Schädigung nur dann, wenn $\frac{e_f}{\lambda_f}$ etwa von gleicher Größenordnung ist wie die übrigen Teilwiderstände, die durch den beiderseitigen Wärmeübergang, die Wand und andere Fremdschichten bedingt sind. Wird die Heizfläche von Gasen umströmt, deren Wärmeübergangswiderstand, besonders bei geringer Geschwindigkeit, den eines Steinbelags von nicht zu großer Stärke um ein Vielfaches überschreitet, so verlieren Maßnahmen, um die Inkrustation zu vermeiden, an Bedeutung. Ein Ausnahmefall tritt dann ein, wenn hochtemperierte Feuergase als Heizmittel auftreten. Steinbelag ist alsdann weniger wegen der Verschlechterung des Wärmedurchganges als deshalb nachteilig, weil die Temperatur der feuerberührten Heizfläche ansteigt und eine für den Baustoff gefährliche Höhe erreichen kann. Bedenklich ist die Steinbildung immer, wenn auf der einen Seite Verdampfung stattfindet, auf der anderen Seite Dampf als Heizmittel angewandt wird, weil der Wärmeübergangswiderstand alsdann auf beiden Seiten besonders niedrig ist. Für den Wert der Wärmeleitfähigkeit λ_f ist die Zusammensetzung des Belages maßgebend. Eberle-Holzhauer[1] haben ihn für Kesselsteine der nachstehenden Zusammensetzung ermittelt:

		Gehalt an %						
	γ kg/m³	$CaCO_3$	$CaSO_4$	$CaSiO_3$	SiO_2	$MgSiO_3$	$Mg(OH)_2$	$Fe_2O_3 + AlO_3$
siliziumreich	430	20,51	2,27	**40,45**	12,05	**7,88**		8,83
kalkreich . .	2210	**99,1**	Spur		0,36		Spur	
gipsreich . .	2620	3,14	**69,7**	4,32	7,3		8,45	

Die siliziumreichen Belage haben die geringste, die gipsreichen die höchste Dichte, dazwischen liegen die kalkreichen. Für den Zusammenhang zwischen γ und λ_f wurden folgende Zahlen gefunden:

$$\gamma = 500 \qquad 1000 \qquad 1500 \text{ kg/m}^3$$
$$\lambda_f = 0{,}07 \qquad 0{,}14 \qquad 0{,}21 \text{ kcal/m} \cdot {}^0\text{C} \cdot \text{h}.$$

Die Untersuchungen bestätigten die für Wärmeschutzstoffe bekannte Tatsache, daß die Wärmeleitfähigkeit mit der Dichte zunimmt. Bei der Ungewißheit der tatsächlichen Bildungsformen tritt hier der Einfluß der Temperatur zurück. In Fortführung dieser Untersuchungen hat Eberle[2] festgestellt, daß die Wärmeleitfähigkeit des Kesselsteines mit der durch das Verhältnis $\frac{\gamma_T - \gamma}{\gamma}$ gegebenen Porosität abnimmt, wobei

γ_T das Stoffgewicht, gemessen vermittels Pyknometers,

γ das Raumgewicht, gemessen vermittels Volumenometers,

bedeuten. Steine, die hohen Gips- und geringen Silikatgehalt haben, sind wenig porös, haben daher eine hohe Leitzahl. Umgekehrt liegen die Verhältnisse bei hohem Silikatgehalt.

Die Stärke e_f des Steinbelages ist proportional der verarbeiteten Flüssigkeitsmenge, jedoch nicht proportional der Zeit, weil mit zunehmender Belagstärke die Leistung abnimmt. Wird angenommen, daß die Wärmeleistung Q ganz oder zu einem bestimmten gleichbleibenden Teil zur Verdampfung dient, so folgt mit $\frac{1}{k_a}$ als Wärmedurchgangswiderstand bei reiner Heizfläche wegen der Proportionalität von Ausscheidung und Verdampfleistung

$$\frac{1}{k} = \frac{F \cdot \varDelta t \cdot dz}{dQ}, \tag{125}$$

$$\frac{1}{k} = \frac{1}{k_a} + \frac{e_f}{\lambda_f} = \frac{1}{k_a} + \frac{C \cdot Q}{f}, \tag{126}$$

[1] Eberle-Holzhauer: Die Wärmeleitfähigkeit von Kesselstein. Arch. Wärmewirtsch. 1928.

[2] Eberle: Die Wärmeleitfähigkeit von Kesselstein. Arch. Wärmewirtsch. 1929.

$$Q = \frac{1}{k} \cdot \frac{\lambda_f}{C} - \frac{1}{k_a} \cdot \frac{\lambda_f}{C}, \tag{127}$$

$$dQ = d\left(\frac{1}{k}\right) \frac{\lambda_f}{C},$$

$$\frac{1}{k} \cdot d\left(\frac{1}{k}\right) = \frac{F \cdot \Delta t}{\frac{\lambda_f}{C}} \cdot dz, \tag{128}$$

$$\frac{\left(\frac{1}{k}\right)^2}{2} \cdot \frac{\lambda_f}{C} = F \cdot \Delta t \cdot z + C'. \tag{129}$$

Für $z = 0$ wird $\frac{1}{k^2} = \frac{1}{k_a^2}$ und es folgt:

$$\frac{1}{k^2} = \frac{2F \cdot \Delta t \cdot \lambda_f}{C} \cdot z + \frac{1}{k_a^2}. \tag{130}$$

C bedeutet hierbei die Stärke des Belages, die sich für die Einheit der Wärmeleistung ($Q = 1$) ergibt, wenn das ausfallende Steinvolumen die Heizfläche F bedeckt. Die Richtigkeit dieser Beziehung folgt aus Beobachtungen von Badger und Othmer[1] an einem Versuchsverdampfer, der aus einem 1300 mm langen, 64 mm weiten, in einen Dampfmantel eingebauten Stahlrohr bestand. Bei Verwendung harten Wassers, das 280 g/m³-Kalziumkarbonat, 156 g/m³ Kalziumsulfat enthielt, einer Verdampftemperatur von 99° und einer Heizdampftemperatur von 141° ergaben sich die in Abb. 78 dargestellten Werte. Daß die Beziehung auch für Lösungen gilt, geht aus den Abb. 79 bis 81 hervor, von denen Abb. 79 für Natriumsulfat, Abb. 80 und 81 für Natriumkarbonat-Monohydrat mit verschiedener anfänglicher Stärke des Steinbelages gefunden wurde. Die Neigung der Geraden in Abb. 80 und Abb. 81 stimmt nicht überein, da der Beiwert $\frac{2F \cdot \Delta t \cdot \lambda_f}{C}$ für beide verschieden

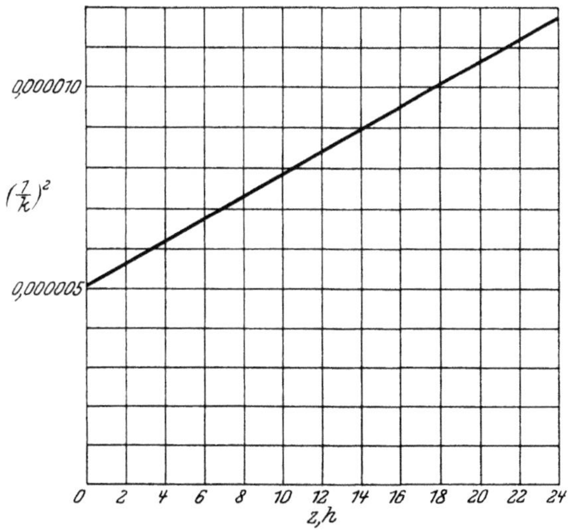

Abb. 78. Veränderung des Wärmedurchgangswiderstandes bei inkrustierendem Wasser mit der Zeit (Badger-Othmer).

[1] Badger-Othmer: Studies in evaporator design. Optimum cycle for liquids which form scale. J. Ind. Engg. Chem. 1925.

ist und daher gleichen Zeiten verschiedene Zunahme von $\frac{1}{k^2}$ entspricht.

Um die Inkrustation zu verhindern, wird häufig große Umlaufgeschwindigkeit empfohlen. Hierbei scheint jedoch eine Verwechselung mit der unten behandelten Kristallisationserscheinung vorzuliegen. Die Voraussetzung für die Bildung von Inkrustationen ist in der Hauptsache durch die Temperatur gegeben. Untersuchungen von Eberle[1] bestätigen auch, daß die Steinablagerung dort erfolgt, wo Wärmezufuhr und damit Dampfbildung am stärksten sind. Erwärmung und Inkrustation fallen örtlich zusammen. Die Steinbildung wird an emaillierten Oberflächen ebensowenig verhindert wie an Stellen besonders starker Strömung. Eine Verminderung der Inkrustation ist bei hohen Umlaufgeschwindigkeiten in besonderen Fällen nur deshalb zu erwarten, weil mit ihr die Oberflächentemperatur der flüssigkeitsberührten Wand abnimmt.

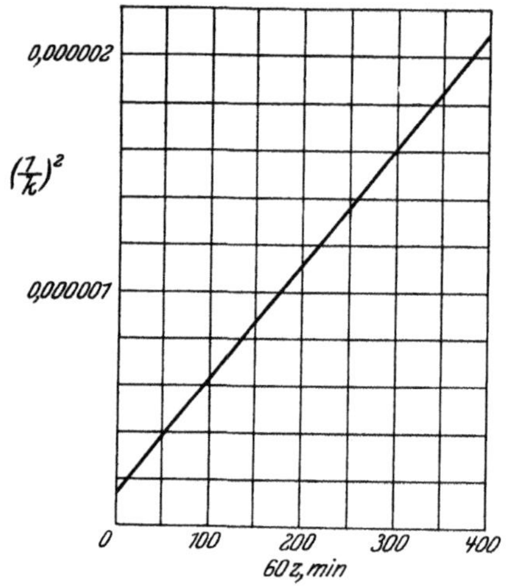

Abb. 79. Veränderung des Wärmedurchgangswiderstandes bei wässeriger Natriumsulfatlösung mit der Zeit (Badger-Othmer).

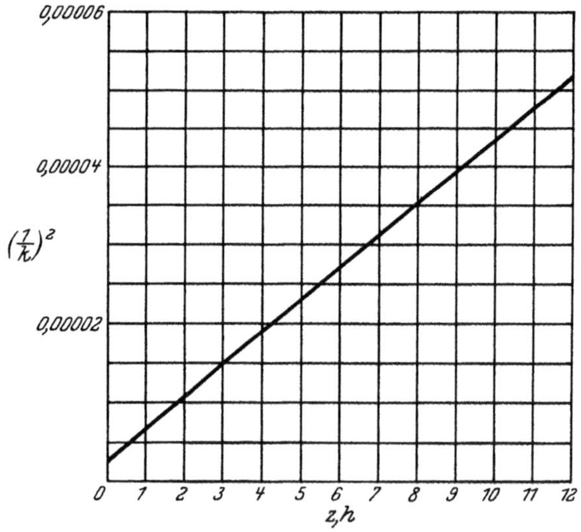

Abb. 80. Veränderung des Wärmedurchgangswiderstandes bei wässeriger Natriumkarbonat-Monohydratlösung mit der Zeit (Badger-Othmer).

Auf der anderen Seite beeinflußt der Flüssigkeitsinhalt der Heiz- oder Eindampfvorrichtung die Steinbildung. Ist der Flüssigkeitsinhalt im Verhältnis zur Leistung groß und die Temperatur der eintretenden Flüssigkeit niedriger als die des Flüssigkeitsbades, so nimmt die einströmende Flüssigkeit durch Mischung sofort die Badtemperatur an. Liegt diese über der Temperatur,

[1] Eberle: Die Wärmeleitfähigkeit von Kesselstein. Arch. Wärmewirtsch. 1929.

bei der die Ausscheidung der Härtebildner ihren Höhepunkt erreicht, so mag ein Teil sich in unlöslicher Form im Bade ausscheiden. Ganz ist dies deshalb nicht der Fall, weil an den Heizflächen eine weitere Temperatursteigerung des Bades eintritt, unter deren Einwirkung sich die Ausscheidung als haftende Inkrustation fortsetzt. Hierbei werden die im Bade gebildeten, auf die Heizfläche niedersinkenden Ausscheidungen eingeschlossen und ergeben möglicherweise sogar eine Verschlechterung. Im gleichen Sinne wirkt auch Einführung der Flüssigkeit als fein verteilter Regen oberhalb des Flüssigkeitsspiegels. Schwebestoffen, vor allem in kolloidaler Feinheit, wird häufig ein günstiger Einfluß bei inkrustierenden Flüssigkeiten insofern zugeschrieben, als sie teilweise als Träger der Ausscheidungen auftreten, die mit ihnen in Schlammform niedersinken. Bei geringem Flüssigkeitsinhalt dienen die der Einströmung zunächst liegenden Teile der Heizfläche der Vorwärmung und leiden in besonderem Maße unter dem Steinbelag. Die äußere Vorwärmung gewinnt hierdurch an Bedeutung, wenn es sich darum handelt, die Verdampferflächen rein zu halten.

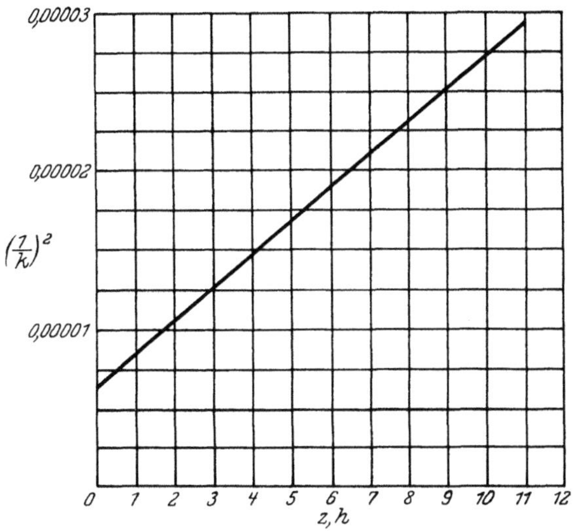

Abb. 81. Veränderung des Wärmedurchgangswiderstandes bei wässeriger Natriumkarbonat-Monohydratlösung mit der Zeit (Badger-Othmer).

Badger und Caldwell[1] stellten an einem Swenson-Versuchsverdampfer mit eingehängtem Bündel von 24 Eisenrohren von 51 mm Weite und 760 mm Länge die Veränderung des Wärmedurchganges mit der Betriebszeit fest, wenn Natriumsulfatlösung einmal in gewöhnlicher Weise, ein andermal in überhitztem Zustande eingeführt wurde. Bei einer anfänglichen Konzentration entsprechend $\gamma = 1200$ kg/m^3 (25° Bé), einer anfänglichen Siedetemperatur von 85° und Anwendung von Heizdampf mit 124° Sättigungstemperatur ergab sich der Wärmedurchgangswiderstand nach der umgezeichneten Abb. 82. Linienzug *1* gilt für gewöhnliches Arbeiten, Linienzug *2* für künstlichen Umlauf, Überhitzung der Lösung in einem Vorwärmer und Einführung in den

[1] Badger-Caldwell: Studies in Evaporator Design. Evaporators for salts with inverted solubility curves. J. Ind. Engg. Chem. 1925.

Verdampfer oberhalb des Flüssigkeitsspiegels. Der Abszissenwert *0* kennzeichnet den Augenblick, in dem der Belag sichtbar wurde. Davor liegt die Zeit der Eindickung. Etwa eine Stunde nach beginnender Belagbildung hörte bei natürlichem Umlauf die Kochbewegung praktisch auf, die Inkrustation erreichte eine Stärke von etwa 10 mm. Die aus

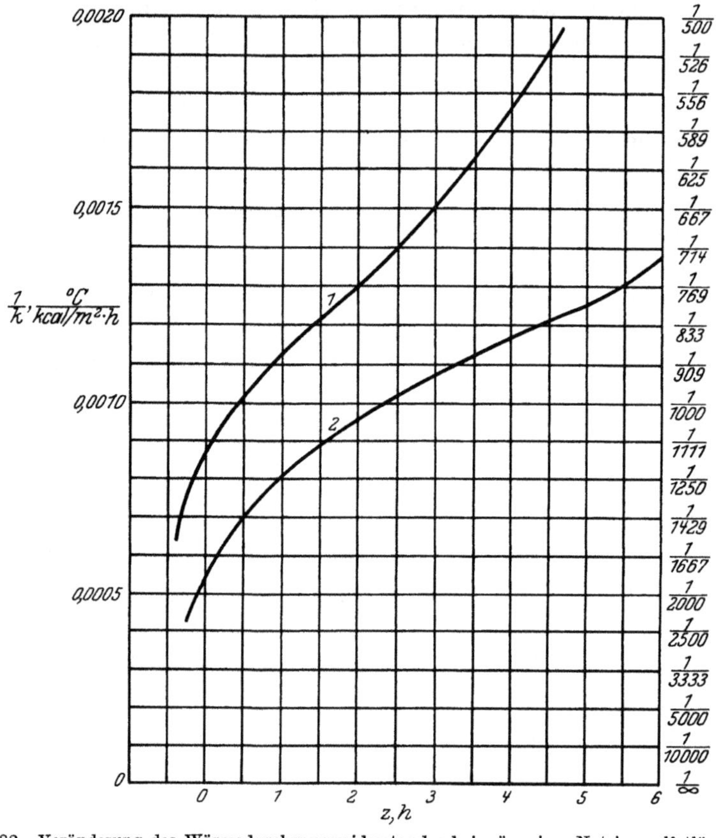

Abb. 82. Veränderung des Wärmedurchgangswiderstandes bei wässeriger Natriumsulfatlösung mit der Zeit (Badger-Caldwell).
1 Natürlicher Umlauf, *2* künstlich verstärkter Umlauf.

Linienzug *2* ersichtliche Verbesserung des Wärmedurchganges deutet auf eine wesentliche Verlangsamung der Inkrustation. Badger und Caldwell weisen noch darauf hin, daß bei Einführung der Flüssigkeit oberhalb des Flüssigkeitsspiegels die Überhitzung nicht beliebig weit getrieben werden kann, weil die entspannte Lösung zerstäubt und Tropfen in die Brüden mitgerissen werden. Sie läßt sich wesentlich erhöhen, wenn die Rückführung unterhalb des Heizrohrbündels erfolgt, wobei gleichzeitig die Entspannungsdämpfe den Umlauf verstärken. Die Begründung für die Verbesserung der Wärmeübertragung suchen

Badger und Caldwell darin, daß die Inkrustation Sättigung der Grenzschicht an der Wand zur Voraussetzung hat und die durch die plötzliche Entspannung entstehenden, in die Lösung eingesäten Kristallkerne die Bildung großer Kristalle begünstigen. Zwangloser ist die Erklärung, daß die mit der Leistung erhöhte Umlaufgeschwindigkeit die Grenzschichtstärke vermindert, die Wandtemperatur der mittleren

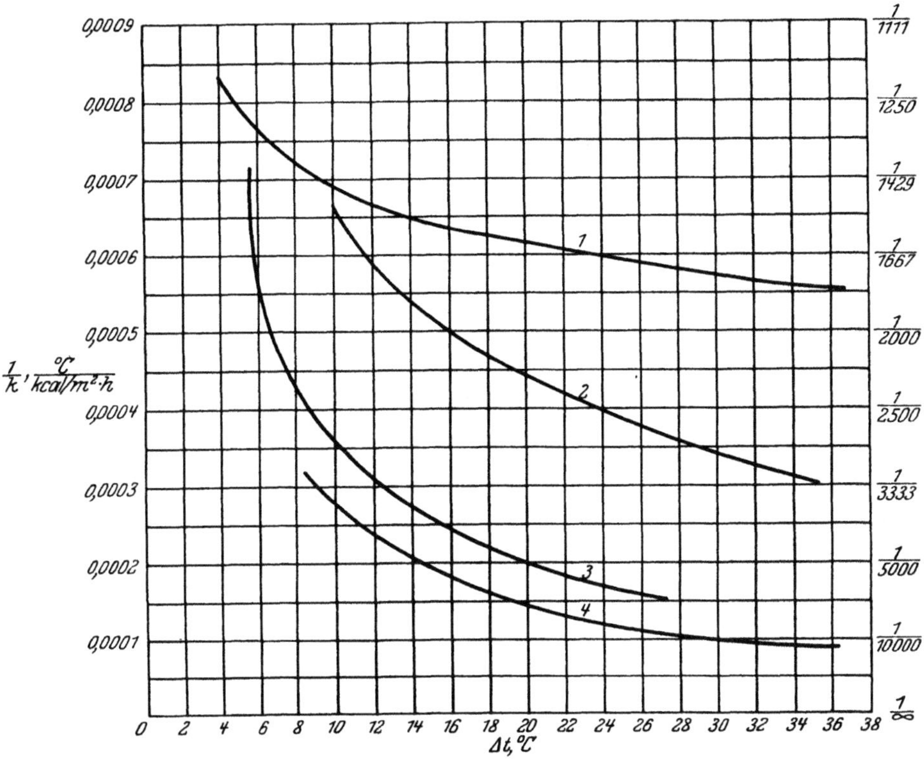

Abb. 83. Abhängigkeit des Wärmedurchgangswiderstandes von Temperaturgefälle und Oberflächenzustand der Wand (Pridgeon-Badger).
1 Angerostete Stahlrohre, *2* neue Stahlrohre, *3* leicht verschmutzte Kupferrohre, *4* polierte Kupferrohre.

Lösungstemperatur näherrückt und damit die Inkrustation verzögert. Durch Anwendung der Entspannungsverdampfung läßt sich das Eindampfen von Natriumsulfat- und Natriumkarbonat-Monohydrat-Lösungen über eine Zeitdauer fortsetzen, die wirtschaftlich noch zu vertreten ist.

Ähnlich wie Inkrustationen wirken sich die Fremdschichten von unmeßbarer Stärke aus, die sich auf der chemisch reinen Metallfläche alsbald nach der Inbetriebnahme durch chemische Wirkung — Korrosion — bilden und deren Einfluß auf den Wärmedurchgang zunächst vernachlässigbar erscheint. Pridgeon und Badger[1] fanden an einem Swenson-Verdampfer mit waagerechten Rohren von 22 mm Weite, 3 mm Wandstärke das umgerechnet durch Abb. 83 dargestellte Ergebnis. Linienzug *1* gilt für Stahlrohre, die in zweijährigem Betrieb angerostet waren, Linienzug *2* für neue Stahlrohre. Der Wärmedurchgangswiderstand nimmt bei der oxydierten Fläche gegenüber der reinen erheblich zu, sobald Temperaturgefälle und damit Leistung und Strömungsgeschwindigkeit eine bestimmte Grenze überschreiten. Für Kupferrohre ergaben sich die durch Linienzug *3* dargestellten Beziehungen, wenn die Rohre durch vorausgehende Versuche leicht verschmutzt waren. Der Unterschied zwischen *3* und *2* ist aus dem geringern Leitwiderstande von Kupfer gegenüber Eisen allein nicht erklärlich. Die glatte Kupferoberfläche verändert offensichtlich die für den Wärmeübergang maßgebenden Verhältnisse. Wurden schließlich die Kupferrohre poliert, so ergab sich nach Linienzug *4* eine weitere Verbesserung. Um festzustellen, ob eine Steigerung darüber hinaus möglich ist, wurden in verschiedenen Versuchen die Rohre durch Beigabe von Salzsäure unmittelbar vor der Beobachtung gereinigt. Die anschließend gemessenen $\frac{1}{k}$-Werte schwankten erheblich, offensichtlich deshalb, weil der Oberflächenzustand während der Versuche nicht gleichgehalten werden konnte. Bei einem Temperaturgefälle von 21^0 ergab die chemisch reine Kupferfläche einen Wärmedurchgangswiderstand von $\frac{1}{14000} \sim 0{,}00007$. Mit einem Wert $e = 0{,}0016$ m, $\lambda = 342$ folgt hieraus

$$\frac{1}{k} = \frac{1}{14000} = \frac{1}{\alpha} + \frac{\delta}{\lambda} + \frac{1}{\alpha_0},$$

$$\frac{1}{\alpha} + \frac{1}{\alpha_0} = 0{,}000075\,.$$

Unter Annahme eines Übergangswiderstandes auf der Dampfseite gleich dem Doppelten des Übergangswiderstandes auf der Wasserseite folgt

$$\frac{1}{\alpha_0} = 0{,}000025\,.$$

Mit einem Werte der Wärmeleitfähigkeit des Wassers bei 100^0 von 0,42 wird hiernach der Wärmeübergangswiderstand auf der verdampfenden Seite gleich dem Wärmeleitwiderstand eines Wasserfilmes von 0,1 mm. Die Erklärung scheint in solchen Fällen darin zu liegen, daß bei chemisch reiner Oberfläche das Haften des Grenzschichtfilmes und damit die Voraussetzung für laminäre Strömung in unmittelbarer Nähe der Wand zerstört wird. Der molare Wärmetransport dehnt sich bis an

---

[1] Pridgeon-Badger: Studies in evaporator design. Effect of surface conditions. J. Ind. Engg. Chem. 1924.

die Wand selbst aus, so daß der Wärmeleitwiderstand der Flüssigkeit verschwindet.

Bei den erwähnten Vergleichsversuchen wechselten Flüssigkeitshöhe und Rohrzahl. Übertragung der Ergebnisse auf andere Verhältnisse verlangt daher Berücksichtigung der besonderen Versuchsbedingungen. Die Rekordzahlen, wie sie sich bei chemisch reinen Oberflächen erzielen lassen, besitzen keine praktische Bedeutung, u. a. auch deshalb, weil

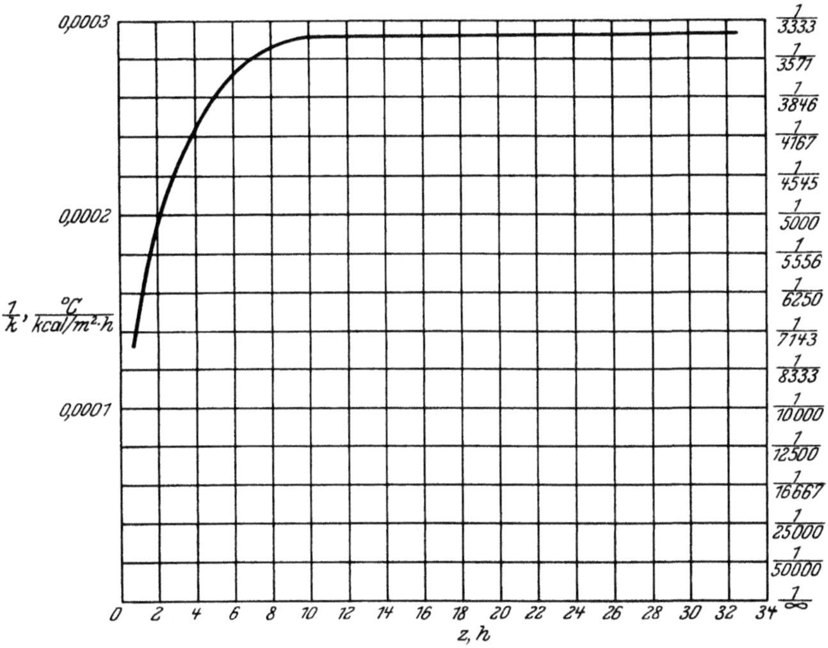

Abb. 84. Veränderung des Wärmedurchgangswiderstandes bei Seewasser mit der Zeit (Webre-Robinson).

der erste unmeßbare Belag einen Schutz gegen weitergehende Korrosion der Heizfläche bildet und deshalb sogar erwünscht ist.

In diesem Zusammenhange sei auch auf die Untersuchungen von Webre-Robinson[1] an einem Seewasserverdampfer hingewiesen, deren Ergebnisse in Abb. 84 niedergelegt sind. Der Wärmedurchgangswiderstand zeigte sich nach etwa 2 Stunden gegenüber metallisch reinen Rohren verdoppelt, obwohl sich nur eine ¼ mm starke Steinschicht abgelagert hatte. Auch hier liegt die Ursache weniger in der Verstärkung des Belages als in seiner Entstehung überhaupt, die eine Veränderung der Oberflächenbeschaffenheit mit sich bringt.

Zur Entfernung des Steinbelages dienen mechanische oder chemische Mittel. Zu den ersten zählen, wenn von der nicht unbedenk-

[1] Webre-Robinson: Evaporation. New York 1926.

lichen Beimischung schmirgelnder Stoffe zu der Flüssigkeit abgesehen wird, Klopfer und Bohrer. Rasch laufende fräsende Werkzeuge kommen für innen inkrustierte Rohre bei einer Weite von nicht unter 35 mm bei innerem, nicht unter 20 mm bei äußerem Antrieb in Betracht. Bestehen die Rohre aus Messing und Kupfer, so muß durch Führungsringe ein Anfräsen des Metalles verhütet werden. Als chemisches Mittel kommt vor allem Salzsäurelösung zur Anwendung. Die Einwirkungsdauer hängt von der Konzentration ab und beträgt bei 2,5% etwa 1 Stunde, bei 5% etwa ½ Stunde. Bestehen die Rohre aus Stahl, so ist eine Konzentration von mehr als ½% bedenklich und eine mehrstündige Einwirkungsdauer erforderlich. Durch längeres Auskochen mit Soda und Ätznatron läßt sich der harte Sulfatbelag erweichen und anschließend durch mechanische Mittel oder Nachbehandlung mit schwacher Salzsäurelösung entfernen. Vielfach genügt auch destilliertes Wasser als Lösemittel. Wegen der mit der chemischen Behandlung verbundenen Gasbildung muß der Verdampfer während der Reinigung offen bleiben. Das Ende der Einwirkung läßt sich daran feststellen, daß die Gasentwickelung aufhört.

Alle diese Verfahren bedingen längere Betriebsunterbrechung. Um sie zu vermeiden, kann durch Teilung des Verdampfers Weiterarbeiten mit verminderter Leistung erreicht werden. Bei Mehrstufenverdampfern für inkrustierende Flüssigkeiten empfiehlt es sich, jeden Körper ausschaltbar vorzusehen, wobei die verbleibenden in verminderter Stufenzahl weiterarbeiten. Werden die Verdampferrohre außen durch Flüssigkeit beaufschlagt, so läßt sich der bei überwiegender Sulfathärte gebildete spröde Steinbelag durch plötzliche Formänderung zum Abplatzen bringen. Zu diesem Zwecke werden z. B. die spiralig gewundenen Rohrschlangen von Seewasserverdampfern innen durch Dampf beheizt und anschließend außen durch kaltes Wasser abgeschreckt. Elliptische Querschnittsform der Heizrohre erhöht die Wirkung. Dagegen ist die verschiedene Ausdehnungszahl von Rohrmetall und Steinbelag in der Regel nicht ausreichend, um ein Abplatzen zu sichern. Das Mittel versagt auch, wenn der Belag weich, z. B. durch organische Verunreinigungen oder starke Karbonat- neben schwacher Sulfathärte gebildet ist.

Nimmt die Löslichkeit mit steigender Temperatur zu und wird das Eindampfen bis zur Sättigung fortgesetzt, so scheiden sich Kristalle aus und sinken in der Lösung nieder. Daß hierfür nicht die gleichen Gesetzmäßigkeiten gelten wie für die Inkrustation, geht aus Abb. 85 (Badger-Othmer[1]) hervor, die die zeitliche Veränderung des Wärmedurchgangswiderstandes darstellt. Während der ersten Zeit nimmt

[1] Badger-Othmer: Studies in evaporator design. Optimum cycle for liquids which form scale. J. Ind. Engg. Chem. 1925.

wegen der steigenden Konzentration und Zähigkeit und des dadurch verschlechterten Umlaufes $\frac{1}{k}$ rasch zu, bleibt dann eine Weile gleich und steigt, sobald die Salzkristalle sich an der Heizfläche abzusetzen beginnen, rasch weiter an. Die aus gesättigter Lösung ausfallenden Salzkristalle sind daher so zu führen, daß sie in den Sammelraum niedersinken, ohne die Heizfläche zu erreichen. Während bei inkrustierenden Flüssigkeiten die Umlaufgeschwindigkeit im allgemeinen keinen entscheidenden Einfluß auf die Ablagerung ausübt, äußert sich bei auskristallisierenden Lösungen hohe Geschwindigkeit dadurch vorteilhaft, daß sie die Reinhaltung der Heizflächen von Kristallen begünstigt.

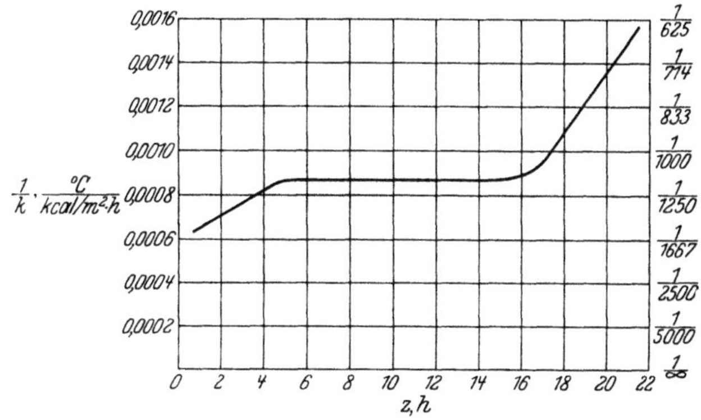

Abb. 85. Veränderung des Wärmedurchgangswiderstandes bei kristallisierenden Lösungen mit der Zeit (Badger-Othmer).

Bei auskristallisierenden Lösungen empfiehlt es sich nicht, den Flüssigkeitsstand unterhalb des höchsten Punktes der Heizfläche zu halten, weil hierdurch die Gefahr eintritt, daß die oberen Teile der Austauschfläche nur schwach benetzt werden und Kristalle auf ihnen festbrennen. Im Gegenteil erscheint es vorteilhaft, unter Verzicht auf die erfahrungsgemäß bei niedrigerem Flüssigkeitsstand eintretende Verbesserung des Wärmeüberganges, den Flüssigkeitsstand merklich oberhalb des höchsten Punktes der Heizfläche zu halten. Durch den Einfluß der statischen Flüssigkeitshöhe ergibt sich alsdann in den unteren Flüssigkeitsschichten eine höhere Temperatur der Lösung, als bei dem vorhandenen Brüdendruck der Siedetemperatur entspricht. Das Verdampfen erfolgt dann teilweise oder ganz nach Verlassen der Heizfläche durch Entspannung. Für die niedersinkenden Kristalle ist ein Rückweg nach dem Sammelraum frei zu halten. Dient im Grenzfalle die Heizfläche nur zur Erwärmung der Lösung, so verbessert künstlich verstärkter Umlauf den Wärmeübergang in besonderem Maße.

Da die Kristallbildung Zeit beansprucht, ist die Form des Kristallkochers durch die Bedingung beeinflußt, daß er ein bestimmtes von der

Eindampfleistung abhängiges Mindestfassungsvermögen besitzen muß. Hierdurch wird sofortiger Temperaturausgleich zwischen eintretender Lösung und Flüssigkeitsbad begünstigt. Verfehlt wäre es, die Lösung in Regenform oberhalb des Lösungsspiegels einzuführen, da hierdurch der natürliche Umlauf gestört und das Freihalten der Heizfläche von Kristallen in Frage gestellt würde.

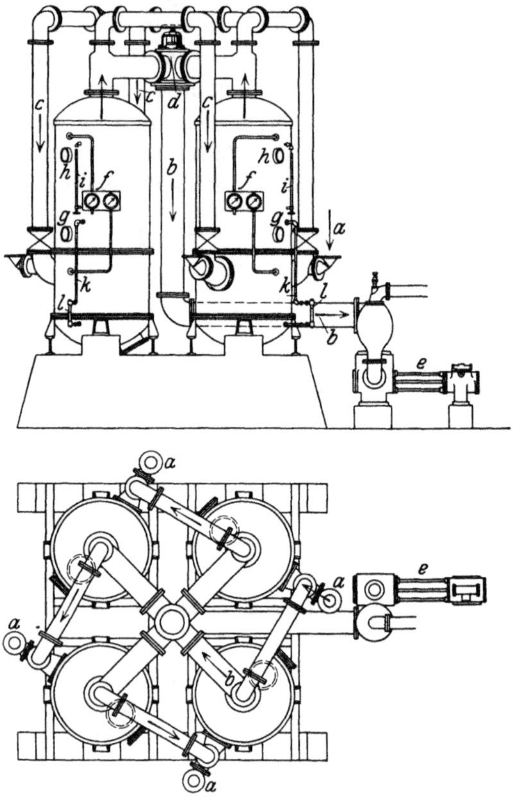

Abb. 86. Umschaltbarer mehrstufiger Verdampfer (Devine). *a* Heizdampf, *b* Brüden, *c* Zwischenbrüden, *d* Schaltschieber, *e* Naßluftpumpe mit Mischkondensator, *f* Druckmesser, *g* Schauglas, *h* Lichtglas, *i* Entlüftung, *k* Flüssigkeitsstand, *l* Probenehmer.

Daß die Sinkgeschwindigkeit der Kristalle mit der Zähigkeit abnimmt, bildet eine der Ursachen, weshalb in verschiedenen Fällen innerhalb der Heizfläche keine Salzabsetzung stattfindet. Dies trifft z. B. zu beim Eindampfen von Glyzerin, ebenso bei elektrolytisch gewonnener kaustischer Soda. (Diese ist frei von Kalziumsulfat. Der Gehalt der dünnen Lösung an Natriumsulfat beträgt etwa 1% bei einem Lösungsmittelgehalt $x_a \sim 3$. Beim Eindampfen auf $x_e \sim 1$ bleibt Natriumsulfat in der Hauptsache in Lösung, so daß auch die Gefahr der Inkrustation hier nicht besteht.) Bei solchen Flüssigkeiten mit hoher Zähigkeit erfolgt der Kristallaufbau in der Regel so, daß zunächst durch plötzliche Entspannung der leicht übersättigten Lösung eine Anzahl kleiner Kristalle entsteht, die ohne Vermehrung der Zahl bei richtiger Regelung von Speisung, Verdampfung und Temperatur zu Kristallen gewünschter Größe wachsen. Die Kristallisiergeschwindigkeit ist abhängig von der Reinheit der Lösung und wächst mit ihr. Ist der Reinheitsgrad, wie bei Zuckerlösungen, sehr hoch, so wird die Kristallisiergeschwindigkeit schließlich durch die Verdampfleistung der Heizfläche begrenzt. In weniger zähen Lösungen, wie Solen, gelingt es auch bei lebhaftem Umlauf nie vollkommen, die Kristalle in Schwebe zu halten und aufzubauen.

Ein Auskristallisieren unmittelbar an der Heizfläche kann nicht stattfinden, da hier die Temperatur der Grenzschicht und damit die Löslichkeit am höchsten ist.

Häufig treten Inkrustationen neben Kristallisationserscheinungen auf, z. B. beim Eindampfen und anschließenden Kristallkochen von Zuckerlösungen. Den ungünstigen Einfluß des beim Eindampfen der ungesättigten Zuckerlösungen gebildeten Steinansatzes hat bereits Claassen[1] durch Versuch dahin festgestellt, daß der Wärmedurchgang bei Verdampfern unmittelbar nach dem Auskochen am höchsten ist und während des Arbeitens bis zum nächstmaligen neuerlichen Auskochen sich ständig verschlechtert.

Die erwähnte Impfung bedeutet Vorbehandlung der einzudampfenden Flüssigkeit in dem Sinne, daß die Härtebildner von der inkrustierenden in kristallisierende Form, z. B. von Chloriden (Balcke), übergeführt werden. Beim Eindampfen erhöht sich die Konzentration. Ein Laugenabfluß dient dazu, die Annäherung der Lösung an den Sättigungszustand zu verhüten.

In Ausnahmefällen scheiden Lösungen zweierlei Salze aus, die alsdann getrennt in Zweistufenverdampfern gewonnen werden.

Die Entfernung von Kristallen, die sich an der Heizfläche festgesetzt haben, ist, im Gegensatz zur Inkrustation, durch gleichartige Lösung in ungesättigtem Zustande möglich. Dies führt dazu, bei mehrstufigen Verdampfern die Schaltung so zu wählen, daß jeder Körper abwechselnd als erste Stufe arbeitet, nachdem er zuvor an letzte Stelle geschaltet war, Abb. 86 (Devine).

4. Wandtemperatur und Wärmedurchgangswiderstand.

Die Errechnung der Wärmeübergangswiderstände ist dadurch erschwert, daß ihr Wert u. a. von den Wandtemperaturen abhängt, deren Höhe

$$t_{W,m} = t_m - \frac{Q_h}{F} \cdot \frac{1}{\alpha_m}, \tag{131}$$

$$t_{W,m,o} = t_{m,o} + \frac{Q_h}{F} \cdot \frac{1}{\alpha_{m,o}} \tag{131a}$$

von vornherein nicht feststeht. Die Wärmeübergangswiderstände sind daher zunächst für geschätzte Wandtemperaturen zu ermitteln.

Aus $\frac{1}{\alpha_m}$ und $\frac{1}{\alpha_{m,o}}$ folgt, zusammen mit den Beträgen $\frac{e_W}{\lambda_W}$, $\frac{e_f}{\lambda_f}$ und $\frac{e_{f,o}}{\lambda_{f,o}}$ der Wärmeleitwiderstände von Wand und Fremdkörperschichten, der Wärmedurchgangswiderstand

$$\frac{1}{k_m} = \frac{1}{\alpha_m} + \frac{1}{\alpha_{m,o}} + \sum \frac{e}{\lambda}$$

---

[1] Claassen: Über Verdampfung und Verdampfungsversuche. Z. Vereins Rübenzuckerindustrie d. deutschen Reiches. 1893.

und damit

$$\frac{Q_h}{F} = \frac{\Delta t_m}{\frac{1}{k_m}}.$$

Durch Einsetzen dieses Verhältnisses und der erstmalig gefundenen Werte $\frac{1}{\alpha_m}$ und $\frac{1}{\alpha_{m,o}}$ lassen sich die Wandtemperaturen $t_{W,m}$ und $t_{W,m,o}$ errechnen. Ergeben sich Abweichungen gegenüber der Annahme, so ist der Rechnungsgang zu wiederholen. Schließlich folgt mit dem endgültigen Wert $\frac{1}{k}$ die erforderliche Heizfläche

$$F = \frac{Q_h}{\Delta t_m} \cdot \frac{1}{k_m}.$$

Beispiel.

Ein Einstufenverdampfer werde mit Sattdampf von 115° beheizt und Wasser bei einem Brüdendruck $P_0 = 10333$ kg/m² darin verdampft. Die Heizfläche sei durch senkrechte, außen beheizte Kupferrohre von 30/34 mm Durchmesser und 1000 mm Länge gebildet. Der Flüssigkeitsstand betrage im Ruhezustande 750 mm, entsprechend einer mittleren Siedetemperatur von $\sim 101°$ ($P = 10707$ kg/m²). Wie groß ist die für eine Verdampfleistung von 1000 kg/h erforderliche Heizfläche, wenn das Wasser mit 70° gespeist wird und der Streuverlust 5% der Heizleistung beträgt?

$$Q_h = \frac{1000\,(639{,}4 - 70)}{0{,}95} \sim 600\,000 \text{ kcal/h},$$

$$G_{h,D} = \frac{600\,000}{530} \sim 1130 \text{ kg/h}.$$

Die Wandtemperatur werde zunächst zu $t_W \sim t_{W,o} \sim 108°$ geschätzt. Es folgt alsdann nach Nusselt-Schack

$$\frac{1}{\alpha} \sim \frac{\sqrt[4]{1\,(115 - 108)}}{5800 + 23\,(115 + 108)} \sim 0{,}00015 \frac{°\text{C}}{\text{kcal/m}^2 \cdot \text{h}}.$$

Bei günstigem Flüssigkeitsumlauf läßt sich nach den Austinschen Versuchen

$$\frac{1}{\alpha_0} \sim 0{,}00015 \frac{°\text{C}}{\text{kcal/m}^2 \cdot \text{h}}$$

schätzen und damit

$$\frac{1}{k} \sim 0{,}00015 + 0{,}00015 + \frac{0{,}002}{320} \sim 0{,}00031 \frac{°\text{C}}{\text{kcal/m}^2 \cdot \text{h}}$$

finden. Es folgt weiter

$$\frac{Q_h}{F} = \frac{115 - 101}{0{,}00031} = 45\,000 \frac{\text{kcal}}{\text{m}^2 \cdot \text{h}},$$

$$t_W = 115 - 45\,000 \cdot 0{,}00015 \sim 108{,}25,$$

$$t_{W,o} = 101 + 45\,000 \cdot 0{,}00015 \sim 107{,}75.$$

Die geringe Abweichung von der ursprünglichen Annahme hat keinen Einfluß auf die errechneten Werte, so daß sich genügend genau

$$F = \frac{600000}{45000} \sim 13\,\mathrm{m}^2,$$

entsprechend 130 Rohren, ergibt. Solange der Wert $\frac{1}{\alpha_0}$ sich nicht mit einiger Sicherheit errechnen läßt, bleibt es zwecklos, bei der Ermittlung der Verdampferheizfläche untergeordnete Einflüsse, wie Abweichung von der ebenen Form, zu berücksichtigen.

Wird im Betriebe mit einem 0,5 mm starken einseitigen Steinbelag gerechnet, dessen Wärmeleitfähigkeit $\lambda_f \sim 0{,}2$ kcal/m · °C · h beträgt, so ergibt sich ein zusätzlicher Wärmeleitwiderstand

$$\frac{e_f}{\lambda_f} = \frac{0{,}0005}{0{,}2} = 0{,}0025,$$

der allein den Wärmedurchgangswiderstand bestimmt, da ihm gegenüber der für die reine Heizfläche gefundene Wert $\frac{1}{k} \sim 0{,}00031$ verschwindet. Mit dem Betriebswert $\left(\frac{1}{k}\right) \sim 0{,}0025$ folgt

$$\frac{(Q_h)}{(F)} = \frac{115-101}{0{,}0025} \sim 5600\,\frac{\mathrm{kcal}}{\mathrm{m}^2\cdot\mathrm{h}},$$

$$(t_W) = 115 - 5600 \cdot 0{,}00015 \sim 114{,}16,$$

$$(t_{W,o}) = 101 + 5600 \cdot 0{,}00015 \sim 101{,}84.$$

Von dem gesamten Temperaturgefälle 115 — 101 = 14° entfallen auf Wand und Steinbelag 12,32°, gegenüber nur 0,5° bei reiner Fläche. In Wirklichkeit ist der Unterschied noch größer, da sich mit dem berichtigten (t_W) ein kleinerer Wert $\left(\frac{1}{\alpha}\right)$ und damit (t_W) noch näher bei t ergibt. Die Heizfläche beträgt schließlich

$$(F) = \frac{600000}{5600} \sim 107\,\mathrm{m}^2.$$

Wird die Heizfläche mit 13 m² bemessen, wie für die reine Wand errechnet, so nimmt die Leistung auf etwa ¹/₈ der anfänglichen ab, wenn der Steinbelag die Stärke von 0,5 mm erreicht.

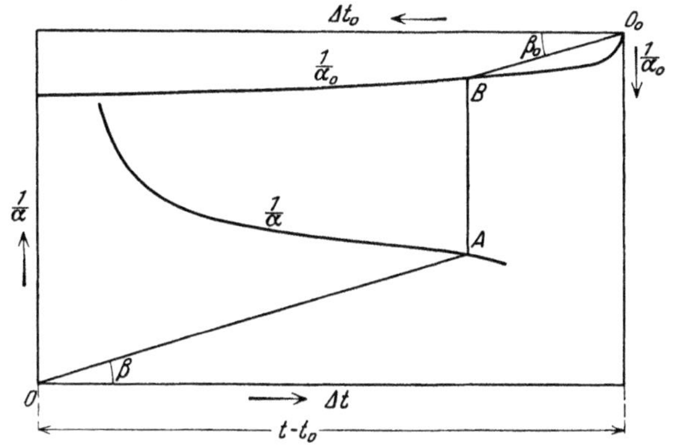

Abb. 87. Zeichnerische Ermittelung der Wandtemperatur.

Können die Wärmeleitwiderstände von Wand und Fremdkörperschichten gegenüber den Wärmeübergangswiderständen vernachlässigt werden, so läßt sich die Berechnung nach Abb. 87 in vereinfachter Form durchführen, wenn die Abhängigkeit des Wärmeübergangswiderstandes von dem Temperaturgefälle feststeht. Die Länge der Abszissenachse beträgt

$t - t_0$, entsprechend dem nutzbaren Temperaturgefälle. Der Nullpunkt liegt für $\frac{1}{\alpha}$ links unten, für $\frac{1}{\alpha_0}$ rechts oben. Die Teiltemperaturgefälle werden, $\Delta t = t - t_W$ für $\frac{1}{\alpha}$ von links nach rechts, $\Delta t_0 = t_W - t_0$ für $\frac{1}{\alpha_0}$ von rechts nach links gemessen. Jede Ordinate schneidet daher zusammengehörige Werte Δt und Δt_0 auf der Abszissenachse ab, die der Bedingung

$$\Delta t + \Delta t_0 = t - t_0$$

entsprechen. Für die von den Nullpunkten mit der Neigung β und β_0 zu den Abszissenachsen gezogenen Strahlen gilt

$$\operatorname{ctg}\beta = \frac{\Delta t}{\frac{1}{\alpha}},$$

$$\operatorname{ctg}\beta_0 = \frac{\Delta t_0}{\frac{1}{\alpha_0}}.$$

Die zwei zueinandergehörigen Punkte A und B der $\frac{1}{\alpha}$- und $\frac{1}{\alpha_0}$-Kurven müssen auf einer gemeinsamen Ordinate liegen und außerdem für die nach ihnen führenden Strahlen die Bedingungen erfüllt sein:

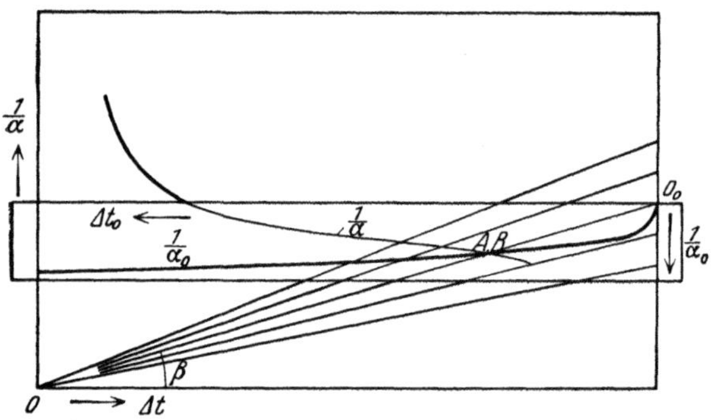

Abb. 88. Zeichnerische Ermittelung der Wandtemperatur.

$$\frac{\Delta t}{\frac{1}{\alpha}} = \frac{Q_h}{F} = \frac{\Delta t_0}{\frac{1}{\alpha_0}},$$

$$\operatorname{ctg}\beta = \operatorname{ctg}\beta_0,$$

$$\beta = \beta_0.$$

Die Punkte A und B lassen sich daher durch den Linienzug $OABO_0$ finden, wobei OA parallel BO_0 gezogen wird und O_0 mit dem oberen Nullpunkt zusammenfallen muß. Ist dies beim ersten Versuch nicht der Fall, so führt Wiederholung mit geänderter Neigung der Strahlen zur Lösung. Die Punkte A und B liefern mit der Höhe der Temperaturgefälle $t - t_W$ und $t_W - t_0$, die Werte für die Wandtemperatur t_W und die Heizflächenbelastung $\frac{Q_h}{F} = \frac{\Delta t}{\frac{1}{\alpha}} = \frac{\Delta t_0}{\frac{1}{\alpha_0}}$. Wird nach Abb. 88 das $\Delta t - \frac{1}{\alpha}$-Bild mit den β-Strahlen versehen und das $\Delta t_0 - \frac{1}{\alpha_0}$-Bild auf durchsichtiges Papier gezeichnet, so läßt sich die gesuchte Abszissengröße durch senkrechtes Verschieben beider Bilder finden. Der veränderliche Schnittpunkt der beiden Kurven entspricht nämlich dann den zusammenfallenden Punkten A und B, wenn der durch den Schnittpunkt gehende β-Strahl den Nullpunkt O_0 trifft.

Bei unmittelbarer elektrischer Beheizung durch einen in die zu verdampfende Flüssigkeit eingebrachten Leiter mit der Oberfläche F besteht die Beziehung

$$Q_h = 860\frac{E^2}{R} = \frac{F\,(t_W - t_0)}{\frac{1}{\alpha_0}}, \tag{132}$$

$$t_W = t_0 + \frac{860\,E^2}{R\cdot F}\cdot\frac{1}{\alpha_0} = t_0 + \frac{Q_h}{F}\cdot\frac{1}{\alpha_0}. \tag{133}$$

Da der elektrische Widerstand R und der Wärmeübergangswiderstand $\frac{1}{\alpha_0}$ zwischen Flüssigkeit und Leiter von der Temperatur t_W des Leiters abhängen, müssen zunächst R und $\frac{1}{\alpha_0}$ für einen geschätzten Wert t_W errechnet werden. Für eine festliegende Spannung E folgen dann die Heizleistung Q_h und die berichtigte Wandtemperatur t_W, mit der die Rechnung zu wiederholen ist.

III. Mehrstufige Verdampfung.

A. Grundsätzliches.

Wird die gesamte Verdampfleistung auf mehrere Körper verteilt, so kann die Betriebsweise verschiedenen Grundsätzen folgen:

1. Die Temperatur des Heizmittels ist in den einzelnen Körpern verschieden, der Brüdendruck in allen gleich.

Dieser Fall kann auftreten, wenn Abwärme bei verhältnismäßig niedriger Temperatur, jedoch nur in einer Menge zur Verfügung steht, die nicht zur Deckung des Wärmebedarfes ausreicht. Der restliche Wärmebedarf wird alsdann durch höherwertige Wärme, z. B. Frischdampf, gedeckt. Bei Anwendung eines einzigen Verdampferkörpers müßte der Frischdampf auf die dem Abdampf entsprechende Spannung abgedrosselt werden und, abgesehen von der geringfügigen Überhitzung des abgedrosselten Frischdampfes, mit dem gleichen Temperaturgefälle arbeiten wie der Abdampf. Verteilung der Verdampfleistung auf zwei Körper bietet demgegenüber den Vorteil, daß für die dem Frischdampf in dem einen Körper zufallende Teilleistung ein höheres Temperaturgefälle wirksam ist als für die durch Abdampf bestrittene Restleistung.

Daraus folgen günstigere Wärmeübertragungsverhältnisse und kleinere spezifische Heizflächen im ersten Körper. Wird auf die Möglichkeit verzichtet, in verschiedenen Körpern verschiedene Konzentrationen zu halten, so läuft das Verfahren auf die Arbeitsweise eines Einkörperverdampfers mit unterteilter Heizfläche hinaus. Hierher gehören auch die Ausnahmefälle, bei denen weit auseinanderliegende Temperaturen gefordert und Heizmittel verschiedener Art angewandt werden. Das Verfahren Simonson-Mantius der National Lead Co, New York, bei dem Schwefelsäure unter Luftleere zunächst durch Dampf von etwa 4 at bis $\gamma = 1730$ kg/m³ (61° Bé) und anschließend durch heißes Öl von etwa 260° bis $\gamma = 1840$ kg/m³ (66° Bé) eingedampft wird, stellt ein Beispiel hierfür dar.

2. Der Brüdendruck ist in den einzelnen Körpern verschieden, die Temperatur des Heizmittels in allen gleich.

Dieser Fall ist gegeben, wenn ein Körper offen, also mit 1 at Brüdendruck arbeitet, während der andere an eine Kondensation angeschlossen ist. Im ersten Körper ergibt sich dann eine höhere Temperatur der siedenden Flüssigkeit und geringeres Temperaturgefälle als im anderen Körper. Die Erniedrigung des Brüdendruckes hat eine Vergrößerung der spezifischen Heizflächenleistung zur Folge. Eine derartige Teilung kann daher ins Auge gefaßt werden, um bei Lösungen, die im Zustande hoher Konzentration eine beträchtliche Siedetemperaturerhöhung ergeben, deren Einfluß teilweise auszugleichen. Die schwache Lösung arbeitet alsdann mit dem höheren, die starke mit dem niedrigeren Brüdendruck. Die Lösung durchläuft beide Körper hintereinander.

3. Temperatur des Heizmittels und Brüdendruck sind in allen Körpern gleich. Die einzudampfende Lösung strömt von einem Körper zum andern.

Mit dieser Schaltung lassen sich die ungünstigen Einflüsse hoher Konzentration — erhebliche Siedepunkterhöhung, große Zähigkeit und daher schwacher Umlauf — auf einen Teil der gesamten Verdampferheizfläche beschränken. Das Verfahren ist alles weniger als vollkommen, weil die stärkste Lösung mit geringstem Temperaturgefälle arbeitet. Die gleiche Wirkung läßt sich im Einkörperverdampfer erzielen, wenn durch Trennwände verschiedene Lösungsräume geschaffen und von der Lösung hintereinander durchlaufen werden. Dieser Grundsatz findet sich bei dem Vogelbusch-Verdampfer, Abb. 89 (K.K.K.) verwirklicht. Die einzelnen Heizkörperelemente bestehen aus Bündeln verhältnismäßig enger Rohre, die gegen die Waagerechte schwach geneigt sind und außen von Dampf umspült werden. Die einzudampfende Lösung strömt schräg aufwärts durch die Rohre. Die ausgestoßene Lösung wird durch Wannen aufgefangen und teilweise durch ein waagerechtes Rohr dem tieferliegenden Ende des Röhrenbündels wieder zugeführt. Der Rest der ausgestoßenen Lösung fällt durch das in jeder Wanne mündende Überlaufrohr nach der darunterliegenden Rinne. Die schwache Lösung wird der höchstliegenden Wanne zugeführt, die fertig eingedampfte Lösung aus der tiefstliegenden Wanne abgezogen. Der Heizdampf strömt von unten nach oben, das Kondensat wird unter jedem Heizelement durch Rinnen aufgefangen und nach außen geleitet. Die bei den

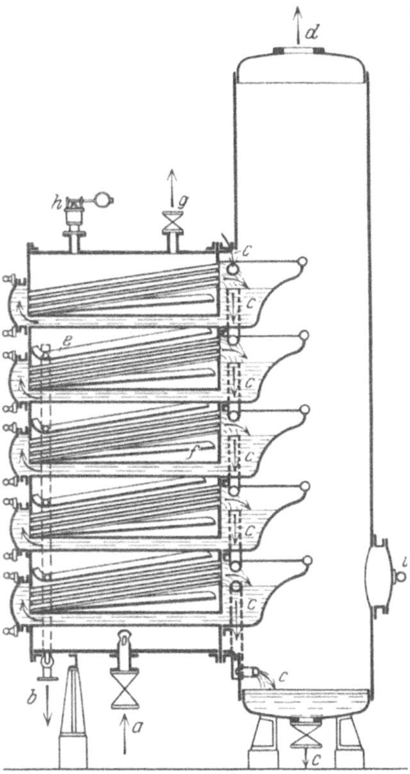

Abb. 89. Vogelbusch-Verdampfer (K.K.K.). *a* Heizdampf, *b* Heizdampfkondensat, *c* Flüssigkeit, *d* Brüden, *e* Kondensatfangrinne, *f* Dampfführungsrinne, *g* Entlüftung, *h* Sicherheitsventil, *i* Mannloch.

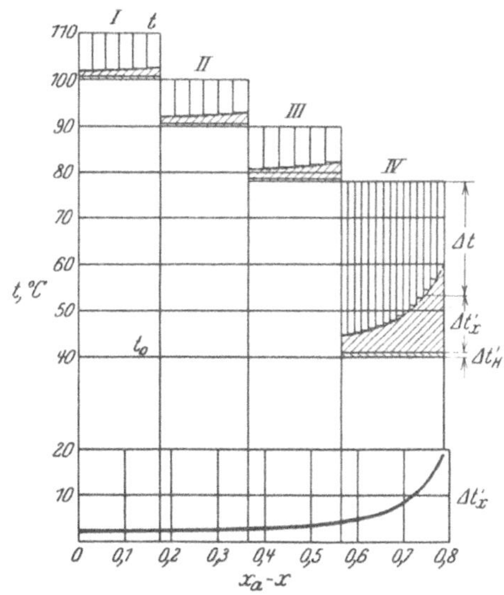

Abb. 90. Temperaturgefälle beim Vogelbusch-Verdampfer.

tieferen Rohrgruppen zur Geltung kommende höhere Dampfgeschwindigkeit wirkt der mit zunehmender Konzentration der Lösung eintretenden Verringerung des Temperaturgefälles entgegen. Für das Eindampfen von Schlempe in vier hintereinandergeschalteten Verdampfern gibt Vogelbusch das Temperaturgefälle nach Abb. 90 an. In den drei ersten Stufen bleibt das wirksame Temperaturgefälle während des jedesmal sechsfachen Überganges von einem Heizkörperelement zum anderen nahezu gleich. Dagegen äußert sich in der vierten Stufe der Siedeverzug in erheblichem Maße und erreicht bei der angenommenen

Endkonzentration auf $\gamma = 1400$ kg/m³ (41° Bé) nahezu 20°. Dieser Temperaturverlust wirkt sich nur bei dem letzten Heizkörperelement aus, so daß der mittlere Temperaturverlust sämtlicher Elemente der letzten Stufe nur etwa 8° beträgt und damit unter der Hälfte des Wertes bleibt, der sich ohne die Unterteilung in der vierten Stufe ergäbe. In anderer Weise wird die Trennung des Eindampfraumes bei dem Vinzek-Turek-Verdampfer verwirklicht, dessen senkrechtes Röhrenbündel in mehrere

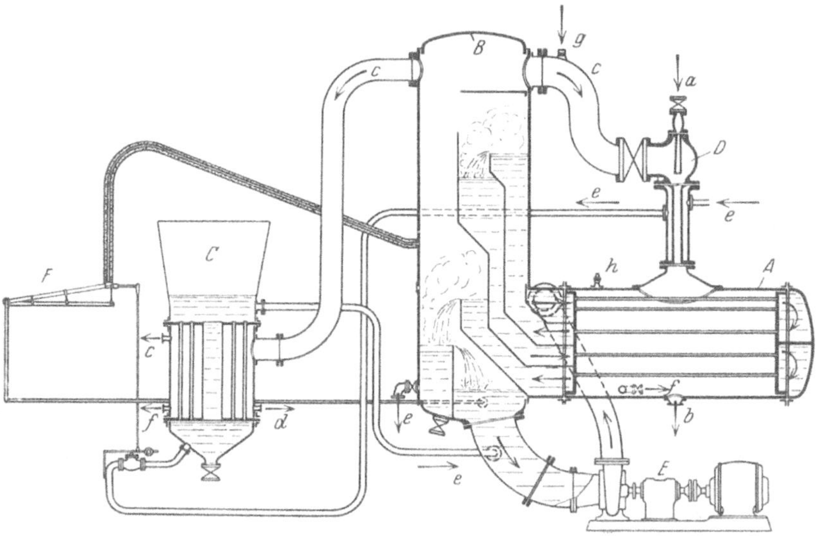

Abb. 91. Entspannungsverdampfer mit Dampfstrahl-Brüdenverdichter (Delas).
A Heizkörper, *B* Ausdampfkörper, *C* Vorwärmer, *D* Dampfstrahlbrüdenverdichter, *E* Umlaufpumpe, *F* Speiseregler (Copes), *a* Treibdampf, *b* Heizdampfkondensat, *c* Brüden, *d* Brüdenkondensat, *e* Flüssigkeit, *f* Entlüftung, *g* Vakuumbrecher, *h* Sicherheitsventil.

Kammern unterteilt ist, die von der einzudampfenden Lösung zwangläufig nacheinander durchlaufen werden. Auch der mit mehrmaliger Entspannung arbeitende Delas-Verdampfer der Abb. 91 besitzt einen gemeinschaftlichen Brüdenraum. Die einzudampfende Lösung wird vorgewärmt und unter Überwindung einer beträchtlichen Flüssigkeitshöhe in den Entspannungsraum gefördert. Die teilweise eingedampfte Lösung tritt unter Wirkung ihres Gewichtes in ein zweites Abteil des Vorwärmers und anschließend zu neuerlicher Entspannung in den Entspannungsraum zurück. Die Restlösung läuft teilweise ab, teilweise wird sie zusammen mit der eintretenden schwachen Lösung durch eine Pumpe dem ersten Abteil des Heizkörpers zugeführt. Bei der erstmaligen Vorwärmung kann wegen der größeren Flüssigkeitshöhe die dem Brüdendruck entsprechende Siedetemperatur in höherem Grade überschritten werden als bei der zweiten Vorwärmung, wenn in beiden Fällen Dampfbildung im Vorwärmer vermieden werden soll.

4. Temperatur des Heizmittels und Brüdendruck sind in allen Körpern verschieden.

Arbeitet hierbei der mit höherer Temperatur beheizte Körper mit höherem Brüdendruck, der andere umgekehrt, so findet ein Ausgleich des wirksamen Temperaturgefälles in den einzelnen Körpern statt. Soll im Grenzfalle jeder Körper einen gleichen Teil der gesamten Verdampfleistung übernehmen, so ist das Temperaturgefälle bei den im höheren Temperaturfeld arbeitenden Körpern kleiner zu halten als bei den im niedrigeren Temperaturfelde arbeitenden Körpern, und zwar in dem Verhältnis, in dem der Wärmedurchgangswiderstand mit der höheren Temperatur abnimmt. Es liegt nahe, die höher gespannten Brüden als Heizmittel für einen folgenden Körper zu benutzen und damit zur eigentlichen Mehrstufenschaltung überzugehen. Alsdann wirken, wenn von Nebeneinflüssen abgesehen wird, sämtliche Körper als Dampfumformer mit Ausnahme des letzten, dessen Brüdendampf verfügbar bleibt. Der Heizmittelweg ist für sämtliche Körper hintereinandergeschaltet, der gesamte Heizmittelverbrauch gleichbedeutend mit dem Heizmittelbedarf des ersten Körpers, also gegenüber Einkörperverdampfern oder Mehrkörperverdampfern mit unabhängiger Einzelbeheizung nach Fall 1 und 2 um so geringer, je höher die Stufenzahl gewählt wird.

a) Wärmeverbrauch.

Die Fälle 1, 2 und 3 zählen zu den Ausnahmen. Die ausführliche Behandlung kann sich daher auf Fall 4 beschränken. Wird zunächst die Eintrittstemperatur der einzudampfenden Lösung gleich der Siedetemperatur angenommen, die dem in den einzelnen Körpern herrschenden Brüdendruck entspricht, und von Streuverlusten abgesehen, so ist das in jedem Körper entstehende Brüdengewicht genügend genau gleich dem Gewicht des Heizdampfes. Dem Dampfverbrauch von $G_{h,D}$ kg/h des Einkörperverdampfers steht bei dem n-stufigen Verdampfer ein Dampfverbrauch von $\frac{G_{h,D}}{n}$ kg/h gegenüber.

b) Überschüssige Brüdenwärme.

Bei dem einstufigen Verdampfer ist die verfügbare Brüdenmenge gleich dem gesamten verdampften Lösungsmittelgewicht $G_{h,T}(x_a - x_e)$ kg/h, bei dem n-stufigen Verdampfer werden nur die Brüden des letzten Körpers im Gewichte von $\frac{G_{h,T}}{n}(x_a - x_e)$ kg/h frei. In den Fällen, wo genügende Nachfrage nach Abwärme bei niedriger Temperatur vorliegt, kommt der durch die Stufenteilung erzielbare Vorteil der Ersparnis an primärer Heizwärme nicht zur Geltung, weil ihr ein gleich hoher, durch die Brüden nicht gedeckter Betrag an benötigter Wärme gegenübersteht. Dient z. B. eine Verdampfanlage zur Herstellung des Zusatzspeisewassers einer Dampfkraftanlage, dessen Menge etwa 3 bis 5% des gesamten Speisewassergewichtes beträgt, also im Verhältnis zu dem im Oberflächenkondensator wiedergewonnenen Kondensat gering ist, so können bei einstufiger Bauart des Verdampfers die Brüden restlos in einem Wärmeaustauscher niedergeschlagen werden, der zur Vorwärmung des Kondensates dient. Wenn dagegen verhältnismäßig viel Dampf verloren geht und die Zusatzspeisewassermenge 20% des gesamten Speisewassergewichtes und mehr beträgt, ergibt die mehrstufige Verdampfanlage Ausgleich zwischen überschüssiger Brüdenwärme und Bedarf für Kondensatvorwärmung. Lassen sich die Brüden nicht als Heizmittel ausnutzen und muß ihr Austritt in die freie Luft vermieden werden, so tritt bei dem mehrstufigen Verdampfer zu der Heizdampfersparnis noch der verminderte Wasserverbrauch als Vorzug gegenüber der einstufigen Anlage. Verkleinerung der Kondensationsanlage geht damit Hand in Hand.

Die angenommenen Verhältnisse ändern sich dadurch, daß Wärmeverluste sich nicht vollständig vermeiden lassen und die Lösung nicht, wie vorausgesetzt, in jeden Körper mit einer ihrer Siedetemperatur entsprechenden Temperatur eintritt. Im praktischen Falle ergibt die Zusammenwirkung dieser Nebenumstände eine Veränderung der Brüdenmenge von Stufe zu Stufe.

Der Streuverlust führt eindeutig zu einer Vermehrung des Wärmeverbrauches. Er ist für die einzelnen Körper nicht gleich zu werten. Beträgt z. B. der Streuverlust jedes Körpers das m-fache der im ersten Körper verbrauchten Heizleistung Q_h, so wirkt sich der Verlust im ersten Körper auf diesen und alle folgenden, der Verlust im zweiten Körper auf diesen und alle folgenden usw. aus, entsprechend einem Gesamtverlust an Verdampfleistung von

$$n \cdot m \cdot Q_h + (n-1)\, m \cdot Q_h + (n-2)\, m \cdot Q_h + \cdots + m \cdot Q_h = \frac{n(n+1)}{2} \cdot m \cdot Q_h .$$

Der angenommene Heizmittelverbrauch des Mehrstufenverdampfers $\frac{G_{h,T}}{n}$ ist daher um den Wert

$$\frac{n(n+1)}{2} \cdot m \cdot \frac{G_{h,T}}{n} = \frac{n+1}{2} \cdot m \cdot G_{h,T}$$

zu steigern.

Beispiel.

In jedem Körper einer vierstufigen Anlage werden 5% der dem ersten Körper zugeführten Heizwärme als Streuverlust verbraucht. Gegenüber der Annahme vollkommener Wärmedichtheit nimmt die Verdampfleistung ab um $\frac{4(4+1)}{2} \cdot 5 = 50\%$ der primären Heizdampfmenge, entsprechend einer Verdampfungsziffer von 3,5 statt 4. Die primäre Heizdampfmenge ist um $\frac{(4+1)}{2} \cdot 5 = 12{,}5\%$ zu steigern, wenn die ohne Streuverlust errechnete Gesamtleistung erzielt werden soll.

Liegt die Eintrittstemperatur der einzudampfenden Lösung niedriger als die dem Brüdendruck des einzelnen Körpers entsprechende Siedetemperatur, so äußert sich die nötige Vorwärmleistung ganz ähnlich wie der Streuverlust. Vorwärmung im ersten Körper wirkt auf sämtliche folgenden Körper zurück. Ob zusätzliche Vorwärmung in dem zweiten und den folgenden Körpern nötig ist, hängt von der unten behandelten Frage der Schaltung ab, in der die Flüssigkeit durch die einzelnen Körper hindurchwandert.

Auf alle Fälle sind Maßnahmen, um Streuverluste zu vermeiden und den Vorwärmbedarf der einzudampfenden Lösung gering zu halten, bei den ersten Körpern in höherem Maße angebracht als bei den letzten. Da die Temperatur im ersten Körper am höchsten liegt, ist aus doppelten Gründen verbesserter Wärmeschutz bei ihm berechtigt.

c) Heizfläche.

Der Dampfersparnis durch Mehrstufenteilung steht die Notwendigkeit einer Heizflächenvergrößerung gegenüber. Wird das verfügbare Temperaturgefälle $t - t_0$ gleichmäßig auf die n Stufen verteilt, so ist, von Nebeneinflüssen abgesehen, das verfügbare Temperaturgefälle der Einzelstufe $\frac{t - t_0}{n}$ und die dadurch bedingte Stufenleistung

$$\frac{Q_h}{n} = \frac{F}{\frac{1}{k}} \cdot \frac{t - t_0}{n}.$$

Die Gesamtleistung ergibt sich unabhängig von der Stufenzahl in der gleichbleibenden Höhe

$$Q_h = \frac{F}{\frac{1}{k}} (t - t_0),$$

wenn

die Einzelheizfläche F jeder Stufe so groß ist wie die Heizfläche eines einstufigen Verdampfers, der soviel leistet wie alle Körper zusammen,

der Wärmedurchgangswiderstand $\frac{1}{k}$ sich nicht ändert.

In Wirklichkeit trifft zunächst die zweite Voraussetzung nicht zu, weil der Wärmeübergangswiderstand mit abnehmendem Temperaturgefälle, also mit der Stufenzahl, auf der Flüssigkeitsseite wächst und auf der Heizdampfseite sinkt, der Wärmedurchgangswiderstand in der Regel ansteigt. Dieser Nachteil wird, allerdings nur zum geringen Teile, dadurch ausgeglichen, daß beim einstufigen Verdampfer die Lösung die untere Grenztemperatur t_0 besitzt, wenn von Siedeverzug abgesehen wird, während beim mehrstufigen Verdampfer der ungünstige Einfluß niedriger Temperaturen sich auf die hinteren Stufen beschränkt. Umgekehrt wirkt zugunsten des einstufigen Verdampfers der Umstand, daß die Temperatur des Heizmittels für ihn der oberen Grenztemperatur t entspricht, für den mehrstufigen Verdampfer jedoch bei allen außer der ersten Stufe niedriger liegt. Hieraus folgt, daß die Gesamtheizfläche der n-stufigen Verdampfanlage mehr als die Größe $n \cdot F$ besitzen muß, wenn F die Heizfläche eines einstufigen Verdampfers bedeutet, der unter Ausnutzung des gleichen Temperaturgefälles $t - t_0$ dieselbe Leistung ergibt.

d) Wirtschaftlichkeit.

Ob Stufenteilung am Platze ist, ergibt sich durch Vergleich des Gewinnes durch Wärmeersparnis mit den Kosten des vermehrten Kapitaldienstes für die größere Gesamtheizfläche, also durch eine Wirtschaftlichkeitsberechnung, die neben diesen Hauptpunkten auch die verschiedenen Kosten für Bedienung und Unterhaltung berücksichtigt. Beim Eindampfen von Lösungen kann die Entscheidung mit Rücksicht auf besondere Eigenschaften des verarbeiteten Stoffes trotz geringerer Wirtschaftlichkeit zugunsten der mehrstufigen Verdampfung fallen, weil sich bei ihr der Einfluß der hohen Heizmitteltemperatur auf die ersten Stufen, der Einfluß der niedrigen Lösungstemperatur auf die letzten Stufen beschränkt. Dies bedeutet die Möglichkeit, bei temperaturempfindlichem Eindampfgut die schädliche Wirkung hoher Temperaturen im ganzen zu mildern und für die starke Lösung ganz zu vermeiden, bei Stoffen, die bei hoher Konzentration große Zähigkeit besitzen, dem ungünstigen Einfluß der Zähigkeit auf die Wärmeübertragung durch Verlegung der letzten Eindampfung in die erste Stufe entgegenzuarbeiten.

e) Temperaturverlust.

Die Siedetemperaturerhöhung $\Delta t'_H$, die sich aus dem statischen Flüssigkeitsdruck ergibt, tritt unabhängig von der Stufenzahl in jedem Körper mit dem dem einstufigen Verdampfer zukommenden Betrage auf, wenn gleicher Flüssigkeitsstand vorausgesetzt und von dem wechselnden Brüdendruck abgesehen wird. Da jedoch der Brüdendruck in allen Stufen mit Ausnahme der letzten höher ist als bei dem einstufigen Verdampfer, erreicht der Temperaturverlust $\Delta t'_H$ nur in der letzten Stufe diesen Wert, liegt dagegen in allen anderen Stufen niedriger. Der hieraus folgende gesamte Temperaturverlust ist daher der Größenordnung nach das

n-fache des bei einstufiger Verdampfung auftretenden Betrages, zahlenmäßig jedoch kleiner als dieser Wert.

Die Siedetemperaturerhöhung $\Delta t'_x$, die sich aus der Konzentration der Lösung ergibt, tritt beim einstufigen Verdampfer in dem Betrage als Temperaturverlust auf, der der höchsten Konzentration und dem niedrigsten Druck zukommt. Beim mehrstufigen Verdampfer ergibt sich der Temperaturverlust in dieser Höhe nur für den Körper, in dem die Fertigverdampfung vorgenommen wird, in den übrigen Stufen niedriger. Da die Siedetemperaturerhöhung mit dem Lösungsmittelgehalt nicht in linearer Beziehung zusammenhängt, sondern mit sinkendem Lösungsmittelgehalt beschleunigt zunimmt, ist der mittlere Temperaturverlust bei n Stufen erheblich kleiner als $\frac{\Delta t'_x}{n}$. Wird die Schlußeindampfung in die erste Stufe, also in das Gebiet höheren Brüdendruckes, verlegt, so ergibt sich gegenüber dem einstufigen Verdampfer eine Erhöhung des Siedeverzuges im ersten Körper.

Je höher der Flüssigkeitsstand und je geringer die Siedetemperaturerhöhung durch Konzentration sind, um so eher ist eine Vergrößerung des gesamten Temperaturverlustes im mehrstufigen Verdampfer, verglichen mit dem einstufigen, zu erwarten, während umgekehrt, bei niedrigem Flüssigkeitsstand und beträchtlicher Erhöhung der Siedetemperatur der starken Lösung, mit einer Verminderung des Temperaturverlustes durch Stufenteilung zu rechnen ist.

Erfolgt die Schlußeindampfung durch die letzte Stufe, so tritt in ihr ein Temperaturverlust $\Delta t'_H + \Delta t'_x$ in gleicher Höhe wie bei dem einstufigen Verdampfer auf. Soll daher die Leistung der letzten Stufe den $n$ten Teil der Gesamtleistung betragen, so genügt es nicht, die Heizflächengröße F gegenüber dem für den einstufigen Verdampfer gleicher Gesamtleistung gültigen Maße um den Betrag zu erhöhen, der den höheren Wärmeübergangswiderstand $\frac{1}{k}$ ausgleicht. Es soll vielmehr außerdem in der letzten Stufe ein n u t z b a r e s Temperaturgefälle $\frac{t - t_0 - (\Delta t'_H + \Delta t'_x)}{n}$ verfügbar sein. Da hier der Temperaturunterschied zwischen Heizmittel und Brüden um $\Delta t'_H + \Delta t'_x$ höher liegt, müßte er demnach

$$\frac{t - t_0 - \Delta t'_H - \Delta t'_x}{n} + \Delta t'_H + \Delta t'_x = \frac{t - t_0}{n} + \frac{n-1}{n}(\Delta t'_H + \Delta t'_x)$$

betragen.

Beispiel.

Es stehe ein gesamtes Temperaturgefälle von $t - t_0 = 100^0$ zur Verfügung, die Siedetemperaturerhöhung durch statischen Flüssigkeitsdruck und Konzentration beim einstufigen Verdampfer erreiche den Wert $\Delta t'_H + \Delta t'_x = 10^0$. Der Temperaturunterschied zwischen Heizmittel und Brüden muß alsdann in der letzten Stufe einer

1 2 3 4 5 stufigen Eindampfanlage

$$100, \quad \frac{100}{2}+\frac{1}{2}\cdot 10=55, \quad \frac{100}{3}+\frac{2}{3}\cdot 10=40, \quad \frac{100}{4}+\frac{3}{4}\cdot 10=32{,}5, \quad \frac{100}{5}+\frac{4}{5}\cdot 10=28 \quad {}^{0}$$

betragen, wenn in dieser die Fertigeindampfung vor sich geht. Vorausgesetzt ist hierbei, daß die Heizflächenbemessung die Verschlechterung des $\frac{1}{k}$-Wertes berücksichtigt und die Stufenleistung den Betrag $\frac{Q_h}{n}$ erreicht, d. h. die Brüdenmenge in allen Stufen etwa gleich ist. Das nutzbare Temperaturgefälle ist alsdann

90 45 30 22,5 18 °.

Für die vorausgehenden Stufen verbleibt ein gesamtes Temperaturgefälle von

45 60 67,5 72 °.

Hiervon sind die Temperaturverluste in den einzelnen Stufen abzuziehen, um das nutzbare Temperaturgefälle zu erhalten. Dieses ist daher für die der letzten vorausgehenden Stufen

< 45 < 30 $< 22{,}5$ < 18 °,

also in jedem Falle kleiner als in der letzten Stufe und kleiner als der $n$te Teil des nutzbaren Temperaturgefälles des einstufigen Verdampfers.

Würde daher die Heizfläche der höheren Stufen in dem Maße verkleinert, in dem der Wärmedurchgangswiderstand $\frac{1}{k}$ abnimmt, so würde sich das nutzbare Temperaturgefälle höher als nach obiger Angabe verfügbar einstellen und damit das nutzbare Temperaturgefälle der letzten Stufe sinken. Gleiche Bemessung der Einzelheizflächen wirkt daher ausgleichend, indem der geringere Wärmedurchgangswiderstand in der höheren Stufe gestattet, mit dem kleineren nutzbaren Temperaturgefälle angenähert auszukommen. Das aber bedeutet einen zweiten Grund, die Heizfläche nicht nur in der letzten, sondern in sämtlichen Stufen größer zu halten als beim einstufigen Verdampfer gleicher Leistung. Ein Blick auf Abb. 92 zeigt deutlich, daß das wirksame Temperaturgefälle in dem einstufigen Verdampfer größer ist als die Summe der wirksamen Temperaturgefälle in den Einzelkörpern eines Mehrstufenverdampfers. Der Unterschied kommt dem Temperaturverlust sämtlicher Stufen mit Ausnahme der letzten gleich.

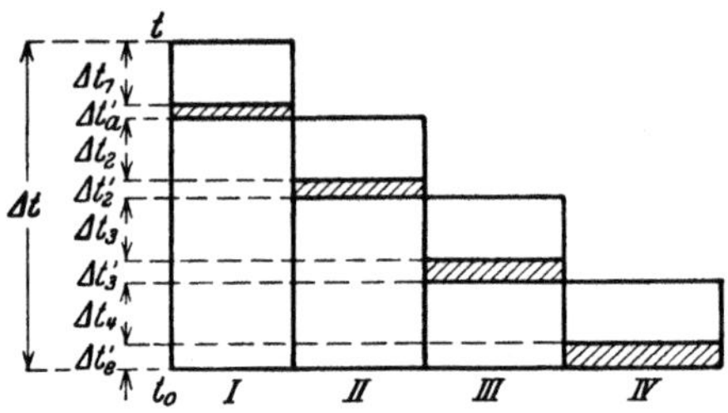

Abb. 92. Temperaturgefälle beim mehrstufigen Verdampfer.

B. Vorausberechnung.

Die veränderlichen Faktoren in den einzelnen Stufen einer Mehrfachverdampfanlage, insbesondere Stufenleistung, Temperaturgefälle, Wärmeübertragungsverhältnisse hängen zwangläufig zusammen. Von vornherein erscheint es aussichtslos, die zahlenmäßigen Werte für die einzelnen Stufen auf analytischem Wege zu ermitteln. Die Praxis nimmt daher zunächst eine Schätzung vor, darauf eine Nachrechnung mit berichtigten Annahmen. Bei mehrfacher Wiederholung verschwinden schließlich die Widersprüche zwischen Voraussetzung und Nachprüfung. Ein solches vortastendes Verfahren ist zweifellos recht mühsam. Erfahrung und Gefühl allein vermögen es abzukürzen.

Die Aufgabe kann in zweierlei Grundformen gestellt sein:

1. Die Einzelkörper der verschiedenen Stufen liegen nach Größe und Bauweise fest, ebenso die obere Temperaturgrenze t — Heizdampfspannung P — und die untere Temperaturgrenze t_0 — Spannung der letzten Brüden P_0 durch Gegendruck, atmosphärischen Druck oder Unterdruck —. Gesucht wird die Verdampfleistung beim Verdampfen einer reinen Flüssigkeit oder Eindampfen einer Lösung, deren Eigenschaften — Temperatur, Konzentration — ebenso wie ihre Führung durch die Verdampfer gegeben sind. Der Zustand von Brüden und Eindampfgut zwischen den einzelnen Stufen muß hierbei zur Errechnung der Gesamtleistung ermittelt werden, ist jedoch im übrigen ohne Interesse. Diese Art der Problemstellung tritt auf, wenn eine vorhandene Apparatur für Durchführung eines Arbeitsverfahrens benutzt werden soll. Der praktische Versuch verdient dann stets den Vorzug vor der Vorausberechnung.

2. Die geforderte Verdampfleistung, die Grenztemperaturen t und t_0, Eigenschaften und Führung des Eindampfgutes liegen fest. Gefragt ist nach der Bemessung der Einzelkörper unter Voraussetzung einer bestimmten Bauweise. In dieser Form tritt die Aufgabe in der Regel auf. Sie sei daher im nachstehenden als Ausgangspunkt der Erörterung angenommen.

Daneben ist selbstverständlich eine Vielzahl von Nebenfragen möglich: Die äußeren Temperaturgrenzen, die Anzahl der Stufen oder die Bauweise der Verdampferkörper können als veränderlich betrachtet und die günstigsten Lösungen für sie gesucht werden. Hierbei handelt es sich nicht um neuartige Untersuchungen, sondern um wiederholte Durchführung der Berechnung.

Da die Verdampfung einer reinen Flüssigkeit als vereinfachter Sonderfall der Eindampfung einer Lösung betrachtet werden kann, soll die Untersuchung für den letzten, allgemeinen Fall durchgeführt werden.

Es bedeute

$G_{h,D,o}$ das Gewicht der stündlich aus der letzten Stufe austretenden Überschußbrüden, in kg/h,

$G_{h,T}(x_a - x_e) - G_{h,D,o}$ das nach Abzug der Überschußbrüden verbleibende stündliche Brüdengewicht, das zur Beheizung der zweiten bis letzten Stufe dient, in kg/h,

$t_{F,m,o}$ die mittlere Temperatur des Kondensates aus den Heizbrüden, in ^{0} C,

$i_{F,m,o}$ den Wärmeinhalt des Heizbrüdenkondensates bei der mittleren Temperatur $t_{F,m,o}$, in kcal/kg.

Dann lautet die Wärmebilanzgleichung für mehrstufiges Eindampfen

$$Q_h + G_{h,T}(1 + x_a)\, i_a = \sum Q_{V,h} + G_{h,T}(1 + x_e)\, i_e + G_{h,D,o} \cdot i_{D,o} + [G_{h,T}(x_a - x_e) - G_{h,D,o}]\, i_{F,m,o}\,. \tag{134}$$

Der stündlich verbrauchte Heizstrom beträgt

$$Q_h = \sum Q_{V,h} + G_{h,D,o}(i_{D,o} - i_{F,m,o}) + G_{h,T}[(x_a - x_e)\, i_{F,m,o} + J_e - J_a]\,. \tag{135}$$

$t_{F,m,o}$ ergibt sich als Mischtemperatur, wenn das gesamte Heizbrüdenkondensat zusammengeführt wird. Unter Annahme einer gleichmäßigen Verteilung des Temperaturgefälles $t - t_0$ über die Einzelstufen, einer Austrittstemperatur des Brüdenkondensates gleich der Siedetemperatur und gleicher Brüdenmenge in allen Stufen gilt

$$t_{F,m,o} \sim \frac{t + t_0}{2}, \tag{136}$$

$$i_{F,m,o} \sim \frac{i_{F,e} + i_{F,o}}{2}. \tag{137}$$

Um das Verhältnis

$$\frac{Q_h}{G_{h,T}} = \frac{\sum Q_{V,h}}{G_{h,T}} + \frac{G_{h,D,o}(i_{D,o} - i_{F,m,o})}{G_{h,T}} + (x_a - x_e)\, i_{F,m,o} + J_e - J_a, \tag{138}$$

d. h. die auf 1 kg Trockenstoff bezogene Heizwärme zu errechnen, muß das Verhältnis $\frac{\sum Q_{V,h}}{G_{h,T}}$ erfahrungsgemäß geschätzt, außerdem das Verhältnis $\frac{G_{h,D,o}}{G_{h,T}}$ ermittelt werden. In erster Annäherung kann der gesamte Streuverlust $\sum Q_{V,h}$ gleich dem n-fachen des für den Einzelkörper geltenden Betrages $Q_{V,h,a}$ und $G_{h,D,o} \sim \frac{G_{h,T}(x_a - x_e)}{n}$ gesetzt werden.

Damit errechnet sich

$$\begin{aligned} \frac{Q_h}{G_{h,T}} &\sim \frac{n \cdot Q_{V,h,a}}{G_{h,T}} + (x_a - x_e)\left(\frac{i_{D,o}}{n} + \frac{n-1}{n} \cdot i_{F,m,o}\right) + J_e - J_a \\ &\sim \frac{n \cdot Q_{V,h,a}}{G_{h,T}} + (x_a - x_e)\left(\frac{i_{D,o}}{n} + \frac{n-1}{n} \cdot \frac{i_{F,e} + i_{F,o}}{2}\right) + J_e - J_a\,. \end{aligned} \tag{138a}$$

1. J-x-Bild der mehrstufigen Verdampfung.

Für die Verfolgung des Eindampfvorganges ist im folgenden die Darstellung im J-x-Bild gewählt, und zwar für die hauptsächlich in Betracht kommenden Schaltungen des Gleichstroms, Gegenstroms und Parallelstroms. Die Bezifferung der Stufen nimmt in Richtung der Heizmittelströmung zu. Als erster Körper wird, unabhängig von dem Wege des Eindampfgutes, der bezeichnet, in den das äußere Heizmittel eintritt, als letzter Körper der, den die zur Verdampfung nicht mehr ausnutzbaren Restbrüden verlassen. Höhere Stufenziffer bedeutet daher kleineren Brüdendruck und niedrigere Lösungstemperatur.

a) Gleichstrom (Abb. 93).

Das gesamte Eindampfgut wird dem ersten Körper zugeführt, der nicht verdampfte Teil strömt von Stufe zu Stufe weiter. Die Eindampfung beginnt bei der im ersten Körper herrschenden höchsten Temperatur. Die austretende Lösung besitzt die dem letzten Körper entsprechende niedrigste Temperatur. Hieraus ergibt sich die Notwendigkeit hoher Vorwärmung. Stoffe, die, wie Zuckerlösung, bei hoher Konzentration besonders temperaturempfindlich sind, werden mit Vorteil im Gleichstrom verarbeitet. Auf der anderen Seite steht der Nachteil, daß die physikalischen Eigenschaften der Lösung bei hoher Konzentration und niedriger Temperatur den Umlauf und Wärmeübergang verschlechtern. Organische Lösungen, die im eingedickten Zustande hohe Zähigkeit besitzen, lassen sich daher im Gleichstrom schlecht eindampfen, weil hier in der letzten Stufe höchste Konzentration mit niedrigster Temperatur zusammentrifft. Beim Gleichstrom fällt die mit der höchsten Konzentration verbundene größte Siedetemperaturerhöhung in den mit niedrigster Temperatur und kleinstem Drucke arbeitenden letzten Körper. Der Temperaturverlust $\Delta t'_{x\max}$ ist hierbei kleiner als bei höherer Temperaturlage, geht außerdem zu Lasten des geringwertigen unteren Temperaturgebietes. Muß der Flüssigkeitsstand der starken Lösung höher gehalten werden als der gesenkte Flüssigkeitsstand im übrigen, so kann beim Gleichstrom der Temperaturverlust $\Delta t'_H$ durch hydrostatischen Druck im letzten Körper bedenkliche Höhe erreichen. Ist die eingedickte Lösung wertlos, wie dies für die Lauge der Wasserverdampfer

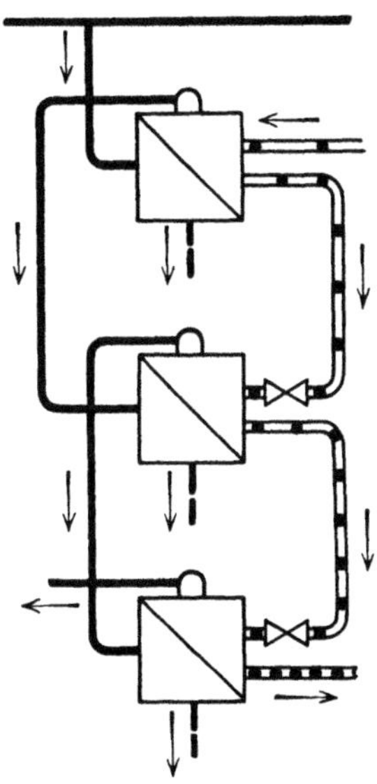

Abb. 93. Mehrstufiger Gleichstromverdampfer.

zutrifft, so ist die beim Gleichstrom niedrige Temperatur der Abfalllösung günstig. Der gleiche Vorzug kommt zur Geltung, wenn die starke Lösung für die anschließende Verarbeitung oder Aufbewahrung in möglichst kaltem Zustande gefordert wird.

Da das Eindampfgut in Richtung des von Stufe zu Stufe abfallenden Druckes läuft, erfolgt der Übertritt der einzudampfenden Restflüssigkeit

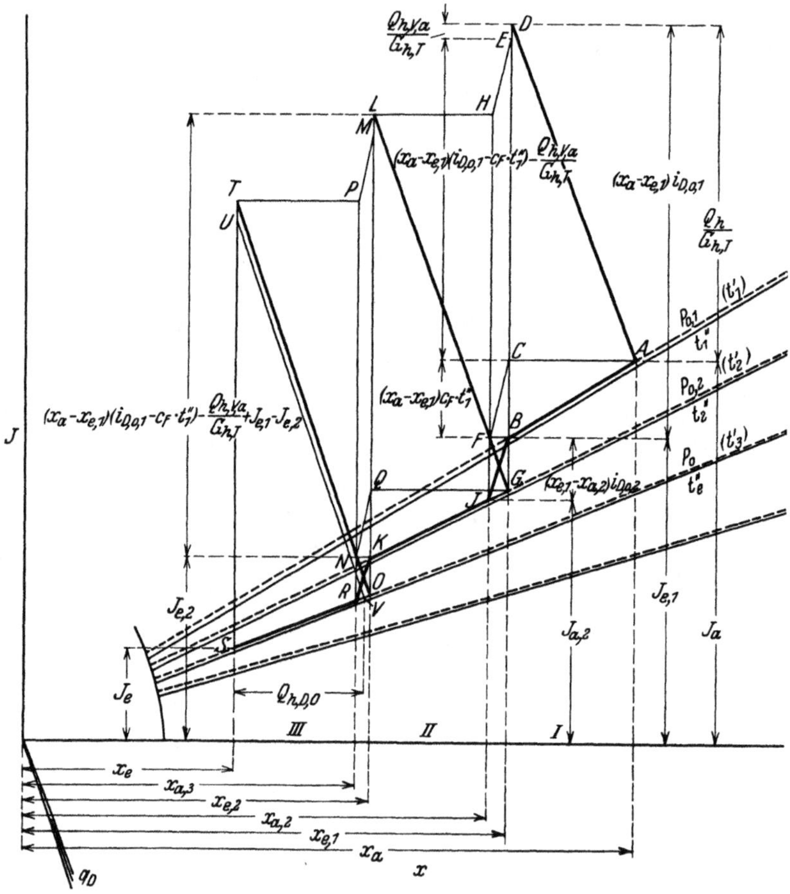

Abb. 94. *J-x*-Bild für dreistufigen Gleichstromverdampfer mit Vorwärmung durch äußere Wärmequellen.

selbsttätig. Zur Regelung der Lösungsmenge dienen Drosselvorrichtungen. Da die Siedetemperatur von Stufe zu Stufe sinkt, löst sich die überschüssige Flüssigkeitswärme der überströmenden Lösung durch Entspannungsverdampfung aus. Infolgedessen nimmt, wenn von Verlusten und Nebeneinflüssen abgesehen wird, die Menge der Brüden von Stufe zu Stufe zu.

α) **Ohne innere Vorwärmung.** Die Lösung sei durch fremde Wärmequellen auf die Siedetemperatur t_1' vorgewärmt, die dem Brüdendruck $P_{0,1}$ im ersten Körper und dem Lösungsmittelgehalt x_a der schwachen Lösung entspricht (Abb. 94).

Der in erster Annäherung wie oben errechnete, auf 1 kg gelösten Stoff entfallende Heizstrom $\frac{Q_h}{G_{h,T}}$ durchdringt die Heizfläche und sinkt hierbei auf die Siedetemperatur t_1', die dem Lösungszustande im ersten Körper zukommt. Nach der Voraussetzung vereinigt sich diese Wärmemenge mit der Wärme J_a der auf t_1' vorgewärmten Lösung. Bezeichnet $x_{e,1}$ den Lösungsmittelgehalt, mit dem die Lösung in den zweiten Körper überströmt, so stellt $x_a - x_{e,1}$ die auf 1 kg gelösten Stoff entfallende spezifische Verdampfleistung der ersten Stufe dar. Die erstmalig eingedampfte Restlösung hat einen Wärmeinhalt $J_{e,1}$, den sie mit dem Übertritt in den zweiten Körper führt. Die ersten Brüden besitzen, abgesehen vom Streuverlust, den Wärmeinhalt

$$(x_a - x_{e,1})\, i_{D,o,1} = \frac{Q_h}{G_{h,T}} + J_a - J_{e,1}\,.$$

$x_{e,1}$ ergibt sich daher mit Punkt D, der auf dem durch Punkt A gehenden q_D-Richtungsstrahl in einer Ordinatenhöhe $\frac{Q_h}{G_{h,T}} + J_a$ liegt.

Von dem Wärmeinhalt der ersten Brüden geht der durch Strecke $\overline{DE}$ dargestellte Betrag $\frac{Q_{h,V,a}}{G_{h,T}}$ verloren.

Die ersten Brüden bilden die Wärmequelle des zweiten Körpers. Unter der Annahme, daß das Brüdenkondensat mit der Siedetemperatur austritt, kommt für die Beheizung der folgenden Stufe die durch die Strecke $\overline{BC}$ wiedergegebene Flüssigkeitswärme $(x_a - x_{e,1})\, c_F \cdot t_1''$ nicht in Betracht. Durch die Heizfläche des zweiten Körpers wandert die durch Strecke $\overline{CE}$ gemessene Wärmemenge

$$(x_a - x_{e,1})\,(i_{D,o,1} - c_F \cdot t_1'') - \frac{Q_{h,V,a}}{G_{h,T}}$$

hindurch und sinkt hierbei auf die Siedetemperatur t_2', die dem Lösungszustand im zweiten Körper zukommt. Wird EH parallel zu CF gezogen, so entspricht die Ordinate des Punktes H dem Wärmeinhalt der vom ersten Körper kommenden Lösung zuzüglich des bei der Kondensation der Heizbrüden im ersten Körper nutzbar werdenden Wärmeinhaltes, also dem Betrage $J_{e,1} + (x_a - x_{e,1})\,(i_{D,o,1} - c_F \cdot t_1'') - \frac{Q_{h,V,a}}{G_{h,T}}$.

Beim Überströmen der Lösung in den zweiten Körper tritt teilweise Entspannungsverdampfung ein. Der Lösungsmittelgehalt $x_{a,2}$ nach der Entspannung folgt aus der Beziehung

$$J_{e,1} = J_{a,2} + (x_{e,1} - x_{a,2})\, i_{D,o,2}$$

zu

$$x_{a,2} = x_{e,1} - \frac{J_{e,1} - J_{a,2}}{i_{D,o,2}}$$

und ergibt sich als Abszissenwert des Punktes F, in dem der durch Punkt G gezogene q_D-Richtungsstrahl die Ordinatenhöhe $J_{e,1}$ erreicht. Punkt G liegt hierbei auf der Ordinate im Abszissenabstand $x_{e,1}$ und der dem Brüdendruck $P_{0,2}$ des zweiten Körpers zugeordneten Isobaren. Der allmähliche teilweise Übergang der Flüssigkeitswärme in Dampfwärme bei der Entspannung ist durch den Verlauf BJ gekennzeichnet.

Die spezifische Verdampfleistung der zweiten Stufe beträgt $x_{a,2} - x_{e,2}$. $x_{e,2}$ ergibt sich mit Punkt L, der auf dem durch Punkt F gehenden q_D-Richtungsstrahl in gleicher Ordinatenhöhe wie Punkt H liegt. Der Lösungszustand verändert sich längs der Isobaren JK bis zu einem Wärmeinhalt $J_{e,2}$. Die gesamte Brüdenmenge, die im zweiten Körper frei wird, beträgt $x_{e,1} - x_{e,2}$ und besitzt den durch die Entfernung $\overline{KL}$ gemessenen Wärmeinhalt

$$(x_a - x_{e,1})\,(i_{D,o,1} - c_F \cdot t_1'') - \frac{Q_{h,V,a}}{G_{h,T}} + J_{e,1} - J_{e,2} = (x_{e,1} - x_{e,2})\, i_{D,o,2}\,.$$

Analog dem beschriebenen Vorgang ergibt sich für den weiteren Verlauf

Abstand $\overline{LM} = \frac{Q_{h,V,2}}{G_{h,T}}$ als Streuverlust im zweiten Körper,

Punkt O auf der Isobaren zum Brüdendruck P_0 des dritten Körpers,

Punkt N auf dem q_D-Richtungsstrahl durch Punkt O in der Ordinatenhöhe von Punkt K,

Gerade MP parallel zur Geraden QN,

Verlauf der Entspannung längs der Linie KR,

Veränderung des Lösungszustandes längs der Isobaren RS bis zum Wärmeinhalt J_e der Restlösung,

Punkt T auf dem q_D-Richtungsstrahl durch Punkt N in der Ordinatenhöhe von Punkt P,

$x_{e,2} - x_e$ als gesamte Menge der Restbrüden mit dem Wärmeinhalt $(x_{e,2} - x_e)\, i_{D,o,3}$,

Abstand $\overline{TU} = \frac{Q_{h,V,e}}{G_{h,T}}$ als Streuverlust des dritten Körpers.

Wird der dritte Körper als letzte Stufe angesehen, so besitzen die austretenden Restbrüden den der Entfernung $\overline{US}$ entsprechenden Wärmeinhalt

$$(x_{e,2} - x_e)\, i_{D,o,3} - \frac{Q_{h,V,e}}{G_{h,T}} = \frac{G_{h,D,o}}{G_{h,T}} \cdot i_{D,o}$$

und das auf 1 kg Trockenstoff bezogene Gewicht

$$\frac{G_{h,D,o}}{G_{h,T}} = \frac{(x_{e,2} - x_e)\, i_{D,o,3}}{i_{D,o}} - \frac{Q_{h,V,e}}{G_{h,T} \cdot i_{D,o}}.$$

$Q_{h,D,o} = \frac{G_{h,D,o}}{G_{h,T}} \cdot i_{D,o}$ wird durch den Abstand der zu den Punkten U und V gehörenden Abszissen gemessen, wobei Punkt V auf dem durch Punkt U gezogenen r_0-Richtungsstrahl und der Isobaren zu P_0 liegt.

Der aus dem J-x-Bild zwangläufig folgende Betrag für x_e ist zu vergleichen mit dem Wert, der tatsächlich gefordert wird. Stimmen beide überein, so waren die Voraussetzungen richtig. Im allgemeinen ergibt sich ein Unterschied. Die Untersuchung ist alsdann mit einem berichtigten Wert für $\frac{Q_h}{G_{h,T}}$ zu wiederholen, der gegenüber dem ursprünglich angenommenen in dem Verhältnis größer oder kleiner ist, in dem sich die Verdampfleistung $x_a - x_e$ aus dem J-x-Bild kleiner oder größer als die verlangte ergab. Hierbei zeigt sich der Vorteil des J-x-Bildes, dessen Benutzung auf eine rein mechanische Wiederholung der verschobenen Linienzüge hinausläuft.

Schließlich bedarf das Ergebnis noch einer Nachprüfung und Berichtigung hinsichtlich der Unterteilung des Temperaturgefälles $t - t_0$. Nach dem J-x-Bild entspricht das Temperaturgefälle

in der 1. Stufe dem Unterschied zwischen der Heizmitteltemperatur t und der zum Punkt B gehörigen Siedetemperatur $t'_{e,1}$, mit der die Lösung die erste Stufe verläßt und die durch $P_{0,1}$ und $x_{e,1}$ gegeben ist,

in der 2. Stufe dem Unterschied zwischen der Heizbrüdentemperatur — Siedetemperatur t''_1 beim Drucke $P_{0,1}$, da der Einfluß der Brüdenüberhitzung auf die Wärmeübertragung vernachlässigt werden kann — und der Siedetemperatur $t'_{e,2}$, mit der die Lösung die zweite Stufe verläßt und die durch $P_{0,2}$ und $x_{e,2}$ bestimmt wird,

in der 3. Stufe dem Unterschied zwischen der Heizbrüdentemperatur t''_2 und der Siedetemperatur t_e, mit der die Restlösung der dritten Stufe entnommen wird und die P_0 und x_e entspricht.

Das insgesamt ausgenutzte Temperaturgefälle

$$(t - t'_{e,1}) + (t''_1 - t'_{e,2}) + (t''_2 - t_e) = (t - t_0)$$

$$-[(t'_{e,1} - t''_1) + (t'_{e,2} - t''_2) + (t_e - t_0)] = (t - t_0) - (\Delta t'_{x,e,1} + \Delta t'_{x,e,2} + \Delta t'_{x,e})$$

ist um die Summe der in den einzelnen Stufen auftretenden Temperaturverluste kleiner als das verfügbare Gesamttemperaturgefälle $t - t_0$. Der Temperaturverlust ist hierbei durch Siedetemperaturerhöhung und hydrostatischen Druck der Lösung bestimmt. Bisher wurde nur der auf die Siedetemperaturerhöhung entfallende Teilverlust berücksichtigt. Es bietet jedoch keine Schwierigkeit, auch dem hydrostatischen

Druck dadurch Rechnung zu tragen, daß die Isobaren höher gelegt werden und dann den Temperaturen $t'' + \Delta t'_x + \Delta t'_H$ statt $t'' + \Delta t'_x$ entsprechen.

Auf diese Weise sind Heizleistung, wirksames Temperaturgefälle von Heizmittel und Lösung sowie Konzentration der Lösung für die Einzelstufen, also alle Größen, bekannt, die bei festliegender Bauweise der Verdampfer die Heizflächengröße bestimmen. Sie ergibt sich

für den ersten Körper zu

$$F_1 = Q_h \cdot \frac{1}{k_1(t - t'_{e\,1})},$$

für den zweiten Körper zu

$$F_2 = [G_{h,T}(x_a - x_{e,1})(i_{D,o,1} - c_F \cdot t''_1) - Q_{h,V,a}] \cdot \frac{1}{k_2(t''_1 - t'_{e,2})},$$

für den dritten Körper zu

$$F_3 = [G_{h,T}(x_{a,2} - x_{e,2})(i_{D,o,2} - c_F \cdot t''_2) - Q_{h,V,2}] \cdot \frac{1}{k_3(t''_2 - t_e)}.$$

Von vornherein ist anzunehmen, daß die errechneten Einzelheizflächen weder gleich groß werden, was wegen der einfacheren Herstellung wünschenswert sein kann, noch sich so abstufen, daß gerade die Gesamtheizfläche das kleinstmögliche und daher billigste Maß erreicht. Aus diesem Grunde sind bei der Wiederholung der Untersuchung im J-x-Bilde die Temperaturteilgefälle so zu ändern, daß eine Annäherung an die gewünschte Heizflächenverteilung im einzelnen zu erwarten steht.

β) Mit innerer Vorwärmung. Die Lösung sei durch fremde Wärmequellen nicht oder doch nur auf eine Temperatur vorgewärmt, die niedriger ist als die Siedetemperatur t'_1, die dem Brüdendruck $P_{0,1}$ im ersten Körper und dem Lösungsmittelgehalt x_a der schwachen Lösung entspricht.

Die Darstellung im J-x-Bilde der Abb. 95 stimmt fast vollständig mit der vorausgehend beschriebenen überein. Der Unterschied liegt allein darin, daß der Ausgangspunkt A auf der Isothermen für eine Temperatur $t_a < t'_1$ liegt. Die spezifische Heizwärme $\frac{Q_h}{G_{h,T}}$ wird, verglichen mit $t_a = t'_1$, um das durch die Strecke $\overline{AB}$ dargestellte Maß der im ersten Körper zu leistenden Vorwärmung $(c_T + x_a \cdot c_F)(t'_1 - t_a)$ größer. Abb. 95 gilt daher ganz allgemein auch für den Fall der vollständigen Vorwärmung, für den sie in Abb. 94 übergeht. Bei unvollständiger Vorwärmung muß die Heizfläche der ersten Stufe eine der vermehrten Heizleistung entsprechende Vergrößerung erfahren. Unterbleibt sie, so findet Ausgleich durch Verschiebung des Temperaturbildes in dem Sinne statt, daß ein größerer Teil des im ganzen verfügbaren Temperaturgefälles $t - t_0$ in der ersten Stufe verbraucht wird. Für die weiteren Stufen bleibt alsdann ein verringertes nutzbares

Temperaturgefälle übrig, das eine Vergrößerung ihrer Heizfläche fordert. Die hierbei auftauchende Frage, ob die Ausnutzung der Heizflächenvergrößerung im einen oder anderen Falle günstiger wirkt, hat ganz allgemein Bedeutung.

Vergrößerung der Heizfläche in der ersten Stufe im Verhältnis der durch die Vorwärmung vermehrten Heizleistung ergibt für die

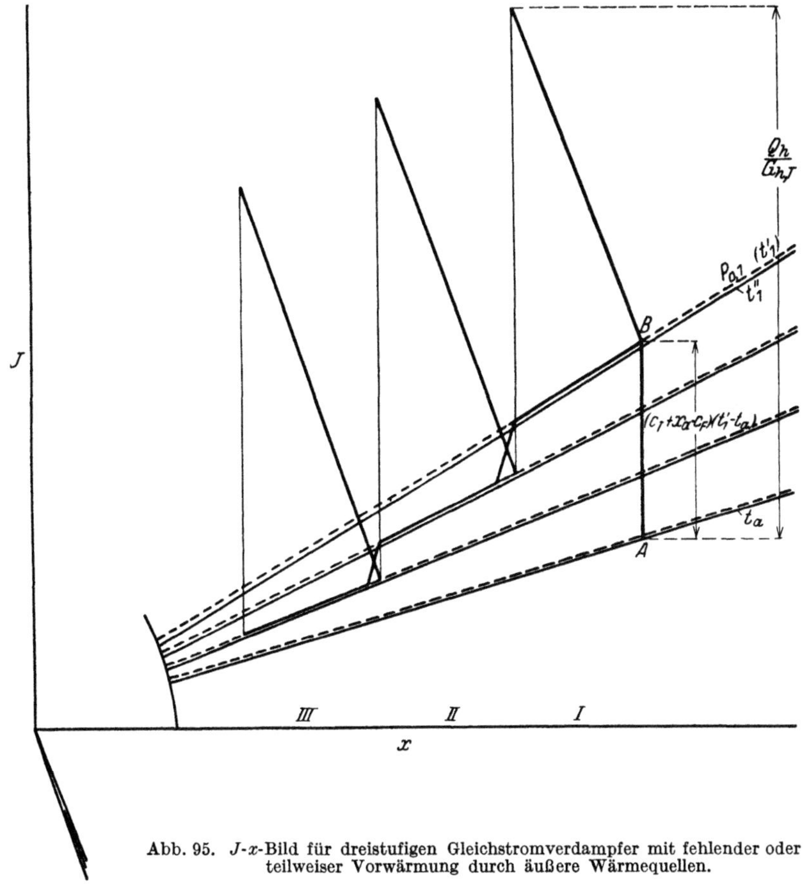

Abb. 95. J-x-Bild für dreistufigen Gleichstromverdampfer mit fehlender oder nur teilweiser Vorwärmung durch äußere Wärmequellen.

weiteren Stufen keine Änderung, wenn die Vergrößerung die Wärmeübertragungsverhältnisse im ersten Körper nicht oder doch nur unwesentlich beeinflußt. Wird keine Heizflächenvergrößerung im ersten Körper vorgenommen, so führt die Verringerung des Temperaturgefälles und die Senkung der Temperaturen in den kälteren Körpern zu einer Verschlechterung der Wärmeübergangsverhältnisse. Infolgedessen ist bei den kälteren Stufen die Heizflächenvergrößerung um ein die Einsparung bei der ersten Stufe überschreitendes Maß erforderlich.

Nimmt z. B. bei einer dreistufigen Anlage das Temperaturgefälle in der ersten Stufe um 20% zu, in der zweiten und dritten Stufe um je 10% ab, so ist zum Ausgleich die Heizfläche der zweiten und erst recht der dritten Stufe um mehr als je 10% zu vergrößern, während bei Verlegung der Vergrößerung in die erste Stufe weniger als 20% Zuwachs erforderlich werden. Wird die Heizflächenvergrößerung auf alle Stufen verteilt, also jede Einzelheizfläche um $\frac{1}{n}$ des Maßes vergrößert, das der erhöhten Heizleistung entspricht, so genügt dies nicht zum Ausgleich. Der gesamte Zuwachs an Heizfläche muß bei Verteilung auf alle Stufen größer sein, als wenn er im ganzen in die erste Stufe verlegt wird. Hieraus folgt ganz allgemein, daß Verzicht auf Gleichhaltung der Einzelheizflächen und allmähliche Zunahme ihrer Größe von der wärmsten bis zur kältesten Stufe berechtigt sein kann, wenn an der Erschwerung der Herstellung kein Anstoß genommen wird und es darauf ankommt, die Gesamtheizfläche klein zu halten. Dies gilt insbesondere dann, wenn die untere Temperatur besonders niedrig liegt und, wie beim Gleichstrom, die höchste Konzentration des Eindampfgutes in der letzten Stufe auftritt, also doppelter Anlaß vorliegt, den ungünstigen Wärmeübertragungsverhältnissen durch Erhöhung des Temperaturgefälles entgegenzuarbeiten.

b) Gegenstrom (Abb. 96).

Das gesamte Eindampfgut wird dem letzten Körper zugeführt, der nicht verdampfte Teil strömt jedesmal der vorausgehenden Stufe zu. Die Eindampfung beginnt bei der im letzten Körper herrschenden niedrigsten Temperatur. Die austretende Lösung besitzt die dem ersten Körper entsprechende höchste Temperatur. Die Vorwärmung der Lösung verliert daher an Bedeutung. Der Gegenstrom eignet sich nicht für Behandlung von Stoffen, die in konzentriertem Zustande besonders temperaturempfindlich sind. Auf der anderen Seite wirkt die hohe Temperatur der konzentrierten Lösung der mit der Konzentration zunehmenden Zähigkeit entgegen und sichert günstigen Flüssigkeitsumlauf und Wärmeübergang auch für die letzte Stufe. Die Siedetemperaturerhöhung erreicht ihr höchstes Maß im oberen Temperaturgebiet und überschreitet den beim Gleichstrom sich ergebenden Höchstwert. Der Temperaturverlust $\Delta t'_{x,\max}$ ist daher beim Gegenstrom größer und geht zudem zu Lasten der hochwertigen oberen Temperaturlage. Dagegen wird der Temperaturverlust $\Delta t'_H$ durch hydrostatischen Druck der konzentrierten Lösung kleiner als beim Gleichstrom, weil hiervon beim Gegenstrom die mit höchstem Drucke arbeitende erste Stufe betroffen wird. Ist die Restlösung als Abfall zu betrachten, so ergibt Gegenstrom höhere Abwärme als Gleichstrom. Vorteilhaft ist die hohe

Temperatur der austretenden Lösung, wenn für die anschließende Verarbeitung oder Lagerung möglichst hohe Temperatur gefordert wird.

Da der Übertritt des Eindampfgutes unter Überwindung des von Stufe zu Stufe ansteigenden Druckes erfolgt, ist zwischen je zwei Stufen eine Fördervorrichtung nötig. (An sich ist es denkbar, die mechanische Förderung dadurch entbehrlich zu machen, daß die einzelnen Körper verschieden hoch, die letzte Stufe am höchsten, aufgestellt werden und die Speisung unter Ausnutzung des hydrostatischen Druckes erfolgt. Wegen der erforderlichen großen Raumhöhe wird sich diese Anordnung meist verbieten. Sind die Verdampfer mit Umlaufpumpen versehen, so können diese die Weiterförderung übernehmen, allerdings unter Inkaufnahme erhöhten Förderdruckes für die gesamte umlaufende Menge.) Da die Siedetemperatur der Lösung mit dem Übertritt zur vorhergehenden Stufe höherrückt, ist eine zusätzliche Nachwärmung erforderlich, durch die, abgesehen von Wärmeverlusten und Nebeneinflüssen, die Brüdenmenge von Stufe zu Stufe sinkt. Der in der letzten Stufe verbleibende Brüdenüberschuß ist geringer als beim Gleichstrom.

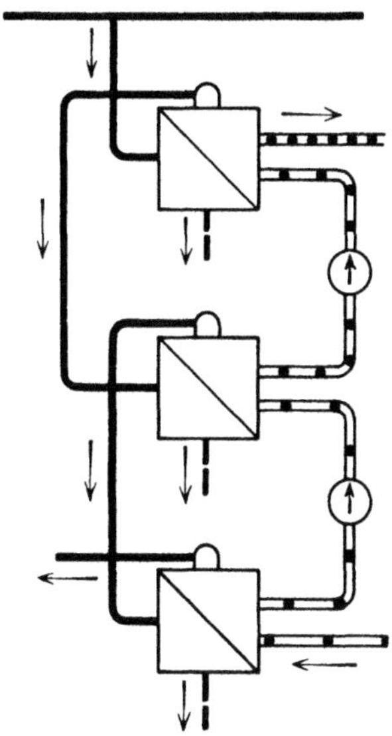

Abb. 96. Mehrstufiger Gegenstromverdampfer.

α) **Ohne innere Vorwärmung.** Die Lösung sei durch fremde Wärmequellen auf die Siedetemperatur t'_3 vorgewärmt, die dem Brüdendruck P_0 im letzten (kältesten) Körper und dem Lösungsmittelgehalt x_a der schwachen Lösung entspricht (Abb. 97).

Die Wärmemenge $\frac{Q_h}{G_{h,T}}$ durchdringt die Heizfläche des ersten Körpers und vereinigt sich mit dem Wärmeinhalt $J_{a,1}$ der mit der Temperatur t'_2 vom zweiten Körper kommenden Lösung. Diese erfährt eine Vorwärmung von t'_2 auf t'_1, die längs der Ordinaten AB verläuft und den Wärmeinhalt der Lösung um $(c_T + x_{a,1} \cdot c_F)(t'_1 - t'_2)$ vermehrt. Weiter verändert sich der Zustand der eindampfenden Lösung längs der Isobaren BC bis zu dem Wärmeinhalt J_e, mit dem die Restlösung austritt. Die ersten Brüden besitzen, abgesehen vom Streuverlust, den Wärmeinhalt

$$(x_{a,1} - x_e)\, i_{D,o,1} = \frac{Q_h}{G_{h,T}} + J_{a,1} - J_e .$$

$x_{a,1}$ ergibt sich mit dem Punkt D. Dieser liegt auf der Parallelen zur

$P_{0,2}$-Isobaren im Ordinatenabstand $\overline{AD} = \frac{Q_h}{G_{h,T}}$. Wird die Spitze E des Winkels β, den die Parallele zur Abszisse ED mit dem q_D-Richtungsstrahl EB bildet, längs der Ordinaten durch Punkt C auf- und abwärts bewegt, so folgt D als der Schnittpunkt des waagerechten Schenkels mit der

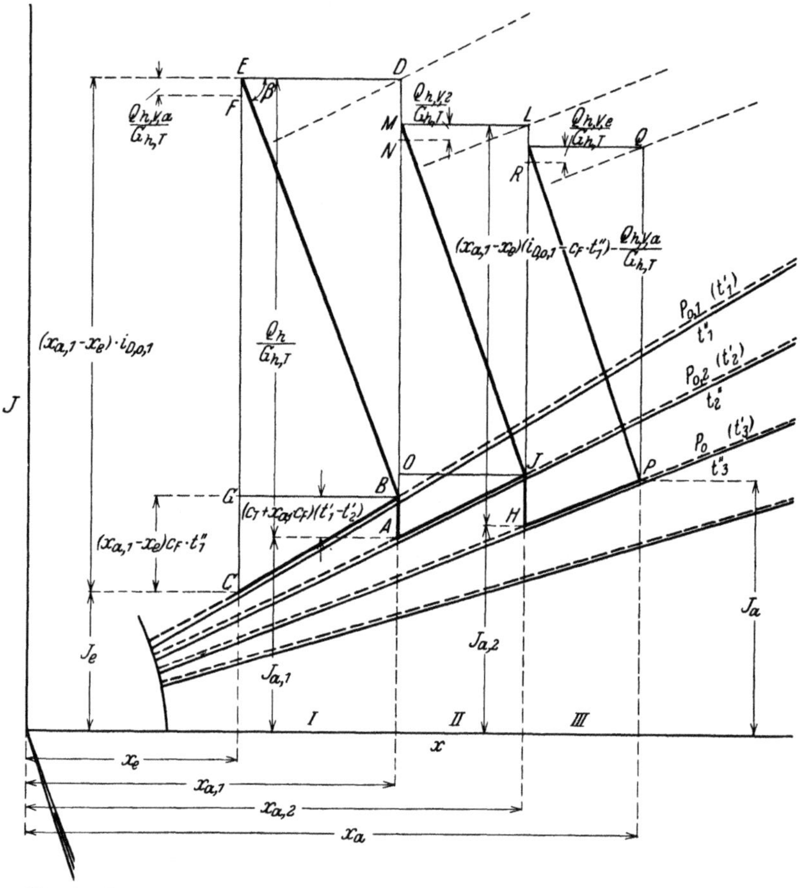

Abb. 97. J-x-Bild für dreistufigen Gegenstromverdampfer mit Vorwärmung durch äußere Wärmequellen.

Parallelen zur $P_{0,2}$ Isobaren, der auf die gleiche Ordinate wie der Schnittpunkt B des schrägen Schenkels mit der $P_{0,1}$-Isobaren zu liegen kommt.

Von dem Wärmeinhalt der ersten Brüden geht der durch die Strecke $\overline{EF}$ angedeutete Streuverlust $\frac{Q_{h,V,a}}{G_{h,T}}$ verloren. Für die Beheizung des zweiten Körpers wird die durch den Abstand $\overline{FG}$ gemessene Wärmemenge $(x_{a,1} - x_e)\,(i_{D,o,1} - c_F \cdot t_1'') - \frac{Q_{h,V,a}}{G_{h,T}}$ nutzbar. Analog dem beschriebenen Verfahren folgt $x_{a,2}$ mit Punkt L, der auf der Parallelen zur P_0-Isobaren im Ordinatenabstand $\overline{HL} = \overline{FG}$ liegt. Er ergibt sich senkrecht zu Punkt J (auf der $P_{0,2}$-Isobaren), wenn die Spitze des Winkels JML längs der Ordinaten durch Punkt A bewegt wird.

Nach Abzug des Streuverlustes und der Flüssigkeitswärme der Brüden steht für die Beheizung des dritten Körpers der dem Abstand $\overline{NO}$ entsprechende Wärmeinhalt $(x_{a,2} - x_{a,1})(i_{D,o,2} - c_F \cdot t_2'') - \frac{Q_{h,V,2}}{G_{h,T}}$ zur Verfügung. Mit der getroffenen Voraussetzung ist die schwache Lösung beim Eintritt in die als letzte angenommene dritte Stufe auf die Siedetemperatur t_3' vorgewärmt. Ihr Zustand wird durch Punkt P wiedergegeben. Seine Lage bestimmt die Werte des Lösungsmittelgehaltes x_a und Wärmeinhaltes J_a der eintretenden Lösung. Das Verfahren zur Ermittelung von x_a entspricht dem beschriebenen. Punkt Q liegt hierbei auf der Parallelen zur P_0-Isobaren im Ordinatenabstand $\overline{QP} = \overline{NO}$.

Die Lösung verändert ihren Zustand längs des Linienzuges PH (Eindampfen) — HJ (Nachwärmen) — JA (Eindampfen) — AB (Nachwärmen) — BC (Eindampfen). Die austretenden Restbrüden besitzen den der Entfernung $\overline{HR}$ entsprechenden Wärmeinhalt

$$(x_a - x_{a,2})\, i_{D,o,3} - \frac{Q_{h,V,e}}{G_{h,T}} = \frac{G_{h,D,o}}{G_{h,T}} \cdot i_{D,o}$$

und das auf 1 kg Trockenstoff bezogene Gewicht

$$\frac{G_{h,D,o}}{G_{h,T}} = \frac{(x_a - x_{a,2})\, i_{D,o,3}}{i_{D,o}} - \frac{Q_{h,V,e}}{G_{h,T} \cdot i_{D,o}}.$$

Der aus dem J-x-Bild zwangläufig gefundene Wert x_a ist mit dem tatsächlich vorliegenden zu vergleichen und zum Ausgleich des sich hierbei ergebenden Unterschiedes die Untersuchung mit einem gegenüber der ersten Annahme berichtigten Werte $\frac{Q_h}{G_{h,T}}$ zu wiederholen.

Das gesamte Temperaturgefälle $t - t_0$ wird nach dem J-x-Bilde in folgende Einzeltemperaturgefälle zerlegt, die den Temperaturunterschieden zwischen Heizmittel und austretender Lösung entsprechen:

für die 1. Stufe: $t - t_e$,
für die 2. Stufe: $t_1'' - t_{e,2}'$,
für die 3. Stufe: $t_2'' - t_{e,3}'$.

Der Temperaturverlust entspricht der Summe der den einzelnen Stufen zukommenden Siedepunkterhöhung der Lösung zuzüglich des in jedem Körper auftretenden hydrostatischen Druckes, der im J-x-Bilde durch Höherlegen der Isobaren berücksichtigt wird.

Die Größe der Einzelheizflächen ergibt sich
für den ersten Körper zu

$$F_1 = Q_h \cdot \frac{1}{k_1 (t - t_e)},$$

für den zweiten Körper zu

$$F_2 = [G_{h,T}(x_{a,1} - x_e)(i_{D,o,1} - c_F \cdot t_1'') - Q_{h,V,a}] \cdot \frac{1}{k_2(t_1'' - t_{e,2}')},$$

für den dritten Körper zu

$$F_3 = [G_{h,T}(x_{a,2} - x_{a,1})(i_{D,o,2} - c_F \cdot t_2'') - Q_{h,V,2}] \cdot \frac{1}{k_3(t_2'' - t_{e,3}')}.$$

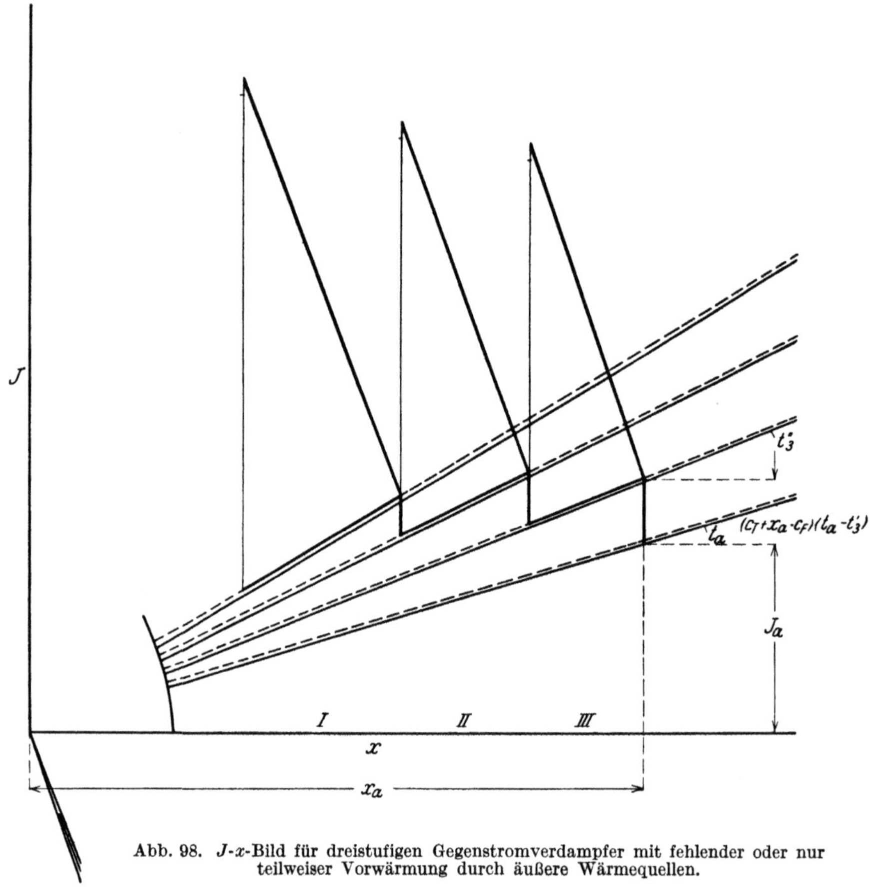

Abb. 98. J-x-Bild für dreistufigen Gegenstromverdampfer mit fehlender oder nur teilweiser Vorwärmung durch äußere Wärmequellen.

β) Mit innerer Vorwärmung. Die Lösung sei durch fremde Wärmequellen nicht oder doch nur auf eine Temperatur vorgewärmt, die niedriger ist als die Siedetemperatur t_3', die dem Brüdendrucke P_0 im letzten Körper und dem Lösungsmittelgehalt x_a der schwachen Lösung entspricht.

Während beim Gleichstrom die Vorwärmleistung durch eine gleich große Vermehrung der Heizwärme ausgeglichen wird und das J-x-Bild eine Veränderung nur durch Verschiebung des Ausgangspunktes der Lösung erfährt, ergibt sich beim Gegenstrom eine vollständige Umgestaltung des J-x-Bildes nach Abb. 98. Die mehr aufgewandte Heizwärme ergibt in allen der letzten Stufe vorausgehenden Körpern eine Vergrößerung der Einzelverdampfleistung und eine Vermehrung der Heizbrüdenmenge für die letzte Stufe. Bei feststehender Gesamtverdampfleistung $x_a - x_e$ wird daher die Vorwärmleistung in der letzten Stufe durch die mögliche Verringerung ihrer Einzelverdampfleistung und das verfügbare größere Heizbrüdengewicht ausgeglichen. Von Nebenumständen abgesehen, ergeben sich für n Stufen folgende auf 1 kg Trockenstoff bezogenen Verhältniswerte:

spezifische Vorwärmleistung: $(c_T + x_a \cdot c_F)(t_a - t'_n)$,

spezifische Heizleistung: $\frac{Q_h}{G_{h,T}} + \frac{(c_T + x_a \cdot c_F)(t_a - t'_n)}{n}$,

spezifische Gesamtverdampfleistung: $x_a - x_e$,

Zunahme der Einzelverdampfleistung in der ersten bis $(n - 1)$-ten Stufe, verglichen mit dem Falle der vollständigenVorwärmung auf t'_n durch äußere Wärmequellen, je: $\frac{(c_T + x_a \cdot c_F)(t_a - t'_n)}{n}$,

für $n - 1$ Körper: $\frac{n-1}{n}(c_T + x_a \cdot c_F)(t_a - t'_n)$,

Zunahme der Brüdenheizleistung in der letzten Stufe: $\frac{(c_T + x_a \cdot c_F)(t_a - t'_n)}{n}$,

mögliche Abnahme der Einzelverdampfleistung in der letzten Stufe: $\frac{n-1}{n}(c_T + x_a \cdot c_F)(t_a - t'_n)$.

Der Überschuß in der letzten Stufe, verglichen mit dem Fall $t_a = t'_n$, beträgt daher

$$\left(\frac{1}{n} + \frac{n-1}{n}\right)(c_T + x_a \cdot c_F)(t_a - t'_n) = (c_T + x_a \cdot c_F)(t_a - t'_n)$$

und entspricht der spezifischen Vorwärmleistung. Bei n Stufen ist daher nur $\frac{1}{n}$ der Vorwärmleistung als zusätzliche Heizleistung aufzubringen. Die in den Restbrüden verfügbare Abwärme nimmt um das $\frac{n-1}{n}$fache der Vorwärmleistung ab. Je höher die Stufenzahl ist, um so mehr wird die Vorwärmleistung durch Verringerung der für die Eindampfanlage wertlosen Brüdenabwärme bestritten.

Lebhafter Umlauf und großer Flüssigkeitsinhalt in der letzten Stufe bewirkt die Vorwärmung der eintretenden schwachen Lösung vor ihrem Auftreffen auf die Heizfläche durch Mischung mit der umlaufenden siedenden Lösung. Bei schwachem Umlauf und geringem Flüssigkeitsinhalt vollzieht sich die Vorwärmung zum Teil an der Heizfläche. Die mittlere Lösungstemperatur sinkt alsdann merklich unter den Wert t'_n, das wirksame Temperaturgefälle nimmt zu. Ein Ausgleich für die vergrößerte Heizflächenbelastung wird jedoch hierdurch nicht geschaffen, weil die Zone der siedenden Lösung zurücktritt. Soll die Unterteilung des gesamten Temperaturgefälles $t - t_0$ sich durch die Vorwärmung nicht ändern, so muß eine gleichmäßige Vergrößerung der Heizfläche aller Körper um etwa je $\frac{1}{n}$ des insgesamt nötigen Maßes erfolgen. Wird statt dessen die Vergrößerung allein in den ersten Körper gelegt, so wird in ihm ein kleinerer Teil des gesamten Temperaturgefälles verbraucht, für die folgenden Körper bleibt daher ein vergrößertes Temperaturteilgefälle übrig, das die Wärmeübertragungsverhältnisse verbessert.

c) Parallelstrom (Abb. 99).

Das Eindampfgut wird unmittelbar in einer Menge zugeführt, die der Teilleistung der einzelnen Stufe entspricht. Die Vorwärmung erfolgt für die auf die einzelnen Stufen entfallenden Teilmengen auf verschieden hohe Temperaturen. Die austretende Lösung besitzt in ihren verschiedenen Teilen die veränderliche Siedetemperatur, die den einzelnen Körpern zukommt. In jedem Körper verändert sich die Konzentration der Lösung von dem kleinsten bis zum größten Wert. Die Vorwärmleistung liegt zwischen der für Gleich- und Gegenstrom erforderlichen. Das gleiche gilt für das Maß der in der austretenden Lösung enthaltenen Abwärme. Für die Umlauf- und Wärmeübergangsverhältnisse ist die höchste in jedem Körper herrschende Konzentration der Lösung maßgebend. Sie äußert sich in den ersten Stufen wegen der höheren Temperatur weniger ungünstig als in den letzten. Auch hier liegen daher, verglichen mit Gleich- und Gegenstrom, mittlere Verhältnisse vor. Der Parallelstrom wird fast nur zum Auskristallisieren gesättigter Lösungen, nicht zum Eindampfen bis zur Sättigung angewandt. Ein Ausnahmefall für Wahl des Parallelstroms ergibt sich, wenn die einzelnen Stufen zwei oder mehr verschiedene Stoffe verarbeiten sollen. Beispielsweise kommt es vor, daß in der ersten Stufe kaustische Soda, in der zweiten, mit den Brüden der ersten beheizten Stufe die aus Seifenlauge gewonnene wässerige Glyzerinlösung eingedampft wird.

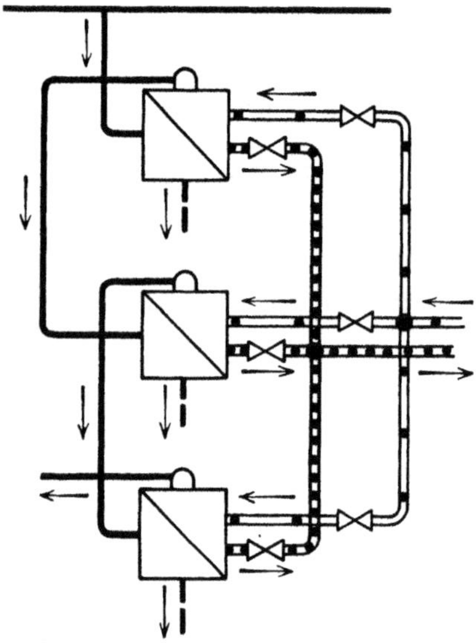

Abb. 99.
Mehrstufiger Parallelstromverdampfer.

α) **Ohne innere Vorwärmung.** Die Lösung sei durch fremde Wärmequellen für jede Stufe auf die verschieden hohe Siedetemperatur t' vorgewärmt, die dem unterschiedlichen Brüdendruck der einzelnen Körper und dem für alle gleichen Lösungsmittelgehalt x_a der schwachen Lösung entspricht (Abb. 100).

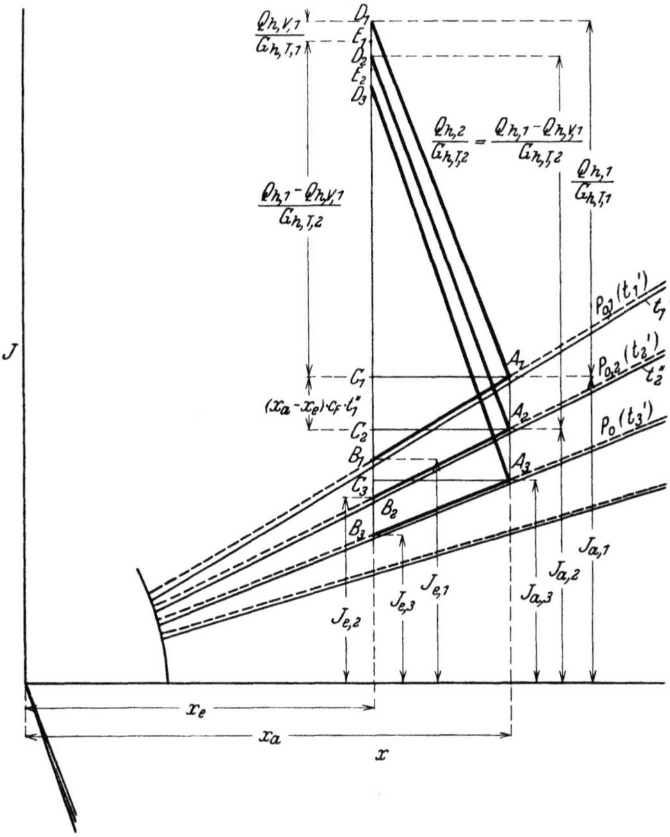

Abb. 100. J-x-Bild für dreistufigen Parallelstromverdampfer mit Vorwärmung durch äußere Wärmequellen.

Die gesamte äußere Heizwärme $Q_{h,1}$ wird hier auf das Gewicht gelösten Stoffes $G_{h,T,1}$ bezogen, das stündlich durch den ersten Körper strömt und größer ist als die für die folgenden Körper in Betracht kommenden Teilgewichte $G_{h,T,2}$, $G_{h,T,3}$ . . . Die Wärmemenge $\frac{Q_{h,1}}{G_{h,T,1}}$ vereinigt sich mit dem Wärmeinhalt $J_{a,1}$ der mit der Temperatur t_1' in den ersten Körper eintretenden schwachen Lösung. Der Lösungszustand verändert sich längs der Isobaren A_1B_1 bis zum Wärmeinhalt $J_{e,1}$, mit dem die Restlösung den ersten Körper verläßt. Der durch die Strecke

$\overline{B_1 D_1}$ dargestellte Wärmeinhalt der Brüden

$$(x_a - x_e)\, i_{D,o,1} = \frac{Q_{h,1}}{G_{h,T,1}} + J_{a,1} - J_{e,1}$$

verringert sich um das Maß $\overline{D_1 E_1}$, das dem Streuverlust $\frac{Q_{h,V,1}}{G_{h,T,1}}$ entspricht. Für die Beheizung des zweiten Körpers steht nach Abzug der Flüssigkeitswärme $\overline{B_1 C_1} = (x_a - x_e)\, c_F \cdot t_1''$ der Wärmeinhalt

$$\overline{C_1 E_1} = (x_a - x_e)\,(i_{D,0,1} - c_F \cdot t_1'') - \frac{Q_{h,V,1}}{G_{h,T,1}}$$

zur Verfügung, also eine gesamte stündliche Wärmemenge

$$Q_{h,2} = G_{h,T,1}\,(x_a - x_e)\,(i_{D,o,1} - c_F \cdot t_1'') - Q_{h,V,1}\,.$$

Daher ergibt sich für den zweiten Körper

$$\begin{aligned} G_{h,T,2}\,(x_a - x_e)\, i_{D,o,2} &= Q_{h,2} + G_{h,T,2}\,(J_{a,2} - J_{e,2}) \\ &= G_{h,T,1}\,(x_a - x_e)\,(i_{D,o,1} - c_F \cdot t_1'') - Q_{h,V,1} + G_{h,T,2}\,(J_{a,2} - J_{e,2})\,. \end{aligned}$$

Hieraus folgt das Verhältnis der stündlich im ersten und zweiten Körper verarbeiteten Gewichte gelösten Stoffes zu

$$\frac{G_{h,T,2}}{G_{h,T,1}} = \frac{(x_a - x_e)\,(i_{D,o,1} - c_F \cdot t_1'') - \frac{Q_{h,V,1}}{G_{h,T,1}}}{(x_a - x_e)\, i_{D,o,2} - (J_{a,2} - J_{e,2})}\,,$$

entsprechend dem Streckenverhältnis $\frac{C_1 E_1}{C_2 D_2}$.

Sinngemäß ergibt sich

$$\frac{G_{h,T,3}}{G_{h,T,2}} = \frac{(x_a - x_e)\,(i_{D,o,2} - c_F \cdot t_2'') - \frac{Q_{h,V,2}}{G_{h,T,2}}}{(x_a - x_e)\, i_{D,o,3} - (J_{a,3} - J_{e,3})} = \frac{C_2 E_2}{C_3 D_3}\,,$$

$$\begin{aligned} \frac{G_{h,T,3}}{G_{h,T,1}} &= \frac{G_{h,T,3}}{G_{h,T,2}} \cdot \frac{G_{h,T,2}}{G_{h,T,1}} \\ &= \frac{\left[(x_a - x_e)(i_{D,o,2} - c_F \cdot t_2'') - \frac{Q_{h,V,2}}{G_{h,T,2}}\right]\left[(x_a - x_e)(i_{D,o,1} - c_F \cdot t_1'') - \frac{Q_{h,V,1}}{G_{h,T,1}}\right]}{[(x_a - x_e)\, i_{D,o,3} - (J_{a,3} - J_{e,3})]\,[(x_a - x_e)\, i_{D,o,2} - (J_{a,2} - J_{e,2})]} \\ &= \frac{C_2 E_2}{C_3 D_3} \cdot \frac{C_1 E_1}{C_2 D_2}\,. \end{aligned}$$

Die gesamte Verdampfleistung beträgt

$$\begin{aligned} (x_a - x_e)\,(G_{h,T,1} + G_{h,T,2} + G_{h,T,3}) &= (x_a - x_e)\, G_{h,T,1}\left(1 + \frac{G_{h,T,2}}{G_{h,T,1}} + \frac{G_{h,T,3}}{G_{h,T,1}}\right) \\ &= (x_a - x_e)\, G_{h,T,1}\left(1 + \frac{C_1 E_1}{C_2 D_2} + \frac{C_1 E_1}{C_2 D_2} \cdot \frac{C_2 E_2}{C_3 D_3}\right). \end{aligned}$$

In der Regel genügt es, den geschätzten Wert $\frac{Q_{h,V}}{G_{h,T}}$ für alle Stufen gleich anzunehmen und die q_D-Strahlen als Parallelen zu betrachten.

Für n Stufen ergibt sich dann

$$(x_a - x_e) \sum G_{h,T} = (x_a - x_e) G_{h,T,1} \left[1 + \frac{CE}{CD} + \left(\frac{CE}{CD}\right)^2 + \left(\frac{CE}{CD}\right)^3 + \cdots + \left(\frac{CE}{CD}\right)^{n-1}\right].$$

Je weiter sich das Verhältnis $\frac{CE}{CD}$ der Einheit nähert, um so mehr ist die weitere Vereinfachung zulässig

$$\left(\frac{CE}{CD}\right)^{n-1} = \left(1 - \frac{DE}{CD}\right)^{n-1} = \left(1 - \frac{Q_{h,V}}{Q_h}\right)^{n-1} \sim 1 - (n-1)\frac{Q_{h,V}}{Q_h},$$

$$(x_a - x_e) \sum G_{h,T} = (x_a - x_e) G_{h,T,1} \left[1 + 1 - \frac{Q_{h,V}}{Q_h} + 1 - 2\frac{Q_{h,V}}{Q_h} \right.$$

$$\left. + 1 - 3\frac{Q_{h,V}}{Q_h} + \cdots + 1 - (n-1)\frac{Q_{h,V}}{Q_h}\right]$$

$$= (x_a - x_e) G_{h,T,1}\left[n - (1 + 2 + 3 + \cdots + n - 1)\frac{Q_{h,V}}{Q_h}\right]$$

$$= (x_a - x_e) G_{h,T,1}\left(n - \frac{n(n-1)}{2} \cdot \frac{Q_{h,V}}{Q_h}\right).$$

Beispielsweise ergibt sich für ein Verhältnis $\frac{Q_{h,V}}{Q_h} = 0{,}05$ und eine Stufenzahl von

$n =$	2	3	4	5	6

das Verhältnis der gesamten Verdampfleistung zu der des ersten Körpers zu

$\frac{\sum G_{h,T}}{G_{h,T,1}} = n - \frac{n(n-1)}{2} \cdot \frac{Q_{h,V}}{Q_h} =$	1,95	2,85	3,70	4,50	5,25

Der relative Streuverlust $\frac{Q_{h,V}}{Q_h}$ kommt daher in der gesamten Verdampfleistung

$\frac{n(n-1)}{2} =$	1	3	6	10	15fach

zum Ausdruck.

Ist die gesamte Verdampfleistung und Stufenzahl festgelegt, so handelt es sich nur noch um die Verteilung der gesamten Lösungsmenge auf die einzelnen Stufen, die sich aus dem J-x-Bild in einfacher Weise ergibt.

Das gesamte Temperaturgefälle $t - t_0$ verteilt sich auf die Einzelstufen mit folgenden Teilbeträgen:

1. Stufe: $t - t'_{e,1}$,
2. Stufe: $t''_1 - t'_{e,2}$,
3. Stufe: $t''_2 - t'_{e,3}$.

Die Größe der Einzelheizflächen folgt hieraus zu:

1. Stufe: $F_1 = Q_{h,1} \cdot \frac{1}{k_1 (t - t'_{e,1})}$,

2. Stufe: $F_2 = (Q_{h,1} - Q_{h,V,1}) \frac{1}{k_2 (t''_1 - t'_{e,2})}$

$$= \left[G_{h,T,1} (x_a - x_e) (i_{D,o,1} - c_F \cdot t''_1) - Q_{h,V,1}\right] \frac{1}{k_2 (t''_1 - t'_{e,2})},$$

3. Stufe: $F_3 = (Q_{h,1} - Q_{h,V,1} - Q_{h,V,2}) \frac{1}{k_3 (t''_2 - t'_{e,3})}$

$$= \left[G_{h,T,2} (x_a - x_e) (i_{D,o,2} - c_F \cdot t''_2) - Q_{h,V,2}\right] \frac{1}{k_3 (t''_2 - t'_{e,3})}.$$

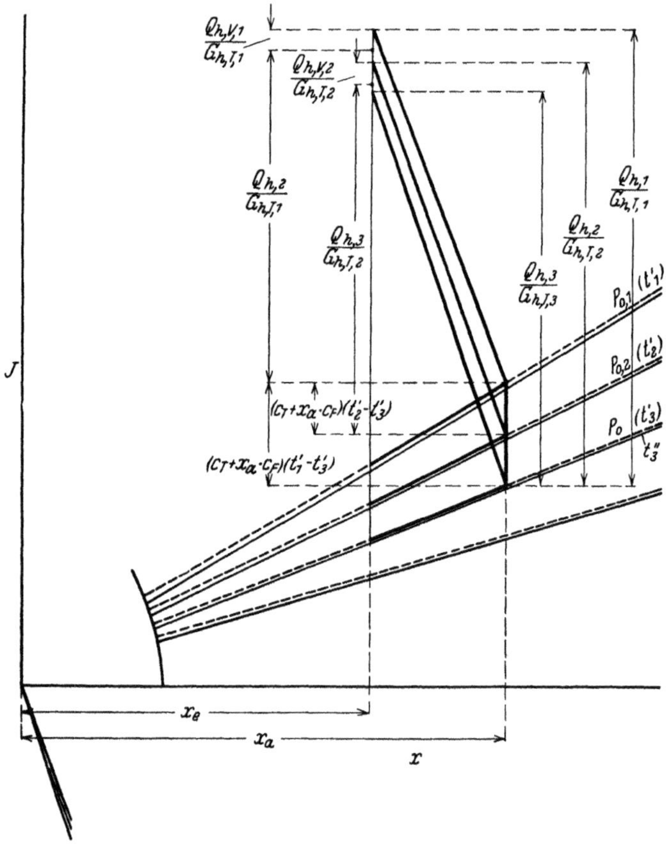

Abb. 101. *J-x*-Bild für dreistufigen Parallelstromverdampfer mit fehlender oder nur teilweiser Vorwärmung durch äußere Wärmequellen.

β) Mit innerer Vorwärmung. Die Lösung sei durch fremde Wärmequellen nicht oder doch nur auf eine Temperatur vorgewärmt, die niedriger ist als die Siedetemperatur t'_1, die dem Brüdendruck $P_{0,1}$ im ersten Körper und dem Lösungsmittelgehalt x_a der schwachen Lösung entspricht.

Wird z. B. die Vorwärmung auf die Siedetemperatur t'_3 der eintretenden Lösung beim Druck P_0 vorgenommen, so ergibt sich das Bild der Abb. **101**. Die Vorwärmleistung ist in der ersten Stufe aus doppelten Gründen am höchsten, weil das darin verarbeitete größte Lösungsgewicht um den größten Temperaturunterschied $t'_1 - t'_3$ gehoben werden muß. Die Heizleistung $Q_{h,1}$ wächst um das Maß der Vorwärmleistung $G_{h,T,1}(c_T + x_a \cdot c_F)(t'_1 - t'_3)$. Für die zweite Stufe ist die Vorwärmleistung $G_{h,T,2}(c_T + x_a \cdot c_F)(t'_2 - t'_3)$ geringer. Sie geht zu Lasten der Heizbrüdenwärme und hat eine Minderleistung der zweiten und aller weiteren Stufen zur Folge. Soll daher die gesamte Verdampfleistung gleichbleiben, so muß die Heizleistung $Q_{h,1}$ noch weitergehend vergrößert werden, im gewählten Beispiele um den weiteren Betrag $\frac{G_{h,T,2}}{2}(c_T + x_a \cdot c_F)(t'_2 - t'_3)$, der den Ausfall in der zweiten Stufe auf die Hälfte bringt und durch Mehrleistung der ersten Stufe deckt. Nach der getroffenen Voraussetzung entfällt die Vorwärmung für die dritte Stufe. Wäre sie erforderlich, so würde ihr Ausgleich durch Vergrößerung der Heizleistung $Q_{h,1}$ um ein Drittel der Vorwärmleistung der dritten Stufe geschaffen.

Für die Berücksichtigung der vergrößerten Leistung durch entsprechende Erweiterung der Heizflächen gilt das zum Gegenstrom Gesagte.

d) Mischstrom.

Das Eindampfgut strömt nicht in dem einheitlichen Sinne des Gleich-, Gegen- oder Parallelstromes, sondern in einer Mischschaltung. Da beim Mischstrom alle möglichen Verbindungen von Gleich-, Gegen- und Parallelstrom auftreten können, sind Vor- und Nachteile der drei reinen Schaltungen im Verhältnis ihrer Anwendung vertreten. Die in Abb. 102 angedeutete Führung wird beim Eindampfen von Gerbstoffextrakten, kaustischer Soda und Ablauge aus Zellstoffabriken angewandt. Die Lösung durchläuft die zweite und alle folgenden Stufen im Gleichstrom, danach wird sie in die erste Stufe gepumpt, in der, wegen der hohen Temperatur der eingedickten Lösung, der ungünstige Einfluß der Zähigkeit auf Umlauf und Wärmeübergang weniger zur Geltung kommt.

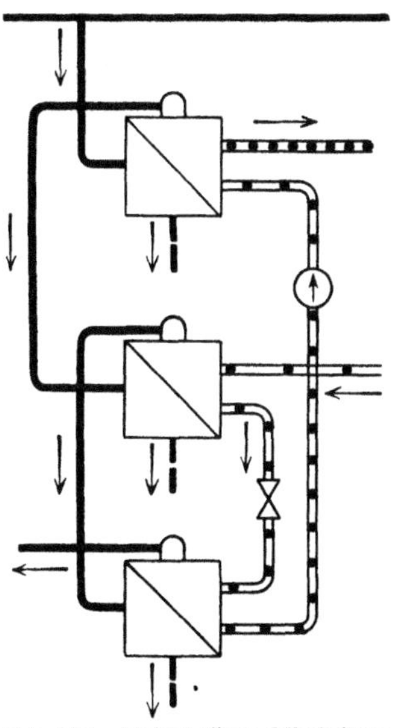

Abb. 102. **Mehrstufiger Mischstromverdampfer.**

2. Praktischer Rechnungsgang.

Im praktischen Falle führt die folgende Behandlung in der Regel schnell und sicher zum Ziele:

1. Nach den bekannten Eigenschaften des Eindampfgutes ist die Temperaturgrenze $t'_{1,\max}$ festzulegen, die im Zustande höchster Gefährdung — im allgemeinen bei der höchsten Konzentration — noch zulässig ist.

2. Das im ganzen verfügbare Gefälle $t - t_0$ zwischen der Temperatur des Heizmittels — Frischdampf, Anzapfdampf, Abdampf, Heizflüssigkeit oder Heizgas — und der Temperatur der als gesättigt angenommenen letzten Brüden — gegeben durch Gegendruck, atmosphärischen Druck oder Luftleere — ist zu ermitteln.

3. Die Speiseschaltung — Gleichstrom, Gegenstrom, Parallelstrom, Mischstrom — ist unter Berücksichtigung der Vor- und Nachteile im besonderen Falle zu wählen. Ist bei höchster Konzentration eine Temperatur der Lösung gleich der des verfügbaren Heizmittels unbedenklich, so kann neben Gleich- und Mischstrom auch Gegen- und Parallelstrom Anwendung finden. Liegt die für die starke Lösung zulässige Temperatur niedriger als die des verfügbaren Heizmittels, so kommt in erster Linie Gleichstrom in Betracht; ergibt sich hierbei, daß die Heizmitteltemperatur für die schwache Lösung bedenklich ist, so muß die obere Temperaturgrenze t künstlich gesenkt werden — Drosselung bei Heizdampf, mehrmaliger Umlauf bei flüssigem und gasförmigem Heizmittel —.

Unter Beachtung wirtschaftlicher Erwägungen, die vor allem das Verhältnis der Heizmittelkosten zu den Anschaffungskosten berücksichtigen, ist abzuschätzen:

4. die Stufenzahl n, auf die das gesamte Temperaturgefälle sich verteilt,

5. die Teilleistung der einzelnen Stufen, deren Summe die Gesamtleistung $G_{h,T}(x_a - x_e)$ ergibt. Die so gefundene Veränderung des Lösungsmittelgehaltes x des Eindampfgutes legt

6. die Siedetemperaturerhöhung durch Konzentration $\Delta t'_x$ in den einzelnen Stufen fest. Dazu kommt

7. der Temperaturverlust durch hydrostatischen Druck $\Delta t'_H$ in den einzelnen Stufen, für dessen Schätzung die Höhe des Flüssigkeitsstandes im Betriebe zu entscheiden ist. Das gesamte wirksame Temperaturgefälle beträgt alsdann $(t - t_0) - \sum(\Delta t'_x + \Delta t'_H)$. Bei feststehender Bauweise der Verdampferkörper läßt sich hiernach

8. der Wert des Wärmedurchgangswiderstandes $\frac{1}{k}$ für die einzelnen Stufen schätzen und prüfen, ob die Heizflächen der Einzelkörper sich etwa gleich oder in wünschenswerter Weise abgestuft ergeben. Ist dies nicht der Fall, so müssen die Annahmen 4 bis 8 berichtigt werden.

9. Das Verhältnis $\frac{Q_h}{G_{h,T}}$ ist angenähert zu errechnen und das J-x-Bild zu entwerfen. Die hierbei folgenden Unstimmigkeiten gegenüber den vorläufigen Annahmen machen eine wiederholte Aufzeichnung nötig. Da im Betriebe Verdampfleistung, Heizmitteltemperatur, Brüdendruck und Anfangzustand der Lösung gewissen Schwankungen unterworfen sind, denen die ausgeführte Heizfläche von vornherein Rechnung tragen muß, kann die Untersuchung ohne übertriebene Ängstlichkeit geführt und bei angenäherter Übereinstimmung abgeschlossen werden.

IV. Vorwärmung.

A. Grundsätze.

Das Eindampfgut kann aus vorbereitenden Verfahren mit der Siedetemperatur t' entfallen, bei der die Verdampfung einsetzt, oder durch fremde Wärmequellen in Oberflächenwärmeaustauschern vor Eintritt in die Verdampfanlage auf diese Temperatur vorgewärmt sein. Hierfür kommt Abwärme des allgemeinen Betriebes in Betracht, für die keine bessere Verwertung möglich ist, oder hochwertige Wärme, wie sie an das in der Verdampfanlage selbst benutzte Heizmittel gebunden ist.

Ist die Temperatur des eintretenden Eindampfgutes niedriger als die Siedetemperatur, so wird die Vorwärmung in den Verdampferkörper selbst verlegt und durch Wärme der gleichen Art bestritten, die zur Beheizung des zuerst gespeisten Körpers dient, also z. B. bei dem Einkörperverdampfer und der Gleichstrommehrstufenanlage durch die hochwertige Heizwärme, bei der Gegenstrommehrstufenanlage durch die entwertete Wärme der aus dem vorletzten Körper stammenden Heizbrüden.

Wird statt dessen das hierbei verbrauchte Heizmittel zum gleichen Zwecke in einem besonderen Oberflächenvorwärmer ausgenutzt, so läuft dies im wesentlichen nur auf eine Zerlegung der Verdampferheizfläche hinaus, die eine Erhöhung der Kosten ergibt und daher in der Regel keinen Sinn hat. Nur bei hohem Temperaturanstieg und großer Leistung kann der Umstand für die Trennung sprechen, daß bei innerer Vorwärmung die ihr entsprechende Leistung unter Auswirkung des Temperaturgefälles zwischen Heizmittel und siedender Flüssigkeit übertragen wird, während bei äußerer Vorwärmung sich ein höheres Temperaturgefälle und bei zweckentsprechender Gestaltung eine kleinere anteilige Heizfläche ergibt.

Ausnahmsweise wird für die äußere Vorwärmung durch eine fremde Wärmequelle statt eines Oberflächenwärmeaustauschers eine Mischvorrichtung verwandt, z. B. um bei kalkhaltigen Zuckersäften die Ablagerung der Härtebildner an einer Heizfläche zu umgehen. Der als

Heizmittel dienende Dampf verdünnt hierbei die Lösung und macht für die anschließende Eindampfung einen Mehrverbrauch an Heizwärme nötig, der der Leistung des Mischvorwärmers entspricht. Der Heizwärmeverbrauch des Verdampferkörpers wird hierdurch gleich dem bei innerer Vorwärmung. Ihr gegenüber ergibt der Mischvorwärmer eine zusätzliche Verlustleistung, wenn der in ihm verwandte Heizdampf hochwertig ist, also nicht etwa aus Überschußbrüden besteht.

Während beim Gleichstrom die Vorwärmung vor oder in dem ersten Körper für die folgenden Stufen einen Wärmeüberschuß bedeutet, der sich durch Entspannungsverdampfung in dem zweiten und allen folgenden Körpern auslöst, tritt beim Gegenstrom nach dem Austritt aus dem letzten Körper das Bedürfnis einer weiteren Anwärmung in jeder vorausgehenden Stufe auf. Nach der bisherigen Voraussetzung erfolgt sie in den Verdampferkörpern selbst unter Verbrauch verschiedenwertiger Wärme, in der ersten Stufe durch die hochwertige Heizwärme, in den folgenden Stufen durch die immer mehr entwertete Wärme der aus dem vorausgehenden Körper stammenden Heizbrüden.

Zu den bisher berücksichtigten Fällen der äußeren Vorwärmung durch fremde Wärme und der inneren Vorwärmung in den Verdampferkörpern selbst kommt als weitere Möglichkeit die Vorwärmung in äußeren Oberflächenwärmeaustauschern durch Ab- und Anzapfwärme, die innerhalb der Verdampfanlage zur Verfügung steht. Als solche Wärmequellen kommen in Betracht:

1. die Abwärme des Heizmittels, bei der meist üblichen Dampfbeheizung die Flüssigkeitswärme des Heizdampfkondensates,
2. die Abwärme des Brüdenkondensates,
3. die Abwärme der austretenden starken Lösung,
4. die Abwärme der austretenden Restbrüden,
5. die Anzapfwärme der übertretenden Lösung,
6. die Anzapfwärme der übertretenden Brüden.

Um die Grenzmöglichkeiten der Wärmeausnutzung zu überblicken, seien folgende vereinfachenden Voraussetzungen getroffen:

gesättigter Heizdampf, dessen Kondensat ohne Unterkühlung abläuft,
gesättigte Brüdendämpfe,
unendlich große Heizflächen der Verdampfer und der im Gegenstrom arbeitenden Wärmeaustauscher für die äußere Vorwärmung,
vollkommene Wärmedichtheit der Verdampfanlage und Vorwärmer,
Wasser als Lösungsmittel,
gleichbleibende spezifische Wärme und Siedetemperatur der Lösung innerhalb der Konzentrationsgrenzen einer Stufe,
Austreibwärme q_D = Verdampfwärme r_0,
unveränderliche Verdampfwärme innerhalb der Temperaturgrenzen einer Stufe.

1. Vorwärmung durch Heizdampfkondensat.

Wird zunächst von innerer Vorwärmung abgesehen, so ergibt sich mit den getroffenen Annahmen die Heizdampfmenge gleich der Menge der ersten Brüden und

$$\frac{G_{h,D}}{G_{h,T}} = (x_a - x_{e,1})\,.$$

Daraus folgt, daß die Abwärme des Heizdampfkondensates, das mit der Siedetemperatur t_1' der Lösung entfällt, ausreicht, um die Lösungsmittelmenge $x_a - x_{e,1}$ bis auf die Siedetemperatur vorzuwärmen.

Im praktischen Falle scheidet die Verwendung des Heizdampfkondensates für die Vorwärmung häufig aus, weil es in den Dampfkessel zurückgeführt wird und dann seine vorherige Abkühlung durch Heranziehung einer höherwertigen Wärmequelle, also mit Verlust, ausgeglichen werden müßte.

2. Vorwärmung durch Brüdenkondensat.

Nach den Voraussetzungen entfällt das Brüdenkondensat mit der Siedetemperatur der Lösung, die der gleichen Stufe entspricht, und in einer Menge, die gleich der Verdampfleistung des Körpers ist, wenn auch hier die innere Vorwärmung zunächst vernachlässigt bleibt. Infolgedessen genügt die Brüdenabwärme, um die der Teilverdampfleistung einer Stufe entsprechende Menge des Lösungsmittels auf die Siedetemperatur der Lösung bei den Verhältnissen der betreffenden Stufe zu erwärmen.

3. Vorwärmung durch die starke Lösung.

Der Wärmeinhalt der starken Lösung J_e steht mit der Temperatur t_e zur Verfügung und kann bis auf eine Temperatur t_a ausgenutzt werden. Er reicht alsdann aus, um $(1 + x_e)$ kg Lösung von t_a auf t_e zu erwärmen. Hierbei ist es gleichgültig, ob die Anwärmung, wie beim Gleichstrom, vor oder, wie beim Gegenstrom, zwischen den Stufen erfolgt.

4. Vorwärmung durch die Restbrüden.

Verglichen mit den vorausgehend behandelten Wärmequellen ergeben die Restbrüden einen meist größeren Wärmeinhalt, der durch ihre Kondensierung für die Vorwärmung ausnutzbar wird. Hierbei ist die obere Grenze der erreichbaren Temperatur durch die dem Drucke P_0 entsprechende Siedetemperatur t_0 gegeben. Im praktischen Falle kann daher als Regel angenommen werden, daß die schwache Lösung durch die als Abfall zu betrachtende Wärme der Restbrüden auf die Temperatur t_0 gebracht wird. Beim Gegenstrom ist hiermit die äußere Vorwärmung der schwachen Lösung vor der letzten Stufe erledigt und nur noch für die weiteren Stufen durch andere Wärmequellen zu ergänzen. Beim Gleichstrom dagegen bedarf die schwache Lösung vor der ersten Stufe einer weitergehenden Wärmezufuhr.

5. Vorwärmung durch übertretende Lösung.

Die Abkühlung der übertretenden Lösung durch schwache Lösung, die sich hierbei erwärmt, kann beim Gleichstromverfahren in Betracht gezogen werden. Die untere Grenze liegt alsdann bei der Siedetemperatur der folgenden Stufe. An Stelle der Entspannungsverdampfung tritt äußere Vorwärmung vor der ersten Stufe mit gleichem Verbrauch an Wärmeinhalt der übertretenden Lösung.

6. Vorwärmung durch übertretende Brüden.

Die Arbeitsweise läuft beim Gleichstrom auf die unter 5 behandelte hinaus, da es für den Enderfolg gleichgültig ist, ob für die Vorwärmung der vorausgehenden Stufe eine Brüdenmenge entzogen wird, die sich bei der Entspannung in gleicher Menge wieder bildet, oder ob die Entspannungsverdampfung verhindert wird. Beim Gegenstrom bedeutet die äußere Anwärmung zwischen den Stufen durch Brüden der nachstehenden Stufe eine Verbesserung gegenüber der inneren Anwärmung in der betreffenden Stufe, weil im ersten Falle die in dem Wärmeaustauscher kondensierende Brüdenmenge einer bestimmten Verdampfleistung entspricht, die bei der inneren Anwärmung entfällt. Der Unterschied ist grundsätzlich der gleiche wie beim Einkörperverdampfer mit äußerer Vorwärmung durch die Brüden und innerer Vorwärmung im Verdampferkörper selbst.

Thermodynamisch ist ganz allgemein der Grundsatz maßgebend, für die Vorwärmung zunächst die am weitesten entwertete Wärme heranzuziehen und die Temperaturerhöhung stufenweise unter Verbrauch von Heizwärme verschiedener Wertigkeit so vorzunehmen, daß die Entropievermehrung möglichst niedrig bleibt. Wie diese Bedingung im praktischen Falle durchführbar ist, läßt sich am besten an Hand des J-x-Bildes erörtern.

B. Vorwärmung beim einstufigen Verdampfer.

Die äußere Vorwärmleistung entspricht nach Abb. 103 der Strecke $\overline{AB}$. Sie wird aufgebracht durch

das Heizdampfkondensat, das sich von t' auf t_a abkühlt und hierbei die Teilleistung $\overline{EB}$ abgibt, wenn $CE \| DA$ gezogen wird. ($\overline{FB}$ stellt die bis 0^0 verfügbare, $\overline{EF}$ die nach Erreichung der unteren Grenztemperatur t_a nicht mehr ausnutzbare Flüssigkeitswärme des Heizdampfkondensates dar);

die Restlösung, die sich von t' auf t_a abkühlt und hierbei die Teilleistung $\overline{AE} = \overline{DC}$ liefert, während der restliche Wärmeinhalt $\overline{DG}$ innerhalb des Eindampfvorganges als wertlos zu betrachten ist.

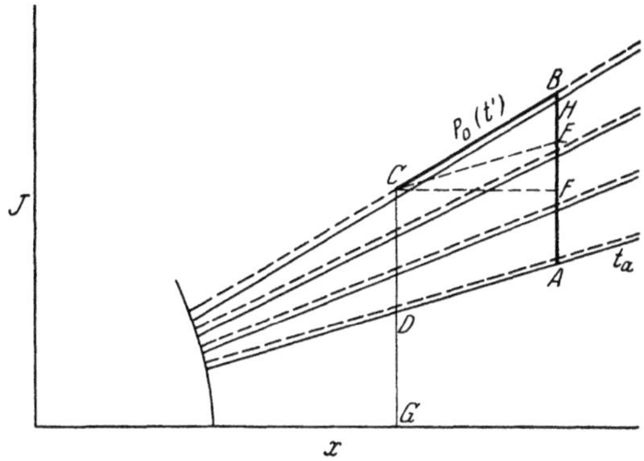

Abb. 103. Vorwärmung beim einstufigen Verdampfer im J-x-Bild.

Da Lösung und Kondensat sich nicht mischen dürfen, bedingt diese Arbeitsweise die Anwendung zweier getrennter, parallel geschalteter Vorwärmer, auf die die Menge der schwachen Lösung im Verhältnis der Teilleistungen $\overline{AE}$ und $\overline{EB}$ zu verteilen ist. Die Heranziehung einer weiteren Wärmequelle für die Vorwärmung erübrigt sich, so daß die Brüden als Abfall zu werten sind. Soll dagegen die Lösung wegen der weiteren Verarbeitung oder Lagerung mit hoher Temperatur erhalten werden, so steht die Brüdenwärme zur Verfügung, die eine Vorwärmung der schwachen Lösung bis zur Siedetemperatur des reinen Lösungsmittels (Punkt H) ermöglicht. Soll auch noch die durch die Siedepunkterhöhung dargestellte Restleistung $\overline{HB}$ gedeckt werden, so ist hierfür die Wärme des Heizdampfkondensates heranzuziehen. In allen Fällen verbleibt ein Abwärmeüberschuß, der nach Abzug des Streuverlustes der aufgewandten Heizwärme gleichkommt. Die praktische Ausführung wird sich in der Regel auf den brüdenbeheizten Vorwärmer beschränken, der die kleinste Heizfläche ergibt.

C. Vorwärmung beim mehrstufigen Verdampfer.

1. Gleichstrom (Abb. 104).

Die äußere Vorwärmleistung, gemessen durch die Strecke $\overline{AB}$, wird unter Annahme von drei Stufen aufgebracht durch

das Heizdampfkondensat, das sich stufenweise von t_1' auf t_2', von t_2' auf t_3' und von t_3' auf t_a abkühlt und hierbei die Teilleistungen $\overline{EB}$, $\overline{JF}$, $\overline{QL}$ abgibt, wenn $CE \| DF$, $DJ \| KL$, $PQ \| RA$ gezogen werden;

die Restlösung, die sich von t_3' auf t_a abkühlt und hierbei die Teilleistung $\overline{AN} = \overline{RM}$ liefert;

das Kondensat der Zwischenbrüden, das sich stufenweise von t_2' auf t_3' und von t_3' auf t_a abkühlt und hierbei die Teilleistungen $\overline{HJ}$ und $\overline{NQ}$ übernimmt, wobei $GH \| KL$ und $MN \| RA$ verlaufen;

die übertretende Lösung, die sich zwischen erster und zweiter Stufe von t_1' auf t_2', zwischen zweiter und dritter Stufe von t_2' auf t_3' abkühlt und den anderenfalls sich in Entspannungsverdampfung auslösenden überschüssigen Wärmeinhalt $\overline{FE} = \overline{DC}$ und $\overline{LH} = \overline{KG}$ für die Vorwärmung der schwachen Lösung verwertet.

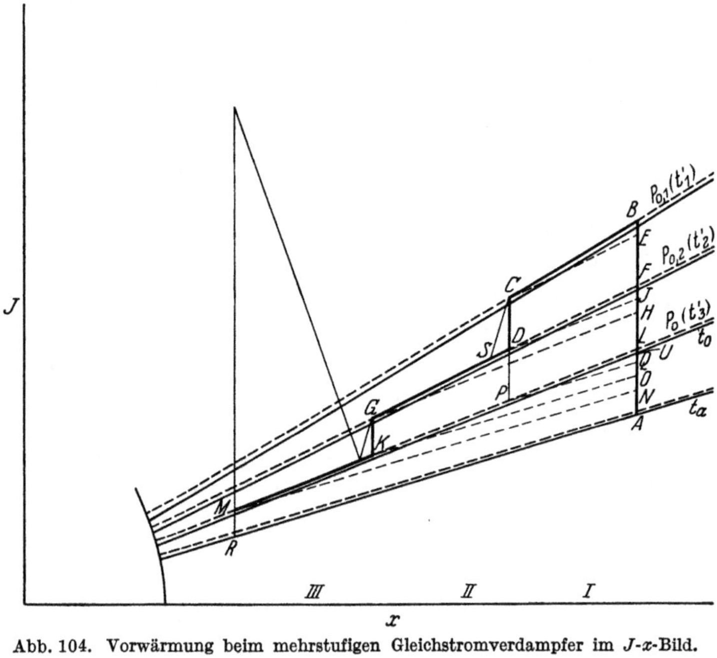

Abb. 104. Vorwärmung beim mehrstufigen Gleichstromverdampfer im J-x-Bild.

Die Ausnutzung der in der übertretenden Lösung enthaltenen Überschußwärme ist deshalb von Vorteil, weil hierbei die Vorwärmung durch Wärme bestritten wird, die bereits ein- oder mehrmalig Verdampfung geleistet hat.

Würde die übertretende Lösung entspannt und die anteilige Vorwärmung durch Brüden aus der voranstehenden Stufe bestritten, so ergäbe sich der gleiche Verlauf. Denn die Entspannung bringt Punkt D nach S, die Entnahme von Zwischenbrüden führt Punkt S nach D zurück.

Die Aufbringung der Vorwärmleistung durch hochwertige Heizwärme bedeutet gegenüber der Verwendung der übertretenden Lösung oder übertretenden Brüden einen Mehrverbrauch. Werden z. B. die Teilleistungen $\overline{FE}$ und $\overline{LH}$ gleich genommen, so entspricht dem Mehraufwand von Heizwärme im Betrage $\overline{FE} + \overline{LH} = 2\,\overline{FE}$ im einen Falle ein Mehr an Verdampfleistung, die im Wärmemaßstabe $2\,\overline{FE} + \overline{LH} = 3\,\overline{FE}$ beträgt. Im anderen Falle ist zur Erzielung einer gleich großen Mehrleistung die Heizwärme nur um den Betrag $\frac{3\,\overline{FE}}{3} = \overline{FE}$ zu erhöhen. Das Verhältnis 2 : 1 zwischen Mehrverbrauch an Heizwärme im einen und anderen Falle gilt ganz allgemein und unabhängig von der Stufenzahl, weil sich vollwertige und im Durchschnitt halbwertige Wärme gegenüberstehen.

Die Vorwärmung vollzieht sich daher nacheinander
von A nach N durch die Restlösung,
von N nach O durch das Brüdenkondensat der zweiten Stufe,
von O nach Q durch das Brüdenkondensat der ersten Stufe,
von Q nach L durch das Heizdampfkondensat,
von L nach H durch die von der zweiten in die dritte Stufe übertretende Lösung,
von H nach J durch das Brüdenkondensat der ersten Stufe,
von J nach F durch das Heizdampfkondensat,
von F nach E durch die von der ersten in die zweite Stufe übertretende Lösung,
von E nach B durch das Heizdampfkondensat.

Hierbei dürfen sich Lösung und Kondensat nicht mischen, so daß für jede Stufe zwei getrennte parallel arbeitende Vorwärmer erforderlich werden, vorausgesetzt, daß Heizdampfkondensate und Brüdenkondensate verschiedener Stufen durcheinandergemengt werden können. Auch hier sind die Restbrüden als Abfall zu betrachten. Ihre Verwendung ermöglicht Vorwärmung der schwachen Lösung bis zur Grenze der dem Brüdendruck P_0 zukommenden Siedetemperatur, entsprechend der Strecke $\overline{AU}$. Während jedoch beim einstufigen Verdampfer die Erreichung dieser Grenze außer Frage steht, hängt es beim mehrstufigen Verdampfer von der Anzahl der Stufen und der Höhe der Streuverluste ab, ob die Restbrüdenmenge hierzu ausreicht.

Von dem Wärmeinhalt der Restbrüden ist die Verdampfwärme r_0 verwertbar, wenn von der Möglichkeit, die Flüssigkeitswärme des Restbrüdenkondensates in einem Gegenstromvorwärmer noch teilweise zur Vorwärmung auszunutzen, abgesehen wird. Der Vorwärmung der schwachen Lösung auf die Temperatur t_0 der Restbrüden entspricht eine Vermehrung des Wärmeinhaltes in Höhe von $(c_T + x_a \cdot c_F)\,(t_0 - t_a)$. Die bei einer n-stufigen Anlage entfallende spezifische Restbrüdenmenge beläuft sich auf $\frac{x_a - x_e}{n}$ mit einem ausnutzbaren Wärmeinhalt $\frac{x_a - x_e}{n} \cdot r_0$, wenn die Brüdenabnahme von Stufe zu Stufe infolge der

Wärmeverluste vernachlässigt wird. Die höchste Stufenzahl, bei der die letzten Brüden zur Vorwärmung der schwachen Lösung auf die Brüdentemperatur gerade noch ausreichen, folgt zu

$$n_{\max} = \frac{(x_a - x_e)\, r_0}{(c_T + x_a \cdot c_F)\,(t_0 - t_a)}.$$

Beispiel.

Die mehrstufige Destillation von Wasser erfolge mit einer Temperatur der letzten Brüden von $t_0 = 100^0$ und einer Anfangstemperatur des Wassers von $t_a = 20^0$. Es beträgt alsdann

$$n_{\max} = \frac{r_0}{t_0 - t_a} = \frac{539{,}4}{100 - 20} \sim 6.$$

Steigerung der Stufenzahl über 6 bietet in diesem Falle keinen Vorteil mehr, wenn für die Vorwärmung nur die Verdampfwärme der letzten Brüden benutzt werden soll. In Wirklichkeit liegt die höchste Stufenzahl wegen der unvermeidlichen Streuverluste noch niedriger.

Beispiel.

Eine Kochsalzlösung werde von einem Wassergehalt $x_a = 13{,}3$ auf $x_e = 3{,}7$ eingedampft. Die spezifische Wärme der schwachen Lösung betrage

$$\frac{c_T + x_a \cdot c_F}{1 + x_a} = 0{,}91,$$

die Temperatur der letzten Brüden $t_0 = 100^0$ und die anfängliche Temperatur der schwachen Lösung $t_a = 20^0$. Dann ergibt sich mit $q_D \sim r_0$

$$n_{\max} = \frac{(x_a - x_e)\, r_0}{(c_T + x_a \cdot c_F)\,(t_0 - t_a)} = \frac{(13{,}3 - 2{,}7)\, 539{,}4}{0{,}91\,(1 + 13{,}3)\,(100 - 20)} \sim 5.$$

Die höchstzulässige Stufenzahl wird beim Eindampfen von Lösungen geringer als beim Verdampfen reiner Flüssigkeit, wenn die letzten Brüden die Vorwärmung bestreiten sollen.

2. Gegenstrom (Abb. 105).

Die äußere Anwärmleistung liegt teilweise vor dem Eintritt der schwachen Lösung in die letzte Stufe, entsprechend der Strecke $\overline{AB}$, teilweise zwischen den Stufen, entsprechend den Strecken $\overline{CD}$ und $\overline{EF}$. Unter Annahme dreistufigen Arbeitens wird die Anwärmleistung gedeckt durch:

das Heizdampfkondensat, das sich stufenweise von t_1' auf t_2', von t_2' auf t_3' und von t_3' auf t_a abkühlt und hierbei die Teilbeträge $\overline{HF}$, $\overline{KJ}$, $\overline{NM}$ übernimmt, wenn $GH \| ED$, EJ und $PK \| CB$, CL, RM und $QN \| OA$ gezogen werden;

das Kondensat der Zwischenbrüden, das sich stufenweise von t_2' auf t_3' und von t_3' auf t_a abkühlt und hierbei die Teilleistungen $\overline{JD}$ und $\overline{MB}$ abgibt;

die Restlösung, die sich stufenweise von t_1' auf t_2', von t_2' auf t_3' und von t_3' auf t_a abkühlt und die Teilleistungen $\overline{EH} = \overline{PG}$, $\overline{CK} = \overline{QP}$ und $\overline{AN} = \overline{OQ}$, insgesamt die Abwärmeleistung $\overline{OG}$ liefert.

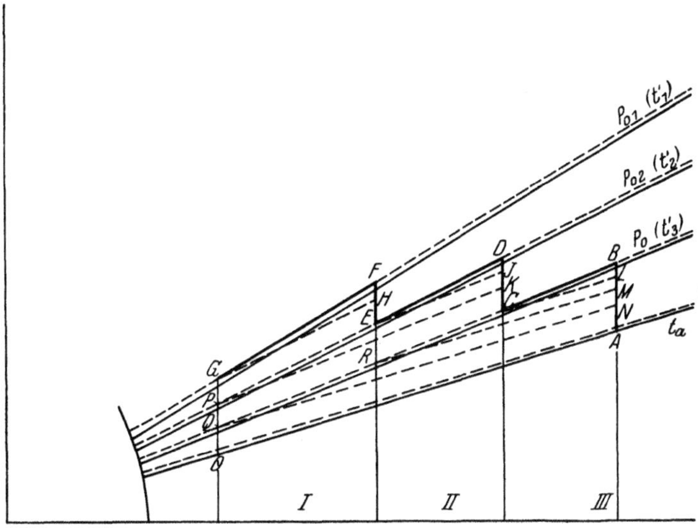

Abb. 105. Vorwärmung beim mehrstufigen Gegenstromverdampfer im J-x-Bild.

Die Anwärmung erfolgt nacheinander:

für die schwache Lösung

von A nach N durch die Restlösung,
von N nach M durch das Heizdampfkondensat,
von M nach L durch das Brüdenkondensat der zweiten Stufe,
von L nach B durch das Brüdenkondensat der letzten Stufe;

für die erstmalig eingedampfte Lösung,

von C nach K durch die Restlösung,
von K nach J durch das Heizdampfkondensat,
von J nach D durch das Brüdenkondensat der zweiten Stufe;

für die zweitmalig eingedampfte Lösung

von E nach H durch die Restlösung,
von H nach F durch das Heizdampfkondensat.

Auch hier führt die Unmöglichkeit, Lösung und Kondensat zusammenzubringen, zu zwei parallel arbeitenden Vorwärmern für jede Stufe. Die Restbrüden bleiben zunächst unausgenutzt.

Der Vergleich zwischen *Gleich- und Gegenstrom* führt zu der wichtigen Schlußfolgerung, daß beide *hinsichtlich Verbrauch von Heizwärme und verfügbarer Abwärme vollkommen ebenbürtig sind, wenn die Anwärmung hier wie dort in der angeführten Weise unter stufenweiser Ausnutzung der*

Überschußwärme aus Kondensat und Lösung erfolgt. Nur in dem Maße, in dem diese Möglichkeiten nicht vollständig ausgenutzt werden, ergeben sich Unterschiede zwischen beiden Schaltungsarten, die aber nicht diesen selbst, sondern der Unvollkommenheit des Vorwärmverfahrens zuzuschreiben sind.

Aus dem Gesagten geht auch hervor, daß die Menge der Restbrüden nur dann einen Maßstab für den Wärmeverbrauch bietet, wenn alle übrigen Wärmequellen in angegebener Weise für die Vorwärmung ausgenutzt sind und außerdem von der Berücksichtigung der Streuverluste abgesehen werden kann.

Ein weiteres bedeutsames Ergebnis dieser Untersuchungen liegt darin, daß die verfügbare Wärme ohne Beanspruchung der Restbrüdenwärme zur restlosen Vorwärmung ausreicht, wenn von den Streuverlusten abgesehen wird. Die Restbrüden können zur Deckung der tatsächlich auftretenden Streuverluste herangezogen werden. Die Stufenzahl ist bei Durchführung der idealen Vorwärmung dadurch begrenzt, daß bei ihr die Summe der Streuverluste gleich der in den Restbrüden verfügbaren Abwärme wird. Beispielsweise ist dann eine Stufenzahl von 20 im Grenzfalle möglich, wenn die Streuverluste in jeder Stufe 5%

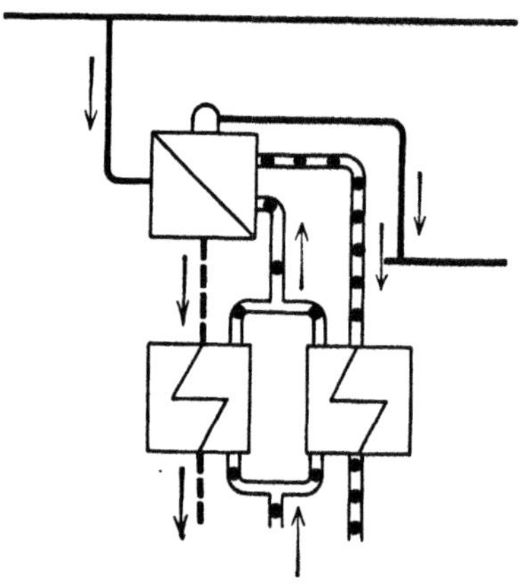

Abb. 106. Vorwärmung beim einstufigen Verdampfer.

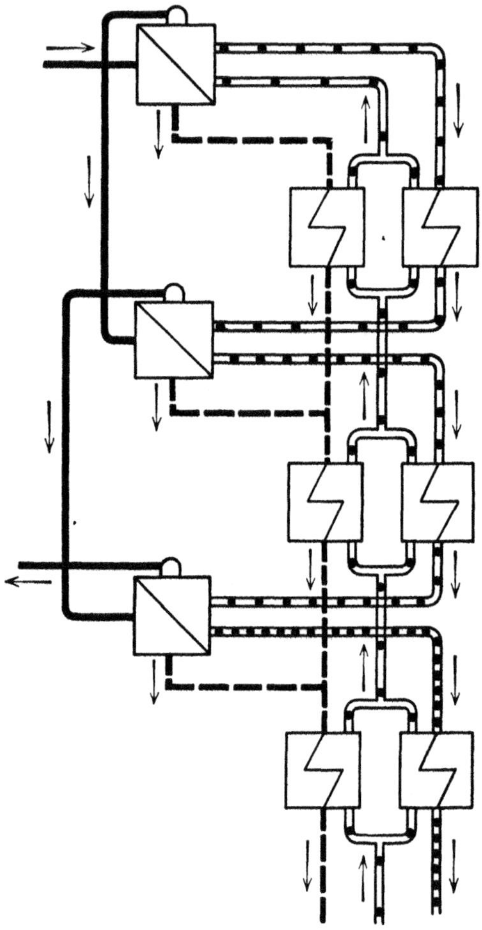

Abb. 107. Vorwärmung beim mehrstufigen Gleichstromverdampfer.

der darin ausgenutzten Wärme betragen. Diese Zahl hat nur theoretisches Interesse. Denn sie setzt voraus, daß die Streuverluste dort, wo sie entstehen, also in jeder Stufe, ausgeglichen werden. (Denkbar wäre dies angenähert dadurch, daß alle Verdampferkörper einen Schutzmantel erhalten und in dem Zwischenraum die Restbrüden strömen, so daß die Streuverluste sich in erster Linie durch Kondensation der Restbrüden auswirken.)

Im allgemeinen verbieten wirtschaftliche Gründe, die Vorwärmung in der geschilderten Weise durchzuführen. Wieweit sie sich lohnt oder durch die meist bequemere Ausnutzung der Brüdenabfallwärme ganz oder teilweise zu ersetzen ist, bleibt von Fall zu Fall zu prüfen. Für die vorzugsweise Verwertung der Restbrüdenwärme zur Vorwärmung kann z. B. die Abnahme des Wasserverbrauches sprechen, der zu ihrer Kondensation nötig ist. In der Regel werden nur Anlagen größter Leistung mit erheblichem Temperaturabfall zwischen den Stufen die an sich unerwünscht verwickelte Ausführung für ideale Vorwärmung rechtfertigen.

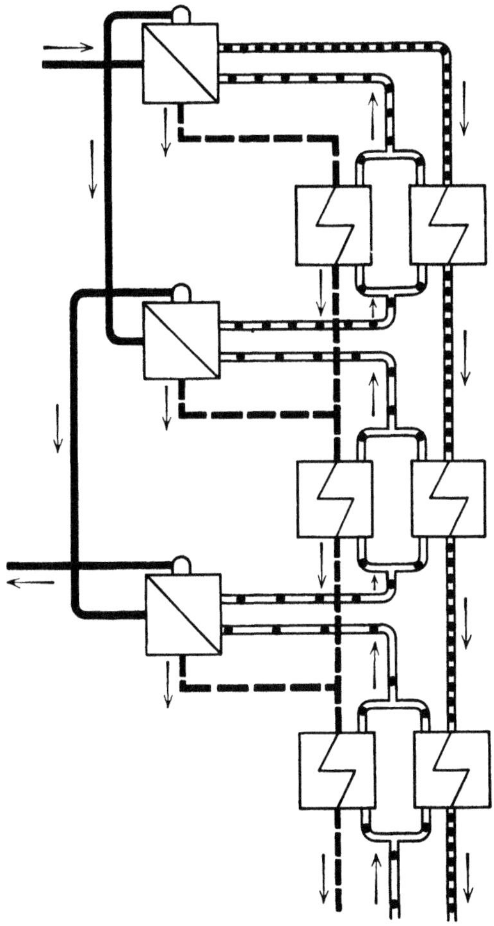

Abb. 108. Vorwärmung beim mehrstufigen Gegenstromverdampfer.

Die Schaltbilder der Abb. 106 bis 110 zeigen schematisch den Lauf von Lösung und Kondensat für den einstufigen Verdampfer und die mehrstufige Verdampfanlage bei Arbeiten im Gleich-, Gegen-, Parallel- und Mischstrom. Eine Erörterung der beiden letzten, seltenen Fälle erübrigt sich, weil die Schaltbilder sich nach dem Gesagten von selbst erklären.

Neben der Anwendung besonderer Wärmeaustauscher besteht die Möglichkeit, die Überschußwärme des Kondensates von Heizdampf und

Brüden teilweise dadurch auszunutzen, daß das Kondensat von Stufe zu Stufe durch die Heizräume der Verdampfer geführt wird. Der Überschuß an Flüssigkeitswärme löst sich hierbei zunächst in Entspannungsverdampfung aus, ergibt daher eine Vermehrung der Heizbrüdenmenge in den folgenden Stufen. Der mit der Entspannung verbundene Temperaturabfall kennzeichnet dieses Verfahren als unterlegen gegenüber der Ausnutzung im Gegenstromvorwärmer. Daneben ist zu beachten, daß hierbei der Gehalt an Luft und anderen nichtkondensierbaren Gasen aus den vorausgehenden Heizkörpern ganz oder, bei geeigneter Entlüftung, doch teilweise in die folgenden überströmt und die Wärmeübertragungsverhältnisse verschlechtert. Der weiteren Gefahr, daß die unteren Teile der Heizfläche durch die vermehrten Kondensatmengen unwirksam werden, wird vorgebeugt, wenn die Entspannung nicht in dem Heizraume selbst, sondern in einem in die Überleitung eingeschalteten Entspannungstopf vor sich geht, von dem der Dampf allein zum folgenden Heizraume strömt, während das entspannte Kondensat unter Umgehung des Heizraumes in den nächsten Entspannungstopf geleitet wird.

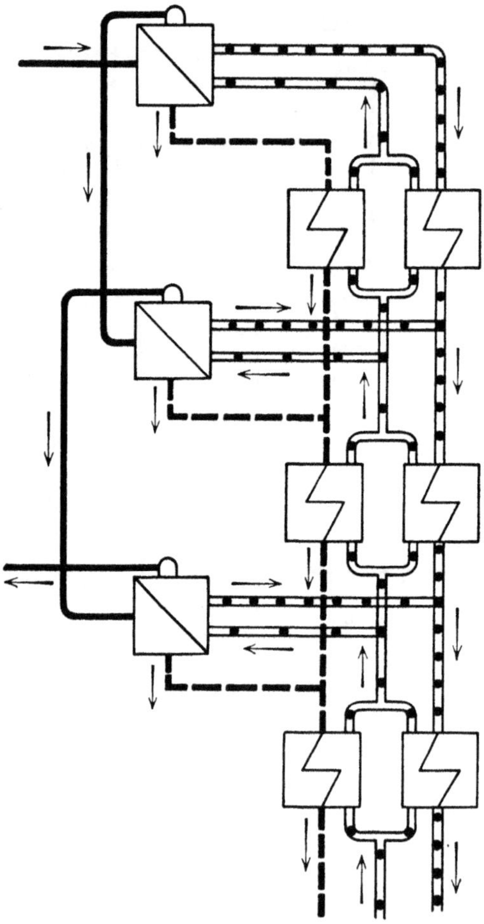

Abb. 109. Vorwärmung beim mehrstufigen Parallelstromverdampfer.

Wärmewirtschaftlich erscheint es richtig, die Entfernung von Luft und anderen fremden Gasen aus den Heizräumen in die stufenweise Schaltung mit einzubeziehen und die Entlüftung des Heizraumes in den Brüdenraum des gleichen Körpers erfolgen zu lassen, um Verlust von Dampfwärme zu vermeiden. Hierbei ergibt sich jedoch eine Anreicherung der Heizbrüden mit Gasen und daraus eine Verschlechterung der Wärmeübertragungsverhältnisse in der nächsten Stufe. Es ist daher praktisch besser, die Entlüftung bei Überdruckverdampfern in die

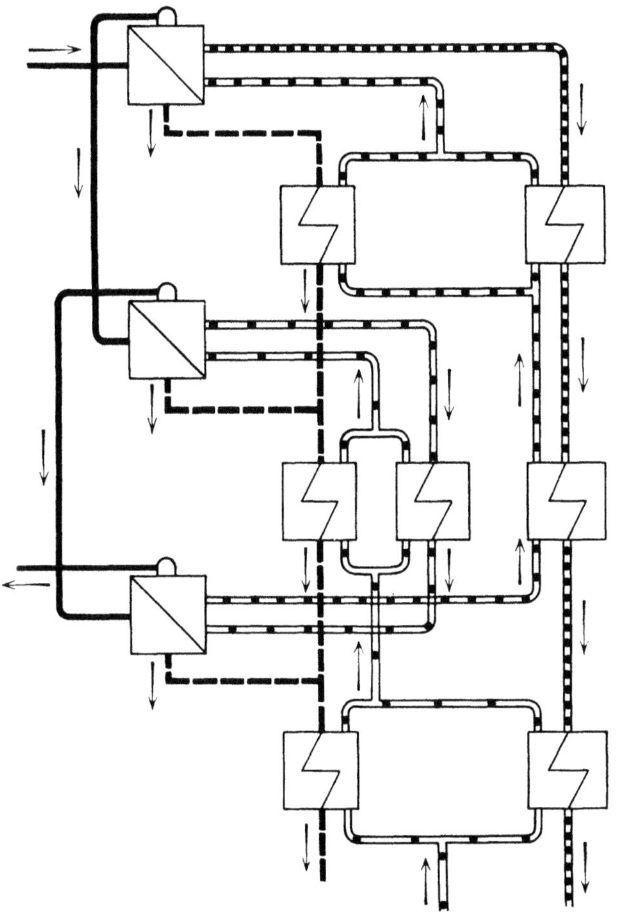

Abb. 110. Vorwärmung beim mehrstufigen Mischstromverdampfer.

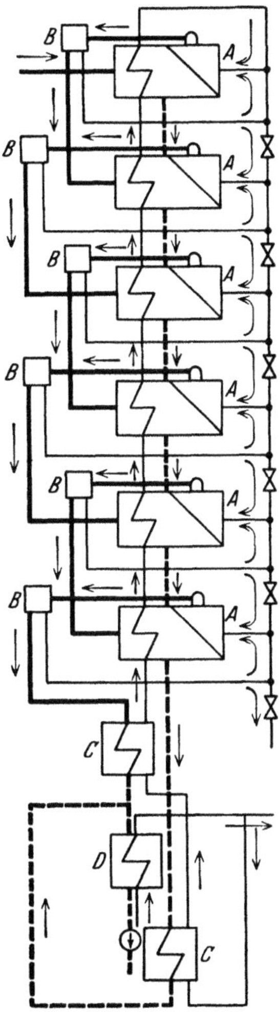

Abb. 111. Vorwärmung beim sechsstufigen Gleichstromverdampfer (Blair). *A* Verdampfer, *B* Abscheider, *C* Vorwärmer, *D* Oberflächenkondensator.

Umgebung, bei Unterdruckverdampfern unmittelbar in die Kondensation vorzunehmen. Einschaltung von Wärmeaustauschern in die Entlüftungsleitungen und Ausnutzung der Dampfwärme zur Vorwärmung lohnt sich kaum.

Weitgehende Ausnutzung verfügbarer Wärmequellen für die Vorwärmung ist z. B. in Abb. 111 (Blair) im Schema einer sechsstufigen Verdampfanlage wiedergegeben, die Wasser zu Genußzwecken destilliert. Die Speisung erfolgt im Gleichstrom. In der Brüdenleitung jedes Verdampfers sitzt ein Abscheider. Die abgetrennte Flüssigkeit tritt zum Teil nach dem nächsten Verdampfer über, der Rest fällt zum gleichen Verdampfer zurück. Die Restlauge läuft warm weg. Das Kondensat wird von Stufe zu Stufe geleitet und schließlich einem Vorwärmer zugeführt, um darin seine Restwärme an das Verdampferspeisewasser abzugeben. Dieses zweigt an dem Warmwasseraustritt eines Oberflächenkondensators ab und wird nach Aufnahme der Kondensatwärme in einem zweiten Vorwärmer durch die Restbrüden weitererwärmt. Die Vorwärmung setzt sich dadurch fort, daß das Verdampferspeisewasser durch besondere Rohrgruppen der Verdampferkörper, die von dem Flüssigkeitsraum getrennt sind, von Stufe zu Stufe strömt, um schließlich in den Flüssigkeitsraum des ersten Verdampfers überzutreten. Das im Vorwärmer abgekühlte Kondensat geht in den Oberflächenkondensator, in den auch die vom zweiten Vorwärmer kommenden Restbrüden mitsamt ihrem Kondensat übertreten. Alle gemeinsam werden alsdann aus dem Kondensator durch eine Naßluftpumpe gezogen, die auch gleichzeitig zur Förderung der Luft dient. Die Wiedermischung von Luft und Kondensat ist hier darin begründet, daß Luftfreiheit des als Trinkwasser bestimmten Kondensates unerwünscht wäre.

V. Der Verdampfer als Wärmeumformer.

A. Anzapfbrüden.

Bei der idealen Vorwärmung entfallen die letzten Brüden als Überschuß. Die Ausnutzung ihres Wärmeinhaltes ist alsdann außerhalb der Eindampfanlage für Zwecke des allgemeinen Betriebes anzustreben. Hierbei ergibt sich häufig das Bedürfnis nach Heizmitteln, deren Temperatur höher liegt als die der Restbrüden. Solche Wärmequellen stehen in den Zwischenbrüden der mehrstufigen Verdampfer zur Verfügung. Auf diese Weise ergibt sich die Kuppelung zwischen der Eindampfanlage und dem Gesamtbetrieb, deren Durchführung eine oft übersehene Voraussetzung für wirtschaftliches Arbeiten darstellt. Die Eigentümlichkeit des Verdampfers als Dampfumformer kommt hierbei besonders zur Geltung.

Bei der Verarbeitung von Zuckerlösung werden z. B. für den Betrieb der Kristallkocher höhere Heiztemperaturen gefordert, als sie in den letzten Brüden der vorgeschalteten Eindampfanlage vorliegen. Würde die Eindampfanlage nur mit hochgespanntem Frischdampf beheizt, so wäre es eindeutig richtig, das für den Kristallkocher benötigte Heizmittel nach dem Vorschlage von Rillieux als Brüden einer späteren Stufe der vorgeschalteten Verdampfanlage zu entnehmen, den Frischdampf also ein- oder mehrmalig unter Leistung von Verdampfung umzuformen. Dies gilt ganz allgemein, wenn außerhalb der Verdampfanlage für irgendeinen Zweck ein Heizmittel mit einer Temperatur benötigt wird, die niedriger ist als die Temperatur des in der Verdampfanlage benutzten Heizdampfes. Im J-x-Bild wird die Brüdenentnahme einfach dadurch berücksichtigt, daß der Verlust $\frac{Q_{h,V}}{G_{h,T}}$ in der betreffenden Stufe um das auf 1 kg gelösten Stoff bezogene Maß der entnommenen Brüdenwärme vergrößert in Abzug kommt.

Nicht so selbstverständlich ist die Entnahme von Zwischenbrüden, wenn eine mehrstufige Verdampfanlage durch Anzapfdampf einer Kraftanlage beheizt ist. Wird das Heizmittel mit einer Temperatur benötigt, die der Brüdenspannung des ersten Verdampfers entspricht, so ergeben sich unter Vernachlässigung aller Verluste etwa folgende Verhältnisse:

Beim zweistufigen Verdampfer treten in die erste Stufe m_1 kg/h Heizdampf, denen eine gleiche Menge nach dem zweiten Verdampfer strömender Brüden entspricht, und weitere m_2 kg/h, die als Brüden der ersten Stufe entnommen werden, also insgesamt $m_1 + m_2$ kg/h Heizdampf. Die Verdampfleistung beträgt $2\,m_1 + m_2$ kg/h. Statt der Brüdenentnahme wäre es möglich, $\frac{2\,m_1 + m_2}{2} = m_1 + \frac{m_2}{2}$ kg/h Heizdampf in die erste Stufe eintreten zu lassen und m_2 kg/h als Anzapfdampf der Kraftanlage in einer niedrigeren Stufe zu entnehmen, deren Temperatur der Brüdenspannung des ersten Verdampfers entspricht, den außerhalb der Verdampfanlage benötigten Heizdampf also zuvor Arbeit leisten zu lassen. Die Frage ist dann die, ob es richtiger ist, $\frac{m_2}{2}$ kg/h Anzapfdampf in der höheren Stufe der Kraftanlage mehr zu entnehmen oder zwischen den beiden Kraftstufen noch arbeiten zu lassen, dafür aber nicht nur diese $\frac{m_2}{2}$, sondern weitere $\frac{m_2}{2}$ kg/h der niedrigeren Kraftstufe zu entziehen, mit anderen Worten, ob die Arbeitsleistung von $\frac{m_2}{2}$ kg/h Dampf zwischen den beiden Anzapfstufen größer ist als die Arbeitsleistung von $\frac{m_2}{2}$ kg/h hinter der zweiten Anzapfstufe. Das P-v-Bild liefert die Antwort dahin, daß bei hohem Heizdampfdruck, diesem naheliegenden Brüdendruck des ersten Verdampfers und weitgehender Energieausnutzung in der Kraftanlage bis in das Gebiet hoher Luftleere hinein der Dampf hinter der zweiten Anzapfstufe besser ausgenutzt wird als zwischen den beiden Anzapfstufen, die Brüdenentnahme hinter dem ersten Verdampfer also günstiger ist. Umgekehrt liegen die Verhältnisse, wenn der Verdampfer im Gebiete niedrigen Druckes mit großem Temperaturgefälle und die Kraftanlage ohne oder mit geringer Luftleere arbeitet.

Beim dreistufigen Verdampfer beträgt die Verdampfleistung

$$3\,m_1 + m_2\,\text{kg/h}.$$

Statt der Brüdenentnahme könnten m_2 kg/h aus einer niedrigeren Stufe der Kraftanlage abgezapft und der Verdampfer mit

$$\frac{3\,m_1 + m_2}{3} = m_1 + \frac{m_2}{3}\,\text{kg/h}$$

betrieben werden. Die Frage lautet hier: Bietet es Vorteile, $\frac{2}{3}\,m_2$ kg/h Dampf zwischen zwei Stufen der Kraftanlage weiterarbeiten zu lassen, dafür aber an der zweiten Kraftstufe nicht nur $\frac{2}{3}\,m_2$, sondern weitere $\frac{m_2}{3}$ kg/h zu entnehmen? Gegenüber der zweistufigen Anlage liegen hier die beiden Anzapfstufen in der Regel enger; trotzdem wird eine Verschiebung in dem Sinne eintreten, daß, verglichen mit der zweistufigen Anlage, das zweimalige Anzapfen der Kraftanlage häufiger der Brüdenentnahme vorzuziehen ist.

Wird bei der dreistufigen Anlage die Heizwärme mit den Brüden der zweiten Stufe bestritten, so folgt die Verdampfleistung mit

$$3\,m_1 + 2\,m_2\,\text{kg/h}.$$

Werden keine Brüden entnommen, sondern der Bedarf durch Anzapfen einer niedrigeren, diesmal von der höheren weiter abstehenden Stufe der Kraftanlage bestritten, so sind für den Betrieb des Verdampfers

$$\frac{3\,m_1 + 2\,m_2}{3} = m_1 + \tfrac{2}{3}\,m_2\,\text{kg/h}$$

nötig. Es fragt sich alsdann, ob es vorteilhaft ist, $\frac{m_2}{3}$ kg/h zwischen den weiter auseinanderstehenden Kraftstufen arbeiten zu lassen, dafür aber in der niedrigeren Kraftstufe nicht nur diese $\frac{m_2}{3}$, sondern weitere $\frac{2}{3}\,m_2$ kg/h abzuzapfen. Im Gegensatz zu der Brüdenentnahme hinter der ersten Stufe tritt hier eindeutig eine Verschiebung zugunsten der Brüdenverwendung ein.

Werden Brüden hinter der ersten Verdampferstufe entnommen, so ist die Frage, ob diese Schaltung gegenüber der mehrmaligen Anzapfung der Kraftanlage nicht Nachteile bietet, um so berechtigter, je höher die Stufenzahl des Verdampfers ist. Dagegen wird Brüdenentnahme in einer späteren Verdampferstufe in der Regel berechtigt sein. Eindeutig lassen sich diese Fragen nur für den bestimmten Fall entscheiden.

B. Heizdampfumformung.

Zuweilen steht für den Betrieb der Verdampfanlage Abdampf zur Verfügung, jedoch in einer für die geforderte Leistung nicht ausreichenden Menge, so daß der Fehlbetrag durch höherwertige Wärme, in der Regel Frischdampf, gedeckt werden muß. Solche Verhältnisse ergeben sich z. B. in Zuckerfabriken. Die Mischung abgedrosselten Frischdampfes mit dem Abdampf stellt dann eine einfache, jedoch unwirtschaftliche Lösung dar. Richtiger ist es, den Frischdampf, da die Voraussetzung für Verwendung von Abfallkraft fehlt, in einem besonderen Verdampferkörper umzuformen, wie dies Pauly und Greiner mit der Hinzufügung eines Vorverdampfers empfohlen haben. Übernimmt dieser die Vorwärmung allein, so kondensiert darin der gesamte Frischdampf. Je größer das Verhältnis des Frischdampfes zum ausgenutzten Abdampf ist, um so mehr nimmt auch der Vorverdampfer an der eigentlichen Verdampfung teil und liefert Brüden, die gemeinsam mit dem Abdampf zur Beheizung des ersten Körpers der Hauptgruppe dienen können. Werden die Brüden des Vorverdampfers zur Beheizung des Kristallkochers verwendet, so kann die Regelung der durchgehenden Heizdampfmenge nach dem Bedarf des Kristallkochers ohne Störung der Hauptverdampfergruppe erfolgen. Es ist selbstverständlich möglich, statt einen, mehrere Vorverdampfer anzuwenden, diese beliebig zu schalten und z. B. im Gegenstrom arbeiten zu lassen, während die Hauptgruppe im Gleichstrom weiterläuft.

Bei Neuanlagen mit hohem Kesseldruck wird an Stelle des Frischdampfes in solchen Fällen Anzapfdampf der Kraftanlage treten und gleichzeitig mit dem Abdampf die Beheizung der Verdampfanlage übernehmen.

C. Verbindung der Verdampfanlage mit der Kraftanlage.

Bei Verbindung der dampfbeheizten Verdampfanlage mit einer Dampfkraftanlage steht für die Beheizung Dampf von Kessel- bis Kondensatorspannung zur Wahl. Wird zunächst von dem eigentlichen Dampfverbrauch des Verdampfers abgesehen, der durch Vorwärmung und Streuverluste bedingt ist, und der Verdampfer als reiner Dampfumformer aufgefaßt, so ist mit dem im Verdampfer verbrauchten Spannungsgefälle wie bei jedem gleichwertigen Drosselvorgange ein Verlust an Arbeitsvermögen des Dampfes verbunden. Entspricht der Spannungsabfall z. B. einem Temperaturgefälle von 10^0, so ergibt sich ein Brüdendruck von 128000 kg/m^2 (190^0), wenn mit Dampf von 158500 kg/m^2 (200^0) geheizt wird bzw. ein Brüdendruck von 1260 kg/m^2 (50^0), wenn für die Beheizung Dampf von 2030 kg/m^2 (60^0) Verwendung findet. Werden Höchstdruck mit 158500 kg/m^2 und Kondensationsdruck mit 1260 kg/m^2 festgehalten, so steht für die Arbeitsleistung der Druckunterschied von 128000 — 1260 im ersten Falle, 158500 — 2030 im letzten Falle zur Verfügung. Isentropische Entspannung ergibt ein Arbeitsvermögen von 130 kcal/kg im ersten, 115 kcal/kg im zweiten Falle, während ohne Zwischenschaltung der Verdampfanlage isentropische Entspannung von 158500 auf 1260 kg/m^2 ein Arbeitsvermögen von

135 kcal/kg liefern würde. Bei Verlegung der Verdampfanlage in das Gebiet hohen Druckes unterliegt der Umformung eine Wärmemenge gleich dem Wärmeinhalt des Frischdampfes von 668 kcal/kg. Bei Einordnung der Verdampfanlage in das Gebiet des niedrigen Druckes beläuft sich die umgeformte Wärmemenge auf nur 553 kcal/kg. Für gleiche Verdampfleistung ist daher im letzten Falle die $\frac{668}{553} \sim 1,2$fache Heizdampfmenge erforderlich. Dem Verlust an Arbeitsvermögen im ersten Falle von $135 - 130 = 5$ kcal/kg ist daher im zweiten Falle ein solcher in Höhe von $1,2\,(135 - 115) = 24$ kcal/kg gegenüberzustellen. Das bedeutet, daß, abgesehen von dem Wärmeverbrauch der Verdampfanlage, ihre Verlegung in das Gebiet hohen Druckes einen geringeren Verlust an Arbeitsvermögen bedingt als ihre Einordnung in das Gebiet niedrigeren Druckes. Wenn im Vergleichsfalle das im Verdampfer verbrauchte Temperaturgefälle mit 10^0 beidemal gleich gehalten wurde, so bedeutet dies einen weiteren Vorteil hohen Heizdampfdruckes, weil der Wärmeübergangswiderstand mit zunehmender Temperatur sinkt, gleiches Temperaturgefälle daher für einen mit höherem Druck arbeitenden Verdampfer eine verkleinerte Heizfläche ergibt.

Wird der Wärmeverbrauch berücksichtigt und zunächst in einem bestimmten, von dem Heizdampfdruck unabhängigen Betrage angenommen, so ergibt sich eine grundsätzliche Verschiebung. Beträgt z. B. der Wärmeverbrauch 10% der umgeformten Wärme, so geht im ersten Falle $0,1 \cdot 135 = 13,5$ kcal/kg, im ganzen also $13,5 + 5 = 18,5$ kcal/kg an Arbeitsvermögen verloren. Im letzten Falle beträgt der zusätzliche Verlust $0,1 \cdot 24 = 2,4$ kcal/kg, der Gesamtverlust also 26,4 kcal/kg. Bei hohem Heizdampfdruck bedeutet nämlich der Wärmeverbrauch einen vollständigen Verlust des Arbeitsvermögens der anteiligen Dampfmenge, bei niedrigem Heizdampfdruck dagegen leistet die zusätzliche Dampfmenge zuvor Arbeit. Je höher der Wärmeverbrauch des Verdampfers im Verhältnis zu dem Betrage der umgeformten Wärme ist und je weiter Kessel- und Kondensationsdruck auseinander liegen, um so mehr verschieben sich die Verhältnisse zugunsten der Anwendung niedriger Heizdampfspannung. Für diese spricht auch der Umstand, daß in Wirklichkeit der Wärmeverbrauch mit der Temperatur im Verdampfer zunimmt, und zwar sowohl der Streuverlust als auch der die Vorwärmung erfassende Betrag, der mit dem Brüdendruck wächst. Im praktischen Falle ergibt daher Verlegung der Verdampfanlage in das Gebiet niedrigen Druckes meist die wärmewirtschaftlich günstigsten Verhältnisse. Dafür spricht auch der Vorteil, daß bei niedrigen Temperaturen ungünstige Wirkungen — Inkrustationen, Zersetzungen — leichter vermieden werden als bei höheren. Allerdings ist, entsprechend den ungünstigeren Wärmeübergangsverhältnissen, eine Vergrößerung der Heizfläche in Kauf zu nehmen.

Wird zum Ausgleich bei niedrigerer Heizdampfspannung ein höheres Temperaturgefälle zugelassen, so tritt eine abermalige Verschiebung ein. Im obigen Beispiele bleiben statt 115 nur 103 kcal/kg an Arbeitsvermögen ausnutzbar, wenn das Temperaturgefälle von 10 auf 15^0, der Heizdampfdruck von 2030 kg/m² (60^0) auf 2550 kg/m² (65^0) erhöht wird. Hierdurch steigt der Verlust an Arbeitsvermögen von 24 auf $(135 - 103)\frac{668}{565} \sim 38$ kcal/kg bzw., unter Berücksichtigung eines Wärmeverbrauches von 10%, auf $1{,}1 \cdot 38 \sim 42$ kcal/kg. In wärmewirtschaftlicher Hinsicht kann alsdann die Anwendung höheren Heizdampfdruckes Vorteile bieten, auch wenn bei dem Vergleich der vermehrte Wärmeverbrauch bei höherem Heizdampfdruck Berücksichtigung findet. Wird er z. B. gleich dem doppelten, also zu 20%, angenommen, so bleibt der Verlust an Arbeitsvermögen mit $0{,}2 \cdot 135 + 5 = 32$ kcal/kg immer noch geringer als bei Verlegung des Verdampfers in das Gebiet niedrigerer Spannung unter gleichzeitiger Vergrößerung des Temperaturgefälles auf das 1,5fache. Die Vorschaltung eines Wasserverdampfers vor die Kraftmaschine bietet, ebenso wie ihre Zwischenschaltung zwischen mehrere Stufen der Kraftmaschine, keine Schwierigkeiten, wenn die unerwünschte Nässe der Brüdendämpfe durch Zwischenüberhitzung aufgehoben wird. Dagegen verbietet sich diese Schaltung beim Eindampfen von Lösungen wegen der unvermeidlichen Unreinheit der entstehenden Brüden.

Um ein möglichst tiefliegendes Druckgebiet auszunutzen, haben Josse-Gensecke vorgeschlagen, den Speisewasserverdampfer durch einen Teil des zum Hauptkondensator der Dampfturbine strömenden Abdampfes zu heizen und mit einem Teil des den Hauptkondensator verlassenden erwärmten Kühlwassers zu speisen. Der Brüdendruck wird unter den Druck des Hauptkondensators durch einen Zusatzkondensator gesenkt, den das gesamte Kühlwasser zunächst durchströmt und dessen Entlüftung durch ein besonderes Dampfstrahlgebläse erfolgt. Der Energieverbrauch für die Verdampfung setzt sich hierbei zusammen aus der Energie des Treibdampfes für das Dampfstrahlgebläse und der Arbeit einer Umlaufpumpe, die den nicht verdampften Wasserüberschuß aus dem Verdampfer entfernt. Da die im Verdampfer verbrauchte Dampfmenge etwa gleich der im Zusatzkondensator niedergeschlagenen Brüdenmenge ist, bringt die Einschaltung des Verdampfers keine merkliche Veränderung der Belastung der gesamten Kondensationsanlage.

Dient ein Verdampfer zur Aufbereitung des Zusatzspeisewassers, so darf der bei Verlegung der Verdampfanlage in das Gebiet höheren Druckes auf die Vorwärmung entfallende Mehrverbrauch nicht, wie oben allgemein angedeutet, dieser Schaltung angerechnet werden. Der Verdampfer ist dann als Glied der mehrstufigen Vorwärmanlage aufzufassen. Es bleibt hierbei gleichgültig, ob er eine höhere oder niedrigere

Stufe der Vorwärmanlage ersetzt bzw. entlastet. Der klare Zusammenhang zwischen Verdampfer und Kraftanlage wird hier allerdings dadurch gestört, daß die Brüden in erster Linie zur Vorwärmung dienen.

Die Einschaltung einer Verdampfanlage zwischen irgendeine Heizdampfquelle und irgendeinen Brüdenaufnehmer ergibt eine wechselseitige Abhängigkeit. Hierbei ist es gleichgültig, ob der Heizdampf von einer Kesselanlage oder einer Abzapfdampfkraftmaschine stammt und ob die Brüden zur weiteren Kraftleistung oder zu Heizzwecken dienen oder in einer Kondensationsanlage niedergeschlagen werden. Die Rückwirkung auf die Heizdampfquelle wird unmerklich, wenn die verfügbare Heizdampfmenge den von der Verdampfanlage bei dem gegebenen Druck verarbeiteten Betrag übersteigt. Das gleiche gilt für die Brüdenseite, wenn die Verdampferbrüden sich mit Dämpfen vereinigen, deren Druck sich nicht verändert, z. B. in den Hauptkondensator entweichen. Unter diesen beiden Voraussetzungen bleiben Heizdampf- und Brüdendruck unveränderlich. Die Verdampfleistung liegt alsdann in ihrer oberen Grenze fest. Eine Regelung nach unten kann erfolgen durch Niederdrosseln des Heizdampfdruckes, Anstauen des Heizdampfkondensats, Hochdrosseln des Brüdendruckes, Vergrößerung des Flüssigkeitsstandes oder mehrere dieser Mittel gleichzeitig. Hierbei werden wirksames Temperaturgefälle und wirksame Heizflächengröße vermindert, gleichzeitig nimmt der Wärmedurchgangswiderstand zu. Durch Vorschaltung einer Drosseldüse vor den Verdampfer läßt sich der Heizdampfdruck so regeln, daß Heizdampfmenge und damit Verdampfleistung gleichbleiben. Denn die durch eine Düse mit f m² Ausflußquerschnitt bei einem Dampfdruck P kg/m² in der Stunde durchtretende Dampfmenge beträgt

$$G_{h,D} \sim 3600 \cdot 2f\sqrt{\frac{P}{v}}\,\text{kg/h}, \tag{139}$$

vorausgesetzt, daß P das $\sim$ 1,8fache des Dampfdruckes hinter der Düse oder mehr beträgt. Die Dampfmenge bleibt daher in diesen Grenzen unabhängig von der Druckveränderung hinter der Düse. Das Verfahren findet z. B. Anwendung bei Seewasserverdampfern, um den mit zunehmender Inkrustation steigenden Wärmedurchgangswiderstand selbsttätig auszugleichen. Alle diese Regelungen ergeben Verluste, sind daher nur als Notbehelfe zu betrachten.

Unterschreitet die Menge des verfügbaren Heizdampfes das bei voller Leistung des Verdampfers geforderte Maß, so erfolgt Selbstregelung dadurch, daß der Heizdampfdruck sinkt. Ähnlich regeln sich die Verhältnisse durch Erhöhung des Brüdendruckes, wenn die Aufnahme der freiwerdenden Brüden gehemmt ist, z. B. bei verringertem Wärmebedarf, abnehmender Kühlwassermenge oder zunehmender Kühlwassertemperatur des Kondensators. Treten die Schwankungen auf der Heizdampf- und Brüdenseite gleichzeitig auf, so wirkt die Selbstregelung von beiden Seiten gleichzeitig.

VI. Chargenweise Eindampfung.

Das J-x-Bild des Einkörperverdampfers Abb. 17 behält auch Gültigkeit, wenn der Betrieb nicht durchgehend, sondern chargenweise läuft. Ein Unterschied ergibt sich dann hauptsächlich dadurch, daß — unter Voraussetzung unveränderlicher Grenztemperaturen t und t_0 — Temperatur und Konzentration der Lösung ständig ansteigen. Bedeutet z die Zeitdauer einer Charge, in h,
so gelten die Beziehungen

$$Q = Q_h \cdot z\,, \tag{140}$$

$$dQ = \frac{F\,(t-t')}{\frac{1}{k}} \cdot dz \tag{141}$$

und für endliche Zeitabschnitte

$$\Delta Q = \frac{F\,(t-t')}{\frac{1}{k}} \cdot \Delta z\,. \tag{141a}$$

Die Berechnung hat daher so zu erfolgen, daß die ganze Chargendauer unterteilt und für jeden Abschnitt t' und $\frac{1}{k}$ ermittelt werden, wobei sich

$$Q = G_T\,[(x_a - x_e)\,i_{D,o} + J_e - J_a] + Q_{V,h} \cdot z = F \sum \frac{t-t'}{\frac{1}{k}} \cdot \Delta z = F \cdot \frac{t - t'_m}{\frac{1}{k}} \cdot z \tag{142}$$

ergibt. Diese Formel dient dazu, um für die im J-x-Bilde festgelegten Verhältnisse die zu einer bestimmten Eindampfung $G_T(x_a - x_e)$ erforderliche Heizfläche F zu errechnen. Die zeitliche Abwicklung der Eindampfung läßt sich, unter Vernachlässigung des Streuverlustes, aus der Beziehung

$$\frac{\Delta Q}{z} = \frac{G_T}{z}\,(-\Delta x \cdot i_{D,o} + \Delta J) = \frac{F\,(t-t')}{\frac{1}{k}} \cdot \frac{\Delta z}{z}\,, \tag{143}$$

$$\frac{\Delta z}{z} = \frac{G_T \cdot \frac{1}{k}}{F\,(t-t')\,z}\,(-\Delta x \cdot i_{D,o} + \Delta J) \tag{144}$$

finden. Da $\frac{1}{k}$ mit steigender Konzentration wächst und $t - t'$ gleichzeitig abnimmt, entspricht gleicher Teilverdampfleistung $G_T \cdot \Delta x$ ein zunächst langsam, dann schneller ansteigender Bruchteil $\frac{\Delta z}{z}$ der gesamten Chargendauer. Die auf 1 m^2 Heizfläche in der Zeiteinheit entfallende Verdampfung nimmt ständig ab und sinkt zum Schlusse auf den Betrag, der sich bei durchgehendem Betriebe ergibt.

Bei Kristallkochern pflegen die Grenztemperaturen im Laufe der Eindampfung sich zu ändern. Sie verläuft nicht mehr längs der Isobaren. Außerdem ist die auf die Teilverdampfung Δx entfallende Kristallisationswärme bei der Berechnung zu berücksichtigen.

VII. Verdampfung mit Brüdenverdichtung.

A. Wärmeverbrauch.

Da die Verdampfwärme r mit höherem Druck abnimmt, ist die Menge der entstehenden Brüden kleiner als die Menge des verbrauchten Heizdampfes, wenn angenommen wird, daß die zu verdampfende Flüssigkeit mit der Siedetemperatur oder kälter eintritt und das Dampfkondensat mit der Siedetemperatur abgeht. Die unvermeidlichen Wärmeverluste vergrößern diesen Unterschied. Die Brüdenmenge bewegt sich in der Größenordnung der Heizdampfmenge und unterschreitet diese in der Regel um nicht mehr als 5 bis 10%. Bei Verwendung der verdichteten Brüden als Heizmittel im gleichen Verdampferkörper ist deshalb neben der Temperaturerhöhung der Brüden die Wärmemenge um das Maß des Wärmeverlustes zu vermehren. Dies geschieht:

unter Anwendung eines Dampfstrahlgebläses, in dem hochgespannter Treibdampf durch Verdichtung der Brüden die Temperaturerhöhung und durch Mischung mit den Brüden die Vermehrung der Wärmemenge bewirkt.

durch mechanische Verdichter, die wegen der Größe des zu bewältigenden Volumens ausnahmslos als Turboverdichter ausgeführt werden. Der Wärmewert der Verdichtungsarbeit ergibt hier eine Vermehrung der Brüdenwärme.

B. Wärmebilanz des Verdampfens mit Brüdenverdichter.

Die Wärmebilanz des mit Brüdenverdichtung arbeitenden Verdampfers ergibt sich aus Abb. 112. Sie gilt für Dampfstrahlgebläse und mechanische Verdichter.

Der von außen zugeführte Heizstrom $Q_{h,a}$ kcal/h ist beim Dampfstrahlverdichter durch die Wärme des Treibdampfes, beim mechanischen Verdichter durch den Wärmewert der indizierten Verdichtungsarbeit, gegebenenfalls zuzüglich der Wärme von außen eingeführten zusätzlichen

Heizdampfes, bestimmt. Während bei der allgemeinen Verdampfung im Beharrungszustande die Menge des stündlich nach außen tretenden Dampfes $G_{h,D,o}$ gleich ist dem Gewicht der stündlich von außen zugeführten Flüssigkeit $G_{h,F,o}$ ergibt sich bei der Brüdenverdichtung ein Unterschied $G_{h,F,o} - G_{h,D,o}$, der die zurückgesaugte Dampfmenge darstellt. Infolgedessen lautet die Bilanzgleichung für Verdampfung mit Brüdenverdichtung

$$Q_h + G_{h,F,o} \cdot i_{a,F,o} = Q_{V,h} + G_{h,D,o} \cdot i_o''. \tag{145}$$

Der stündlich verbrauchte Heizstrom wird daher um den Betrag $(G_{h,F,o} - G_{h,D,o})\, i_0''$, d. i. die in dem zurückgeführten Dampfteil enthaltene Wärmemenge, kleiner als bei der einfachen Verdampfung. Es ist ferner ganz allgemein

$$Q_h = Q_{h,a} - Q_{h,e} = Q_{h,a} - G_{h,F} \cdot i_{e,F}. \tag{146}$$

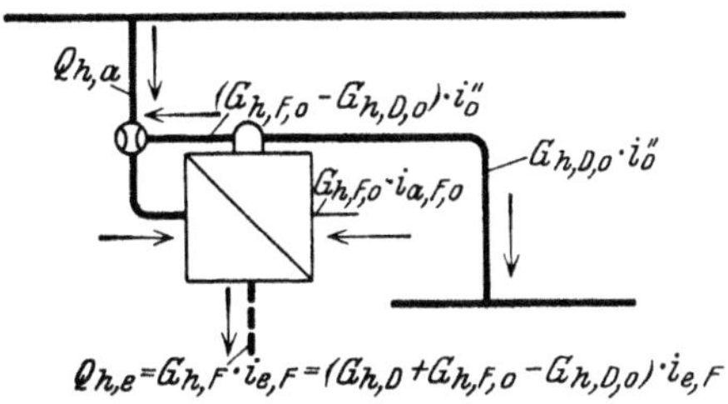

Abb. 112. Verdampfer mit Brüdenverdichter.

Das Gewicht des austretenden Heizmittels ist bei der allgemeinen Verdampfung gleich der Menge des von außen eingeführten Heizmittels, bei Verdampfung mit Brüdenverdichtung jedoch davon verschieden, und zwar beim Dampfstrahlbrüdenverdichter gleich der Summe des Gewichtes von Treibdampf und rückgeführtem Dampfteil, beim mechanischen Verdichter gleich der Summe von zusätzlichem Heizdampf und rückgeführtem Dampfteil, in beiden Fällen also gleich

$$G_{h,F} = G_{h,D} + G_{h,F,o} - G_{h,D,o}. \tag{147}$$

Es ergibt sich daher allgemein für die Verdampfung mit Brüdenverdichtung die Bilanzgleichung

$$Q_{h,a} - (G_{h,D} + G_{h,F,o} - G_{h,D,o})\, i_{e,F} + G_{h,F,o} \cdot i_{a,F,o} = Q_{V,h} + G_{h,D,o} \cdot i_o'', \tag{145a}$$

$$Q_{h,a} - G_{h,D} \cdot i_{e,F} = G_{h,F,o}\,(i_{e,F} - i_{a,F,o}) + G_{h,D,o}(i_o'' - i_{e,F}) + Q_{V,h}. \tag{148}$$

Beim Dampfstrahlbrüdenverdichter ist

$$Q_{h,a} = G_{h,D} \cdot i_D, \tag{149}$$

daher

$$G_{h,D}\,(i_D - i_{e,F}) = G_{h,F,o}\,(i_{e,F} - i_{a,F,o}) + G_{h,D,o}\,(i_o'' - i_{e,F}) + Q_{V,h}. \tag{148a}$$

Für den mechanischen Verdichter gilt

$$Q_{h,a} = Q_{h,N} + G_{h,D} \cdot i_D, \tag{149a}$$

$$Q_{h,N} + G_{h,D}\,(i_D - i_{e,F}) = G_{h,F,o}\,(i_{e,F} - i_{a,F,o}) + G_{h,D,o}\,(i_o'' - i_{e,F}) + Q_{V,h}. \tag{148b}$$

Die Dampfmenge $G_{h,D,o}$ entweicht als Überschuß. Sie wird beim Dampfstrahlverdichter gleich Null, wenn die Beziehung

$$G_{h,D}\,(i_D - i_{e,F}) = G_{h,F,o}\,(i_{e,F} - i_{a,F,o}) + Q_{V,h} \tag{150}$$

erfüllt ist. Die aus dem Treibdampf nutzbar gewordene Wärme deckt alsdann den Wärmebedarf, um die zu verdampfende Flüssigkeit von der Eintrittstemperatur $t_{a,o}$ auf die Temperatur des austretenden Kondensats $t_{e,F}$ zu erwärmen, außerdem den Streuverlust. Beim Dampfstrahlverdichter ist diese Voraussetzung nicht zu erfüllen, weil, wegen des verhältnismäßig niedrigen Wirkungsgrades, die Treibdampfmenge größer ist als nach der Gl. (150) zu fordern. Hier muß daher immer mit Überschußdampf und der Notwendigkeit gerechnet werden, Abwärme anderwärts auszunutzen. Beim mechanischen Verdichter kann fast stets auf die Zusatzbeheizung verzichtet werden. Außerdem verschwindet der Dampfüberschuß regelmäßig, wenn der äußere Dampfauslaß geschlossen wird. Es tritt alsdann Selbstregelung dadurch ein, daß das Druckgefälle und damit das Temperaturgefälle bis zu dem durch die Beziehung

$$Q_{h,N} = G_{h,F,o}(i_{e,F} - i_{a,F,o}) + Q_{V,h} \tag{151}$$

gegebenen Ausgleich sinkt, der Wert $Q_{h,N}$ also abnimmt. Beim Auslassen der Dampfmenge $G_{h,D,o}$ steigt $Q_{h,N}$ um den Betrag $G_{h,D,o}(i_o'' - i_{e,F})$, das Temperaturgefälle wächst. Hierin liegt ein Mittel, um bei mechanischen Brüdenverdichtern die Verdampfleistung durch vermehrten Dampfablaß zu erhöhen, allerdings auf Kosten des Wirkungsgrades. Beim mechanischen Brüdenverdichter bestimmen die Verluste zwangläufig Temperaturgefälle und Leistung des Verdampfers. Die Regelmöglichkeit findet eine Grenze dadurch, daß mit zunehmendem Temperaturgefälle die abnehmende Leistung schließlich einen labilen Punkt erreicht, der ein „Pumpen“ des Verdichters verursacht, weil in seiner Nähe jedem Wert des Temperaturgefälles zwei Leistungsgrößen, eine größere und eine kleinere, zugeordnet sind. Diese Störung wird im Betrieb durch Öffnen einer zwischen Saug- und Druckseite des Verdichters verlaufenden Umführungsleitung behoben. Auch beim Dampfstrahlverdichter ist mit einem gelegentlichen Versagen zu rechnen, wenn der Druck des Treibdampfes erheblich sinkt oder das Temperaturgefälle plötzlich ansteigt.

C. Wärmebilanz des Eindampfens mit Brüdenverdichter.

Für das Eindampfen von Lösungen mit Anwendung der Brüdenverdichtung lautet die Bilanzgleichung allgemein

$$\begin{aligned} Q_{h,a} - [G_{h,D} + G_{h,T}(x_a - x_e) - G_{h,D,o}]\, i_{e,F} + G_{h,T}(1 + x_a)\, i_a \\ = Q_{V,h} + G_{h,T}(1 + x_e)\, i_e + G_{h,D,o} \cdot i_{D,o}, \end{aligned} \tag{152}$$

$$\begin{aligned} Q_{h,a} - G_{h,D} \cdot i_{e,F} = G_{h,T}(x_a - x_e)(i_{e,F} - i_a) + G_{h,T}(1 + x_e)(i_e - i_a) \\ + G_{h,D,o}(i_{D,o} - i_{e,F}) + Q_{V,h}. \end{aligned} \tag{153}$$

Für den Dampfstrahlbrüdenverdichter im besonderen gilt

$$\begin{aligned} G_{h,D}(i_D - i_{e,F}) = G_{h,T}(x_a - x_e)(i_{e,F} - i_a) + G_{h,T}(1 + x_e)(i_e - i_a) \\ + G_{h,D,o}(i_{D,o} - i_{e,F}) + Q_{V,h}. \end{aligned} \quad (153\text{a})$$

Die ausgenutzte Treibdampfwärme dient dazu, den Wärmeinhalt der auszutreibenden Lösungsmittelmenge vom Zustand der eintretenden Lösung auf den Zustand des austretenden Kondensats zu erhöhen, das Gewicht der starken Lösung auf die Austrittstemperatur vorzuwärmen, den auf die überschüssige Brüdenmenge entfallenden Unterschied zwischen Dampfwärme beim Brüdenzustand und Flüssigkeitswärme bei der Kondensattemperatur und schließlich dem Streuverlust zu decken.

Dem mechanischen Verdichter entspricht die Gleichung:

$$\begin{aligned} Q_{h,N} + G_{h,D}(i_D - i_{e,F}) = G_{h,T}(x_a - x_e)(i_{e,F} - i_a) \\ + G_{h,T}(1 + x_e)(i_e - i_a) + G_{h,D,o}(i_{D,o} - i_{e,F}) + Q_{V,h} \end{aligned} \quad (153\text{b})$$

oder für den regelmäßigen Fall mit $G_{h,D} = 0$ und $G_{h,D,o} = 0$

$$Q_{h,N} = G_{h,T}(x_a - x_e)(i_{e,F} - i_a) + G_{h,T}(1 + x_e)(i_e - i_a) + Q_{V,h}. \quad (153\text{c})$$

Für das Eindampfen von Lösungen mit Dampfstrahlbrüdenverdichter gilt ebenso wie für das Verdampfen reiner Flüssigkeiten die Bedingung, durch geringen Treibdampfverbrauch die Überschußbrüden möglichst zum Verschwinden zu bringen. Beim Eindampfen gelingt dies wegen der Siedetemperaturerhöhung der Lösung noch weniger als beim Verdampfen. Das Verhalten des mechanischen Brüdenverdichters ist in beiden Fällen das gleiche. Das Bedürfnis, durch Ablassen von Brüden das Temperaturgefälle zu erhöhen, nimmt mit der Siedetemperaturerhöhung der Lösung zu.

D. Verhalten im Betrieb.

Der Vorgang der Brüdenverdichtung stellt sich im J-S-Bild nach Abb. 113 wie folgt dar: Bei verlustlosem Arbeiten expandiert der Treibdampf isentropisch von dem Anfangsdruck p (Punkt A) auf den Brüdendruck p_0 (Punkt B). War der Dampf zuvor gesättigt, so wird er hierbei naß. In diesem Zustande mischt er sich mit den Brüdendämpfen (Punkt C). Unter Aufzehrung der in dem expandierten Treibdampf enthaltenen kinetischen Energie findet die Kompression des Gemisches vom Mischpunkt (D) längs der Isentrope DE auf den Heizdampfdruck p_m statt.

In Wirklichkeit weichen die Expansions- und Kompressionslinien von der Isentrope ab. Die mit beiden Vorgängen verbundenen Verluste äußern sich als Entropiezunahme. Infolgedessen verläuft die Expansion nach dem Linienzug $A B'$, die Kompression nach $D' E'$. Die nutzbare Expansionsarbeit von 1 kg Treibdampf verringert sich von dem Wert $\overline{AB}$

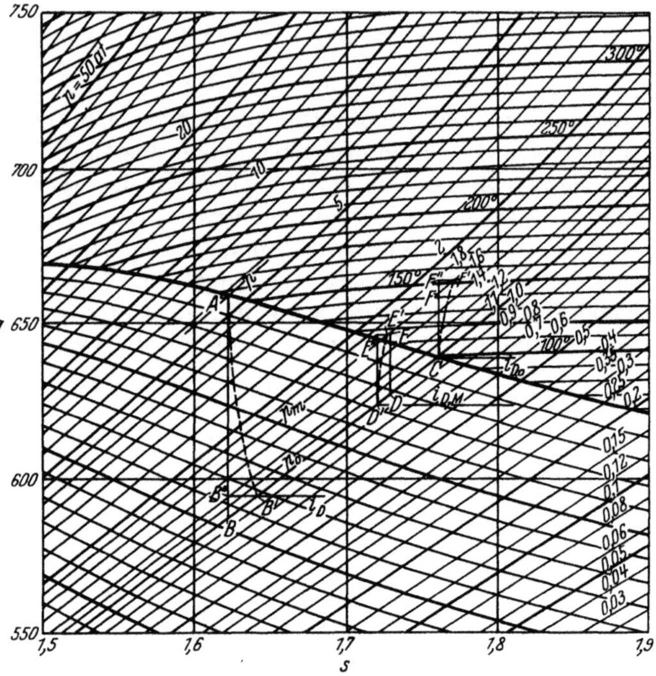

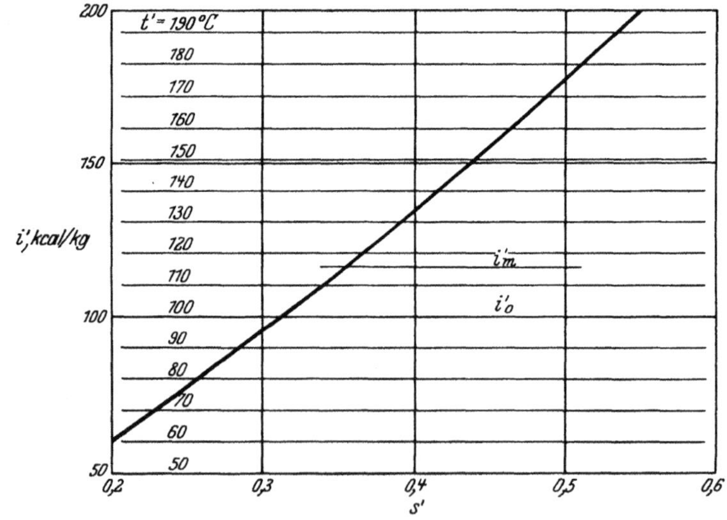

Abb. 113. *J*-*S*-Bild des Brüdenverdichters.

auf $\overline{A B''}$, die für 1 kg Gemisch aufgewandte Kompressionsarbeit nimmt von dem Werte $\overline{DE}$ auf $\overline{D' E''}$ zu.

Beim Dampfstrahlverdichter beträgt das durch 1 kg Treibdampf verdichtete Brüdengewicht bei verlustlosem Arbeiten

$$\left(\frac{A B}{D E} - 1\right) \text{kg/kg},$$

in Wirklichkeit

$$\left(\frac{A B''}{D' E''} - 1\right) \text{kg/kg}.$$

Der Wirkungsgrad des Dampfstrahlverdichters ist durch das Verhältnis $\dfrac{\frac{A B''}{D' E''} - 1}{\frac{A B}{D E} - 1}$ gekennzeichnet. Die Lage des Mischpunktes D bzw. D' ergibt sich als Schnittpunkt der p_m-Linie mit der dem Wärmeinhalt $i_{D,M}$ zugeordneten Parallelen zur Abszissenachse. Der Wärmeinhalt errechnet sich hierbei für verlustloses Arbeiten zu

$$i_{D,M} = \frac{DE}{A B} \cdot i_D + \left(1 - \frac{DE}{A B}\right) i_{D,o},$$

in Wirklichkeit zu

$$i_{D,M} = \frac{D' E''}{A B''} \cdot i_D + \left(1 - \frac{D' E''}{A B''}\right) i_{D,o}.$$

Ist z. B.

$$D' E'' = \frac{A B''}{3},$$

so werden mit 1 kg Treibdampf $\frac{A B''}{D' E''} - 1 = 3 - 1 = 2$ kg Brüden verdichtet und es folgt

$$i_{D,M} = \frac{i_D}{3} + \frac{2\, i_{D,o}}{3}.$$

Bei mechanischer Verdichtung der Brüden ergibt sich theoretisch der Verlauf längs der Isentrope CF. Die wirkliche Verdichtung folgt dem Linienzuge CF', wobei der Energieaufwand im Verhältnis $\frac{CF''}{CF}$ wächst. Hierbei ist angenommen, daß keine Abkühlung der verdichteten Brüden zwischen den einzelnen Verdichtungsstufen stattfindet. An sich ist diese Abkühlung möglich, so daß schließlich Verdichtung längs der Grenzlinie denkbar ist, wenn die Stufenzahl unendlich groß wird und Zwischenkühlung jeweils bis zum Sättigungszustand erfolgt. Diese weitgehende Zwischenkühlung ist im Falle der Brüdenverdichtung bei Verdampfern nicht empfehlenswert, weil hier neben der Hebung der Temperatur auch eine Vermehrung des Wärmeinhaltes angestrebt wird, die Zwischenkühlung dagegen einen Wärmeverlust darstellt. Die Verminderung der Überhitzung kann in besonderen Fällen wünschenswert sein; aus mechanischen Rücksichten kommt sie bei den hier üblichen niedrigen Verdichtungsverhältnissen nicht in Frage.

Bezeichnen

i'_o den Wärmeinhalt der bei der Temperatur t'' siedenden reinen Flüssigkeit,

$i'_m = i_{e,F}$ den Wärmeinhalt des Kondensats bei der dem Heizdampfdruck zugeordneten Siedetemperatur (t''_m),

$i_{D,m}$ den Wärmeinhalt der verdichteten Mischdämpfe,

$i_{D,o} = i''_o$ den Wärmeinhalt der trocken gesättigten Dämpfe aus der Flüssigkeit,

so stellt der Ordinatenunterschied $i''_o - i'_o = r$ die für 1 kg Flüssigkeit benötigte Verdampfwärme dar. Ihr gegenüber ist die beim Dampfstrahlverdichter verfügbare Wärme

$$\frac{\frac{A\,B'}{D'\,E''}}{\frac{A\,B'}{D'\,E''} - 1}\,(i_{D,m} - i'_m)$$

stets größer. (Tritt die zu verdampfende Flüssigkeit mit einer Temperatur $t_{a,F} < t''$ ein, so ändern sich die Verhältnisse. An Stelle von i'_o tritt alsdann der Wert $i_{a,F}$.)

Für die Wärmemenge $i_{D,m} - i'_m$, die bei der mechanischen Verdichtung für 1 kg reine Flüssigkeit in den verdichteten Brüden verfügbar wird, ist dies nicht ohne weiteres der Fall. Der Ausgleich wird hier durch die erwähnte Selbstregelung geschaffen.

Diese Gesichtspunkte gelten auch für das Eindampfen von Lösungen.

Beim Dampfstrahlverdichter ergibt Erhöhung des Treibdampfdruckes bei gleichbleibender Entropie, d. h. neben der Drucksteigerung zunehmende Überhitzung, eindeutig eine Verminderung des Treibdampfverbrauches. Diese hat zur Folge, daß der Mischpunkt D dem Zustandspunkte der Brüden C näherrückt. Das verdichtete Gemisch ist alsdann weniger feucht bzw. stärker überhitzt. Gleichzeitig ergibt sich, wegen des Verlaufes der Isobaren, deren i-Abstand mit höherer Entropie zunimmt, eine Vermehrung der spezifischen Verdichtungsarbeit. Die ihr entsprechende Erhöhung des spezifischen Treibdampfverbrauches ist wesentlich niedriger als die Verminderung durch die Drucksteigerung des Treibdampfes, deren Einfluß daher überwiegt.

Ist der Treibdampf trocken gesättigt, so bedeutet Erhöhung seines Druckes Verminderung der Entropie. Die Erhöhung des Treibdampfdruckes führt alsdann zu einer Vermehrung der Expansionsarbeit und damit zu einer Verminderung des Treibdampfverbrauches. Der expandierte Treibdampf ist feuchter als bei niedrigerem Druck. Der Mischpunkt wird aus diesem Grunde weiter in das Naßgebiet hereingezogen, wegen des verminderten Treibdampfverbrauches jedoch in entgegengesetzter Richtung verschoben, so daß seine endgültige Lage gegenüber dem Mischpunkt bei niedrigerem Treibdampfdruck von vornherein nicht eindeutig feststeht.

In Abb. 114 ist das praktische Verhalten von Dampfstrahlverdichtern (Prache-Bouillon) für veränderliche Drücke des Treibdampfes und wechselndes Temperaturgefälle zwischen Heizdampf und Brüden unter Annahme eines gleichbleibenden Ansaugedruckes von 1 at dargestellt. Wie theoretisch zu erwarten, führt die Erhöhung des Dampfdruckes zu einer tatsächlichen Vermehrung des durch 1 kg Treibdampf verdichteten

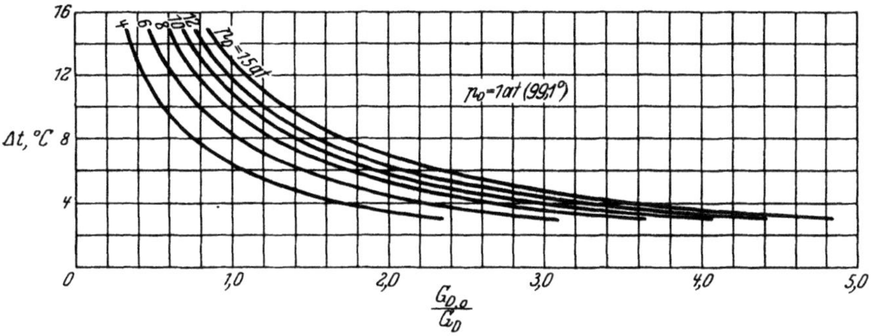

Abb. 114. Verhalten des Dampfstrahlbrüdenverdichters bei günstigsten Betriebsverhältnissen (Prache-Bouillon).

Brüdengewichtes. Zwischen 5 und 15 at ergibt sich die Erhöhung des Brüdengewichtes bei 13° Temperaturgefälle von 0,5 auf 1 kg/kg, d. i. auf das Doppelte, bei 4° Temperaturgefälle von 2,03 auf 3,61 kg/kg, d. i. auf das 1,78fache. Die Verbesserung der Förderleistung ist danach bei höherem Temperaturgefälle verhältnismäßig größer als bei niedrigem. Vergrößerung des Temperaturgefälles hat eine erhebliche Abnahme der geförderten Brüdenmenge zur Folge. 1 kg Treibdampf von 5 at verdichtet bei 8° Temperaturgefälle 0,92, bei 4° Temperaturgefälle 2,03 kg Brüden, also das 2,2fache. 1 kg Treibdampf von 15 at fördert bei 8° Temperaturgefälle 1,73, bei 4° Temperaturgefälle 3,61 kg Brüden, d. i. das 2,1fache. Die durch Verringerung des Temperaturgefälles erzielbare relative Verbesserung ist nahezu unabhängig von der Höhe des Treibdampfdruckes. Das ungünstige Verhalten des Brüdenverdichters bei hohem Temperaturgefälle führt dazu, daß Lösungen, die, wie Natronlauge und Ammonsulfatlauge, bei hoher Konzentration erheblichen Siedeverzug ergeben, in einer Vorstufe unter Brüdenverdichtung voreingedampft werden, während die Fertigverarbeitung in einem ein- oder zweistufigen Nachverdampfer, meist unter Anwendung von Frischdampf, erfolgt.

Für Arbeiten mit Luftleere ist der Zusammenhang grundsätzlich der gleiche. Abb. 115 und 116 geben die Betriebszahlen von Dampfstrahlverdichtern, System Metallbank — Gensecke (Lurgi), für einen Ansaugedruck von 0,043 at (30°) bzw. 0,075 at (40°) wieder. Für gleichen Treibdampfdruck und gleiches Sattdampftemperaturgefälle ist das Förderverhältnis bei niedrigerem Ansaugedruck höher, weil die Vergrößerung der Expansionsarbeit die Vergrößerung der Kompressionsarbeit überwiegt.

Die Darstellungen der Abb. 114 bis 116 gelten unter der ausdrücklichen Voraussetzung, daß der Dampfstrahlverdichter für die

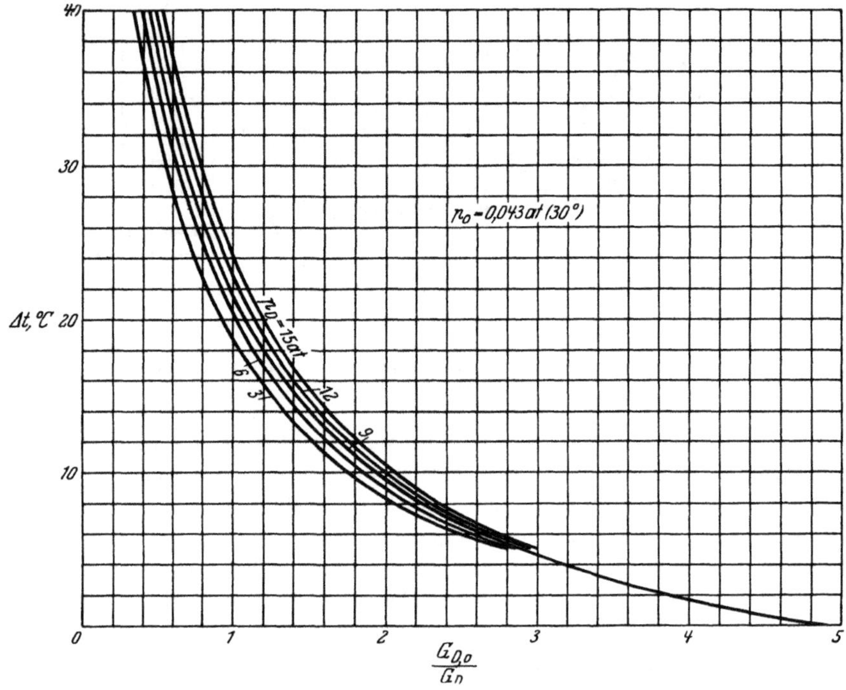

Abb. 115. Verhalten des Dampfstrahlbrüdenverdichters System Metallbank-Gensecke bei günstigsten Betriebsverhältnissen (Lurgi).

Verhältnisse des besonderen Falles von vornherein gebaut ist, die Betriebsbedingungen daher seinem günstigsten Wirkungsgrade entsprechen.

Ganz andere Beziehungen ergeben sich, wenn ein bestimmter Dampfstrahlverdichter bei wechselnden Betriebsverhältnissen arbeitet, weil alsdann sein Wirkungsgrad sich verändert. So ist in Abb. 117 nach Versuchen mit Balckeschen Dampfstrahlverdichtern die spezifische Förderleistung abhängig von dem wechselnden Temperaturgefälle für folgende Betriebsverhältnisse wiedergegeben:

Linienzug	*A*	*B*	*C*	*D*
Größe d. Dampfdüse cm^2	0,38·9 = 3,4	0,32·12 = 3,84	0,32·12 = 3,84	0,32·14,5 = 4,64
Treibdampfdruck . . at	8	10,7 bis 11	11	9
Treibdampftemperatur °C	180	304 bis 185	270 bis 275	240
Treibdampfverbrauch kg/h	1380	1070 bis 2120	1910	1950
Brüdendruck . . . . at	1,09 bis 1,1	1,06	1,06	1 bis 1,1
Brüdentemperatur . . °C	—	—	112	108 bis 114
Gemischtemperatur . °C	120 bis 125	140	236 bis 182	177

Die Ergebnisse sind am Versuchsstande gewonnen. Als Brüden wurde gedrosselter Mischdampf zurückgesaugt. Aus diesem Grunde ergaben sich bei den Versuchen *C* und *D* überhitzte Brüdendämpfe,

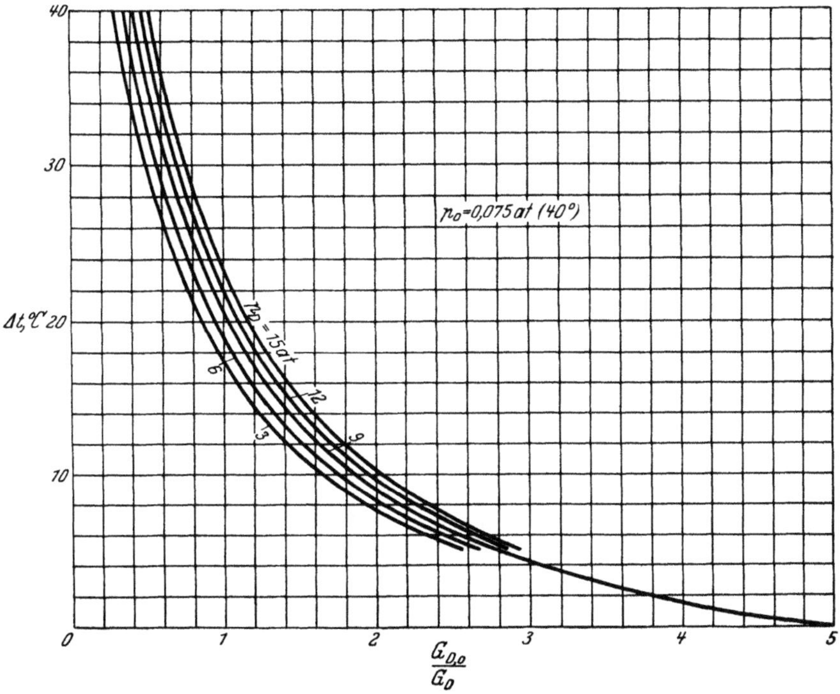

Abb. 116. Verhalten des Dampfstrahlbrüdenverdichters System Metallbank-Gensecke bei günstigsten Betriebsverhältnissen (Lurgi).

während beim praktischen Betrieb des Verdampfers die Brüden als gesättigt angenommen werden können. Die Überhitzung des Mischdampfes erfuhr hierdurch eine Erhöhung. Der Verlauf der Linienzüge *B* und *C* ergibt für höhere Überhitzung des Treibdampfes bei im übrigen gleichen Verhältnissen eine Vermehrung der spezifischen Förderleistung.

Nach den neuesten Forschungen erscheint die Überhitzung des Gemisches mit Rücksicht auf die Wärmeübertragungsverhältnisse zunächst unbedenklich. Sie darf jedoch nicht zu einer ungünstigen Veränderung der einzudampfenden Lösung infolge Erhöhung der Wandtemperatur führen. Der Gemischdampf soll daher zunächst in Mischung mit dem gesamten Dampfinhalt treten und nicht etwa beim Eintritt sofort auf Teile der Heizfläche aufprallen. Die Überhitzungstemperatur nimmt nach dem J-S-Bild mit dem Sattdampftemperaturgefälle zu. Bei gleichem Sattdampftemperaturgefälle ist sie im Gebiete höheren Druckes geringer als im Gebiete niedrigeren Druckes. Maßnahmen, die trotz der Überhitzung des Heizdampfes die Heizflächen voll wirksam halten, sind daher bei niedrigeren Drücken in besonderem Maße geboten. Liegen Temperaturgefälle und Treibdampfdruck fest, so wird die Förderleistung um so größer, je tiefer das Temperaturfeld gesenkt wird. Aus Gründen der Betriebsvereinfachung wird bei Brüdenverdichtern ein Arbeiten mit Luftleere und Kondensation meist vermieden und die Eindampfung bei leichtem Überdruck geführt. Voraussetzung ist, daß die einzudampfende Lösung Temperaturen um 100° herum erträgt. Die nicht zurückgesaugten überschüssigen Brüden gehen hierbei mit leichtem Überdruck ab. Bei temperaturempfindlichen Stoffen, wie Pflanzenextrakten, die sich bei Temperaturen über 50° ungünstig verändern, muß ausnahmsweise das Temperaturfeld gesenkt und mit Luftleere gearbeitet werden. Zur Aufrechterhaltung der Luftleere dient alsdann eine besondere Luftpumpe. Der Fall, daß der Heizdampf unter leichtem Überdruck, die Brüden unter Luftleere stehen, zählt zu den Ausnahmen. Liegt er vor, so kann es zweckmäßig sein, die gesamten Brüden zu verdichten und den Überschuß hinter dem Dampfverdichter abzuführen. Der Treibdampfverbrauch wird hierdurch erhöht, die Notwendigkeit einer Kondensationsanlage aber umgangen. Diese für die Dampfstrahlkältemaschine kennzeichnende Arbeitsweise kommt auch in dem möglichen Falle in Betracht, daß die Eindampfung mit Temperaturen vorgenommen werden soll, die niedriger liegen als die Temperatur des verfügbaren Kühlwassers oder doch dieser sich so weit annähern, daß mit einer Kondensationsanlage die erforderliche Luftleere nicht mit genügender Sicherheit erreichbar ist.

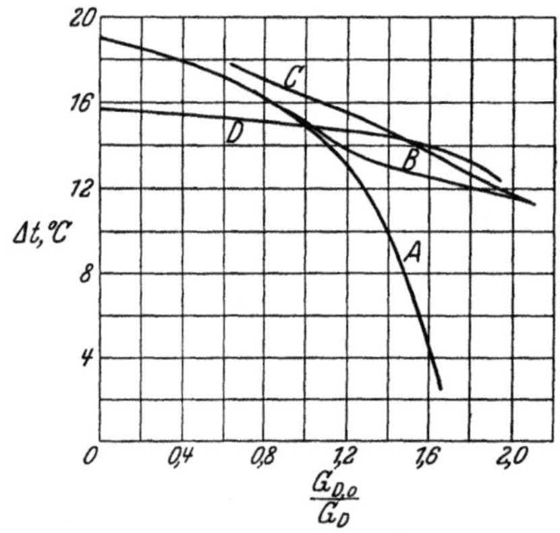

Abb. 117. Verhalten von Dampfstrahlbrüdenverdichtern bei wechselnden Betriebsverhältnissen (Balcke).

Die Betrachtungen über den Einfluß von Frischdampfdruck, Temperaturgefälle und Lage des Temperaturfeldes auf die spezifische Förderleistung lassen sich sinngemäß auf den mechanischen Brüdenverdichter übertragen. Hierbei ergibt sich jedoch ein grundsätzlicher Unterschied:

Nach dem J-S-Bild vermindert sich in der Nähe der Grenzkurve der i-Abstand mit Verschiebung des Temperaturfeldes nach oben, wenn die untere Temperatur einem Punkte der Grenzkurve entspricht und die obere Temperatur, gerechnet als die dem Heizdampfdruck zugeordnete Siedetemperatur, um einen gleichbleibenden Betrag darüber angenommen wird. Das bedeutet, daß der Energieverbrauch für die Brüdenverdichtung im höheren Druckgebiet geringer ist als im niedrigeren, wenn in beiden Fällen die Sattdampftemperatur um das gleiche Maß gehoben werden soll. Beim elektrisch angetriebenen Verdichter weist dies eindeutig auf das Hochrücken des Druckfeldes hin, während beim Dampfstrahlverdichter die Abnahme des Energiegefälles des Treibdampfes mit höherrückendem Temperaturfeld dagegen spricht. Was für den Dampfstrahlverdichter gilt, trifft auch für den durch Dampfturbine angetriebenen mechanischen Verdichter zu, wenn der Turbinenabdampf mit dem verdichteten Brüdendampf gemischt wird.

E. Wirkungsgrad des Dampfstrahlbrüdenverdichters.

Bezeichnen

(λ) einen Zahlenwert, der mit der Reynoldsschen Zahl wächst und für große Geschwindigkeiten der Rauhigkeitsziffer nahekommt,

β den Öffnungswinkel der Düsenerweiterung,

so ist nach Lorenz[1] der theoretische Wirkungsgrad der Expansionsdüse

$$\eta_{exp} = 1 - \frac{(\lambda)}{4 \operatorname{tg} \frac{\beta}{2}},$$

der Wirkungsgrad des Kompressionsdiffusors

$$\eta_{compr} = 1 - \frac{(\lambda)}{4 \operatorname{tg} \frac{\beta}{2}} - \frac{4}{3} \operatorname{tg} \frac{\beta}{2}.$$

Der Höchstwert von η_{compr} folgt zu

$$\eta_{compr.\,max} = 1 - 2\sqrt{\frac{(\lambda)}{3}}$$

für einen Wert $\operatorname{tg} \frac{\beta}{2} = \frac{1}{4}\sqrt{3(\lambda)}$. Mit $(\lambda) = 0{,}01$ ergibt sich folgender Zusammenhang:

$\frac{\beta}{2}$	1^0	$2{,}5^0$	5^0	10^0
η_{exp}	0,863	0,943	0,971	0,986
η_{compr}	0,83	0,885	0,854	0,753

[1] Lorenz: Die Energieverluste in Rohrerweiterungen und Krümmern. Z. techn. Phys. 1929.

Der Höchstwert für den Diffusor liegt bei einem halben Öffnungswinkel von etwa 2,5°. Vergrößerung des Öffnungswinkels darüber hinaus ergibt einen starken Abfall des Wirkungsgrades.

Der tatsächliche Gesamtwirkungsgrad $\eta_{exp} \cdot \eta_{compr}$ ist wesentlich niedriger und erreicht in den vorliegenden Ausführungen den Wert von etwa 0,30. Ein von Rey[1] mitgeteilter Versuch mit einem zum Eindampfen von Zuckerlösung angewandten Dampfstrahlverdichter (Prache-Bouillon) ergibt folgende Verhältnisse:

Treibdampfdruck	$p = 7$ at
Brüdendruck	$p_0 = 1{,}033$ at
Heizdampfdruck	$p_m = 1{,}276$ at
Temperaturgefälle	$t_m - t_0 = 106 - 100 = 6^0$
Spezifische Förderleistung. . . .	$\frac{G_{D,o}}{G_D} = 2$ kg Brüden für 1 kg Treibdampf.

Nach dem *J-S*-Bild beträgt für diese Verhältnisse die isentropische Entspannungsarbeit 78 kcal/kg, die Verdichtungsarbeit 10 kcal/kg, so daß theoretisch mit 1 kg Treibdampf 6,8 kg Brüden verdichtet werden könnten. Der Gesamtwirkungsgrad errechnet sich hieraus zu

$$\eta_{exp} \cdot \eta_{compr} = \frac{2}{6{,}8} = 0{,}29\,.$$

Die der Arbeit von Gensecke[2] entnommene Abb. 118 stellt für einen Dampfstrahlverdichter Bauart Josse-Genesecke (Metallbank) mit

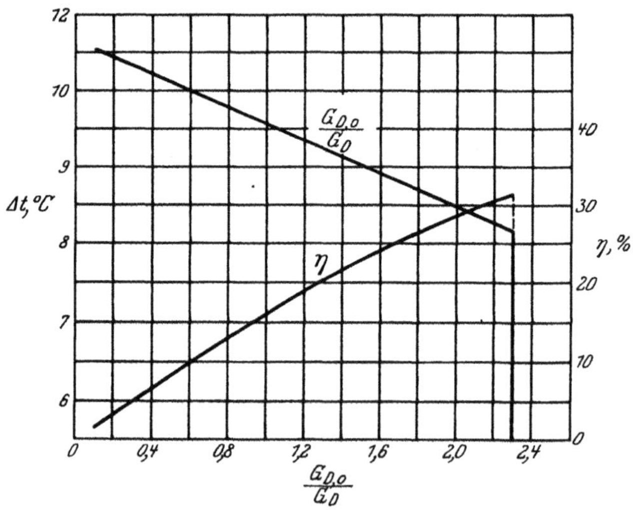

Abb. 118. Verhalten eines Dampfstrahlbrüdenverdichters System Metallbank-Gensecke bei wechselnden Betriebsverhältnissen (Lurgi).

[1] Rey: De la compression de la vapeur appliquée à l'évaporation. Mém. Soc. Ing. Civ. France, 1909.

[2] Gensecke: Über Kompressionsverdampfung. Z. V. d. I. 1923.

einem Düsendurchmesser von 4,9 mm, einem Diffusordurchmesser von 50 mm den für einen Brüdendruck $p_0 = 0{,}244$ at und eine Brüdentemperatur $t_0 = 64{,}3^0$ gefundenen Zusammenhang zwischen Temperaturgefälle, Wirkungsgrad und spezifischer Förderleistung dar! Die Angaben kennzeichnen das Verhalten eines mit Luftleere arbeitenden Dampfstrahlverdichters bei wechselnden Betriebsverhältnissen. Mit zunehmendem Temperaturgefälle bleibt das Förderverhältnis zunächst gleich, um dann rasch zu sinken. Im Knickpunkt wird der günstigste Wirkungsgrad von etwa 0,32 erreicht.

Für Breguet-Dampfstrahlgebläse teilt die Hersteller in folgende, ein weites Gebiet umfassende Versuchsergebnisse mit:

Frischdampfdruck p at	7	10	10	10	12	12	13	18	18
Frischdampftemperatur t_D °C	164	179	225	225	280	280	191	225	225
Brüdendruck p_0 . . . . . at	1,6	1	0,6	0,65	2,5	2,5	1,5	1,8	2
Heizdampfdruck p_m . . . at	2,4	1,5	0,9	1	3	3	2,5	2,5	2,5
Sattdampftemperaturgefälle $t''_m - t''_0$	12,8	11,7	10,7	11,4	6,1	6,1	16,8	10,5	7,2
Spez. Förderleistung $\frac{G_{D,0}}{G_D}$ kg Brüden für 1 kg Treibdampf	0,7	0,88	0,9	0,95	1,44	1,36	0,78	1,25	1,64
Wirkungsgrad $\eta_{exp} \cdot \eta_{compr}$	0,27	0,19	0,15	0,17	0,16	0,15	0,25	0,21	0,19

Mit Rücksicht darauf, daß es sich hierbei nicht um Versuchsreihen, sondern um Einzelversuche handelt, und die Zahlen offensichtlich stark abgerundet sind, müssen die in der letzten Reihe angegebenen, vom Verfasser errechneten Wirkungsgradzahlen mit Vorsicht beurteilt werden.

F. Wirkungsgrad des mechanischen Brüdenverdichters.

Beim mechanischen Brüdenverdichter hängt der Gesamtwirkungsgrad von der Art der Antriebskraft ab. Der Teilwirkungsgrad η_{compr} des Turboverdichters allein erreicht Werte von 0,5 bis 0,65. Erfolgt der Antrieb durch Dampfturbine mit Kondensation, deren thermodynamischer Wirkungsgrad sich bei größeren Einheiten um $\eta_{exp} \sim 0{,}4$ bis 0,8 bewegt, so ergibt sich der Gesamtwirkungsgrad zu $\eta_{exp} \cdot \eta_{compr} \sim 0{,}2$ bis 0,52. Wird der Enddruck der Dampfturbine gleich dem Brüdendruck gewählt, um den Dampf gemeinsam weiterzuverwenden, so bleibt der Gesamtwirkungsgrad derselbe wie bei einer Kondensationsturbine, wenn η_{exp} für beide Fälle gleich angenommen wird. Der höhere Verbrauch von Arbeitsdampf kommt nicht im Wirkungsgrade zum Ausdruck, sondern findet seine Begründung in den Betriebsverhältnissen, die den Dampfenddruck bestimmen.

Wird schließlich der mechanische Brüdenverdichter elektrisch angetrieben, so erreicht, wegen des hohen Motorwirkungsgrades $\eta_{el} \sim 0{,}7$

bis 0,9, der Gesamtwirkungsgrad den Wert $\eta_{el} \cdot \eta_{compr} \sim 0{,}35$ bis 0,58. Er läßt sich selbstverständlich nicht mit den für Dampfantrieb geltenden Zahlen vergleichen. Überhaupt kommt dem Wirkungsgrad eine Bedeutung nur insofern zu, als er den Gradmesser dafür bildet, in welcher Höhe bei Wahl der bestimmten Energieform das theoretisch Mögliche erreicht wird, keinesfalls aber dafür, inwieweit die Entscheidung für die gewählte Energieform richtig ist. Diese Frage kann nur an Hand der Wirtschaftlichkeitsberechnung geprüft werden.

Versuchsergebnisse mit Brüdenverdichtung durch elektrisch angetriebenen Rateau-Turboverdichter liegen von Ombeck[1] vor. Bei einem Heizdampfdruck $p_m \sim 1$ at, einem Sattdampftemperaturgefälle $t''_m - t''_0$ von 3,3 bis 4,8° werden durch 1 kWh etwa 75 bis 60 kg/h Destillat gewonnen. Der Wärmewert des elektrischen Stromverbrauches entspricht etwa dem Doppelten der isentropischen Verdichtungsarbeit. Der auf die Sättigungstemperatur bezogene Wärmedurchgangswiderstand beträgt $\frac{1}{2000}$ bis $\frac{1}{2600}$ $^0\mathrm{C}/\frac{\mathrm{kcal}}{\mathrm{m}^2 \cdot \mathrm{h}}$ bei einer spezifischen Verdampfleistung von etwa 12 bis 21 kg/m²·h. Die Zahlen beziehen sich auf den gereinigten Verdampfer. Mit zunehmender Inkrustation tritt eine erhebliche Vergrößerung des Wärmedurchgangswiderstandes auf. Da gleichzeitig das Temperaturgefälle steigt, sinkt die mit 1 kWh erzielte spezifische Förderleistung.

Für das Eindampfen von Sulfitlauge von $\gamma = 1052$ kg/m³ (7° Bé) auf $\gamma = 1332$ kg/m³ (36° Bé) in einem mit Elektroturboverdichter arbeitenden Ringheizkörperverdampfer nach Abb. 155 (Escher Wyss) macht die Herstellerin folgende Angaben:

Laugenmenge $\frac{G_{h,T}}{\gamma_a}(1 + x_a)$	m³/h	6	30
Wasserverdampfung $G_{h,T}(x_a - x_e)$	kg/h	5000	25000
Sattdampfdruck p_D	at	2	2
Zusätzlicher Heizdampfverbrauch $G_{h,D}$	kg/h	300	1250
Leistungsverbrauch N	kW	170	800
Wasserverbrauch	m³/h	3	10

Gensecke[2] teilt als Betriebsergebnis einer mit Elektroturboverdichter chargenweise arbeitenden Milcheindampfanlage folgende Zahlen mit:

Eindickungsgrad $\frac{1 + x_e}{1 + x_a}$	$\frac{1}{5}$
Brüdendruck p_0	0,2 at
Brüdentemperatur t_0	59°
Heizdampfdruck p_m	0,25 at
Heizdampftemperatur t_m	65° (errechnet 65,3°)

[1] Ombeck: Versuche an Wasserdestillationsanlagen mit Wärmepumpe. Z. V. d. I. 1921.

[2] Gensecke: Über Kompressionsverdampfung. Z. V. d. I. 1923.

Chargendauer z . . . . 6 h 25′

Mittlere Verdampfleistung $\frac{G_T}{z}(x_a - x_e)$ . . . . 1680 kg/h

Leistungsverbrauch N . . . . 31,4 kW

Spezifische Verdampfleistung $\frac{G_T}{N \cdot z}(x_a - x_e)$ . . . . . 53,5 kg/kWh

An einem Verdampfer von 26 m² Heizfläche (Kummler & Matter), der mit Elektroturboverdichter die aus der Merzerisation entfallende Natronlauge eindampft, hat Stodola[1] folgende Versuchsergebnisse gefunden:

	anfangs	schließlich
Siedetemperaturerhöhung $\Delta t'_x$ . . . . °C	2,9	8,7
Verdampfleistung $G_{h,T}(x_a - x_e)$ . . . . . kg/h	1176	657
Leistungsverbrauch N. . . . . kW	55,5	—
Spezifische Verdampfleistung $\frac{G_{h,T}}{N}(x_a - x_e)$ kg/kWh	21,2	14,2

G. Wirtschaftlicher Vergleich verschiedener Arbeitsverfahren.

Es ist schwierig, Normen für den wirtschaftlichen Vergleich von Brüdenverdichtung durch Dampfstrahlgebläse und mechanische Verdichter zu finden, erst recht dann, wenn daneben die Frage zu beantworten ist, ob die Brüdenverdichtung der mehrstufigen Verdampfung überlegen ist.

Für das wirtschaftliche Arbeiten mit Brüdenverdichtung jeder Art ist niedriges Sattdampftemperaturgefälle zwischen Heiz- und Brüdenraum Voraussetzung. Aus diesem Grunde eignen sich sowohl Dampfstrahlbrüdenverdichter als auch mechanische Brüdenverdichter nur für das Verdampfen reiner Flüssigkeiten und das Eindampfen von Lösungen, die geringe Siedetemperaturerhöhung aufweisen und bei denen die Wirksamkeit der Heizfläche nicht durch Inkrustationen beeinträchtigt wird.

1. Reiner Eindampfbetrieb.

Betriebe mit dem einzigen Zweck der Eindampfung kommen kaum vor. Aber selbst in diesem Ausnahmefalle haben Nebenumstände Einfluß insofern, als das Eindampfen unter Anwendung von Arbeitsdampf im mehrstufigen Verdampfer oder im Verdampfer mit Dampfstrahlbrüdenverdichter oder im Verdampfer mit dampfbetriebenem Turboverdichter erfolgen oder, unter Umgehung der Dampferzeugung, ein Ver-

[1] Wirth: Erfahrungen an Eindampfanlagen mit Wärmepumpe. Z. V. d. I. 1922.

dampfer mit elektrisch betriebenem Dampfverdichter gewählt werden kann. Die Wirtschaftlichkeitsberechnung erfaßt die Kosten des Kapitaldienstes — bei Dampfbetrieb einschließlich der Dampferzeugungsanlage — und die Ausgaben für Energie — Brennstoff, elektrischen Strom —, Unterhaltung und Bedienung. Die Gesamtkosten werden in den meisten Fällen bei Dampfbetrieb mit niedrigem Dampfdruck für den Verdampfer mit Dampfstrahlverdichter, bei Dampfbetrieb mit hohem Dampfdruck für den mehrstufigen Verdampfer am geringsten ausfallen, für den letzten deshalb, weil er die Ausnutzung größerer Temperaturgefälle gestattet, also geringere Heizfläche benötigt als der Dampfstrahlverdichter, für dessen wirtschaftliches Arbeiten kleines Temperaturgefälle Vorbedingung ist. Der Verdampfer mit elektrisch angetriebenem Verdichter tritt in erfolgreichen Wettbewerb, wenn der elektrische Strom besonders billig zur Verfügung steht.

Verbietet Temperaturempfindlichkeit des einzudampfenden Gutes oder das chemische Verhalten der einzudampfenden Flüssigkeit — bei Laugen mit hoher Konzentration und hohen Temperaturen neigt verformtes Eisen zu Laugenbrüchigkeit — die Ausnutzung hoher Dampfdrücke in mehrstufigen Verdampfern, so kommt Brüdenverdichtung entweder allein oder für eine Stufe eines mehrstufigen Verdampfers in Frage. Es kann sich alsdann, wegen des starken Siedeverzuges hochkonzentrierter Lösungen und des dadurch bedingten hohen Sattdampftemperaturgefälles, empfehlen, den Brüdenverdichter auf eine Stufe arbeiten zu lassen, in der das Voreindampfen der Lösung erfolgt. In Ausnahmefällen, wo das Eindampfgut jede Temperatur erträgt und wegen seltener Benutzung der Eindampfanlage die Betriebskosten gegenüber den Anschaffungskosten zurücktreten, ist der mit hochgespanntem Dampf beheizte einstufige Verdampfer am Platze. Die für ihn erforderliche Heizfläche sinkt auf einen Bruchteil der für Verdampfer mit mehreren Stufen oder mit Brüdenverdichtung benötigten, weil das höhere Temperaturgefälle, die höhere Lage des Temperaturfeldes und die günstigeren Umlaufbedingungen alle in gleichem Sinne günstig wirken.

Zu den Betriebsaufwendungen gehört auch der Wasserverbrauch der Eindampfanlage, wenn die überschüssigen Brüden in einer Kondensationsanlage niederzuschlagen sind. Er ist beim einstufigen Verdampfer am höchsten, beim Verdampfer mit Dampfstrahlbrüdenverdichtung wesentlich niedriger, beim elektrisch betriebenen mechanischen Dampfverdichter wegen des geringen, meist ganz verschwindenden Brüdenüberschusses zu vernachlässigen. Bei dem unabhängigen Verdampfer muß jede Möglichkeit ausgenutzt werden, den Brüdenüberschuß durch Verwertung der Brüdenwärme innerhalb der Eindampfanlage zu verringern.

2. Eindampfbetrieb mit Kraftbedarf.

Fast stets benötigt der Betrieb neben der Verdampfung Kraft oder Wärme oder beides. Wird gleichzeitig auftretender Kraftbedarf durch einen Dampfmotor gedeckt, so liegt es nahe, dessen Abdampf für die Eindampfanlage zu verwenden. Der mehrstufige Verdampfer gewinnt dann besondere Bedeutung, wenn die Abdampfmenge zu seinem Betriebe ausreicht. Ist dies nicht der Fall, so kommt die Verbindung des mehrstufigen Verdampfers mit einem vorgeschalteten, mit Dampfstrahlgebläse betriebenen Verdampfer in Frage. Bei großem Abdampfüberschuß gelangt der einstufige Verdampfer zu seinem Rechte. Stellt sich dagegen zur Deckung des Kraftbedarfes der Bezug elektrischen Stromes günstiger als die Eigenerzeugung, so ergibt der motorbetriebene Verdichter in der Regel die wirtschaftlichste Lösung.

Eine beachtliche Zusammenstellung über das Verhältnis von Dampfverbrauch, Wasserverbrauch und Heizfläche für Verdampfer verschiedener Arbeitsweise bei gleichzeitiger Krafterzeugung gibt Badger[1]. Sie gilt unter Voraussetzung eines Dampfdruckes von etwa 12 at und nur, wenn die Verdampfanlage in keiner Weise mit den Wärmebedürfnissen des Betriebes gekuppelt werden kann.

Einstufiger Verdampfer.

Fall A. Entspannung des Dampfes in einer Dampfturbine, die mit 1,35 at Gegendruck arbeitet. Ausnutzung des gesamten Abdampfes im einstufigen Verdampfer mit 55° Temperaturgefälle.

Fall B. Kondensationsturbine.

1. Verwendung von abgedrosseltem Frischdampf für den einstufigen Verdampfer.

2. Entspannung von Frischdampf in einem Dampfstrahlverdichter, der 1,2 kg Brüden mit 1 kg Dampf bei 10° Temperaturgefälle verdichtet und auf einen einstufigen Verdampfer arbeitet.

3. Entspannung des gesamten Frischdampfes in einer Kondensationsturbine, die Kraft zum Betriebe eines mit Turboverdichter arbeitenden einstufigen Verdampfers liefert, der

a) 32 bis 36 kg/kWh mit einem Temperaturgefälle von 8° verarbeitet,

b) 18 kg/kWh mit einem Temperaturgefälle von 14° verarbeitet.

Bei dem Vergleich ist angenommen, daß die Dampfturbine bei Gegendruck 18, bei Kondensation 9 kg/kWh benötigt. Für je 18 kg insgesamt verbrauchten Dampf findet Badger folgende Zusammenstellung:

Fall		A	B			
			1	2	3a	3b
Verfügbare Kraft	kWh	1	1	1	1	1
Kraft für Turboverdichter	„	—	—	—	1	1
Verfügbarer Dampf für Verdampfer	kg	18	9	9	—	—
Verdichtete Brüden	„	—	—	11	34	18
Verfügbarer Heizdampf für Verdampfer	kg	18	9	20	34	18
Verdampfleistung (0,8 kg/kg Heizdampf)	„	14,5	7,2	16	27	14,5

[1] Badger: Vapor recompression systems for evaporators. Chem. Met. Engg. 1923.

Werden alle Fälle auf die Verdampfleistung des Falles A von 14,5 kg/kg und 1 kWh verfügbare Kraft zurückgeführt, so ergeben sich folgende Vergleichszahlen:

Gesamter Dampfverbrauch . . . . . . kg	18	27	16	14	18
Wasserverbrauch für					
Kondensation des Kraftdampfes . . kg	—	225	225	340	450
Kondensation der Brüden . . . . . „	385	385	385	—	—
insgesamt kg	385	610	610	340	450
Verhältnis der Heizflächengröße des Verdampfers	1	1	3,7	4,8	2,7

Der Fall 3a ist hinsichtlich Dampf- und Wasserverbrauch am günstigsten, allerdings auf Kosten eines besonders großen Heizflächenaufwandes. Gesamtwirtschaftlich wird ihm der Fall A trotz des höheren Dampf- und Wasserverbrauches in der Regel überlegen sein.

Mehrstufiger Verdampfer.

Fall A. Entspannung des Dampfes in einer Dampfturbine, die mit 1,35 at Gegendruck arbeitet. Ausnutzung des gesamten Abdampfes im dreistufigen Verdampfer mit 55° Temperaturgefälle.

Fall B. Kondensationsturbine.

1. Verwendung von abgedrosseltem Frischdampf für den dreistufigen Verdampfer.

Hiermit wird B 2 und 3, wie oben einstufig arbeitend, verglichen.

Unter Annahme einer Verarbeitung von 18 kg Frischdampf, wie oben, ergibt sich:

Fall	A	B			
		1	2	3a	3b
Verfügbarer Heizdampf für Verdampfer wie oben. . . . . kg	18	9	20	34	18
Verdampfleistung . . . . „	62	31	16	27	14,5

Werden alle Fälle auf die Verdampfleistung des Falles A von 62 kg und 1 kWh verfügbare Kraft zurückgeführt, so ergeben sich folgende Vergleichszahlen:

Gesamter Dampfverbrauch . . . . . . kg	18	27	42	28	45
Wasserverbrauch für					
Kondensation des Kraftdampfes . . kg	—	225	225	225	225
Kondensation der Brüden . . . . . „	385	385	1550	480	900
insgesamt kg	385	610	1775	705	1125
Verhältnis der Heizflächengröße des Verdampfers	3	3	3,3	4,3	2,4

Der Fall A ist hier eindeutig der günstigste.

Für Deckung des außerhalb der Eindampfanlage vorliegenden Wärmebedarfes kommen die überschüssigen Brüden in Frage. Sie können beim mehrstufigen Verdampfer den einzelnen Stufen mit verschiedenen Drücken entnommen werden, was häufig den Betriebsbedürfnissen entgegenkommt. Daneben bleibt die Möglichkeit zu prüfen, Verdampfer mit Dampfstrahlverdichter oder dampfbetriebenen mechanischen Verdichtern anzuwenden. Der elektrisch betriebene Turboverdichter scheidet aus. In dem seltenen Falle, wo ein Wärmebedürfnis mit ungewöhnlich niedrigen Temperaturen auftritt, kann die Anwendung der Heizmaschine in Betracht kommen. Ihre Schaltung ergibt sich aus Abb. **119**. Das Kondensat des Verdampfers *A* wird in dem Hilfsverdampfer *B* unter Ausnutzung natürlicher Wärmequellen — Erdwärme, Wasser — zur Verdampfung gebracht, wobei das Absaugen und Verdichten durch den Verdichter *C* erfolgt. Die entweichenden Brüden sind für Deckung des allgemeinen Wärmebedarfes verfügbar. Diese Lösung kommt nur dann in Frage, wenn der Verdichter durch billigen elektrischen Strom oder Wasserkraft betrieben werden und der Verdampfer mit niedrigem Temperaturgefälle arbeiten kann.

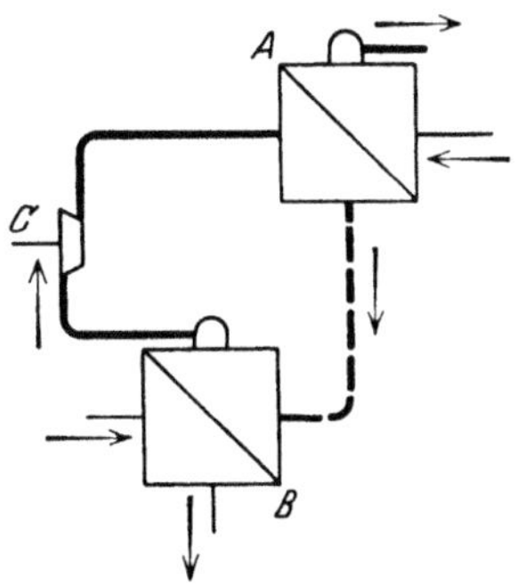

Abb. 119. Heizmaschine. *A* Verdampfer, *B* Hilfsverdampfer, *C* Verdichter.

3. Eindampfbetrieb mit Kraft- und Wärmebedarf.

Tritt neben der Verdampfung gleichzeitig Kraft- und Wärmebedarf auf, so handelt es sich zunächst darum, beide in sich auszugleichen. Die Verdampferanlage wird als Dampfumformer zweckmäßig zwischengeschaltet. Der einstufige Verdampfer kommt in Frage, wenn der Wärmebedarf groß ist, der mehrstufige Verdampfer, wenn die Abdampfmenge den Bedarf des einstufigen Verdampfers nicht deckt. Ist die Abdampfmenge größer, als dem Wärmebedarf entspricht, so können Wärmeverbraucher und Verdampfer parallel geschaltet und, bei geringem Abdampfüberschuß, der Verdampfer mehrstufig geschaltet werden. Überschreitet dagegen der Wärmebedarf das im Abdampf verfügbare Maß, so wird der zusätzlich nötige Frischdampf zweckmäßig in einem Verdampfer mit Brüdenverdichtung entspannt, und zwar unter Verwendung eines Dampfstrahlgebläses oder einer Gegendruckturbine, die einen Turboverdichter treibt. Im letzten Falle vereinigt sich der Turbinenabdampf mit den verdichteten Brüden.

Neben diesen allgemeinen Möglichkeiten treten weitere dadurch auf, daß durch Anzapfung der Dampfkraftmaschine Wärmeverbraucher oder Verdampfer oder beide versorgt werden können. Ohne vielfache Prüfung mit glücklichem Gefühl ist die in jedem besonderen Falle wirtschaftlichste Lösung nicht zu finden. Als Leitgedanke kann hierbei der Gesichtspunkt dienen, daß die schließlich in die Umgebung — Kondensation — verloren gehende Wärme so niedrig wie möglich sein soll.

Von vornherein steht auch fest, daß hoher Frischdampfdruck günstig ist. Der Dampfverbrauch der Dampfkraftmaschine ist keinesfalls belanglos, wenn der Abdampf für Verdampfung und Heizung ausgenutzt wird. Entsteht infolge niedrigen Dampfverbrauches ein Mangel an Abdampf, so bietet der Dampfstrahlverdichter ein Mittel, um eine zusätzliche Frischdampfmenge wirtschaftlich zu verarbeiten.

Beispiel.

Es seien 1000 kg/h Wasser zu verdampfen. Der Dampfmotor liefere 300 kg/h Abdampf. Für Wärmezwecke sei eine Dampfmenge von 500 kg/h erforderlich. In grober Annäherung ergeben sich alsdann folgende Verhältnisse:

Ungedeckte Heizdampfmenge 500 — 300 = 200 kg/h. Sie sind zu liefern durch die Überschußbrüden. Die Bedingung, daß 1 kg Brüden bei der Eindampfung von $\frac{1000}{200} = 5$ kg Wasser entfalle, ist mit Dampfstrahlverdichtung allein nicht zu erreichen, da alsdann 1 kg Treibdampf mehr als 5 kg Brüden verdichten müßte. Die Aufgabe ist zu lösen durch einen zweistufigen Verdampfer mit Dampfstrahlverdichter in der ersten Stufe. Wird das Temperaturgefälle niedrig gewählt, so kann 1 kg Treibdampf 3 kg Wasser in der ersten Stufe verdampfen. Die Treibdampfmenge betrage 300 kg/h, entsprechend einer Verdampfung von 900 kg/h in der ersten Stufe. An Brüden entfallen hierbei unter Berücksichtigung der Verluste etwa 250 kg/h. Von diesen sollen 120 kg/h einem Teil der Wärmeverbraucher zugeführt werden. Die restlichen 130 kg/h werden der zweiten Stufe zugeleitet und verdampfen die fehlenden 100 kg/h Wasser. Die Brüden im Betrage von etwa 80 kg/h decken den restlichen Wärmebedarf. Der Frischdampfverbrauch beträgt 300 kg/h für den Dampfmotor, zuzüglich 300 kg/h für den Treibdampf, insgesamt 600 kg/h, und überschreitet damit den für Erwärmung nötigen Mindestdampfverbrauch nur unwesentlich.

VIII. Entspannungsverdampfung.

Strömt eine Flüssigkeit mit der Temperatur t_a in einen Raum, dessen Druck P_0 eine Siedetemperatur $t_e' < t_a$ zukommt, so gleicht sich die dem Temperaturunterschied $t_a - t_e'$ entsprechende Überhitzung durch teilweise Verdampfung — Entspannungsverdampfung — aus. Sie ist örtlich an die Drosselstelle gebunden, die in die Zuleitung eingeschaltet werden muß, weil die Temperatur $t_a > t_e'$ nur mit einem Druck der Flüssigkeit aufrecht erhalten werden kann, der höher ist als P_0.

Die erwähnte Gleichstromspeiseschaltung bei mehrstufigen Verdampfern stellt ein Beispiel für das regelmäßige Auftreten dieser Erscheinung dar. Ganz allgemein tritt sie in den oberen Teilen einer Flüssigkeitssäule beim Verdampfen als Auslösung der Siedetemperaturerhöhung infolge des hydrostatischen Druckes auf. Zu der an der Heizflächenwand sich entwickelnden äußeren Verdampfung kommt infolgedessen eine innere Verdampfung durch Entspannung hinzu und überwiegt die erste bei erheblicher Rohrlänge und Umlaufgeschwindigkeit um ein Vielfaches. Dies gilt in verstärktem Maße bei niedriger Brüdenspannung. Einem statischen Flüssigkeitsdruck von 2 m W. S. entspricht beispielsweise bei einer Brüdenspannung von

	10 000	5000	1000 kg/m²
eine Siedetemperatur des Wassers am tiefsten Punkt von	104,2	89,3	68,7°C,
d. i. gegenüber der Siedetemperatur am Spiegel von	99,1	80,9	45,4°C
eine Übertemperatur von	5,1	8,4	23,3°C,
die für die Entspannungsverdampfung verfügbar ist und rund	0,9	1,5	4,1%

der umlaufenden Wassermenge durch Entspannung verdampft.

Eine Hemmung der Entspannungsverdampfung ergibt sich durch Strömungswiderstände, die in Richtung der Flüssigkeitsbewegung zunehmen, weil die Geschwindigkeit des Flüssigkeits-Dampfgemisches mit der Vermehrung des Dampfgehaltes wächst. Infolgedessen kann sich bei hohen Geschwindigkeiten, also engen Strömungswegen und künstlich verstärktem Umlauf, schließlich der Grenzfall ergeben, daß der Strömungswiderstand dort, wo das Gemisch die Heizfläche verläßt, dem hydrostatischen Drucke gleichkommt. Die Entspannung erfolgt alsdann nicht innerhalb der Heizfläche, sondern nach Austritt in den Brüdenraum bzw. innerhalb der die Heizfläche überragenden Flüssigkeitsmassen. In gleichem Sinne wird die Entspannung der einem Verdampfer überhitzt zugeführten Flüssigkeit gehemmt und ganz oder teilweise erst nach Austritt in den Verdampfer zur Auslösung gebracht, wenn hohe Flüssigkeitsgeschwindigkeit in der Zuführungsleitung einen entsprechenden Widerstandsdruck erzeugt.

Die ungehemmte Entspannungsverdampfung innerhalb der Heizfläche geht allmählich vor sich, da das ihr zukommende Dampfgewicht nahezu proportional dem senkrecht aufwärts zurückgelegten Flüssigkeitswege ist. Im Gegensatz hierzu erfolgt die Auslösung der gehemmten Entspannungsverdampfung fast augenblicklich. Dampfkesselexplosionen mit ihrer verheerenden Wirkung geben hierfür ein Bild. Die Ursache liegt darin, daß jedes Flüssigkeitsteilchen beim Austritt in den Entspannungsraum die Voraussetzung für die teilweise Verdampfung erfüllt, zeitlich begrenzte Wärmeleitvorgänge daher keine Rolle spielen. Aus diesem Grunde kommt dem zuweilen angewandten Kunstmittel, die Flüssigkeit beim Eintritt in den Entspannungsraum durch besondere Maßnahmen zu verteilen, keine Bedeutung zu. Im Gegenteil ist bei hoher Überhitzung die natürliche Zerstäubungswirkung so stark, daß Gegenmittel angebracht sind, um Brüden und Tropfen zu trennen. Unter diesem Gesichtspunkte erscheint es zweckmäßig, die überhitzte Flüssigkeit unterhalb der Heizfläche einzuführen und gut zu verteilen, um die Entspannungsverdampfung zur Verbesserung des Flüssigkeitsumlaufes auszunutzen.

Bei Entspannung innerhalb der Heizfläche treten Dampfblasen einmal als Folge der äußeren Verdampfung an der Heizfläche, dann als Folge der inneren Verdampfung im gesamten Flüssigkeitsgemisch auf. Da die Höhe des Wärmeüberganges u. a. davon abhängt, daß die Heizfläche möglichst vollständig von Flüssigkeit berührt, die an ihr entstehenden Dampfblasen schnell entfernt und im weiteren Verlauf von ihr

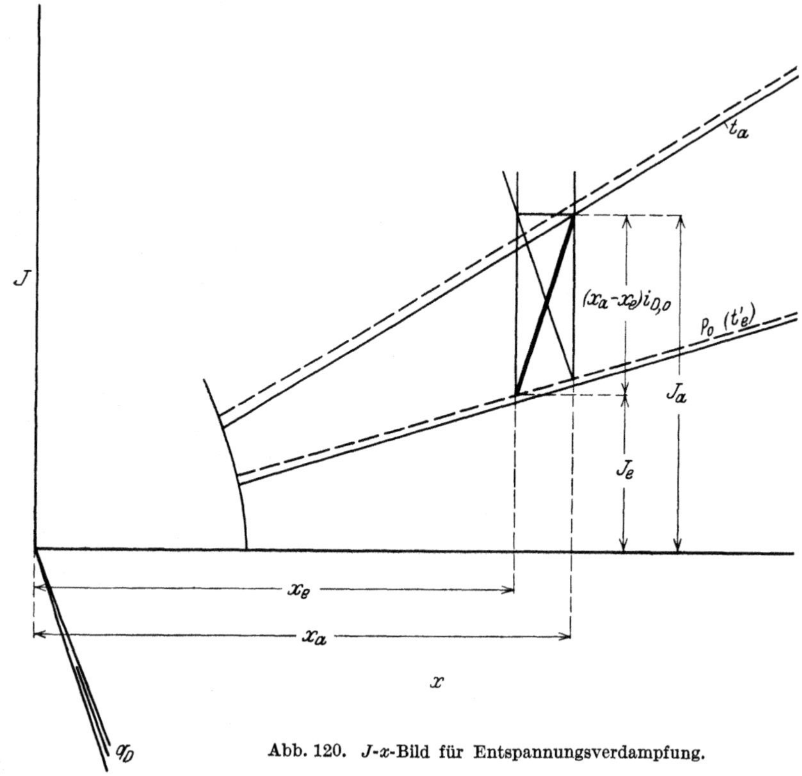

Abb. 120. J-x-Bild für Entspannungsverdampfung.

abgehalten werden, kann mit der Verlegung der Entspannungsverdampfung außerhalb der Heizfläche deren Wirksamkeit eine Steigerung erfahren, vorausgesetzt, daß die alsdann künstlich herbeigeführte Umlaufgeschwindigkeit von ähnlicher Lebhaftigkeit ist, wie sie im anderen Falle durch die Förderwirkung der Dampfblasen zustande kommt. Dies spricht für die Verwendung von langen verhältnismäßig engen Rohren bei stehenden Verdampfern (Kestner). Die Verminderung des Wärmeübergangswiderstandes ist hierbei jedoch mit Erhöhung der Flüssigkeitstemperatur, also Verringerung des wirksamen Temperaturgefälles verbunden. Da beide Umstände einander entgegenwirken, ist der Verringerung des Rohrdurchmessers eine Grenze gesetzt, besonders dann, wenn das verfügbare Temperaturgefälle an sich niedrig ist.

Wird der Verdampfer in einen Entspannungsraum und einen ihm vorgeschalteten getrennten Heizkörper zerlegt und der Betrieb so geregelt, daß der letzte nur zur Überhitzung der Flüssigkeit dient, also vollständig dampffrei bleibt, so wird die Heizfläche bei inkrustierenden Lösungen wegen der höheren Temperatur einen stärkeren Belag annehmen, dagegen bei kristallisierenden Lösungen frei von Kristallen bleiben, deren Bildung in den Entspannungsraum fällt.

Die Entspannungsverdampfung vollzieht sich als Drosselvorgang mit gleichbleibendem Wärmeinhalt. Für den allgemeinen Fall der Eindampfung von Lösungen gilt das $J - x$-Bild der Abb. 120.

Die Verdampfleistung ist durch die Beziehungen bestimmt

$$\begin{aligned} G_T(J_a - J_e) &= G_T[(c_T + x_a \cdot c_F)\, t_a - (c_T + x_e \cdot c_F)\, t'_e] \\ &= G_T[(c_T + x_a \cdot c_F)(t_a - t'_e) + (x_a - x_e)\, c_F \cdot t'_e], \end{aligned} \tag{154}$$

$$G_T(x_a - x_e) = G_T \cdot \frac{(c_T + x_a \cdot c_F)(t_a - t'_e)}{i_{D,o} - c_F \cdot t'_e}. \tag{155}$$

Die Verdampfung wächst mit dem Unterschied der Temperaturen vor und nach der Entspannung. Bei gleichem Temperaturunterschied ist der Dampfgehalt im Gebiet niedriger Spannung kleiner als im Gebiet hoher Spannung, weil die Verdampfwärme mit zunehmendem Druck abnimmt und im kritischen Punkt Null wird.

Zweiter Teil.

Ausführung und Anwendung.

I. Ausführung der Verdampfanlage.

A. Verdampferheizfläche.

1. Senkrechte Röhrenbündel.

Robert-Verdampfer. Für die in Deutschland hauptsächlich angewandten Verdampfer mit senkrechten außen beheizten Röhrenbündeln darf als Namengeber Robert gelten, der ihre Bedeutung als erster erkannte und sie mit Geschick in großem Maßstabe zur Ausführung brachte. Das kennzeichnende Merkmal besteht in den verhältnismäßig kurzen, beiderseits in Böden eingesetzten Heizrohren.

Innere Abfallrohre. Zur Rückführung der durch die Heizrohre hochkochenden Flüssigkeit dienen weite Abfallrohre. Ein einziges in der Mitte des Bündels angeordnetes Rückströmrohr nach Abb. 121 (Grevenbroich) bildet die Regel. Es enthält bei zähen Flüssigkeiten ungewöhnlich großen Durchmesser. Verlängerung des Abfallrohres über den unteren Rohrboden und nach unten gewölbte Form der Rohrböden nach Abb. 122 (Grevenbroich) erleichtern den Umlauf der Flüssigkeit. Noch stärker kommt dieses Bestreben bei der abgestuften Ausbildung des Heizkörpers nach Abb. 123 (Blair) zum Ausdruck. Die hier gewählte Verteilung der Rohre ergibt freie Gassen, durch die der Dampf zu den entfernteren Rohren vordringt. Tote Räume werden hierdurch vermieden und die Ableitung der Luft zusammen mit dem Kondensat durch den auf der Gegenseite zum Dampfeintritt sitzenden Ablaßstutzen gesichert. Den gleichen Zweck verfolgt der Einbau von Leitwänden im Dampfraum nach Abb. 124 mit allmählicher Verengung des Strömungsweges. In Ausnahmefällen wird das Rücklaufrohr doppelwandig ausgeführt, um die Einwirkung des Heizdampfes fernzuhalten. Eine grundsätzliche Änderung des Umlaufs ist von dieser Maßnahme nicht zu erwarten. Bei Röhrenbündeln mit besonders großer Tiefe des Heizraumes können sogar Abfallrohre vollständig entbehrlich werden, wenn die Regelung des Dampfzutrittes so erfolgt, daß die Heizwirkung an den vom Dampfeintritt entferntesten Stellen stark verringert ist. Die hier sitzenden Rohre übernehmen alsdann die Rückführung der über-

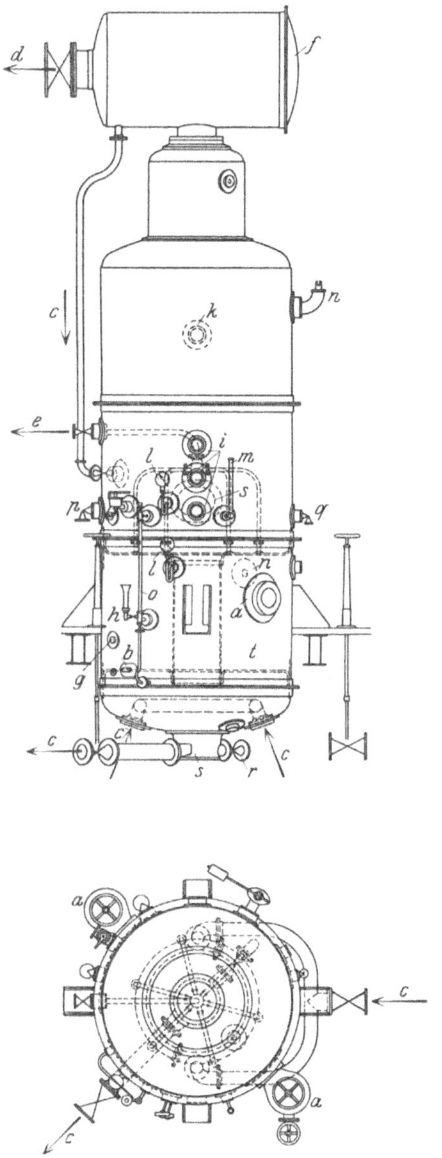

Abb. 121. Robert-Verdampfer (Grevenbroich). *a* Heizdampf, *b* Heizdampfkondensat, *c* Flüssigkeit, *d* Brüden, *e* Luft, *f* Tropfenfänger, *g* Kondensatstand, *h* Probenehmer, *i* Schauglas, *k* Lichtglas, *l* Druckmesser, *m* Thermometer, *n* Sicherheitsventil, *o* Flüssigkeitsstand, *p* Spülung, *q* Säureeinzug, *r* Ablaß, *s* Mannloch, *t* 1954 Messingrohre 25/28 mm ∅, 1280 mm lang (200 m²).

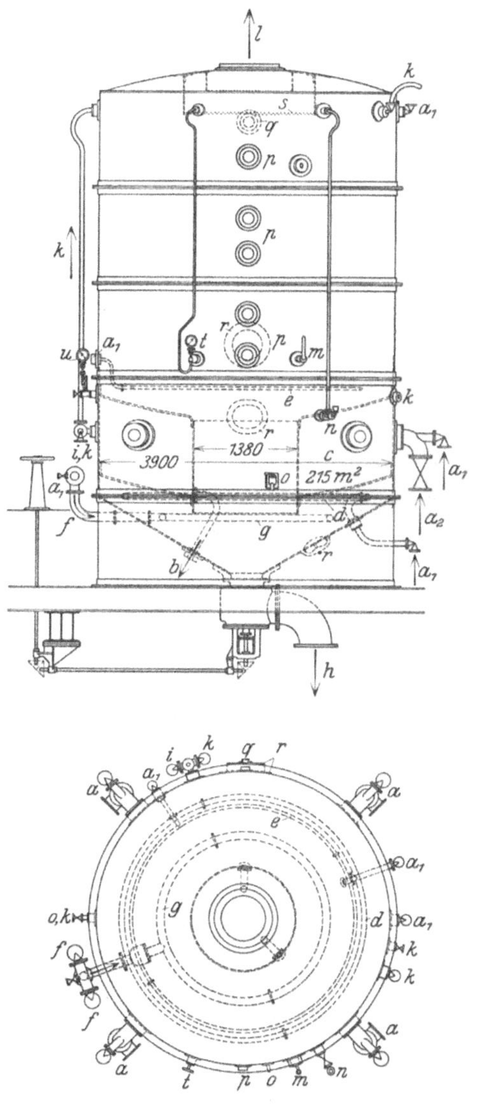

Abb. 122. Kristallkocher (Grevenbroich). *a* Heizdampf (a_1 Frischdampf, a_2 Abdampf), *b* Heizdampfkondensat, *c* 658 Messingrohre 98/102 mm ∅, 1050 mm lang, *d* Dampfschlange, *e* Ausdämpfrohrring, *f* Saft, *g* Saftverteilring, *h* Füllmasse, *i* Spülwasser, *k* Luft, *l* Brüden, *m* Thermometer, *n* Butterhahn, *o* Probenehmer, *p* Schauglas, *q* Lichtglas, *r* Mannloch, *s* Schaumfänger, *t* Vakuummeter, *u* Manometer.

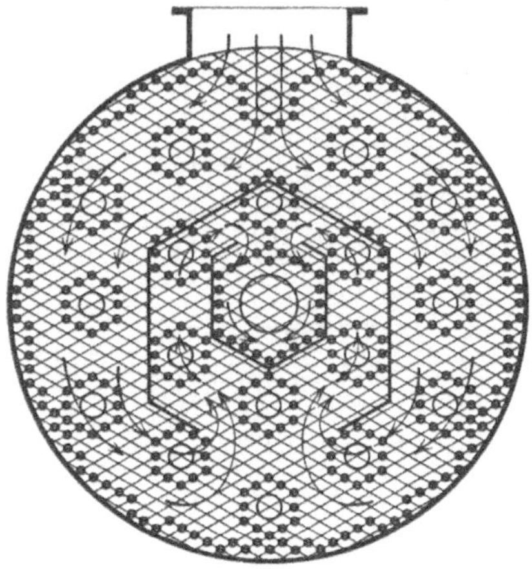

Abb. 124. Dampfführung im Robert-Verdampfer (Webre).

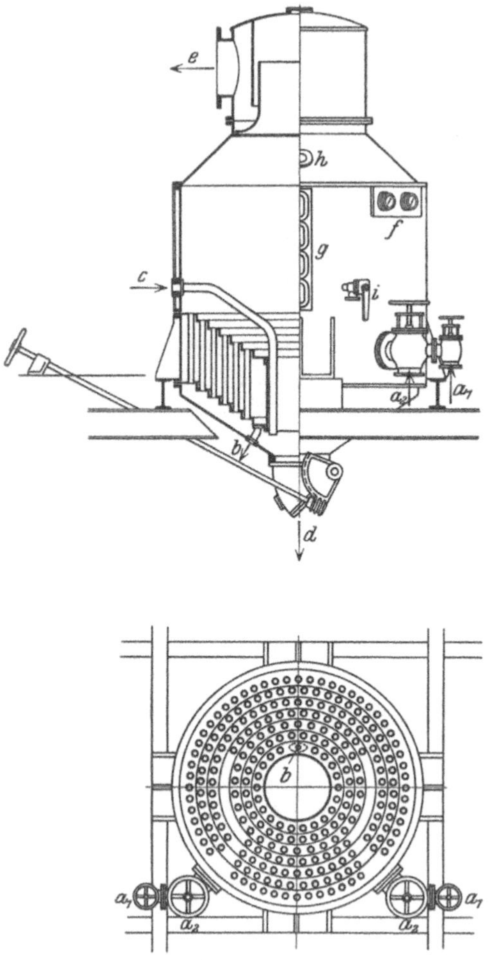

Abb. 123. Kristallkocher mit abgestuftem, senkrechtem Röhrenbündel (Blair).
a Heizdampf (a_1 Frischdampf, a_2 Abdampf), *b* Heizdampfkondensat, *c* Saft, *d* Füllmasse, *e* Brüden, *f* Druckmesser, *g* Schauglas, *h* Lichtglas, *i* Probenehmer.

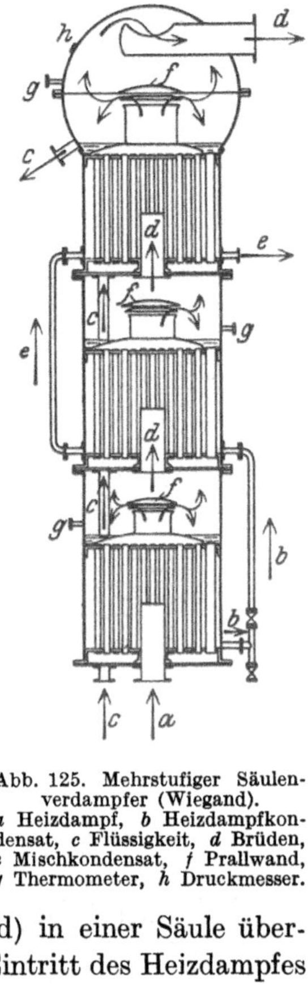

Abb. 125. Mehrstufiger Säulenverdampfer (Wiegand).
a Heizdampf, *b* Heizdampfkondensat, *c* Flüssigkeit, *d* Brüden, *e* Mischkondensat, *f* Prallwand, *g* Thermometer, *h* Druckmesser.

kochenden Flüssigkeit. Andererseits sind Abfallrohre in Vielzahl um so mehr geboten, je größer der Durchmesser des Verdampferkörpers ist, um den waagerechten Strömungsweg der übergetretenen Flüssigkeit zu kürzen. Werden die einzelnen Körper eines mehrstufigen Verdampfers nach Abb. 125 (Wiegand) in einer Säule übereinander angeordnet, so ergibt sich von selbst Eintritt des Heizdampfes und der Heizbrüden in der Mitte und Verteilung der Rücklaufrohre auf den Umfang des Röhrenbündels. Die hochspritzende Flüssigkeit wird durch eine Schirmwand abgelenkt, um eine Störung des Flüssigkeitsaustrittes aus den Rohren zu vermeiden.

Äußerer Rücklaufring. Die Rückführung der Flüssigkeit durch einen äußeren Rücklaufring ergibt sich bei Ausbildung des Röhrenbündels als selbständigen Schwimmkörper mit besonderem Dampfraummantel nach Abb. 126 (Sangerhausen). Die Rohrböden können hierbei eben, gewölbt oder kegelförmig gehalten werden. Sind nach Abb. 126 die inneren Rohre länger als die äußeren, so nimmt die Austrittsgeschwindigkeit des Gemisches von der Mitte nach

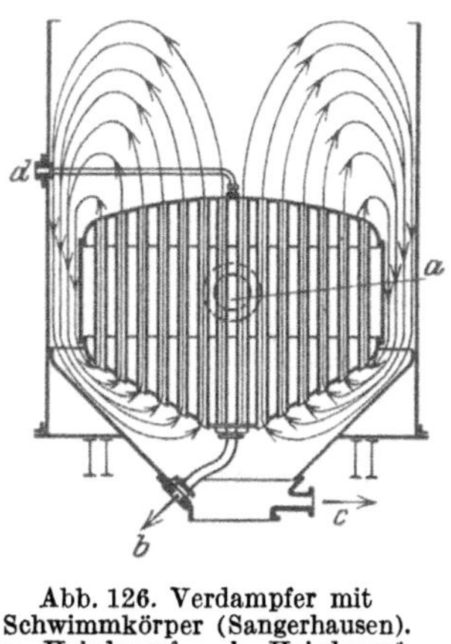

Abb. 126. Verdampfer mit Schwimmkörper (Sangerhausen). *a* Heizdampf, *b* Heizdampfkondensat, *c* Flüssigkeit, *d* Luft.

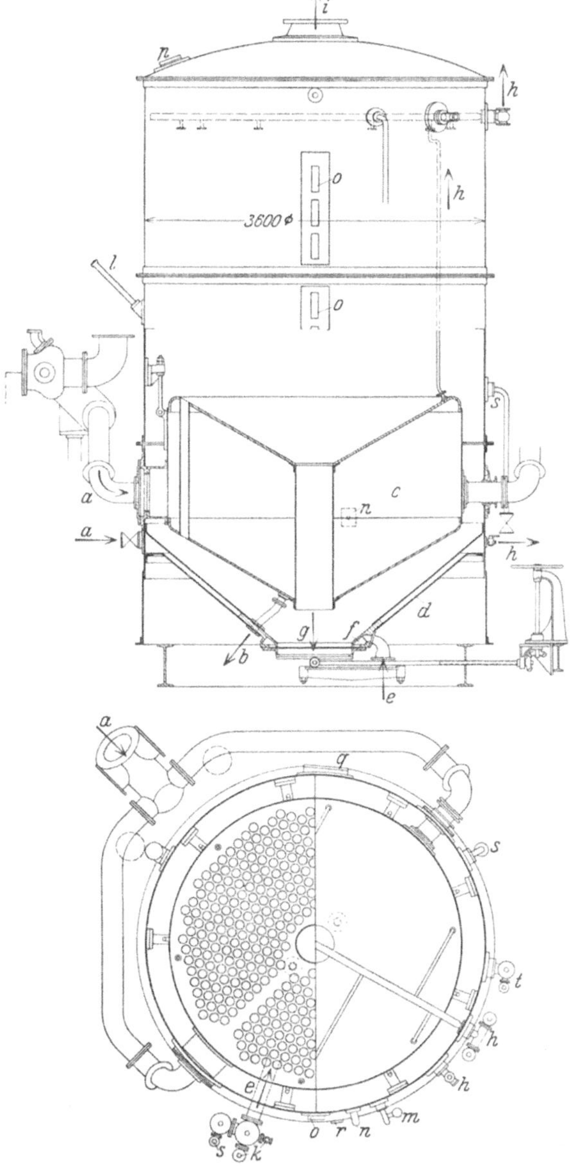

Abb. 127. Kristallkocher mit eingehängter Heizkammer und Doppelboden (Halle).
a Heizdampf, *b* Heizdampfkondensat, *c* 470 Rohre 102 mm a. $\varnothing$, 1480 mm lang, 230 m^2, *d* Bodenheizung, *e* Saft, *f* Saftverteilring, *g* Füllmasse, *h* Luft, *i* Brüden, *k* Spülwasser, *l* Thermometer, *m* Butterhahn, *n* Probenehmer, *o* Schauglas, *p* Lichtglas, *q* Mannloch, *r* Vakuummeter, *s* Ausdämpfstutzen, *t* Sodaeinlaß.

dem Umfange hin zu. Hierdurch verringert sich der Widerstand, den das aus den äußeren Rohren tretende Gemisch durch die von der Mitte nach außen strömende Flüssigkeit findet. Im entgegengesetzten Sinne wirkt der Umstand, daß, bei der gewählten Anordnung von Heizdampfeintritt und Kondensataustritt, vom Mantel des Schwimmkörpers nach der Mitte zu die Dampfgeschwindigkeit sinkt und der Luftgehalt wächst. Bei seitlicher Dampfzuführung empfiehlt es sich daher, nach Abb. 127 (Halle) neben dem äußeren Rücklaufring ein mittleres Abfallrohr anzuwenden. Ist die einzudampfende Flüssigkeit nicht temperaturempfindlich, so kann der Heizdampf nach Abb. 128 (Buffalo) durch den Brüdenraum nach der Mitte des Heizrohrbündels geführt werden. Die unvermeidliche Überhitzung der Brüden und der damit verbundene Wärmeverlust sind an sich unerwünscht, spielen jedoch zahlenmäßig kaum eine Rolle. Ein Zwischenglied

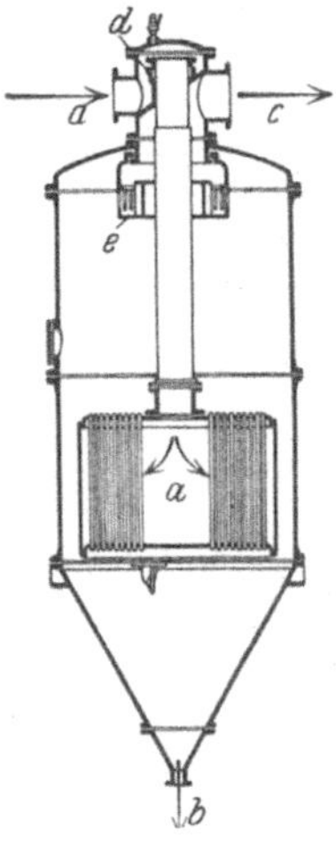

Abb. 128. Verdampfer mit eingehängter Heizkammer (Buffalo).
a Heizdampf,
b Flüssigkeit,
c Brüden,
d Stopfbüchse,
e Tropfenfänger.

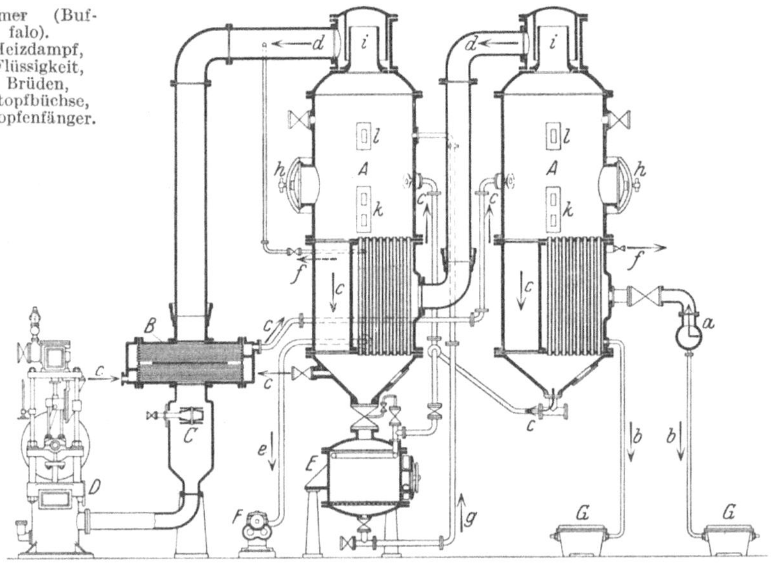

Abb. 129. Zweistufiger Verdampfer mit einseitiger Rücklaufkammer (Blair).
***A* Verdampfer, *B* Vorwärmer, *C* Mischkondensator, *D* Dampf-Naßluftpumpe, *E* Filter, *F* Kondensatpumpe, *G* Kondenstopf, *a* Heizdampf, *b* Heizdampfkondensat, *c* Flüssigkeit, *d* Brüden, *e* Brüdenkondensat, *f* Luft, *g* Mutterlauge, *h* Mannloch, *i* Tropfenfänger, *k* Schauglas, *l* Lichtglas.**

den Vorzug, daß die äußere Wand unbeheizt ist, mit dem gewöhnlichen Robert-Verdampfer die leichte Anschlußmöglichkeit des Heizdampfes.

Äußere Abfallrohre. Da in den Abfallrohren die Heizwirkung des Dampfes der angestrebten Bewegungsrichtung entgegenwirkt, liegt es nahe, eine äußere Verbindung für den Rücklauf zu schaffen. Wird zu diesem Zwecke bei einem Robert-Verdampfer der Raum unmittelbar über dem oberen Rohrboden durch ein äußeres Rohr mit dem Flüssigkeitsraume unterhalb der Heizfläche verbunden, so überragt die Flüssigkeit das Austrittsende der Heizrohre.

Um bei äußerem Rücklauf den Flüssigkeitsstand zur Verbesserung des Wärmeüberganges zu senken, kann

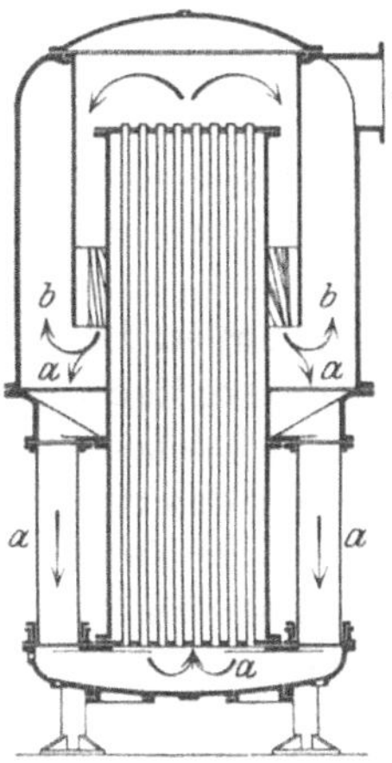

Abb. 130. Verdampfer mit äußeren Abfallrohren (Buffalo).
a Flüssigkeit, *b* Brüden.

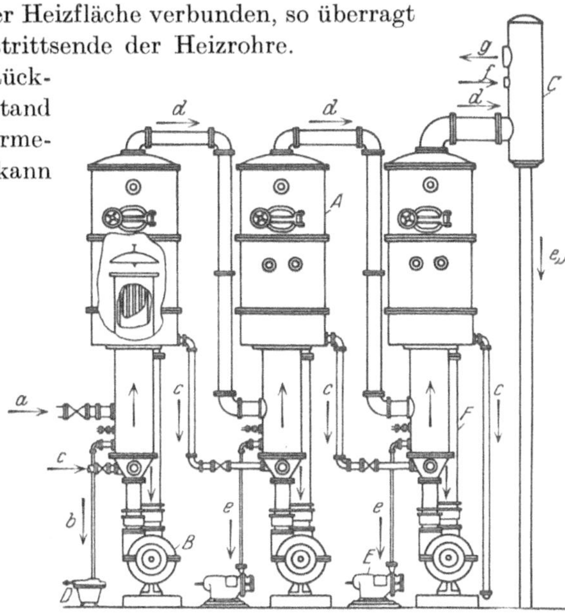

Abb. 131. Dreistufiger Verdampfer mit äußerem Rücklauf (Swenson).
A Verdampfer, *B* Umlaufpumpe, *C* Mischkondensator, *D* Kondenstopf, *E* Kondensatpumpe, *F* Rücklauf, *a* Heizdampf, *b* Heizdampfkondensat, *c* Lösung, *d* Brüden, *e* Brüdenkondensat, *f* Kühlwasser, *g* Luft.

der Brüdenraum nach Abb. 130 (Buffalo) erweitert werden und das Heizrohrbündel in ihm vorragen. Die Verwickelung der Bauweise, die sich im allgemeinen nicht lohnt, kann ausnahmsweise Vorteile bieten beim Eindampfen stark schäumender Lösungen. Zu diesen Merkmalen tritt bei Abb. 131 (Swenson) ein das Röhrenbündel umgebender Doppelmantel, durch den der Heizdampf zunächst hochsteigt, um danach, gleichmäßig verteilt, über die Heizrohre nach unten zu strömen. Tote Räume im Dampfraum und mangelhafte Entlüftung werden hierdurch vermieden. Ein teilweiser äußerer Rücklauf ergibt sich nach Abb. 121 bei Anordnung eines äußeren Tropfenfängers und Rückführung der abgeschiedenen Flüssigkeitsteilchen in den Verdampfer, also auch stets dann, wenn die unten behandelte Trennung von Heizkörper und Brüdenraum scharf durchgeführt wird.

Einmaliger Flüssigkeitsdurchgang. Erfolgt die Eindampfung mit einmaligem Durchgang wie bei dem Kestner-Verdampfer der Abb. 132

(Halle), so entfällt die Rückführung der Flüssigkeit in den gleichen Körper. Der Kestner-Verdampfer verwendet Rohre von 25 bis 70 mm Weite und der größten handelsüblichen Länge bis 7 m. Der Flüssigkeitsstand beträgt bei vollständiger Vorwärmung etwa 1,5 m und wird im Betriebe so geregelt, daß die durch den Dampf hochgetriebene Lösung oben mit der gewünschten Konzentration austritt. Einmaliger Flüssigkeitsdurchgang ergibt sich auch bei dem Verdampfer von Vincik-Turek, dessen senkrechtes Heizröhrenbündel unterteilt ist und von der Flüssigkeit abwechselnd auf- und abwärts durchströmt wird.

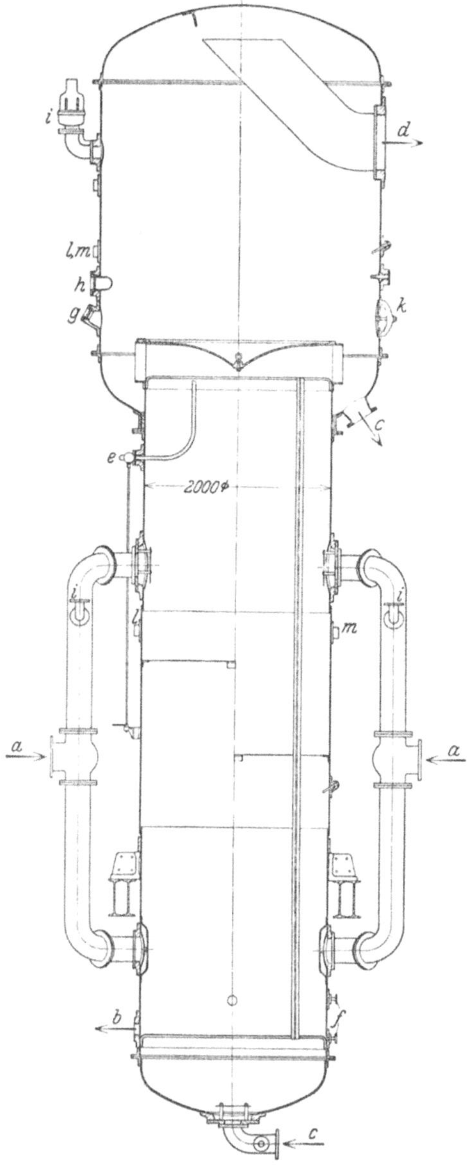

Abb. 132. Kestner-Verdampfer (Halle). *a* Heizdampf, *b* Heizdampfkondensat, *c* Flüssigkeit, *d* Brüden, *e* Luft, *f* Kondensatstand, *g* Schauglas, *h* Lichtglas, *i* Sicherheitsventil, *k* Mannloch, *l* Manometer, *m* Thermometer.

Abgetrennte Heizkörper. Die in Abb. 130 bis 132 dargestellten Verdampferbauweisen, bei denen der Heizkörper teilweise in den eigentlichen Ausdampfraum hineinragt, stellen den Übergang zu Ausführungsformen dar, bei denen die Heizfläche zu einem selbständigen Körper erhoben und durch Rohre mit einem zweiten Körper verbunden wird, in dem das übertretende Flüssigkeits-Dampfgemisch in seine Bestandteile zerfällt. Bei mehrmaligem Umlauf der Flüssigkeit übernimmt der Ausdampfkörper gleichzeitig die Aufgabe des äußeren Abfallrohres. Diese Trennung erleichtert die Reinigung des Heizkörpers, ist also in Erwägung zu ziehen, wenn Lebensmittel und andere empfindliche Stoffe eingedampft werden. Anbringung von Klappdeckeln an den beiden Enden des getrennten Heizkörpers ermöglicht auch Putzen im heißen Zustande. In besonderen

Fällen kann ein überzähliger Heizkörper so geschaltet werden, daß er jeden anderen ersetzt, wenn dessen Reinigung nötig wird. Unterbrechung des Betriebes läßt sich alsdann auch beim Eindampfen inkrustierender Lösungen vermeiden.

Trennung von Heiz- und Ausdampfkörper unter Beibehaltung der

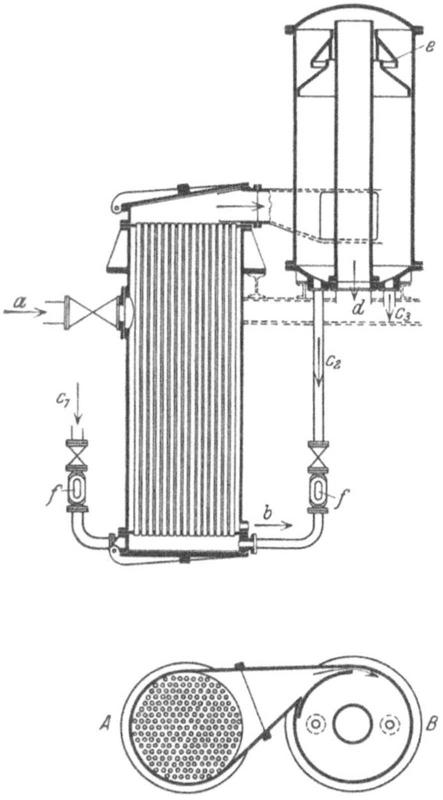

Abb. 133. Verdampfer mit getrenntem Heizkörper (Blair).
A Heizkörper, *B* Ausdampfkörper, *a* Heizdampf, *b* Heizdampfkondensat, *c* Flüssigkeit (c_1 Eintritt, c_2 Rücklauf, c_3 Austritt), *d* Brüden, *e* Tropfenfänger, *f* Schauglas.

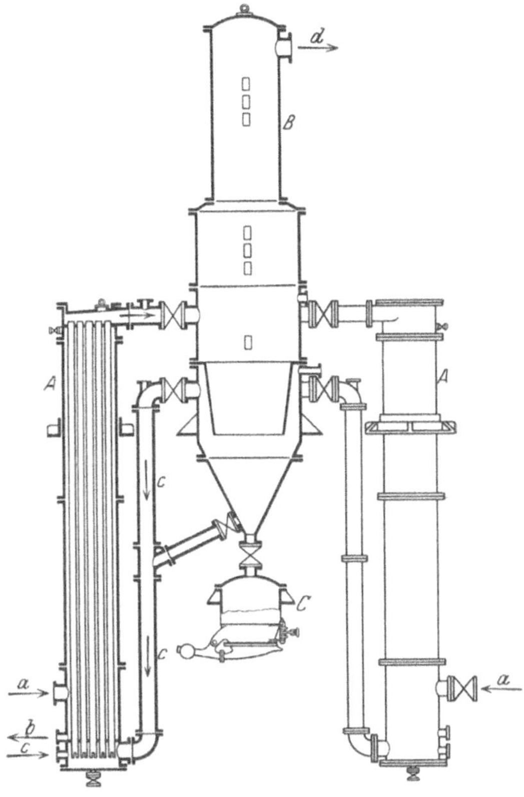

Abb. 134. Verdampfer mit getrenntem Doppelheizkörper (Kestner).
A Heizkörper, *B* Ausdampfkörper, *C* Filter, *a* Heizdampf, *b* Heizdampfkondensat, *c* Flüssigkeit, *d* Brüden.

ausgesprochenen Verdampferwirkung des ersten ergibt sich nach Abb. **133** (Blair), wenn durch niedrigen Durchflußwiderstand der selbsttätige Umlauf der verdampfenden Flüssigkeit gesichert ist. Die ausgefallene Flüssigkeit wandert zum Teil zu dem Heizkörper zurück. Der Rest tritt aus oder strömt, bei mehrstufiger Verdampfung, dem Heizkörper der nächsten Stufe zu. Der geringe Flüssigkeitsinhalt macht derartige Verdampfer für die Behandlung temperaturempfindlichen Gutes besonders geeignet. Bei dem Kestner-Verdampfer, Abb. **134**, muß der

Grundsatz des einmaligen Durchganges verlassen werden, wenn aussalzende Lösungen einzudampfen sind. Der von dem Heizkörper getrennte Ausdampfkörper übernimmt alsdann die Aufgabe, Brüden, Lösung und Kristalle zu trennen. Hierbei ergibt sich im Heizkörper ein höherer Flüssigkeitsstand als bei einmaligem Durchgang. Die Abbildung stellt auch ein Beispiel für die Vereinigung eines Ausdampfkörpers mit zwei

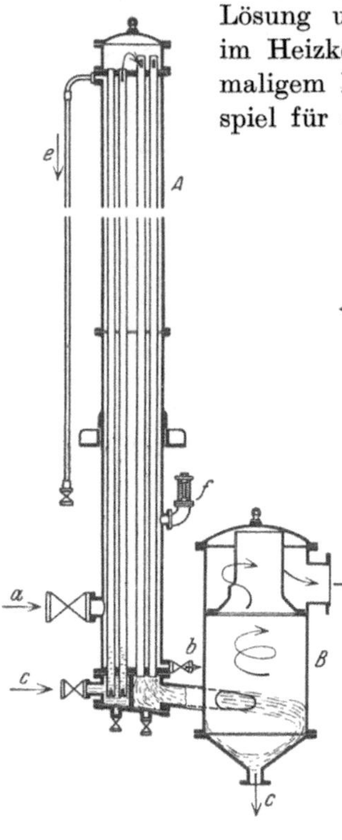

Abb. 135. Verdampfer mit getrenntem Heizkörper (Kestner). *A* Heizkörper, *B* Ausdampfkörper, *a* Heizdampf, *b* Heizdampfkondensat, *c* Flüssigkeit, *d* Brüden, *e* Luft, *f* Sicherheitsventil.

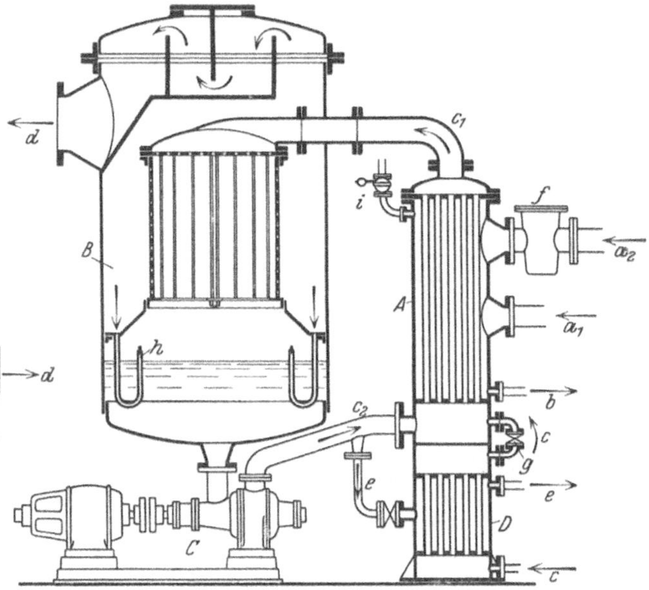

Abb. 136. Entspannungsverdampfer (Balcke-Bleicken). *A* Heizkörper, *B* Ausdampfkörper, *C* Umlaufpumpe, *D* Lauge-Wärmeaustauscher, *a* Heizdampf, (a_1 ölfrei, a_2 ölhaltig), *b* Heizdampfkondensat, *c* Flüssigkeit (c_1 überhitzt, c_2 ausgedampft), *d* Brüden, *e* Lauge, *f* Entöler, *g* Regelventil, *h* Entwässerung, *i* Entlüftung.

Heizkörpern dar, die wechselseitig arbeiten. Die Verdampferwirkung des Heizkörpers bleibt auch dann noch gewahrt, wenn nach Abb. 135 (Kestner) zwei Rohrgruppen des Heizkörpers hintereinander von der einzudampfenden Lösung durchlaufen werden. Angewandt wird diese Anordnung für Flüssigkeiten, die, wie Sirup, Melasse, mit fortschreitender Eindampfung hohe Zähigkeit annehmen. Die erste Rohrgruppe wird von unten nach oben, die zweite von oben nach unten durchströmt, wobei der in der ersten Gruppe gebildete Dampf die Abwärtsbewegung der zähen Flüssigkeit durch die zweite Gruppe unterstützt.

Wird der natürliche Umlauf der Flüssigkeit durch eine Umwälzvorrichtung nach Abb. 136 (Balcke-Bleicken) künstlich verstärkt, so ergibt sich erhöhter Durchflußwiderstand in dem Heizkörper und Überhitzung der austretenden rasch strömenden Restflüssigkeit, die sich durch teilweise Entspannungsverdampfung auslöst. Reine Entspannungsverdampfung liegt vor, wenn der Druck im Heizkörper nach Abb. 91 durch große Flüssigkeitshöhe oder nach Abb. 137 (Contraflo) durch Drosselung so gesteigert wird, daß die Temperatur der Flüssigkeit unter der Siedegrenze bleibt. Zur Überwindung des Druckes dient eine Umlaufpumpe. Der Heizkörper nimmt die Eigenschaft eines reinen Flüssigkeitsvorwärmers an. Mit Rücksicht auf die Wärmeübertragungsverhältnisse sind hohe Flüssigkeitsgeschwindigkeiten, bei gegebenem Rohrdurchmesser also große Rohrlängen, günstig. Sie bieten gleichzeitig den Vorteil verkleinerter Dichtungsflächen. Als Drosselvorrichtung dienen nach Abb. 137 Streudüsen. Die Trennung des Heizkörpers von dem Entspannungsraum ist im dargestellten Falle aufgegeben. Beim reinen Entspannungsverdampfer bleibt die Heizfläche frei von auskristallisierenden Bestandteilen, deren Löslichkeit mit der Temperatur zunimmt. Für die inkrustierenden Stoffe gilt der Vorteil nicht. Mangelnde Erkenntnis in dieser Hinsicht führt häufig zu einer Überschätzung des Entspannungsverdampfers.

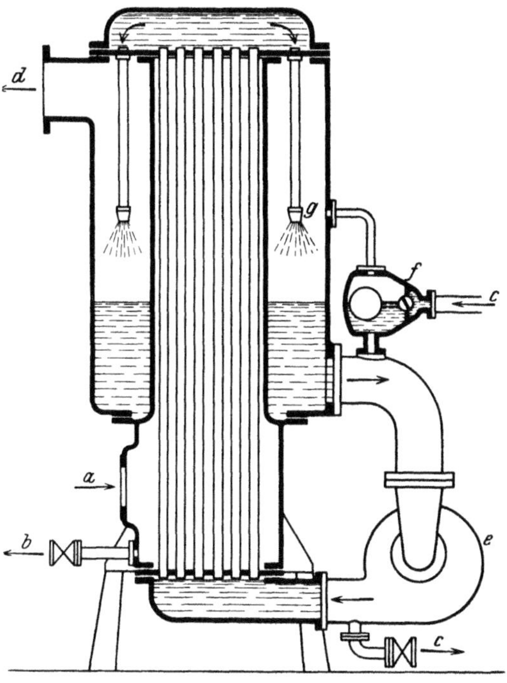

Abb. 137. Entspannungsverdampfer (Contraflo). *a* Heizdampf, *b* Heizdampfkondensat, *c* Flüssigkeit, *d* Brüden, *e* Umwälzpumpe, *f* Speiseregler, *g* Entspannungsdüse.

Gasbeheizte Rohre. Die Anwendung von Feuergasen zur Beheizung senkrechter, innen von Flüssigkeit durchströmter Röhrenbündel ist von Kestner als erste Stufe beim Eindampfen von Sodalauge ausgeführt worden. Der Verdampfer geht hierbei in einen Dampfkessel über. Da die Gefahr einer Überhitzung der Wandungen bei der Verdampfung von unreinen Flüssigkeiten oder Lösungen in weit höherem Maße vorliegt als bei den gewöhnlichen Dampfkesseln, ist von vornherein zu erwarten, daß die Praxis derartige Verdampfer ablehnt.

Elektrisch beheizte Wandungen. Werden Mantel und Röhrenbündel des Verdampfers von den übrigen Teilen elektrisch isoliert, so dienen sie selbst als Widerstandselemente. Wegen des geringen elektrischen Leitwiderstandes sind hohe Stromstärken und niedrige Spannungen — in der Größenordnung 2 bis 8 Volt — anzuwenden. Durch Regelung der Spannung kann die Temperatur den Erfordernissen der einzudampfenden

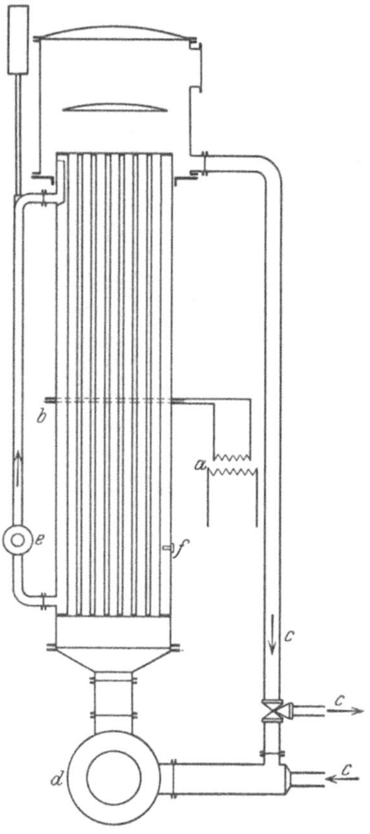

Abb. 138. Elektrisch beheizter Verdampfer (Carleton).
a Transformator, *b* elektrische Isolierung, *c* Flüssigkeit, *d* Flüssigkeitsumlaufpumpe, *e* Ölumlaufpumpe, *f* Temperaturregler.

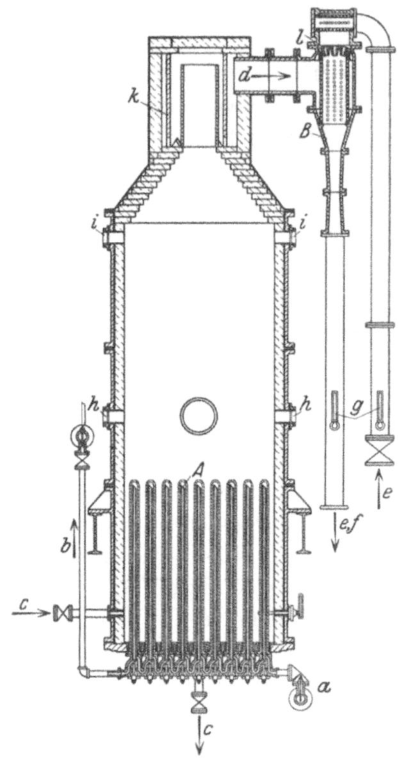

Abb. 139. Verdampfer mit innen beheizten Doppelrohren (National Lead).
A Heizkörper, *B* Mischkondensator, *a* Heizöleintritt, *b* Heizölaustritt, *c* Säure, *d* Brüden, *e* Wasser, *f* Brüdenkondensat, *g* Thermometer, *h* Schauglas, *i* Lichtglas, *k* Tropfenfänger, *l* Wasserdüsen.

Lösung genau angepaßt werden. Abb. 138 stellt einen elektrisch beheizten Verdampfer nach dem Vorschlage von Carleton[1] dar. Die einzudampfende Flüssigkeit wird durch Pumpe in Bewegung gehalten. Eine zweite Pumpe setzt Öl im Mantelraum in Umlauf, um einen Ausgleich der Temperaturen über die gesamte Heizfläche zu schaffen.

[1] Carleton: Electrical heating by the container-resistance method. J. Ind. Engg. Chem. 1929.

Innenbeheizte Rohre. An sich besteht kein Hindernis, die Flüssigkeit außerhalb, den Dampf innerhalb senkrecht angeordneter Rohre strömen zu lassen, wenn die Heizkörper, oder besser noch die Einzelrohre, herausnehmbar ausgeführt sind, um die flüssigkeitsberührten Wandungen reinigen zu können. Diese Anordnung bietet hinsichtlich der Wärmeübertragung keine Vorteile. Da sie die Reinigungsarbeit erschwert, ist sie praktisch bedeutungslos. Ausnahmsweise kommen für hohen Dampfdruck einseitig geschlossene, stehende, innen von Dampf durchströmte Rohre nach Abb. 139 (National Lead) zur Anwendung, um Säuren und Laugen fertig einzudicken.

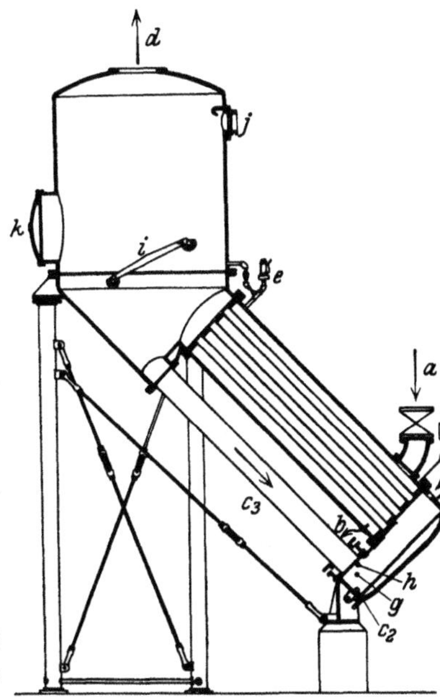

Abb. 140. Verdampfer mit schrägem Heizröhrenbündel (Buffalo). *a* Heizdampf, *b* Heizdampfkondensat, *c* Flüssigkeit (c_1 Eintritt, c_2 Austritt, c_3 Rücklauf), *d* Brüden, *e* Entlüftung, *f* Manometer, *g* Thermometer, *h* Flüssigkeitsstand, *i* Prallplatte, *j* Schauglas, *k* Mannloch.

2. Schräge Röhrenbündel.

Äußeres Abfallrohr. Neigung des Röhrenbündels bewirkt, daß für die höher liegenden Rohre ein geringerer Flüssigkeitsstand maßgebend ist als für die tiefer liegenden. Hierdurch läßt sich der natürliche Umlauf der Flüssigkeit verbessern. Die Verbindung mit einem äußeren, zu unterst angeordneten Rücklaufrohr ergibt sich nach Abb. 140 (Buffalo) von selbst. Die Ausstattung der Umlaufkammer mit

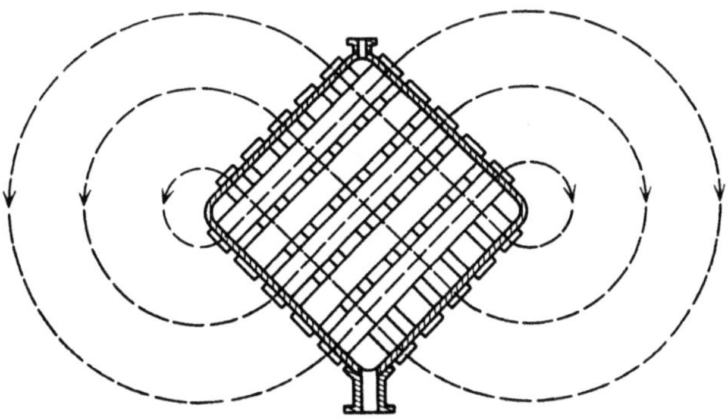
Abb. 141. Witkowicz-Heizkörper (Främbs & Freudenberg).

einem Klappdeckel erleichtert, zusammen mit der schrägen Lage, die Reinigung. Der Übergang zwischen Heizkörper und Brüdenraum erfolgt durch ein kegelförmiges Stück, an dessen tiefstem Punkte das Rücklaufrohr ansetzt. Eine abnehmbare Leitwand dient zur Führung der

Abb. 142. Vierstufiger Verdampfer mit ausziehbaren Heizkörpern (Främbs & Freudenberg).

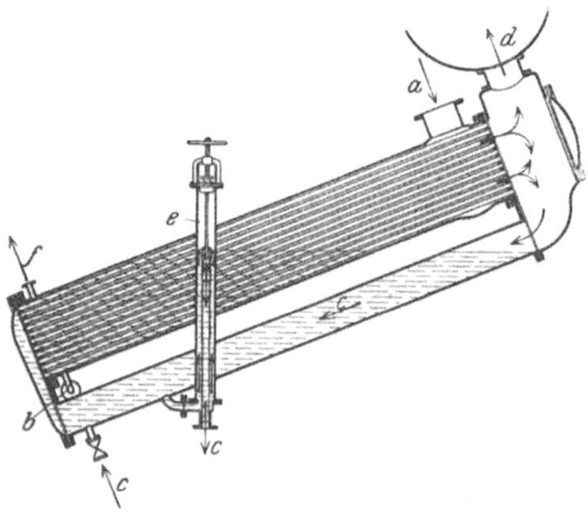

Abb. 143. Verdampfer mit schrägem Röhrenbündel (Prache-Bouillon).
a Heizdampf, *b* Heizdampfkondensat, *c* Flüssigkeit, *d* Brüden, *e* Flüssigkeitsstandsregler, *f* Luft.

umlaufenden Flüssigkeit. Eine selbständige Heizkammer mit schrägem Röhrenbündel stellt der Witkowicz-Heizkörper der Abb. 141 (Främbs & Freudenberg) dar. Auch hier wird der natürliche Umlauf dadurch begünstigt, daß der hydrostatische Druck für die oben liegenden Rohre niedriger ist als für die unten liegenden. Der Umlauf erfolgt in Form einer liegenden 8. Abb. 142 (Främbs & Freudenberg) gibt einen vierstufigen, äußerlich zusammengebauten Verdampfer mit ausziehbaren Witkowicz-Heizkörpern wieder. Mit abnehmender Neigung gegen die Waagerechte wird der Unterschied der benetzten Länge zwischen oberen und unteren Rohren immer größer. Gleichzeitig nimmt die Hubarbeit der entstehenden Dampfblasen ab. Ausführungen nach Abb. 143 (Prache-Bouillon) und Abb. 89 bilden den Übergang zum waagerechten Röhrenbündel.

3. Waagerechte Röhrenbündel.

Jelinek-Verdampfer. Da Jelinek als erster Verdampfer mit waagerechten Röhrenbündeln in großem Umfange zur Ausführung brachte, ist ihre Bezeichnung als Jelinek-Verdampfer berechtigt. Hieran ändert auch der Umstand nichts, daß der von ihm durchgeführte Grundsatz, den Dampf mehrfach durch die Rohre strömen zu lassen, bei neueren Ausführungen keinesfalls mehr als Regel gilt. Bei waagerechten, innen dampfbeheizten Rohren muß die rasche Entfernung des Kondensats von den unteren Teilen der Rohrfläche durch besondere Maßnahmen erzwungen werden. Jelinek unterteilte das gesamte Röhrenbündel in einzelne nebeneinander angeordnete Gruppen, deren Rohrzahl so abnahm, daß der von Gruppe zu Gruppe strömende Dampf etwa gleiche Geschwindigkeit behielt. Diese künstliche Vergrößerung der Rohrlänge ist fehlerhaft, außerdem wird die hohe Dampfgeschwindigkeit mit einem Druckabfall erkauft, der besonders nachteilig ist, wenn nur ein geringes Temperaturgefälle zur Verfügung steht. Richtiger ist es, den Rohren ein schwaches Gefälle in der Strömungsrichtung zu geben. Wird die mehrmalige Durchführung des Dampfes beibehalten, um den Vorteil hoher Dampfgeschwindigkeit für die Wärmeübertragung auszunutzen, so muß das in den Umlenkkammern sich abscheidende Kondensat abgeführt werden, da es sonst die an tiefster Stelle sitzenden Rohre überschwemmt und für die Wärmeübertragung wenig wirksam macht. Die mehrmalige Umlenkung des Dampfes kann den Flüssigkeitsumlauf ungünstig beeinflussen. Nimmt das Heizröhrenbündel den Flüssigkeitsraum in seiner ganzen Breite ein und strömt der Dampf einmalig hindurch, so findet an den dem Dampfeintritt zugewandten Rohrenden ein Hochkochen, am entgegengesetzten Ende ein Nachsinken der Flüssigkeit statt. Diese Bewegung kann jedoch nicht in vollem Maße zustande kommen, wenn durch hin- und hergehende Dampfführung die verschiedene Wirksamkeit der Rohrenden verwischt wird. Füllt das Röhrenbündel den Flüssigkeitsraum nur teilweise aus, so daß Zwischenräume außerhalb des Röhrenbündels oder Gassen zwischen den einzelnen Gruppen des Röhrenbündels verbleiben, so findet die siedende Flüssigkeit Gelegenheit, zwischen Röhrenbündel und Mantel und in den freien Gassen niederzusinken. Dies entspricht Flüssigkeitsbahnen parallel zu der Rohrachse. Bei dieser

Bauweise nach Abb. 144 (Buffalo), bei der der Durchmesser des Flüssigkeitsraumes etwa doppelt so groß ist, wie die Breite des Röhrenbündels, könnte eine mehrmalige Hin- und Herführung des Dampfes angewandt werden, ohne daß der Umlauf der Flüssigkeit gestört würde. In Abb. 144 kommt auch die große spezifische Ausdampffläche von Verdampfern mit waagerechten dampfführenden Rohren zum Ausdruck. Sie gewährleistet, zusammen mit den großen Abmessungen des Brüdenraumes, reine Brüden.

Die Dichtheit der Rohrenden in den Rohrböden läßt sich bei waagerechten Röhrenbündeln leicht überwachen. Diesem Vorteil steht jedoch der Nachteil gegenüber, daß die Reinigung der äußeren, von der Flüssigkeit bespülten Rohrwandungen ein Ausziehen der Rohre einzeln oder bündelweise verlangt. Die Inkrustation erstreckt sich bei waagerechten Röhrenbündeln in der Hauptsache auf die oberen Rohrreihen, während bei stehenden Rohren in der Hauptsache die oberen Teile der Einzelrohre davon betroffen werden. In der Regel werden die Einzelrohre herausnehmbar angeordnet. Sie sitzen hierbei mit Spiel in den Rohrplatten und können nach Abb. 42 gruppenweise durch eine Dichtungsplatte vermittels kegelförmig angedrehter Gummiringe gedichtet werden. Zuweilen werden die Rohre zu Bündelelementen zusammengefaßt und gruppenweise ausgezogen.

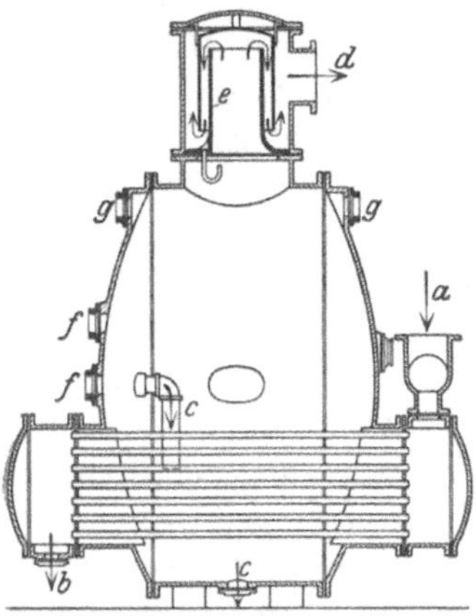

Abb. 144. Verdampfer mit waagerechtem Röhrenbündel (Buffalo). *a* Heizdampf, *b* Heizdampfkondensat, *c* Flüssigkeit, *d* Brüden, *e* Tropfenfänger, *f* Schauglas, *g* Lichtglas.

Bei dem Verdampfer Abb. 145 (BBC) bestehen die einzelnen Rohrgruppen aus Gitterelementen, die nach Aufklappen des Verdampferdeckels und Lösung zweier Schrauben ausgezogen werden können. Der Dampf durchströmt die oberen Rohre und kehrt durch die unteren, die infolgedessen stark überflutet sind, zurück. Die Vorwärmung der Flüssigkeit erfolgt durch die Brüden in kaskadenförmig angeordneten Verteilrinnen.

Die erschwerte Reinigung läßt die Anwendung innen beheizter Röhrenbündel nur für Flüssigkeiten angebracht erscheinen, die weder inkrustieren, noch auskristallisieren, noch schäumen. Der leichte Ersatz einzelner Heizrohre kommt beim Eindampfen von Flüssigkeiten mit starkem Angriffsvermögen, wie kaustischer Soda, zur Geltung.

Da, wegen der großen Strömungsquerschnitte im Flüssigkeitsraum, der natürliche Umlauf sich durch Pumpen kaum verstärken läßt, kann in Verdampfern mit waagerechten, innen beheizten Röhrenbündeln das

Eindicken nur bis zu einer Konzentration geführt werden, bei der die Flüssigkeit noch lebhaft siedet.

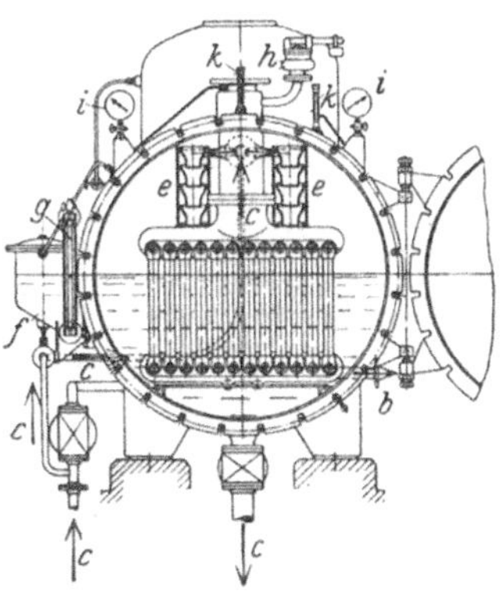

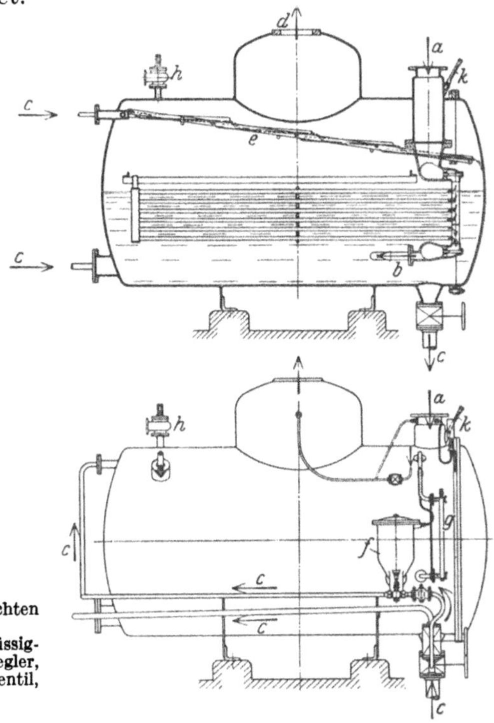

Abb. 145. Verdampfer mit waagerechten Rohrgitterelementen (BBC).
a Heizdampf, *b* Heizdampfkondensat, *c* Flüssigkeit, *d* Brüden, *e* Verteilrinnen, *f* Speiseregler, *g* Flüssigkeitsstand, *h* Sicherheitsventil, *i* Manometer, *k* Thermometer.

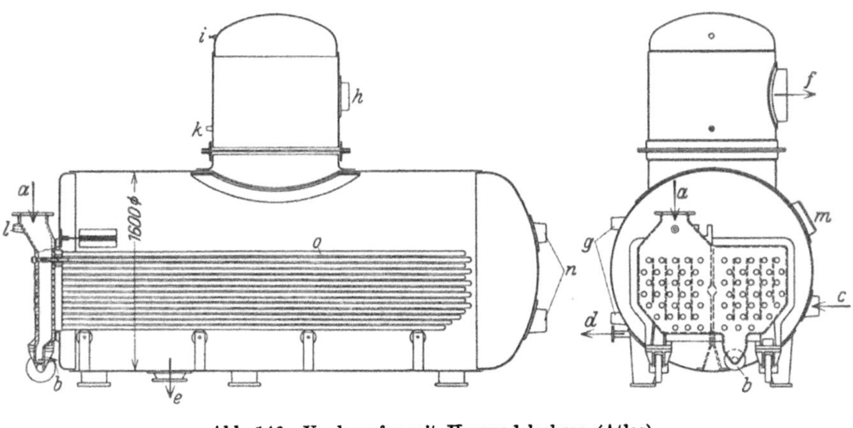

Abb. 146. Verdampfer mit Haarnadelrohren (Atlas).
a Heizdampf, *b* Heizdampfkondensat, *c* Wassereintritt, *d* Laugeaustritt, *e* Entleerung, *f* Brüden, *g* Wasserstand, *h* Sicherheitsventil, *i* Lufthahn, *k* Manometer, *l* Thermometer, *m* Handloch, *n* Reglerstutzen, *o* 36 U-Rohre 32/38 mm ∅, 70 m².

Gasbeheizte Rohre. Gasbeheizte Verdampfer mit waagerechten Heizröhren kommen in Ausnahmefällen zur Anwendung, z. B. im Schiffsbetrieb, um Wasser mit der Abgaswärme eines Dieselmotors zu destillieren. Für die Ausbildung des Verdampfers ist seine Eigenschaft als Niederdruckdampfkessel maßgebend.

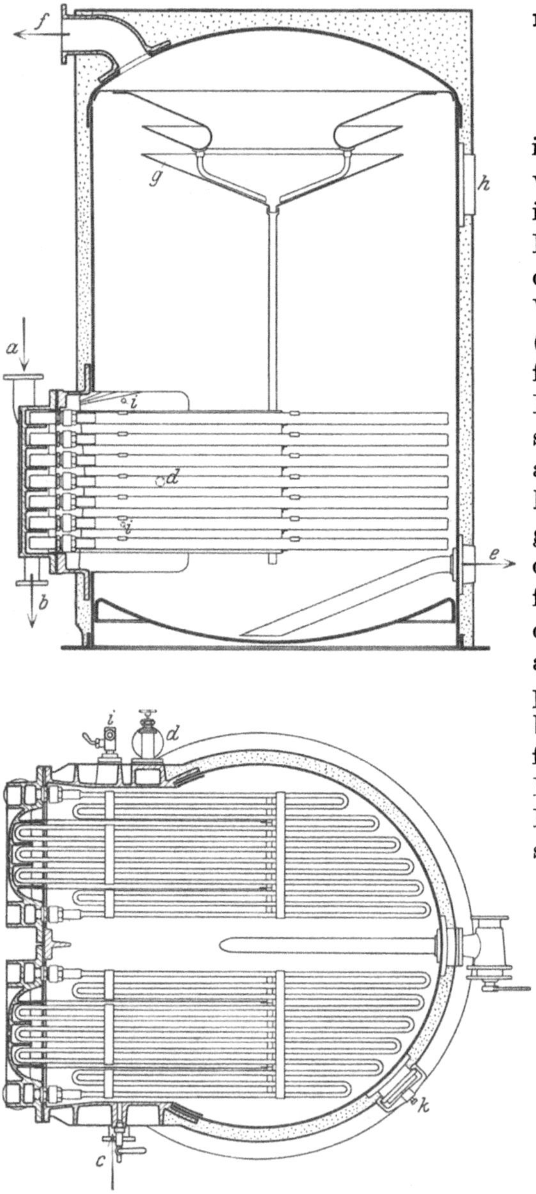

Abb. 147. Seewasserverdampfer (Schmidt).
a Heizdampf, *b* Heizdampfkondensat, *c* Wassereintritt, *d* Laugeaustritt, *e* Entleerung, *f* Brüden, *g* Tropfenfänger, *h* Sicherheitsventil, *i* Wasserstand, *k* Handloch.

4. Gebogene Rohre.

Bei gebogenen Rohren ist eine innere Reinigung von festen Ansätzen nicht in einfacher Weise möglich. Innere Dampfführung bildet daher die Regel. Der Verdampfer nach Abb. **146** (Atlas) besitzt haarnadelförmig gebogene Heizrohre. Die Enden münden einerseits in die Dampfkammer, andererseits in die Wasserkammer des Deckels. Das ganze Rohrsystem kann den Wärmedehnungen frei folgen und läßt sich mit dem Deckel auf Rollen ausziehen. Die Einwalzplatten werden mit durchbohrten Kupplungsbolzen festgehalten. Das hintere Ende des Behälters ist von Heizfläche frei und gestattet den Rückfall der über die Heizfläche hochkochenden Flüssigkeit. Auch bei dem Seewasserverdampfer Abb. **147** (Schmidt) münden die mehrfach in waagerechter Ebene hin- und hergewundenen Rohre in Dampf- und Wasserkammern, die mit dem Deckel vereinigt sind. Hiervon unterscheidet sich der Seewasserverdampfer Abb. 44 grundsätzlich dadurch, daß die in einer waagerechten Ebene konzentrisch zueinander angeordneten haarnadelförmigen Rohre hintereinander geschaltet sind und der Heizdampf beim Übertritt jedesmal entwässert wird. Die Vorbedingung für geringen Wärmeübergangswiderstand auf der Dampfseite ist hierdurch in besonderem Maße erfüllt. Die äußere Reinigung der Rohrschlangen kann auch dadurch erleichtert werden, daß die Deckel, an denen sie befestigt sind, sich in Scharnieren bewegen. Bei der Ausführung nach Abb. 148 (Worthington) lassen sich die Rohrschlangen nach Entfernung des Deckels ohne Lösung von Rohrleitungsteilen herausdrehen. Rohrschlangen mit mehrfacher Unterteilung finden auch Anwendung bei Verdampfern von großem Ausmaße, die zur Verarbeitung zäher Flüssigkeiten dienen. Wärme und Bewegung werden dadurch über die ganze Masse der trägen Flüssigkeit verteilt. Der Kristallkocher Abb. 149 (Halle) enthält in seinem ganzen unteren Teil spiralig gewundene Rohrschlangen. Die Dampfzuführung ist getrennt und im einzelnen regelbar, um zunächst die unteren, mit zunehmender Füllung weitere Teile der Heizfläche in Wirkung treten zu lassen. Die Schlangenwindungen folgen der Kegelform des Bodens. In Verbindung mit senkrechten Röhrenbündeln treten Rohrschlangen nach Abb. 122 auf, um tote Flüssigkeitsräume zu vermeiden.

Abb. 148. Seewasserverdampfer (Worthington).

Bei dem Verdampfer Abb. 150 (Wheeler) wird der durch waagerechte, innen beheizte Haarnadelrohre gebildete Heizkörper durch die einzudampfende Flüssigkeit berieselt.

Außen beheizte, waagerechte Rohre werden ausnahmsweise verwandt. Durch Hintereinanderschaltung mehrerer übereinanderliegender Rohre wird im Yaryan-Verdampfer nach Abb. 151 (Swenson) die Gemischgeschwindigkeit gesteigert. Die dreigängigen Rohrgruppen werden oben durch getrennte Zuführungen gespeist, die eine Überschwemmung der Heizfläche verhindern. Die unteren Enden der Rohre

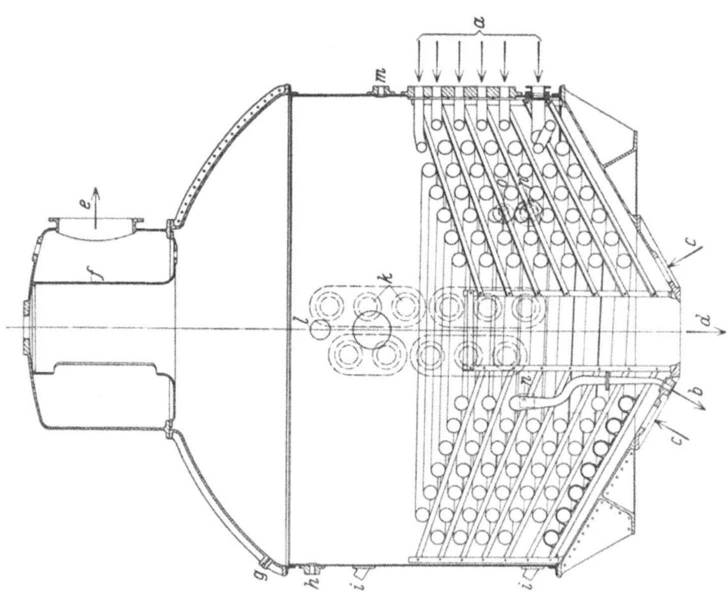

Abb. 149. Kristallkocher (Halle).
a Heizdampf, *b* Heizdampfkondensat, *c* Flüssigkeit, *d* Füllmasse, *e* Brüden, *f* Tropfenfänger, *g* Mano-Vakuummeter, *h* Belüftung, *i* Thermometer, *k* Schauglas, *l* Lichtglas, *m* Ausdämpfstutzen, *n* Probenehmer, *o* Butterhahn. *p* Sodaeinlaß.

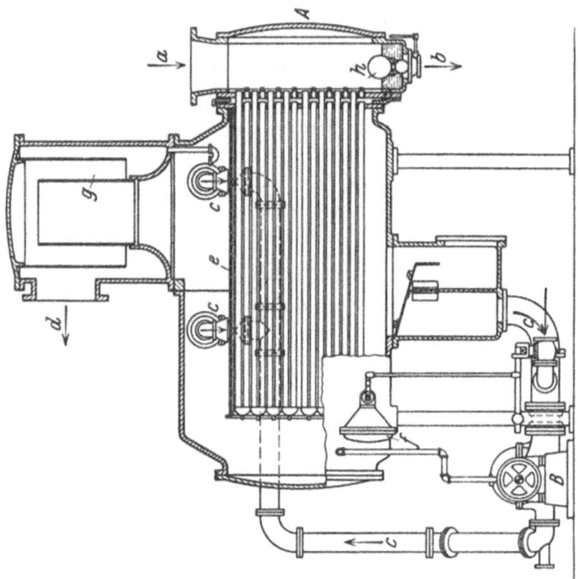

Abb. 150. Berieselungsverdampfer (Wheeler).
A Verdampfer, *B* Umlaufpumpe, *a* Heizdampf, *b* Heizdampfkondensat, *c* Flüssigkeit, *d* Brüden, *e* Verteilboden, *f* Speiseregler, *g* Tropfenfänger, *h* Flüssigkeitsverschluß.

münden in eine mit Abscheidewänden versehene Trennkammer. Der Flüssigkeitsinhalt des eigentlichen Verdampfers sinkt damit auf ein Mindestmaß und begründet die besondere Eignung für die Behandlung temperaturempfindlicher Lösungen — Fruchtsaft, Leimlösung —. Der Beharrungszustand wird sofort nach Inbetriebnahme erreicht.

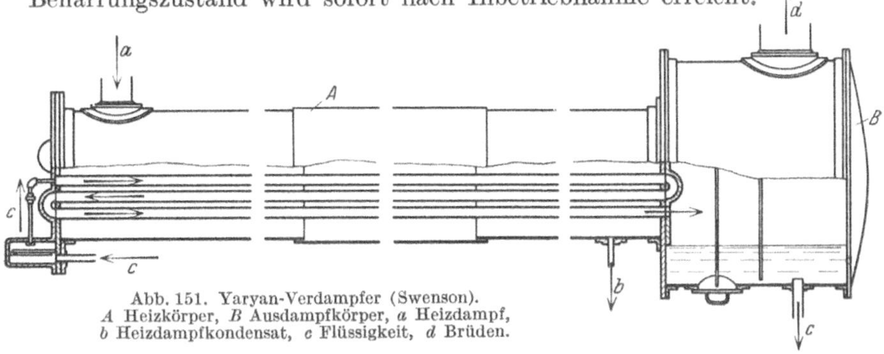

Abb. 151. Yaryan-Verdampfer (Swenson). *A* Heizkörper, *B* Ausdampfkörper, *a* Heizdampf, *b* Heizdampfkondensat, *c* Flüssigkeit, *d* Brüden.

5. Beheizte Böden und Mäntel.

Bei Anwendung von beheizten Doppelböden und Doppelmänteln wird von vornherein auf niedrigsten Wärmeübergangswiderstand verzichtet.

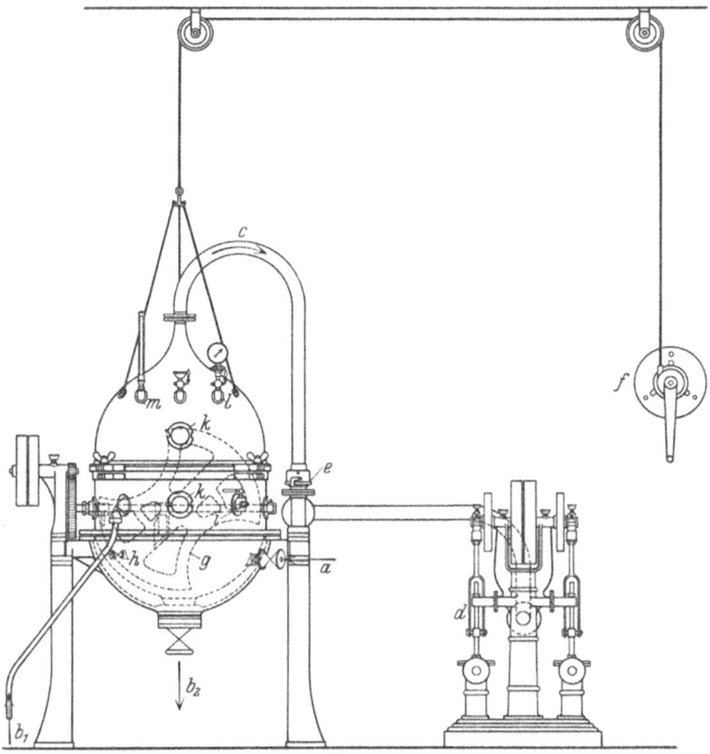

Abb. 152. Marmelade-Eindampfer (Möller & Schulze).
a **Heizdampf,** b_1 **Einziehvorrichtung,** b_2 **Entleerung,** ***c*** **Brüden,** ***d*** **Naßluftpumpe,** ***e*** **Bajonettverschluß,** ***f*** **Winde,** ***g*** **Rührwerk,** ***h*** **Entlüftung,** ***i*** **Belüftung,** ***k*** **Schauglas,** ***l*** **Vakuummeter,** ***m*** **Thermometer.**

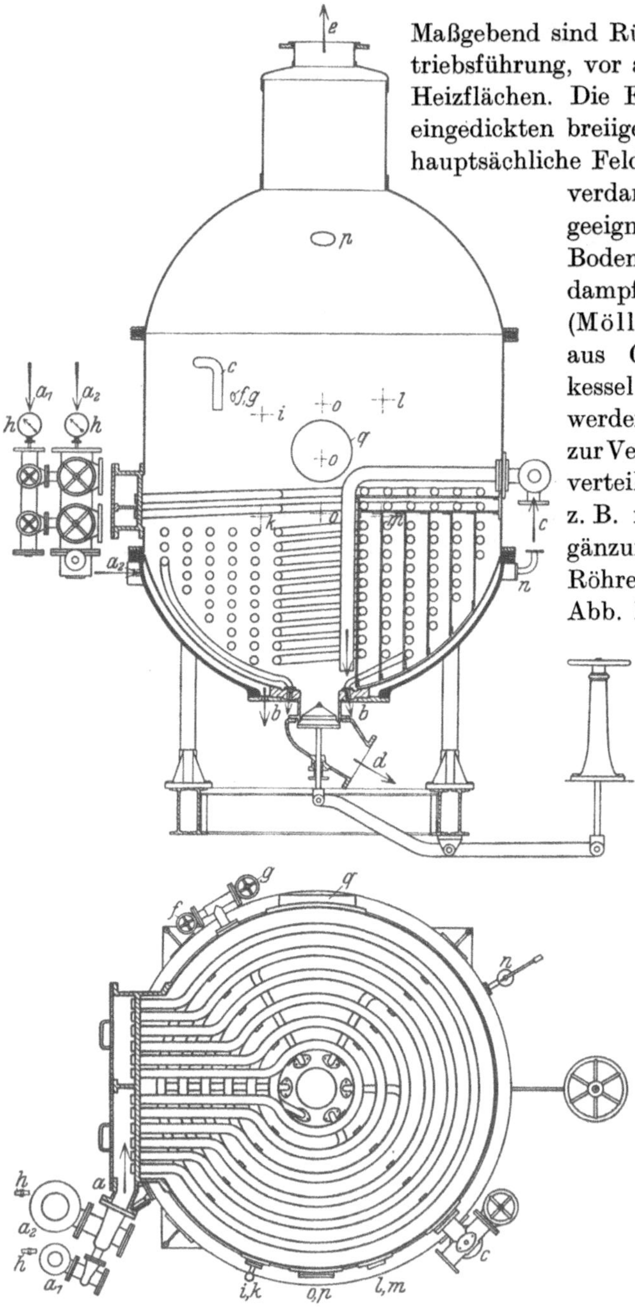

Abb. 153. Kristallkocher (Grevenbroich).
a Heizdampf (a_1 Frischdampf, a_2 Abdampf), *b* Heizdampfkondensat, *c* Saft, *d* Ablaß, *e* Brüden, *f* Spüldampf, *g* Spülwasser, *h* Manometer, *i* Vakuummeter, *k* Thermometer, *l* Butterhahn, *m* Probenehmer, *n* Sicherheitsventil, *o* Schauglas, *p* Lichtglas, *q* Mannloch.

Maßgebend sind Rücksichten auf die Betriebsführung, vor allem Reinhaltung der Heizflächen. Die Fertigverarbeitung von eingedickten breiigen Lösungen bietet das hauptsächliche Feld, weil hierfür Röhrenverdampfer überhaupt ungeeignet sind. Der äußere Boden des Marmeladeeindampfers der Abb. 152 (Möller & Schulze) besteht aus Gußeisen, der Innenkessel aus Kupfer. Häufig werden Boden und Mantel zur Verbesserung der Wärmeverteilung zusätzlich beheizt, z. B. nach Abb. 127 als Ergänzung des senkrechten Röhrenbündels oder nach Abb. 153 (Grevenbroich) zur Verstärkung der Schlangenheizung. Die doppelwandige Ausführung der Auslaufwege ist bei Lösungen am Platze, die infolge hoher Zähigkeit beim Abkühlen zum Erstarren neigen.

Hoher Druck des Heizdampfes, wie er bei schwer siedenden Flüssigkeiten durch die Forderung hoher Temperaturen bedingt sein kann, verbietet doppelwandige Ausführung von Boden und Mantel mit Rücksicht auf die hohen Kosten und verminderte Sicherheit. Soll gleichwohl das Behälterinnere von Heizrohren freibleiben, so können starkwandige, schmiedeeiserne Heizschlangen in den gußeisernen Mantel eingegossen werden (Frederking). Diese Ausführung bildet die Regel, wenn als Heizmittel Heißwasser mit Drücken bis 225 at Verwendung findet. Um gefährliche Spannungen im Mantel zu vermeiden, werden die Heizschlangen mehrfach unterteilt und parallel geschaltet, so daß sie in ihrer ganzen Länge möglichst gleich wirksam sind. Neuerdings werden die äußeren Schlangen nach Abb. 154 (Samesreuther), unter Einstemmen von Kupferkeilen zwischen Schlange und Kessel, mit der Kesselwandung verschweißt. Da die Kesselmäntel hierbei aus Schmiedeeisen oder Kupfer bestehen, also leicht gehalten werden können, ist das Speichervermögen geringer als bei der Frederkingschen Ausführung mit gußeisernem Kessel. Bei vielfach unterbrochenem Betrieb kann dies von Vorteil sein. In Fällen, wo die einzudampfende Flüssigkeit Gußeisen angreift, läßt sich der Samesreuther-Kessel selbst aus geeignetem Baustoff herstellen, während bei Frederking ein besonderer Einsatz nötig wird, der auch bei sorgfältiger Herstellung wegen der niemals satten Anlage an den Gußmantel einen zusätzlichen Wärmeübergangswiderstand bedingt.

Abb. 154. Aufgeschweißte Heizschlangen (Samesreuther).

Erfolgt die Beheizung durch Feuergase, so bilden in der Regel Boden und Mantel selbst die Heizfläche.

6. Ringheizkörper.

Der Verdampfer Abb. 155 (Escher Wyss) besitzt Ringheizkörper, in die der Dampf unten durch düsenartig verbreiterte Rohrstutzen eingeblasen wird. Entlüftungsröhrchen sind bis zum höchsten Punkte der Ringkammern geführt. (Näher liegt es, die Dampfrohre hochzuführen, um das Niederrieseln des Kondensats nicht zu hemmen.) In der dargestellten Ausführungsform sprudelt der Dampf durch die am Boden sich sammelnde Kondensatschicht. Scharfes Anblasen der Heizfläche und örtliche Überhitzung der Flüssigkeit werden hierdurch vermieden, allerdings auf Kosten erhöhten Wärmeübergangswiderstandes. Eine senkrechte Drehachse trägt Arme, an denen Mitnehmer mit federnden

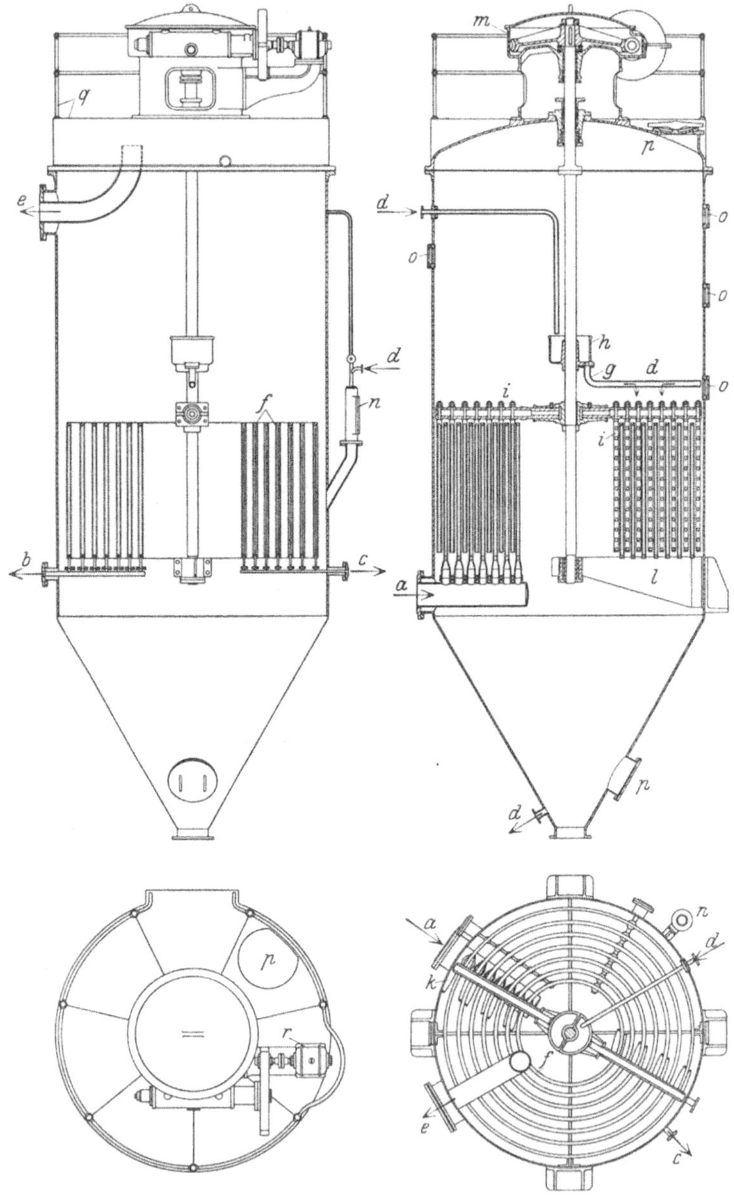

Abb. 155. Verdampfer mit Ringheizkörpern (Escher-Wyss).
a Heizdampf, *b* Heizdampfkondensat, *c* Luft, *d* Flüssigkeit, *e* Brüden, *f* Ringheizkörper, *g* Rieselrohre, *h* Flüssigkeitsbehälter, *i* Schaberträger, *k* Schaber, *l* Ringheizkörper-Unterstützung, *m* Schaberantrieb, *n* Flüssigkeitsstand, *o* Schauglas, *p* Mannloch, *q* Bedienungsbühne, *r* Motor.

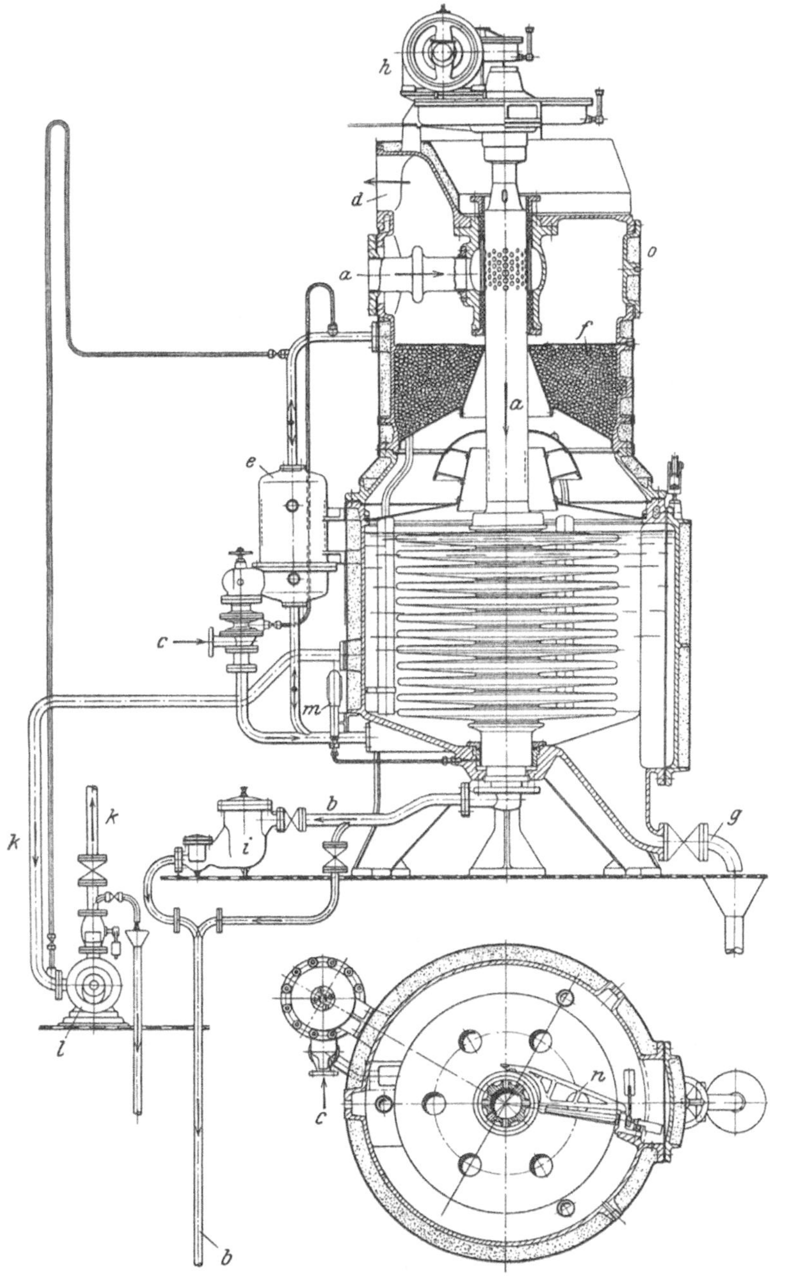

Abb. 156. Engisch-Verdampfer (Maschinen- & Apparatebau, Hamburg).
a Heizdampf, *b* Heizdampfkondensat, *c* Seewasser, *d* Brüden, *e* Speiseregler, *f* Tropfenfänger, *g* Ablaß, *h* Antrieb, *i* Kondenstopf, *k* Lauge, *l* Laugepumpe, *m* Staufferfettpresse, *n* Schaber, *o* Mannloch.

Metalldrahtbürsten hängen. Diese fegen die beheizten Flächen beiderseits rein, so daß der Verdampfer für kristallisierende Flüssigkeiten im besonderen Maße geeignet ist. Über den Bürstenträgern führen mitlaufende gelochte Berieselungsrohre die einzudampfende Flüssigkeit zu. Die Kristalle sammeln sich in dem kegelförmigen Unterteil. Die Flüssigkeit steigt zwischen den Heizringen hoch und fällt im freien Kern nieder. Bei der Beurteilung einer derartigen Heizflächengestaltung ist nicht außer acht zu lassen, daß bei reiner Heizfläche der Wärmeübergangswiderstand auf der Flüssigkeitsseite höher liegt als bei Bündelrohrverdampfern mit lebhaftem Umlauf, daß dagegen die dauernde Reinhaltung der Heizfläche eine durchschnittliche Höhe des Wärmeübergangswiderstandes verbürgt, die besonders günstig sein kann und die Spanne zwischen zwei aufeinanderfolgenden inneren Reinigungen vergrößert.

7. Bewegliche Heizfläche.

Ausnahmsweise werden Rührvorrichtungen gleichzeitig als Heizfläche ausgebildet und erhalten alsdann die Form von umlaufenden Rohrschlangen, Linsen u. dgl. Zuführung des Heizdampfes und Entfernung des Kondensats erfolgt durch die hohle, meist waagerechte Welle. Der Engisch-Verdampfer, Abb. 156 (Maschinen- und Apparatebau, Hamburg), besitzt einen um eine senkrechte Achse umlaufenden, aus zahlreichen übereinander angeordneten Linsen bestehenden

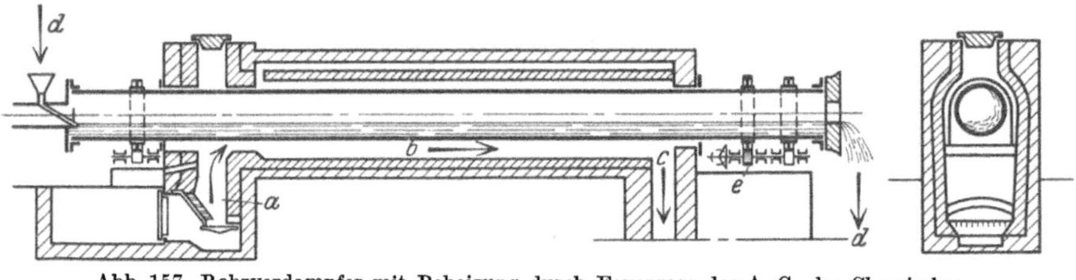

Abb. 157. Rohrverdampfer mit Beheizung durch Feuergase der A. G. der Chemischen Produktenfabrik Pommerensdorf, Stettin (Zahn).
a Feuerung, *b* Heizkanal, *c* Abgase, *d* Lösung, *e* Antrieb.

Heizkörper, der in einem Hülsenlager aufgehängt ist und dessen Oberfläche durch Schaber reingehalten wird. Nach Mitteilung von Bleicken[1] gelingt es hiermit, Seewasser einzudampfen, ohne den Betrieb während der Reise unterbrechen zu müssen.

Der Rohrverdampfer der A. G. der chemischen Produktenfabrik Pommerensdorf, Stettin, Abb. 157 (Zahn), wird unter ständiger Drehung außen durch Feuergase beheizt. Der Umlauf hält das Eindampfgut in Bewegung und ermöglicht seine selbsttätige Austragung.

[1] Bleicken: Der Umbau der Ballin-Klasse. Z. V. d. I. 1930.

Um die Verdampferlänge in leicht beherrschbaren Grenzen zu halten, wird bei der Ausführung der Chemischen Werke vorm. H. & E. Albert, Wiesbaden-Biebrich, nach Abb. 158 (Salge) eine Zerlegung in zwei Rohrkörper vorgenommen. Der größere liegt im ersten Zug der Feuergase und dient der eigentlichen Verdampfung, der kleinere im zweiten Feuerkanal angeordnete bewirkt die Vorwärmung der Lösung, die beide Rohre nacheinander durchströmt. Durch

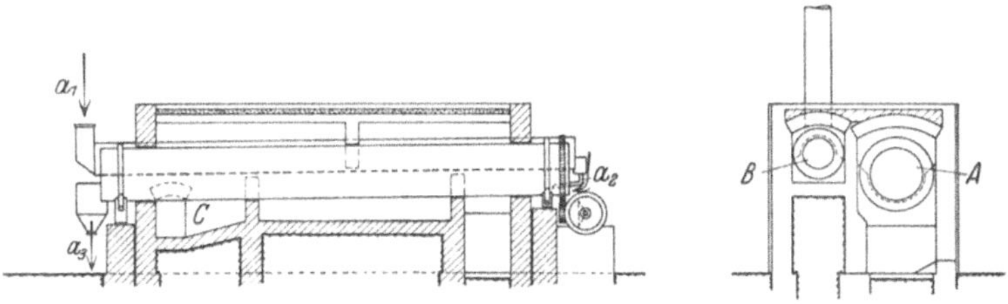

Abb. 158. Zweirohrverdampfer mit Beheizung durch Feuergase der Chemischen Werke vorm. H. &. E. Albert, Wiesbaden-Biebrich (Salge).
A Hauptverdampferrohr, *B* Vorverdampferrohr, *C* Feuerung, *a* Lösung (a_1 Eintritt, a_2 Übertritt, a_3 Austritt).

Ausnutzung der Feuergasabwärme in einem Lufterhitzer und Durchführung der so gewonnenen Heißluft durch das Innere des Hauptverdampferrohres wird der reine Verdampfvorgang in die Verdunstungserscheinung übergeleitet.

B. Verdampferkörper.

Für die Ausbildung des Verdampferkörpers gelten neben den behandelten Gesichtspunkten für die Gestaltung der Heizfläche die allgemeinen Regeln des Apparatebaues. Der Baustoff der flüssigkeitsberührten Teile wird durch das Verhalten der Flüssigkeit und ihrer Dämpfe, der Baustoff der Heizraumwandungen durch Festigkeitsrücksichten bestimmt.

Druckverdampfer fallen unter die Dampffaß-Vorschriften und bedingen z. B. die tiefgewölbte Form der Böden nach Abb. 121. Bei Kupfer und Aluminium nimmt die Dehnung durch Glühen stark zu und fordert nachträgliches Harthämmern als Regel. Für die Wandungen der Heizräume genügt meist Schmiedeeisen. Bei mehrstufigen Anlagen kommt für die zweite und die folgenden Stufen Kupfer oder Aluminium in Betracht, wenn die einzudampfende Lösung Eisen angreift, weil stets mit einem, wenn auch geringfügigen Mitreißen von Tröpfchen zu rechnen ist. Da Kondensat in Anwesenheit von Gasen Schmiedeeisen zerstört, ist Kupfer vorzuziehen, wenn die Rücksicht auf höchste Haltbarkeit der Kostenfrage vorangestellt wird. Gußeisen verdient wegen des höheren Widerstandsvermögens gegen chemische Einflüsse häufig den Vorzug gegenüber anderen Baustoffen, wenn nicht die Schwierigkeit der Herstellung bei großen Abmessungen und die Verminderung der Sicherheit dagegen sprechen. In besonderen Fällen ist Auskleidung des Behälters mit Blei, Nickel, Aluminium, schließlich sogar säurefeste Ausmauerung am Platze.

Die äußere Formengebung des Verdampferkörpers wird durch die besondere Verwendung beeinflußt. Senkrechte Verdampfer erhalten Schalenböden zur Verringerung des Flüssigkeitsinhaltes, Abb. 121, Kegelböden zur Aufnahme ausscheidender Kristalle, Abb. 123, 127, 155. Kugelböden stellen Ausnahmen dar, Abb. 153. Außen beheizte Röhrenbündel werden mit dem Verdampferkörper vernietet, Abb. 121, 122, oder verschraubt, Abb. 123, oder frei beweglich verbunden, Abb. 127, 142. Innen beheizte Röhrenbündel sind stets leicht lösbar zu halten, Abb. 146, 147, 148.

C. Bauliche Maßnahmen mit Rücksicht auf Wärmedehnung.

Die Befestigung der Rohre in den Rohrplatten muß Rücksicht nehmen einerseits auf Dichtheit, um Verlust von Heizdampf in den Brüdenraum und Verdünnung der einzudampfenden Lösung durch das Kondensat zu verhindern, andererseits auf die Wärmedehnung im Betrieb. Die verhältnismäßig kurzen Rohre stehender Röhrenbündelverdampfer können beiderseits eingewalzt werden. Gleiches gilt bei verhältnismäßig langen Rohren, wie sie bei liegenden Verdampfern und stehenden Kestner-Verdampfern auftreten, wenn der Längenänderung durch die Möglichkeit seitlicher Ausbiegung Rechnung getragen ist. Das Einwalzen bedingt eine Rohrweite von nicht unter 12 mm.

Bei Verdampfern und Kondensatoren mit Dampfströmung um die Rohre nimmt der Mantel eine höhere Temperatur an als die Rohre. Bestehen diese aus Messing oder Kupfer, der Mantel dagegen aus Eisen, so gleichen sich höhere Temperatur und kleinere Wärmedehnungszahl im Mantel aus. Anders liegen die Verhältnisse bei Dampfführung durch Rohre aus Messing oder Kupfer, bei denen höhere Temperatur und höhere Wärmedehnungszahl zusammenfallen und besondere Maßnahmen für freie Beweglichkeit nötig machen. Als solche kommen in Betracht:

Packungsringe an einem oder beiden Enden, wenn der Druck in den Rohren höher ist als um die Rohre, wie bei Verdampfern mit innen beheizten Rohren und Kondensatoren, etwa nach Abb. 159.

Erhöhte Sicherheit bieten Verschraubungen nach Abb. 160 oder Dichtungsplatten nach Abb. 42. Sie sind nötig, wenn der Druck um die Rohre höher ist als in den Rohren, wie bei Verdampfern mit außen beheizten Rohren.

Gewellte Form der beiderseits eingewalzten Rohre verlegt die Nachgiebigkeit in das Rohr selbst.

Gekümpelte Einwalzböden mit großem Krempenhalbmesser gestatten eine bescheidene Federung.

Vollkommen freie Beweglichkeit ergibt sich nach Abb. 44, 139, 145, 146, 147 für Rohre und Rohrschlangen, die einseitig befestigt und gleitend unterstützt sind oder durch ihre Windungsform Eigenfederung besitzen.

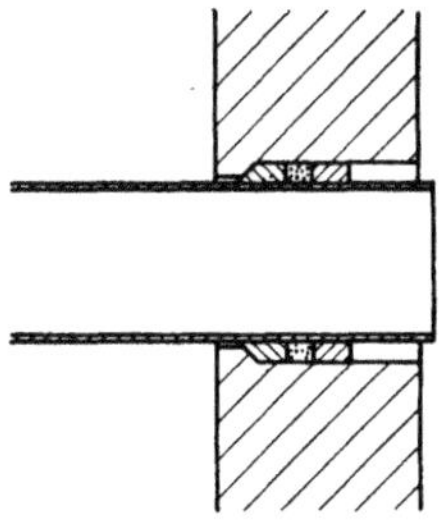

Abb. 159. Lose Packung von Rohren.

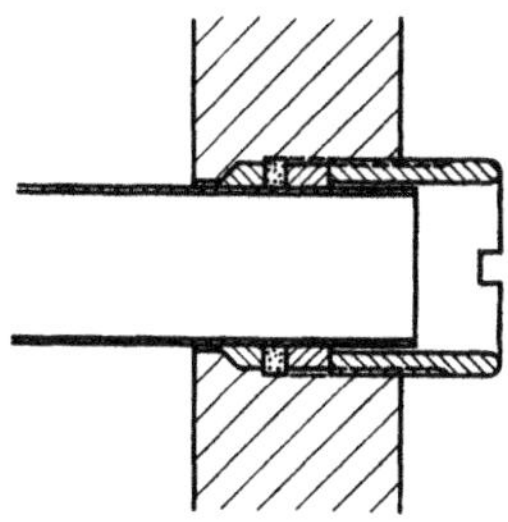

Abb. 160. Feste Packung von Rohren.

Gleiches gilt für Röhrenbündel nach Abb. 161 (Frank), bei denen die eine Rohrplatte mitsamt dem gegengeschraubten Umlenkdeckel in

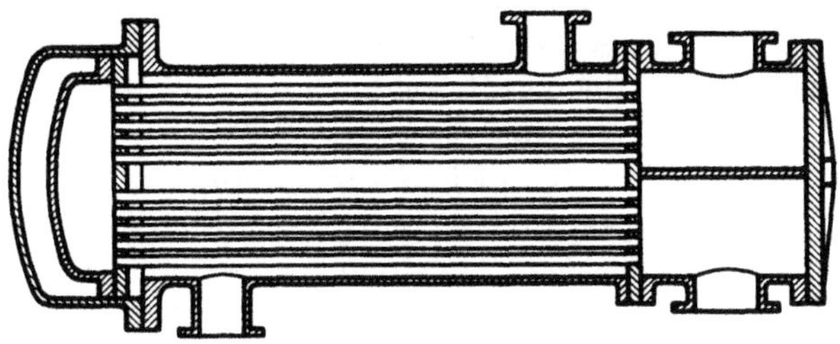

Abb. 161. Wärmeaustauscher mit frei beweglichem Röhrenbündel (Frank).

dem äußeren Verschlußdeckel gleitet. Undichtheiten an der Gleitfläche ergeben einen unbedenklichen Übertritt des die Rohre umströmenden Stoffes in den neutralen Raum zwischen beiden Deckeln.

D. Verdampferzubehör.

1. Heizraum.

a) Heizdampfeintritt.

Die Form des Heizdampfeinlasses soll gleichmäßige Verteilung sichern. Hierfür stehen folgende Wege offen:

Allmähliche Erweiterung des Stutzens bei radialem Dampfeintritt oder Ringwulst im Mantel, Abb. 137, 162 (Buffalo).

Gegenüber der radialen Eintrittstelle bleiben die Heizrohre am besten fort, Abb. 123, 127. Wird nach Abb. 132 ein Verteilungsteller dem Eintrittstutzen vorgebaut, so muß der Dampf nicht nur abgelenkt, sondern in der geänderten Richtung mit verminderter Geschwindigkeit weitergeführt werden. Die bei naßem Dampf besonders große zerstörende Wirkung äußert sich neben der mechanischen Beschädigung auch in Brüchen der in Schwingung geratenen Rohre, denen durch genaues Einpassen in die Rohrplatten und Verkürzung der freien Rohrlänge durch Zwischenwände vorzubeugen ist.

Werden senkrechte Heizrohre von Dampf umspült, der in mittlerer Höhe seitlich eintritt, so lassen sich unmittelbar über und unter der Dampfeinführungsstelle tote Räume mit stehenden Wirbelungen kaum vermeiden. Es ist daher richtig, den Dampf an höchster Stelle ringförmig einzuführen, Abb. 131. Gleich günstig liegen die Verhältnisse, wenn der Dampfanschluß im Kern eines senkrechten Röhrenbündels liegt, Abb. 125, 128.

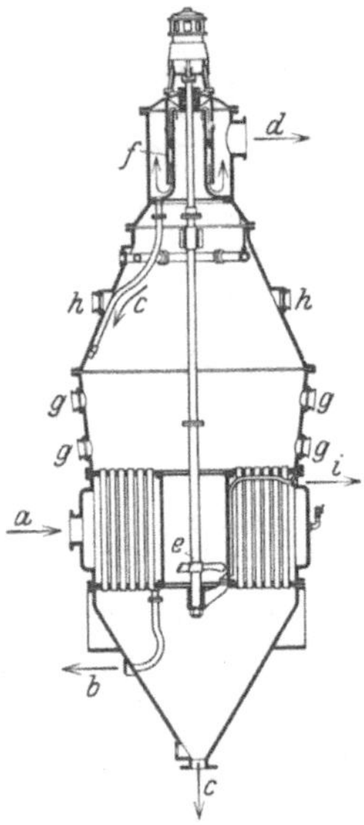

Abb. 162. Robert-Verdampfer mit Rührwerk (Buffalo). *a* Heizdampf, *b* Heizdampfkondensat, *c* Lösung, *d* Brüden, *e* Rührwerk, *f* Tropfenfänger, *g* Schauglas, *h* Lichtglas, *i* Entlüftung.

Bei innen beheizten Röhrenbündeln kommt der Dampf in der Vorkammer so weit zur Ruhe, daß sich besondere Maßnahmen für seine Verteilung über die Heizrohre erübrigen, Abb. 144, 146. Die äußeren Verschlußdeckel sollen frei von Leitungen sein, um die innere Prüfung zu erleichtern.

Bei gleichzeitiger Zuführung hoch- und niedergespannten Dampfes, Abb. 122, 123, sollen sich beide Dampfströme nicht stören, wie dies bei gegenüberliegender Anordnung der Stutzen der Fall wäre. Der Vorschlag von Block[1], den hochgespannten Dampf in einem Strahlgebläse zur Förderung des niedergespannten Dampfes zu benutzen, erscheint beachtlich.

Bei stehenden und schrägen Röhrenbündeln ist die Anbringung des Dampfeintrittstutzens an höchster Stelle gegeben, um die Dampfströmung zur Verbesserung des Wärmeüberganges auszunutzen, Abb. 143. Für den Ausnahmefall waagerechter, dampfumspülter Röhrenbündel liegt die richtige Eintrittstelle am einen Ende der Heizfläche. Zuweilen erfolgt die Dampfzuführung in verschiedenen Höhenlagen, Abb. 132, bei der Verarbeitung temperaturempfindlicher Lösungen mit niedrigem Flüssigkeitsstand zweckmäßig an einer tieferen Stelle, Abb. 140.

Spannungen werden vermieden, wenn bei eingehängten Dampfkammern das Heizdampfrohr durch eine Stopfbüchse tritt, Abb. 127,

[1] Block: Einige Fehler bei der Ausführung von Verdampfern und deren Abhilfe. Chem. App. 1927.

128, oder nach Abb. 163 (Devine) durch Bogenführung die nötige Beweglichkeit erhält. Wird ein Verdampfer kippbar ausgeführt, so erfolgt die Dampfzuführung durch die hohle Welle mit Stopfbüchse.

b) Kondensataustritt.

Der Anschluß für die Kondensatleitung ist so tief anzuordnen, daß die restlose Entleerung gesichert ist. Bei stehenden außen beheizten Röhrenbündeln soll daher die Kondensatleitung am unteren Rohrboden abwärts verlaufen, Abb. 123, 127. Bei ausnahmsweise seitlichem Anschluß ergibt Schlitzform gute Entleerung, Abb. 121. Bei mehrstufigen Verdampfern erfolgt die Entfernung des Heizdampf- und Brüdenkondensats entweder aus jedem Körper getrennt, oder, unter Hintereinanderschaltung, aus der letzten Stufe allein. Im letzten Falle sind Flüssigkeitsverschlüsse zwischen zwei aufeinanderfolgenden Körpern einzuschalten.

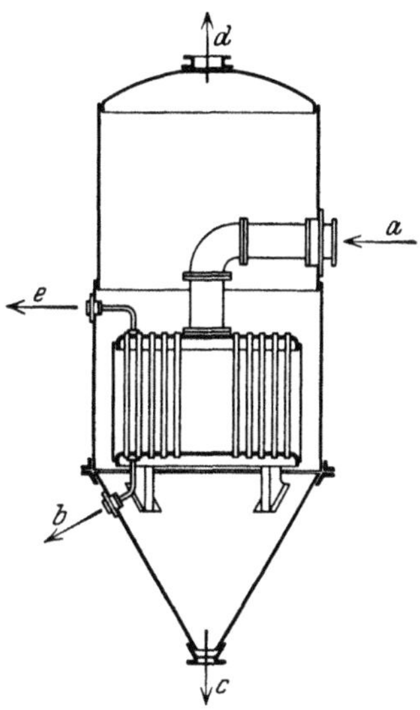

Abb. 163. Verdampfer mit eingehängter Heizkammer (Devine). *a* Heizdampf, *b* Heizdampfkondensat, *c* Flüssigkeit, *d* Brüden, *e* Luft.

c) Kondensatstandanzeiger.

Ein äußerer Flüssigkeitsstand am Heizraum ist nicht unbedingt erforderlich, jedoch vorteilhaft, weil er mangelhafte Kondensatableitung sofort äußerlich erkennen läßt, Abb. 132.

d) Dampfdruckregler.

In vielen Fällen, z. B. beim Eindampfen von Zuckerlösungen, ist es wichtig, den Heizdampfdruck so zu regeln, daß Schwankungen der Brüdenspannung im ersten Körper bei wechselnder Entnahme von Brüdendampf zu Heizzwecken vermieden werden. Unmittelbar wirkende Regler nach Abb. 164 (Schneider & Helmecke) übertragen den Brüdendruck über ein Ausgleichsgefäß U und Verbindungsrohr S auf einen durch Quecksilberfüllung reibungsfrei abgedichteten Stempel R^1. Bei Zunahme des Brüdendruckes wird durch den Doppelhebel H und das Gestänge Q das entlastete Heizdampfventil A gedrosselt, umgekehrt bei sinkendem Brüdendruck weiter geöffnet. Das Verdunsten von Quecksilber wird durch darüberstehendes Wasser verhütet.

Ist der Brüdendruck niedrig und der Heizdampfdruck hoch, so gelangen mittelbar wirkende Regler nach Abb. 165 (Schneider & Helmecke) zur Anwendung. Der Brüdendruck betätigt den Steuerschieber eines Servomotors F. In diesem tritt Druckwasser über bzw. unter den Steuerkolben, der seinerseits das Heizdampfventil weiter öffnet oder

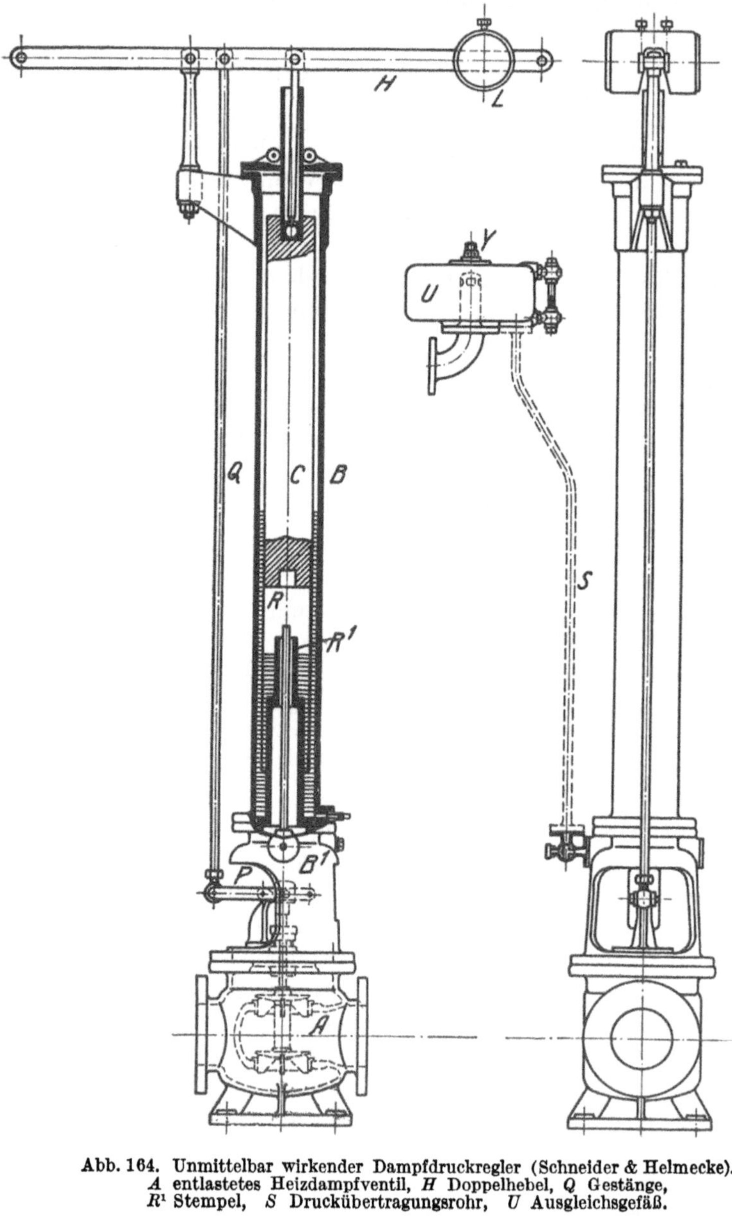

Abb. 164. Unmittelbar wirkender Dampfdruckregler (Schneider & Helmecke). A entlastetes Heizdampfventil, H Doppelhebel, Q Gestänge, R^1 Stempel, S Druckübertragungsrohr, U Ausgleichsgefäß.

drosselt. Gleichzeitig mit Verschiebung der Steuerstange Q erfolgt die Rückführung des Steuerschiebers.

e) Druckmesser.

Je nach dem Druck des Heizdampfes ist ein Manometer oder Vakuummeter oder Manovakuummeter erforderlich.

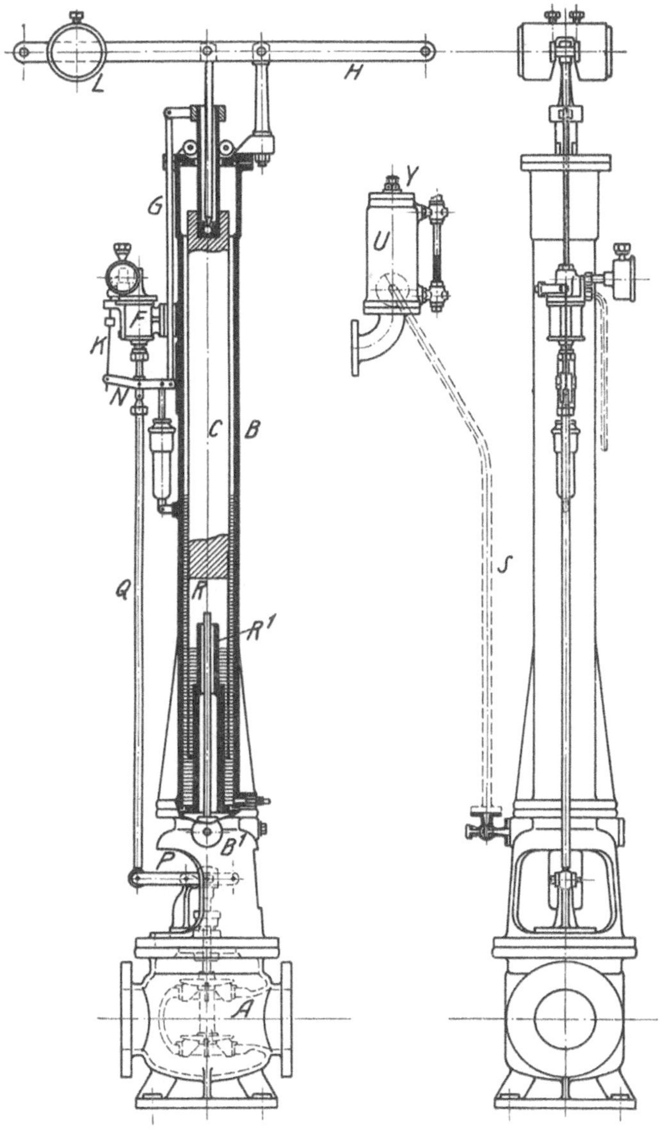

Abb. 165. Mittelbar wirkender Dampfdruckregler (Schneider & Helmecke). *F* Servomotor, *Q* Gestänge.

Die gebräuchlichen Druckmesser zeigen den Überdruck bzw. den Unterdruck gegenüber dem wechselnden atmosphärischen Druck an.

Zur Ermittelung des maßgebenden absoluten Druckes ist daher jeweils der Barometerstand festzustellen. Zur unmittelbaren Ablesung des absoluten Druckes dienen besondere Druckmesser, bei denen der zu messende Druck im Gehäuseinnern wirkt und die Röhrenfeder vollkommen luftleer ist. Bei anderen Ausführungen wird Zeiger oder Druckskala durch eine unter dem Einfluß des Barometerstandes stehende zweite Feder verstellt.

Geringe Unterdrücke lassen sich mittels eines mit Quecksilber gefüllten U-Rohres feststellen, dessen einer geschlossener Schenkel luftleer ist, während an dem zweiten offenen Schenkel die Meßstelle anschließt. Wird ein solches U-Rohr kreisförmig gebogen und drehbar gelagert, so entsteht die Barowaage, Abb. **166** (Hartmann & Braun), deren Drehung sich auf ein Zeigerwerk übertragen läßt.

Abb. 166. Barowaage (Hartmann & Braun).

f) Entlüftung.

Da der Luftgehalt das spezifische Gewicht erhöht, ist eine besondere Entlüftung an möglichst tiefer Stelle des Heizraumes geboten, wenn die Entfernung des Kondensats durch Kondenstopf erfolgt, dagegen überflüssig, wenn hierzu eine Kondensatpumpe Verwendung findet, deren Leistung so reichlich bemessen ist, daß die Kondensatleitung leer läuft und die Absaugung der Luft gleichzeitig erfolgt. Bei rasch stömendem Dampf ist die Entlüftungsstelle an die vom Dampf zuletzt berührte Stelle zu legen, die in der Regel mit dem Kondensataustritt zusammenfällt. Die in Heizbrüden enthaltenen Gase verlangen zuweilen, wie Ammoniak in Zuckerverdampfern, Anbringung der Entlüftung an höchster Stelle des Heizraumes, wenn der Gasgehalt das spezifische Gemischgewicht erniedrigt. Von Hand betätigte Lufthähne in verschiedener Höhenlage sind auf alle Fälle anzubringen, um gelegentlich durch reichliches Öffnen das richtige Arbeiten selbsttätiger Entlüfter zu prüfen. Da das Maß der notwendigen Entlüftung von dem Grade abhängt, in dem der Druck im Heizdampfraume den Teildruck des Heizdampfes überschreitet, können Entlüfter dadurch betätigt werden, daß auf einen Steuerkörper einerseits der Druck im Heizraum, andererseits der Teildruck des Dampfes wirkt. Der letzte kommt dadurch zustande, daß ein mit Wasser gefüllter Fühlkörper in den Heizraum eingebracht wird, wobei sich über dem Wasser der Druck einstellt, der im Sättigungszustande der Heizraumtemperatur zukommt, d. i. der Dampfteildruck im Heizraume. In anderer Weise kann die Regelung des Luftauslasses durch eine Vorrichtung mit zwei temperaturempfindlichen Fühlkörpern erfolgen, von denen der eine in den Strom des luftarmen eintretenden Heizdampfes gebracht ist, während der andere sich an der Stelle des Heizraumes befindet, an der die stärkste Anreicherung mit Luft zu erwarten ist. Die Verschiedenheit der auf beide wirkenden Temperaturen ermöglicht die Betätigung des Entlüftungsventils durch Einwirkung der Fühlkörper auf eine Steuervorrichtung. Je kälter das Luft-Dampfgemisch an der Entlüftungsstelle ist, um so niedriger ist der Dampfteildruck und um so geringer der Dampfverlust bei der Entlüftung. Auch dieser Gesichtspunkt spricht dafür, die Entlüftung am Kondensataustritt als kältester Stelle vorzunehmen. Mehrere innerhalb des Verdampferkörpers liegende Entlüftungsstellen werden häufig vereinigt nach außen geführt und durch ein Ventil betätigt, Abb. **121**, **127**, **155**. Die Entlüftungsleitung mündet bei Überdruckverdampfern ins Freie, bei Unterdruckverdampfern in die zum Kondensator führende Brüdenleitung, Abb. **129**.

g) Thermometer.

Die Anbringung eines Thermometers im Heizraum ermöglicht, durch Vergleich mit dem Manovakuummeter das richtige Arbeiten der Entlüftung zu prüfen. Zur Erleichterung kann das Thermometer als zweite Einteilung den Sättigungsdruck oder das Manovakuummeter als zweite Einteilung die Siedetemperatur enthalten.

h) Sicherheitsventil.

Das Entstehen unzulässigen Überdruckes ist durch Anbringung eines zuverlässigen Sicherheitsventils zu verhüten und zwar auch dann, wenn der Heizraum unter Luftleere steht, weil Störungen im Wasserzufluß des Kondensators zu bedenklicher Erhöhung des Druckes führen können.

i) Vakuumbrecher.

Um eine Schädigung des Verdampfers durch Unterdruck zu verhüten, ist ein Vakuumbrecher anzubringen, der im Gefahrenfalle selbsttätig Luft zuführt.

k) Dampfmesser.

Bei großen Anlagen lohnt sich die Anbringung eines Dampfmessers, der ständige Beobachtung des Wärmeverbrauchs und Beurteilung des Wirkungsgrades der Anlage ermöglicht.

l) Kondenstopf und Kondensatpumpe.

Ist der Druck im Heizraume höher als in dem Raume, nach dem das Kondensat abgeführt werden soll, so erfolgt die Entleerung meist durch Kondenstopf, im umgekehrten Falle durch Kondensatpumpe,

Abb. 129. Sie ist überreichlich zu bemessen, um gleichzeitig die Luft abzuführen und aus diesem Grunde auch bei Überdruck Kondenstöpfen vorzuziehen. Rückspeiser kommen in ihrer Wirkungsweise Kondensatpumpen gleich. Jene besitzen am Kondensateintrittstutzen ein Rückschlagventil, das sich schließt, wenn nach Auffüllung mit Kondensat Treibdampf durch ein von dem Flüssigkeitsstand gesteuertes Ventil eintritt und das Kondensat wegdrückt.

m) Destillatprüfer.

Bezweckt die Anlage, wie bei Speise- und Trinkwasserverdampfern, die Gewinnung einwandfreien Destillates, so ist dessen Reinheit laufend zu prüfen. Gehalt an Chlor läßt sich durch Bildung einer bläulich-weißen Wolke bei Mischung des Destillats in einem Probeglase mit ein bis zwei Tropfen einer 5% igen Silbernitratlösung nachweisen. Da die elektrische Leitfähigkeit des Wassers mit zunehmendem Salzgehalt wächst, kann die Reinheit nach Abb. 167 (Ges. f. Meßtechnik) auch durch Einschaltung eines Glasrohres mit eingeschmolzenen Elektroden in einen Zweigstrom und Ablesung eines Gleichstrommeßgerätes geprüft werden. Für laufende Überwachung werden nach Abb. 168 (Ges. f. Meßtechnik) Platinelektroden *A* in die Wasserleitung eingebaut. Zum Ausgleich des Temperatureinflusses auf die Messung dient ein Widerstandsthermometer *B*, das mit den Elektroden *A* und

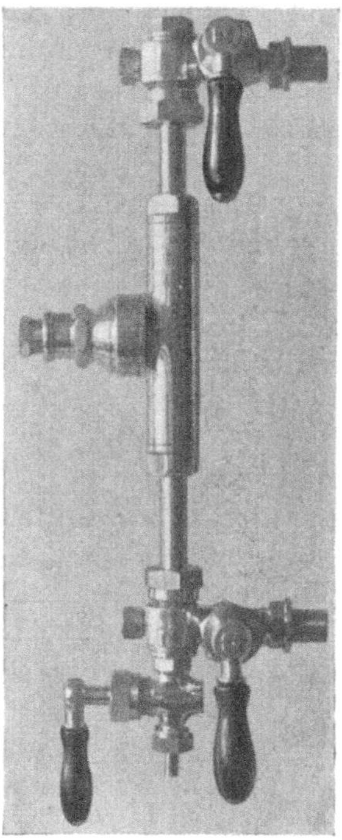

Abb. 167. Elektrodenglas (Ges. f. Meßtechnik).

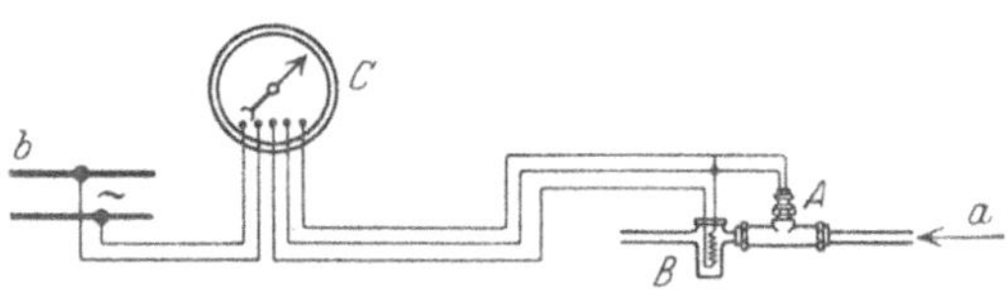

Abb. 168. Destillatprüfer (Ges. f. Meßtechnik). *A* Elektroden, *B* Widerstandsthermometer, *C* Meßgerät, *a* Destillat, *b* Wechselstrom.

einem spannungs- und frequenzunabhängigen Wechselstrommeßgerät *C* elektrisch verbunden ist. Die in Abb. 169 (Weir) dargestellte Vorrichtung wird in eine Umführungsleitung der Kondensatleitung eingeschaltet. Sie besitzt eine blanke Stahlplatte, an der das Wasser vorbeiströmt und deren Beobachtung durch ein Schauglas ermöglicht wird. Die Rückseite wird durch Dampf beheizt. Enthält das

Wasser gelöste Gase, so werden sie durch die Temperaturerhöhung frei und greifen die Stahlplatte an, deren Mißfärbung nach wenigen Minuten sichtbar wird. Zur unmittelbaren Ablesung des Sauerstoffgehaltes im Destillat dient das in Abb. 170 (Ges. f. Meßtechnik) dargestellte Gerät. Ein selbsttätig gleichgehaltener Zweigstrom des Destillates wird in dem Gefäß *A* auf atmosphärischen Druck entspannt und gleichzeitig zur vollständigen Wiederbindung des Gasgehaltes gekühlt, in einem Feinfilter *B* von mechanischen Verunreinigungen befreit und in dem Gefäß *C* unter Zerstäubung durch eingeleiteten Wasserstoff entgast, zu dessen Erzeugung die elektrolytische Zelle *D* dient.

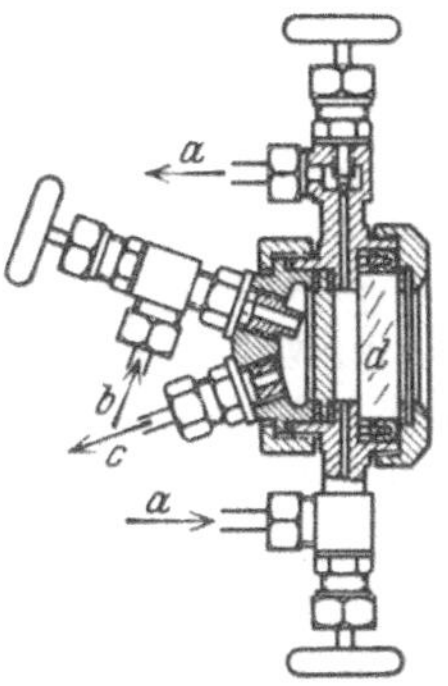

Abb. 169. Destillatprüfer (Weir).
a Destillat, *b* Heizdampf, *c* Heizdampfkondensat, *d* Schauglas.

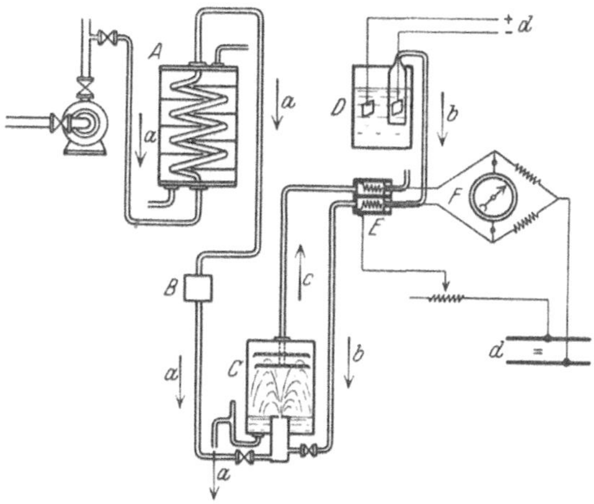

Abb. 170. Destillatprüfer (Ges. f. Meßtechnik).
A Entspannungs- und Kühlgefäß, *B* Filter, *C* Entgaser, *D* elektrolytische Zelle, *E* Platinspiralen, *F* Meßgerät, *a* Destillat, *b* Wasserstoff, *c* Gasgemisch, *d* Gleichstrom.

Das entweichende Gasgemisch und der erzeugte Wasserstoff werden auf gleiche Temperatur und gleichen Feuchtigkeitsgehalt gebracht und getrennt um die Spiralen *E* geführt, die Teile einer Wheatstoneschen Brücke bilden. Die verschiedene spezifische Wärme der beiden Gasströme ergibt eine Verschiedenheit von Temperatur und Widerstand der beiden Spiralen. Die Anzeige des Meßgerätes *F* bildet ein Maß für den Sauerstoffgehalt des Gasgemisches. Die beiden letzterwähnten Vorrichtungen kommen vor allem in Verbindung mit besonderen Entgasern in Betracht, um die Vollkommenheit ihrer Wirkung festzustellen. Die übrigen Prüfverfahren ermöglichen ein Urteil über das Maß der Verunreinigung, das durch den Feuchtigkeitsgehalt des Heizdampfes und der Heizbrüden oder, bei undichten Kondensatorrohren, durch Rohwasser verursacht wird, das in den Dampfraum übertritt. Auf die abfließende Lauge angewandt, ermöglicht die Feststellung des Salzgehaltes eine sachgemäße Handhabung des Laugenablasses. Sie kann dadurch gesichert werden, daß Kontakte der Meßgeräte eine Alarmvorrichtung in Tätigkeit treten lassen oder über elektrische Relais eine entsprechende Regelvorrichtung selbst beeinflussen.

2. Verdampfraum.

a) Brüdenaustritt.

Auch bei den Brüdenanschlüssen ist zur Verminderung des Druckverlustes allmählicher Übergang angebracht, vor allem bei den ersten Körpern von mehrstufigen Verdampfern, weil die durch den Spannungsabfall verursachte Leistungsverringerung sich auf alle folgenden Körper auswirkt. Bei Brüdenverdichtung lohnen sich derartige Maßnahmen wegen der raschen Verminderung des Wirkungsgrades mit zunehmendem Temperaturgefälle ganz besonders.

Abb. 171. Verdampfer mit Mischkondensation (Mojonnier). *a* Heizdampf, *b* Heizdampfkondensat, *c* Flüssigkeit, *d* Brüdenraum, *e* Schirm, *f* Sprührohr.

Von vornherein scheint es gewagt, wenn zur Ausschaltung von Strömungsverlusten in den Brüden bei einstufiger Bauweise Verdampfer und Kondensator nach dem Vorbilde der Abb. 171 (Mojonnier) zu einem Körper vereinigt werden. Das durch ein Sprührohr verteilte Kühlwasser kondensiert die Brüden. Ein doppelwandiger, gegen Wärmeübertragung schützender Schirm trennt Brüden- und Mischraum. Übertragung des hier durchgeführten Grundsatzes auf Mehrstufenverdampfer führt zur Anordnung eines Körpers über dem anderen, Abb. 125.

b) Flüssigkeitseintritt.

Bei kalter Speisung und Zuführung der Flüssigkeit unterhalb der Heizfläche besteht Gefahr, daß sie die starke Lösung zurückhält und ohne weiteres austritt. Eintritt oberhalb des Flüssigkeitsspiegels, Abb. 129, begünstigt die Anwärmung, besonders bei feiner Verteilung, Abb. 145, 155, macht jedoch sorgfältige Ausbildung der Abscheidevorrichtungen nötig, um die durch die Brüden mitgerissenen Tropfen zurückzuführen. Die Auffassung, daß hierbei Inkrustationen weniger auftreten, weil die Härtebildner in Schlammform ausfallen, scheint nicht stichhaltig, da für die Ausscheidung die Zeit eine Rolle spielt, die hier zu kurz ist. Bei der üblichen warmen Speisung soll die Flüssigkeit unter der Heizfläche so verteilt einströmen, daß sie den Austritt der starken Lösung nicht hemmt. Hierzu dienen bei Robert-Verdampfern gelochte Ringrohre, Abb. **121**, **122**, Ringkanäle, Abb. **127**, oder Verteilbleche. Bei Berieselungsverdampfern erfolgt die Ausbreitung der Flüssigkeit durch Siebbleche oberhalb der Heizrohre, Abb. 150.

c) Flüssigkeitsaustritt.

Die Flüssigkeit soll an der Stelle höchster Konzentration austreten, d. i. bei mehrmaligem Umlauf am tiefsten Punkte des Flüssigkeitsraumes und bei innen beheizten Röhrenbündeln dort, wo der Rückfall der Flüssigkeit endigt — unterhalb der Abfallrohre, Abb. **121**, bzw. des Abfallringes bei Robert-Verdampfern, auf der Kondensataustrittseite bei Jelinek-Verdampfern —. Bei äußeren Abfallrohren und allgemein bei einmaligem Durchgang liegt der Austritt am Abfallrohr bzw. am Trennkörper, Abb. **129** bis 135, **140**, **143**, 151. Kristallisierende Lösungen bedingen weite Öffnung des Auslasses und Absperrungen mit selbstnachdichtenden Abschlußflächen, Abb. **122**, **123**, **127**, **129**.

d) Schaugläser und Flüssigkeitsstand.

Flüssigkeitsstandrohre müssen unten mit dem Flüssigkeitsraume, oben mit dem Brüdenraume in Verbindung stehen, Abb. **145**, **147**. Der letzte Anschluß muß genügend weit oberhalb des Spiegels der Flüssigkeit liegen, um den Umlauf durch das Standrohr zu verhüten. Im Betrieb stimmt der angezeigte Flüssigkeitsstand mit der Flüssigkeitshöhe im Verdampferinnern nicht überein und liegt besonders dann erheblich darunter, wenn mit gesenktem Flüssigkeitsspiegel gearbeitet wird. Für die richtige Beobachtung sind daher Schaugläser zweckmäßiger, die in verschiedener Höhenlage am Verdampferbehälter selbst angebracht sind und eine unmittelbare Beobachtung der Flüssigkeitshöhe im Betriebe gestatten. Der Durchmesser der Schaugläser soll 150 mm nicht unterschreiten. Eine an höchster Stelle angeordnete verglaste Öffnung dient zum Durchleuchten des Verdampferinnern, Abb. **121**, **122**, **123**, **127**.

e) Druckmesser.

Hierfür gilt das oben Gesagte.

f) Thermometer.

Die Anbringung mehrerer Thermometer in verschiedener Höhenlage, Abb. **127**, erleichtert die Beurteilung des Umlaufes und gestattet, durch

Vergleich mit dem Manovakuummeter die Erhöhung der Siedetemperatur und damit die Konzentration zu ermitteln.

g) Entlüftung.

Entlüftung im Betrieb ist entbehrlich, da die entstehenden Brüden die freiwerdenden Gase mitreißen. Ist mit einer Anreicherung der Gase oberhalb des Flüssigkeitsspiegels zu rechnen, so empfiehlt sich, an dieser Stelle einen Entlüftungshahn anzubringen. Er kann ganz allgemein dazu dienen, vor Öffnen des Verdampfers Druckausgleich mit der Umgebung zu schaffen.

h) Sicherheitsventil, Vakuumbrecher.

Hierfür gilt das oben Gesagte.

i) Mannlöcher.

Mannlöcher dienen dazu, das Innere größerer Verdampfer ohne Abnahme von Deckeln zu reinigen. Bei Robert-Verdampfern ist ihre Anbringung vor allem über der oberen Rohrplatte, daneben am Boden zweckmäßig, Abb. 121, 122, 129, 132. Bei getrenntem Heizkörper ersetzen Klappdeckel die Mannlöcher ganz oder teilweise, Abb. 140, bei kleinen Verdampfern werden sie durch abhebbare Hauben überflüssig, Abb. 152.

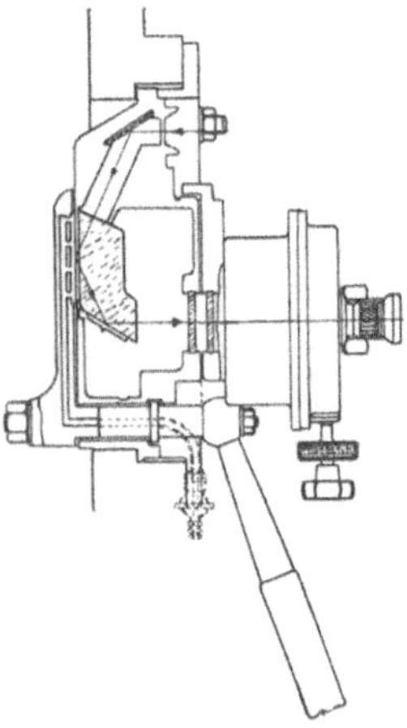

Abb. 172. Betriebsrefraktometer (Zeiss).

k) Probenehmer.

Um jederzeit die Konzentration der Lösung feststellen zu können, sind Probenehmer in Form von kleinen Behältern an den Flüssigkeitsraum absperrbar anzuschließen und mit einer gleichfalls absperrbaren Ausgleichleitung nach dem Brüdenraum zu versehen. Die letzte kann gleichzeitig als Flüssigkeitsstandanzeiger dienen, Abb. 121. Ohne Entnahme ermöglicht bei Zuckerlösungen die Einstellung eines am Verdampferkörper angebrachten Betriebsrefraktometers, Abb. 172 (Zeiss), die Ablesung der jeweiligen Konzentration. Zur laufenden Dichtemessung kann die in Abb. 173 (Ges. f. Meßtechnik) wiedergegebene Vorrichtung angewandt werden. Ein der Flüssigkeitsleitung parallel geschalteter Zweigstrom wird in dem Gefäß A entspannt und gekühlt, danach durch den Dichtemesser B geleitet. In diesem arbeitet ein Schwimmer mit zwei stabförmigen, in Quecksilbersümpfe eintauchenden Widerständen auf das Gleichstrommeßgerät C. Zum Ausgleich des Temperatureinflusses auf die Dichte ist ein Widerstandsthermometer in die elektrische Leitung eingeschaltet.

l) Säureanschluß.

Um Säure zur Reinigung der Heizfläche von Inkrustationen zuzuführen, kann ein mit Hartblei ausgekleideter Säureanschluß angebracht werden, Abb. 121.

m) Spül- und Ausdämpfanschluß.

Ist eine Verschmutzung oder Verkrustung des Innern durch Eindampfgut zu erwarten, so erleichtern Anschlüsse für Durchspülung und Ausdämpfung die Unterhaltung. Die Dampfverteilung erfolgt hierbei zweckmäßig durch ein gelochtes Ringrohr, Abb. 122, 162.

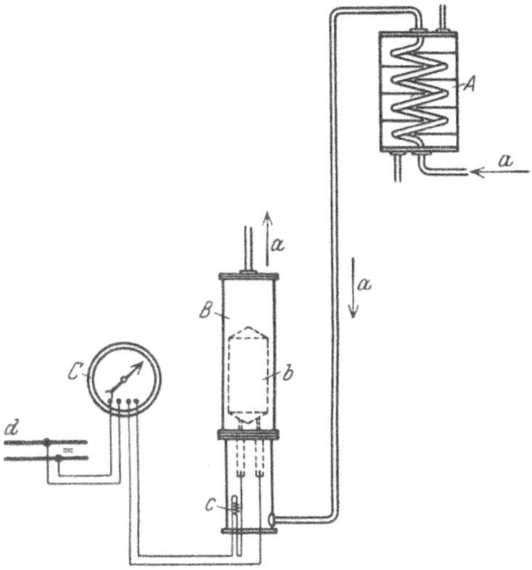

Abb. 173. Dichtemesser (Ges. f. Meßtechnik). *A* Entspannungs- und Kühlgefäß, *B* Dichtemesser, *C* Meßgerät, *a* Flüssigkeit, *b* Schwimmer, *c* Widerstandsthermometer, *d* Gleichstrom.

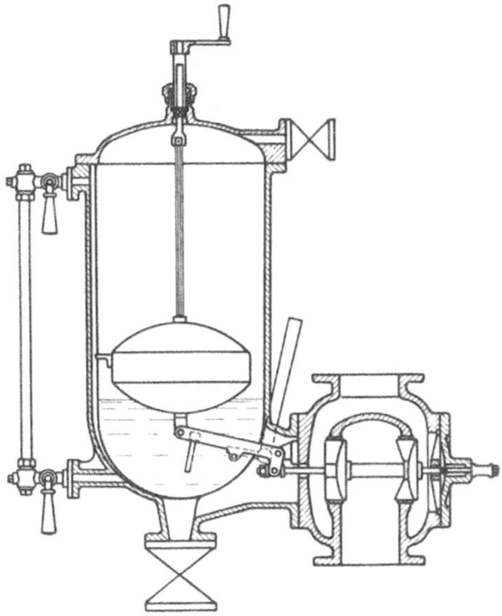

Abb. 174. Speiseregler (Schneider & Helmecke).

n) Speiseregler.

Zur Gleichhaltung des Flüssigkeitsstandes dienen Schwimmerregler, die einerseits mit dem Flüssigkeitsraum, andererseits mit dem Brüdenraum verbunden sind und den Flüssigkeitszulauf durch entlastete Absperrungen betätigen, Abb. 137. Sie sollen von außen einstellbar sein, etwa nach Abb. 174 (Schneider & Helmecke) durch Hoch- und Niederschrauben des Schwimmers, der gegen Drehung durch seitliche Führung gesichert ist. Statt der Schwimmer können bei Rieselverdampfern Kippvorrichtungen dazu dienen, die Heizfläche frei von angestauter Flüssigkeit zu halten, Abb. 150. Der Speiseregler beeinflußt zweckmäßig den Eintritt der Flüssigkeit, während ihr Austritt anderweitig, z. B. bei mehrstufigen Verdampfern durch den Flüssigkeitsstand der nächstgespeisten Stufe gesteuert wird.

o) Butterhahn und Ölpumpe.

Um den Schaum durch Zuführung von Paraffinöl, Molke, Rüböl, Rizinusöl u. dgl. zu zerstören, werden sogenannte Butterhähne angewandt, Abb. 122. Bei Druckverdampfern erfolgt die Zuführung durch Ölpumpen mit Betätigung von Hand.

p) Tropfenabscheider.

Um das Mitreißen von Tropfen durch die Brüden zu verhindern, sind Abscheider entweder im Brüdenraum selbst einzubauen, Abb. 123, 125, 129, 131 bis 136, 139, 140, 144, 147, 149, 150, oder gesondert in die Brüdenleitung einzuschalten, Abb. 121. Für die bauliche Ausführung sind die Grundsätze maßgebend: hohe Geschwindigkeit beim Aufprall auf die Fangfläche, scharfer Richtungswechsel, Ableitung der Flüssigkeit von den Prallflächen außerhalb des rasch bewegten Brüdenstromes. Vereinzelt gelangen Abscheider mit Füllkörpern zur Anwendung, Abb. 156.

q) Speise- und Entleerungsvorrichtungen.

Strömt die Flüssigkeit aus einem Raume zu, in dem ein höherer Druck als in dem Verdampfkörper herrscht, so erfolgt die Speisung selbsttätig. Im umgekehrten Falle ist eine Speisepumpe erforderlich. Für ihre Ausführung sind die allgemeinen Regeln des Pumpenbaues unter Berücksichtigung der Eigenart der Flüssigkeit maßgebend.

Herrscht in dem Verdampfkörper ein höherer Druck als in dem Raume, in den die austretende Flüssigkeit übertritt, so erfolgt die Entleerung selbsttätig. Im anderen Falle sind besondere Pumpen erforderlich. Kristallisierende Lösungen führen zu starker Abnutzung. Schleuderpumpen verdienen hier gegenüber Kolbenpumpen den Vorzug. Ist die austretende Flüssigkeit als Abfall zu betrachten, wie die Lauge von Speisewasserverdampfern, so können Strahlpumpen mit Dampf oder Wasser als Treibmittel Verwendung finden.

r) Umlaufvorrichtung.

Der Umlauf zäher Lösungen kann durch Rührwerke verbessert werden. Bei stehenden Verdampfern ergibt sich die Anordnung des Rührwerks im innern Rücklaufrohr nach Abb. 162 von selbst. Besonders leicht und wirksam ist die Anbringung von Rührwerken in Verdampfern mit reiner Mantel- und Bodenheizung, Abb. 152. Sie werden hierbei häufig heizbar eingerichtet. Umlaufende Schabevorrichtungen versehen die Aufgabe von Rührwerken nebenher, Abb. 155. Bei Entspannungsverdampfern bildet die Anwendung von Umlaufpumpen die Regel, Abb. 136, 137. Ihre Leistung ist erheblich. Beträgt z. B. beim Verdampfen von Wasser die Überhitzung 15°, so muß die Umwälzpumpe etwa das 40fache der verdampfenden Menge fördern. Auch Berieselungsverdampfer bedingen stets Umlaufpumpen, wenn eine Flüssigkeit vollständig verdampft oder eine Lösung stark eingedickt werden soll, Abb. 150.

s) Salzfilter.

Bei kristallisierenden Lösungen werden unterhalb des Verdampfers Salzfilter angeordnet, Abb. 134. Sie lassen sich durch Absperrung von dem Flüssigkeitsinhalt trennen und ohne Betriebsunterbrechung entleeren. Die Zwischenabsperrungen sind hierbei reichlich zu bemessen und gegen Festbrennen zu schützen. Zum Austreiben der Mutterlauge aus dem Filter dient eine Spül- und Dämpfvorrichtung, Abb. 129. Verdoppelung des Salzfilters erleichtert den Dauerbetrieb.

3. Wärmeschutz.

Der äußere Wärmeschutz von Verdampfer und Zubehör erfolgt bei hohen Temperaturen durch Magnesia und ähnliche temperaturbeständige Masse, Abb. 147, bei niedrigen Temperaturen durch Kork, Filz u. a. Als Schutz gegen äußere Beschädigung genügt in der Regel Verschalung mit Nut- und Federbrettern, Abb. 123.

Da der Wärmeverlust mit abnehmender Temperatur der äußeren Wandungen und deren Größe sinkt, liegt es nahe, hierauf beim Betrieb — Arbeiten mit niedrigen Temperaturen — und bei der Ausführung — Baustoffe mit niedriger Strahlzahl, Annäherung der äußeren Form an die Kugel — Rücksicht zu nehmen. Wegen der Billigkeit der Wärmeschutzmittel und der Einfachheit ihrer Anbringung dürfen jedoch derartige Gesichtspunkte niemals ausschlaggebend sein.

4. Brüdenverdichter.

a) Dampfstrahlverdichter.

Bei dem Dampfstrahlbrüdenverdichter der Abb. 175 (Balcke) sind die Dampfquerschnitte rechteckig gehalten und daher im Betrieb leicht einstellbar. Durch Einbau des Dampfstrahlverdichters in den Brüdenraum werden äußere Brüdenleitungen und deren Verlust vermieden. Auf der anderen Seite ist die Überwachung erschwert und die Gefahr einer Schädigung temperaturempfindlichen Eindampfgutes naheliegend, selbst wenn die dampfführenden Teile durch einen Schutzmantel umgeben sind. Um ein Versagen des Dampfstrahlbrüdenverdichters bei Abnahme der Brüdendampfmenge zu verhindern, wird nach Abb. 176

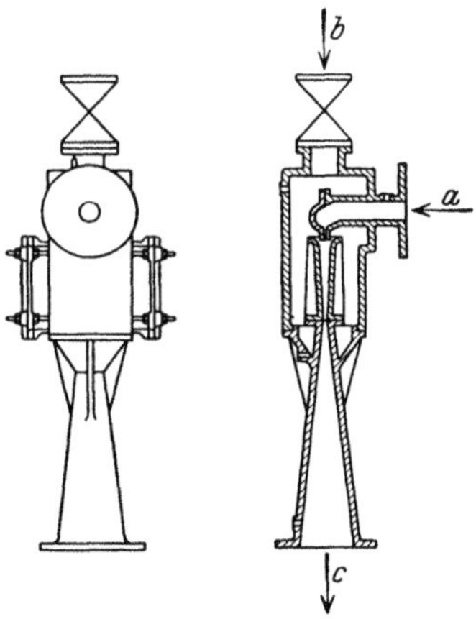

Abb. 175. Dampfstrahlbrüdenverdichter (Balcke). *a* Treibdampf, *b* Brüden, *c* Mischdampf.

(Contraflo) ein Teil des verdichteten Mischdampfes zurückgeführt. Die Regelung erfolgt hierbei dadurch, daß die Bohrungen eines Einsatzringes gegen die Bohrungen der darüberliegenden Rückströmöffnungen verschoben werden.

Zum gleichen Zwecke werden nach Abb. 177 (Breguet) mehrere Dampfstrahlbrüdenverdichter von abgestufter Leistung par-

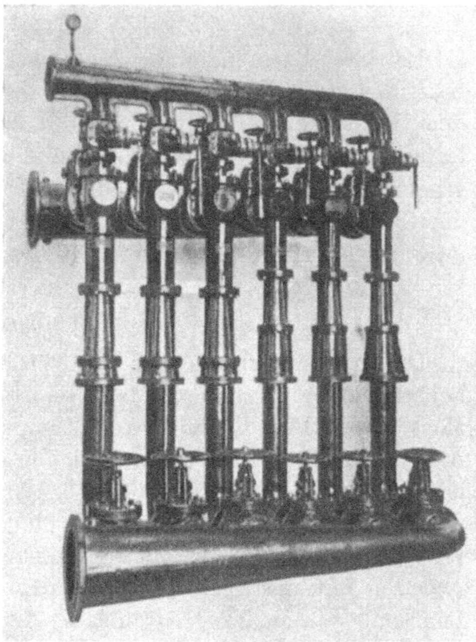

Abb. 177. Dampfstrahlbrüdenverdichter-Gruppe (Breguet).

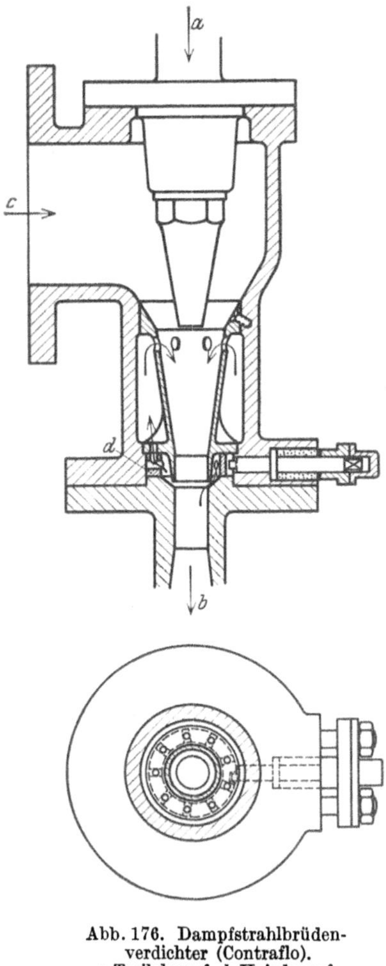

Abb. 176. Dampfstrahlbrüdenverdichter (Contraflo). *a* Treibdampf, *b* Heizdampf, *c* Brüden, *d* Stellring.

allel geschaltet und ihre Anschlüsse an Treibdampf, Brüden und Mischdampf im einzelnen absperrbar gehalten. Damit bei Absperrung des Frischdampfes der Mischdampf nicht in den Brüdenraum zurückströmt, sind die Absperrungen für Frischdampf als Schnellschlußhähne, für Brüden als Rückschlagklappen ausgebildet. Bei dem Dampfstrahlverdichter der Abb. 91 (Delas) wird der Diffusor außen von Kühlwasser, im dargestellten Falle von der zu verarbeitenden Flüssigkeit umspült. Dies ergibt ein Absaugen der Grenzschichtwirbel im Dampfstrom, dadurch erhöhte Sicherheit gegen plötzliches Versagen und verbesserten Wirkungsgrad.

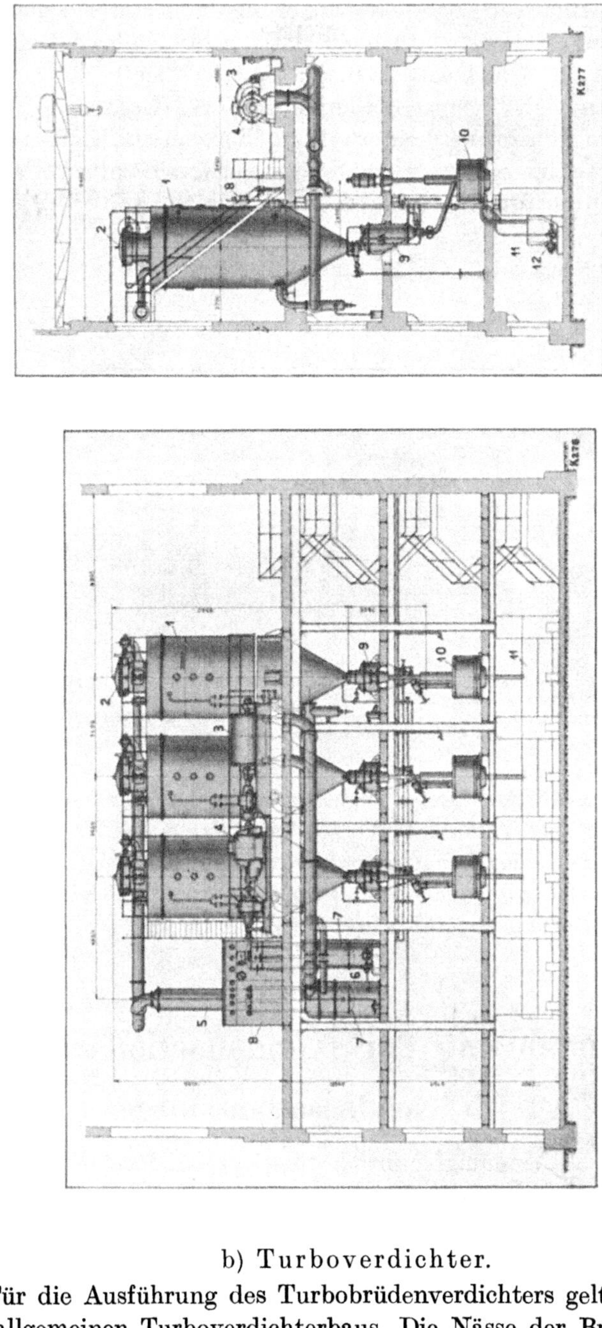

Abb. 178. Eindampfanlage zur Salzgewinnung mit Turbobrüdenverdichter (Escher-Wyss).
1 Verdampfer, *2* Abstreiferantrieb, *3* Turbobrüdenverdichter, *4* Elektromotor, *5* Brüdenwäscher und -trockner, *6* Waschwasserpumpe, *7* Vorwärmer, *8* Bedienungsstand, *9* Salzauslaßschleuse, *10* Schleuder, *11* Solesammeltrog, *12* Solepumpe.

b) Turboverdichter.

Für die Ausführung des Turbobrüdenverdichters gelten die Regeln des allgemeinen Turboverdichterbaus. Die Nässe der Brüden verlangt sicher wirkende Tropfenabscheider vor dem Turboverdichter, um ungewöhnliche Abnutzung oder gar Zerstörung durch Flüssigkeitseinbruch zu verhindern. Ist damit zu rechnen, daß die Brüden feste Teilchen mit sich führen, so muß ihr Übertritt in den Turboverdichter durch Waschen der Brüden unmöglich gemacht werden, Abb. 178 (Escher-Wyss). Um eine Zerstörung innerer Verdichterteile durch chemische Einflüsse zu verhüten, sind zwischen Säureverdampfer und Turboverdichter Vorlagen zum Neutralisieren der Brüden einzuschalten. Abb. 179 (Escher-Wyss) stellt

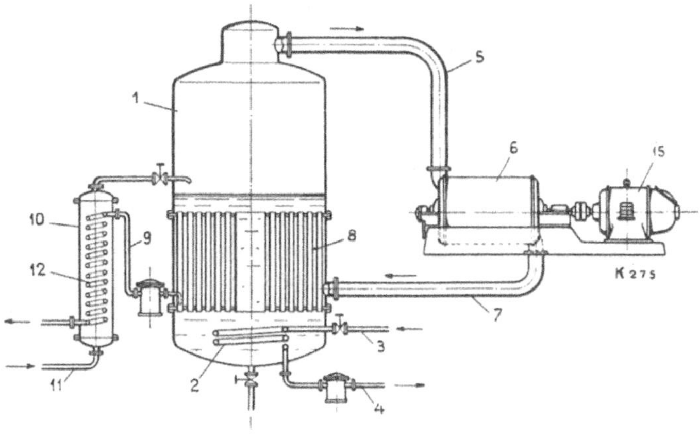

Abb. 179. Verdampfer mit Turbobrüdenverdichter (Escher-Wyss).
1 Verdampfer, *2* Zusatzheizschlange, *3*, *7* Heizdampf, *4*, *9* Heizdampfkondensat, *5* Brüden, *6* Turbobrüdenverdichter, *8* Heizröhrenbündel, *10* Vorwärmer, *11* Flüssigkeit, *12* Vorwärmschlange, *15* Motor.

eine mit Elektroturboverdichter arbeitende Eindampfanlage dar, bei der im unteren Teil des Verdampfers eine Heizschlange zur Herstellung und Aufrechterhaltung des Beharrungszustandes eingebaut ist. Statt dessen kann der Zusatzdampf auch dem Haupttheizkörper gleichzeitig mit den verdichteten Brüden zugeführt werden.

II. Ausführung der Kondensationsanlage.

A. Die Kondensationsanlage.

Die mit dem Verdampfer in der Regel verbundene Kondensationsanlage soll Arbeiten unter Luftleere ermöglichen oder überschüssige Brüden vernichten, um Belästigung der Umgebung zu vermeiden, oder schließlich die Brüden wegen ihres Wertes in flüssiger Form wiedergewinnen. Da eine erschöpfende Erörterung der allgemeinen Kondensationsfrage außerhalb des Rahmens dieser Arbeit liegt, genügt es, die maßgebenden Gesichtspunkte kurz zusammenzufassen.

1. Mischkondensation.

Die Brüden treten in unmittelbare Berührung mit dem Kühlwasser und gehen mit diesem verloren. Zur Entfernung des Gemisches dient eine Naßluftpumpe oder ein barometrisches Abfallrohr, das am unteren Ende in einen Überlaufbehälter eintaucht. Der Mischbehälter ist, dem atmosphärischen Druck entsprechend, etwa 10 m oberhalb des Auslaufes angeordnet. Bei barometrischen Abfallrohren muß die Luft durch eine Trockenluftpumpe oder eine durch Wasser oder Dampf betriebene Strahlpumpe entfernt werden.

Durch die unmittelbare Mischung der Brüden mit dem Kühlwasser erfährt der verbleibende Dampfteildruck weitgehende Annäherung an die Wassertemperatur. Dieser Vorteil der Mischkondensation wird jedoch dadurch aufgehoben, daß außer dem Luftgehalt der Brüden die durch das Kühlwasser mitgeführte größere Luftmenge zu entfernen ist. Da bei Verdampfern höchste Luftleere nur selten Bedeutung hat, gibt in der Regel die Einfachheit der Mischkondensation den Ausschlag, wenn die Brüden wertlos sind, Abb. **171**. Ganz besonders ist dies der Fall, wenn die Brüden Metalle stark angreifen, Abb. **139**.

Bei Verwendung von Naßluftpumpen bildet Abwärtsströmung der Brüden im Mischraum im Sinne der Wasserbewegung, also Gleichstrom, die Regel. Die Dampfteilspannung entspricht alsdann der Temperatur des abfließenden Gemisches. Bei Trocken- und Strahlluftpumpen ergibt Gegenstrom niedrigeren Druck, da die Temperatur des eintretenden Kühlwassers den Dampfteildruck bestimmt. Bei gegebenem Fördervermögen der Luftpumpe führt alsdann Überschreitung der mindestnotwendigen Wassermenge wegen des mehr eingebrachten Luftgehaltes zu einer Verschlechterung der Luftleere. Im Gegensatz hierzu ergibt sich beim Gleichstrom-Mischkondensator die höchste Luftleere für mittlere Wassermengen, denen gegenüber eine Unterschreitung wegen des höheren Dampfteildruckes, eine Überschreitung wegen der vermehrten Luftzufuhr des Wassers die Luftleere verschlechtert.

2. Oberflächenkondensation.

Querstrom bildet hier die Regel, so daß bei reichlicher Bemessung der Kühlfläche und richtiger Formengebung eine weitgehende Annäherung an die durch die Kühlwassertemperatur im Grenzfalle mögliche Luftleere stattfindet. Das Kühlwasser fließt fast ausnahmslos durch die Röhren, ausnahmsweise um die Röhren — Rieselkondensatoren —. Der Gesamtdruck nimmt im Kondensator in Richtung der Strömung ab. Der Druckabfall ist bei richtig gebauten Kondensatoren unwesentlich. Bei Oberflächenkondensatoren ist die Wiedergewinnung des Brüdenkondensats gesichert.

Die Angaben über den Luftgehalt der einzudampfenden Flüssigkeit sind stark schwankend. Er kann im Durchschnitt zu 0,2 Vol.-% der Brüden angenommen werden. In Fällen, wo während der Verdampfung Gase entwickelt werden, ist die Luftpumpe reichlicher zu bemessen, z. B. bei Zuckerlösungsverdampfern etwa mit dem 3- bis 5fachen. Geht der Speisung eine Entgasung der einzudampfenden Flüssigkeit voraus, so bedeutet dies eine wesentliche Entlastung der Luftpumpe. Bei mehrstufigen Verdampfern ohne besondere Entlüftungsmaßnahmen entspricht die in den Kondensator geführte Luftmenge dem Luftgehalt der gesamten, in die einzelnen Stufen zugeführten Flüssigkeit, sie ist daher wesentlich größer als bei einem an eine Dampfkraftanlage angeschlossenen Kondensator gleicher Leistung. Soweit die Verdampferstufen mit Überdruck arbeiten, bildet Entlüftung ins Freie, unter Inkaufnahme des damit verbundenen Verlustes, die Regel.

B. Der Oberflächenkondensator.

Es erscheint zunächst auffallend, daß die Bauweise der Oberflächenkondensatoren sich von der dampfbeheizter Verdampfer wesentlich unterscheidet, obwohl beide das Merkmal der Dampfkondensation gemeinsam haben. Die Ursache liegt darin, daß bei den eigentlichen Kondensatoren das Kühlwasser zwangläufig durch die Röhren gepumpt wird, die Hauptsorge daher auf Verringerung des Wärmeübergangswiderstandes des kondensierenden Dampfes gerichtet ist. Bei Verdampfern dagegen kommt den in der Hauptsache durch freie Kräfte bestimmten Vorgängen auf der Seite der verdampfenden Flüssigkeit gleiche Bedeutung zu.

Von kleineren Anlagen abgesehen, hat sich die Bauweise der Kondensatoren mit waagerechten Rohren in einer Anordnung durchgesetzt, die gute Dampfverteilung sichert und der Dampfströmung geringen Widerstand bietet.

Der Ginabat-Kondensator, Abb. 59 (Balcke), zeigt diese Eigentümlichkeiten. Neben den freien Dampfgassen sind hier jenseits der Rohrreihen freie Wege für Luft und Kondensat angeordnet, um Unterkühlung des Kondensates und Wiederaufnahme von Luft zu vermeiden. Zum gleichen Zwecke wird das an der oberen Hälfte der Kühlfläche gebildete Kondensat durch Auffangrinnen abgeleitet, ohne die tieferliegenden Rohre zu treffen. Um trotzdem eine weitgehende Abkühlung der Luft zu ermöglichen, tritt diese getrennt von dem Kondensat an den beiden Stirnenden des Kondensationsraumes in eine besondere Luftkühlkammer. Auch bei dem Kondensator der Abb. 180 (BBC) sind die angeführten Grundsätze für Dampf-, Kondensat-, Luft- und Kühlwasserführung verwirklicht. Um die Reinigung des Kondensators auf der Wasserseite ohne Betriebsunterbrechung zu ermöglichen, werden neuerdings die beiden Wasserkammern durch eine senkrechte

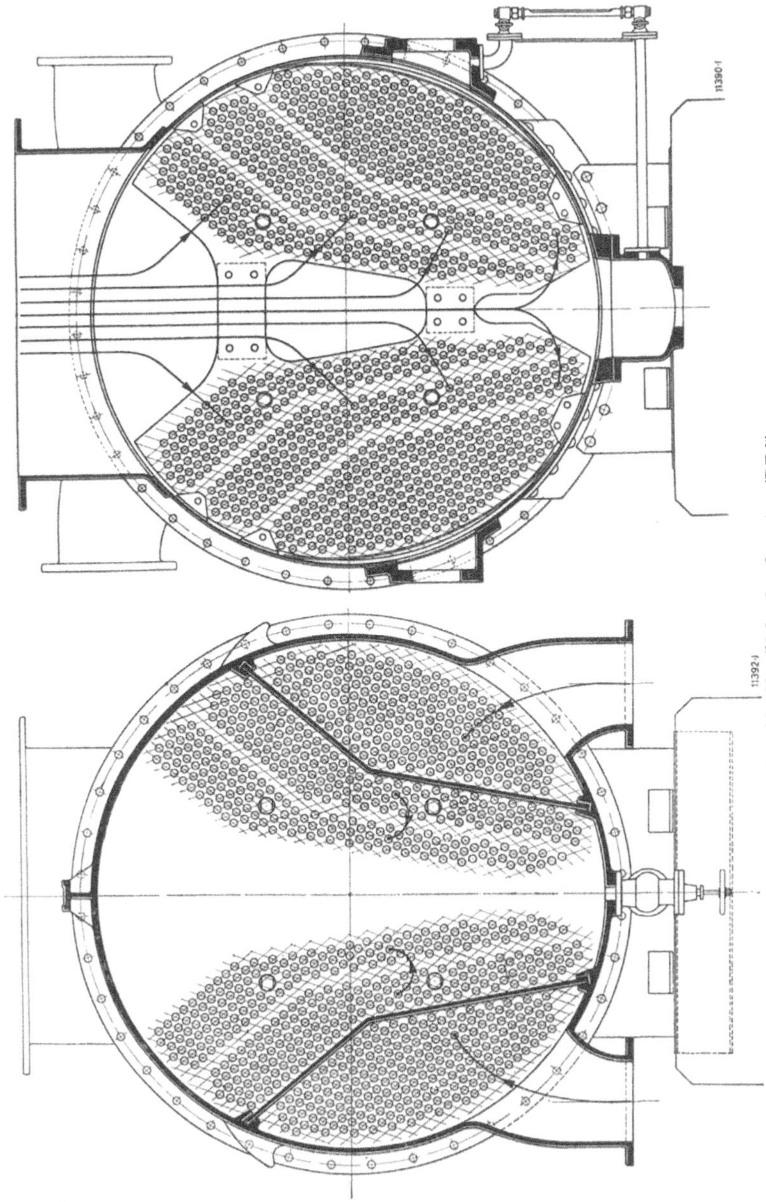

Abb. 180. Oberflächenkondensator (BBC).

Mittelwand getrennt und beide Hälften mit besonderem Wasserzu- und -abfluß versehen. Bei dem Kondensator der Abb. 181 (Ingersoll) wird durch herzförmigen Querschnitt und Verkleinerung der waagerechten Rohrteilung von oben nach unten gleichbleibende Dampf-

Abb. 181. Oberflächenkondensator (Ingersoll).

geschwindigkeit angestrebt. Der Mantel ist auf der Dampfeintrittseite nach Abb. 182 voll geöffnet. Senkrechte Scheidewände schaffen

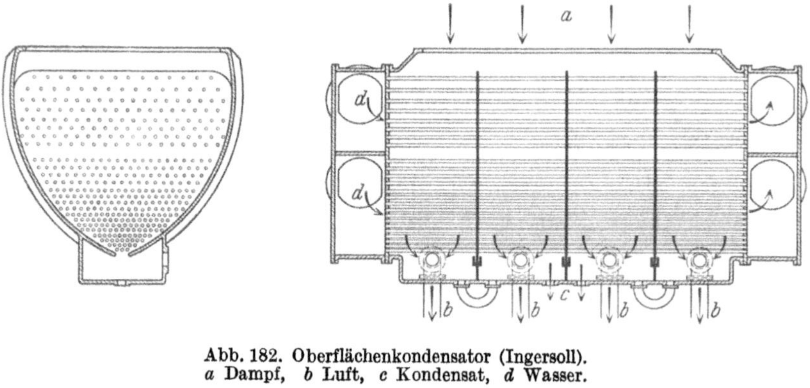

Abb. 182. Oberflächenkondensator (Ingersoll).
a Dampf, *b* Luft, *c* Kondensat, *d* Wasser.

getrennte Abteile, die gesondert an die Luftleitung anschließen. Hierdurch soll das Temperaturgefälle über die ganze Kondensatorlänge etwa gleich gehalten und vermieden werden, daß sich an den dem

Wassereintritt näherliegenden Teilen der Kühlfläche infolge höherer Belastung Luft ansammelt.

Hohe Wassergeschwindigkeit kann bei Kondensatoren zur Zerstörung der Eintrittsenden der Rohre führen. Parsons[1] schlägt als Gegenmittel vor, den Eintrittsquerschnitt zu vergrößern oder in der Wasserkammer einen wabenförmigen Rost als Gleichrichter anzuordnen, um Wirbel zu vermeiden. Im gleichen Sinne wirkt düsenförmige Erweiterung der Rohre an der Eintrittseite bzw. bei Rohren, die beweglich eingesetzt und mit Packung gedichtet sind, eine düsenförmige Verschraubung nach Abb. 183 (Wheeler).

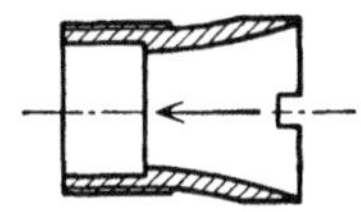
Abb. 183. Rohrverschraubung (Wheeler).

III. Die angewandte Verdampfung.

Die Anwendung von Verdampfern ist zu mannigfaltig, um eine erschöpfende Darstellung im Rahmen dieser Arbeit zu ermöglichen. Deshalb beschränken sich die nachstehenden Ausführungen auf Beispiele, denen besondere Bedeutung zukommt.

Für die zahlenmäßige Behandlung von Verdampfaufgaben ist Kenntnis der Stoffwerte nötig. Sie sind für einige wichtige Lösungen hier aufgenommen. Auch in dieser Beziehung wird kein Anspruch auf Vollständigkeit erhoben. Wenn schließlich vereinzelt Versuchsergebnisse eingeflochten sind, so ist der Beitrag, der damit für die Vorausberechnung geliefert wird, ein recht bescheidener. Bei dem gegenwärtigen Stande der Forschung gilt es, mit allen Mitteln das Ziel voller Erkenntnis näherzurücken, auch wenn die Lösung noch in weiter Ferne scheint.

a) Zucker.

Der in Amerika verarbeitete Rohrzucker unterscheidet sich von dem deutschen Rübenzucker durch größere Reinheit und höhere Temperaturempfindlichkeit. Hieraus erklärt sich zum Teil die Verschiedenheit der Verdampferbauart. Die Amerikaner verwenden vorzugsweise waagerechte, innen beheizte Röhrenbündel, während in Deutschland stehende, von Dampf umspülte Röhrenbündel die Regel bilden.

Der natürliche Wassergehalt erfährt bereits im Laufe der Vorbehandlung eine Veränderung. Beim Beginn der eigentlichen Eindampfung gilt für Dünnsaft $x_a \sim 5{,}7$ bis $6{,}7$. Die einzudampfende Wassermenge kommt bei Rübenzucker genügend genau dem Rüben-

[1] Parsons: Erosion of surface condenser tubes. Marine Engg. 1927.

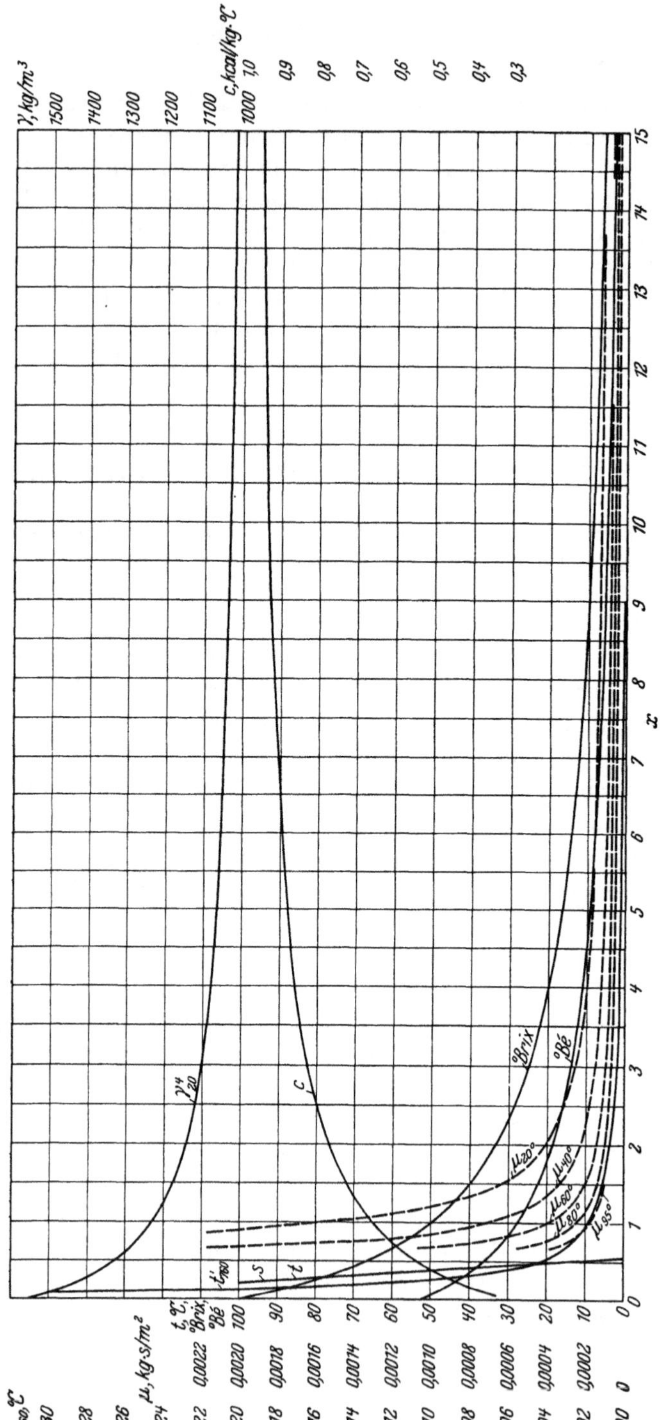

Abb. 184. Stoffwerte von wässeriger Zuckerlösung (rein). *S* gesättigte Lösung.

gewicht gleich, im ungünstigen Falle liegt sie bis 20% darüber. Das Eindampfen erfolgt in den eigentlichen Verdampfern zu Dicksaft mit einem Wassergehalt $x \sim 0{,}43$ bis 0,67, danach im Kristallkocher auf einen Wassergehalt von $x_e \sim 0{,}06$ bis 0,10.

Der Siedepunkt reiner Zuckerlösungen ergibt sich aus Abb. 184. Für Zuckerlösungen verschiedenen Reinheitsgrades gibt Claassen[1]

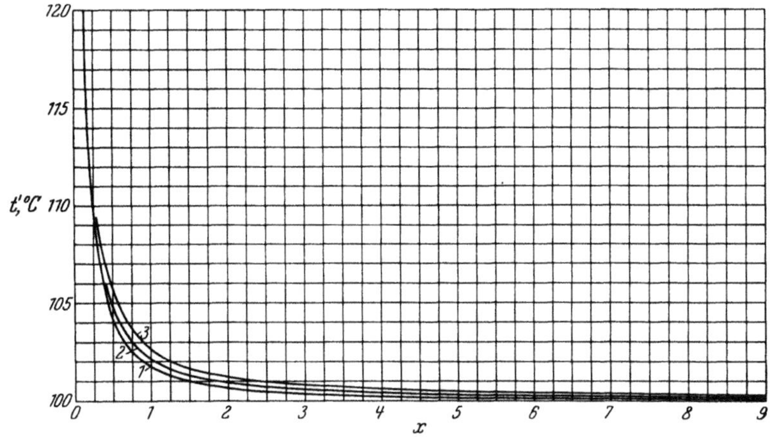

Abb. 185. Siedepunkt wässeriger Zuckerlösung (Claassen). *1* rein, *2* Dünn- und Dicksäfte, *3* Sirupe.

nach Versuchen von Frentzel den Zusammenhang nach Abb. 185. Darin gilt

Linienzug *1* für Zuckerlösungen,

Linienzug *2* für Füllmasse mit einer Reinheit von 90,5% und einem Verhältnis der Asche zum organischen Nichtzucker von 1 : 1,6,

Linienzug *3* für Siruplösungen mit einer Reinheit von 66%.

Hiernach wächst die Siedepunkterhöhung mit dem Gehalt an Nichtzucker.

Die Temperatur des Dünnsaftes soll etwa 125° nicht überschreiten, um Verluste durch Verfärbung zu vermeiden. Die Temperaturempfindlichkeit nimmt mit fortschreitender Eindickung zu, weshalb das Eindampfen im Gleichstrom mit abnehmender Temperatur erfolgt. Für die Endkonzentration in den eigentlichen Verdampfern ist bei geeigneter Bauweise eine Temperatur von etwa 105° für kurze Zeit noch zulässig. Sie entspricht unter Berücksichtigung der Siedetemperatur-

[1] Claassen: Über Verdampfung und Verdampfungsversuche. Z. Vereins Rübenzuckerindustrie d. Deutschen Reiches. 1893.

erhöhung einem Brüdendruck von rund 1 at. Es besteht daher grundsätzlich kein Hindernis, die eigentliche Eindampfung in Überdruckverdampfern vor sich gehen zu lassen. Hierbei ergeben sich, gegenüber Arbeiten mit Luftleere, verbesserte Wärmeübertragungsverhältnisse und erleichterte Entfernung des ausgetriebenen Ammoniaks, das in die Umgebung entweichen kann. Während bis vor kurzem ein Übergreifen der Verdampfanlage in das Unterdruckgebiet als nötig erachtet wurde, geht neuerdings die Praxis in zunehmendem Maße zu Überdruckverdampfern über, wobei zur Vermeidung der Verfärbung der Dicksaft in einem besonderen, unter Luftleere stehenden Nachverdampfer auf etwa 85° gekühlt und auf dieser Temperatur gehalten wird. Voraussetzung ist allerdings, daß zeitgemäße Maschinenanlagen vorhanden sind, die mit hoher Eintrittsspannung und einem Gegendruck von 2,5 bis 3,5 at arbeiten können. Die eigentliche Verdampfung erfolgt hierbei in drei Stufen.

Während das Eindampfen ununterbrochen vor sich geht, erfolgt das anschließende Kristallkochen chargenweise unter ständiger Änderung der Verhältnisse. Zunächst wird während 1 bis 2 Stunden bei einem Brüdendruck von etwa 0,35 at bis zur Fadenprobe eingedampft. Durch plötzliche Verminderung des Druckes auf etwa 0,25 at und die damit verbundene Übersättigung entstehen Kristallkerne in der Lösung. Da die richtige Korngröße von der Einhaltung eines bestimmten, mit der Kochung zunehmenden Übersättigungsgrades abhängt, muß das Einlassen des Saftes im ganzen Verlauf genau geregelt werden. Hierbei ist zu beachten, daß ein bestimmter Übersättigungsgrad bei niedrigerem Brüdendruck mit geringerer Konzentration erreicht wird. Die Kornbildung setzt sich während 5 bis 6 Stunden bei weiter sinkendem Brüdendrucke fort, bis dieser schließlich nach vollständigem Einziehen des Dicksaftes die Höhe von etwa 0,15 at erreicht. Das Ablassen der Füllmasse erfolgt bei einer Temperatur von 75 bis 80°. Sinkt der Druck und damit die Temperatur der Füllmasse unter diese Grenze, so ergeben sich Störungen im Umlauf infolge übermäßiger Zähigkeit der Masse. Wegen des Einflusses der Luftleere auf die Kornbildung ist eine mehrstufige Ausbildung der Kochanlage unmöglich. Jeder Kristallkocher soll mit einer eigenen Kondensation versehen sein, oder es soll, bei Anwendung einer Sammelanlage, ein besonderes Element zur Verfügung stehen, um den entleerten Kristallkocher vor dem neuerlichen Anschluß auszupumpen und ungünstige Rückwirkung auf die übrigen im Betrieb befindlichen Kristallkocher zu vermeiden.

Außer Verdampfern und Kristallkochern verbrauchen bei der Rübenzuckerherstellung zahlreiche Vorwärmer Wärme bei wechselnden Temperaturen zu folgenden Zwecken:

Rohsaftanwärmung (erstmalig auf etwa 75°, danach auf etwa 95°),
Vorwärmung des Diffusionswassers (auf etwa 75°),
Saftanwärmung vor der Saturation (auf etwa 100°),
Vorwärmung des Dünnsaftes (auf etwa 115°).

Die Gesamtmenge, die hierbei zu erwärmen ist, beträgt etwa das 6fache des Rübengewichtes. Die für die Erwärmung nötige Dampfmenge beläuft sich für 100 kg Rüben auf rund 30 kg. Bei Anwendung dreistufiger Druckverdampfer ist es ohne weiteres möglich, den auf die Vorwärmung entfallenden Bedarf durch Brüdenentnahme aus den einzelnen Körpern sowohl der Menge als auch der Temperatur nach zu decken. Hinzu kommt noch der Wärmeverbrauch des Kristallkochers, entsprechend einem Dampfverbrauch von rund 10 kg für 100 kg Rüben. Die hierfür erforderliche Heizdampftemperatur ist nach dem oben Gesagten schwankend und entspricht zum Schluß einem höchsten Druck von etwa 1,7 bis 2 at, wie er in den Brüden der beiden ersten Druckverdampfer zur Verfügung steht. Im Idealfalle werden daher etwa 40 kg Brüden auf je 100 kg Verdampfleistung entnommen. Dies ist mit genügender Sicherheit bei der Dreistufenanlage möglich, da ihr Dampfverbrauch abzüglich der Streuverluste über dieser Grenze liegt.

Um in ähnlicher Weise eine Wirtschaftlichkeit durch zweckentsprechende Kupplung der Verdampf-, Vorwärm- und Kristallkochanlage zu erreichen, haben früher Greiner und Pauly für die mit niedrig gespanntem Abdampf beheizte drei- bis vierstufige Verdampfanlage die Vorschaltung von ein- oder zweistufigen Vorverdampfern empfohlen, in denen die Entspannung des zusätzlichen Frischdampfes vor sich geht und die Brüden für Beheizung der Kristallkocher liefern. Bei der Anwendung von mehrstufigen Druckverdampfern verlieren diese Vorverdampfer ihre Bedeutung. Für einen solchen vor eine zweistufige Eindampfanlage geschalteten Kestner-Verdampfer mit 7 m langen Rohren von 125 m² Heizfläche werden von Kestner[1] folgende Versuchsergebnisse mitgeteilt:

Wassergehalt anfangs	$x_a = 6{,}7$
Wassergehalt schließlich	$x_e = 4$
Spezifische Verdampfleistung	$\frac{G_{T,h}(x_a - x_e)}{F} = 80\ \text{kg/m}^2 \cdot \text{h}$
Heizdampftemperatur	$t = 135^0$
Brüdentemperatur	$t_0 = 128^0$
Scheinbares Temperaturgefälle	$t - t_0 = 7^0$
Scheinbarer Wärmedurchgangswiderstand . .	$\frac{1}{k} \sim \frac{1}{6000} \frac{{}^0\text{C}}{\text{kcal/m}^2 \cdot \text{h}}$.

[1] Kestner: Essai de l'évaporateur à grimpage à la Sucrerie de Niezychowo. 1907.

Wegen des engen Zusammenhanges von Kraft- und Wärmewirtschaft in der Zuckerfabrik läßt sich die Frage, welche Arbeitsweise die größten Vorteile bietet, nur im ganzen lösen. Mit zunehmender Steigerung des Kesseldruckes überwiegen dreistufige Druckverdampfer, u. a. wegen der Vereinfachung gegenüber zuvor angewandter höherer Stufenzahl. Auch die Brennstoffwirtschaft besitzt Einfluß auf die letzte Entscheidung. Bei der Verarbeitung von Zuckerrohr läßt sich der Brennstoffbedarf durch die Rückstände allein decken, wenn die Verdampfung mit vier bis fünf Stufen durchgeführt wird. Für die Ausnutzung der Brüdenwärme liegen hier die Verhältnisse weniger günstig, weil der große Kraftverbrauch der Pressen Abdampf im Überschuß ergibt.

Die unstetige Arbeitsweise des Kristallkochers bringt unerwünschte Schwankungen im Dampfverbrauch. Die Aufstellung mehrerer Kristallkocher schafft einen teilweisen Ausgleich, so daß der Gesamtdampfverbrauch, gemessen vor dem ersten Verdampfer, ein nicht unbefriedigendes Bild ergibt.

Um das zwischen Kondensation und Verdampfanlage verfügbare Temperaturgefälle dauernd voll auszunutzen, kann ein Zusatzkörper ausschaltbar zwischen die letzte Verdampfstufe und den Kondensator, also parallel zu dem Kristallkocher, oder auch zwischen Kristallkocher und Kondensator geschaltet und zum Eindicken von Sirup benutzt werden. Seine Leistung schwankt naturgemäß in weiten Grenzen. Eine Wirtschaftlichkeit ist nur dann zu erwarten, wenn die Bauweise eine gute Wirksamkeit auch bei geringem Temperaturgefälle sichert und die Anschaffungskosten verhältnismäßig niedrig sind. Das von Saillard[1] mitgeteilte Versuchsergebnis eines Wärmedurchgangswiderstandes von $\frac{1}{k} \sim \frac{1}{1000}$ eines solchen Zusatzverdampfers von 71 m^2 Heizfläche mit 108 Rohren von 30/33 mm Durchmesser, 3400 mm Länge, 22^0 Neigung gegen die Waagerechte erscheint immerhin beachtlich. Die Eindampfung erfolgt hierbei von $x_a \sim 1{,}3$ auf $x_e \sim 0{,}9$ bei einer Heizdampftemperatur von $t \sim 70$ bis 80^0 und einem Temperaturgefälle von $t - t' \sim 11$ bis 21^0. Der Einfluß der Flüssigkeitshöhe ist in der angegebenen Zahl des Wärmedurchgangswiderstandes nicht ausgeschaltet. Da der eingedickte Sirup bei höherer Temperatur und längerer Lagerung sich verfärbt, ist die bei dieser Schaltung sich ergebende niedrige Temperatur günstig. Sie ermöglicht Zwischenlagerung ohne künstliche Abkühlung.

Abb. 121 bildet ein kennzeichnendes Beispiel für die Ausführung von Zucker**lösungs**verdampfern. Für die Bauweise nach Abb. 140 gibt die Herstellerin folgende Versuchszahlen an:

---

[1] Saillard: Essais sur la caisse d'évaporation-récupérateur système Prache & Bouillon à la Sucrerie de Provins.

Heizfläche	$F = 153$ m² (hiervon 146 m² in den eisernen Rohren von 23/26 mm Durchmesser, 500 mm Länge, Rest im Mantel)
Wassergehalt anfangs	$x_a \sim 7$
Safttemperatur anfangs	$t_a = 87{,}5^0$
Wassergehalt schließlich	$x_e \sim 4{,}9$
Safttemperatur schließlich	$t'_e = 101^0$
Spezifische Verdampfleistung	$\frac{G_{T,h}(x_a - x_e)}{F} = 35{,}1$ kg/m² · h
Temperaturgefälle	$t - t' = 11^0$
Wärmedurchgangswiderstand	$\frac{1}{k} \sim \frac{1}{1800} \frac{{}^0\mathrm{C}}{\mathrm{kcal/m^2 \cdot h}}$.

Ein besonderes Maß von Erfahrung ist bei den Kristallkochern erforderlich, weil ungleichmäßige Heizwirkung leicht zur Bildung unerwünschten Feinkorns führt. Die hieraus sich ergebende tiefe Lage der Heizfläche trägt auch dem Gesichtspunkte Rechnung, daß der erste Safteinzug nur ¼ bis ⅓ der fertigen Füllmassenmenge ausmacht. Kristallkocher sind in Abb. **122**, **123**, **127**, **153** wiedergegeben.

Die freiwerdenden Ammoniakgase gefährden, ebenso wie die inkrustierenden Kalksalze, vor allem den ersten Verdampferkörper. Ammoniak greift Kupfer an und bewirkt ein Zerfressen der Röhrenbündel vorzugsweise in ihrem oberen Teile. Durch Saturation mit Kohlensäure oder schwefeliger Säure, Aufkochen und Filtern zwischen den einzelnen Verdampfergruppen lassen sich die Fremdstoffe ausfällen und zurückhalten. Wird die danach noch verbleibende Inkrustation durch regelmäßiges Auskochen der Verdampfer mit verdünnter Sodalösung und anschließende Behandlung mit schwacher Salzsäurelösung entfernt, so zeigt sich im Verlaufe einer Betriebswoche keine merkliche Veränderung des Wärmedurchganges.

Einen beachtlichen Vorschlag für die selbsttätige Regelung der Dampfversorgung bei einer Anlage mit dreistufigem Druckverdampfer, Saftvorwärmer und Eindickvorrichtung stellt Abb. 186 (Arca) dar. Von den vier Arca-Reglern steht einer unter dem Einfluß des Abdampfdruckes vor dem ersten Körper und steuert dessen Frischdampfzusatzventil so, daß der Abdampfdruck gleich bleibt und unerwünschte Rückwirkungen auf die Kraftanlage vermieden werden. Die übrigen Regler werden durch den Brüdendruck des ersten und dritten Körpers beeinflußt. Der eine öffnet das Heizdampfventil des ersten Körpers mehr oder weniger, um die wechselnde Brüdenentnahme aus dem ersten Körper auszugleichen. Je größer die Brüdenentnahme ist, um so mehr steigt alsdann der Heizdampfdruck und die Verdampfleistung. Der dritte Regler sichert eine gleichbleibende Entnahmemöglichkeit von Heizdampf aus dem dritten Körper dadurch, daß er bei vergrößerter Entnahme aus den beiden ersten Körpern ein Überströmventil in der

Brüdenleitung öffnet. Hierbei ergibt sich gleichzeitig eine Abnahme der Verdampfleistung des dritten Körpers zum Ausgleich der Mehrleistung der beiden vorausgehenden Körper. Zur Unterstützung dieses Reglers kann ein in gleicher Weise arbeitender, wie gestrichelt angedeutet, ein Überströmventil zwischen erstem und zweitem Körper beeinflussen. Der letzte Regler öffnet das Heizdampfventil des Nachverdampfers bei steigendem Druck mehr, bei sinkendem Druck weniger. Die Verdampfleistung des Nachverdampfers nimmt hierdurch zu oder ab und gleicht die Schwankungen der Verdampfleistung der vorausgehenden Körper aus, wenn die Brüdenentnahme aus ihnen fällt oder steigt.

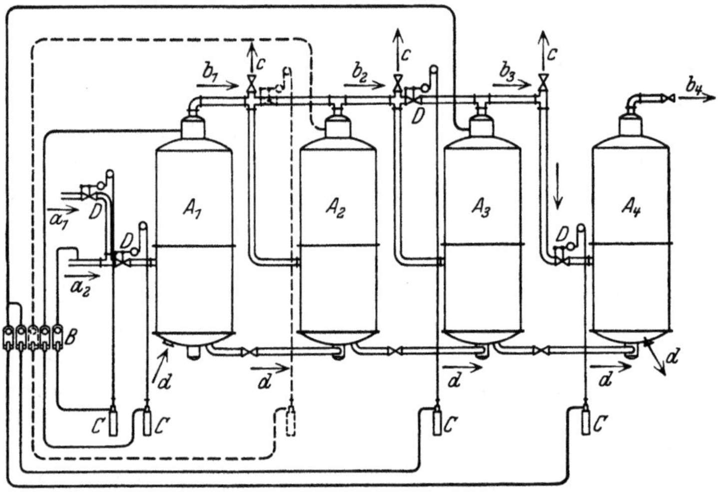

Abb. 186. Verdampferanlage mit selbsttätiger Regelung (Arca). A Verdampfer (A_1 erste Stufe, A_2 zweite Stufe, A_3 dritte Stufe, A_4 Nachverdampfer), B Reglerrelais, C Servomotor, D Regelventil, a Heizdampf (a_1 Frischdampf, a_2 Abdampf), b Brüden (b_1 vom ersten Körper, b_2 vom zweiten Körper, b_3 vom dritten Körper, b_4 vom Nachverdampfer), c Anzapfbrüden, d Saft.

Zu den mindestens notwendigen zwei Kristallkochern tritt ein weiterer hinzu, in dem der durch Schleudern der Füllmasse von den Kristallen getrennte Sirup nach vorhergehender Anwärmung zum Auskristallisieren gebracht wird. Das Kristallisieren dauert hierbei rund 24 Stunden, also etwa dreimal so lange wie das Verkochen des reinen Dicksaftes. Abb. **149** ist kennzeichnend für die hierfür dienende Bauweise. Mit dem Kocher nach Abb. **135** gelingt nach Kestner die Eindickung von Sirup bis auf einen Wassergehalt von $x_e \sim 0{,}05$.

Wegen der Unreinheit der Brüden wird von einer Wiederverwendung des Brüdenkondensats in der Regel abgesehen. Die Restbrüden der Verdampfanlage und die Brüden der Kristallkocher werden daher in einer Gegenstrom-Mischkondensation niedergeschlagen, die mit trockener Luftpumpe arbeitet.

b) Salze.

Abb. 187 bis 189 stellen die Stoffwerte für Natrium-, Kalzium- und Magnesiumchloridlösungen zusammen. Verdampfer zur Salzgewin-

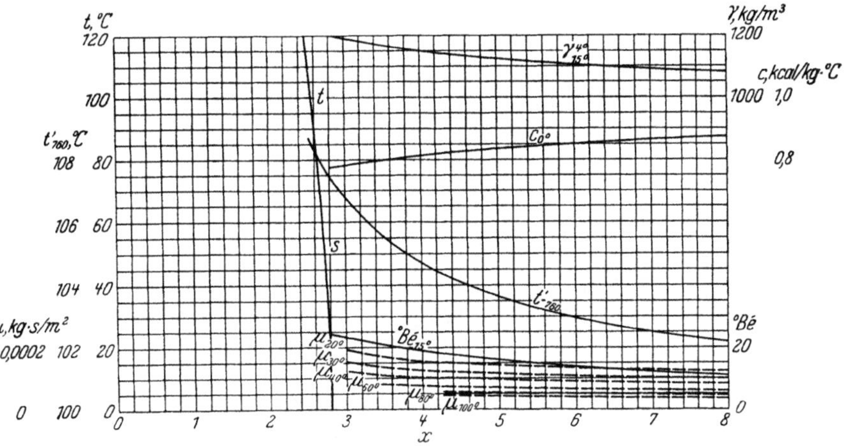

Abb. 187. Stoffwerte von wässeriger Natriumchloridlösung. *S* gesättigte Lösung.

nung werden in der Regel mit gesättigter Lösung gespeist. Ihre Wirkungsweise ähnelt daher der des Kristallkochers bei der Zuckergewin-

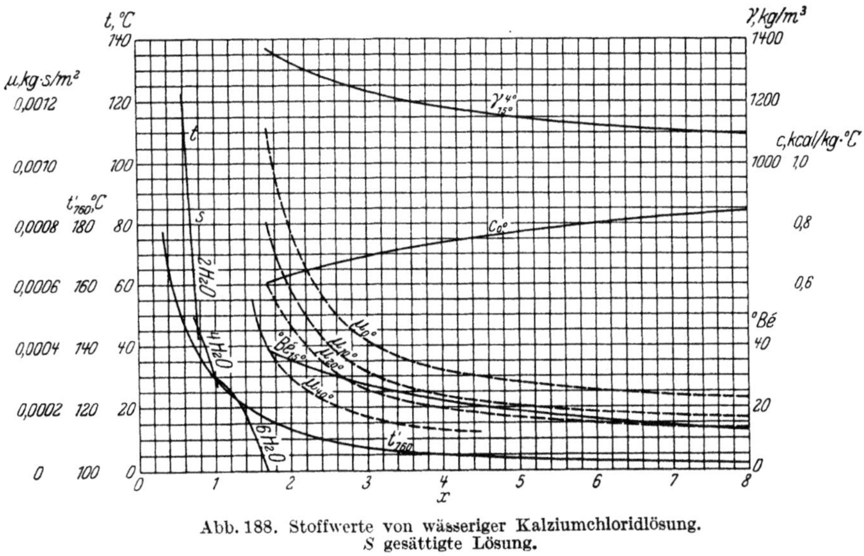

Abb. 188. Stoffwerte von wässeriger Kalziumchloridlösung. *S* gesättigte Lösung.

nung. Sofort nach dem Eintritt bilden sich Kristallkerne, die in der umlaufenden Flüssigkeit zunächst in Schwebe bleiben. Gröberes Korn ist an eine Eindampftemperatur von nicht über 60⁰ gebunden. Die Kristalle wachsen allmählich und lagern sich unterhalb der Heizfläche

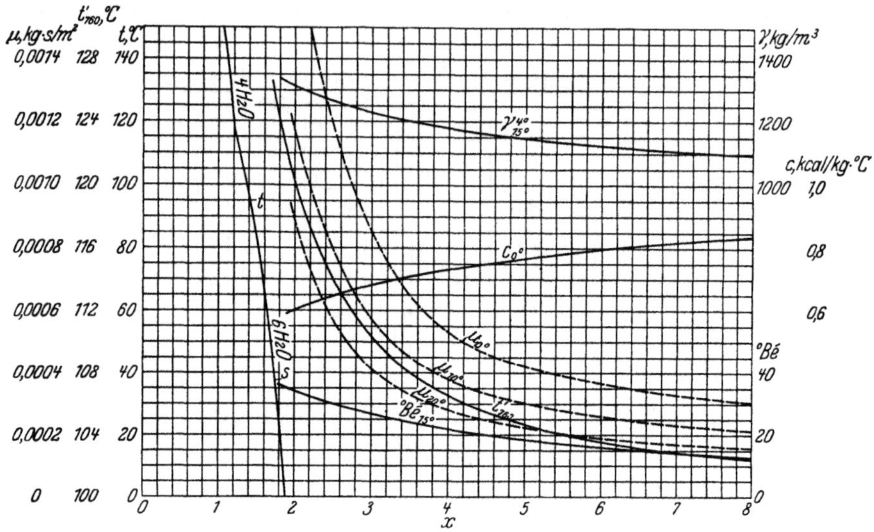

Abb. 189. Stoffwerte von wässeriger Magnesiumchloridlösung. *S* gesättigte Lösung.

ab. Für die Trennung der Kristalle von der Mutterlauge kommen drei Verfahren in Betracht:

Ausbaggern durch Becherwerke. Diese sind stärkstem Verschleiß ausgesetzt;

Filter, Abb. **134**, die in einfacher oder besser doppelter Anzahl, jeder für sich absperrbar, unterhalb des Verdampfers angeordnet sind und wechselweise entleert werden;

Entleerung der Füllmasse in Absetzbehälter. Die hierfür notwendigen Pumpen unterliegen rascher Abnutzung. Das Verfahren findet hauptsächlich Anwendung für Salzlösungen, deren Löslichkeit mit der Temperatur zunimmt, wie Natriumphosphat und Ammoniumsulfat. Die Kristallbildung wird hierbei in den Absetzbehälter verlegt, in dem die Lösung eine Abkühlung erfährt.

In allen Fällen ist das gewonnene Salz noch von Mutterlauge durchsetzt, die durch Abtropfen und Schleudern entfernt oder durch Luft und Dampf weggeblasen wird. Die Lauge läuft zu neuerlicher Verarbeitung in den Verdampfer zurück.

Die Speisesalzsole wird durch Auslaugen von Steinsalzlagern gewonnen und mehrstufig eingedampft. Künstlich verstärkter Umlauf durch Rührwerk bildet die Regel. Ihm fällt die Doppelaufgabe zu, die Wärmeübergangsverhältnisse zu verbessern und die Korngröße der

Kristalle zu regeln, da bei lebhaftem Umlauf die feinen Kristalle in Bewegung bleiben und nur die groben niedersinken. Gleichwohl neigen die Verdampfer zum Zuwachsen und verlangen täglich ein- bis zweimaliges Ausspülen. Die Verunreinigung der Sole durch Kalziumsulfat bewirkt Inkrustationen, vor allem in dem ersten Körper. Ihre Beseitigung geschieht meist durch mechanische Mittel. Der in Abb. **162** dargestellte Verdampfer zur Gewinnung von Speisesalz besitzt eine kegelförmige Erweiterung des Brüdenraumes oberhalb des Heizröhrenbündels. Sie bedeutet eine Stützform, um den sich hier bildenden Salzring am Zusammenstürzen zu hindern und dadurch unliebsame Unterbrechung zu vermeiden.

Die in Abb. **178** dargestellte Anlage zur Gewinnung von Kochsalz besitzt drei parallel arbeitende Verdampfer mit Ringheizkörpern und Schabevorrichtung, ähnlich Abb. **155**, in Verbindung mit einem Elektroturboverdichter, der gegen Verunreinigung durch einen vorgeschalteten Brüdenwäscher und Trockner geschützt ist. Das Ablassen des Salzes erfolgt durch Schleusen in Schleudern.

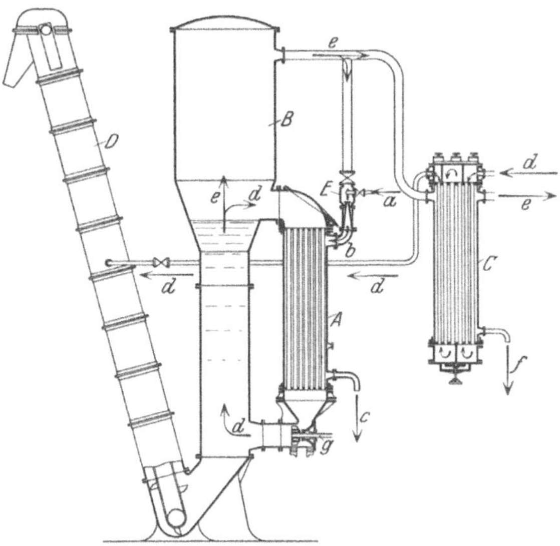

Abb. 190. Verdampferanlage mit Becherwerk (Prache-Bouillon). *A* Heizkörper, *B* Ausdampfkörper, *C* Vorwärmer, *D* Becherwerk, *E* Dampfstrahlbrüdenverdichter, *a* Treibdampf, *b* Heizdampf, *c* Heizdampfkondensat, *d* Lösung, *e* Brüden, *f* Brüdenkondensat, *g* Rührwerk.

Die Verbindung eines Becherwerkes mit dem Verdampfer stellt Abb. **190** (Prache-Bouillon) dar. Der Umlauf der Flüssigkeit erfolgt entgegen der natürlichen Bewegung in dem getrennten Röhrenbündel von oben nach unten. Druck und Temperatur der Flüssigkeit nehmen hierbei in der Richtung der Strömungsbewegung zu und hemmen die Verdampfung innerhalb des Röhrenbündels. Die Brüdenverdichtung durch Dampfstrahlgebläse arbeitet wegen der großen Siedetemperaturerhöhung mit beträchtlichem Temperaturgefälle und verhältnismäßig hohem Dampfverbrauch. Infolgedessen entfallen Überschußbrüden in reichlichem Maße. Sie werden teilweise zur Vorwärmung der Salzlösung benutzt. Das Becherwerk ist geschlossen und steht im unteren Teil unter Flüssigkeit. Um ein Zusetzen der gelochten Becher zu verhindern, wird die vorgewärmte Sole durch das Gehäuse des Becherwerkes in den Verdampfer geführt.

Für das Eindampfen elektrolytisch gewonnener kaustischer Soda bildet die Verbindung eines Zweistufenvorverdampfers mit einem einstufigen Fertigverdampfer die Regel. In dem ersten wird der Wassergehalt von $x_a \sim 3$ auf $x \sim 1{,}5$ erniedrigt. Den Fertigverdampfer verläßt die Lösung mit einem Wassergehalt von $x_e \sim 1$. Für die Eindampfung wirken verschiedene Umstände erschwerend:

Die Siedetemperaturerhöhung ist außerordentlich hoch, anfangs etwa 8^0, zum Schluß etwa 50^0. Daneben läuft eine mit der Konzentration in ungewöhnlichem Maße steigende Zähigkeit. Das Angriffsvermögen der konzentrierten Lauge verbietet Anwendung hoher Dampfdrücke. Der Verdampfer Abb. 191 (Swenson) besitzt Heizrohre aus Nickel. Der durch Kreiselpumpe verstärkte Umlauf ermöglicht eine Fertigverdampfung auf $x_e \sim 0{,}45$ und entlastet die mit Frischdampf beheizten und deshalb unwirtschaftlich arbeitenden gußeisernen Wannen, in denen sich die Fertigtrocknung vollzieht.

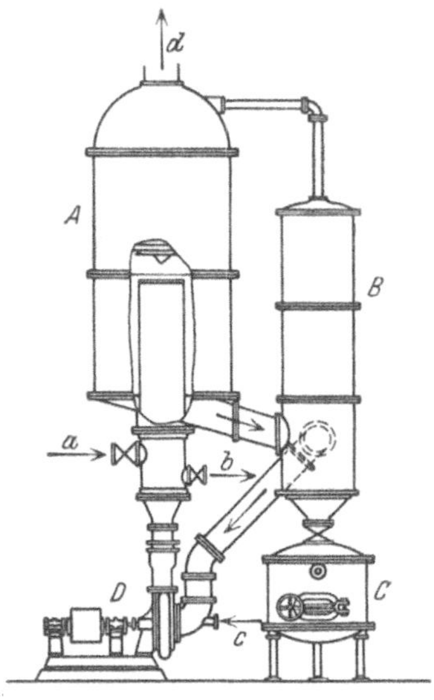

Abb. 191. Verdampfer für kaustische Soda (Swenson). *A* Verdampfer, *B* Abscheider, *C* Salzfilter, *D* Umlaufpumpe, *a* Heizdampf, *b* Heizdampfkondensat, *c* Lösung, *d* Brüden.

c) Ablaugen von Zellstoffwerken.

Das Aufschließen von Holz zur Gewinnung von Zellstoff erfolgt nach dem Soda-, Sulfat- oder Sulfitverfahren. In den beiden ersten Fällen sollen durch Eindampfen der Ablauge die wertvollen Natronsalze wiedergewonnen werden. Beim Sulfitverfahren handelt es sich neben der neuerdings aufgenommenen Verarbeitung auf Alkohol vor allem darum, Verunreinigung der Flußläufe durch die Ablauge zu vermeiden. Während die Ablauge beim Sodaverfahren wenig zum Schäumen — Schäumen kann hier durch Gehalt an Harz auftreten — und Inkrustieren neigt und eine geringe Siedetemperaturerhöhung besitzt, ergeben sich beim Eindampfen von Sulfat- und Sulfitablauge Schwierigkeiten durch Schäumen, hohen Siedeverzug, große Zähigkeit, beim Sulfitverfahren außerdem noch durch Inkrustation und Korrosion.

Der Wassergehalt der Ablaugen beträgt $x_a \sim 10$ bis 15. Er wird in der Eindampfanlage auf $x_e \sim 1$ bis 1,5 vermindert. Nach dem Eindampfen erfährt die Dicklauge eine Weiterbehandlung, die Soda- und

Sulfatlauge wird bis zur Knetbarkeit weitergetrocknet und darauf eingeschmolzen. Die Sulfitablauge gelangt nach der Trocknung in Mischung mit Kohle zur Verbrennung.

Um der Neigung zum Schäumen entgegenzuwirken, werden meist Verdampfer mit langen Rohren verwendet, durch die die Lauge mit großer Geschwindigkeit hindurchströmt. Der Verdampfer Abb. **155** mit zylindrischem Ringheizkörper, Schabewerk und mechanisch angetriebenem Schaumbrecher wird auch für Sulfitablauge angewandt. Bestehen die von der Sulfitablauge berührten Verdampferteile aus Eisen, so ist eine vorausgehende Neutralisierung der Lauge erforderlich. Fehlt sie, so muß Kupfer oder Nickel Verwendung finden.

Das Eindampfen erfolgt beim Soda- und Sulfatverfahren meist vierstufig, beim Sulfitverfahren dreistufig oder unter Anwendung von mechanischen Turboverdichtern. Beim Eindampfen von Sodaablauge ist Schaltung im Gegenstrom am Platze, um der Zunahme der Zähigkeit mit steigender Konzentration entgegenzuwirken. Beim Sulfat- und Sulfitverfahren dagegen ist das Bestreben maßgebend, das schwierige Pumpen der zähen Masse zu vermeiden. Gleichstrom bildet hier die Regel. Nebenbei ergibt dies den Vorteil, daß die zu Zersetzung und Geruchentwickelung neigende Sulfitablauge im Zustande hoher Konzentration nur verhältnismäßig niedrigen Temperaturen ausgesetzt ist. Bei Sulfatablaugen wird gemischte Schaltung in der Weise angewandt, daß die Dünnlauge zunächst die dritte und vierte Stufe durchläuft, danach vorgewärmt wird und schließlich die erste und zweite Stufe durchströmt. Hierbei ergibt sich ein guter Ausgleich, einerseits durch Einschränkung der Pumparbeit, andererseits durch Behandlung der zähen Lauge mit hohen Temperaturen. Die Vorwärmung erfolgt durch Brüden der beiden ersten Stufen. Brüdenentnahme kommt zuweilen auch für die Stofftrocknung zur Anwendung. Bei Soda- und Sulfatablauge dienen die Brüdenkondensate zur Bereitung der Frischlauge.

d) Glyzerin.

Für reine Glyzerinlösung gelten die Stoffwerte der Abb. **192**. Da der Siedepunkt von Glyzerin mit 290° dem Siedepunkt von Wasser verhältnismäßig nahe liegt, enthalten die Brüden neben Wasserdämpfen in geringem Grade auch Glyzerindämpfe. Um die sich hieraus ergebenden Verluste niedrig zu halten, muß das Eindampfen mit niedrigen Temperaturen — nicht über 75° — unter Luftleere erfolgen.

Die verbrauchte Seifenlauge enthält bis 10% Glyzerin und bis 20% Salze. Hoher Gehalt an Seife und Fettsäure macht Reinigung vor der Eindampfung erforderlich.

Das Eindampfen erfolgt bei größeren Anlagen zwei- oder dreistufig bis zu der Konzentration, bei der die Lösung mit Salz gesättigt ist. Die Fertigverarbeitung wird einstufig fortgesetzt, und zwar zunächst auf 35 bis 40% Glyzeringehalt, schließlich in einem vierten Körper auf 80 bis 83% Glyzeringehalt. Bei der Fertigverdampfung scheidet sich der Salzgehalt, etwa zur Hälfte in jedem der zwei Körper, aus. Eine zweistufige, aus Vor- und Fertigverdampfer bestehende Anlage ist in Abb. 129 wiedergegeben. Die fertig eingedampfte Lösung besteht neben Glyzerin in der Hauptsache aus Verunreinigungen in Form von Asche und organischen Rückständen.

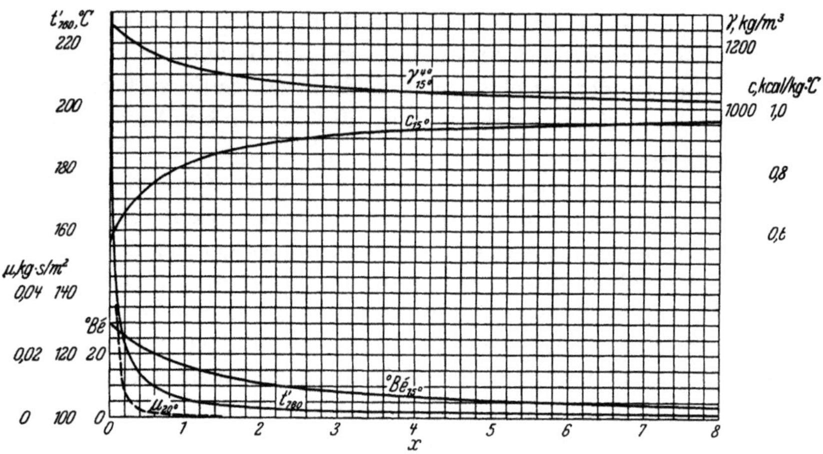

Abb. 192. Stoffwerte von wässeriger Glyzerinlösung (rein).

Bei dem Twitchell-Verfahren wird Fett gespaltet. Die entstehende Lauge enthält 10 bis 15% Glyzerin, ist frei von Salzen und ziemlich rein. Das Eindampfen erfolgt auf 90% und mehr Glyzeringehalt meist in Zweistufenverdampfern. Kegelförmiger Boden ist hierbei ebenso wie Salzfilter überflüssig.

e) Milch.

Zur Herstellung von Kondensmilch wird die Milch gefiltert, durch Erhitzung entkeimt und danach bei einer Temperatur von etwa 60° unter Luftleere auf $^1/_4$ bis $^1/_5$ des Rohgewichtes eingedampft. Aufkochen vor dem Eindampfen entfernt aus der Rohmilch die Gase, die andernfalls zu Schaumbildung führen. Beim Eindampfen schlägt sich auf der Heizfläche ein weißer Belag nieder, der hauptsächlich aus geronnenem Eiweiß besteht.

Für kleinere Anlagen werden Verdampfer mit Doppelbodenheizung nach Abb. 171 wegen der leichten Reinigungsmöglichkeit bevorzugt. Die Herstellerin gibt für das Eindampfen von Magermilch folgende Versuchswerte:

Heizfläche	$F = 28\ m^2$
Wassergehalt anfangs	$x_a = 10{,}4$
Wassergehalt schließlich	$x_e = 2{,}8$
Spezifische Verdampfleistung	120 bis 145 $kg/m^2 \cdot h$
Heizdampftemperatur	$t = 100$ bis 108^0
Brüdentemperatur	$t_0 = 55$ bis 60^0.

Bei einer Kühlwassertemperatur von 12 bis 23^0 am Eintritt, 49^0 am Austritt, betrug der spezifische Kühlwasserverbrauch das 13,6fache der Verdampfleistung. Da bei dieser Bauweise keine nennenswerten Strömungswiderstände auftreten, ist der Unterschied zwischen der Brüden- und Wasseraustrittstemperatur durch den Luftgehalt des Kühlwassers und weiter dadurch zu erklären, daß im Mischraum eine Anreicherung des Gehaltes der Milch an Luft und anderen Gasen stattfindet.

Abb. 193. Eindampfanlage für Milch mit Dampfstrahlbrüdenverdichter (Lurgi).

Abb. 193 (Lurgi) stellt eine mit Dampfstrahlverdichter arbeitende Eindickanlage dar. Die Herstellerin macht hierfür folgende Betriebsangaben:

Eindickungsverhältnis	$\frac{1 + x_a}{1 + x_e} = \frac{1}{4{,}5}$
Treibdampfdruck	$p = 9$ at
Kochtemperatur	$t' = 50^0$
Mittleres Temperaturgefälle	$\Delta t_m = 15^0$

Der spezifische Verbrauch beträgt hierbei 0,45 kg Treibdampf für 1 kg Verdampfleistung. An das Eindicken schließt sich die Verarbeitung zu Trockenmilch an.

Wird Buttermilch eingedampft, so bleibt das Kasein wegen des hohen Milchsäuregehaltes nicht in kolloidaler Form, sondern nur in feiner Ausflockung in Schwebe. Mit zunehmender Konzentration erfährt die Heizfläche eine wachsende Verkrustung. Das Eindampfen erfolgt daher zweckmäßig in Verdampfern, bei denen die Milch mit hoher Geschwindigkeit lange Rohre durchströmt, und zwar chargenweise, wobei ein Sammelbehälter in den Umlauf eingeschaltet ist.

Zur Gewinnung von Milchzucker werden die von Eiweiß befreiten Molken unter Luftleere auf einen Feuchtigkeitsgehalt von etwa $x_e \sim 0{,}65$ eingedickt und anschließend in Schalen zum Kristallisieren gebracht. Die Kristalle werden gelöst, die Lösung gereinigt, geklärt, neuerlich eingedampft und hiernach reiner Milchzucker auskristallisiert, dessen Fertigtrocknung unter Luftleere in Trockenschränken erfolgt.

f) Leim und Gelatine.

Leim und Gelatine neigen stark zum Schäumen. Schaumfänger bilden leicht Herde von schädlichen Keimen, sie werden daher zweckmäßig durch große Brüdenräume ersetzt.

Die Eindampfung erfolgt je nach Art der Brühen von einem Wassergehalt $x_a \sim 7$ bis 12 auf $x_e \sim 2$ bis 5.

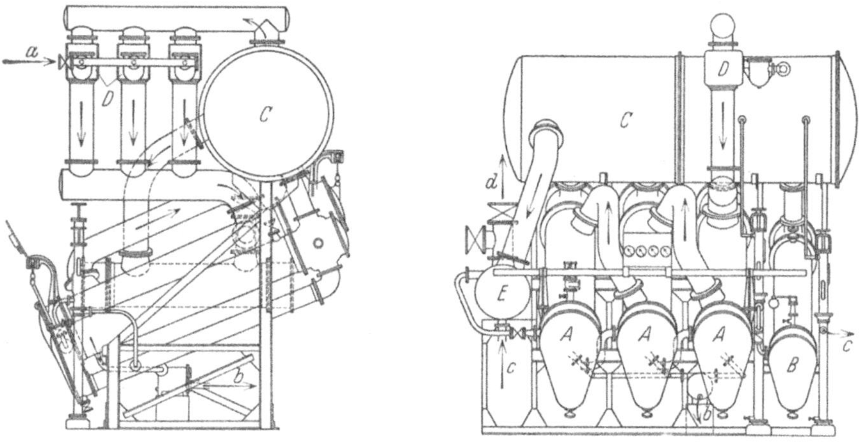

Abb. 194. Vierkörper-Verdampfer für Leim (Prache-Bouillon).
A Verdampfer, *B* Fertigverdampfer, *C* Brüdensammler, *D* Dampfstrahlbrüdenverdichter, *E* Vorwärmer, *a* Treibdampf, *b* Kondensat, *c* Flüssigkeit, *d* Brüden.

Bei der Vierkörper-Verdampfanlage der Abb. 194 (Prache-Bouillon) durchlaufen die auf etwa 100^0 vorgewärmten Brühen die vier Verdampfer nacheinander. Die Brüden werden aus einem Sammelbehälter durch drei parallel geschaltete Dampfstrahlverdichter angesaugt und dem dritten Körper zugeführt. Der Überschuß an Heizbrüden tritt nach dem zweiten und schließlich dem ersten Körper über. Der letzte mit stärkster Konzentration arbeitende Körper wird durch gedrosselten Frischdampf beheizt. Der Flüssigkeitsstand schwankt bei den drei ersten Körpern zwischen ⅓ und ⅔ der Heizflächenhöhe.

Der letzte Körper liegt tiefer, arbeitet infolgedessen mit höherem Flüssigkeitsstand. Die überschüssigen Brüden dienen teilweise zur Vorwärmung der Brühen, teilweise zu allgemeinen Heizzwecken.

g) Säuren.

Die Stoffwerte für Schwefelsäure ergeben sich nach Abb. **195**. Für das Eindampfen der bei der Kunstseideherstellung im Spinnbad ver-

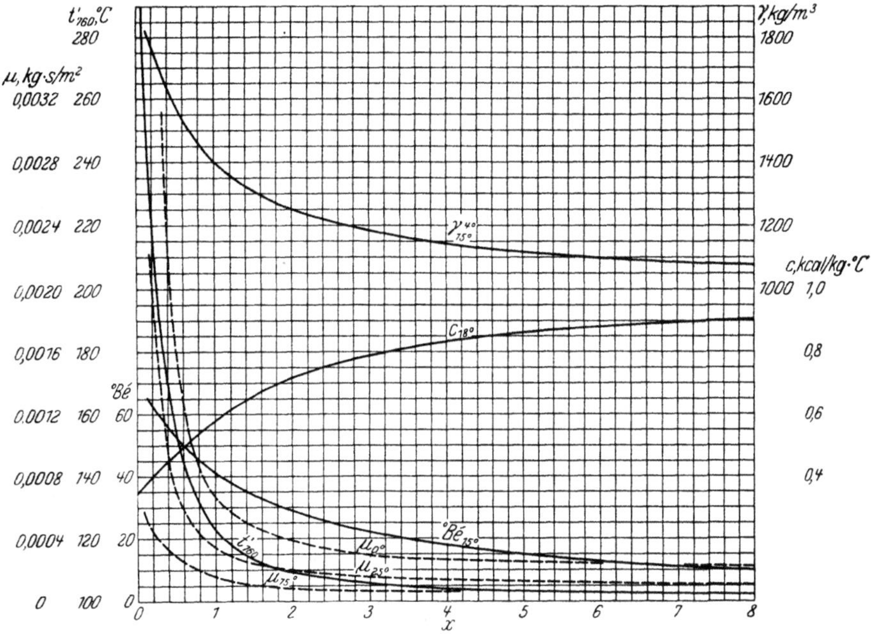

Abb. 195. Stoffwerte von wässeriger Schwefelsäure.

brauchten Schwefelsäure gelangen Anlagen nach Abb. **196** (Ruhland) zur Anwendung. Der Verdampfer besteht aus Hartblei; die Heizfläche besitzt die Form von Spiralschlangen. Zur Neutralisierung der Brüden ist eine Kalkmilchvorlage zwischen Verdampfer und Kondensation geschaltet. In einem Oberflächenvorkondensator werden verhältnismäßig geringe Wassermengen für den Betrieb hoch erwärmt. Zu seiner Ergänzung dient ein mit Abfallrohr versehener Mischkondensator.

Nach dem Verfahren Simonson-Mantius erfolgt die Eindampfung der Schwefelsäure nacheinander in zwei grundsätzlich verschieden arbeitenden Körpern. Für die Eindampfung bis auf $\gamma = 1630$ kg/m³ (56° Bé) dient ein Verdampfer mit seitlich angeordnetem Heizkörper, Abb. **197** (National Lead). Der Ausdampfkörper besitzt einen Mantel

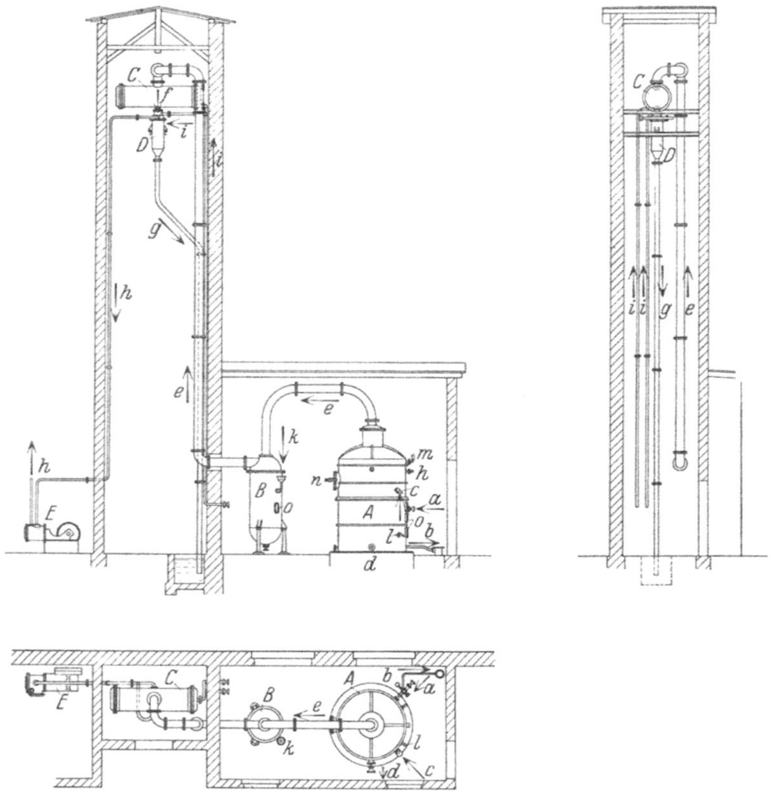

Abb. 196. Eindampfanlage für Schwefelsäure (Ruhland).
A Verdampfer, *B* Kalkmilchvorlage, *C* Oberflächenkondensator, *D* Mischkondensator, *E* Luftpumpe, *a* Heizdampf, *b* Heizdampfkondensat, *c* schwache Lösung, *d* starke Lösung, *e* Brüden, *f* Brüdenkondensat, *g* barometrisches Abfallrohr, *h* Luft, *i* Kühlwasser, *k* Kalkmilch, *l* Probenehmer, *m* Vakuummeter, *n* Mannloch, *o* Schauglas.

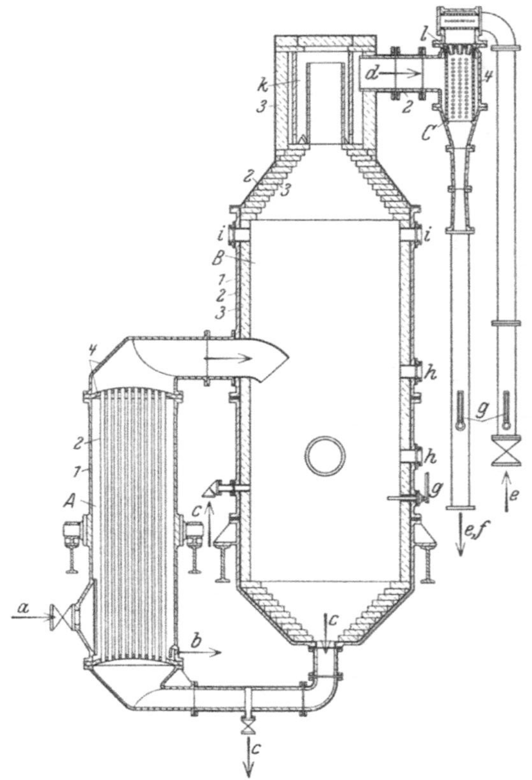

Abb. 197. Vorverdampfer für Schwefelsäure (National Lead).
A Heizkörper, *B* Ausdampfkörper, *C* Mischkondensator, *a* Heizdampf, *b* Heizdampfkondensat, *c* Säure, *d* Brüden, *e* Wasser, *f* Brüdenkondensat, *g* Thermometer, *h* Schauglas, *i* Lichtglas, *k* Tropfenfänger, *l* Wasserdüsen. *1* Gußeisen, *2* Blei, *3* Ausmauerung, *4* Antimon-Blei-Legierung.

aus Gußeisen oder Stahl, mit Auskleidung aus chemisch reinem Blei, und als weitergehenden Schutz gegen die Wirkung der Säure bei hohen Temperaturen Ausmauerung mit säurebeständigen Steinen. Heizrohre und Rohrplatten bestehen aus Antimon-Blei-Legierung. Drehbare Lagerung erleichtert die Lötarbeit. Das Eindampfen erfolgt chargenweise unter Luftleere vermittels Strahlpumpe und Mischkondensator aus Antimon-Kupfer-Legierung. Die Entleerung bedingt jedesmalige Aufhebung der Luftleere. Durch Kohlenstoff und Teer werden die Rohre leicht verstopft. Sind diese Bestandteile in der Säure enthalten, so dient für die Eindampfung bis zu $\gamma = 1730$ kg/m³ (61° Bé) ein Verdampfer nach Abb. 198 (National Lead), dessen Heizfläche im Verdampfkörper selbst eingebaut und durch Spiralschlangen aus chemisch reinem Kupfer gebildet ist. Die Dampfverteilung erfolgt durch ein Ringrohr, der Austritt des Kondensats durch getrennte Kondenstöpfe, um schadhafte Spiralen während des Betriebes ausschalten zu können. Die Anordnung gestattet, die Heizschlangen einzeln durch die Bodenöffnung auszubauen. Für die Fertigeindampfung bis auf $\gamma = 1840$ kg/m³ (66° Bé) kommen Anlagen nach Abb. 199 (National Lead) in Anwendung. Das Gehäuse ist waagerecht und senkrecht vielfach unterteilt. Die Säure fließt über Heizrohre aus siliziumreichem Eisen, die in jeder Abteilung eingebaut sind. Als Heizmittel dient Öl.

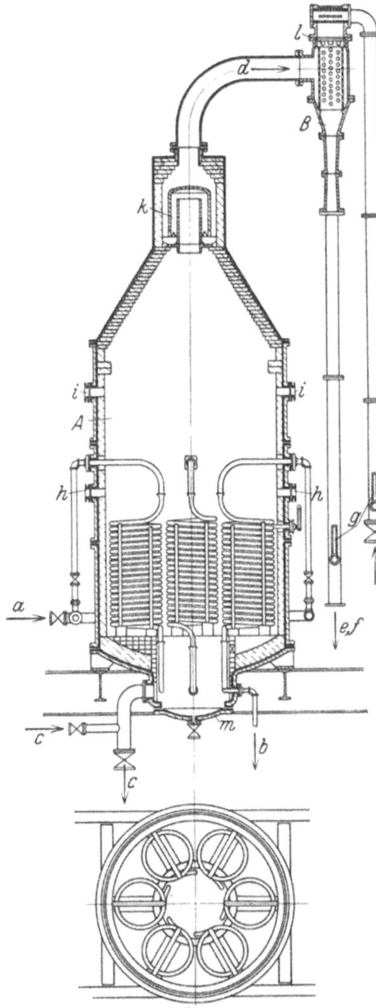

Abb. 198. Schwefelsäureverdampfer (National Lead).
A Verdampfer, *B* Mischkondensator, *a* Heizdampf, *b* Heizdampfkondensat, *c* Säure, *d* Brüden, *e* Wasser, *f* Brüdenkondensat, *g* Thermometer, *h* Schauglas, *i* Lichtglas, *k* Tropfenfänger, *l* Wasserdüsen, *m* Montageöffnung.

Die große Ausdampffläche verhütet Mitreißen von Tropfen und übermäßiges Schäumen. Um die Entnahme der eingedampften Säure unter Luftleere ohne Betriebsunterbrechung zu ermöglichen, wird der Fertig-

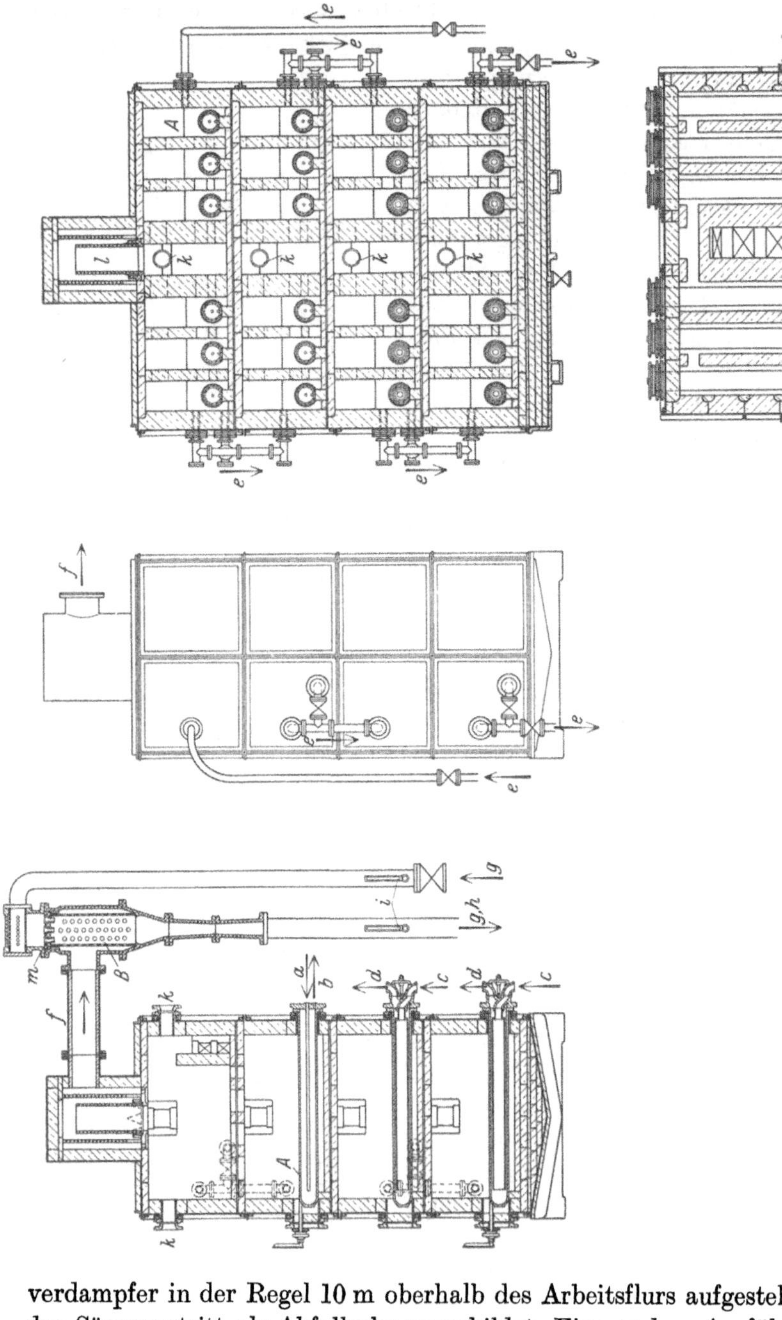

Abb. 199. Fertigverdampfer für Schwefelsäure (National Lead).
A Verdampfer, *B* Mischkondensator, *a* Heizdampf, *b* Heizdampfkondensat, *c* Heizöleintritt, *d* Heizölaustritt, *e* Säure, *f* Brüden, *g* Wasser, *h* Brüdenkondensat, *i* Thermometer, *k* Schauglas, *l* Tropfenfänger, *m* Wasserdüsen.

verdampfer in der Regel 10 m oberhalb des Arbeitsflurs aufgestellt und der Säureaustritt als Abfallrohr ausgebildet. Eine andere Ausführungsform des Fertigverdampfers zeigt Abb. 139. Das Gesamtbild einer aus

Vorverdampfer und Fertigverdampfer bestehenden Anlage geht aus Abb. 200 (National Lead) hervor. Die Feuerung dient zur Erhitzung des Heizöles, das durch eine Pumpe in geschlossenem Umlauf geführt wird.

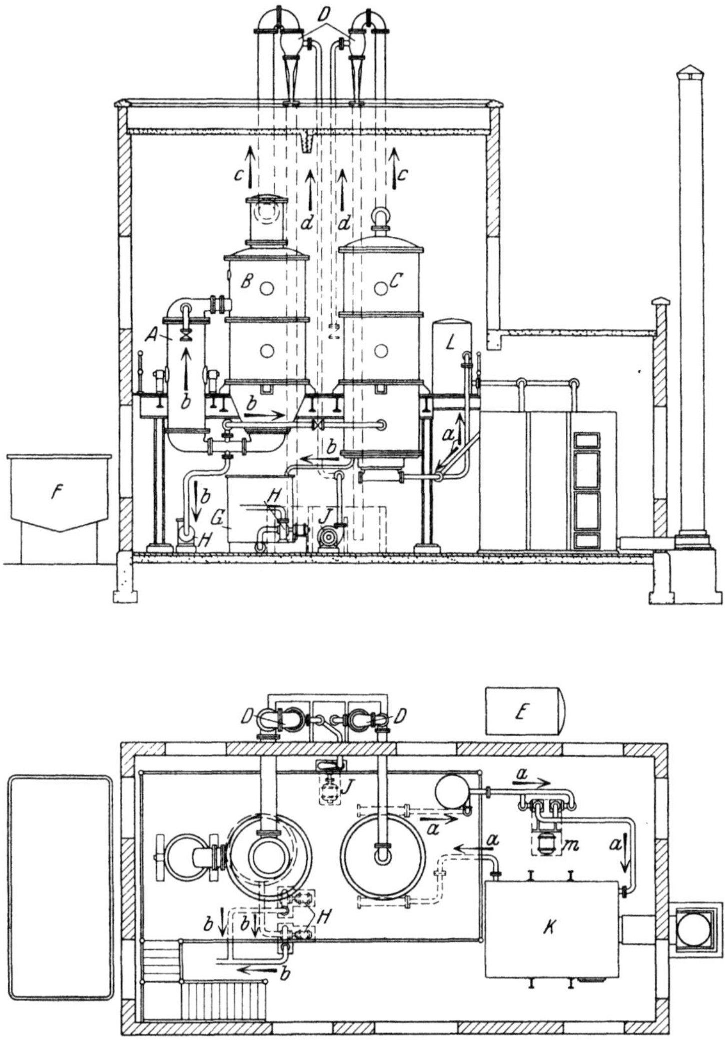

Abb. 200. Eindampfanlage für Schwefelsäure (National Lead). *A* Heizkörper, *B* Ausdampfkörper, *C* Fertigverdampfer, *D* Mischkondensator, *E* Ölbehälter, *F* Absetzbottich, *G* Kühlbehälter, *H* Säurepumpen, *J* Wasserpumpe, *K* Ölerhitzer, *L* Ausdehnungsgefäß, *M* Ölpumpe, *a* Heizöl, *b* Säure, *c* Brüden, *d* Wasser.

Bei Raffinerien entfällt die Säure mit etwa $\gamma = 1260$ kg/m³ (30° Bé). Zwischen erster und zweiter Eindampfung kann ein Teil der Säure zur Behandlung leichterer Öle entnommen werden, für die eine Konzentration entsprechend $\gamma \sim 1730$ kg/m³ (61° Bé) genügt.

Verunreinigung der Schwefelsäure durch Salzsäure und organische Säuren muß vor Eintritt in die Verdampfanlage beseitigt werden, um Zerstörung der Bleiauskleidungen zu verhüten.

Die besonderen Anforderungen, die bei Schwefelsäureverdampfern an Baustoff und Form der Heizfläche gestellt werden, machen es meist nötig, hohe Wärmeleitwiderstände in Kauf zu nehmen. Für die Schwefelsäureverdampfer nach Simonson-Mantius, Abb. **198** und **139**, werden folgende Betriebszahlen mitgeteilt:

	Abb. 198	Abb. 198	Abb. 139
Körperzahl	1	1	4
Manteldurchmesser . . . mm	3000	4900	2400
Rohrschlangenzahl	6	10	
Fieldrohrzahl			4 · 36
Rohrdurchmesser . . . mm	38/63	38/63	146/181
Mittlere Heizfläche . . . m^2	46,5	77	134
Heizdampftemperatur t . . . °C	140	144	
Temperatur des Heizöles t_F . . . °C			260
Durchflußgeschwindigkeit des Heizöles . . m/s			1,5
Brüdentemperatur t_0 . . . °C	32 bis 45	32 bis 45	38
Wassergehalt anfangs x_a	1,45	1,85	0,82
Wassergehalt schließlich x_e	0,17	0,16	0,07
Eintrittstemperatur der schwachen Säure t_a °C	42	32,2	71
Austrittstemperatur der starken Säure t_e' . . °C	98	96	176
Mittleres Temperaturgefälle Δt_m . . . °C	42	48	84
Dampfverbrauch . . . ~ kg/h	2050	3550	
Heizleistung . . . kcal/h			3900000
Wärmedurchgangswiderstand . . . $\frac{1}{k} \sim$	$\frac{1}{550}$	$\frac{1}{500}$	$\frac{1}{350}$
Spezifische Verdampfleistung . . . kg/m²·h	34,5	28,5	56
Kühlwasserzulauftemperatur . . . °C	33,3	26,7	26,6
Kühlwasserverbrauch . . . m³/h	147	193	455

Wegen der Schwierigkeit der Baustofffrage erfolgt das Konzentrieren der Schwefelsäure vielfach unmittelbar durch Feuergase ohne mittelbare Heizflächen. Das Verdampfen geht hierbei in Verdunsten über. Die Feuergase laufen im Gegenstrom zu der Säurelösung, deren Oberfläche durch Zerstäubung, Berieseln von Füllkörpern, Leitung über vielfache Zickzackwege vergrößert wird.

h) Fruchtmark.

Als Beispiel für das Eindampfen von Fruchtmark und Fruchtsäften gelten die Abb. **152** sowie **201** (Lurgi). Die letzte dient zum Eindicken von Tomatenmark auf $^1/_7$ bis $^1/_6$ mit Brüdenverdichtung durch Dampfstrahlgebläse. Die Nacheindickung erfolgt unter Luftleere in Kochern, die mit Frischdampf beheizt und zur Vermeidung des Anbrennens mit Rührwerken versehen sind. Nach Mitteilung der Herstellerin beträgt bei einem Dampfdruck von 8,7 at und einer Tem-

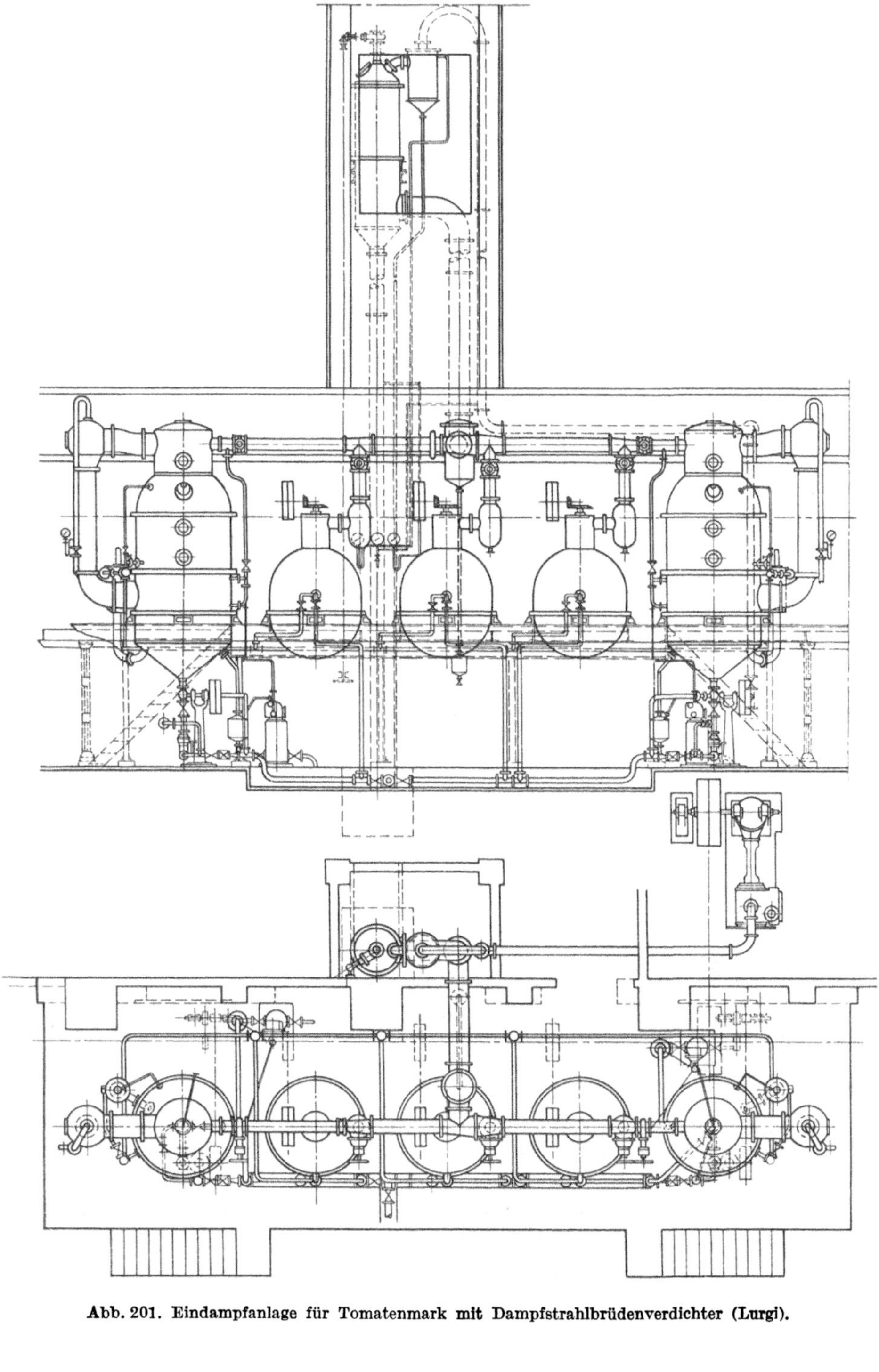

Abb. 201. Eindampfanlage für Tomatenmark mit Dampfstrahlbrüdenverdichter (Lurgi).

peratur des Eindampfgutes von 45 bis 50° der spezifische Dampfverbrauch 0,45 kg für 1 kg Verdampfleistung.

In ähnlicher Weise erfolgt das Eindicken von Trauben- und Zitronensaft.

i) Gerbstoffextrakte.

Starkes Angriffsvermögen und Neigung der Extrakte zur Verfärbung verbietet die Anwendung von Eisen. Unter Einwirkung hoher Temperaturen während längerer Dauer erfolgt Zersetzung. Die Eindampfung geschieht deshalb mehrstufig in kupfernen Verdampfern nach dem Gleichstromverfahren unter Anwendung hoher Luftleere. Da für die Extraktion, zur Vermeidung von Verlusten durch Bildung unlöslicher Verbindungen, nur Wasser verwendet werden soll, das frei von Kalk und Magnesiasalzen ist, werden die Brüden in einer Oberflächenkondensation niedergeschlagen und das Kondensat als Extraktionswasser benutzt.

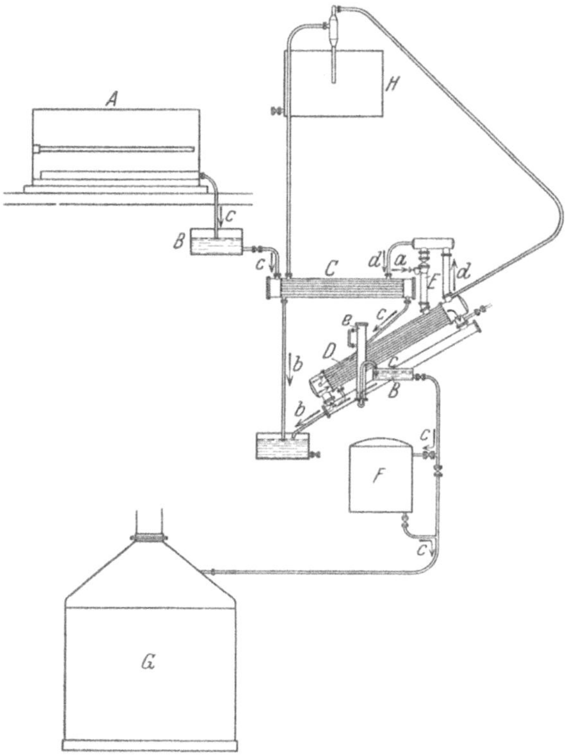

Abb. 202. Versuchsanlage zum Eindampfen von Bierwürze (Prache-Bouillon).
A Maischefilter, *B* Zwischenbehälter, *C* Vorwärmer, *D* Verdampfer, *E* Dampfstrahlbrüdenverdichter, *F* Hopfenseiher, *G* Würzekessel, *H* Mischvorwärmer, *a* Frischdampf, *b* Kondensat, *c* Würze, *d* Brüden, *e* Flüssigkeitsstandregler.

k) Bierwürze.

Das Einkochen der Bierwürze erfolgt in der Regel unter atmosphärischem Druck mit Beheizung durch Feuergase oder Dampf, der Doppelböden oder Rohrschlangen oder Rührwerke durchströmt. Das Eindampfen ist nicht Selbstzweck. Es ergibt sich nebenher bei dem Kochen, das dem Bier Glanz, Farbe und Haltbarkeit verleihen soll. Um die Wirtschaftlichkeit des Eindampfens zu verbessern, werden Brüdenkondensatoren als Vorwärmer für das Nutzwasser angewandt. Das gleiche Ziel erstrebt die in Abb. 202 (Prache-Bouillon) dargestellte Versuchsanlage durch Verwendung eines Dampfstrahlbrüdenverdichters für die Eindampfung. Die Würze läuft von dem Filter über einen Zwischenbehälter in einen Vorwärmer. Mit einer Temperatur von etwa 97° strömt sie nach dem Verdampfer weiter. Der Brüdendruck beträgt 1 at, der Mischdruck 1,2 bis 1,25 at. Die Überschußbrüden werden zum Teil zur Vorwärmung benutzt; der Rest dient zur Warmwasserbereitung. Die eingedampfte Würze läuft über einen Zwischenbehälter zu einem Kessel, in dem die Beigabe von Hopfen erfolgt. Hierdurch wird ein nochmaliges Aufkochen nötig.

Der ausgeführte Verdampfer verarbeitet nach van Laer[1] in 3 bis 4 Stunden 200 hl Würze und besitzt bei 20 hl Fassung eine Heizfläche von 3,82 m^2/hl Inhalt, d. i. ein Vielfaches der bei Doppelbodenheizung sich ergebenden Größe. Das geringere Temperaturgefälle wird hierdurch ausgeglichen und eine Verdampfleistung von 30 kg/$m^2 \cdot h$, etwa in gleicher Größe wie bei der Doppelbodenheizung, erreicht. Wegen der niedrigen Heizdampftemperatur scheint es zunächst unmöglich, die angestrebte Karamelbildung zu erreichen. Sie ergibt sich jedoch dadurch, daß der Verdampfer mit niedrigem Flüssigkeitsstand arbeitet, infolgedessen die kochende Würze im oberen Teile der Heizrohre überhitzt wird. Was im allgemeinen als Nachteil gilt, wirkt sich hier günstig aus. Wenn auch ein abschließendes Urteil über das hier angewandte Verfahren der Würzeeindampfung noch nicht gefällt werden kann, so scheint doch das Bestreben des Brauers, die von der Würze durchströmten Teile zu beschränken und ihre Reinigung zu erleichtern, nicht dafür zu sprechen. Die Erwähnung des Verfahrens geschieht daher nicht, um seine Bedeutung zu betonen, sondern um ein Beispiel für die Problematik der Eindampfvorgänge überhaupt zu geben.

l) Wasserdestillation.

Bei der Erzeugung destillierten Wassers zu Genußzwecken wird niedrige Endtemperatur des Destillates angestrebt. Einstufige Verdampfer zählen hier zu den Ausnahmen, weil die entfallenden Brüdenmengen sich innerhalb der Verdampfanlage nicht verwerten lassen. Neben mehrstufigen Verdampfern mit ungewöhnlich hoher Stufenzahl kommen ein- und mehrstufige Verdampfer in Verbindung mit Brüdenverdichtern zur Anwendung. Sind die Wärmekosten gegenüber den Kraftkosten niedrig, so ist der Dampfstrahlverdichter gegenüber dem elektrisch angetriebenen Turboverdichter im Vorteil und umgekehrt. Der in einer mehrstufigen Verdampfanlage benötigte Heizdampf kann unter Arbeitsleistung in einer Dampfturbine entspannt werden. Hierbei ergibt sich die Möglichkeit, eine vielstufige Verdampf-

[1] van Laer: Etudes sur l'application d'un procédé nouveau en brasserie. Le petit Journal du Brasseur 1924.

anlage mit einer zweistufigen Parallelanlage zu verbinden und die letzte mit dem Turboverdichter arbeiten zu lassen.

α) **Landanlagen.** Eine Anlage für die Herstellung von destilliertem Wasser in größtem Maßstabe stellt Abb. 203 (Prache-Bouillon) dar.

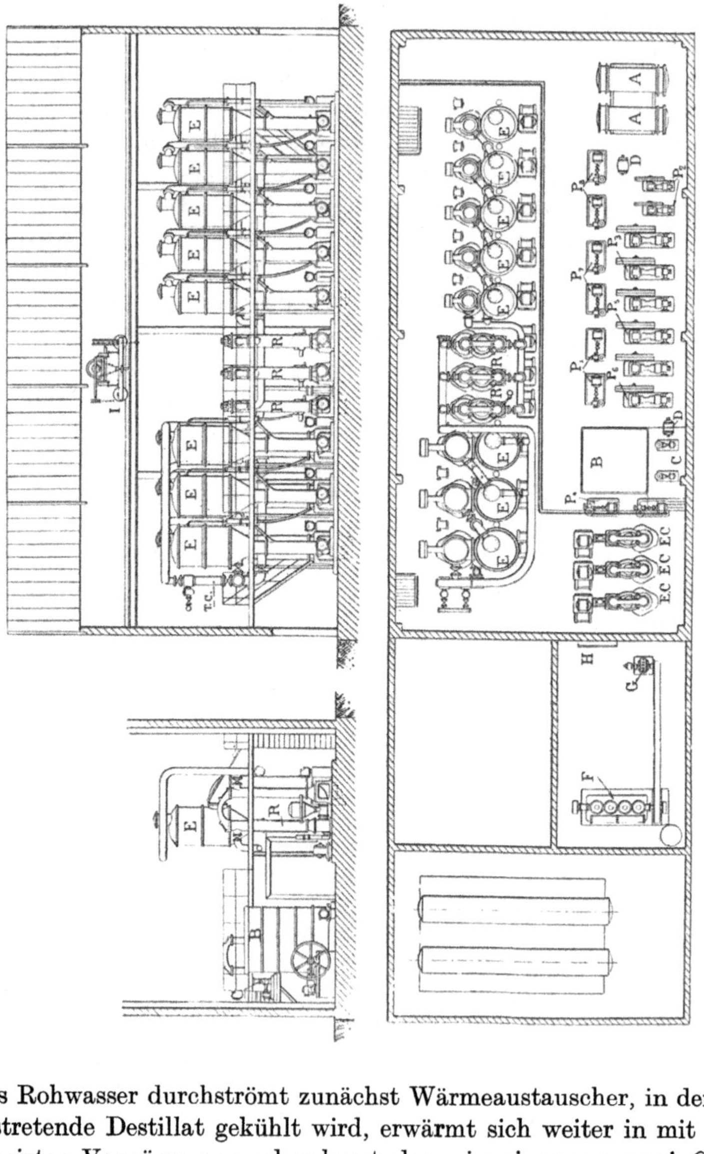

Abb. 203. Trinkwasser-Destillieranlage (Prache-Bouillon).
E Verdampfer, *T C* Dampfstrahlbrüdenverdichter, *R* Vorwärmer, *E C* Wärmeaustauscher, *A* Kondensator, *B* Kondensatbehälter, *C* Belüftungspumpen, *P* Kondensatpumpen.

Das Rohwasser durchströmt zunächst Wärmeaustauscher, in denen das austretende Destillat gekühlt wird, erwärmt sich weiter in mit Brüden beheizten Vorwärmern und gelangt dann in einer aus zwei Gruppen mit zusammen acht Körpern bestehenden Anlage zur Verdampfung.

Die erste Gruppe ist dreistufig und mit Dampfstrahlbrüdenverdichter ausgestattet, der die Brüden der dritten Stufe teilweise verdichtet und der ersten Stufe zuführt. Die Überschußbrüden gehen nach den Vorwärmern und, soweit sie darin nicht kondensieren, weiter zur zweiten fünfstufigen, unter Luftleere arbeitenden Verdampfergruppe. Die geringe, dem achten Körper entströmende Brüdenmenge wird schließlich in Kondensatoren niedergeschlagen.

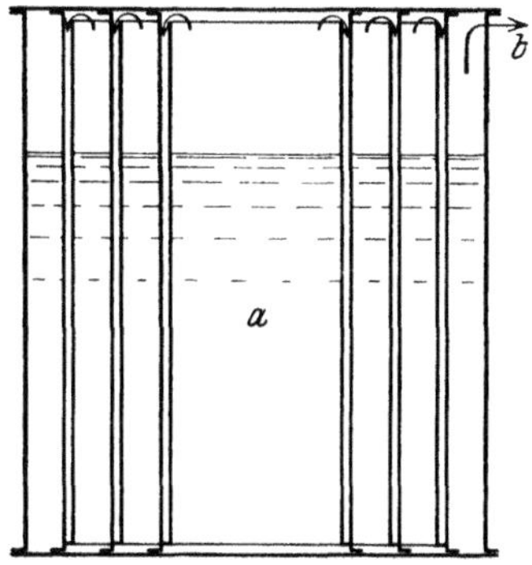

Abb. 204. Mehrstufige Destilliervorrichtung (Neumann). *a* Heizkörperkammer, *b* Brüdenaustritt.

Die für Herstellung von destilliertem Wasser in kleinen Mengen dienenden Anlagen sind mannigfaltig, besonders hinsichtlich der Wärmequellen. Unmittelbare Beheizung durch feste, flüssige und gasförmige Brennstoffe tritt neben Anwendung von Dampfheizschlangen auf. Bei derartig kleinen Anlagen läßt sich auch der schlechte Wirkungsgrad einstufiger Verdampfung in Kauf nehmen. Aus Abb. 204 (Neumann) geht hervor, daß sich in einfacher Weise auch hier mehrstufige Verdampfung durchführen läßt. Die Heizvorrichtung befindet sich in dem Innenzylinder, der äußere Mantelring steht in Verbindung mit dem Kondensator. Die Brüden treten aus den Verdampfräumen in enge Ringkammern und beheizen den folgenden Verdampfraum. Die einzelnen Stufen arbeiten entsprechend der mit dem Durchmesser zunehmenden Heizfläche mit abnehmendem Temperaturgefälle. Die äußere Ansicht, Abb. 205 (Neumann), läßt die Anordnung der Destillatsammelbehälter und des Kondensators erkennen.

Abb. 205. Mehrstufige Destilliervorrichtung (Neumann).

Aus gesundheitlichen Gründen bedarf das destillierte Wasser einer Nachbehandlung, wenn es als Trinkwasser benutzt werden soll. Sie erfolgt durch Belüftung — Ansäuerung — und Salzung, z. B. durch Zufügung von Bikarbonaten.

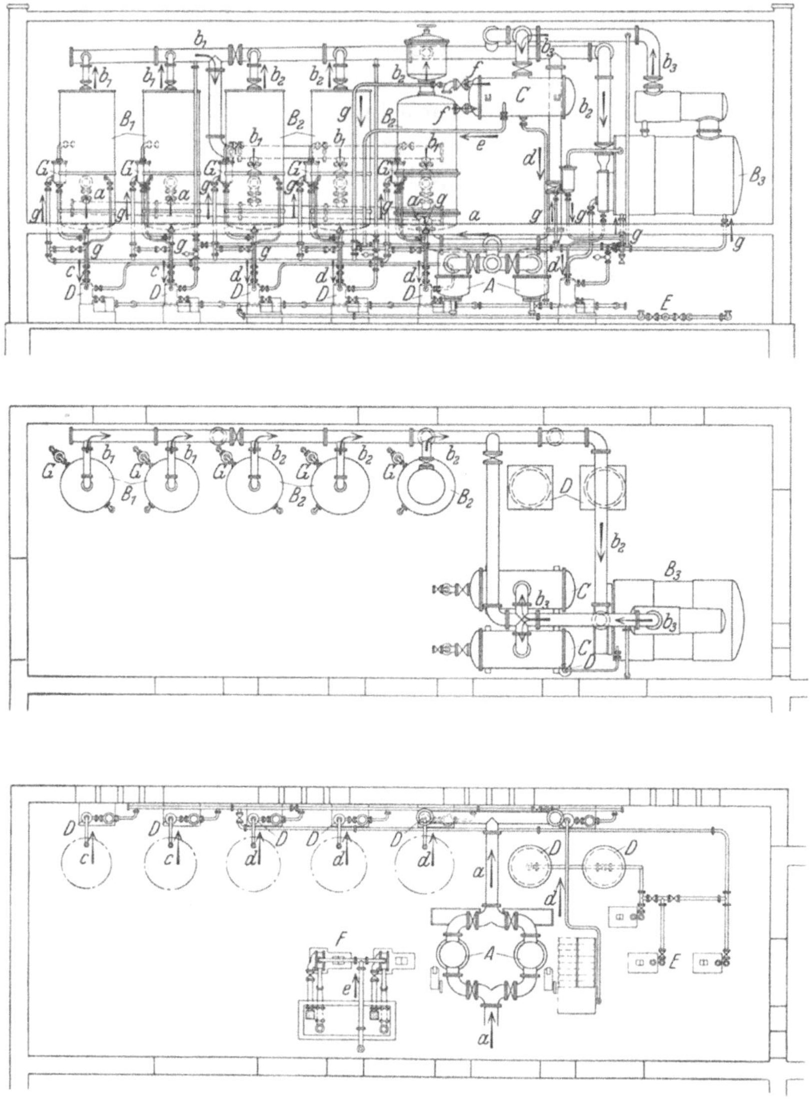

Abb. 206. Mehrstufige Gefrierwasser-Destillieranlage (Freundlich).
A Ölabscheider, *B* Verdampfer (B_1 erste Stufe, B_2 zweite Stufe, B_3 dritte Stufe), *C* Kondensator, *D* Kondensatsammler, *E* Kondensatpumpen, *F* Luftpumpen, *G* Speiseregler, *a* Abdampf, *b* Brüden (b_1 von erster Stufe, b_2 von zweiter Stufe, b_3 von dritter Stufe), *c* Abdampfkondensat, *d* Brüdenkondensat, *e* Luft, *f* Kühlwasser, *g* Verdampferspeisewasser.

Ein Beispiel für weitgehende Ausnutzung des verfügbaren Temperaturgefälles in vielstufigen Anlagen stellt Abb. 206 (Freundlich) dar, die eine vom Verfasser entworfene Anlage zur Erzeugung von destilliertem Wasser für Herstellung von Kristalleis im Anschluß an eine mit Luftleere arbeitende Dampfkraftanlage der Kristalisværket A. S. Kopenhagen wiedergibt. Der sorgfältig entölte Abdampf kondensiert in der ersten Stufe, die aus zwei parallel geschalteten Körpern besteht. Die zweite Verdampferstufe wird durch drei parallel geschaltete Körper gebildet. Als dritte Stufe dient ein liegender Verdampfer. Die gesamte Verdampferheizfläche beläuft sich auf 775 m^2. Die Kondensation der letzten Brüden erfolgt in zwei parallel geschalteten Oberflächenkondensatoren von zusammen 50 m^2 Kühlfläche. Durch entsprechende Schaltung kann die Anlage auch zweistufig arbeiten und liefert hierbei 5000 kg/h Reindestillat mit einer Abdampfmenge von 3200 kg/h bei einem Druck von 0,4 at am Auspuff, 0,08 at in den Kondensatoren, entsprechend einem gesamten Temperaturgefälle von etwa 34^0. Bei dreistufigem Arbeiten ergaben sich folgende Ablesungen:

Dampfdruck am Auspuff	0,3 at
Heizdampftemperatur in der ersten Stufe	66^0
Heizbrüdentemperatur in der zweiten Stufe	63^0
Heizbrüdentemperatur in der dritten Stufe	56^0
Brüdentemperatur in den Oberflächenkondensatoren . . .	41^0

Das außerordentlich niedrige gesamte Temperaturgefälle von 25^0 beweist, daß sich auch bei Anwendung hoher Luftleere mit kleinem Temperaturgefälle noch beachtliche Verdampfleistungen erzielen lassen. Bei solchen Anlagen erfährt das Speisewasser in der Regel keine besondere Vorbereitung. Das Destillat wird zur Entgasung aufgekocht, gekühlt, durch Papierfilter von Rost und anderen mechanischen Verunreinigungen befreit und so zur Füllung der Eisformen benutzt.

Dient das gewonnene Destillat zur Kesselspeisung, so muß durch sorgfältige Ausbildung der Tropfenabscheider Gewähr geboten sein, daß der Feststoffgehalt des Destillates 0,001% nicht überschreitet. Die Überschußbrüden werden in der Regel zur Vorwärmung des vom Oberflächenkondensator kommenden Gesamtkondensats benutzt. Wegen des Angriffsvermögens gashaltigen Destillats auf die Kesselbaustoffe kommt hier der Entgasung besondere Bedeutung zu. Sie kann durch Erwärmung oder Druckerniedrigung oder beide Mittel gleichzeitig erfolgen. Der Sauerstoffgehalt des Speisewassers soll im allgemeinen 0,01 Vol.-%, bei Speisewasservorwärmern mit Stahlrohren 0,005 Vol.-% nicht überschreiten. Wenn über die Frage, ob das Kondensat der Oberflächenkondensatoren als genügend entlüftet angesehen werden darf oder nicht, keine Einigung besteht, so liegt dies wohl darin, daß der Erfolg von der Bauart des Kondensators abhängt. Je mehr die Temperatur im Kondensator unter der dem Druck entsprechenden Siedetemperatur liegt, um so mangelhafter erfolgt die Entlüftung. Da ferner die Aufnahmefähigkeit des Wassers für Gase bei einem bestimmten Drucke um so größer ist, je niedriger die Wassertemperatur liegt, bedeutet Unterkühlung des Kondensats Wiederaufnahme von Gasen. Es ist deshalb nicht anzuzweifeln, daß bei einer diese Fehler vermeidenden Kondensationsanlage nach Abb. 207 (Delas), deren Luftleere dem für die Wassertemperatur geltenden Sättigungsdruck fast vollständig entspricht, eine zusätzliche Entgasung sich erübrigt. Darüber hinaus kann der Kondensator als Entgaser für das Zusatzspeisewasser benutzt werden, weil die Unterkühlung des Kondensats vermieden wird und die Kühlung der Luft in einem besonderen Luftkühler erfolgt. Kondensatpumpe und Kesselspeisepumpe sind hintereinander geschaltet.

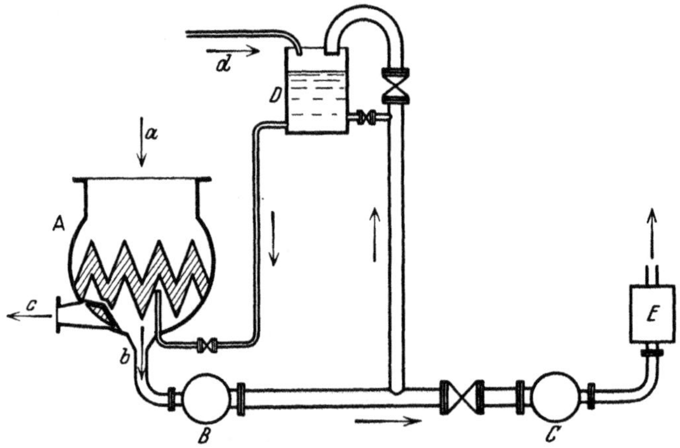

Abb. 207. Entgasung durch Kondensator (Delas).
A Kondensator, *B* Kondensatpumpe, *C* Kesselspeisepumpe, *D* Ausgleichbehälter, *E* Vorwärmer, *a* Dampf, *b* Kondensat, *c* Luft, *d* Zusatzspeisewasser.

Damit die Kondensatorkühlfläche frei von Kondensat bleibt, ist zwischen die beiden Pumpen ein Speicherbehälter eingefügt, der die Schwankungen zwischen Kesselspeisung und Kondensation ausgleicht und gleichzeitig das Zusatzspeisewasser aufnimmt. Überwiegt die Speisewassermenge die Kondensatmenge, so strömt der Unterschied als Zusatzwasser durch Speicher, Kondensator und Kondensatpumpe der Speisepumpe zu. Im umgekehrten Falle steigt der Kondensatüberschuß in den Speicher hoch.

Die Verbindung einer Verdampfanlage für die Destillation von Zusatzspeisewasser mit einem Oberflächenkondensator ergibt sich aus Abb. 208 (Contraflo). Der Verdampfer wird durch Anzapfdampf beheizt. Die Brüden des Verdampfers gehen in einen zwischen Kondensat- und Speisepumpe geschalteten Vorwärmer. Das Destillat strömt gemeinsam mit dem Verdampferkondensat zunächst zum Hauptkondensator, von hier durch die Kondensatpumpe zum Vorwärmer. Hierbei ergibt sich eine zusätzliche Entgasung des Kondensates. Die lufthaltigen Brüden treten in den Hauptkondensator über.

Da die im Wasser enthaltenen Gase die Baustoffe des Verdampfers angreifen und die zusätzliche Belastung des Hauptkondensators durch Benutzung als Entgaser an sich unerwünscht ist, bietet die Schaltung der Abb. 209 (Balcke) Vorteile. Sie entspricht der von Schreiber[1] beschriebenen Anlage auf dem Kraftwerk Fortuna II. Das für Speisung

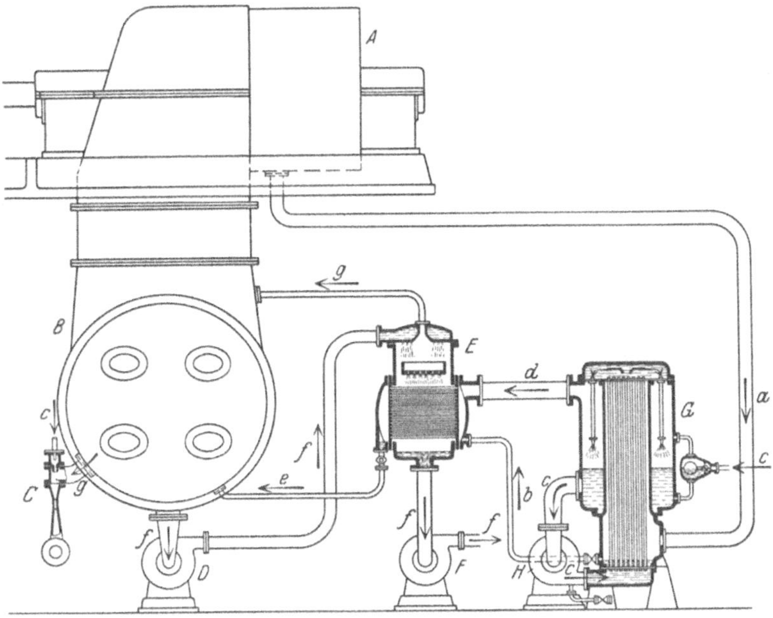

Abb. 208. Zusatzspeisewasser-Verdampfer (Contraflo).
A Dampfturbine, *B* Oberflächenkondensator, *C* Wasserstrahl-Luftpumpe, *D* Kondensatpumpe, *E* Entgaser, *F* Speisepumpe, *G* Verdampfer, *H* Umlaufpumpe, *a* Heizdampf, *b* Heizdampfkondensat, *c* Wasser, *d* Brüden, *e* Brüdenkondensat, *f* Mischkondensat, *g* Luft.

der Verdampfer bestimmte Wasser wird zunächst permutiert, anschließend unter Aufkochen entgast. Dabei entweichen Sauerstoff und Kohlensäure, gleichzeitig findet eine Zerlegung des doppelkohlensauren Natriums statt. Das Anhydrit wird ausgetrieben, während das nicht flüchtige Natriumhydroxyd in Lösung bleibt. Das entgaste Wasser fließt mit etwa 100° den Verdampfern zu, die in zwei parallele Gruppen zerfallen, deren jede zweistufig mit Dampfstrahlbrüdenverdichter arbeitet. Die Überschußbrüden dienen zur Beheizung des Entgasers. Die abfließende Lauge gibt ihren Wärmeüberschuß in Wärmeaustauschern an das aufzukochende Speisewasser ab. Die Destillatsammelbehälter

[1] Schreiber: Siemens-Handbuch Bd. 5. 1927.

sind geschlossen und gegen Gasaufnahme durch Dampfpolster geschützt. Luft, die bei Unterdruck in sie eindringt, durchläuft zuvor einen Oxydationsfilter, der nur den neutralen Stickstoff durchläßt.

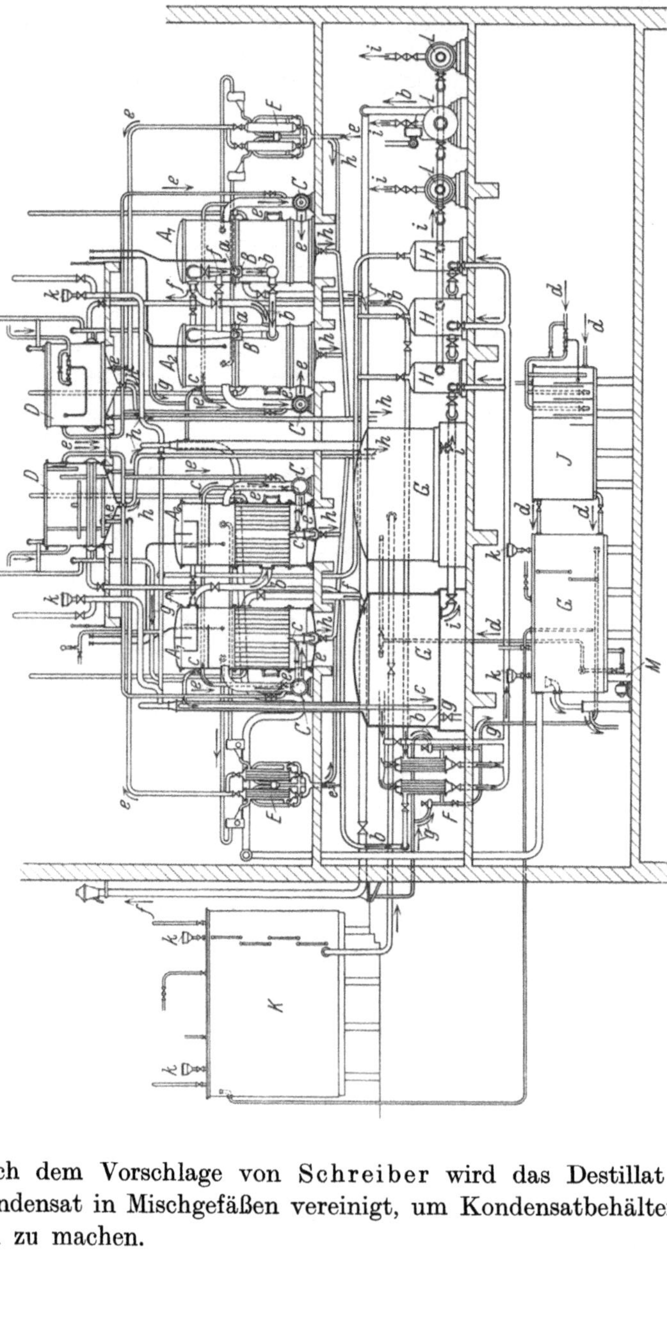

Abb. 209. Zusatzspeisewasser-Verdampfanlage (Balcke).
A Verdampfer (A_1 erste Stufe, A_2 zweite Stufe), *B* Dampfstrahlbrüdenverdichter, *C* Umlaufpumpe, *D* Entgaser, *E* Laugewärmeaustauscher, *F* Vorwärmer, *G* Speisewasserbehälter, *H* Mischgefäße, *J* Kondensatbehälter, *K* Zusatzwasserbehälter, *L* Speisepumpe, *M* Kondensatpumpe, *a* Treibdampf, *b* Heizdampf, *c* Heizdampfkondensat, *d* Betriebskondensat, *e* Wasser, *f* Brüden, *g* Brüdenkondensat, *h* Lauge, *i* Speisewasser, *k* Oxydationsfilter.

Nach dem Vorschlage von Schreiber wird das Destillat mit dem Kondensat in Mischgefäßen vereinigt, um Kondensatbehälter entbehrlich zu machen.

Atlas verwendet für gemeinsame Entgasung von Maschinenkondensat und Verdampferdestillat einen Mischbehälter nach Abb. 210, in den der Heizdampf in mittlerer Höhe eintritt, während das zu entgasende Wasser oben ringförmig verteilt wird und über abwechselnd kreis- und ringförmige Teller niederrieselt. Ein Schwimmerregler verhindert die Überflutung des Rieselraumes. Die Entgasung erfolgt unter Luftleere, zu deren Aufrechterhaltung eine mit Druckwasser betriebene Strahlpumpe dient. Der Entgaser wird zwischen

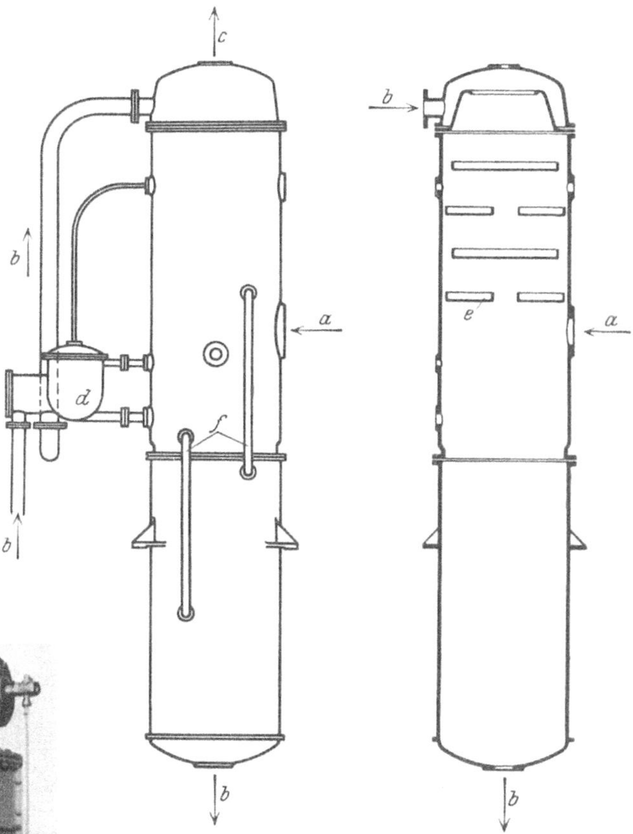

Abb. 210. Entgaser (Atlas).
a Heizdampf, *b* Wasser, *c* Luft, *d* Speiseregler, *e* Verteiler, *f* Wasserstand.

einen Ausgleichbehälter und Speisepumpe geschaltet, das Speisewasser daher unmittelbar vor Eintritt in den Kessel entgast. Besondere Gasschutzbehälter erübrigen sich.

Statt der unmittelbaren Heizdampfbeigabe verwendet Hoopes dampfbeheizte Rohrgitter nach Abb. 211, um das Wasser auf Siedetemperatur zu erwärmen und zu entgasen. Der obere Teil besitzt

Abb. 211. Entgaser (Hoopes).

Rieselplatten, die so geformt sind, daß

die übertretende Flüssigkeit an der Unterseite zur Mitte und von hier zur nächsten Rieselplatte läuft. Das entweichende Dampf-Luftgemisch gelangt in einen kleinen über dem Entlüfter angeordneten Oberflächen-

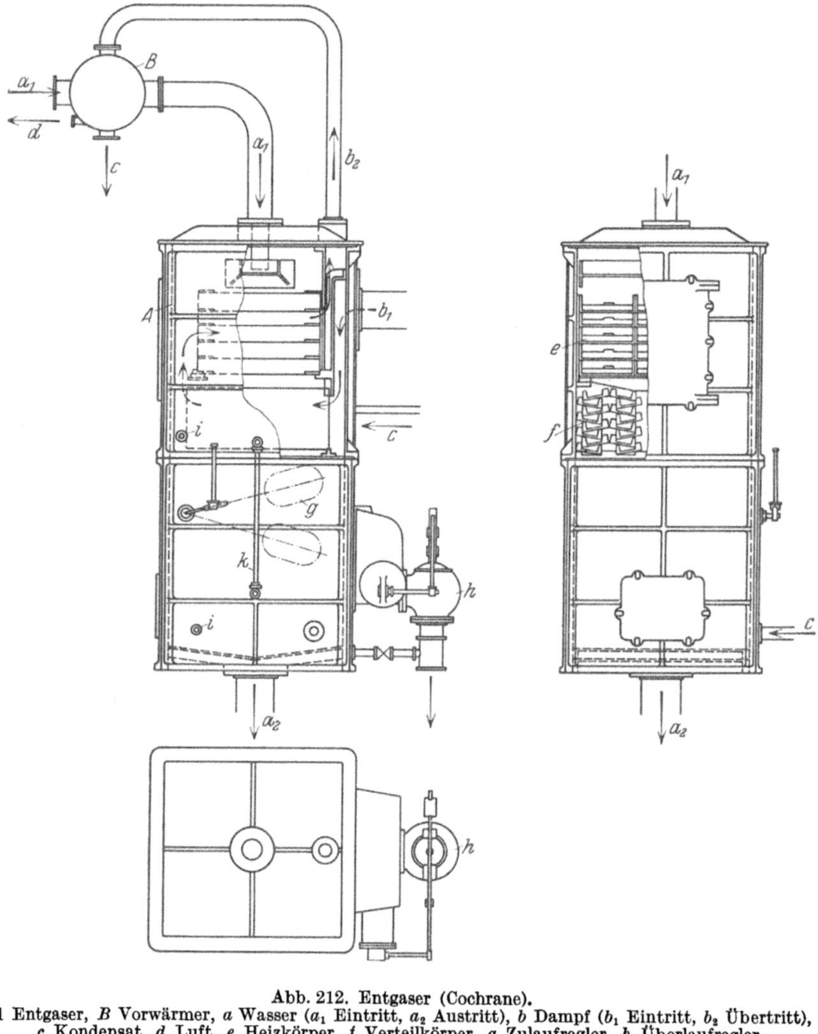

Abb. 212. Entgaser (Cochrane).
A Entgaser, *B* Vorwärmer, *a* Wasser (a_1 Eintritt, a_2 Austritt), *b* Dampf (b_1 Eintritt, b_2 Übertritt), *c* Kondensat, *d* Luft, *e* Heizkörper, *f* Verteilkörper, *g* Zulaufregler, *h* Überlaufregler, *i* Thermometer, *k* Wasserstand.

kondensator, aus dem die Gase entweichen, während der kondensierte Dampf durch eine Glasröhre sichtbar in den Entgaser zurückfließt. Ein Thermostat regelt den Ablauf des Heizgitterkondensats, das durch einen Kondenstopf in den Entgaser strömt, wo es durch ein gelochtes Rohr unterhalb des Wasserspiegels austritt. Die zum Kondensator führende Brüdenleitung ist gerade oberhalb der Wasserlinie angeschlossen. Das zum Entgaser strömende Kondensat wird zuvor in dem kleinen Kondensator erwärmt.

Für einen ähnlich geschalteten Entgaser, Abb. 212 (Cochrane), teilt die Herstellerin folgende Beobachtungsergebnisse mit:

Entlüfterquerschnitt	0,9 × 0,9 m
Höhe	2,3 m
15 gelochte Heizplatten	0,3 × 0,66 m
48 ungelochte Luftaustreiber	0,15 × 0,76 m
Kühlfläche des Oberflächenkondensators	1 m²
Entlüftete Kondensatmenge	18000 kg/h
Kondensateintrittstemperatur	35°
Kondensataustrittstemperatur	102°
Heizdampfdruck	1,1 at
Sauerstoffgehalt des entgasten Kondensats	< 0,033 Vol.-%

Bei Weir erfolgt die Entgasung nach Abb. 213 durch zweimalige Entspannung des überhitzten Wassers, dessen Zufluß durch zwei Schwimmer geregelt wird. Die Brüden dienen zur Vorwärmung des zu entgasenden Wassers. Ein Dampfstrahlgebläse fördert die Gase ins Freie.

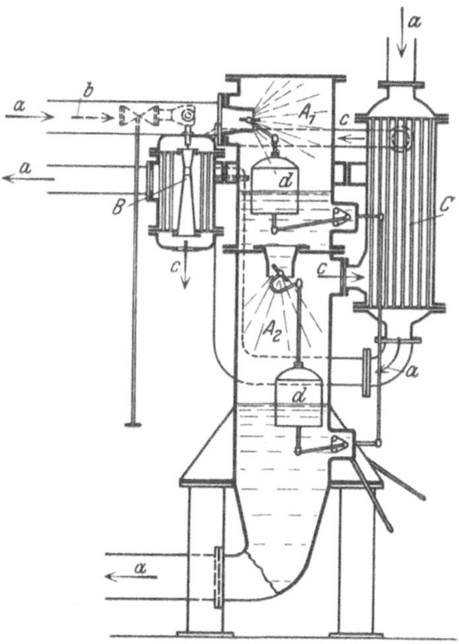

Abb. 213. Entgaser (Weir). *A* Entspannungsraum (A_1 erste Stufe, A_2 zweite Stufe), *B* Luftsauger, *C* Vorwärmer, *a* Kondensat, *b* Treibdampf, *c* Luft, *d* Schwimmerregler.

Die Anlage der Abb. 214 (Schmidt) der Hamburgischen E. W., Kraftwerk Neuhof, besteht aus drei zweistufig geschalteten Verdampfergruppen, von denen in der Regel zwei in Betrieb sind. Das Destillat wird in Wärmeaustauschern zur Vorwärmung des Verdampferspeisewassers benutzt. Die Brüden geben ihre Wärme in Oberflächenkondensatoren an das Turbinenkondensat ab. Die mit zwei Verdampfergruppen durchgeführten Versuche ergaben folgende Zahlen:

Heizfläche jedes Körpers	40,4 m²
Destillatmenge	15300 kg/h
Dampfverbrauch	9000 kg/h
Dampfdruck	5,4 at
Temperatur des überhitzt eintretenden Heizdampfes	190°
Zwischendruck	1,5 at
Kondensationsspannung	0,3 at

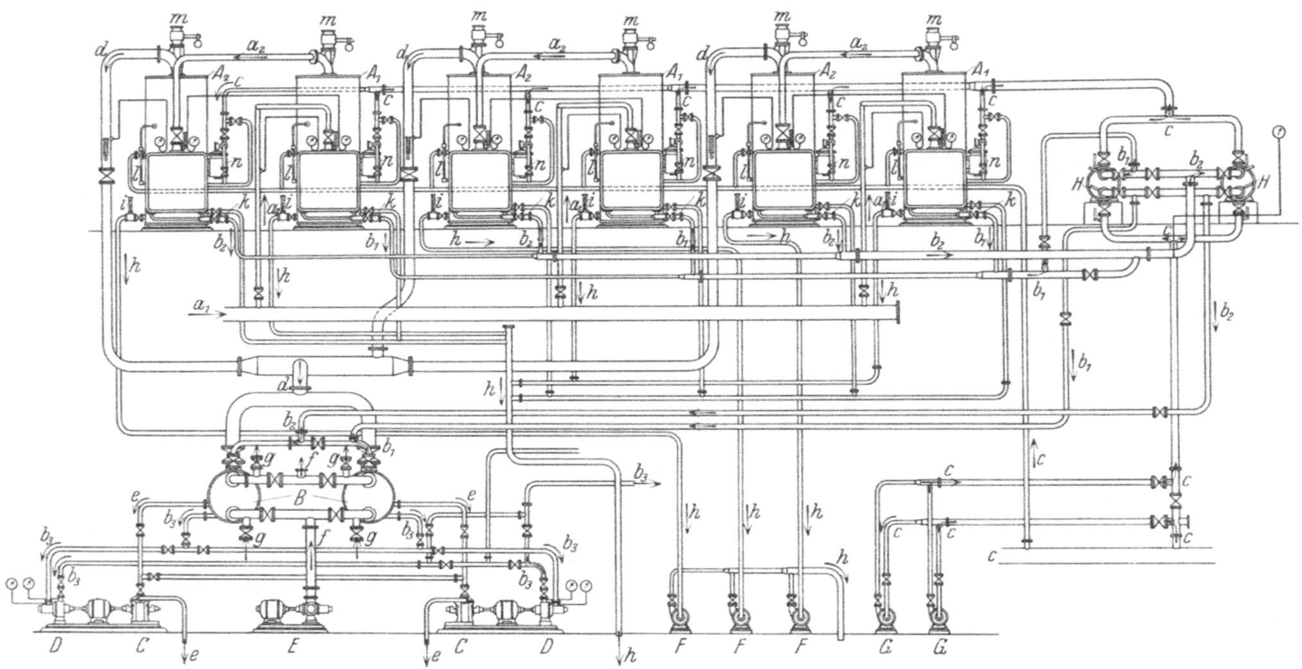

Abb. 214. Zusatzspeisewasser-Verdampfanlage (Schmidt).
A Verdampfer (A_1 erste Stufe, A_2 zweite Stufe), *B* Oberflächenkondensator, *C* Luftpumpe, *D* Kondensatpumpe, *E* Kühlwasserpumpe, *F* Laugepumpe, *G* Verdampferspeisepumpe, *H* Vorwärmer, *a* Heizdampf (a_1 Frischdampf, a_2 Heizbrüden), *b* Kondensat (b_1 Frischdampfkondensat, b_2 Heizbrüdenkondensat, b_3 Mischkondensat), *c* Speisewasser, *d* Brüden, *e* Luft, *f* Kühlwasser, *g* Turbinenkondensat, *h* Lauge, *i* Laugemesser, *k* Kondensatprüfer, *l* Wasserstand, *m* Sicherheitsventil, *n* Speiseregler.

Eine nach Angabe des Verfassers für A. S. Tuborgs Fabrikker, Kopenhagen, ausgeführte Zweikörperanlage mit Dampfstrahlbrüden-

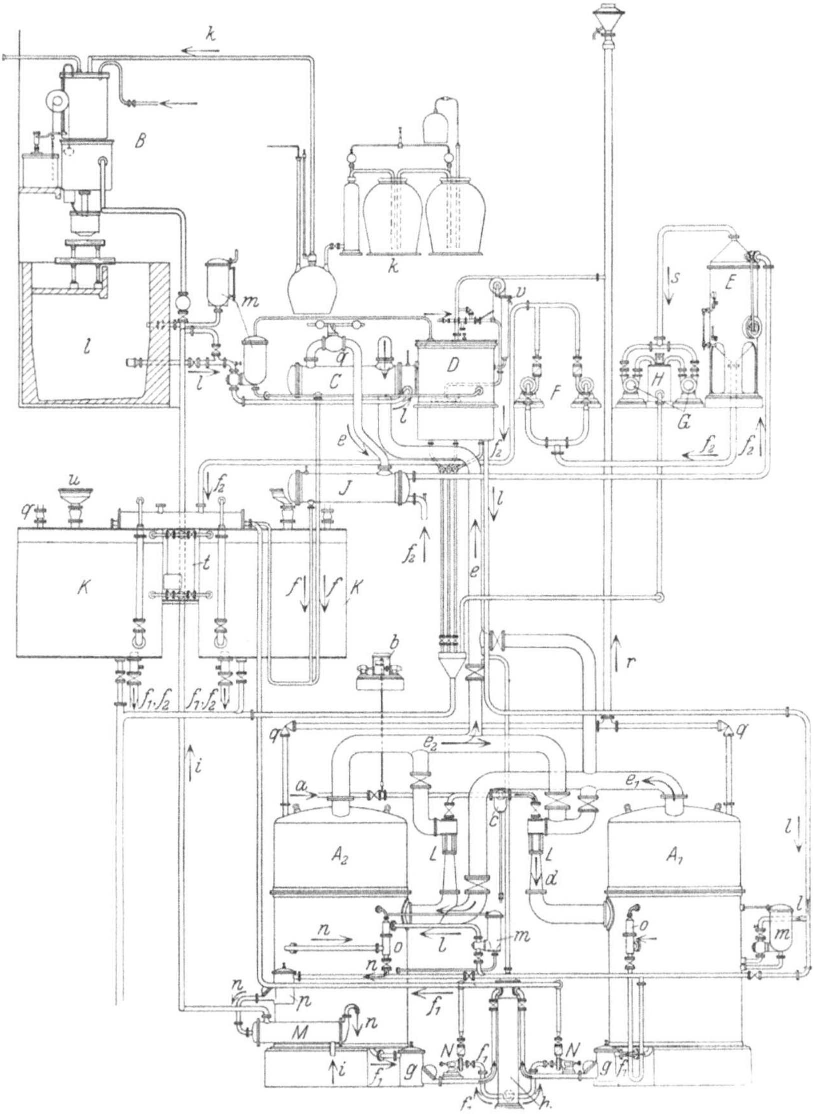

Abb. 215. Zusatzspeisewasser-Verdampfanlage (Balcke).
A Verdampfer (A_1 erste Stufe, A_2 zweite Stufe), *B* Impfanlage, *C* Impfwasservorwärmer, *D* Impfwasserentgaser, *E* Kondensatentgaser, *F* Kondensatpumpe, *G* Luftpumpe, *H* Kühlwasserbehälter, *J* Kondensatvorwärmer, *K* Gasschutzbehälter, *L* Dampfstrahlbrüdenverdichter, *M* Lauge-Wärmeaustauscher, *N* Destillatpumpe, *a* Treibdampf, *b* Dampfregler, *c* Dampftrockner, *d* Heizdampf. *e* Brüden (e_1 der ersten Stufe, e_2 der zweiten Stufe), *f* Kondensat (f_1 Verdampferkondensat, f_2 fremdes Kondensat), *g* Destillatableiter, *h* Destillatsammler, *i* Rohwasser, *k* Säure, *l* Verdampferspeisewasser, *m* Speiseregler, *n* Lauge, *o* Einstelltopf, *p* Laugeableiter, *q* Sicherheitsventil, *r* Sicherheitsauspuffleitung, *s* Luft, *t* Schwimmertopf, *u* Oxydationsfilter, *v* Temperaturregler.

verdichter für ein- oder zweistufiges Arbeiten zeigt Abb. **215** (Balcke) in Verbindung mit einer Einrichtung zur Aufbereitung des Verdampferspeisewassers durch Impfung. Zum Betrieb der Strahlverdichter dient Anzapfdampf der Hauptturbine. Es handelt sich hierbei um die Be-

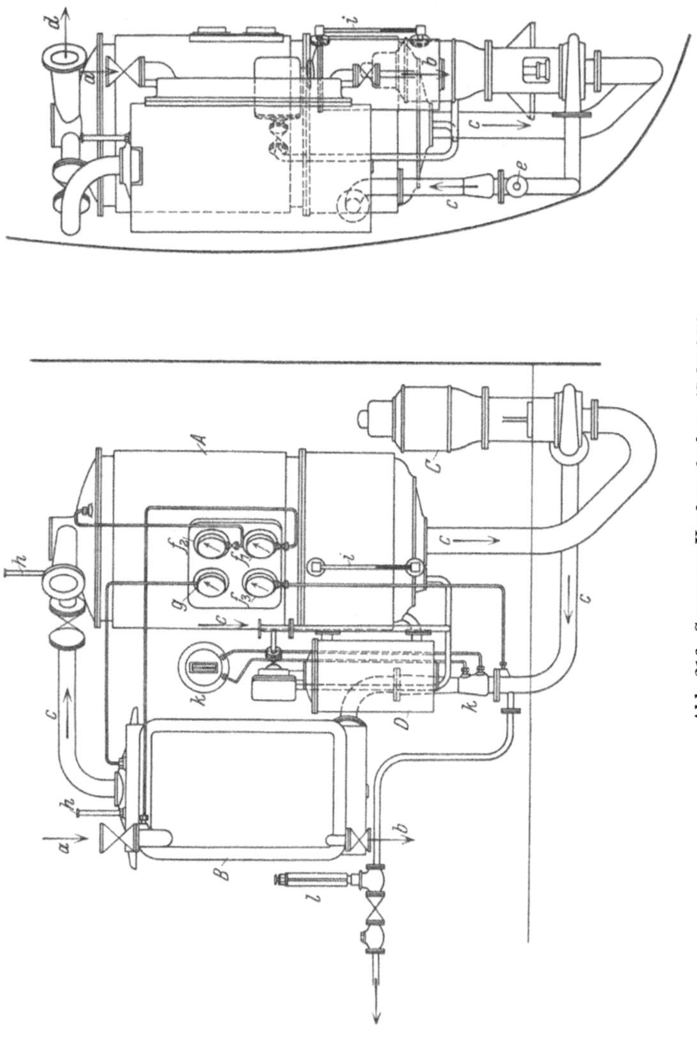

Abb. 216. Seewasser-Verdampfanlage (Schmidt).
A Verdampfer, *B* Vorwärmer, *C* Umlaufpumpe, *D* Regler, *a* Heizdampf, *b* Heizdampfkondensat, *c* Flüssigkeit, *d* Brüden, *e* Lauge, *f* Druckmesser (f_1 Heizdampf, f_2 Brüden, f_3 Umlauf), *g* Fernthermometer, *h* Thermometer, *i* Flüssigkeitsstand, *k* Venturimesser für Umlauf, *l* Laugemengenmesser.

reitung von Zusatzspeisewasser in der verhältnismäßig hohen Menge von etwa 20% des gesamten Speisewassers. Der Treibdampfverbrauch und damit die überschüssige Brüdenmenge ist auf das Maß gedrückt, das die Anwärmung des vom Hauptkondensator herrührenden Kondensats gerade fordert.

β) Schiffsanlagen. Bei Schiffsanlagen ist destilliertes Wasser für Genußzwecke und gleichzeitig, zum Ausgleich der Kondensatverluste, für die Kesselspeisung zu gewinnen. Hohe Temperaturen sind unerwünscht, weil das im Seewasser enthaltene Chlormagnesium sich unter Bildung von Salzsäure zersetzt. Seewasserverdampfer arbeiten regelmäßig mit überfluteter Heizfläche. An Stelle des früher überwiegend benutzten Hochdruckdampfes wird in zunehmendem Maße der Abdampf von Speisepumpen und anderen Hilfsmaschinen als Heizmittel verwendet.

Die Verdampfanlage, Abb. 216 (Schmidt), deckt gleichzeitig den Trinkwasser- und Zusatzspeisewasserbedarf eines Kriegsschiffes. Sie arbeitet nach dem Verfahren Schmidt-Bleicken mit Entspannungsverdampfung und bietet ein Beispiel für zweckentsprechende Ausstattung mit Beobachtungs- und Meßvorrichtungen. Die Untersuchung der Anlage hatte folgende Ergebnisse:

Heizfläche	5 m²
Seewassereintrittstemperatur	9 bis 15°
Seewassersalzgehalt	4 bis 4½ %
Umlaufende Wassermenge	21 m³/h
Druck des Umwälzwassers vor dem Vorwärmer	2 bis 2,1 at
Heizdampfdruck 11 at gedrosselt auf	1,25 bis 1,5 at
Heizdampfeintrittstemperatur	137 bis 141,5°
Austrittstemperatur des Heizdampfkondensats	70 bis 78°
Brüdentemperatur	54 bis 60°
Wassertemperatur am Vorwärmeraustritt	70 bis 79,5°
Wassertemperatur am Verdampferaustritt	60,5 bis 63,25°
Brüdendestillatmenge	510 kg/h
Heizdampfkondensatmenge	620 kg/h
Salzgehalt des Destillats	0,0011 bis 0,0033 %
Laugetemperatur	55 bis 58°
Salzgehalt der Lauge	6¾ bis 8¼ %

Für den Seewasserverdampfer der Abb. 147 teilt die Herstellerin folgende mittleren Versuchsergebnisse mit:

Heizfläche	20 m²
Seewassereintrittstemperatur	16°
Seewassersalzgehalt	4 %
Heizdampfdruck am Eintritt	9,6 at
Heizdampfdruck am Austritt	8 at
Heizdampftemperatur	180°
Austrittstemperatur des Heizdampfkondensats	59,2°
Brüdentemperatur	135°
Brüdendestillatmenge	3920 kg/h
Heizdampfkondensatmenge	4240 kg/h
Salzgehalt des Destillats	0,0021 %
Temperatur des Destillats	50,1°
Laugentemperatur	90°
Salzgehalt der Lauge	9,5 %

Bei dem ausschließlich für Trinkwasserbereitung dienenden Seewasserverdampfer der Abb. 217 (Schuette-Koerting) ist der Brüden-

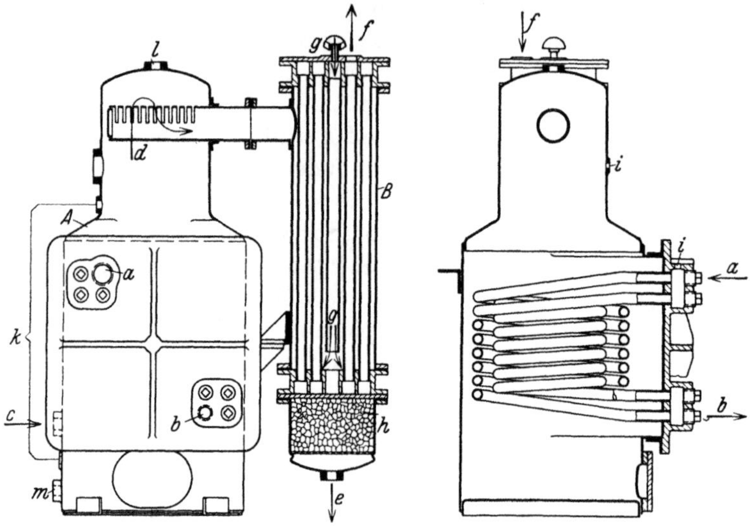

Abb. 217. Seewasserverdampfer für Trinkwasser-Bereitung (Schuette-Koerting). *A* Verdampfer, *B* Kondensator, *a* Heizdampf, *b* Heizdampfkondensat, *c* Speisewasser, *d* Brüden, *e* Brüdenkondensat, *f* Kühlwasser, *g* Luft, *h* Holzkohle, *i* Druckmesser, *k* Wasserstand, *l* Sicherheitsventil, *m* Entleerung.

raum verengt, um ein Überspritzen der Wasserfüllung bei lebhafter Schiffsbewegung zu vermeiden. Das Destillat wird im Kondensator

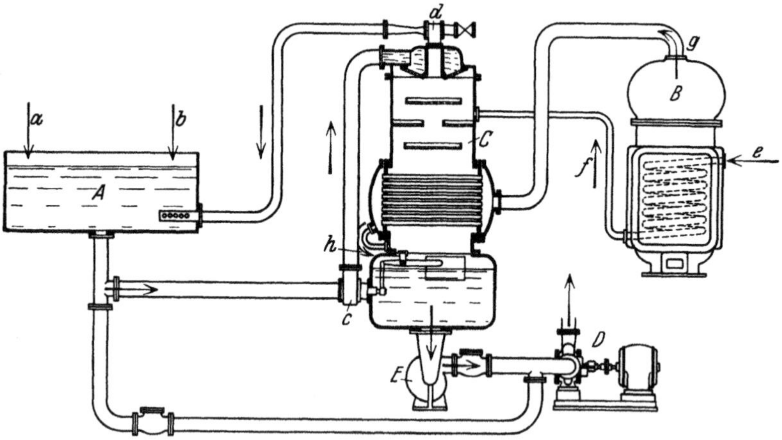

Abb. 218. Seewasserverdampfer für Zusatzspeisewasser-Bereitung (Contraflo). *A* Speisebehälter, *B* Verdampfer, *C* Entgaser, *D* Kesselspeisepumpe, *E* Kondensatpumpe, *a* Kondensat, *b* Zusatzspeisewasser, *c* Speiseregler, *d* Luftsauger, *e* Heizdampf, *f* Heizdampfkondensat, *g* Brüden, *h* Brüdenkondensat.

belüftet und anschließend in einem Filter durch Knochenkohle von unerwünschten Gasen befreit.

Ausschließlich für die Aufbereitung von Zusatzspeisewasser ist die Seewasserverdampfanlage der Abb. 218 (Contraflo) bestimmt. Die Brüden beheizen eine Entgaseranlage, durch die außer dem Verdampferkondensat und -destillat das gesamte übrige in einem Behälter gesammelte Kondensat hindurchströmt. Zur Aufrechterhaltung der Luftleere dient ein Dampfstrahlgebläse. Im unteren Teil des Entgasers ist dessen Speiseregler eingebaut.

IV. Wissenschaftliche Untersuchung.

Wenn die im vorstehenden eingeflochtenen Ergebnisse von Betriebsversuchen an Verdampfanlagen insofern unbefriedigend sind, als sie sich auf geänderte Bau- und Betriebsweise nicht übertragen lassen und auch keinen Anhalt bieten, um den Einfluß von Änderungen zahlenmäßig zu berücksichtigen, so liegt der Grund hauptsächlich darin, daß das Ziel der wissenschaftlichen Untersuchung in den meisten Fällen nicht richtig erkannt wird.

Energetisch ist die Verdampfung stets ein Verlustvorgang, weil Wärme unter Entropiezunahme von höherer auf niedrigere Temperatur sinkt. Also auch dann, wenn die abgegebene Wärmemenge unvermindert in den Brüden erscheint, bedeutet die Entwertung der Wärme einen Verlust. Der thermodynamische Wirkungsgrad einer Verdampfanlage ist daher stets Null. Seine Feststellung kann nicht Gegenstand der Untersuchung sein, wohl aber die Ermittelung des gegenüber vollkommenen, d. h. umkehrbaren Vorgängen auftretenden thermodynamischen Verlustes. Wenn zuweilen der Wirkungsgrad einer Verdampfanlage aus dem Verhältnis der in Kondensat und Brüden abgehenden zu der in Heizdampf und Eindampfgut zugeführten Wärmemenge errechnet und nahezu gleich 1 gefunden wird, so bedeutet dies, daß die Wärme ihrer energetischen Bedeutung beraubt und nur mit stofflichen Eigenschaften belegt wird. Auf das Fehlerhafte dieser Auffassung kann nicht oft genug hingewiesen werden. Es wird niemand einfallen, einer Vorrichtung, bei der Kugeln eine schiefe Ebene herabrollen, bis auf wenige seitwärts springende alle am Ende der schiefen Ebene ankommen und schließlich zur Ruhe gelangen, einen hohen Wirkungsgrad zuzuschreiben. Der Fehler wäre jedoch nicht größer als bei der noch vielfach auftretenden Meinung, daß eine Verdampfanlage, oder ganz allgemein eine Wärmeaustauschvorrichtung, nichts zu wünschen übrig lasse, wenn nur die in die Umgebung zerstreute Wärmemenge recht gering ist. Hiermit wird einzig und allein die Wärmedichtheit, also eine ziemlich nebensächliche Erscheinung, beurteilt.

Soll die energetische Vollkommenheit einer Wärmekraftanlage in einer Zahl ausgedrückt werden, so geschieht dies durch Feststellung des thermodynamischen Wirkungsgrades. An seine Stelle tritt bei Wärmeaustauschvorrichtungen der Wärmedurchgangswiderstand $\frac{1}{k}$, d. h. das Temperaturgefälle für die Einheit der Wärmestromdichte. Beim Vergleich verschiedener Wärmeaustauschvorrichtungen muß hierbei der Einfluß ausgeschaltet werden, den die Stoffeigenschaften auf $\frac{1}{k}$ ausüben, Vergleichsversuche sind daher bei gleichem Zustande von Heizmittel und Eindampfgut durchzuführen. Die Umrechnung auf andere Stoffe ist bedenklich, wenn die maßgebenden Stoffwerte, wie Dichte und Zähigkeit, wesentlich verschieden sind. Sie bleibt daher im folgenden außer Betracht. Damit die Versuche jedoch nicht nur ein Werturteil über die Wirksamkeit der Vorrichtung ermöglichen, sondern darüber hinaus erkennen lassen, wodurch der Wärmedurchgangswiderstand im einzelnen bedingt wird, muß die Feststellung der Wärmeübergangswiderstände $\frac{1}{\alpha}$ und der Wärmeleitwiderstände $\frac{e}{\lambda}$ als Ziel genauer wissenschaftlicher Untersuchungen bezeichnet werden. Hierzu ist es nötig, Wandtemperaturen zu messen. Die Entwickelung eines Verfahrens, das diese Messung in einer für die Praxis nötigen Einfachheit ermöglicht, hat bisher nicht die wünschenswerte Beachtung gefunden. Da e und λ für die in Betracht kommenden Baustoffe feststehen, genügt die Ermittelung der mittleren Wandtemperatur, um die beiderseitigen Oberflächentemperaturen zu errechnen. In vielen Fällen ist das Temperaturgefälle innerhalb der Wand so gering, daß es vernachlässigt werden kann.

Wesentlich einfacher gestaltet sich die Messung der mittleren Temperatur des Heizmittels und Eindampfgutes. Die unmittelbare Messung durch Thermometer bildet die Regel. Wird sie bei Sattdampf durch Messung des Druckes ersetzt, so ergibt sich ein Fehler wegen des Gehaltes des Dampfes an Luft und anderen Gasen, mit dessen Höhe die Heizmitteltemperatur unter die dem Druck entsprechende Siedetemperatur sinkt. Die Druckmessung, die in der Regel den Überdruck oder Unterdruck gegenüber der Atmosphäre feststellt, ist durch Beobachtung des Barometerstandes zu ergänzen. Ist der Heizdampf überhitzt, so sind besondere Erwägungen am Platze. Die Messung der mittleren Temperatur bietet alsdann besondere Schwierigkeiten, vor allem deshalb, weil die Überhitzungstemperatur entweder ungleich oder überhaupt nicht auf die Heizfläche wirkt. Da bei Verdampfanlagen Überhitzung des Dampfes nur in bescheidenem Ausmaße auftritt und nach den neuesten Forschungen die übertragene Wärmemenge genügend genau mit der bei Anwendung von Sattdampf gleicher Spannung sich ergebenden übereinstimmt, darf für solche Fälle empfohlen werden, die aus der Feststellung des absoluten Druckes sich ergebende Siedetemperatur der Berechnung des Wärmeübergangswiderstandes zugrunde zu legen. Dieser besitzt alsdann die Bedeutung einer gleichwertigen Größe. Der Temperaturabfall des Heißdampfes bis auf die Siedetemperatur wird als Verlust von vornherein abgebucht.

Das Temperaturgefälle, das sich zwischen den verschiedenen Höhenlagen des die Heizfläche beaufschlagenden Eindampfgutes einstellt, ist ein durch die Bau- und Arbeitsweise der Vorrichtungen bedingter Temperaturverlust, bei der Auswertung von Vergleichsversuchen daher nicht auszuschalten. Die ermittelten Beträge $\frac{1}{k}$ und $\frac{1}{\alpha}$ sind infolgedessen scheinbare Werte.

Die für die Feststellung der Wärmewiderstände außer der Temperaturmessung erforderliche Messung der übertragenen Wärmemenge kann ein- oder beiderseitig erfolgen. Schwierigkeiten ergeben sich hierbei durch das Auftreten von Streuverlusten, deren Ermittelung angenähert rechnerisch erfolgen muß. Die hierin liegende Ungewißheit ist unbedenklich, weil der gesamte Streuverlust bei zweckmäßiger Bauweise in der Regel gering ist.

Auf der Heizmittelseite ergibt sich die übertragene Wärmemenge als Unterschied zwischen dem gesamten Wärmeinhalt des eintretenden Heizmittels einerseits und dem gesamten Wärmeinhalt des austretenden Heizmittels zuzüglich des Streuverlustes der vom Heizmittel berührten Außenteile andererseits. Besteht das Heizmittel aus trockenem Sattdampf, so findet sich der gesamte Wärmeinhalt durch Messung der Dampfmenge und des absoluten Druckes, der eindeutig den Wärmeinhalt bestimmt. Bei überhitztem Dampf ist daneben die Temperatur des einströmenden Dampfes festzustellen. Bei nassem Dampf muß die Höhe des Dampfgehaltes durch Drosselkalorimeter ermittelt werden. In der Regel erübrigt sich dies, weil der Wassergehalt des Dampfes eine unerwünschte Beigabe darstellt, seine Abscheidung vor Eintritt in den Verdampfer eine Verbesserung verspricht und daher die Regel bildet. An Stelle der unmittelbaren Messung der Heizdampfmenge tritt zweckmäßig Feststellung der Kondensatmenge, die nebenher den Dampfverlust ausschaltet, der bei Entlüftung des Heizraumes in die Umgebung auftritt. Bei unmittelbarer Dampfmessung ist dieser Verlust von der festgestellten Dampfmenge abzuziehen. Daß neben dem Dampf die darin enthaltenen Gase als Wärmeträger auftreten, kann wegen ihres geringen Wärmeinhaltes stets vernachlässigt werden.

Treten Flüssigkeiten als Heizmittel auf, so ergibt sich der gesamte Wärmeinhalt durch Messung der Menge, Eintrittstemperatur und spezifischen Wärme bei der Eintrittstemperatur. Die gleichen Feststellungen sind erforderlich, wenn ausnahmsweise die Beheizung durch Gase erfolgt.

Der gesamte Wärmeinhalt des aus dem Heizraum austretenden

Stoffes folgt bei Dampf als Heizmittel aus der Menge und Temperatur des Kondensats. Treten Flüssigkeiten und Gase als Wärmeträger auf, so ist außer der Feststellung von Menge und Austrittstemperatur noch die Berücksichtigung der spezifischen Wärme bei der Austrittstemperatur erforderlich. Ist die Temperatur des Kondensats höher als die der Umgebung entsprechende Siedetemperatur, so muß die Kondensatmessung entweder unter Druck durch geschlossene Flüssigkeitsmesser erfolgen oder der offenen Wägung eine Unterkühlung des Kondensats vorausgehen. Sie bildet die Regel, wenn die Ableitung der Gase aus dem Heizraum durch die Kondensatleitung erfolgt und deshalb Verwendung geschlossener Flüssigkeitsmesser Fehler ergäbe. Genau genommen ist alsdann auch der Verlust zu berücksichtigen, der durch den Dampfgehalt der aus dem Kondensat austretenden Gase auftritt. Er ist jedoch wegen der niedrigen Temperatur des unterkühlten Kondensats zahlenmäßig ohne Bedeutung.

Die rechnerische Festsetzung des Streuverlustes ergibt sich zu

$$Q_{V,h} = \frac{F_D(t_D - t_L)}{\frac{1}{k}}.$$

Hierin bedeuten

F_D die von der Umgebung berührte Fläche des Heizraumes, in m^2,
t_D die Temperatur im Heizraume, und zwar das Mittel über F_D, in ^{0} C,
t_L die Temperatur der umgebenden Luft, in ^{0} C,
$\frac{1}{k}$ den Wärmedurchgangswiderstand zwischen Heizmittel und umgebender Luft, in $^0\,\mathrm{C}/\frac{\mathrm{kcal}}{\mathrm{h}}$.

Ist der Verdampfer zur Verringerung der Streuverluste außen mit einem besonderen Wärmeschutz versehen, so kann $\frac{1}{k}$ genügend genau durch den Wärmeleitwiderstand der Wärmeschutzschicht ersetzt werden. Bei ungeschützter Oberfläche wird der Wärmeübergangswiderstand auf der Heizmittelseite und der Wärmeleitwiderstand der äußeren Wand durch den Wärmeübergangswiderstand zwischen Luft und Außenhaut in der Regel um ein Vielfaches übertroffen, so daß die Berücksichtigung des letzten allein genügt. Da seine Höhe von der Stärke der äußeren Luftbewegung abhängt und diese unter einer den Verdampfer dicht umschließenden Bedienungsbühne wesentlich geringer ist als darüber, sind in solchen Fällen die beiden Teile der äußeren Fläche mit verschiedenen Werten des Wärmeübergangswiderstandes zu belegen. Der Anteil der Wärmestrahlung ist stets zu berücksichtigen, insbesondere dann, wenn die Mittel zu ihrer Verringerung, wie verminderte Oberflächentemperatur durch besonderen Wärmeschutz, glatten Anstrich, Glanzblechumkleidung, keine Anwendung finden.

Auf der Eindampfseite ergibt sich die übertragene Wärmemenge als Unterschied zwischen dem gesamten Wärmeinhalt der austretenden Brüden, der austretenden eingedampften Lösung bzw. Lauge und dem Streuverlust der von Eindampfgut und Brüden berührten Außenteile einerseits und dem gesamten Wärmeinhalt des eintretenden Eindampfgutes andererseits. Der gesamte Wärmeinhalt der Brüden folgt aus Menge und absolutem Druck, der eindeutig den Wärmeinhalt bestimmt, wenn die Brüden als gasfreie, trocken gesättigte Dämpfe angesehen werden dürfen. Steht dies nicht von vornherein fest, so ist Temperaturmessung erforderlich. Die Feststellung der Brüdenmenge erfolgt ausnahmslos mittelbar durch Messung des Brüdendestillats in einer folgenden Stufe oder einem Oberflächenkondensator, bei Mischkondensation auch kalorimetrisch, wobei sich der gesamte Wärmeinhalt der Brüden aus der Vermehrung von Menge und Temperatur des Kühlwassers errechnet, schließlich durch Feststellung der Verdampfleistung aus dem Gewichtsunterschiede zwischen eintretendem und austretendem Eindampfgut. Die Nässe der Brüdendämpfe wird nur bei der kalorimetrischen Messung berücksichtigt. Bei Messung des Brüdendestillats ist eine Berichtigung erforderlich und in der Regel durch Analyse möglich. Ergibt sich z. B. im Destillat ein Gehalt an gelösten Stoffen in Höhe von 0,05% gegenüber 10% im Eindampfgut des Verdampfers, so kann angenommen werden, daß $\frac{0{,}05}{10} \cdot 100 = 0{,}5\%$ des Brüdengewichtes in Form von Flüssigkeit mitgerissen wurden.

Die in der austretenden eingedampften Lösung bzw. Lauge enthaltene Wärmemenge folgt aus Menge, Temperatur und spezifischer Wärme bei der Austrittstemperatur. Die spezifische Wärme des Eindampfgutes pflegt durch Messung des spezifischen Gewichtes mittelbar nach Zahlentafeln festgestellt zu werden.

Für die Ermittelung des Streuverlustes gilt das oben Gesagte.

Der gesamte Wärmeinhalt des eintretenden Eindampfgutes ist durch Messung von Menge, Temperatur und spezifischer Wärme bei der Eintrittstemperatur zu ermitteln.

Für die Prüfung des errechneten gesamten Streuverlustes dient die Bilanzgleichung, nach der er gleich ist dem Unterschiede zwischen dem gesamten Wärmeinhalt des eintretenden Heizmittels und Eindampfgutes einerseits, der austretenden Brüden, des austretenden Heizmittels und Eindampfgutes andererseits.

Eine Fehlerquelle tritt dann auf, wenn Teile des Heizmittels durch Undichtheiten in den Verdampfraum übertreten. Die Brüdenmenge überschreitet in diesem Falle die aus dem Mengenunterschied des ein- und austretenden Eindampfgutes errechnete Verdampfleistung um den Betrag der Undichtheit. Damit die Untersuchung einwandfrei ist, muß ihr die Feststellung und Beseitigung solcher Undichtheiten vorausgehen.

Die Ermittelung des scheinbaren Wärmedurchgangswiderstandes stellt den hauptsächlichen, jedoch nicht einzigen Zweck einer wissenschaftlichen Untersuchung dar. Daneben sollen als Regel folgende Zahlen aufgestellt werden:

1. die Wärmestromdichte Q_h ausgedrückt entweder in kcal/m²·h oder in kg/m²·h Normaldampf von 0⁰ erzeugt aus Wasser von 0⁰, entsprechend einer Verdampfwärme $r = 595$ kcal/kg. Diese Dampfmenge ist keinesfalls gleichbedeutend mit der Brüdenmenge, sondern stellt ein Maß für die durch die Heizfläche übertragene Wärmeleistung dar, aus der sie errechnet wird, während in der Brüdenmenge z. B. bei Überhitzung des eintretenden Eindampfgutes die Leistung der Entspannungsverdampfung zum Ausdruck kommt und zugunsten einer fremden, zuvor wirksamen Heizfläche zu buchen ist;

2. die Wärmedichtheitszahl ausgedrückt durch das Verhältnis des im Heizmittel und Eindampfgut eintretenden gesamten Wärmeinhalts zu dem in Brüden, Heizmittel und Eindampfgut austretenden gesamten Wärmeinhalt;

3. die Verdampfungszahl. Wird sie in der Menge Normaldampf von 0⁰ aus Wasser von 0⁰ ausgedrückt, die sich aus der durch die Heizfläche übertragenen Wärmemenge errechnet, und auf 1 kg eintretenden Normaldampf von 0⁰ aus Wasser von 0⁰ bezogen, so stimmt ihr Wert mit der Wärmedichtheitszahl überein;

4. die berichtigten Werte des Wärmedurchgangswiderstandes und des Wärmeübergangswiderstandes auf der Seite des Eindampfgutes. Während bei den in erster Linie als Vergleichsgrundlage ermittelten scheinbaren Werten des Wärmedurchgangswiderstandes und Wärmeübergangswiderstandes auf der Seite des Eindampfgutes das durch die Flüssigkeitshöhe bedingte Temperaturgefälle als Temperaturverlust betrachtet wird, der eine Eigentümlichkeit der betreffenden Anlage darstellt, werden die berichtigten Werte $\frac{1}{k}$ und $\frac{1}{\alpha}$ unter vorherigem Abzug dieses Temperaturverlustes, also mit entsprechend verkleinerten Beträgen des maßgebenden Temperaturgefälles, berechnet, führen daher zu den vergrößerten Werten, wie sie den tatsächlichen Verhältnissen entsprechen.

Zur Kennzeichnung der Versuchsbedingungen sind ferner als Regel folgende Angaben beizufügen:

Bauweise, Baustoffe und Abmessungen des Verdampfers an Hand der Zeichnung;

Art, Konzentration und Grad der Verunreinigung des Eindampfgutes beim Ein- und Austritt;

Vorrichtungen zur Entgasung von Heiz- und Brüdenraum;
Siedetemperaturerhöhung des Eindampfgutes im Verdampfer unter Ausschaltung der Flüssigkeitshöhe;
Betriebsweise des Verdampfers, gekennzeichnet durch Höhe des Flüssigkeitsstandes, gegebenenfalls Leistung von Pumpe oder Rührwerk für künstlich verstärkten Flüssigkeitsumlauf;
Kraftverbrauch von Rührwerk und Pumpe für Umlauf, Speisung, Entleerung.

Bei Brüdenverdichtung durch Dampfstrahlgebläse ist für die Errechnung der Wärmewiderstände, der Wärmestromdichte und der Wärmedichtheitszahl als gesamter Wärmeinhalt des eintretenden Heizmittels die in den zurückgesaugten Brüden und dem Treibdampf enthaltene Gesamtwärmemenge und als gesamter Wärmeinhalt der austretenden Brüden die in der ganzen Brüdenmenge enthaltene Wärmemenge anzusetzen. Die Verdampfungszahl dagegen ist zu errechnen als die Menge Normaldampf von 0^0 aus Wasser von 0^0, die sich aus der durch die Heizfläche übertragenen Wärmemenge ergibt und auf 1 kg eintretenden Normaltreibdampf von 0^0 aus Wasser von 0^0 entfällt. Die Verdampfungszahl ist in diesem Falle nicht mehr gleichbedeutend mit der Wärmedichtheitszahl. Die Feststellung der Treibdampfmenge muß hier mit besonderen Meßvorrichtungen erfolgen, weil in dem Kondensat Treibdampf und zurückgesaugte Brüden vereinigt sind. Bei einem kraftbetriebenen Brüdenverdichter tritt an die Stelle der Treibdampfwärme der Wärmewert der Verdichtungsarbeit, gegebenenfalls zuzüglich der in einer Zusatzheizvorrichtung zugeführten Wärmemenge. Wird die Verdampfungszahl hiermit errechnet, so ergeben sich besonders hohe Beträge, die keinesfalls als Wertmesser beim Vergleich zwischen Dampfstrahl- und Turbobrüdenverdichter benutzt werden dürfen.

Bei mehrstufigen Verdampfern soll die Ermittelung der kennzeichnenden Größen sowohl für die Einzelkörper als auch für die Gesamtanlage erfolgen. Im letzten Falle sind auch hier Wärmedichtheitszahl und Verdampfungszahl nicht mehr gleichbedeutend.

Mit der Verdampfanlage sind häufig zusätzliche Wärmeaustauschvorrichtungen verbunden, wie Vorwärmer für die einzudampfende Flüssigkeit und Kondensatoren. Die Untersuchung erstreckt sich zweckmäßig auch auf diese. Sie stimmt im einzelnen mit den für den eigentlichen Verdampfer gegebenen Anweisungen überein. Zu den wissenswerten Angaben über bauliche Ausführung, Stoffwerte und Betriebsweise kommen bei dem Kondensator Menge und Temperaturen des Kühlwassers sowie Kraftverbrauch der Pumpen.

Der Wert einer jeden Untersuchung hängt von dem Maß ab, in dem der Beharrungszustand aufrechterhalten werden kann. Die Schwierigkeiten, den Zustand von Heizmittel und Eindampfgut sowie die den

Brüdendruck bedingenden Verhältnisse gleich zu halten, werden noch vermehrt, wenn durch mehrstufige Anordnung und Brüdenverdichtung eine Verwickelung des zwangläufigen Zusammenhanges auftritt. Infolgedessen wird es häufig nötig, die Versuchszeit unter das wünschenswerte Maß von mehreren Stunden abzukürzen bzw. kurze Versuchsabschnitte auszuschneiden, für die sich ein befriedigender Beharrungszustand ergibt. Müssen hierbei Schwankungen der beobachteten Zahlen in Kauf genommen werden, so bleibt die Mindestforderung bestehen, daß Flüssigkeitsinhalt, Temperatur und Konzentration des Eindampfgutes im Verdampfer zu Anfang und Ende des Beobachtungsabschnittes übereinstimmen.

Namenverzeichnis.

Sachverzeichnis.

GPSR Compliance

The European Union's (EU) General Product Safety Regulation (GPSR) is a set of rules that requires consumer products to be safe and our obligations to ensure this.

If you have any concerns about our products, you can contact us on ProductSafety@springernature.com

In case Publisher is established outside the EU, the EU authorized representative is:

Springer Nature Customer Service Center GmbH
Europaplatz 3
69115 Heidelberg, Germany

Batch number: 10682323

Printed by Printforce, the Netherlands